Focal Press
Taylor & Francis Group

Media
TECHNOLOGY
传媒典藏

音频技术与录音艺术译丛

2ND EDITION
SOUND SYSTEMS
DESIGN AND OPTIMIZATION

音响系统
设计与优化

（第2版）

[美] 鲍勃·麦卡锡（Bob McCarthy） 著

朱伟 译

U0277742

人民邮电出版社
北 京

图书在版编目（ＣＩＰ）数据

音响系统设计与优化 ：第2版 / （美）鲍勃·麦卡锡
（Bob McCarthy）著 ；朱伟译. -- 北京 ：人民邮电出版
社，2017.2（2023.12重印）
（音频技术与录音艺术译丛）
ISBN 978-7-115-43749-5

Ⅰ. ①音… Ⅱ. ①鲍… ②朱… Ⅲ. ①音频设备－设
计 Ⅳ. ①TN912.2

中国版本图书馆CIP数据核字(2016)第260403号

◆ 著　　　　[美] 鲍勃·麦卡锡（Bob McCarthy）

　　译　　　朱　伟

　　责任编辑　宁　茜

　　责任印制　周昇亮

◆ 人民邮电出版社出版发行　　北京市丰台区成寿寺路 11 号
　　邮编　100164　　电子邮件　315@ptpress.com.cn
　　网址　https://www.ptpress.com.cn
　　涿州市般润文化传播有限公司印刷

◆ 开本：880×1230　1/16
　　印张：36.5　　　　　　　2017 年 2 月第 1 版
　　字数：955 千字　　　　　2023 年 12 月河北第 8 次印刷

著作权合同登记号　图字：01-2010-7696 号

定价：229.00 元
读者服务热线：(010) 81055493　印装质量热线：(010) 81055316
反盗版热线：(010) 81055315
广告经营许可证：京东市监广登字 20170147 号

内容提要

本书对利用现代的技术和工具对音响系统的设计和调校这一当前扩声领域热门的问题进行了系统的理论阐述和分析。

本书由 3 篇，共 13 章构成。

第 1 篇讲"音响系统"，其目的是探究声音传输系统、人耳听觉和扬声器的相互作用。该部分全面地讲解了信号的传输流程、途经可能遇到的一些因素以及终端如何接受信号。第 2 篇讲"设计"，它应用了第 1 篇所讲的知识去设计一个音响系统。其目的是广泛地理解和创建一个成功的传输／接受模型设计所需要的工具和技术。第 3 篇介绍"优化"，其重点是对设计和安装的测量，以及空间中的检证和校准。

本次更新的第 2 版，在理念上作了一定的改变，将第 1 版的内容进行了重新的修订和整合，使其更富逻辑性和系统性，增加了 3 章内容，其中第 13 章是全新的内容，主要是针对实际扩声系统的案例进行分析。

版权声明

丛书编委会

主　任: 李　伟

编　委: (按姓氏笔画排序)

　　　　王　珏　　李大康　　朱　伟

　　　　陈小平　　胡　泽

献　辞

梦里寻他千百度，蓦然回首，他在灯火阑珊处。
仅此献给我的生命之爱 Merridith！

追思 – Don Pearson

在本书的编写过程中，业内最为受人爱戴，令人尊敬的学术带头人——Don Pearson a.k.a. 博士离我们而去了。本书多次提及这一伟大的名字，我为能结识并与其共事深感荣幸，我从博士那里获益匪浅。正当我们的事业扬帆启程之际，他却离我们而去了。我们对能在他有生之年得到他的言传身教甚感荣幸。他的智慧与才智已化为文字在此呈现给读者，并将继续指引我们前进。

译者序言

如今扩声已经渗透到我们日常生活的方方面面，音响系统的声音质量直接关系到人们的听音感受，比如一场音响、灯光效果俱佳的演唱会会让现场的观众激动不已，然而一场精心策划的演唱会也可能会因为音响效果的问题而让其整体感觉大打折扣；公共场所用于信息发布的扩声系统的音质好坏会直接关系到人们的切身利益。正因为如此，音响系统的设计是至关重要的，但是由于扩声音响系统的音质与安装场所的声学环境紧密相关，所以仅仅凭经验和理论计算来建立起良好的音响系统十分困难，利用各种声场预测程序完成的设计方案可以提高成功的概率和设计效率，但单凭这些就冀期望能有最佳的扩声音响效果是不现实的。要想有好的音响效果，就必须反复多次地进行系统的调校和优化工作。扩声音响系统的重放音质的好坏，在很大程度上取决于系统调整方案的正确与否。Bob 先生的这部专著正是从调整优化的角度来展开论述的。

Bob 先生在音响系统的设计和优化方面做了许多开创性的工作，国内的一些同行可能在不同的场合亲身聆听了他的讲演，或者拜读过他所发表的文章或专著。Bob 先生在音响系统设计与优化方面具有十分丰富的经验，同时又有坚实的音响理论基础。本书集中呈现了 Bob 先生在音响系统的设计与优化方面的研究成果和实践经验的精髓。

正如国外的业界同行所言：撰写一部关于现场演出音响系统测量和优化的专著一直是业内人士梦寐以求而又让人望而生畏的事情，然而 Bob 完成了这一艰巨的任务，他的这一新著为我们提供了非常全面且详细的现场演出音响系统的设计和优化指引。译者本人对此也深有同感。虽然自己长期在高等院校从事相关方面的教学工作，但教学课堂上给学生讲授的只是扩声的一些基础理论知识，而学生在实践环节得到的往往是具体音响系统案例的设计方案，几乎得不到从理论深度系统讲解如何进行音响系统优化的知识。

当我从出版集团的网站上看到这本书的概要时，就产生一种阅读的冲动，想尽快看到这本书。令人欣喜的是，我不久就在中国国家图书馆外文新书阅览室看到了 Bob 先生的这部大作，它给我带来耳目一新的感觉，流畅的文字、清晰精美的彩色插图，更重要的是论述问题的独特视角，让我获益匪浅。更令我感到荣幸是，人民邮电出版社的宁茜女士让我来做本书中文版的译者，尽管学校的工作还十分繁重，但我还是欣然接受了出版社对我的信任。

虽然自己也编写和翻译了一些专业的书籍，但静心下来开始翻译本书时，还是为原著作者渊博的专业知识所深深地折服，同时也越发担心是否能将原著的思想精髓准确地传达给国内的广大读者。为了能够充分领会原著的核心思想，在翻译过程中我一次次通读原著，对其中关键的章节还多次请教专业的人士，唯恐留下纰漏。在翻译过程中，我们尽一切可能在尊重原著的前提下，用国内读者易于接受的阐述方法来表述原著的思想，并对其中的个别问题用译注的方法表明译者的观点。尽管如此也难免有不足之处，还望广大的读者谅解，并将你们的意见和建议反馈给我们。

在经历了近一年的努力，我们终于可以将中文版（第1版）的译文提交给编辑。人民邮电出版社很快将其作为"音频技术与录音艺术译丛"的第一批出版书籍提供给广大的读者，本书一经面世，受到了广大读者的热议和好评，并很快售罄，这给我们这些翻译人员莫大的鼓励。因此，在本书英文版的第2版出版之后，我们欣然答应出版社的中文版翻译邀约，我们惟有尽自己的知识所能，将原著的理念真实地传达给热切期望的读者，只有这样才能不辜负所有关心这部译著的人的期望。之所以能尽快地将本书的第

2版提交给出版社，这里离不开众多关心本书中文版出版的人们的关心，北京东方佳联影视技术有限公司的工程师赵颖女士参与翻译了本书第二版的第13章，其中我的两位研究生陈苇婧（现任职于北京人民广播电台）和郇睿（现任职中国传媒大学电视与新闻学院）也参与了本书第1版的前言和第3章的部分翻译工作，余下的章节由朱伟翻译，并对全书进行审定。其间我的家人也给予了很大的支持，使得我得以集中精力完成本书的翻译工作，在此表示深深的谢意。

本书第2版在编著理念上作了一定的改变，将第1版的内容进行了重新的修订和整合，使其更富逻辑性和系统性，增加了3章内容，其中第13章是全新的内容，主要是针对实际扩声系统的案例进行分析。

相信本书中文版的出版一定会给我国的扩声领域的发展起到推动作用，扩声系统的良好音质一定会给人们带来听感上的愉悦。

前　言

本书讲述的是一段声音的旅程。一方面，该书的主题是关于声音的传播过程，即声音借助音响系统，将声波辐射到空气中，最后被广大听众所接收；另一方面，这段旅程也涉及了我一直在努力探索的复杂声音传播的本质过程。正文的主要部分将在技术层面探讨对这方面问题进行严谨的阐述。不过在此我想首先说说我个人的一些经历。

其实我本应该去建造大楼的。然而，1964 年 2 月当我看到披头士出现在埃德·沙利文电视秀[1]上时，我的理想不知不觉地发生了转变。就像我这一代的许多人一样，这一里程碑式的事件将流行音乐和电吉他融入了我的生活。我开始对现场音乐演唱会萌发出了极大的热情。年轻时只要有机会我都会去听现场音乐会。多年以来，我曾经一直期望涉足于我们家族的建筑行业，这个想法最终于 1974 年 6 月 16 日在爱荷华州得梅因的赛马场上终止了。"感恩死者"的音乐会[2]让我见识到了大规模的音响系统，正是这一经历为我的人生树立了新的目标。从那一天开始，我下定决心去从事现场音乐会音响方面的工作，想为别人去创造这样现场扩声的机会。我想成为一名调音师，我的理想就是有

一天能够为大型演出操控调音台。为了这个理想，我在印第安纳大学期间就开始制定相应的奋斗目标了。由于那时声频专业方面没有相应的学位，所以想实现目标并不是件简单的事情。不久我发现了一个自学课程，通过这门课程的学习，我搜罗了不同学科的相关资源。我通过对自创的声频工程专业的学习，最终获得了大学文凭。

1974 年 6 月 16 日在爱荷华州得梅因举办的"感恩死者"的音乐会票根

一直到 1980 年，我度过了几年开车四处漂泊的时光，后来搬至旧金山，也就是在那里我与约翰·迈耶（John Meyer）、亚历山大·尤尔－桑顿二世（桑尼）[Alexander Yuill-Thornton II（Thorny）]以及唐·皮尔逊（Don Pearson）先生结

---

[1]　Ed Sullivan show：埃德·沙利文电视秀
[2]　Grateful Dead concert："感恩死者"的音乐会

交为友。他们都是影响我专业发展的一些关键人物。我们每个人都注定要把我们的名誉押在双通道 FFT 分析仪上。

要说我从一开始就利用双通道 FFT 分析仪测量现场音乐会的声场，其实并非事实。这个方法是约翰·迈耶（John Meyer）在 1984 年 5 月某个周六的晚上提出的。约翰带着分析仪、一个模拟延时阵列和一些弹簧夹来到在亚利桑那州菲尼克斯举办的拉什的音乐会上。他以观众入座后为前提声场条件，用音乐作为声源进行了第一次音乐会音响系统的测量。直到下个周一的早晨，我才开始参与这个方案。

1984 年 7 月 14 日于加利福尼亚州伯克利的希腊剧院举办的"感恩死者"的音乐会。作者同最初的 SIM ™的合影（摄影：克莱顿·考尔）

从那一天开始，每当我参与音乐会或音响系统设计时必然会用到双通道 FFT 分析仪。也是从那天起，我再也没有随便做过任何一场演出，而是重新修正我的目标去帮助调音师去实现他们的艺术追求。对唐、约翰、桑尼和很多人而言，设计一个不含 FFT 分析仪的系统的理念是不可想象的。既然选择了这条路，我们就要继续走下去。也正是从那个时候开始，我们看到了它的重要性和实际意义。每一场音乐会都使我们对双通道 FFT 分析仪的理解呈指数形式的加深，我们的激动和惊喜溢于言表。当时我们都认为这是一项重大的突破，并且将它引荐给每一位开明之士。由 FFT 分析仪程序演变而来的第一个产品是参量均衡器。我原打算为我的朋友罗布·韦尼希（Rob Wenig）做一个关于低音吉他前置放大器的研究项目，那时已经晚了 6 个月，但看来注定还要继续延期。我利用周末在门廊搭了一个均衡器的电路板，恰巧那时约翰正和拉什都在菲尼克斯。后来当约翰看到均衡器和他曾在菲尼克斯测量出的结论能够产生互补响应（振幅和相位）时，他激动的差点跌倒在地，此后 EQ 很快地投入使用。CP-10 参量均衡器的诞生所引起的争议是大家没有预料到的。均衡一直都是令人感兴趣的热门话题，而"均衡器能够抵消由扬声器和声学空间相互作用所产生的声学特性"这种假想是激进的，因此我们获得了斯坦福大学朱利叶斯·史密斯博士的的支持，以保证这个假想在理论上能够成立。

1984 年 11 月卢奇亚诺·帕瓦罗蒂、罗杰·甘斯以及作者（后排），德鲁·谢尔布、亚历山大·尤尔－桑顿二世与詹姆士·洛克的合影（摄影：德鲁·谢尔布）

在声频这个领域里，唐·皮尔逊（Don Pearson）是第一个我们公司以外真正接纳"音乐会上进行实时分析"这个观念的人，当时他是"感恩死者"音乐会的系统工程师。唐和他的乐队立刻看到了它的好处，而且他等不及 Meyer SIM 音响系统问世，很快便拥有了自己的 FFT 分析仪，此后便不断改进。从那以后，卢奇亚诺·帕瓦罗蒂（Luciano Pavarotti）就按照罗杰·甘斯（Roger Gans）的想法设计自己的演唱会，罗杰·甘斯（Roger Gans）是负责卢奇亚诺·帕瓦罗蒂（Luciano Pavarotti）大规模现场演出的音响工程师。当时我们认为在行业中，这种做法演变成一个标准化的操作程序只是几个月的时间问题，而我们却完全没想到它竟缩短了 20 年的技术进程。这段旅程，就像声传播的过程一样，远远比我们想象的复杂。因为有各种强大的力量接连阻挠我们。比如：许多声频组织反对使用这种声频分析仪，此外还存在提倡改变测量平台的其他机构。

总的说来，做现场工作的声频技术团队非常反对根据分析仪的判断去影响音乐层面的创作。在那时，大多数现场音乐会的扩声系统只不过由左右两个声道组成，没有什么复杂性可言。这意味着整个过程不牵扯均衡的调整。既然所有系统的标准都是由一个位置——调音位置来决定的，那么科学和艺术面临着几乎相同的问题。因为声频系统中音色的平衡现在是、并始终都是一种艺术的尝试，而"追求怎样的均衡才是正确的"这个问题有无数的相反的论点。究竟哪一个方式更好呢，是耳朵还是分析仪？这是个滑稽的问题。

这给我们提出了一个更具挑战而有趣的问题：对调音位置以外区域的听感追求。把测量传声器转移到空间中其他的位置就给我们带来了严重的问题。那些在新的拾音位置上得到的测量结果最终揭示出这样一个事实：构建一个一劳永逸的均衡系统全然只是幻想。参量滤波器完全是以调音位置作为标准来进行精细调整的，它对其他位置的听感则全然不顾。扬声器系统各部分的相互作用带来极其多变的房间响应。于是我们的目标便从寻找一个最佳的均衡转变为对空间均匀度和一致性的探求。

这就要求音响系统要细分为一个个明确且可独立调整的子系统，每个子系统都具有独立控制电平、调整均衡和延时的能力。多个子系统可组成一个统一的整体。摇滚乐组织反对这个观点，主要是这样做就意味着要减小一些扬声器的电平。声压级保护协会[1] 坚决反对任何可能减损最大可承受功率的做法。在他们看来如果会耗费功率的话，就不值得为追求均匀度去细分系统。如果不进行系统细分的话，那么在调音位置上的分析是相当困难的。然而如果我们不打算改变什么，那又何必挖空心思去研究发展音响系统呢？

还有一些人面对这个问题显得非常开明。系统的细分要求传声器在房间可移动，同时要求用系统化的方式去拆解和重建音响系统。我们在帕瓦罗蒂的巡回演出中逐渐发展和完善了这个方法，当时帕瓦罗蒂大约用了十个子系统。当我们随同安德鲁·布鲁斯（Andrew Bruce）、阿贝·雅各布（Abe Jacob）、托尼·米奥拉（Tony Meola）、汤姆·克拉克（Tom Clark）等声频工程师转战到世界各地的音乐剧场时，我们的方法在更加复杂的系统中经受了考验。我们的重点从得到一个科学的音色感转变成给整个听音空间提供持续均匀的声音，而把音色的问题交给调音师来负责。这标志"EQ 警察"的年代已经结束，因为我们的重点从声音的质量转移到声场的均匀度上了。因此这个过程转变成了在系统包含均衡调整、电平设置、延时调整、扬声器摆位等的前提下，强调扩声空间的声场均匀度的最优化过程。

1　SPL Preservation Society：声压级保护协会

在早期，人们评价一个调音系统是否成功就是将均衡器的滤波器移除而已。而现在，通过我们更有经验的方法，无需重现前、后的情况就能完成对系统的评价。为了听到"之前的"声音可能要求重置扬声器、查明极性反转、设置新的张角、重新设置电平大小和延时量，还要设置一连串的不同的子系统的均衡量。最后，优化工程师的任务就变得很明确了：确保听众区域和混音位置的听感一致。

在 1987 年，我们引入了 SIM 系统——第一个多通道 FFT 分析仪的系统（最多可处理 64 个声道），它是为音响系统优化而特别设计的。SIM 系统是由一个分析仪、多路传声器和切换开关组成的，它可以存取一些均衡和延时的预置。所有这些都是基于计算机控制平台的，这个平台具有一个数据库，可存储并比较多达 16 种不同的位置或场景。这就实现了可以从多个位置去监听音响系统，并具备在其他区域察看系统的某部分改变后效果的功能。它还可以在演出时用多路传声器进行测量，以了解观众就座后对整个空间声学特性的影响。

这并不意味着我们就一帆风顺了，因为仍旧有大量令人困惑的疑难问题要我们去解决。频率响应是分为七个独立的部分来测量的，而充分描述某时刻某位置的特性的一组数据是一个 63 个参量的集合。然而四英寸的显示屏只能同时显示其中的两个参量，比较传声器的不同位置的性质必须以逐个比较作为基础（最多要操作 63 次）。形象地讲，这有点类似于透过镜头勾勒出一幅山水画。

多声道测量系统为系统细分开启了一扇大门，这个方法跨越了以松任谷由美（Yumi Matsutoya）为标志，川田绍夫（Akio Kawada）、麻栖秋良（Akira Masu）和富冈广（Hiro Tomioka）倡导的流行音乐方式。在日本，我们验证了这样一个事实：以前在音乐剧场给帕瓦罗蒂使用过的那套精尖的技术、多频段均衡以及精细配置的系统，同样也适用于大功率摇滚乐的巡演。

这个测量系统作为商品推入市场后，在 1987 年开办了它的第一次培训课程。在第一次培训课程期间，正当我阐述到传声器的放置问题和如何为系统优化进行系统细分时，我遭到了戴夫·罗布（Dave Robb）的质疑，他是一个非常有经验的工程师，他认为我对传声器的摆放太过随意。依我看来，那个绝不是随意摆放的。然而在那个时候，我也提不出更多客观的标准去反驳他的断言。从那一次尴尬以后，我对每一个系统的优化方案都努力找到一套言之成理的根据。要想知道某些做法是否可行并不是很容易，我们还应当知道它为什么可行。那些优化的方案以及从音响系统设计中总结而来的方法便是这本书的根据所在了。在 1984 年以前，我对音响系统设计这方面毫无了解。我所学的有关音响系统设计的全部知识都是从系统优化的过程中积累的。我曾拆解和重建过别人设计的音响系统，这个过程给予我独特的能力和洞察力去鉴别哪些方面比较好、哪些方面是较差或极差。我非常幸运地在具备所有种类的节目素材和标准的条件下，接触了几乎所有不同种类的设计，并使用了不同的系统和扬声器产品。我所做的就是去寻求适用于不同场合的通用解决方案，并取其精华以便在下一次的实践中提出可行的策略。

在第一次培训课开始，我在没有中断的情况下对系统进行了优化，并将我所学的知识毫无保留的讲授给所有愿意参与我们的研讨会的朋友们。桑尼在不断进步的同时还组建了一个公司，公司主要是通过运用双通道 FFT 系统来开展一些音响系统优化的业务，而从那时，系统优化开始逐渐形成一个独立的专业。

在桑尼（Thorny）和萨姆·伯科（Sam berkow）的合作下，以及杰米·安德森（Jamie Anderson）等人在随后几年的重大贡献下，SIA-SMAART 在 1995 年诞生了。这个低成本的新产品使双通道 FFT 分析仪成为声频领域的主流产品，此外它也适用于各种程度的声频专业人员使用。尽管双通道 FFT 分析仪在 1984 年就出现了，然而使它成为标准化的现场扩声设备却用了很长时间，可喜的是这一天最终来到了。如果说以前调试一个系统用了科学仪器会让人吃惊，现在人们早已司空见惯了。

从那时开始，我们拥有了更好的工具——更完备的音响系统、更先进的音响设计工具，以及更优质的分析仪，并运用它们稳步前进。虽然这一过程这是个挑战，然而我们从未改变过对此的追求。即便对此的追求在空间声扩散的声学特性分析中完全失败过，我们也从未放弃对此的追求。目前我们用以覆盖声学空间的扬声器有了极大的改善，信号处理能力也比我们原先想象的好得多。现在一些预测软件唾手可得，它能够很容易地说明扬声器间的相互作用，此外我们也买得起运算速度极快、能提供实时数据的分析仪。

我们至始至终都在致力于同样一件事情：给场馆中的每个观众营造出均匀一致的听音经历。这其实是一个完全不可逾越、无法实现的挑战。因为不存在一个绝对完美的系统配置。我们期待的最佳效果是声场尽可能地能够趋近均匀一致，我相信将来会有所改善。我们必须做一些以牺牲某些方面性能为代价来提高其他方面的性能的决策，我们希望决定是可靠的，而并非随意而为的。

本书是沿着从调音台一直到听者的信号传输路径来写的。信号在整个电子化传输过程中发生了不寻常的改变。但是一旦电波转换为声波，它就进入了在 18 世纪琼·巴缇·傅里叶（Jean Baptiste Fourier）和 19 世纪 40 年代哈里·奥尔森（Harry Olson）研究的领域。声波一旦离开了扬声器就是纯粹的模拟信号，并完全受声学环境的制约。对这些不可改变的声传播问题的研究占据本书 90% 的篇幅。

让我们花一些时间来看一下我们所面临的困难，其中最大的困难就是扬声器之间和扬声器与房间之间的相互作用。这些相互作用极其复杂，我们可以将其分成两个明显的关系：相对电平和相对相位。两个相关声源的叠加会在空间中引起增强和衰减两种独特的空间分布。实际上每个频率的叠加是不尽相同的，这就引起了一个独特的分布。我们音响系统的频率范围是 30 ～ 18000Hz，其最长和最短的波长比为 600∶1。从频率的空间分布角度来看，一个房间犹如一个每层楼设计迥异的高达 600 层的摩天大厦。我们的工作就是最大程度的发掘扬声器与房间几何形状相互作用后引发的那 600 种不同的设计。每一只扬声器单元和表面都影响了空间的声场分布，其中每个成分所扮演的角色直接与其在空间中的每个位置所贡献的能量成比例。叠加后最终的效果取决于各个频率在各个位置上相位响应的一致程度。那么我们如何了解所谓的"那些楼层的不同设计"呢？我们可以通过运用声学仿真程序去审查每层楼的设计，还可以互相对比找出它们的区别，这是在整个空间下去分析某一频率范围的观念。而通过声学分析仪可以看到不同的观点：用一根和我们手指般粗细的导管去观看（从地基到顶层）每层楼的同一位置。这是在同一个位置去分析空间中整个频率范围的观念。

这是一个使人望而生畏却易于理解的工作。本书无需通过微积分学、数学积分或微分方程等计算就能让我们了解所有的细节。繁重的计算分析工作就让分析仪和仿真程序来完成吧。我们的重点是怎么去解读这些细节，而不是去了解这些细节的本体。这就如图同医生只需读懂 X 光片，而无需知道如何制造 X 光机一样。

理解这个主题的关键以及贯穿始终的主题就是声源的特征。每只扬声器无论是大是小，都扮演其独有的角色，而且那些独有的特征是不会改变的。解决方案在本地一个单元一个单元的进行实施。我们必须学会认识整体中的个体部分，因为对于复杂的相互作用都存在一些解决方案。

这不是一个推理小说，因此结论没有必要隐藏下去直到最后才揭晓。空间均匀度的关键是分离其相互作用。如果两只扬声器单元频率覆盖稳定，那么它们必然有各自独立的覆盖范围。如果它们在相同或相近的电平下工作，那么它们的覆盖角度必然是独立的。它们的分离度可能非常微小，但它们轴上覆盖却不会交叠。如果忽视角度的独立性，并且覆盖发生了交叠，那么其中一个单元应减小其电平。扬声器和房间的相互作用同扬声器之间的相互作用很相似，那些将能量反射回扬声器的情况将是我们关注的重点，其向内的反射能力与空间均匀度呈反比例。

任何一个空间的设计方式都不是唯一的，它存在很多不同的设计方案，每一种设计在空间均匀度等其他关键标准上多少都有一些折中。然而现在保持空间均匀度和其他方面开放式的设计已成为趋势，这些设计用以补偿统计上尚未解决的问题。本文的核心将着重阐述对决定空间均匀度具有潜在影响的扬声器结构。

一旦系统设计安装完毕，就需要进行优化。如果说设计为空间的均匀度开启了一扇门，那么我们的目标就是穿过那扇门排除重重困难。设计确定后没有唯一的优化方案，只有有限的一些方案可以用来实现空间的均匀一致。优化的关键是对解决空间的均匀度决定性事件的定位和认知。扬声器和房间的相互作用随着空间上的一系列变化而产生了。这些过程彼此相互作用，但这些相互作用并不是随机的。测量传声器的位置正是我们从许许多多建筑层面观看这个过程的位置，测量传声器也能调节房间中所有方位影响。既然时间和资源都有限，我们必须准确了解测量相互作用的最优位置，以便于理解测量数据的含义。

我们经常看到考古学家提取骨骼的碎片并合成出一只恐龙的工作情景。他们的结论得出完全是基于从动物解剖学的标准化进程中提供的前后的线索。如果说这个进程是随机的，那只有 100% 化石的记录能够给予答案。从统计学的角度来审视，即使安置了几百只传声器也很难剖析到扬声器系统更多的部分，我们应当努力从每一次测量中都得到所需要的最大数据量。这就要求对事情的进程有一个预先的认识，这样我们就能够看到特定位置上的响应。就像我们所认识的，就单个位置的测量，我们几乎得不出任何结论。给定空间在整体空间中如何分布的信息对于每一次测量来说都是非常必要的，而这些测量将有益于空间中的多点。

本书阐述的是定义明确的扬声器、定义明确的设计布局以及定义明确的优化方案，它不是普通声频材料的翻版。那一类书籍唾手可得，并且对已有的声频描述都不够深入和全面。我希望通过一种简单的方式来介绍声频专业在音响系统应用中更深层次的含义，从中引出前所未有且新颖独特的见解。

在正文开始前我想说一些值得注意的要点。最值得注意的是扬声器物理结构的制造加工和安装是不存在的，因为扬声器通常是用其在空间中的声学性能来衡量的。只有个别的扬声器是例外，是用其性能来描述的。这些性能特征是讨论的基本架构，这意味着通过制造加工可以创造一个物理系统来满足全面的标准，而这样的系统却不是本书所涉及的范畴，那是纯粹的电子装置。本书所涉及的都是无重量的、无色的、无嗅的，这种装置的普通声传播特征正是我们研究的焦点，而不是某个产品的唯一特征。

第二点是关于获取特定类型节目素材的途径，例如流行音乐、音乐剧以及它们各自的会场，如体育场、音乐厅、陈列室、礼拜堂等。其中重点就是声音覆盖范围的形式，可以在给定的节目素材中通过调节合适的声压级来调整覆盖范围的大小以适应场馆的规模。正是因为场馆和节目素材的同时出现才能产生应用程序。自然科学的规律对于任何一个应用都是一样的，由于节目素材和场馆是可互换的，以至于通过这种方式去区分两者需要重复无数次。毕竟，在现代的礼拜堂描述流行音乐如同在一个石头做的大教堂进行演讲和吟诵。

第三个值得注意的方面是，在书里面能够找到有大量独有的术语，某些情况，一般用途中会出现一些修正后的标准化术语。在大多数情况下，概念上的结构是独一无二的，也找不到现行的标准。音响系统优化的初期阶段是为在此演示的过程形成一个可靠的方法或表达的集合。在某些条件下，最值得注意的名词是"交叠"，在本文里将会说明一些修改它现有用法的原因，这些原因都非常有说服力。

本书分为3篇。第1篇讲"音响系统"，其目的是探究声音传输系统、人耳听觉和扬声器的相互作用。该部分全面地讲解了信号的传输流程、途经可能遇到的一些因素以及终端如何接受信号。第2篇讲"设计"，它应用了第1篇所讲的知识去设计一个音响系统。其目的是广泛地理解和创建一个成功的传输/接受模型设计所需要的工具和技术。第3篇介绍"优化"，其重点是对设计和安装的测量，以及空间中的检证和校准。

这并非某一个人的探索，有许多志同道合的人都为这个领域做出了贡献，而这种追求和目标也是本书的主题。在开始进行这个研究时，我邀请了许多组织的成员，用自己的语言来表达他们共同的看法。我们可以从本书中听到他们的声音，我期待将来有一天你也能投身到这个领域研究中。

致 谢

本书伴随音响系统优化的过程走过了二十余年，如果没有约翰 (John) 和海伦·迈耶 (Helen Meyer) 的重大发现和鼎力相助，我也不会涉足于这个领域。他们提供了大量的财力和人力资源，这些条件恰好能够有助于研究的顺利开展并指导本书的写作。另外，我想对给我创造机会让我去进行音响系统实践提供方便的每位朋友表示感谢。在每次的实践经历中所学到的知识都是无可替代的。在此，我特别要感谢大卫·安德鲁斯 (David Andrews)、安德鲁·布鲁斯 (Andrew Bruce)、约翰·卡德纳尔 (John Cardenale)、汤姆·克拉克 (Tom Clark)、迈克·库珀 (Mike Cooper)、乔纳森·迪恩斯 (Jonathan Deans)、弗朗索瓦·德雅尔丹 (Francois Desjardin)、T.C. 弗朗 (T.C. Furlong)、罗杰·甘斯 (Roger Gans)、斯科特·格莱德希尔 (Scott Gledhill)、安德鲁·霍普 (Andrew Hope)、阿贝·雅各布 (Abe Jacob)、川田绍夫 (Akio Kawada)、托尼·米奥拉 (Tony Meola)、弗兰克·皮米斯克恩 (Frank Pimiskern)、比尔·普拉特 (Bill Platt)、皮特·萨夫 (Pete Save)、迈克·香农 (Mike Shannon)、罗德·辛顿 (Rod Sintow)、鲍勃·斯内尔格罗夫 (Bob Snelgrove) 以及汤姆·杨 (Tom Young)，多年来他们都给我提供了很多改进和提炼方法的机会，这些方法在文中都有所涉及。

我也要感谢每位参与到我的研讨会的朋友们，他们实时反馈的意见活跃了我的思维，并不断激励我坚持下去。从事这一领域的前辈和老师都在各种研讨和合作中做出了巨大的贡献，其中贡献突出的有杰米·安德森（Jamie Anderson）、萨姆·伯科（Sam berkow）、吉姆·库辛 (Jim Cousins)、毛里齐奥·拉米雷斯 (Mauricio Ramirez) 和富冈广 (Hiro Tomioka)。

我还想向我的同事致谢，他们和我分享交流经验，他们提出的个人观点给本书增色不少。

在撰写这本书的过程中，很多人给我提供了无私的帮助和指导。虽然写作对于我们来说其实是一个持久战，但在这个过程中的每个阶段都有人给我回馈意见并核对真实性。在他们的强烈要求下，我把封皮安排在早期经历以后，并设置了一些了解相关知识的途径以便于将我们以前的一些经历和先前确定的规律联系起来。这本书里有很多图示，这些图示的来源我将在此说明。图 1.15、图 1.22、图 2.29、图 2.30、图 11.12 ～图 11.16、图 12.8、图 12.21 和图 12.27 是我在 Mayer Sound [1] 工作时得到的，我获得了这些图片在本书中的使用权。图 1.2、图 1.7、图 1.8 和图 10.18 是

---

[1] Meyer Sound: 迈耶音响

通过使用 "Master of Excel" 毛里齐奥·拉米雷斯 (Mauricio Ramirez) 的文件中的计算工具得到的。图 10.14 的 3D 图形是引自格雷格·林哈里斯 (Greg Linhares) 的创作的动画。

感谢每在这本书的编写过程中帮助过我的每一位朋友，例如：Elsevier [1] 出版集团的编辑凯瑟琳·蒂尔斯 (Catherine Steers)、玛格丽特·登利 (Margaret Denley)、利萨·琼斯 (Lisa Jones) 以及斯蒂芬妮·巴雷特 (Stephanie Barrett)。此外还要感谢马戈·克鲁朋 (Margo Crouppen) 在整个出版过程中的大力支持。

如下是协助我们进行校对、提交图片或其他相关事宜的朋友，他们给与了极大的帮助，为此我深表感谢。他们是：杰米·安德森（Jamie Anderson）、贾斯廷·贝尔德（Justin Baird）、萨姆·伯科（Sam Berkow）、大卫·克拉克 (David Clark)、弗朗索瓦·德雅尔丹（Francois Desjardin）、拉里·埃利奥特（Larry Elliott）、乔希·埃文斯（Josh Evans）、约翰·亨廷顿 (John Huntington)、卢克·詹克斯 (Luke Jenks)、戴夫·劳勒（Dave Lawler）、格雷格·林哈里斯（Greg Linhares）、毛里齐奥·拉米雷斯 (Mauricio Ramirez)、汤姆·杨（Tom Young）以及亚历山大·尤尔－桑顿（桑尼）[Alexander Yuill-Thornton（Thorny）]。

最后，在整整一年的出版过程中，我的妻子梅里思（Merridith）承受着巨大的压力，她不仅是我的代理人、经纪人，还承担了编辑、校对等工作，这给了我莫大的支持。

图片的版面，从左到右：版面 1——弗朗索瓦·德雅尔丹（Francois Desjardin）、乔希·埃文斯（Josh Evans）、乔希·埃文斯（Josh Evans）、作者、毛里齐奥·拉米雷斯（Mauricio Ramirez）；版面 2——作者、作者、作者、毛里齐奥·拉米雷斯（Mauricio Ramirez）、作者；版面 3——鲍勃·马斯克(Bob Maske)、鲍勃·霍达斯(Bob Hodas)、作者本人、Kazayuki kado、米格尔·卢尔蒂 (Migeel lourtie)。

封面的照片自左向右依次是：T.C. 弗朗 (T.C. Furlong)、作者本人、乔希·埃文斯 (Josh Evans)、米格尔·卢尔蒂 (Migeel lourtie)。

1　Elsevier：爱思唯尔出版集团

目　录

第3篇 优化

第 1 篇
音响系统

第 1 章

声音的传输

transmission　名词：传输或传送；广播节目的发送。

transmit　动词：1.传递，交给，转移，通信。2.通过媒质来传输，适合热能、光能、声能、电能、新闻等的转换和传送。

摘自简明牛津词典

第一节　声音传输的目的

　　所谓传输就是将波形信号从一个地方传递到另一个地方。传输的质量是通过传输过来的信号波形与原来的信号波形相比的准确程度进行判断。我们之所以关注原始声信号或电信号的波形，其最终目的是为了能在人耳处重现原来的声波波形，但实际上成功的概率绝对达不到100%。我们寄希望于能够使波形的失真尽可能地小（比如进行损失控制），这也就是本书中阐述的所有工作努力要达到的最终目标。虽然这些听起来似乎有些令人沮丧，但是千里之行，始于足下。尽管我们的目标不能够100%地实现，但可以做到最大限度地接近目标。在工作之初，会有大量的案头工作要做，这些决定对于我们达到信号波形最小损失

这一目标会起到至关重要的方向性指导作用。现实中几乎没有完美的场地提供给我们建立音响系统，事前所作的决定也是件非常细致的工作。

　　我们所要研究的传输通道主要有三种信号传输形式：线路电平的电信号传输、扬声器电平电信号传输和声信号传输。如果传输链路上任何一个环节出现了问题，就会满盘皆输。传输通路中最为薄弱的环节就是扬声器到听音者间的声波传输。要想在这一通路中重现原始信号要克服许许多多困难，越过很多障碍（也就是声反射和音响系统中其他扬声器辐射来的声波），除非我们能保证准确地再现，完全没有延时，否则这些困难和障碍都会造成波形的失真。本章将从传输属性的讨论开始，它是信号通路的各个环节中具有共性的内容（如图 1.1 所示）。

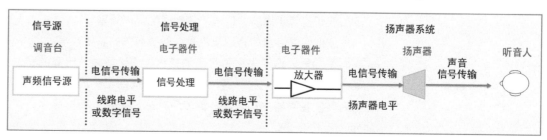

图 1.1　从信号源至听音者的信号传输流程图

第二节　声频信号传输的定义

声频信号是一种持续变化的信号：它通过分子和电子的运动将能量从振动源转移出来。当声频信号停止变化时，声频信号也就中止了。虽然声频信号是向外传播的，但是分子和电子只是在固有位置前后移动，决不会离开这一位置，它们总是会回到原始的位置。这种变化的范围就称为幅度，也称为振幅。围绕原始位置变化一周就称为一个循环，即一个周期。周期以秒（s）为单位来表示其所经历的时间，有时根据实际需要也常使用毫秒（ms）为单位表示。周期的倒数就是频率，它是指每秒完成的循环变化数量，以赫兹（Hz）为单位表示。这种连续的往复变化并没有确定的起始和结束点，循环可以从任何一点开始，只要回到同一位置就认为完成了一次周期变化。循环变化的这种属性需要我们找出一种能确定循环位置的方法，其参量就是所谓的信号相位，相位值用度（°）来表示，范围从 0°（原点）到 360°（完整循环的终点）。循环的一半对应的相位就是 180°。

所有的传输均需要借助媒质来完成，这里的媒质也就是由分子和电子构成的实体。在本书中，主要的媒质就是电缆（传输电信号）和空气（传输声信号），但也存在一些中间过渡性媒质，比如磁性和机械性媒质。媒质间声能的转换过程就称之为换能。在特定的媒质中完成一次运动循环所跨越的物理距离称之为波长，用长度单位来表示，一般用米（m）和英尺（ft, feet）为单位。对于给定频率下的波长值等于媒质中信号的传输速度除以频率。

波形幅度参量的物理属性是与媒质有关的。在声学中，媒质是空气，振动表现为气压的变化。比环境大气压高的半个周期称为稠密区，而比环境大气压低的半个周期称为稀薄区。扬声器向前运动导致空气产生稠密区，而向后运动则产生稀薄区。

扬声器纸盆的运动并不是像风扇那样将空气推出房间。如果房间很热，多么响的音乐也是不可能让它凉下来的。空气只是在原地做前后往复运动。传输是通过媒质来实现的，这是重要的特征。多个传输过程（这些传输过程甚至可以来自不同的方向）可以通过媒质同时进行。

电子的压力变化表示为正向和负向的电压。这种围绕某一固定电压上下变化的运动被称之为交流（AC）信号。而始终维持在恒定值上的电压则被称之为直流（DC）。

我们在提出音响系统的设计与优化解决方案时需要充分理解频率、周期和波长之间的关系。

1.2.1　时间与频率

首先从单音简谐信号开始，单音简谐信号也称为正弦波信号，其频率（F）与周期（T）间的关系为：

$$T = 1/F \ 和 \ F = 1/T$$

这里 T 是以秒为单位表示的一个循环周期所用的时间，F 是每秒的循环数，单位为 Hz。

为了能清楚地说明问题，在此以常用的频率和延时为例：频率为 1000Hz（或 1kHz），时间为 1/1000s 或 1ms。

如果知道了频率，就可以求出周期；反之已知周期，也可以求出频率。故：

$$F = 1/T \quad 1000Hz \quad \Leftrightarrow \quad 1/1000s$$
$$1000Hz \quad \Leftrightarrow \quad 0.001s$$
$$1000Hz \quad \Leftrightarrow \quad 1ms$$
$$T = 1/F \quad 0.001s \quad \Leftrightarrow \quad 1/1000Hz$$
$$1ms \quad \Leftrightarrow \quad 1/1000Hz$$

对于本书的大部分内容，我们将时间周期简写为"时间"，以表示特定频率的周期持续时间（如图 1.2 所示）。

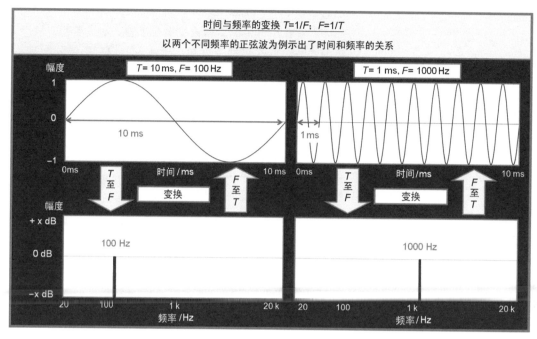

图 1.2 幅度与时间关系转换成幅度与频率关系

频率是大多数人都了解的参数，因为它和音乐中的"音调"有着非常密切的关系。大多数声频工程师毕生都痴迷于物理声学，在涉及到音乐术语时首先想到的也是这个词。然而我们必须跳出频率／音调这一简单的关系去思考问题，因为我们的工作是"调谐"音响系统，而不是给乐器调音。制定音响系统优化解决方案需要我们充分理解频率、周期和波长两两之间在上文谈到的声音传输链路中的关系。频率为 1kHz 的信号与 1ms 的周期是密不可分的，其关系与媒质和环境温度无关，也不需要标准化委员会去规定，它是声频领域中少有的具有绝对关系的几个参量之一。如果声频信号是在电缆中传输的，那么对这两个参量的探讨会在文中展开得十分充分；如果考虑声音在空气中的传播，那么就需要增加第三个参量，即波长。空气中的 1kHz 信号对应的波长相当于普通成人的肘关节到腕关节的

长度。1kHz 时的所有行为表现均受其时间周期和波长的制约。因此我们优化系统的第一个原则就是抛开声音信号表面的现象，而去关注这三个参数所引发的更深层次的内容。

1.2.2 波长

波长的长短是与其在媒质中的传输速度成正比的。对于给定频率的声信号，其对应的电声信号的波长与其并不一致（大约比声信号的波长长 500000 倍以上）。如果媒质发生了改变，其传输速度和波长均会随之变化。

波长的公式为：

$$L = c/F$$

这里 L 代表波长（通常情况下，我们用 λ 表示波长，译注），单位为 m，c 代表声波在媒质中的传播速度，F 表

示的是频率，单位是 Hz。

声音在空气中的传播速度是最慢的。水是声音非常出色的媒质，其在传播速度和高频响应上均有不错的表现；但是使用它作为传播媒质搭建扩声系统会存在被电击和溺水的危险（花样游泳除外）。因此我们还是以空气为媒质来设计音响系统。

空气中的声音速度用表 1.1 所示的公式表示：

表 1.1　　　　　空气中的声音速度

一般性描述	英制 / 美制计量	公制计量
0℃时空气中的声音速度	1052ft/s	331.4m/s
+ 环境空气温度影响产生的速度增量	+ (1.1 × T℉) 这里 T 是华氏温度	+ (0.607 × T℃) 这里 T 是摄氏温度
= 在环境温度下声音的传播速度	= c ft/s	= c m/s

当环境温度为 22℃时：

$$c = (331.4 + 0.607 \times 22)\ m/s$$

$$c = 344.75 m/s$$

大多数的专著中都给出了人耳可闻声的频率范围：20Hz ～ 20kHz。很少有扬声器能够以一定的功率电平很明显地重放出像 20Hz 或 20kHz 这样的极低或极高的声频频率的频谱成分。实际上我们在讨论问题时，更愿意采用非正规的频率范围限定：31Hz（5 弦倍司的 B^b 音）至 18kHz。这一频率范围所对应的波长范围约为航海集装箱的长度到人的手指宽度。最长的波长约比最短波长长 600 倍（如图 1.3 ～图 1.5 所示）。

为什么要对波长这一参量如此关注呢？毕竟目前还没有声学仪器能够对这一参量进行直接的读数显示，也没有哪个信号处理设备是按照这一参量来调校的。值得庆幸的是，在现时的有些应用中我们可以忽略波长因素，比如：在无反射的自由声场空间里使用单只扬声器，而在除此之外的其他应用中，波长就不是简单的可有可无的参量，而是起决定性作用的参量。波长是声波进行叠加时要考虑的关键参量。给定频率的信号混合是受声波波数制约的。关于这一问题会在本书的第 2 章进行详细地专门阐述。波长的混合可能产生最大程度的叠加，也可能产生最大程度的抵消。由于我们涉及的工作许多都是和混合相关联的，所以要对波长有更深层次的理解。

波长参考表				
频率 (Hz)	周期 (ms)	波长（室温下） (m)	(ft)	类比的尺寸
20	50.00	17.24	56.56	
25	40.00	13.79	45.07	标准海运集装箱
32	31.75	10.94	35.77	
40	25.00	8.62	28.17	卡车的长度
50	20.00	6.90	22.54	标准海运集装箱长度的 1/2
63	15.87	5.47	17.89	SUV 车的长度
80	12.50	4.31	14.09	轿车的总长度
100	10.00	3.45	11.27	小型家用轿车的长度
125	8.00	2.76	9.01	卡车的宽度
160	6.25	2.15	7.04	沙克奥尼尔的身高
200	5.00	1.72	5.63	成人平均身高
250	4.00	1.38	4.51	成人肩部的高度
315	3.17	1.09	3.58	
400	2.50	0.86	2.82	
500	2.00	0.69	2.25	成人臂膀的长度
630	1.59	0.55	1.79	
800	1.25	0.43	1.41	
1 000	1.00	0.34	1.13	成人肘部到腕部的长度
1 250	0.80	0.28	0.90	成人男子的脚长
1 600	0.63	0.22	0.70	成人女子的脚长
2 000	0.50	0.17	0.56	成人八个手指的宽度
2 500	0.40	0.14	0.45	
3 150	0.32	0.11	0.36	CD/DVD 的直径
4 000	0.25	0.086	0.28	成人四个手指的宽度
5 000	0.20	0.069	0.23	
6 300	0.16	0.055	0.18	
8 000	0.13	0.043	0.14	成人两个手指的宽度
10 000	0.10	0.034	0.11	
12 500	0.08	0.028	0.09	
16 000	0.06	0.022	0.07	成人单个手指的宽度
20 000	0.05	0.017	0.06	

图 1.3　对于标准的 1/3 倍频程频率，（室温下）频率、周期和波长一览表

(b)　图 1.4　短波长长度对应的人肢体长度的简易参考基准

温度对声速的影响						
°C 米制	C 声速	△	△C	°F 英制	C 声速	△
温度 (°C)	速度 (m/s)	温度变化度 (°C)	声速变化 (%)	温度 (°F)	速度 (ft/s)	温度变化度 (°F)
0.0	331.4	−22.2	3.9%	32	1087	−40
1.1	332.1	−21.1	3.7%	34	1089	−38
2.2	332.7	−20.0	3.5%	36	1092	−36
3.3	333.4	−18.9	3.3%	38	1094	−34
4.4	334.1	−17.8	3.1%	40	1096	−32
5.6	334.8	−16.7	2.9%	42	1098	−30
6.7	335.4	−15.6	2.7%	44	1100	−28
7.8	336.1	−14.4	2.5%	46	1103	−26
8.9	336.8	−13.3	2.3%	48	1105	−24
10.0	337.5	−12.2	2.2%	50	1107	−22
11.1	338.1	−11.1	2.0%	52	1109	−20
12.2	338.8	−10.0	1.8%	54	1111	−18
13.3	339.5	−8.9	1.6%	56	1114	−16
14.4	340.2	−7.8	1.4%	58	1116	−14
15.6	340.8	−6.7	1.2%	60	1118	−12
16.7	341.5	−5.6	1.0%	62	1120	−10
17.8	342.2	−4.4	0.8%	64	1122	−8
18.9	342.9	−3.3	0.6%	66	1125	−6
20.0	343.5	−2.2	0.4%	68	1127	−4
21.1	344.2	−1.1	0.2%	70	1129	−2
22.2	344.9	0.0	0.0%	72	1131	0
23.3	345.6	1.1	−0.2%	74	1133	2
24.4	346.2	2.2	−0.4%	76	1136	4
25.6	346.9	3.3	−0.6%	78	1138	6
26.7	347.6	4.4	−0.8%	80	1140	8
27.8	348.3	5.6	−1.0%	82	1142	10
28.9	348.9	6.7	−1.2%	84	1144	12
30.0	349.6	7.8	−1.4%	86	1147	14
31.1	350.3	8.9	−1.6%	88	1149	16
32.2	351.0	10.0	−1.8%	90	1151	18
33.3	351.6	11.1	−2.0%	92	1153	20
34.4	352.3	12.2	−2.2%	94	1155	22
35.6	353.0	13.3	−2.3%	96	1158	24
36.7	353.7	14.4	−2.5%	98	1160	26
37.8	354.3	15.6	−2.7%	100	1162	28

图 1.5　不同温度下的声音速度、周期和频率关系表

温度的影响

如前所述，空气中声音的传播速度与环境的温度有一定的关系。当环境温度升高时，声音速度提高，同时波长变长。这种现象或多或少会对音响系统的响应，以及演出的长度关系产生影响，因为即便是在环境可控的情况下，温度也是一个主观的变量。虽然在设计音响系统时很关注这一问题，但是该因素在整个设计方案中并不扮演十分重要的角色。一个设计上存在很大缺陷的音响系统也不可能通过改变天气条件而发生本质性的改善。通过对大面积的

1

观众席区域进行环境分析，并以此对房间声学设计方案进行修正也不是一个可行的方法。在本文的讨论中，我们将声音的传播速度确定为室温下的速度。

温度和声速间的关系可以近似地表示如下：5℃或者 10 ℉ 的温度变化可以引起 1% 的声速改变。

1.2.3　波形

关于声频信号复杂性并没有限制。多个频率成分的波形同步叠加，可以产生一个新的、由这些信号叠加而成的唯一信号。这种复合而成的信号就是波形，它是由可变幅度和相位关系的声频频率简谐信号混合叠加而成的无限多个信号中的一个。波形的复杂形状取决于组成它的各频率成分的属性，以及它们的实时变化情况。其中的一个重要参量就是对叠加波形起作用的每个信号的频率成分（如图 1.6 ～图 1.8 所示）。如果是不同频率的两个信号叠加，那么叠加后的波形将具有这两个信号波形的各自属性。较高的频率将会叠加到较低频率波形之上。它们各自的相位将会影响总体的波形形状，但是不同的频率将会维持其各自的特性。这些频率成分可以在此后再通过滤波器（比如我们的耳朵）分离开来。当相同频率的两个信号叠加时，所产生的新的特定信号是不能通过滤波分开的，在此情况下，它们之间的相位关系是确定混合波形属性的决定因素。

模拟类型的波形有：电、磁、机械、光和声等形式；数字声频信号的典型形式有：电、磁或光，但在此数字数据转换的机制并不是关键的。只要我们以足够快的速度移动打卡卡片就能读取数据。每种媒质以适合特定传输模式的不同能量形式来跟踪波形，弥补其不足和限制。当将波形用数学表现形式来观察时，数字声频是最易于理解的。对于这些讨论，它们与模拟形式并没有区别，任何势能形式都可以用数学的方法量化。

波形术语参考表			
名称	符号	单位	描述
循环			声频信号历程的一次循环旅程
周期	T	(s)	完整一次循环所需要的时间
频率	F	(Hz)	1 秒完成的循环数
波长	λ		完整一次循环经过的距离
相位	Φ	(度)	循环完成百分比的径向角度表示
幅度	V	V	声频电信号电平的绝对值
	Vrms	V	均方根电压。它表示的是等效于过零点之上和之下 AC 信号的 DC 电压
	Vpeak	V	过零点之上或之下的最大电压
	Vp-p	V	正向与负向电压最大值的差值
	dB	dB	两个信号的电平比值
	dBV	dB	相对于 1V RMS 值的电平比值
	dBu	dB	相对于 0.775V RMS 的电平比值
	dB SPL	dB	相对于听力阈值的声压级比值
波形因数		dB	信号的峰值和有效值的比值
波形			以幅度与时间关系的形式表示的声频信号

图 1.6　用于描述和量化声音波形的一些常用术语和基准

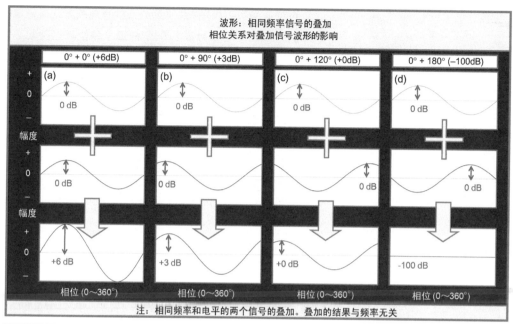

图 1.7　相同频率和振幅的信号，具有不同相位关系时的混合：(a) 相对相位为 0° 时，振幅提高 6dB；(b) 相对相位为 90° 时，振幅提高 3dB；(c) 相对相位为 120° 时，振幅不变；(d) 相对相位为 180° 时，振幅为 0，信号完全抵消

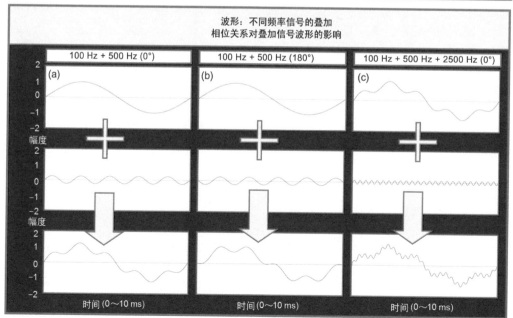

图 1.8　频率、振幅、相位均不相同时的混合：(a) 第二个信号的频率是第一个的 5 倍，且幅度比第一个低 12dB，相对相位为 0°。应注意的是，在混合后的波形中仍可以看出原来信号的频率；(b) 与 (a) 一样，只是相对相位变成了 180°，这时从混合信号波形中并看不出抵消现象，这时高频轨迹的走向发生了移动，而低频轨迹的走向没有发生变化；(c) 在 (a) 中混合信号的基础上又增加了第三个信号，该信号的频率是最低频率的 25 倍，但电平低 18dB；所有频率成分的相位关系均匹配，这时在混和信号中三个频率均能清楚地看出

声频信号可以用图 1.9 所示的三种不同的方式来形象地表示。一个周期可以分成各 90° 的四个象限。这种动态的形式描绘出了信号从静止点到正负向最大幅度并最终返回到原点的情况。这代表了空气中质点在像扬声器这样的声源能量作用下的运动情况。这也有助于形象地表示质点是前后运动，而不是离开扬声器的方向运动。扬声器不应与鼓风机相混淆。质点运动的最大位移是发生在周期运动的 90° 和 270° 点上。随着幅度的增大，质点离开平衡点的位移也增大。当频率提高时，完成一个周期运动所用的时间会减少。

径向形式的表示法是将信号视为做圆周运动。波形原点对应着起始点的相位值，它可以是圆上的任何一点。当返回到原点的相位值时，信号就完成了一个周期。这种表示法揭示了相位在信号中所扮演的角色。任何两个声源信号在这一径向图的相对位置差就决定了信号在混合叠加时系统的反应。

正弦波对声频工程师是再熟悉不过的了，它可以通过任何种类的示波器来观察，它可以跟踪幅度随时间的变化，并根据信号通过的时间先后描绘出波形的轨迹。它表示出了换能器随时间变化的运动情况，以及电压值随时间的变化。模数转换器捕捉信号的波形，并将波形幅度随时间的变化转换成对应的数值。

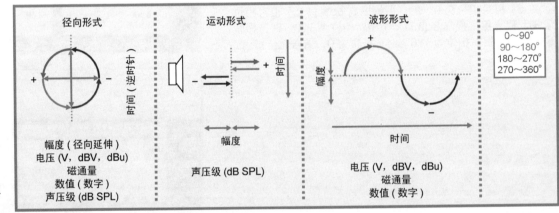

图 1.9　声频信号波形的三种表示方法

业界评论：我曾经尝试将合乎逻辑、合理的和物理学上的解释引入到声频应用问题上。从中发现：当引发事件的原因还是个"谜"的时候，说明我们对分析问题出现的原因所必需的数据掌握得还不充分，或者还不了解产生所观察到的现象的外力因素。

戴夫·拉维尔（Dave Revel）

第三节　传输的量化

1.3.1　分贝

传输的信号幅度也称为级，最为常用的表示形式是分贝（dB），它是描述两个测量值间比值的单位。分贝采用的是对数比例系统，主要是描述非常大范围上的数值比值。利用分贝表示法可以更好地将人们对声级的感知与客观数字吻合在一起，通常情况下人们对声级的感知也是呈对数形式的，应用于传输上的分贝表示形式有很多种。因为分贝是基于比值的，它始终是一个相对的度量，因此接下来的问题就是：比值的基准值是什么？有时我们想要比较相对固定标准的级数。由于声频信号是实时变化的，所以比较两个未知信号的相对值也是很有意义的，比如设备的输出电平和输入电平之比，就是我们所熟知的设备增益。如果输入和输出的电压值一样，那么输出与输入之比为 1，也称为单位增益，或 0dB。如果输出的电压比输入电压高，则增益值大于 1，这时用正的分贝值表示；反之如果输出比输入小，则增益小于 1，这时用负的分贝值表示，这就意味着净损耗。输入或输出的实际数值并不重要。dB 增益值反映出了两者间的电平变化。

在声频领域中主要使用两种类型的对数公式：即

$$相对电平（dB）= 20\lg L_1/L_2$$

$$相对功率（dB）= 10\lg P_1/P_2$$

（式中 L_1、L_2 和 P_1、P_2 分别代表电平 1、电平 2 和功率 1 和功率 2，译注）

与功率相关的公式采用的是 10lg 的形式，而像与声压和电压相关的公式则使用 20lg 的形式。重要的是要记住在使用正确的公式时，电压加倍，对应的变化是 6dB；而功率加倍时，对应的变化是 3dB。在大多数情况下，人们都使用 20lg 的形式，因为声压级（dB SPL）和电压是人们制定方案的基本出发点。图 1.10 给出了比值与对应分贝值的参考表。

对于 Microsoft Excel 的使用者，图 1.11 给出了一个方便的快捷工具，即用 Excel 的公式工具来进行对数计算。

分贝比值参考表							
20 x log(参量级₁/ 参量级₂)				10 x log(功率₁/ 功率₂)			
电压 (SPL)							
电压(V)				功率(P)			
电流(I)							
数值	比值	数值	比值	数值	比值	数值	比值
(dB)	(L_1/L_2)	(dB)	(L_1/L_2)	(dB)	(P_1/P_2)	(dB)	(P_1/P_2)
0.0	1.00	0.0	1.00	0.0	1.00	0.0	1.00
1.0	1.12	-1.0	0.89	0.5	1.12	-0.5	0.89
2.0	1.26	-2.0	0.79	1.0	1.26	-1.0	0.79
3.0	1.41	-3.0	0.71	1.5	1.41	-1.5	0.71
4.0	1.59	-4.0	0.63	2.0	1.59	-2.0	0.63
5.0	1.78	-5.0	0.56	2.5	1.78	-2.5	0.56
6.0	2.00	-6.0	0.50	3.0	2.00	-3.0	0.50
7.0	2.24	-7.0	0.45	3.5	2.24	-3.5	0.45
8.0	2.51	-8.0	0.40	4.0	2.51	-4.0	0.40
9.0	2.82	-9.0	0.35	4.5	2.82	-4.5	0.35
10	3.16	-10	0.32	5.0	3.16	-5.0	0.32
12	4.00	-12	0.25	6.0	4.00	-6.0	0.25
14	5.00	-14	0.20	7.0	5.00	-7.0	0.20
15	5.63	-15	0.18	7.5	5.66	-7.5	0.18
18	8.00	-18	0.13	9.0	8.00	-9.0	0.13
20	10	-20	0.10	10	10	-10	0.10
26	20	-26	0.05	13	20	-13	0.05
32	40	-32	0.025	16	40	-16	0.025
38	80	-38	0.013	19	80	-19	0.013
40	100	-40	0.010	20	100	-20	0.010
60	1,000	-60	0.001	30	1,000	-30	0.001
80	10,000	-80	0.0001	40	10,000	-40	0.0001
100	100,000	-100	0.00001	50	100,000	-50	0.00001

图 1.10　输出与输入之比转换成 dB 的速查表。为了将所给电平与标准电平相比较，那么 L_1 就是所给定的电平，L_2 就是标准电平；为了得到设备的增益，L_1 就是输出电平，而 L_2 就是输入电平。同样，如果将参量替换成功率参量，也可以同样的方式得到功率增益

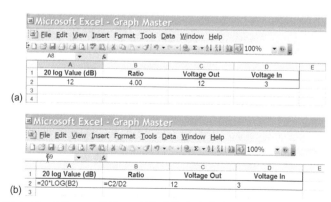

图 1.11　Microsoft Excel 的对数公式参考图表

1.3.1.1　电子学中使用的分贝：dBV 和 dBu

电子学中的信号传输使用的分贝度量是为表现电压电平。工程师之所以喜欢用分贝刻度而不是用线性刻度来表示参量，是因为这样的表示使用起来更加容易。当使用线性表示方法表示信号参量时，会用微伏、毫伏和伏为单位表示数值和范围。这样的度量方法跟踪象音乐这样的变化信号是比较困难的。如果打算将信号的电平加倍，就首先要知道原始信号的电压，然后计算出它的倍数值。对于音乐这样的动态变化信号任意时刻的电平都是不一样的，进行这样的计算是不实际的。分贝度量的是独立于绝对数值的相对变化数值。因此如果打算使电平加倍，就可以通过电平增加 6dB 来实现，而不用去管原始数值如何。我们也可以让分贝值与固定的标准值建立一定的联系，将固定的标准值定为"0dB"。电平相对值在这一标准值之上或之下就用 +dB 或 -dB 来表示。如果标准是唯一的，那么就再简单不过了，但行业中传统的标准有几个，其中 dBV 和 dBu 是当前最常用的两个，它们分别是以 1.0V 和 0.775V（600Ω 上 1mW 功率消耗对应的电压）作为基准值的。在两者之间存在着固定的 2.21dB 差距。为了使用上的方便，本书中使用 dBV 作为标准值，对于习惯于使用 dBu 标准的人可以在 dBV 数值之上加上 2.21dB 即可。

$$电平（dBV）= 20\lg L_1/1V$$

$$电平（dBu）= 20\lg L_1/0.775V$$

与电压相关的 dB 度量的主要目地就是优化电子设备的工作范围。电子设备工作范围的上下限是绝对值，而不是相对值。本底噪声是稳定的平均电平，削波点电平也是固定值。这里采用 dBV 来表示上下限电平数值，信号的绝对电平必须处在这两个限制电平之间，才能避免信号被噪声掩盖或出现失真。这两个限制之间的区域就是电子设备的线性工作区。在系统设计时，要确保电子设备的工作电平有合适的比例，使信号正常通过。

如果所获取的声频信号波形是电的形式，那么当电流可以忽略的电压电平加到系统上时功率消耗最小。除非是功率放大器的输出端，否则当低阻输出部分与高阻输入耦合时，是不用去考虑功率级的问题。功率放大器可以视为电压驱动的输入设备，其功率级输出去驱动扬声器。放大器具有极大的电流和电压提升能力。图 1.12 所示的是系统信号流程中各个环节的标准工作电平基准表。传输信号的目标就是让流经系统的信号处于所有电子设备的线性工作电压范围，而不会跌落到本底噪声电平之下。

还有另外一组在 dB 电压后面后缀文字的表征方式，其作用是说明电压测量是短时峰值还是平均值。表征 AC 信号要比表征 DC 信号复杂得多。表征 DC 信号只需给出基准值之上或之下的伏特数即可，而 AC 信号是起伏变化的。如果对 AC 信号进行时间上的平均，则可以得出这样的结论：正负变化的 AC 信号经过平均后为 0V。将手指放到 AC 电源上就会立即警告我们平均电压为 0V，并不代表能量也是 0。儿童千万不要在家里做这种尝试。

AC 波形上升到最大值，返回到零，再下降到最小值，然后再回到零。不论是正向还是负向，峰值与零点之间的电压都称之为峰值电压（peak voltage，V_{pk}）。正向峰值和负向峰值间的电压值称为电压的峰峰值（peak-to-peak，V_{p-p}）。将 AC 电压等效成 DC 电路电压，则称之为均方根（root-mean-square，RMS）电压（V_{RMS}）。峰峰值自然是峰值的两倍，而 RMS 值是峰值的 70.7%。

所有这些因素转换成与电压相关的 dB 表示方法，就分别用 dBV_{pk}、dBV_{p-p} 和 dBV_{RMS} 表示。峰值和 RMS 值间 70.7% 的差异相当于 3dB。

声频信号电平参考表							
声频信号电平			传声器电平	线路电平	扬声器电平		
Voltage (Volts)	dBV	dBu	250 Ω (Watts)	1k Ω (Watts)	16 Ω (Watts)	8 Ω (Watts)	4 Ω (Watts)
89	39	41.2			512	1024	2048
63	36	38.2			256	512	1024
45	33	35.2			128	256	512
32	30	32.2			64	128	256
22	27	29.2			32	64	128
16	24	26.2		250 m	16	32	64
11	21	23.2		125 m	8	16	32
8.0	18	20.2		63 m	4	8	16
5.6	15	17.2		32 m	2	4	8
4.0	12	14.2		16 m	1	2	4 X 正常
2.8	9	11.2		8 m	500 m	1	2
2.0	6	8.2		4 m	250 m	500 m	1
1.4	3	5.2		2 m	125 m	250 m	500 m
1.0	0	2.2		1 m X 正常	63 m	125 m	250 m
707 m	-3	-0.8			31 m	63 m	125 m
500 m	-6	-3.8			16 m	31 m	63 m
356 m	-9	-6.8			8 m	16 m	31 m
250 m	-12	-9.8			4 m	8 m	16 m
178 m	-15	-12.8			2 m	4 m	8 m
125 m	-18	-15.8			1 m	2 m	4 m
89 m	-21	-18.8				1 m	2 m
63 m	-24	-21.8					1 m
45 m	-27	-24.8					
32 m	-30	-27.8	250 m				
22 m	-33	-30.8	125 m				
16 m	-36	-33.8	63 m				
11 m	-39	-36.8	32 m				
8.0 m	-42	-39.8	16 m				
5.6 m	-45	-42.8	8 m				
4.0 m	-48	-45.8	4 m				
2.8 m	-51	-48.8	2 m				
2.0 m	-54	-51.8	1 m X 正常				
1.4 m	-57	-54.8					
1.0 m	-60	-57.8					
707 μ	-63	-60.8					
500 μ	-66	-63.8					
356 μ	-69	-66.8					
250 μ	-72	-69.8					
178 μ	-75	-72.8					
125 μ	-78	-75.8					
89 μ	-81	-78.8					
63 μ	-84	-81.8					
45 μ	-87	-84.8					
32 μ	-90	-87.8					
22 μ	-93	-90.8					噪声
16 μ	-96	-93.8					
11 μ	-99	-96.8		噪声			
8.0 μ	-102	-99.8					

图 1.12 声频传输中各级的典型工作电压和功率基准参考表，其中所有的电压均为 RMS 值

业界评论：系统优化始于良好的系统设计，而接下来的各种处理就要以建筑结构和关键的听音结果来进行了。

萨姆·伯科（Sam berkow），SIA 声学 & SIA 软件有限公司创始人

波形因数

对于不同的节目素材，其峰值与 RMS 的比值是变化的，对于不同的节目素材，人们用波形因数（crest factor）这一术语来描述这种变化的峰值 /RMS 比值（如图 1.13 所示）。具有最低波形因数（3dB）的波形可能要算是正弦波了，它的峰值 /RMS 为 1.414（或者说 RMS/ 峰值的比值为 0.707）。如果信号是多频的，则多个频率成分的存在导致信号产生瞬时叠加，这种叠加会使得信号瞬时的峰值比信号任何其他的部分的电平都要高，这就是所谓的瞬态峰值。大多数声频信号的瞬态是信号本身所固有的，像脉冲信号这样的强瞬态信号具有极高的峰值和非常小的 RMS 值。瞬态信号的峰值与 RMS 之比要比正弦波信号大得多。从理论上讲，我们对最大值并没有限制，但是随着波形因数的加大，就要求声频系统具有更大的动态范围。对于音乐信号，其典型的波形因数为 12dB。由于系统传输的是瞬态和连续变化的信号，所以必须保证系统有足够大的动态范围，以便使瞬态峰值处于线性工作区。对于正弦波信号，系统在使其正常通过时存在一个附加的动态范围，这一附加动态范围的大小称之为系统的动态余量或峰值储备（headroom），工程上所定的目标范围是 12dB。

1.3.1.2 声学上使用的分贝：dB SPL

在声学信号的传输上，人们喜欢用 dB SPL（sound pressure lever，声压级）为单位来描述声传输的特性，所测得的该量值反映出声压在环境大气压上下的变化情况，它的基准（0dB SPL）是人平均的听力阈值。用来表示声压的线性刻度单位之一是 dynes/cm^2，0dB SPL 的对应值为 0.0002dynes/cm^2（1mbar，微巴）。这一基准值比空气媒质的噪声声级还要低一些，空气媒质的噪声是空气分子随机热运动产生的。对声级度量的另一限定就是人耳听觉系统的痛阈，该值并不是恒定的，它约为 120 ～ 130dB SPL，现

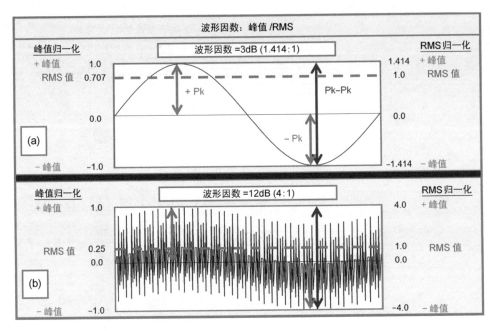

图 1.13　波形因数、RMS、峰值和峰 - 峰值。（ a ）正弦波的波形因数最低，只有 3dB ；（ b ）有很强瞬态的复杂波形例子，其波形因数为 12dB

在有些文献给出的数据比这还要高一点（如图 1.14 所示）。在任何情况下，该值代表了人的听觉系统的痛阈，人暴露在这样的环境下存在着听力损伤的危险。

声级（ dB SPL ）= 20 lg P/0.0002

这里 P 为声压的 RMS 值，单位为 mbar(dynes/cm^2)。

对不起：您平时用 mbar 和 dynes/cm^2 来描述声压吗？

实际上，大部分声频工程师对这样的声压测量单位并不熟悉，常常容易产生混淆的另外一个单位量是 20mPa（微帕）。对于大多数声频工程师，他们更多的是理解 dB SPL：人的听力呈现的是指数关系，多年来人们都是使用声级计来度量声级的。对 0dB SPL 的认证是标准制定部门和实验室研究人员的事。我们中间几乎没有人会在扩声现场碰到用达因、微巴或微帕这样的单位来工作的，也很少会在扩声现场与其他人争论声级计是否校准正确的问题。人们可能会为谁用的测量仪更准确而争得面红耳赤，直到最后有

人认输为止，甚至会有人为此跑趟相关标准部门，在工作现场我们充分相信测量传声器的生产厂家。我们会非常留意不同测量设备、传声器间的微小差异，但不会去站在主观的角度研究同一区域的绝对声压级数值。

人的可闻阈值与痛阈间存在 130dB 的差值，这可以视为听觉系统的动态范围。实际上我们很少使用整个这一范围，因为并没有本底噪声如此之低的理想听音场地。另外人耳听觉系统在声级达到痛阈之前会产生明显的谐波失真，对于有些人在感觉到耳朵疼痛之前其声音感知会退化。从实际的角度出发，我们需要找到一个线性的工作范围，就像我们在电信号传输中考虑的那样。这一范围覆盖环境本底噪声到人耳对声音产生不愉悦失真听感的声压级区域。我们所设计的音响系统的本底噪声必须低于房间的噪声声级，并且有足够的连续功率和峰值储备使其达到所要求的最大声级。

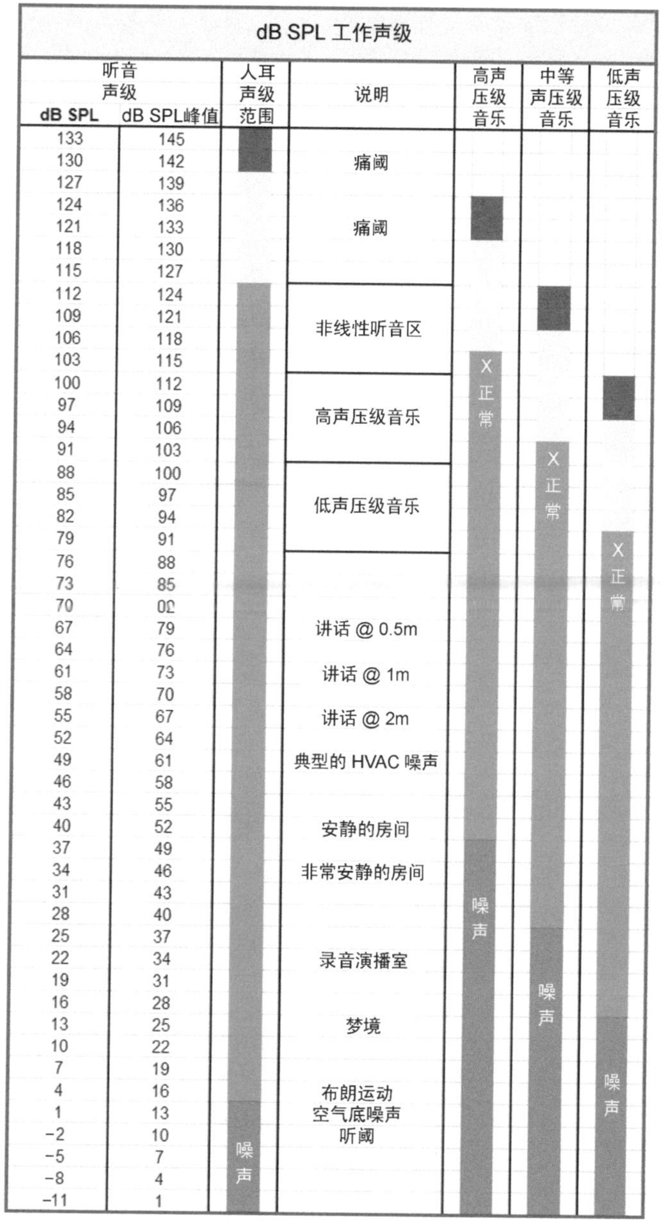

dB SPL 工作声级						
听音声级		人耳声级范围	说明	高声压级音乐	中等声压级音乐	低声压级音乐
dB SPL	dB SPL峰值					
133	145		痛阈			
130	142					
127	139					
124	136		痛阈			
121	133					
118	130					
115	127					
112	124		非线性听音区			
109	121					
106	118					
103	115					
100	112		高声压级音乐	X 正常		
97	109					
94	106					
91	103					
88	100		低声压级音乐		X 正常	
85	97					
82	94					
79	91					X 正常
76	88					
73	85		讲话 @ 0.5m			
70	82					
67	79					
64	76		讲话 @ 1m			
61	73					
58	70		讲话 @ 2m			
55	67					
52	64		典型的 HVAC 噪声			
49	61					
46	58					
43	55		安静的房间	噪声		
40	52					
37	49		非常安静的房间			
34	46					
31	43					
28	40				噪声	
25	37		录音演播室			
22	34					
19	31					
16	28		梦境			
13	25					
10	22					噪声
7	19		布朗运动			
4	16	噪声	空气底噪声			
1	13		听阈			
-2	10					
-5	7					
-8	4					
-11	1					

图 1.14　典型工作声级与人耳动态范围间的关系图

dB SPL 的衍生单位

dB SPL 同电压单位型似，也有平均值和峰值之分，但 SPL 数值的不同之处在于其在计算中会包含有时间常数。

- dB SPL 峰值：在测量周期内最高声压级就是峰值声压级（dB SPL$_{pk}$）。

- dB SPL 连续（快速）：它是指积分时间为 250ms 时的平均 SPL。积分时间是为了模拟人耳听觉系统对 SPL 的感知。我们的听觉系统并不感知连续的 SPL，而是感知约 100ms 内的声压级值。快速积分的时间已经长到足以让测得的 SPL 与人对声压级的感知相吻合。

- dB SPL 连续（慢速）：它是指积分时间为 1s 时的平均 SPL。较慢的时间常数模拟的是长时间暴露于持续声音下的听音感知。

- dB SPL LE（长期）：它是指非常长的时间周期（一般指数分钟）上的平均 SPL。这种设定常常用来监测室外音乐演出场地的声压级，以免附近的邻居抱怨噪声扰民。过大的 LE 读数可能要让乐队大大地破费一笔了。

dB SPL 可以被限制于某一特定的频段上。如果没有指定带宽，就假定是指 20Hz ～ 20kHz 的全频带。了解了声级计上 120dBSPL 的读数并不意味着扬声器能在所有的频率上都会发出 120dBSPL 的声压级，这一点是很重要的。120dB 的数值是对所有频率的积分值（除非有特殊的说明），并且不能由此得出它是扬声器响应范围上特性的结论。只有当特定的某一频率被送入系统时，才能通过计算得出该频率下的 dBSPL 数值。被限制了频带范围的 dBSPL 也可以确定，实用的方法就是限带 SPL 测量。激励信号的频率范围是受限的；一般是采用倍频程或 1/3 倍频程的通带来限制带宽，这时在该频率范围上的 SPL 就可以确定下来。通过简单地限制频带来获取数据进行分析是没有价值的。如果设备采用的是全频带信号，那么信号的能量就会在整个的频段上分布开来。如果设备是随测量频带外的重放频率一同作用的，那么限带测量给出的指定频带上的最大声级就会较低。

1.3.1.3　无单位的分贝

在进行同样性质数值的比较时可以采用无单位的分贝度量尺度，这种表示方法是纯粹的相对值，电信号或声信号的传输都可以采用这样的表示方法。输入电平为 −20dBV、输出电平为 −10dBV 的设备的增益就为 10dB。请注意这时的 dB 之后并没有后缀字母，它只是同样变量间的比值。如果礼堂观众席中两个座位区的声压级分别为 94dB SPL 和 91dB SPL，那么它们的声级差就是 3dB。这时不能表示为 3dB SPL，如果这样，那它只是刚刚处在听阈之上的声压级。如果两个座位区的声级分别提高到 98dB SPL 和 95dBSPL，那么其声级差仍然维持为 3dB。

到目前为止，无单位的分贝度量是本书最常用的表示法。本书中主要关心的是相对声压级，而不是绝对声压级。简言之：绝对声级主要是限于操作的范畴，是调音时所关注的；而相对声级主要是在设计和优化范畴中使用，是要进行控制的。衡量我们工作质量的优劣是基于最终接收到的信号与原始信号的相似程度来判断的。由于传输的信号是实时变化的，所以只能用相对的观点来观察工作进程。

1.3.2　功率

电功率是将两个可测参量结合在一起来表示的，这两个参量就是电压和电流。直流电路的电功率可以表示如下：

$$P = EI$$

这里 P 是以瓦特（W）为单位的功率；E 是电压，单位为伏特（V）；I 是电流，单位为安培（A）。

电压是指电的压力，而电流则是指电子的流动速率。拿浇花园用的软管作一个简单形象的比喻，当水管阀门打开时，水管中的水压较低，水流呈较大柱状。如果这时将拇指阻挡住水管出口的一部分，则水压就会大大增加，同时水流的柱状宽度就会相应减小。前者就是低电压高电流的情况，而后者就是高电压低电流的情形。

电功率是电压和电流的乘积。100W 的电功率可以是 100V 电压和 1A 电流产生的，也可以是 10V 电压和 10A 电流产生的，或者 1V 电压和 100A 电流产生的，依此类推。这一电功率可以带动一台 100W 的加热装置工作，也可以带动 100 台 1W 的加热装置工作，其所发出的热量和电能的消耗是相同的。功率是对能量的度量，它可以采用不同的形式分配，但总量是不变的。要进行电功率的传输，就必须有电压和电流，没有电流，电能就不能传输。

第三个起决定性作用的因素就是电阻，它决定了电压和电流之间的比例关系。电阻对流经电路的电流会起到限制作用，并影响到能量的转换。假定电压保持不变，由于电阻会阻止电流的流动，因此电阻加大，功率的分配就会减少。功率的降低可以通过将电压按照电压下降的比例增大来加以弥补。再回到花园浇水管的例子，这里拇指扮演的就是电路里可变电阻的角色，这时要想将拇指保持在原位则会有明显的压力感。这一阻力就是将水管调节成较小的出水量，但有较大的水压，这对能量如何使用有非常重要的影响。如果打算在管口喝水，那么就要小心调整手指的位置了。

直流电路的电功率表示如下：

$$P = IE$$

$$P = I^2R$$
$$P = E^2/R$$

这里 P 为电功率，单位为瓦特（W）；E 为电压，单位伏特（V）；I 为电流，单位安培（A）；R 为电阻，单位为欧姆（Ω）。

这些直流公式适用于电子电路中纯阻性网络的计算。对于声频波形，它被定义为交流信号，其中对阻力的度量结果会随频率变化而改变，这种为频率函数的阻力称之为阻抗。给定频率下的阻抗包含了直流电阻和电抗的成分。电抗是随频率变化的，它有两种形式，它们分别是由电容和电感形成的。给定电路的阻抗包含了三项阻力值：直流电阻、容抗和感抗。这些因素影响着所有交流电路的频率响应；问题只是其影响的程度如何。在此我们并不去深究电路内部元件的问题，而只限于讨论阻抗和感抗对声频设备互连的影响。所有有源的声频设备都会呈现一定的输入阻抗和输出阻抗，并且只有将它们配置正确才能达到优化传输的目的。互连电缆也会表现出随频率变化的阻抗，关于这方面的问题后面也将会讨论到。

1.3.3 频率响应

如果设备在一个频率下的传输与另一个频率下的传输有所不同，那么就存在频率响应。如果设备在整个频带的各个频率上均不存在传输上的变化，那么就称之为"平坦"的频率响应，实际上应该称其为不存在频率响应。在我们现实的工作环境中，这种情况是不会出现的，因为所有的声频设备即便是使用了无氧铜扬声器电缆，其响应也会随频率变化而改变。问题是在一定频率范围内可察觉的变化程度，以及听觉系统的动态范围。虽然频率响应是主要的测量参量，但是本章的重点是讨论两种表示方法：幅频响应和相频响应。没有哪种声频设备能够达到无限低的频率，也不能达到无限高的频率，值得庆幸的是我们也并不需要设备达到那种程度。优化的范围会稍微超过人耳听觉系统感知范围一点，（关于准确的数据尚存争议）。一般认同的频率上限会稍高于人耳听音上限，这些系统将响应限制在 20Hz ～ 20kHz 的范围上，其原因主要是降低频带内的相移，以及保留高次谐波成分。熟悉第一代数字声频设备的人还会记得这些系统的限带响应所带来的不自然音质。将数字声频的采样频率提升至 96kHz、192kHz 的讨论，是留给那些金耳朵人士讨论的话题。

1.3.3.1 幅频特性

幅度与频率的关系（出于简单的原因，将其称之为幅频响应）是对电平随频率变化差异的测量结果。指定的设备有其自己的工作频率范围，它在这一频率范围上的响应存在一定的幅度变化。这一频率范围一般是由电子设备的 −3dB 点给定的。对扬声器而言，它一般是由其 −6dB 或 −10dB 的响应图形确定的。幅度响应的优劣是由传输范围上的响应变化程度决定的。图 1.15 所示的扬声器在其工作范围的幅度响应不平坦度是 ±4dB。工作范围（两个 −6dB 点之间）的低频（40Hz 和 70Hz）和高频（18kHz 和 20kHz）是不同的。

1.3.3.2 相频特性

相位与频率的关系（出于简单的原因，将其称之为相频响应）是对时基随频率变化差异的测量结果。指定的设备在其工作频率范围上有一定的时基偏差，它的这一频率范围与幅度响应的工作范围是一样的。相位响应的优劣是由传输范围上的响应变化程度决定的，用相应的最小变化量和最大变化量表征。两只扬声器的相位响应比较的例子示于图 1.15 中。

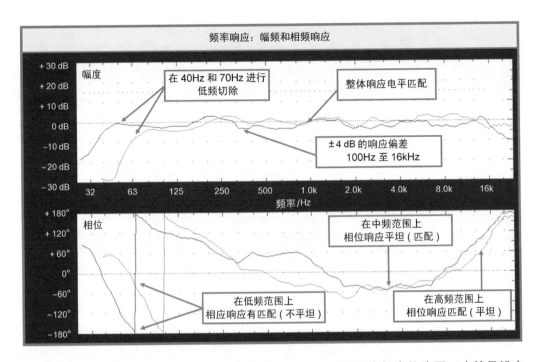

图 1.15　两只扬声器箱的相对幅频和相频响应。这两个系统的电平和相位在大部分频率范围上是匹配的，只是在低频范围上两个参数出现了失配

相位响应与频率的关系在很大程度上是源自幅度响应与频率的关系。通常，平坦的幅度响应需要有平坦的相位响应，很少有例外的情形。幅度响应与频率的关系（例如峰谷型滤波器、高低通滤波器）中的偏差会导致可以预测的相位偏差。与频率不相关的幅度变化，其相位与频率也是无关的；也就是说，所有的电平变化并不影响相位。

上文提及的例外情况中的滤波器电路，在选择的频率范围进行了延时处理，从而产生了一个与幅度变化无关的相位偏差。这为声学系统中驱动单元间的物理位置的补偿提供了可能。最终的转变可以使滤波器只改变幅度而不改变相位。对这种电路的要求可以参考本领域中 Holy Grail 的研究。在第 10 章中我们会对这一问题进行讨论。相位可以从多个角度来分析，在此只对所涉及的概念进行简单介绍。

与幅度响应相比，相位响应对最终结果的重要性始终

是排在第二位的，这主要是因为幅度值为零，也就是没有电平，相位响应只是具有理论上的意义。但是在其他的情况下，就需要了解相位响应与频率的关系。

在过去对于是否可以弄清楚信号的相位响应与频率的关系这一问题一直有许多争议。提出这一问题的前提是：我们不能直接听到相位，因此存在随频率有很大相位偏移的扬声器被等效成具有平坦相位表现的扬声器。这种推理显然是荒谬的，并且现在几乎也没有人认同了。简言之，具有平坦相位响应的设备会将信号按照其输入时的时间序列将个频率成分传送出去。具有非线性相位选择特性的设备会对不同的频率成分产生不同的延时。这些讨论的焦点是放在扬声器的性能上，它必须迎接这一严峻的挑战，以便至少在一半的频率范围上维持有相对平坦的相位响应。

考虑如下的问题：在所有其他的条件都一样的情况下，在

六个倍频程范围以上有平坦相位响应的扬声器重放出的声音会比每个倍频程相位响应均不同的扬声器的声音好听吗？答案是不言而喻的，除非我们赞同这样一个说法：即扬声器是用来重放音乐的，而不是用来娱乐的。如果是这样，那么最好是考虑一下调音台、电缆或功率放大器在整个相位偏差中的权重，看看有多少是由扬声器引起的。

本书的一个核心前提是：扬声器对音乐的重放并没有什么特殊的处理。其工作就如同电缆馈送信号一样枯燥：跟踪波形变化。在此将不对相位或幅度响应对声音音色的影响进行讨论。

将这样一个原则应用到音乐事件上：敲击钢琴琴键，由此发出的瞬时声压峰值包含了许多频率成分，它们以不同的序列被人耳所识别，感知出钢琴的音符。选择性延时使瞬态峰值的某些部分在波形中的序列被重新排定，很显然这时的波形不是原始的波形，但作为对钢琴音符而言这种不同很难察觉。随着相位偏差的加大，瞬态过程明显地加长了，琴锤敲击琴弦的声音细节将会丢失。

具有线性的相位响应是重要的，与最关键的相位参量相比它的作用并不明显，它的作用主要体现在叠加上，关于这一问题的讨论会在第 2 章详细论述。

1.3.4　极性

信号的极性是指其波形离开原点的变化方向。所有的波形都是以媒质的"静止环境"状态为起始前后变化的。同样的波形形状可以以相反的方向建立起来，一个由后向前变化，同时另一个由前向后变化。关于信号的绝对极性是否可以察觉到的问题存在许多争议。敲击钢琴琴键，声压的峰值首先到达的是正极性的，紧接着的是负极性的。如果这一声音通过一个完美的扬声器重放出来，但是极性

被反转了，我们能够听出它的不同来吗？对这一问题的争论从未停止过。

在我们看来，关于极性参量的关键是确保传输链路的各个环节（包括电学和声学环节）不会发生极性的反转。与极性反转信号的混合会导致抵消现象发生，对抵消引发的副作用从未有过异议。

1.3.5　反应时间

传输是需要时间的。信号通过传输通路被从信源传送给听音者，传输通路的每一个环节都会占用一定的时间才能将信号传输出去，这种延时就称之为反应时间，它对所有的频率成分都是均等的，常用 ms 作为单位来度量。反应时间最明显的形式就是声波通过空气辐射所用的"飞行时间"。在声学通路中 ms 级的延时所带来的距离差并不十分大。在电通路中，关于反应时间的讨论也是十分热烈的，这对于将来发展的重要性也是与日俱增。在纯粹模拟电子传输中反应时间小到可以忽略不计，但对于数字系统而言，反应时间绝对不能忽略不计。如果信号以与模拟通路（0ms）或网络通路（未知的 ms）相当的电平和其他信号结合，那么即便数字系统的反应时间只有 2ms，它也可能会导致灾难性的后果。对于网络数字声频系统而言，反应时间的变化可能是完全开放的。在此系统中，即使用户接口的反应时间全部设定成 0ms，也可能出现一个输入以不同的反应延时时间分配到多个输出上的情况。

第四节　模拟声频的传输

此前已经讨论了频率、周期、波长和声频信号波形等

业界评论：在我从事这一行业之初，常常忽略了机器中的每个机关和关键点，并不了解声音为什么会如此，后来逐渐对问题有了科学地认识。我们有理由去相信那些不解之谜一定会通过实践和真理所破解。

马丁·卡利洛（Martin Carillo）

业界评论：由于维持优化的增益结构设置将会确保整个系统的削波同时发生，所以这样可以确保最佳的信噪比。

米格尔·卢尔蒂（Miguel Lourtie）

问题。现在我们将重点转移到波形通过电和声媒质传输的问题上来。首先从相对较简单的电传输开始。

电声信号的电压、电流或电能是变化的。这些变化最终将转变成扬声器的机械能。电传输通路的主要任务是将来自调音台的原始信号分配到机械／声域中。这并不意味着进入到声域的信号与原始信号一模一样。在大多数情况下，更为可取的方法是对电信号进行处理，并在声域中产生可预期的效果。我们的目标很明确：就是要在最终的目的地——听音者位置上真实地再现声音。要想达到这样一个目标，需要对声学空间里声波相互作用所引发的变化进行预补偿。对送给多路扬声器的声学信号相互作用、分频的补偿可以通过电信号处理来实现，然后在声学空间里重新混合。

传输通路中的模拟声频是以两种工作电平工作的：线路电平和扬声器电平。每种工作电平下工作的设备有无源和有源两种。有源的线路电平设备包括调音台和信号处理器（诸如延时器、均衡器、电平控制器、分频器和功率放大器输入级）等。无源设备包括电缆、跳线盘，以及连接有源设备的端口板等。有源设备按照其最大电压和电流的承载能力又可分成三种：传声器电平、线路电平和扬声器电平。传声器和线路电平设备以高阻平衡输入（接收端）和低阻平衡输出（信号源端）形式工作。一般情况下，输入阻抗为 5 ～ 100kΩ，输出阻抗为 32 ～ 200Ω。传声器电平设备的过载电压比线路电平设备要低，线路电平设备的输入和输出级的过载电平可以接近 10V（+20dBV）。由于我们所关注的重点是音响系统的传输，所以处理的几乎都是线路电平的信号。功率放大器具有高阻的线路电平输入和极低阻抗的扬声器电平输出。扬声器电平可高达 100V，这对人和测试设备都存在着潜在的危险。

1.4.1 线路电平设备

虽然每个有源设备都有其特有的功能，但是它们也存在着共性。所有这些设备都有输入和输出电压限制、残留本底噪声、失真和诸如影响幅度和相位变化的频响。更深入一步来看，就会发现每个设备都有反应时间、接近直流的低频下限和接近可见光的高频上限。在模拟设备中这些因素可以折中处理，以便将其实际的影响忽略——但这是不能够假设的。以上这些因素的实际数值可以测量，并将其与制造厂商给出的技术指标进行比较，看其是否满足工程项目的要求。

典型的电子设备共有三级：输入级、处理级和输出级，如图 1.16 所示。处理级的属性取决于设备的功能。它可以是均衡器、延时器、分频器或其他声频设备。信号处理部分可以是模拟的，也可以是数字的，但是输入和输出级一般都是模拟的。专业的线路电平电子设备采用的是相对标准的输入和输出配置——平衡式线路电平。平衡式线路利用差分输入的优点可以在很大程度上抑制线路的耦合噪声（电磁干扰）和接地问题（嗡声）的产生。有关差分输入的问题将在本章的后面论述。标准配置是此前论述过的电压源系统，即由低阻输出驱动高阻输入。这种关系容许设备进行相对长距离地互连和多台设备的连接。

下面考察一下在常用系统中特殊类型的设备。表中所列出的内容并不是广义的。这一限制列表里描述的是针对这些设备最典型的和已认可的特性和应用，其中有些设备是十分简单的。对特殊性能、产品结构和的型号的褒贬之词还是留给制造厂商来说吧！所以我们在论述时，会在文字中夹杂着诸如"大多数情况""一般情况，但并不总是""通常""在过去二十年曾用过的每台设备"，或者"除了型号 X 之外"等表述，以避免让人产生替个别产品做宣传的嫌疑。

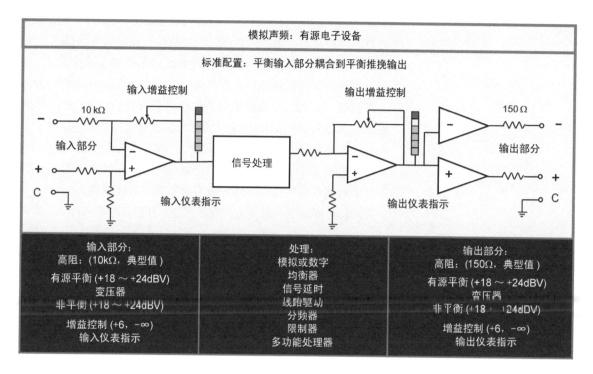

图 1.16　典型模拟电子设备的流程图

1.4.1.1　声频信号源

　　设备传输必须能够在正常工作条件下对所要传输的原始信号进行分配。最常见的分配就是调音台的输出。调音台的输出应满足上述的条件，以便使输入信号有传输的价值。

1.4.1.2　信号处理

　　在进行校准处理时将会使用到信号处理设备。处理工作可以由单独一台设备来完成，但是它必须具备最基本的校准功能：电平设定、延时设定和均衡等。既然有单独功能的设备存在，所以我们将信号处理器的功能视为单个设备单元的组合。

1.4.1.3　电平设定设备

　　电平设定设备调整的是整个系统的电压增益，并通过调整子系统的相对电平对最大动态范围和最小电平变化的电平进行优化。电平设定设备要确保来自调音台的信号瞬态在送到功率放大器过程中处在线性的工作范围内。为了进行系统优化，电平设定设备的分辨率至少要达到 0.5dB。

1.4.1.4　延时线

　　就像电平控制调整的是相对电平一样，延时线控制的是相对相位，它的任务就是控制时间。通过相位校准，并与叠加处理相配合使声学交叠过渡实现最大的耦合和最小的变化。大多数延时线的分辨率小于或等于 0.02ms，这已经足以满足使用的要求了。反应时间越短越好。大多数延时线的用户接口给出的延时量指示读数并不是实际加到信号上的延时。设备的指示器不可能给出 0ms 的缺省设定，只有当延时量的指示值加上反应时间才是给信号所加的准确延时值。对此，准确的表示单位应该是 0ms（R）；也就是说它是相对值。如果系统中的每台设备都是同型号的，并且它们并不通过网络彼此交换信号，那么相对值就足以满足我们的要求了。如果使用的延时线型号不同或者它们彼此通过网络交换信号，情况就有所不同了。传输通路中任何的反应时间变化都要进行现场测量，并将其考虑在内。

1.4.1.5 均衡器

1. 滤波器类型

均衡器是一组用户可调的滤波器。对滤波器最基本的认识就是它可以在改变特定频率范围上响应的同时，并不改变其他的范围上的响应。均衡滤波器一词通常是指两种主要的滤波器类型：搁架式和参量式。搁架式滤波器只影响其转折频率上频段或下频段的响应，而对中频段没有影响。参量式滤波器则正好相反，它只影响中频段响应，而对上下频段并无影响。将这两种滤波器结合在一起，就可以创建所要求的任何曲线形状的均衡。

参量式均衡滤波器的特性：

- 中心频率：响应中的最高或最低点对应的频率，单位为 Hz ；
- 均衡量：中心频率处电平比单位电平高或低的 dB 数，在滤波器起作用的区域之外为单位电平；
- 带宽（或 Q 值）：中心频率两侧受影响区域的宽度。这一问题解释起来有点复杂。简言之，在其他参量相同的前提下，"宽"带宽滤波器较"窄"带宽滤波器影响的中心

频率两侧的频率范围更宽。

搁架式均衡滤波器特性：

- 转折频率：滤波器开始起作用的频率。例如：转折频率为 8kHz 的高频搁架滤波器将只影响此频率之上的频率范围，而对此频率之下的频率范围并无影响。实际使用中比这要复杂一些，因为滤波器电路中还有其他可选变量。
- 均衡量：搁架区域电平比单位电平高或低的 dB 数，在滤波器作用区之外为单位电平。
- 斜率（dB/ 倍频程，或滤波器阶次）：它控制由受影响区转变到不受影响区的瞬态比率。低的斜率就像上面描述的宽带滤波器，它影响转折频率上（或下）的频率范围较高斜率的宽。

这些基本的滤波器还有许多不同的子类型。这两种滤波器的根本差异在于其子类型在特定频率与不受影响频率区域间过渡斜率的属性。电路设计上的改进使新型器件不断面世，同时数字技术的发展也使得原来不能实现的设想得以变为现实。除了本书中介绍的各种类型的滤波器之外，其他类型的滤波器在我们的工作中基本不使用。随着产品的发展，满足均衡优化设计需要是基本的要求。所需要的滤波器形状应该简单，大多数标准参量均衡器（模拟或数字）的生产商 20 世纪 80 年代中期后生产的产品能够实现这一目标。

2. 滤波器功能

既然这些设备被称之为"均衡器"，那么重要的是让特定的指标保持一致，频响平直当然是最基本的。到底是什么原因导致了它们不均衡呢？使房间中的扬声器系统"不均衡"的主要原因有三个：扬声器系统自身响应引发的不均衡频响（厂家或安装的原因）；空气带来的随频率变化的损耗；声学叠加。稍后的讨论将假定房间安装的扬声器

系统具有平坦的自由场响应。均衡的作用是补偿因传输距离带来的空气损耗导致的频响变化、由房间反射的叠加响应和与发出相干信号的其他扬声器的叠加响应。

上述任何因素都可能在频率响应曲线的特定频率上产生带宽和幅度变化很大的峰和谷。因此，滤波器组要有尽可能大的使用灵活性。大多数人都知道"图示"均衡器，它是由一组固定设置的滤波器构成，其中三个参量中的两个参量（中心频率和带宽）是固定不变的。滤波器的频点间隔划分是以 1 倍频程或 1/3 倍频程这样的对数频率进行的。它的前面板一般是一组可滑动的控制推子，它可以让使用者看到推子设定的频响曲线的轮廓（故以"图示"称之）。与图示均衡的局限相比，它的准确度并不是大问题，问题在于：在需要变化滤波器的应用中固定参量的滤波器。这种灵活性上的缺陷严重地限制了我们的均衡准确性，它很难将滤波器的中心频率和带宽准确地设定在测量到需补偿的房间扬声器系统响应所要求的位置上。目前在专业声频领域仍然还在使用它的场合，就是用它来解决舞台返送问题，这时可通过调整滑动推子来抑制可能导致啸叫的反馈频点。另外这样的设备适合于艺术工作者、DJ、音响发烧友和汽车音响使用。

要想能够独立地调整中心频率、带宽和均衡量这三个参量就只有借助于参量均衡器了。一般最大均衡量达到 ±15dB 就足够了。频带范围达到 0.1 ~ 2 倍频程也足够了，这时它可以提供工作所要求的分辨率精度。虽然在信号通路中到底设置多少滤波器并没有限制，但是滤波器太多可能会得不偿失。如果发现要在现场扩声系统的某个子系统中使用大量的滤波器（6 个以上）进行声音调整，就应该考虑一下是否该用比均衡更好的其他解决方案。录音演播室中听音者（录音师）占的空间只有一个头的宽度，使用较多数量的滤波器会有一定的好处。有关均衡处理的问题会在第 12 章中详细讨论。

3. 互补相位

滤波器的相位响应是幅度响应最常关联的问题，它们之间的关系就是所谓的"最小相位"。相位与幅度的关系能反映出均衡器的响应设定得是否正确。建立一个反转响应的处理方法称为互补型相位均衡。

在系统优化中并不建议使用陷波器。陷波器将窄带成分完全从系统响应中消除了。陷波器是一种特殊形式的滤波器拓扑，并不是窄带的参量均衡。陷波器的作用不是均衡，而是消除。存在要消除频带的系统绝不可能满足最小变化的目标要求。

有些均衡器是可以根据其峰谷设定来创建不同带宽响应的滤波器拓扑；随着提升变成衰减，原来宽的峰变成了窄的谷。带宽标记对提升或衰减（或者两者同时）是正确的吗？这样的滤波器在实用中是什令人头痛的事，因为它的带宽标记根本没有意义。但是，只要直接监看测量工具测得的响应，这种滤波器应该可以满足互补形状的均衡要求。

4. 带宽与 Q 值

对滤波器宽度的描述术语一般有两个：带宽（实际上是百分比带宽）和 Q 值或"品质因数"。这两个参量都是指与中心频率电平相比两个 −3dB 点之间的频率范围。实际上这些描述都没有提供对所用的滤波器真正准确地说明。这是为什么呢？如果滤波器只有 2.5dB 的提升，那么它的带宽又怎么算呢？这时并没有 −3dB 的点啊！要想回答此问题需要对均衡器暗含的一些内容有一定的了解。均衡器的信号通路有两个：一个是从输入直接到输出母线，另外一个是通过滤波器的部分。滤波器上的电平控制决定了将多大的滤波过的信号与直通信号相加（正相或负相），这将导致滤波信号与全频带的直通信号正相相加（提升）或负向相加（衰减）。滤波器带宽指标源自在与未滤波信号叠加之前内部滤波器的形状（带通滤波器）。前面板上的带宽读数一般反映的是未叠加前的带宽，因为实际的带宽会随着电平的变化而改变。有些厂商采用最大提升（或衰减）时的测量带宽作为前面板的标记。这是最接近内部滤波器斜率的设定。

两个标准间的主要差别是：理解上的直观性。厂家似乎更愿意用 Q 值，他们直接将 Q 值放到滤波器的设计公式中。而大多数的声频系统操作人员则更容易理解 1/6 倍频程，而不是等于 9 的 Q 值（如图 1.17 所示）。

问题的关键是所建立的滤波曲线形状是否适合工作的要求。就像第 10 章将要介绍的那样，从均衡器前面板看到的中心频率电平和带宽并没有实际的必要。通常都是通过观察均衡器响应的测量结果和打算均衡的声学响应的情况来设定均衡（如图 1.18 所示）。

带宽与 Q 值关系参考表	
BW (倍频程)	Q
2	0.7
1.4	1
1	1.4
0.7	2
0.5	3
0.35 (1/3)	4
0.25 (1/4)	6
.167 (1/6)	9
0.125 (1/8)	12
0.08 (1/12)	18

图 1.17　带宽与 Q 值间的转换表（源自 Rane Corporation, www.rane.com/library.html）

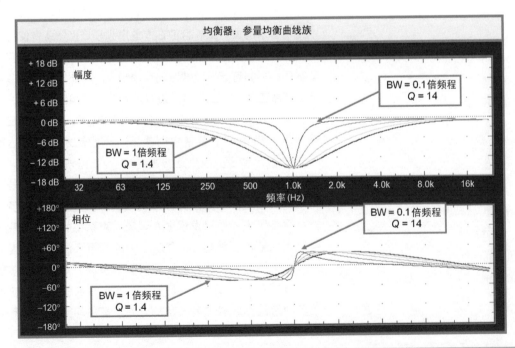

图 1.18　标准的参量均衡器曲线簇

另外一种形式的滤波器可以用来实现宽阔且平坦的频响变化，这种滤波器就是搁架式滤波器。与参量式均衡器不同，搁架式滤波器没有带宽控制。转折频率设定的是其起作用的频率范围，幅度设定的是它的响应转为水平时的电平。这种滤波器可以提供相移最小的形状平缓的系统响应（如图 1.19 所示）。

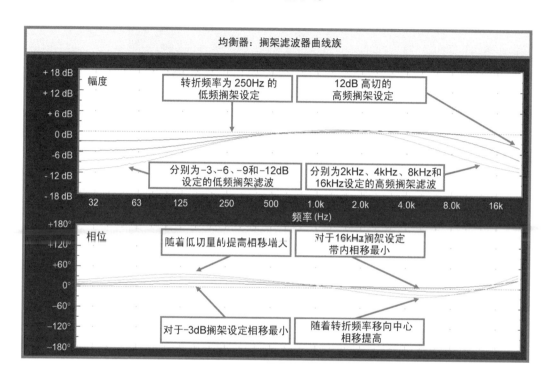

均衡器：搁架滤波器曲线族

+ 18 dB
+ 12 dB
+ 6 dB
0 dB
- 6 dB
- 12 dB
- 18 dB

幅度

转折频率为 250Hz 的低频搁架设定

12dB 高切的高频搁架设定

分别为 -3、-6、-9 和 -12dB 设定的低频搁架滤波

分别为 2kHz、4kHz、8kHz 和 16kHz 设定的高频搁架滤波

32　63　125　250　500　1.0k　2.0k　4.0k　8.0k　16k
频率 (Hz)

+180°
+120°
+60°
0°
-60°
-120°
-180°

相位

随着低切量的提高相移增大

对于 16kHz 搁架设定带内相移最小

对于 -3dB 搁架设定相移最小

随着转折频率移向中心相移提高

图 1.19　搁架形滤波器曲线簇

1.4.1.6　分频器

分频器（本书中也称为频谱分割器）的作用是对声频信号的频谱进行分离，以便其可以在声学空间里建立起优化的重新组合（如图 1.20 所示）。分离是一种物理上的调整方法，因为目前还没有哪一种换能器件能够以完美的音质和功率重放出全音域的声音。

需要注意的是：将这种器件称为电子分频器属于用词不当。电子器件分割信号，然后再进行声学混合，交叠是发生在声媒质中的，因此应该用"声学交叠"这个词。这不仅仅是咬文嚼字的问题。声学交叠可能发生于房间的任何位置，只要那里满足与原始信号匹配的等声级条件。这其中不仅会发生在高低频驱动单元覆盖的频率范围上，而且也包括多个全音域扬声器相互作用和房间反射等情况。优化设计的核心就是控制声学交叠。分频器只是通过混合建立声学交叠的一种方法。

分频器可以由用户来设定转折频率、斜率和滤波器

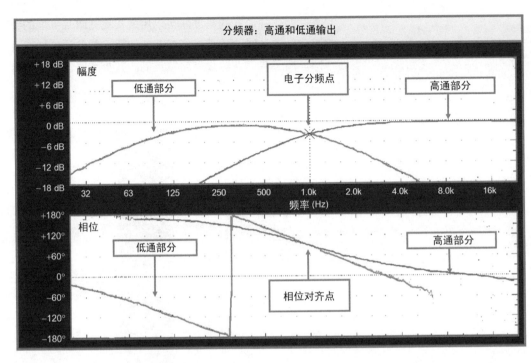

图 1.20　分频器曲线簇

拓扑。在声频领域中大多是采用贝塞尔（Bessel）、巴特沃兹（Butterworth）、Linkwitz-Riley 或其他一些滤波器。每种拓扑在转折频率附近的表现存在一定的差异，但是滤波器阶次对获得同样的基本响应曲线形状起着主要的作用。由于器件的声学属性将会在声学交叠区发生的叠加中表现出来，所以对此并没有一个简单的答案。这种叠加是由机械器件的特性以及分频器的设定决定的。相比而言，滤波器的阶次相对拓扑类型是更为重要的参量，我们可以给高通和低通通道提供不同的阶次。将不同的斜率阶次置于均衡中，可以建立不对称分频器，并且与换能器固有的不对称有机地组合在一起。任何一种分频器都可以实现高达 4 阶（24dB/ 倍频程）的特性，完全可以满足对斜率的要求。

在有些分频器中还可以看到另外一个参量，这就是相位校准电路。它可以被视为是标准信号延时或者是特殊形式的相位滤波器——全通滤波器。标准延时可以用来补偿高低频驱动单元间的机械偏差，以便实现最佳的结构设计。全通滤波器可将可调延时设定给特定的频段，带宽和中心频率也可以由使用者自行选择。全通滤波器也用于专门的扬声器控制器和有源扬声器中，它可以通过对参量的优化实现对工作条件的控制。

作为系统优化的辅助工具，全通滤波器已经赢得人们的欢迎。像诸如为了与另一只扬声器兼容而对一只扬声器的相位响应进行修正的这类做法，就是人们所希望的应用。另外它还有一些让人激动不已的应用潜能，比如通过对一些器件进行有选择的延时，从而达到对阵列中 LF 波束的控制。然而这其中重要的一点是：要掌握这种工具需要人们有比使用传统滤波器更强的实践能力。类似这种辅助性的解决方案绝不应凌驾于对整个空间的总体一致性的处理方案之上。利用全通滤波器对混音位置的声音进行调整的优势在于它为用户提供了采用此前未曾考虑的任何单点解决方案的思路。如果将来有一天对声场中扬声器系统的优化只需要做好一件事，即调整全通延时，那将是十分美妙的事情。

1.4.1.7　限制器

限制器属于电压调整设备，它用来降低所通过信号的动态范围（如图 1.21 所示）。它可以用在信号链路的任何一个位置，包括某一输入通道、输出通道或者驱动功放的分频器信号之后。我们所关注的重点是：让限制器控制馈给功放的输入信号，以便对扬声器和功放加以保护。传输通路并不一定需要用限制器，如果系统始终是工作在线性

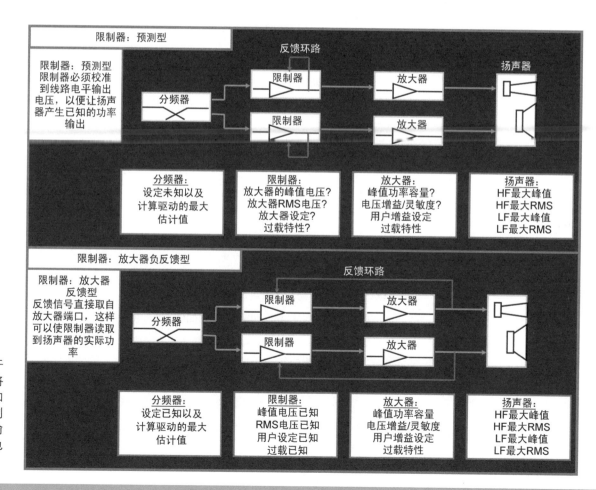

图 1.21　预测性限制器的框图。限制器的调整独立于放大器。对于该框图，要想实现有效的限制，必须将放大器调整到已知的电压增益和峰值功率特性上。如果放大器输入电平控制变化了，则必须重新调整限制器。负反馈型限制器（右图），限制器按照放大器输出调整，即便放大器输入电平改变，限制器的调整也保持不变

区就没必要限制。但不幸的是，我们要从最坏的情况出发，即系统要承受最大电平之上 6dB 的滥用。过载会对放大器和扬声器造成损坏，并产生我们大多数人都很讨厌的声音。限制器是一种门限可调的压控放大器，它有两个特性明显的工作区：线性区和非线性区，并且还有两个和时间参数相关的状态过渡区：建立时间和恢复时间。两个工作区是由电压门限划分开来的，并且相应的时间常数控制两者间的过渡长短。如果输入信号超过门限足够长的时间，那么限制器的增益就会变成非线性了，这时限制器的电压增益会减小，即便输入信号的电平是上升的，但输出还是被固定在门限电平上。如果输入电平回落到门限电平之下足够长的时间，这时设备又将回到线性增益区，声音听起来非常自然干净。

这段时间限制器的前景变得复杂起来，因为现在许多设备都包含限制器。调音台里也可以发现限制器的踪影，不过这时它主要是为了对缩混进行动态控制，而不是为了保护系统。后者不在这里进行讨论。另外包含信号处理链路的地方是在有源分频器前后。应用于分频之前的限制器很难与特定的驱动器进行物理连接，除非限制器有对频率敏感的门限参数。最常用的系统保护解决方案是在分频器后使用限制器，这时限制器受控于所使用的特定型号驱动器，并且被限定了频率范围。这种形式的限制器存在于周边设备中，成为有源分频器（模拟或数字）的一部分，或者就存在于功放内部。

限制器的门限和时间常数到底如何设定呢？大部分现代的系统使用的是厂家设定，它是基于制造商所推荐的功率和偏移电平来确定的。扬声器报废主要有两个原因：过热和机械破损。热量因子是受 RMS 限制器控制的，限制器可以监控在能量耗散情况下的长期温度状态。机械破损源于驱动器音圈长距离位移导致的与磁结构碰撞或者驱动器组件中的零件断裂。破损保护动作必须比过热保护来得快。这种类型的限制器称为峰值限制器。理想情况下，限制器要按特定的

驱动器调整。如果没有针对驱动器进行优化，那么其动态响应的特性将会恶化，或者可能会失去保护作用。最佳的系统设计应该对采用的峰值和 RMS 限制进行最理想的权衡。最为安全的做法就是利用有电压限制功能的功率放大器，它可以保证驱动器工作在机械范围的线性区，并且峰值限制器的动作足够快，能够避免放大器超过那些限制或产生削波。

从表面上看，安全的解决方法应该是使用小功率放大器，或者将限制门限设置的低一些。实际上这不一定是最佳的方案。过保护限制器会适得其反，对系统构成威胁，因为这时系统缺乏动态，操作人员为了尽可能表现声音的细节会将系统置于持续的压缩状态下，这样系统便会长时间处在最差的过热情形中，同样如果放大器或驱动器电子部分容许削波，对机械部件也是个挑战。延长系统的使用寿命，并且获得满意的效果的最佳措施就是将合理的操作与针对最大动态范围所进行的限制器优化有机地结合在一起。

限制器可以分成两个基本类型：预测型和负反馈环路型。预测型限制器插接到功放之前的信号通路中，它和放大器输出上的电压并不直接相关。因此，它们与所要控制的信号之间的关系是开放可变的，即必须针对特定的系统进行调整。对于这样一个方案，要想成功地实现必须对上面提及的各个因素充分了解，并且让限制器以一个合理的方式工作。这种方法在行业中应用得很普遍。我并不是杞人忧天者，当前数以千计的扬声器就工作在这种状态下，这里的目的是让人们在考虑设定前对各因素有更深入的理解。只要能保证限制器工作在对功放输出合理的跟踪状态下就会有令人满意的结果。相关的设定可以咨询扬声器、限制器和放大器的生产厂家，并据此进行操作。

对于预测型限制器需要知道的参数：
- 放大器的电压限制（最大功率能力）
- 放大器的电压增益（这包括用户可控的电平设定在内）

- 扬声器的峰值电压承受能力
- 扬声器在工作频率范围内的振动部件位移限制
- 扬声器的长期 RMS 功率承受能力

负反馈系统采用了一个从放大器端口返回电压的环路。该电压与门限进行比较。该方法中电压增益和放大器的削波特性都考虑在限制器的处理中。专用的扬声器控制器普遍采用这种方法，并且能提供一个合理的和较大程度的保护，同时不需要对功放有太多的管理要求；例如放大器的输入电平调整后不用重新调整限制门限。

1.4.1.8　专用扬声器控制器

许多扬声器生产厂家也生产专门的扬声器控制器（如图 1.22 所示）。控制器的作用是建立为了获得优化的扬声

器性能所必需的电处理参数。厂家的控制器工作环境和扬声器"系统"下所要研究的参数是创建自电子设备和已知驱动器间的优化组合。专用的扬声器控制器包括了此前已经介绍过的一系列设备：比如电平设定、分频器、均衡、相位校准和限制器等，这些都是预先配置好的，并处在控制之下的。个别的参数是厂家和某些型号产品特有的，这里不再做过多的说明。这并不是说像均衡器、延时器和电平设定这样的设备就可以不用了，实际上仍然需要利用这些工具将其他的扬声器集成到扬声器系统中，并对其在房间中的相互作用进行补偿，只是我们可以降低对分频器和限制器的额外需求，并降低均衡的负担。

在近一段时间里，这种专用系统的发展趋势有所减缓，主要表现在两个方面。第一个趋势是第三方的数字信号处

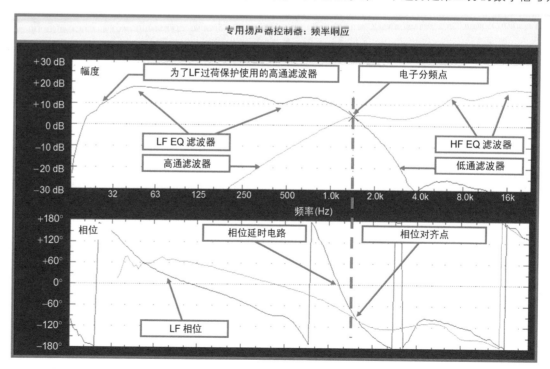

图 1.22　一台两分频专用扬声器控制器的幅频和相频响应

理器（DSP）的发展。这些单元能够提供专用控制器的所有功能，但一般不包括负反馈型限制器。厂家给用户提供了一些厂家设定，这些设定被编程于 DSP 中。这些工具的优势在于成本相对较低，使用灵活性强，但是由于特殊的用户可能要选择符合自己要求的设定来替代厂家推荐的设定，所以它的缺点就包括没有标准化的响应。由于编程、复制和粘贴用户设定这样的操作对于我们中的佼佼者常常也会出错，所以也存在很多容易在使用中出错的地方。第二个趋势是将系统完全集成化，包括将放大器置于扬声器箱中。

1.4.1.9 有源扬声器

专用的扬声器控制器的最终版本是这样的：将分频器、限制器、延时器、电平控制、均衡器和功率放大器的功能集成到一个单元设备中，该设备单元直接与扬声器本身相耦合。这种类型的系统是采用自带放大器的扬声器，也称之为"有源扬声器"。有源扬声器操作与一系列关系密切的参数有关：已知的驱动单元、箱体、已知物理位置、最大音圈位移和热耗散。因此它们的设计是以全音域频带上实现尽可能大的线性幅度和相位响应，以及在整个动态范围内实现全面保护为目标进行全面优化的。因为有源扬声器的输入是电平衡的，并且其输出推动空气运动，所以与功率放大器一样，它也具有一个开放的极性变量。由于大多数有源扬声器是在工厂极性标准化之后再进入市场的，故几乎见不到非标准的系统。

从设计和优化的角度看，有源扬声器为我们进行系统细分提供了无限的灵活性；比如：有源扬声器的数量等于通道数和细分选项。用外接功放的扬声器来搭建音响系统固然有考虑低成本的原因，但常常一台功放要带多达 4 个驱动单元，所以降低了细分的灵活性。

在此并不对有源或外接功放（无源）扬声器到底哪一个更好进行评说，这个问题还是留给厂家吧！由于对扬声器的选择会影响到优化和设计方法，所以随着讨论的深入，我们会对两者的主要差异进行说明。在此我们将扬声器系统视为包括分频器、限制器和功放在内的一个完整的系统。这时有源扬声器只是个具体的实体，而外接功放扬声器只是将各个组成部分分开而已。关于如何验证这两种不同的系统配置是否正确的内容将在本书的第 11 章介绍。

1.4.2 线路电平的互连

由于过去声频领域大量地采用变压器输入和输出与电子管相连，并为此开发了许多种实用的连接方法，所以现在互连这一问题常常是发生混淆的根源。那时的线路电平互连是电功率的传输（就如同现在的功放和扬声器的关系一样）。线路电平的功率转换原则取决于输入和输出间的阻抗匹配，它是基于 $600\,\Omega$ 的老式电话传输标准。这种互连方案实现真正功率传输的关键是必须在电话线的两端使用原始的炭精式换能器。现代的专业音响系统中线路电平设备是有源的，并且不要求工作于这种严格的限制之下，需要传输的功率非常小。对信号的传输就减少到只要有效地传输电压即可；因此描述的线路电平设备间的传输系统都采用电压源的形式。只要驱动阻抗与接收设备输入阻抗相比足够低，就可以认为电压源能够近似无损失地实现信号传输。所以现代系统所要求的阻抗失配与过去的实际情况是截然不同的。

$$线路损耗（dB）= 20\lg\frac{输入阻抗+线缆阻抗+输出阻抗}{输入阻抗}$$

线路的损耗取决于输出的综合阻抗与电缆和输入的综

合阻抗的相对关系。下面我们用公式计算一下此前图 1.16 的典型系统的线路损耗（其中忽略了电缆阻抗）。

$$线路损耗（dB）= 20 \lg \frac{10000+0+150}{10000}$$

10kΩ 输入阻抗与 150Ω 输出阻抗之和除以 10kΩ 输入阻抗（10150/10000）相当于比值为 203：200，即线路损耗为 0.13dB。由这一输出馈送的输入每一增量将会降低由输出设备看过去的输入阻抗。每一同步增量都会将损耗提高 0.13dB。因此，没有必要考虑将线路电平输出信号分配给多个信号源带来的问题，除非输入的数量非常大。剩下的一个因素就是电缆阻抗。电缆阻抗是电缆的直流电阻和交流电抗的综合，交流电抗是由电缆的电容和电感引起的，它的属性是与频率相关的。电缆的电容作用相当于低通滤波器，而电感作用相当于高通滤波器，其直流电阻就是一个全频带的衰减器。如果使用了长距离的传输电缆，那么由其电抗作用产生的带通影响就不能忽略。若要全面详细地了解这方面的问题可以参考 Phil Giddings 编著的 "Audio system：Design and Installation"。根据书中论述，如果电缆的长度小于 305m（1000ft），就可以忽略电缆的影响。另外还需考虑的一个问题就是线路电平的互连损耗：这是最容易补偿的损耗。如果不进行补偿，就不可能通过电话进行通讯联络。要想克服这种损耗，则需要利用有源电平控制装置提高电压增益。这样做的副作用主要就是提高了本底噪声电平，但不能因此就对损耗置之不理——只是线路电平系统中互连损耗的影响远没有对扬声器线路的影响来得大，在后者中 6dB 的下降就意味着损失 75% 的功率。差异就在于线路电平系统的功率传输可以忽略不计，它所传输的是电压，其恢复起来是很简单的一件事。

为了抑制由驱动输入电缆引入的噪声，输入级采用平衡方式。平衡线路是指采用两根信号导线和一根公用导线（它可以与机壳或地相连，也可以不连）的一种接线配置方法。两根导线始终传输的是同一输入信号，只是极性相反。这两个信号馈送到"差分"输入级——它只对差模信号进行放大。任何进入电缆的噪声（电磁干扰和典型的射频干扰）在两根导线中是完全一样的，它们在通过差分输入后会被抑制掉。对感应信号的抑制能力就是其"共模抑制"的能力。

输入部分可能具有电平控制功能，它决定了送给处理模块的驱动电平。一旦完成处理工作，信号就被送到平衡的推挽输出级。顾名思义，推挽一词源于其对平衡差分输出信号（两个极性相反的同一信号）的动作。与输入级一样，在这一级也可以有电平控制装置。另外，输入和输出仪表可以对电平进行监测。可以假定如果输入和输出电平控制被设定在其正常位置，那么设备单元内部的整体增益就为单位增益。这样的处理并不是完全必需的。整体的电压增益可以是任何形式的，内部各级可能存在影响动态范围的增益或损耗。简言之，具有多级增益的有源器件都需要对其在各种配置中的动态范围加以核实验收。有关验收的过程将在第 11 章中介绍。

1.4.2.1　有源平衡

行业中使用的互连接线方法很多。在此只是简单介绍信号通路中最为常用的。当然最常用的并不见得就是最好的。方法之一就是采用 3 针 XLR 电缆将平衡输入与平衡输出直接连在一起，同时公共屏蔽层也直接相连。缺点就是存在通过相连的屏蔽层建立起的地环路。另外一种方法可以在提供带屏蔽的操作的同时避免引入地环路，这就是只在信号源一侧连接屏蔽层，这样就消除了地环路，如图 1.23 所示。

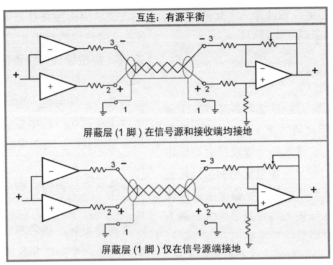

图 1.23　上图：典型的有源线路电平互连（可能的接地环路）。下图：改进的线路电平互连（不存在接地环路，因为屏蔽层与输入地没有连接）（源自 Giddings，1990，pp.219-220）

1.4.2.2　变压器平衡

　　平衡变压器可以取代有源输入，其优点是系统间是隔离的。变压器存在着性能退化的问题，但如果隔离带来的好处比这种性能退化影响更重要，那么在有些情况下还是会使用变压器。这种方法如图 1.24 所示。

1.4.2.3　非平衡

　　偶尔也会遇到这样的情形，即设备并没提供平衡输入或输出。这时我们会尽可能维持平衡线路的性能。人们为此开发出了一种最接近平衡线路性能的接线方法，具体如图 1.25 所示。当非平衡输出设备驱动平衡输入时，差分输入分别馈入到信号端和公共端。这样还可以将通过电缆进来的任何共模干扰抑制掉。这种方法的成功之处在于它利用了两台设备间的地隔离。

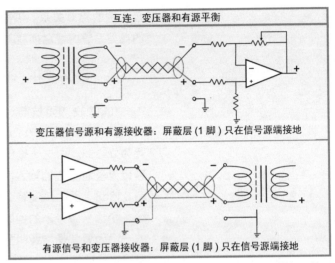

图 1.24　上图：平衡变压器输出与有源平衡变压器输入的互连。下图：有源平衡线路电平与平衡变压器输入的互连（源自 Giddings，1990，pp.221-223）

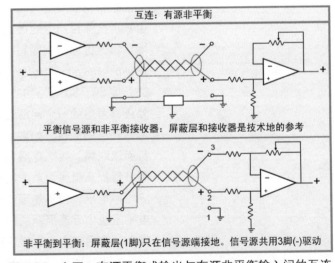

图 1.25　上图：有源平衡式输出与有源非平衡输入间的互连，应注意的是，它们必须通过技术地连接在一起。下图：有源非平衡输出与有源平衡输入的互连（源自 Giddings，1990，pp.226-229）

特别要注意的是，非平衡互连是最常用的极性反转信号源之一。通过跨接非反转信号源和接收端子，可以验证连接的正确性。

有源平衡输出设备驱动非平衡输入时，系统将不会改善非平衡到非平衡连接的性能。这时推挽输出的反相端将不使用，屏蔽层也只是在一端连接。接地连接是通过公共的技术地实现的，而不是通过屏蔽层，因为那样会产生地环路。

1.4.3　扬声器电平设备——功率放大器

扬声器电平传输是真正的功率传输。扬声器电平的电压要比线路电平的电压高 10 倍以上，RMS 值可达 100V，但是相比而言，其电流上的差异可能高达 250 倍以上。它是真正的功率传输。极小功率消耗的线路电平输出能够通过扬声器输出产生 1000W 的功率传输。我们不能再用一维的电压形式进行操作了，扬声器电平要求以更复杂属性的电功率来工作。

在专业声频传输应用中，放大器是电流和电压源，并且扬声器和电缆存在电阻。扬声器线圈的运动跟随声频波形的电压。放大器根据输出电压和音圈阻抗产生电流，并使扬声器产生运动。扬声器与一般的十几岁的青少年不同：它们会对变化产生抵触，并需要大量的动能使其脱离自然的静止状态。电流提供动能，电压确定动作的方向。正电压使扬声器朝向一个方向运动，而负电压则使其向相反的方向运动。扬声器运动范围（它的偏移量）是与波形的电压成分成正比的。所产生的电流必须足够大才能使低阻抗的扬声器音圈在磁缸中运动，并因此提供所要求的机械力来保持扬声器跟踪波形的变化。

1.4.3.1　功率和阻抗

从设计的角度来看，功率放大器的两个关键参数是最大功率和最小阻抗。最大功率将放大器的工作范围与推荐的扬声器范围匹配在一起。关于这些放大器有相对标准化的标称值，而扬声器的技术指标就没那么清楚了。放大器与扬声器间匹配的最佳方案就是遵照扬声器制造商的建议进行。

最小阻抗决定了在输出端可以连接多少扬声器。大多数功率放大器都声称可以工作于 2Ω 的负载下。这就是说它可以并接 4 只 8Ω 的扬声器。放大器能够带动低达 2Ω 的负载对用户而言确实有较大的吸引力，因为这样一台功放就可以带动更大数量的扬声器。但实际很少有人这样去做，主要有两个原因：第一，由于这时放大器必须要提供非常大的电流，所以降低了阻尼因数对负载的控制，从而使音质大大下降；第二：会缩短功放的使用寿命。

放大器的最小标准工作阻抗是 4Ω。这样它可以带动 2 只 8Ω 驱动器和 4 只 16Ω 高频驱动器。不论是使用 8Ω 还是 4Ω，对于放大器的成本都是一样的，因为所接的第二只扬声器基本上是无偿驱动的。在驱动高频单元的时候，就可以从一台放大器获得 4 个放大器驱动。这确实节省了一些资金，但是却要通过限制系统细分来进行折中。这就是放大器单元的"欧姆经济"因素。我们的设计必须防止"价值工程"，以避免我们必须以匹配的电平驱动多个驱动单元（如图 1.26 所示）。

1.4.3.2　极性

放大器输入的是平衡的线路电平，而输出的是非平衡的扬声器电平。因此，输出的"热"端必须与输入中两个有源信号中的一个匹配。我们中间比较年长一些的人都可能记得 AES（声频工程师协会）在几十年前对将插接件的 2 脚还是 3 脚作为"热"端标准犹豫不决。最后在 1985 年的洛杉矶年会上否决了放大器厂商颁布的"AES spinner"中

关于在电路中可以有各种"2 脚热"和"3 脚热"的排列。最终确定 2 脚为"热"端的决定，所以 20 世纪 80 年代后期生产的放大器 2 脚均为热端（如图 1.27 所示）。

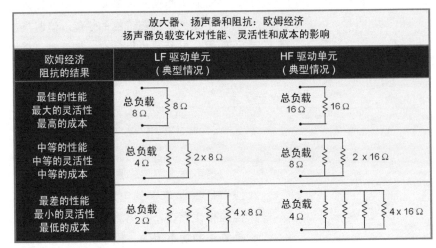

图 1.26　根据功率放大器的扬声器负载来考虑阻抗、性能和成本

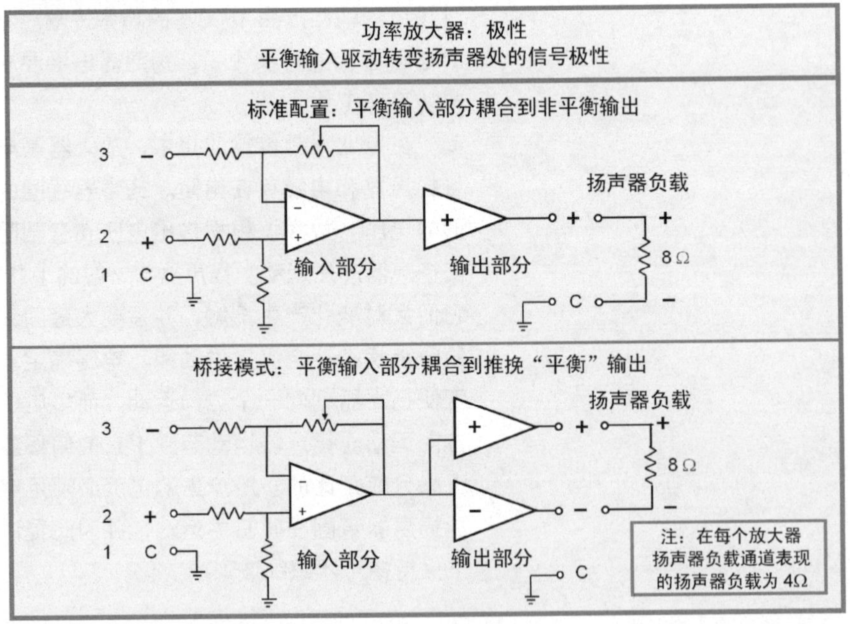

图 1.27　对于标准的桥接方式的设置，放大器极性的流程图

1.4.3.3　电压增益

电压增益度量的是输出电压与输入电压的比值关系。由于功率放大器输入驱动在指标中是以伏特为单位，而输出是以瓦为单位给出的，所以关于电压增益这一指标存在很大的模糊认识。在放大器出现削波之前，输入和输出电压是以一个固定的线性增益关系同步增加的，这一固定增益被称之为放大器的电压增益。我们将输出晶体管的输出电压不再跟随输入变化的电平值称为削波电平。如果是专业品质的放大器，那么不论是接 8Ω 还是 4Ω 的扬声器负载它的削波电平都是一样的。因此，最大的功率是取决于加到负载上的电压值，在同样的电压之下较低阻抗的负载将会得到较大的功率。

功放的生产厂家在电压增益这个参数上使用了三种不同的指标描述方法，所以将人们弄得很糊涂。电压增益技术指标描述方法中包括了对数电压增益（dB）、线性电压增益（倍）和灵敏度（输出达到削波时的输入电压）。

线性和对数形式的电压增益可以很方便地利用 20lg 公式（如图 1.10 所示）联系在一起；比如 20x 的增益（线性）相当于 26dB（对数）。由于必须以各种不同的条件来评估这一值，所以灵敏度这种表示比较复杂。灵敏度这一技术指标表示的是使输出产生削波的输入电压。要想导出电压增益，就必须知道输出削波电压。如果放大器在 10V 出现削波，并且其灵敏度为 1V，那么放大器的电压增益为 20dB（10x）；即灵敏度为 1V 的 200W@8Ω 放大器具有的电压增益为 40x（线性），或者 32dB（对数）（如图 1.28 所示）。

这是一个容易引起混淆的地方。有些生产厂家不论最大标称功率如何，对所有的放大器都用标准的灵敏度。例如一台 100W 和一台 400W 的功放在 0.775V 的输入电平驱动下都能达到满负荷功率输出，但是两者的电压增益存在 6dB 的差异。如果另一个生产厂家提供标准的电压增益，那么这时就需要高 6dB 的驱动电平来驱动放大器才能使该放大器达到满负荷功率输出。还有的厂家不承认这些表示方法，并且每个型号产品的表示都不相同（如图 1.29 所示）。

放大器电压增益参考表												
输入驱动电平			电压增益 =20dB (10x) 负载上的功率 (W)			电压增益 =26dB (20x) 负载上的功率 (W)			电压增益 =32dB (40x) 负载上的功率 (W)			
电压	dBV	dBu		16Ω	8Ω	4Ω	16Ω	8Ω	4Ω	16Ω	8Ω	4Ω
16 V	24.0	26.2		1600	3200							
11 V	21.0	23.2		800	1600	3200	3200					
8.0 V	18.0	20.2		400	800	1600	1600	3200				
5.6 V	15.0	17.2		200	400	800	800	1600	3200	3200		
4.0 V	12.0	14.2		100	200	400	400	800	1600	1600	3200	
2.8 V	9.0	11.2		50	100	200	200	400	800	800	1600	3200
2.0 V	6.0	8.2		25	50	100	100	200	400	400	800	1600
1.4 V	3.0	5.2		12.5	25	50	50	100	200	200	400	800
1.0 V	0.0	2.2	X	6.3	12.5	25	25	50	100	100	200	400
707 mV	−3.0	−0.8		3.1	6.3	12.5	12.5	25	50	50	100	200
500 mV	−6.0	−3.8		1.6	3.1	6.3	6.3	12.5	25	25	50	100
356 mV	−9.0	−6.8		0.8	1.6	3.1	3.1	6.3	12.5	12.5	25	50
250 mV	−12.0	−9.8		0.4	0.8	1.6	1.6	3.1	6.3	6.3	12.5	25.0
178 mV	−15.0	−12.8		0.2	0.4	0.8	0.8	1.6	3.1	3.1	6.3	12.5
125 mV	−18.0	−15.8		0.1	0.2	0.4	0.4	0.8	1.6	1.6	3.1	6.3

图 1.28　放大器电压增益参考表

放大器灵敏度参考表								
输入驱动电平			标称功率的灵敏度为 0.775V 负载上的功率 (W)					
电压	dBV	dBu	3200	1600	800	400	200	100
1.1 V	+0.8	+3						
775 mV	−2.2	0	3200	1600	800	400	200	100
550 mV	−5.2	−3	1600	800	400	200	100	50
337 mV	−8.2	−6	800	400	200	100	50	25
275 mV	−11.2	−9	400	200	100	50	25	12.5
168 mV	−14.2	−12	200	100	50	25	12.5	6.3
137 mV	−17.2	−15	100	50	25	12.5	6.3	3.1

输入驱动电平			标称功率的灵敏度为 1V 负载上的功率 (W)					
电压	dBV	dBu	3200	1600	800	400	200	100
1.4 V	+3	+5.2						
1.0 V	0	+2.2	3200	1600	800	400	200	100
707 mV	−3	−0.8	1600	800	400	200	100	50
500 mV	−6	−3.8	800	400	200	100	50	25
356 mV	−9	−6.8	400	200	100	50	25	12.5
250 mV	−12	−9.8	200	100	50	25	12.5	6.3
178 mV	−15	−12.8	100	50	25	12.5	6.3	3.1
125 mV	−18	−15.8	50	25	12.5	6.3	3.1	1.6

图 1.29　放大器灵敏度参考表

到底哪种表示更好一点呢？是采用让所有放大器产生削波的标准驱动电平好呢，还是采用使所有放大器以同样的电压电平跟踪信号的标准电压增益好呢？

最重要的因素是要已知增益。如果放大器是基于灵敏度的，那么可以推导出电压增益。如果放大器是基于电压增益的，这件事就不需要做了。不论哪种方法，大量的工作都可以通过调整放大器电平控制来实现。

对到底那种方法好的答案取决于其用在下面两个地方的哪一个：用于分频器还是限制器。

当分频器置于放大器之前，信号需要重新进行声学混合。如果放大器具有匹配的电压增益，那么声学的交叠就容易多了。例如：若使用专门的扬声器控制器，那么所设计的设备是在放大器增益匹配的假定下进行的。如果增益不匹配，那么声学上的交叠设定将不会以想要的电平传输，从而导致交叠频率发生偏移（如图 2.30 所示）。如果使用厂家编程于 DSP 中的推荐设定，则这一结论仍然成立。

为什么会出现电压增益不匹配的情况呢？这种情况会发生在基于灵敏度的放大器以不同的最大功率驱动高频和中低频驱动器的情形下。还是以上面的例子来说明，如果放大器是基于灵敏度的，那么当 400W 的低频放大器与 100W 的高频放大器配合使用时，就会在交叠处有 6dB 的增益差。一个 12dB/ 倍频程的分频交叠点可能会向上移动 1/2 倍频程。

第二个因素与限制器的使用有关。限制器的动作是基于电压电平的。对扬声器功率（瓦数）的估计是基于从限制器电路看过去的电压。如果不知道放大器的电压增益，限制器就不能校准。一台没有调校的限制器有可能造成动态范围的降低，或者不能提供必要的保护。

1.4.3.4 电平控制

放大器市场上另外一个非标准的情况就是电平控制的标记五花八门。好像电压增益给我们带来的混乱还不够，再加上一个无明确意义的电平控制。平常我们很少听到有将放大器的设定"向下调三个刻度"的说法。这是怎么回事呢？常见的标记方法包括：相对最大电压增益（线性或对数）的 dB 值、带咔哒声的无标记控制，以及用 0～10 的数字标记的刻度控制等，至少有一家厂会用 dB 电压增益显示的方法。如果系统完全是由一种型号的放大器组成的，那么就可以使用一些相对的标记方法进行标记。如果是采用"咔哒"方法，那么只是校准的保持，或者是校准到同一"咔哒"位置，或者每个咔哒声产生均匀的 dB 增量电平变化。但是由于不同的扬声器具有不同的功率需求，所以几乎极少碰到只用一台放大器就够了的场合。一旦在系统中使用了不同型号的放大器，那么就如同打开了不相关刻度这一潘多拉魔盒。如果系统升级成由三个不同厂家生产的八种不同型号的放大器！那么噩梦就真的降临了。

还有一件值得关注的事情是：放大器电平控制并不会降低放大器的最大输出功率能力，因为人们可能相信太多的声频传言或者看了电影"This is Spinal Tap"。将电平控制向下调整仅仅是重新设定驱动电平，使其达到满功率负荷输出。重新设定加速器的开始位置并不会增加引擎的马力，它只是改变了相对于速度的脚步位置而已，放大器电平控制的道理也是如此。只要放大器电平控制并不是调整得很低，那么驱动的电子器件就不能让放大器产生削波，这样便 OK 了。大多数工程师的反应是害怕放大器的调整不够，并利用"将所有的放大器设定成完全开放的"这一惯例。

这是一个令人遗憾的结论，它是由于标准缺失造成的。但是这样的想法会降低对系统间相对电平优化的选择概率，并引发对扬声器系统噪声的可闻度问题。

1.4.4 扬声器电平的互连——扬声器电缆

相对而言，放大器与扬声器间的互连是另外一种情形，它是低阻输出驱动高阻负载。虽然 8Ω 并不能算高阻负载，但是它与放大器 0.1Ω 的输出阻抗相比还是很高的。这样的负载可以保证放大器对扬声器的可靠驱动。总体阻抗的降低，导致电流加大，从而功率也随之加大。

扬声器电缆与线路电平电缆是不同的。由于扬声器电缆的阻抗与扬声器负载相比已经比较大了，所以它们倾向于产生大量的阻抗损耗。其损失率主要取决于三个因素：电缆的长度、导线的直径和负载阻抗。随着电缆长度的增加，损失也会加大，负载阻抗和导线直径的减小也会导致损失加大（如图 1.30 所示）。

如果有多只扬声器由一个放大器通路进行驱动，这时我们既可以选用单条电缆，也可以选用多条电缆。这是增加电缆的使用成本与降低信号的阻抗损失间的利益交换。电缆的损耗一览表可以帮助我们估算出分成并行工作所带来的潜在利益。需要我们牢记的是，功率放大器的成本，以及对应半功率点的 3dB 损耗的问题。

由于受高电压电平和必须将扬声器接到放大器上才能监测到负载影响的限制，所以扬声器电缆损失的测量比较困难。在实际应用中，我们通常是对所安装扬声器的声学响应的结果进行测量，并且通过功率放大器的电平控制来调整不匹配的响应；例如，具有匹配覆盖区域的两只匹配的扬声器，一般都是由更靠近某一扬声器的功放组来驱动的。

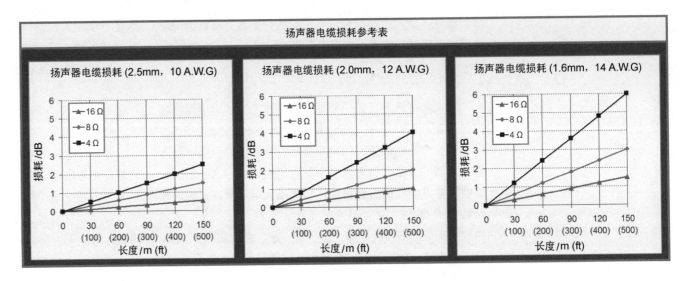

图 1.30　扬声器电平电缆传输损耗图表（源自 Giddings，1990，pp.333-335）

最后还应注意的是扬声器电缆的阻抗损耗：由于扬声器负载阻抗在不同的频率上并不是呈现恒定不变的，所以电缆的损耗也是随频率的变化而变化的。通常所指的扬声器阻抗一般是其工作频率范围上的最低阻抗，因此这也是损耗最严重的情况。在其他的频率范围上，因为阻抗较高，故损耗也较小，进而产生修改过的的频率响应。

第五节　数字声频的传输

1.5.1　数字声频设备

至此我们所涉及的数字声频只是局限于模拟设备的处理模块中。在这种情况下，作为线路电平模拟设备的单元功能是根据其增益结构和互连属性确定的。当输入信号以数字的形式进入到传输系统时，此前讨论的互连属性就不再适用了，线路电平、阻抗和平衡线路就没有用了。在有关线路电平的讨论中，很少关注电流，如今连电压也极少考虑了。现在信号被转变成数字了，信号进入到了信息时代。

数字声频的传输是按新的一套规则工作。实际上，此前所使用的传输一词并不是完全适用于数字声频。模拟传输需要媒质，而数字声频是与媒质无关的。数字信号不论是通过光纤、有线电缆或者无线互联网传输都不会影响其频响，这在所有的媒质中都是一样的，数字声频传输是数据传输。如果数据被如实地传输，那么在传输链路两端的信号是一样的，绝不会出现通过媒质进行模拟传输时出现的损失问题。

这并不是说对数据传输没有什么可注意的。实际上有很多情况都会对数据造成损失。这种损失造成的影响并不能通过察觉"声频"问题而确认，它更像是数字传输误差的结果，是非声频的，听起来很奇怪，并伴随极大的噪声。

Trap 'n Zoid by 6o6

Trap 'n Zoid by 6o6

　　数字声频领域的发展十分迅速。我们已经证明了模拟域给部分声频传输通路造成的固有危害。首先从延时线开始，实际上应称为模拟延时线，接下来的是数字均衡器、分频器等等。毫无疑问，虽然将来在传输通路的起始就进行模数转换，并且在传输到人耳之前会一直维持是数字形式，但是这些发展并不会显著地改变我们的基本任务：监测信号的传输，并根据需要进行校正工作。由于大部分的损伤都是发生在声学域，所以数字时代为我们提供了极为灵活的校正工具，而不是引发一个新的格局产生。

1.5.1.1　带宽

数字声频的带宽并不是由电容和电感决定的，而是由数字采样频率决定的。数字传输中最常见的采样频率是 44.1kHz、48kHz 和 96kHz，如今 192kHz 也比较常见。频率范围的上限不会高于采样频率的一半。人们可能会问，为什么带宽要为 20kHz 以上？其原因是数字系统中用以限制频率范围上限的锐截止滤波器会导致在转折频率以下的频率范围上产生相移。当转折频率提高时，带内的相移会减小。

1.5.1.2　动态范围

动态范围是由量化比特数，即分辨率决定的。模拟信号以电压数值被量化编码，并且按比特（bit）来存储。每个比特表示的是此前值一半大小的电压门限。动态范围的上限是由最高位的数字确定的，被称之为满刻度数字（full-scale digital）。非常重要的一点是，满刻度数字与模拟电压间的关系并不是固定的，它可能对应 0dBV ～ +20dBV 的范围。比特数，即分辨率决定了编码处理在产生信号差别之前信号可以有多低。每增加 1 比特，都会使动态范围的下限向下延伸 6dB。AES/EBU 标准支持 20 比特，故其产生的动态范围约为 120dB。AES3-2003 支持 96kHz 采样率下 24 比特传输，它也支持 32kHz，16 比特传输。

从优化设计的角度出发，没有必要对数字信号的细节进行深入地研究。不需要进行均衡和电平设定的决定，也不需要进行延时设定（补偿反应时间）。从操作的角度出发，模拟和数字域是类似的。我们必须保持信号处在线性工作区域，并彻底消除噪声。实际上所有数字设定都可以存储和调出（以及擦除），这使得操作更方便，不存在优化的因素。

1.5.1.3　设备反应时间

数字和模拟设备间的最显著的差别就是反应时间周期。反应时间是指信号通过电子设备所产生的延时。模拟设备反应时间的数量级是 ns（10^{-9}s），这与数字声频最好为几 ms 相比可以忽略不计。有很多原因都会导致反应时间的产生，其中就包括模数转换器和数字信号处理设备中的缓存。在此的关注的重点是其影响，而不是原因。我们需要了解何处会产生反应时间，以便可以在优化处理过程中进行补偿。

1.5.2　数字声频的互连

数字声频是对波形编码的结果。模拟信号的波形是连续线性函数：从初始状态到最高和最低幅度的周期变化过程中不存在断点。数字声频是用有限的一组增量步阶来表示连续波形的方法。

专业数字声频互连的主要格式：

1. AES/EBU（也称为 AES3 标准）：这是一种将双通道数字声频信号编码为单一数据流的方法（或连接）。它支持高达 24 比特量化，采样频率可选择 44.1kHz、48kHz 和 96kHz。其标准连接是采用屏蔽双扭线电缆和 XLR 插接件来完成。信号是平衡的，并要求电缆特性阻抗为 110Ω。利用 F05 连接件可以完成光形式的传输。S/PDIF 是该形式的非平衡民用格式。

2. 网络：有各种网络协议可供使用，其中最常用的是以太网 /Cobranet。网络互连遵循计算机行业的接线标准。"感谢您垂询技术支持热线，您的电话对我们而言十分重要……"

3. 专用格式：厂家专门的互连方式，它与任何的标准都不一样，只有在连接自己生产的设备时才使用。具体参见厂家的技术指标。

每种传输互连通路都对电缆长度有限制。对长度限制的主要因素是所用电缆的类型。与用于模拟信号传输的电缆不同，数字信号传输所用的电缆有阻抗控制要求，使用具有与系统匹配的正确特性阻抗的电缆是很关键的。通过在发射端使用正确的驱动电缆，并且在接收端正确地端接负载，就可以保证数字信号安全地传输。由于所有这些驱动和接收均设置在所用设备的内部，所以必须要提供正确类型的电缆。在模拟域中，分配信号的常规方法在数字互连中并不可取，在这种情况下使用非常短的电缆来连接数字信号虽然可以保证工作进行，但是存在着潜在的危险。

数据流是一串二进制状态：用来表示电压电平的若干"1"和"0"。中间不存在过渡状态。数字传输线路的接收端必须能区别"1"和"0"，这一任务的完成随着信号失真的加入会越来越难完成。使用了错误类型的电缆会导致失真产生，并且降低了信号可靠传输的距离。随着失真的进一步增加，解码器不再能可靠地区分数据的状态，并且所产生的误差也会导致信号失落和可闻失真的产生。

1.5.2.1　网络反应时间

模拟电子信号的传输是以 2/3 的光速来传输连续的信号流，因此在模拟系统中，我们很少会对由不同长度电缆构成的组合系统担心，除非系统的工作距离及其长。在实际应用中，对于这种情况，相对于反应时间，我们更为关心的是由长距离工作所引发的频率响应跌落，因此，在大多数这种长距离工作场合中，我们都是采用数字传输的形式工作。

数字声频传输的是数据包。其传输的速度取决于网络。设备和数字声频网络间的互连会产生反应时间延时上的差异变化。互连系统可以在自身系统（比如调音台或处理器

业界评论：随着多声源、多个独立隔离区线阵列和环绕声需求的日益增大，对真正意义的系统设计和系统调谐的需求也随之增加。然而人们对系统调整人员、系统工程师和 PA 技术人员常常不信任，或者低估他们的作用，实际上他们是我们声频小组的重要成员之一。如果不进行准确的系统调整，就不可能进行完美的现场演出混音。

弗朗索瓦·伯格隆（François Bergeron）

的扩展通道），并且以不同的反应时间与其他的网络相连。光学转换系统、AES、TCP/IP、以太网和其他传输网络全都有与配置有关的反应时间。简言之，在安装时，为了确保来自不同通路的任何叠加信号间的兼容性，我们必须对这些反应时间进行测量。有关验收程序的细节参见第 11 章。

1.5.2.2　信息的获取

模拟声频领域存在多种多样的互连。这是件好坏参半的事。其中负面的因素包括：容易出错的环节很多、可能产生地环路和设备组成单元的损害等。另一方面我们可以在信号路径上的任何点上监看到信号、可以根据需要重新安排跳线，最重要的一点是可以对信号进行测量。通常数字声频系统，特别是网络化系统都不大可能对路径上的信号进行监看。其原因很简单：将信号引出系统需要用数模转换器和接口等，这样会导致成本上升。因为在此我们感兴趣的是系统优化的可行性设计，所以至关重要的是可以设定并监看到诸如均衡、延时和电平设定等信号处理参数。任何封闭的系统都会将我们与信号通路隔离开来，使我们很少有可能对其进行全面的优化，故难以达到使我们满意的结果。用户接口上所表现出的均衡、电平和延时决不应轻易相信。有关信息的获取及测量的细节参见第 10 章和第 11 章。

第六节　声学传输

1.6.1　声能、声压和表面积

声能和此前讨论的电功率都是在同样的条件下工作

的，即工作于模拟状态下。这时的能量是声功率，度量单位是瓦。声压相当于电压，以 dB SPL 为单位进行度量。表面积类比为电流。一定瓦数的声功率可以通过作用于小面积上的高声压级或作用于较大面积上的低声压级来产生。为了更形象地说明这一问题，我们那所熟悉的声源——焰火为例。

当焰火爆炸时，会向与火药接触的空气方向释放压力，并且以爆炸点为原点，以球面波的形式向外辐射冲击波。在声波从声源向外辐射过程中，爆炸产生的声能量（功率）保持恒定。因为能量是固定的，所以随着表面积的扩大，声压不可能维持不变，为了保证原始声能不变，声压会按比例减小。这是不是说我们可以无限制地接近爆炸声源而不会有问题呢？当然不能这样。如果距离声源太近，将会导致听觉系统受损，甚至致聋。导致听觉系统受损的不是因为声功率，而是源于过大的声级。

人耳是声压的传感器。我们没有办法感应到声功率。若要感应到声功率，就必须将传感系统扩散到整个表面上。我们不可能借助外耳同时检测到各处的声音。我们只能听到其反射声，因为通过反射路径可以将其传递到人耳。

对于扬声器的设计者来说，他们对声源设备发出的声能很感兴趣，但是却很少有人花时间研究这一问题。扬声器就如同爆炸的焰火一样，它也有一个和声源一样的固定量声功率。从声频工程师的角度来看，对音响系统性能的测量就是测量声压。我们的耳朵到底感受到多大的声压呢？如果我们关心的是在自己所在的位置上产生所要的声级，而不是限定在混音位置，那么就需要认真考虑一下声辐射的表面积问题。如前所述，声音是以球面的形式由声源向外辐射的。如果听音者全都是处在与声源等距离的位置上，那么它们感知到的声压就是一样的。如距离不等，则必须建立一个不对称的声功率源，

才能在那些更远距离的位置上维持恒定的声压级。这可以通过控制声音辐射，使其表面积减小，从而在给定距离上产生更高的声压。我们的选择很简单，要么是创建一个所有听众距声源距离相等的声环境，要么就是考虑如何控制声音辐射。

至此我们已经讨论了声功率的概念。今后我们就将重点放在表面积上的声压级扩散问题上。虽然实际工作中声频工程师常常混着使用"功率"和"声压级"，本书中也可能会出现这样的问题，但请时刻牢记我们指的是声压。

随着声音从声源辐射出去，SPL 会因距离每增加 1 倍而以 6dB 的比率下降（如图 1.31 所示）。这种比率关系对于自由场（无反射）声环境下的声源是成立的。这种损失比率就是所谓的反平方定律。当存在声反射时，由于次级声源与直达声相叠加，故衰减的比率会减小。由反射声所带来的声级变化会因频率和听音位置的不同而有较大的改变，因此对于混响环境而言，并不能用一个简单的公式计算出声级。准确的特性需要进行现场的测量得到。考虑到我们决不会在一个自由声场中进行演出活动，所以说这对我们进行声压级的预测是个非常明显的限制。尽管如此，记住声波在自由场中的衰减比率对于我们进行预测和测量还是大有裨益的。将自由场的衰减比率作为标准，可以让我们能区分出反射声的强度，以及造成以不同于标准衰减比率衰减的其他因素。从我们的目标出发，都是假定衰减比率是自由场的衰减比率（如图 1.32 所示）。

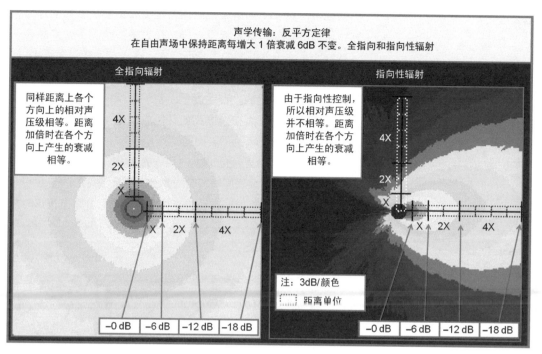

声学传输：反平方定律
在自由声场中保持距离每增大 1 倍衰减 6dB 不变。全指向和指向性辐射

全指向辐射

同样距离上各个方向上的相对声压级相等。距离加倍时在各个方向上产生的衰减相等。

4X

2X

X

X　2X　4X

−0 dB　−6 dB　−12 dB　−18 dB

指向性辐射

由于指向性控制，所以相对声压级并不相等。距离加倍时在各个方向上产生的衰减相等。

4X

2X

X

X　2X　4X

注：3dB/颜色
距离单位

−0 dB　−6 dB　−12 dB　−18 dB

图 1.31　球面声波辐射：（左图）无指向性声源；（右图）有指向性声源

dBSPL 衰减与距离关系参考表 （以 1m 为基准）		
dBSPL 衰减	距离	
（相对1m距离）	米（m）	英尺（ft）
−0	1	3.3
−3	1.4	4.6
−6	2.0	6.5
−9	2.8	9.3
−12	4.0	13
−15	5.7	19
−18	8.0	26
−21	11	37
−24	16	52
−27	23	74
−30	32	105
−33	45	148
−36	64	209
−39	90	296
−42	128	418

图 1.32　声辐射的能量损耗与距离的关系

1.6.2　环境的影响：湿度与温度

对传输损耗产生影响的因素不仅仅是反平方定律，还有其他的因素。空气是非线性的传输媒质，即高频的衰减比率比低频的大，并且随着频率的降低，衰减比率会逐渐地降低。这种衰减会随距离的加大而累计，因此在远距离声覆盖应用中尤其要关注这一问题。对于近场，扬声器的甚高频（VHF）区域扩散是主要的。随着远离 VHF 区域，声场被低通滤波。当传输的距离加大时，滤波器的转折频率会向下移动。

大多数声频工程师都熟悉环境对其音响系统的影响。在日落时，系统的高频辐射似乎变低了。

共有三个因素综合地影响着声音在空气媒质中的传输

43

损耗值。这三个因素是：距离、湿度和温度。它们的综合作用很难预期，就象天气一样。在大多数情况下，高频衰减的比率会随着湿度的下降而增大，这一结论在温度适中，湿度在 30% ～ 70% 的情况下是维持不变的。对于室内场地这是很容易满足的。在温度低、空气干燥的情况下，传输的能力最佳，反之在温度高的环境中传输能力最差。温度和湿度与声能衰减关系表如图 1.33 所示。

天气条件对声音传输方向同样有可察觉的影响。根据温度梯度可以对大气层进行分层划分，因此温度的改变会引发声音传输产生折射。这种响应在水声学中十分常见，这时由于不同深度时水温的变化使得潜水艇搜索目标变得更加困难。声音在空气中传播时，对远处传来的声音常常会觉得它比预计的水平高度高很多，人们对火车在大雾的夜晚鸣笛的感觉就是如此。在室外音乐会时，由此会导致扬声器系统传输的声音在垂直方向上的产生难以预计的方向变化。

要想确定声场中某一因素单独的影响是非常困难的。庆幸的是，我们很少需要对其影响进行精确的定量化分析。因为其滤波器作用几乎都是发生在 VHF 区域，所以其影响可以很容易地用仪器或人耳分辨出来，这时同样不会关心其准确度。

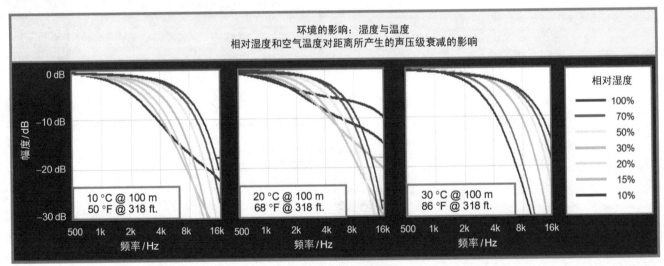

图 1.33 空气吸收引起的传输损耗与环境温度和湿度的关系。(左图)：10℃；(中图)：20℃；(右图)：30℃。其分别对应 50、68 和 86 ℉ 时 318ft 的距离 (Meyer Sound Laboratories Inc. 授权使用)

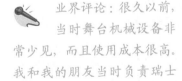

业界评论：很久以前，当时舞台机械设备非常少见，而且使用成本很高。我和我的朋友当时负责瑞士 *Lac Leman* 银行的一个大型室

1.6.3　声发射器：扬声器

现在我们已经到了电传输链路的终点：扬声器。扬声器所扮演的角色就是将原始的声信号传输给听者。在理想情况下，可以利用一只全音域扬声器建立起一个使听音区有均匀声压级覆盖的表面区域形状。由于单只扬声器能够创建的覆盖形状数量有限，因此产生完美覆盖的概率极低。大多数应用都是利用多只扬声器组合产生与特殊要求相吻合的复杂覆盖形状，从而形成均匀的声压级覆盖。在进行这种尝试之前，有必要对单只扬声器的传输特性，以及对其特性进行评价的构架进行研究。

首先并不是讨论扬声器，而是对扬声器系统进行研究。

外庆典活动的扩声工作。所采用系统配置的垂直面指向性非常高的，必须用扬声器组中的木质夹板来调整整个的倾斜角度。我们从未用相关的仪器设备（在1984年这样的设备还很少见）测量，如今利用不错的计算机程序就可以得到的简单预测结果可以显示出和扬声器组深度一样的覆盖区之外的非相关能量情况，比如 2.6m。我们必须覆盖视在100m远的距离，所以不能简单地将PA系统吊置在观众上方太高的地方，以便能覆盖座席的最后一排位置。顶端的音箱箱体处在距地面2.5m的地方。在白天我们必须处理乐队想要的声音，并对这些声音进行检查，经过我们的努力认为得到了不错的声音效果，大家都热切地期待着晚上演出的到来。当天的天气还有些凉，在太阳下面也并不感觉热，而在阴凉的地方还有丝丝的凉意。然而当夜幕降临后，人们感觉到有些冷了，尤其是在湖畔气温由30℃很快降到15℃。

本书的读者对象并不是专业扬声器生产厂家的研究人员，也不打算为实验室工作的科学家提供所谓的帮助，这些科学家是想找到最终的能点石成金的单元组合方式，声频炼金术的年代已经过去（如图 1.34 所示）。我们利用的是工程化的系统，也就是经过调校箱体内的扬声器。它们具有文件可查的特性、可重复实现的构造，以及专业的质量标准。

图 1.34　这种扬声器只在试验场地中应用，并非工程上采用的系统（Dave Lawler 授权使用本照片）

首先从所需特性扬声器的一般性技术指标开始。

专业扬声器系统的一般性技术指标：

1. 放大器应能驱动系统使其发出其所能产生的最大声压级，并且输入级不出现过载。

2. 系统应具有已知的工作限制条件。放大器和限制器应被调整成使扬声器处在安全工作的范围之内。系统具有自我保护功能。

3. 系统在达到最大声压级是应具有柔和的过载特性。

4. 系统噪声低，动态范围大于 100dB。

5. 两分频系统（箱体内最少单元数），四分频系统（箱体内最多单元数）所能覆盖的频率范围为 70Hz ～ 18kHz。低频可以延伸到 70Hz 以下（备选）。

6. 单独一只的重低音系统所能覆盖的频率范围应为 30Hz ～ 125Hz。

7. 单独一只的中低音系统所能覆盖的频率范围应为 30Hz ～ 160Hz。

8. THD<1%，在整个频率范围上，声压级处在最大声压级的 12dB 变化范围内。

9. 自由场 ±3dB 的频响应与设备的频响匹配。

10. 覆盖形状要能够保证频率升高时波束宽度不变，或者随频率升高不变窄；低频或中频范围的波束宽度不应变窄，高频范围波束宽度不应变宽。

11. 同一箱体内的驱动单元间的声学交叠过渡应进行相位校准，并具有固定电平关系。

12. 同一箱体内的驱动单元间的声学交叠过渡应具有可变的相位和电平调整特性，以补偿相对数量和摆位的影响。

这些技术指标给出了考察扬声器系统时的统一基准。在了解了这些技术指标之后，我们就可以研究扬声器类型间的差异，以及各自的应用了。

1.6.3.1 传输转换：电声转换

要想听到来自扬声器系统的声音，就必须将来自电信号链路的信号分配给扬声器系统。我们的目标就是在电子设备工作限制范围内确保声学系统能产生最大声压级的输出。这时电信号的电压被准转变成声压：dBV 转变成 dBSPL。调音台是信号电链路的中枢。音响师最关心的是：从调音台能获得多大的声压级？这取决于我们将其放在多远的地方。

如何在 dBV 与 dBSPL 间建立起过渡的桥梁，以便音响师可以在线性范围内操控调音台，并从音响系统中获得最大的声压呢？这里的复杂因素体现在电学与声学领域间传输链的换能器上。换能器将能量从一种形式转换成另一种形式。传声器和扬声器是我们最常用的换能器，它们将声能转换为机械能、磁能和电能，或者反向转换。关于机械能与磁能间的转换问题留给传声器和扬声器的设计制造者研究。我们将问题的重点集中在电 / 声转换上，也称为电声传输。多大的声压对应多大的特定电压？多大的电压又与特定的 SPL 相联系呢？

1. 灵敏度

描述上述问题的一个方法就是采用灵敏度（sensitivity）这一术语。该参数在上述两种表述间架起了一座桥梁。传声器的标准灵敏度是用 mV/Pa 为单位给出的。1Pa 相当于 94dBSPL。如果传声器振膜处存在标准 SPL（94dBSPL），那么其输出端的电压就是由其灵敏度决定的。这些是通过传声器校准设备，也称为活塞发声器来实现的，活塞发声器能发出一个音调音，并耦合给传声器膜盒。例如，DPA 4007 传声器的灵敏度为 2.5mV/Pa。该指标中的电压指的是传声器输出端的开路电压。由于传声器产生电流和电压，所以第二种标称灵敏度也可以通过传声器输出阻抗上的电压或电流给出，这就是"功率电平"，其基准值为 0dB=1mV/Pa。典型的传声器功率电平处在 -60dBV ～ -40dBV 范围。如果两个传声器开路电压相同，但是输出阻抗不同的话，那么其功率电平的技术指标也是不同的，这使得匹配传声器变得复杂了。由于我们主要是将传声器用于声学测量，不涉及将其信号分配给监听调音台或录音声轨的情形，所以不会存在传声器负载阻抗下降的问题。这样我们就有幸使用简单得多的开路电压作为灵敏度的技术指标（如图 1.35 所示）。

观众从傍晚就开始了节日的庆祝活动，并随着当晚最后两支乐队的到来气氛达到了高潮：3 万多名狂热的观众陶醉在音乐当中；在经过长时间的舞台准备之后，演出在夜幕中开始了，这时我发现调音位置的声压级低了 12dB SPL，而在观众区的有些位置声压级下降的更多。我们检查了每一个可能出现问题的地方，然而还是没有找到问题的原因到底在哪儿！

一小时之后我们还是遇到了麻烦事，当时我们接到了一个电话，这个电话是从 10km 之外的一个山区农庄打来的，电话抱怨说我们的声音太大了，简直不能让人入睡。虽然现场的观众并没有觉得声音大，但是空气的声音传输相当好，以至于较远处的人们受到了打扰。这到底是怎么回事呢？从下午到晚上演出开始，我们从未动过任何的设置和 PA 的位置。

扬声器灵敏度参考表																				
放大器功率标称值			计算 1m 处的 SPL 97dB 1W/m			计算 1m 处的 SPL 100dB 1W/m			计算 1m 处的 SPL 103dB 1W/m			计算 1m 处的 SPL 106dB 1W/m			计算 1m 处的 SPL 109dB 1W/m			计算 1m 处的 SPL 112dB 1W/m		
16Ω	8Ω	4Ω	16Ω	8Ω	4Ω	16Ω	8Ω	4Ω	16Ω	8Ω	4Ω	16Ω	8Ω	4Ω	16Ω	8Ω	4Ω	16Ω	8Ω	4Ω
512 W	1024 W	2048 W	124	127	130	127	130	133	130	133	136	133	136	139	136	139	142	139	142	145
256 W	512 W	1024 W	121	124	127	124	127	130	127	130	133	130	133	136	133	136	139	136	139	142
128 W	256 W	512 W	118	121	124	121	124	127	124	127	130	127	130	133	130	133	136	133	136	139
64 W	128 W	256 W	115	118	121	118	121	124	121	124	127	124	127	130	127	130	133	130	133	136
32 W	64 W	128 W	112	115	118	115	118	121	118	121	124	121	124	127	124	127	130	127	130	133
16 W	32 W	64 W	109	112	115	112	115	118	115	118	121	118	121	124	121	124	127	124	127	130
8 W	16 W	32 W	106	109	112	109	112	115	112	115	118	115	118	121	118	121	124	121	124	127
4 W	8 W	16 W	103	106	109	106	109	112	109	112	115	112	115	118	115	118	121	118	121	124
2 W	4 W	8 W	100	103	106	103	106	109	106	109	112	109	112	115	112	115	118	115	118	121
1 W	2 W	4 W	97	100	103	100	103	106	103	106	109	106	109	112	109	112	115	112	115	118
0.5 W	1 W	2 W	94	97	100	97	100	103	100	103	106	103	106	109	106	109	112	109	112	115
0.25 W	0.5 W	1 W	91	94	97	94	97	100	97	100	103	100	103	106	103	106	109	106	109	112

图 1.35　扬声器灵敏度参考表

实际上我们使用的 PA 调谐出的极强的垂直面方向特性暴露出问题了。观众区之间的温度变化使得声音的传输平面发生了弯曲，声波朝上辐射，以至于原本对准观众的方向存在一个较低的折射角度；所有的能量按照这个曲率反射，就像我们从水下透过水面看到的影像一样。

为了补偿这一问题带来的影响，我们调整了 PA，使其向下倾斜了一些，以便声波入射的角度大于折射的角度。从此以后我们总是要提醒那些打算在室外举办演出的客户，一定要确认他们是否可以吊装 PA 系统；这样他们就可以不必与自然环境抗争了。

马克·德·富吉耶尔（Marc de Fouquieres）

2.　1W/1m

全音域扬声器的灵敏度可以由传声器灵敏度概念反推给出。将一定量功率送给扬声器，并测量其声学输出。一般是采用 1W 输入驱动下的 1m 处的声压级来表示。所产生的声压级可以由已知的功率放大器馈送功率推导出来。灵敏度为 100dB（1W/1m）的扬声器，当用 10W 功率驱动时，它产生 110dB 的声压级，而用 100W 驱动则产生 120dB 的声压级。但这并不能就一定说用 1000W 驱动就会产生 130dB 的声压级，因为这时扬声器可能已经冒烟了。

关于灵敏度指标的第二个令人烦恼的因素是：它是按照标准的 1m 距离来作为其标称值的。要想知道其他距离上的 SPL 就必须通过反平方定律来推算。在调音位置处扬声器能产生多大的声级呢？利用灵敏度值和最大标称功率值，再采用反平方定律计算出到调音位置的距离损失，就能得出 SPL 了。这里也引发出该指标的局限性问题。

问题还不止这些，由于 1W/1m 这一标称值只是基于功率而言的，所以当给出的是放大器的电压增益时，它就无能为力了。这就是说，扬声器要匹配 1W/1m 的数值就要以不同的放大器设定来驱动。如果遇到的是有源双放大（或三放大）的扬声器系统，则情况会变得更复杂，因为 1W 的情况并不是必须同时出现在两个放大器的输出上。有些制造商会分别为每个驱动单元单独给出灵敏度技术指标。

扬声器灵敏度是一直沿用的技术指标。现代专业声频系统选择功放是根据驱动器的最大驱动能力进行的。电平的设定是按照系统如何与声学交叠过渡相结合来确定的，即通过比较书本上给出的灵敏度来确定。

我们经常会在调音位置听扬声器阵列的声音。现代的阵列是按照不同的驱动电平、不同的放大器和不同的声学上受频率影响的增量很复杂地组合在一起。这里我们还要再重复地问一次之前问过的问题："从调音台能获得多大的声压级？"

幸运的是，我们有更好的方法。

3.　dB SPL/V

如果将放大器和扬声器视为一个整体系统，那么灵敏度就可以看成是将现代系统中线路电平的调音台与驱动电平的信号处理联系起来的纽带。第一个问题就是："放大器 / 扬声器系统能够被驱动电子设备以合理的动态余量满负荷驱动吗？"；第二个问题是："当以标称电平驱动系统时，房间指定位置上的声音有多响？"答案可以从当今以 dB SPL 表示的灵敏度值中找到，这个 dB SPL 数值是扬声器以线路电平驱动时产生的值，它用 dB SPL/V 来表示。

dB SPL/V 到底是如何作用的呢？电子传输设备都具有约为 1V（0dBV）的标准工作电平，其动态余量可以在此电平之上 18～24dB。那么放大器 / 扬声器系统用 1V 驱动时会产生多大 dB SPL 呢？这只需用 0dBV 驱动系统并用声级计测量 SPL 即可得出。无论是在何处，阵列是多大规格和多么复杂，这一数据将扬声器耦合的声学增益、均衡、延时设定，以及放大器的驱动电平，甚至是房间信息均包含在内。增加扬声器会使声音更响。dB SPL/V 数值将反映出系统能力的增强。将 dB SPL/V 数值加上 20dB，就可以得到驱动电子设备削波前系统能达到的绝对最大声压级。这是可以直接在系统中进行测量的。

在开始阐述新的问题之前，先用一点笔墨谈一下自带放大器的扬声器问题。1W/1m 的灵敏度标称值纯粹是线路电平输入系统的理论值表示。dB SPL/V 指标能够表示出扬声器以标称驱动电平驱动时所能达到的声压级。

1.6.3.2　最大功率能力

现在我们已经知道如何将扬声器驱动到其最大的工作能力，但是到底什么是其最大工作能力呢？功率是衡量扬声器的换算因子，高的 SPL 源自昂贵的扬声器。由于换算因子的转换是直接与成本挂钩的，所以在设计中最重要的因素之一就是决定功率能力。

现代的专业扬声器的技术指标超出了 1W/1m 灵敏度标称值的范畴，最大的工作能力分别有短期和长期两种情况。信号的瞬态特性使得两种表示方法都很重要，技术指标的表述是相当明了的。

1.6.3.3　距离与方向

这些技术指标通常都是在轴向上 1m 位置处的数值，也有例外的情况，那就是扬声器的尺寸太大，以至于 1m 的距离很难反映其响应。实际上我们希望得到的最大 SPL 值是由给出的最大 SPL 数据通过反平方定律推算出来的。

1. dB SPL 峰值

它是扬声器可以产生的最大声压绝对值。该数值是由瞬间的粉红噪声和音乐猝发信号驱动扬声器所产生的，这并不是说扬声器可以在不失真的前提下达到这一数值，或者说该数值可以维持相当长一段时间。扬声器可以在短时达到这一水平，这一技术指标是相对于象鼓这样的具有高峰值信号的重放而言的。

2. dB SPL 连续值

它是扬声器在一定长的时间里所达到的可持续声压级。其时间长度要长过系统限制器产生动作所需的时间。该声压级数值要比峰值低 6 ～ 12dB。如果不是这样，那么可能

会出现如下三种情形或其中之一：峰值限制器频繁启动，放大器太小并产生峰值削波，或者 RMS 限制器设置太"松"（草率）了，并可能导致扬声器使用寿命缩短。

3. 加权

加权的作用常常是为了使响应能够与人耳听觉机制的等响曲线相吻合。人耳的听力是非线性的，当声级不同时其频率响应也不同。低声压级时，人耳听力的敏感频段集中于语声的频谱范围附近，这有助于人们听清楚彼此间的窃窃私语。在高声压级时，听觉响应变得平坦许多，降低了高频和低频极端响应的程度。"A"加权是对测量到的 SPL 值实施滤波处理，以模拟人对声级相对小的声音的响应。"A"加权通常用在本底噪声，而不是最大 SPL 的测量中。在一些高声压级的测量中使用"C"加权处理。如果技术指标中没有特别说明是否使用加权处理，则认为它是未加权（线性）的。

在设计中，dB SPL 是一个关键的选择条件。不同类型的节目素材需要用不同的 dB SPL 来满足要求。单只扬声器的最大 dB SPL 能力常常作为扬声器分类的标准。不同声压级的扬声器可以根据其不同距离上传输比例混在一起使用。短距离的小功率扬声器可以和长距离的大功率扬声器配合使用。

dB SPL、距离和节目素材间的关系如图 1.36 所示。对于给定的扬声器，满足功率需求的扬声器工作能力会随距离变长而降低。功率能力是扬声器参数中最为直观的一个。对于特定情况下的功率需求每个人都有自己的经验感受，并且对此情况下如何用好特定的扬声器都有自己的看法。这里所说的数据应该视为是参考，而不是权威的。对于所要求的极端声级，有些人想知道在什么时候讨论，我们打算在掌握了扬声器声音叠加致使 SPL 提高这一问题之后，再回过头来讨论这一问题。

节目素材在不同距离处产生的最大声压级

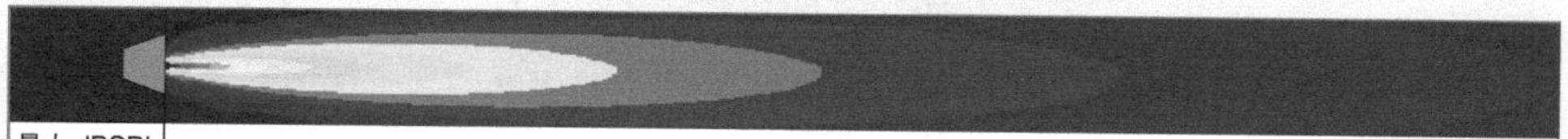

最大 dBSPL（峰值）	距离 (m)														
	1.0	1.4	2.0	2.8	4.0	5.7	8.0	11	16	23	32	45	64	90	128
154	154	151	148	145	142	139	136	133	130	127	124	121	118	115	112
151	151	148	145	142	139	136	133	130	127	124	121	118	115	112	109
148	148	145	142	139	136	133	130	127	124	121	118	115	112	109	106
145	145	142	139	136	133	130	127	124	121	118	115	112	109	106	103
142	142	139	136	133	130	127	124	121	118	115	112	109	106	103	100
139	139	136	133	130	127	124	121	118	115	112	109	106	103	100	97
136	136	133	130	127	124	121	118	115	112	109	106	103	100	97	94
133	133	130	127	124	121	118	115	112	109	106	103	100	97	94	91
130	130	127	124	121	118	115	112	109	106	103	100	97	94	91	88
127	127	124	121	118	115	112	109	106	103	100	97	94	91	88	85
124	124	121	118	115	112	109	106	103	100	97	94	91	88	85	82
121	121	118	115	112	109	106	103	100	97	94	91	88	85	82	79
118	118	115	112	109	106	103	100	97	94	91	88	85	82	79	76
115	115	112	109	106	103	100	97	94	91	88	85	82	79	76	73
112	112	109	106	103	100	97	94	91	88	85	82	79	76	73	70
	3.3	4.6	6.5	9.3	13	19	26	37	52	74	105	148	209	296	419
	距离(ft.)														

130	听力过载	124	高声级	112	中等声级	100	低声级

图 1.36　对于节目素材，典型的最大声压级（峰值）与距离的关系

4. 半空间负载

许多扬声器技术指标中给出的 SPL 数据是将扬声器置于地面上测得的。这种情况与低频声波结合，会导致 SPL 的升高。当比较不同型号扬声器时，要确保所有扬声器的指标均是在类似的条件下测量得到的。

1.6.3.4　频率范围

此前所定义的传输频率范围是 31Hz ～ 18kHz。对于专业扬声器系统，不能用一只换能器覆盖整个这一范围。如果将高音扬声器做的足够大，让它能重放低频，那么单元就会很重；如果将低音扬声器做的足够轻，让它能重放高频，那么当它推动低频时就会崩溃。实际上我们是通过组合工作于不同频率范围的专门换能器来覆盖整个频率范围。通常我们将信号至少分成三路：重低音、中低音和高音。

应特别注意到，重低音是系统的一部分，并不是为产生声音效果而引入的电路设备。在有一些应用中它确实是为了营造音响效果，但这在优化设计中并不是重低音的目标。如果重低音是为了提供特殊的音响效果的话，那么它应该是单独一个系统，而不是最小变化传输解决方案的一部分。如果打算利用重低音来扩展系统的低频下限和 SPL 能力，那么就必须将其集成到系统中。我们的设计理念是将重低音和中低频系统用来扩展频率范围，同时提高主系统的声压级（如图 1.37 所示）。

1. 全音域扬声器系统

所谓的 "全音域" 是指扬声器可以覆盖人声的整个音域范围。大多数的全音域扬声器的低频截止频率范围在 60 ～ 70Hz。具有 15" 驱动单元的大的扬声器的低频下限还可以更低，而那些 10" LF 驱动单元的扬声器的低频下限接近于 100Hz。这类扬声器系统的 HF 上限通常都延伸至 18kHz。质量非常轻的 HF 驱动单元组成的更小规格扬声器将具有比大功率系统更大的频率范围扩展，大功率系统的振膜较重，以满足其对功率的要求。这些系统的 LF 范围的低频下限并不作单独的要求，它们可以和重低音扬声器重叠使用，或者也可以在 LF 下限之上进行分频，进行可靠的 LF 传输。

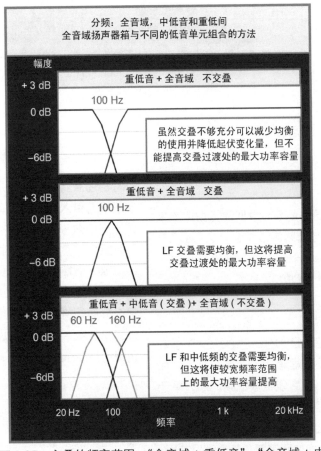

图 1.37　交叠的频率范围："全音域 + 重低音"，"全音域 + 中低音"

2. 中低频系统

中低频系统可以用来进一步提高中频范围下限（60Hz ～ 160Hz）的声压级。流行音乐对这一频率范围的声压级需求格外高。专门的中低频音箱也可以改善频率范围交叠的全音域系统中低频的指向性。如果系统的频率范围允许交叠的话，那么其覆盖图案会因声学叠加而改变，有关叠加问题会在本书的第 2 章有详细的介绍。中低频系统也可以与重低音系统有一定的频率范围交叠。

3. 重低音

一般的重低音都工作于 30Hz ～ 125Hz 的范围上。重低音系统可以和全音域系统交叠使用，或者是单独工作于低频范围上。如果使用了中低频系统，那么重低音可以选择与其交叠使用。

1.6.3.5　扬声器指向性

此前曾讨论过焰火爆炸的例子，这时声源的辐射是全方向性的，即声源以等声压向所有方向辐射声能。爆炸产生的声能的上半部分被浪费掉了，因为并没有观众处于声源之上的位置。如果生产烟火的公司能够发明一种只能向下辐射声能的爆炸装置，那么就只需要一半的声能。黑色火药的成本与控制声音技术的成本比起来要低得多，所以没有人在此方面进行研究和技术开发。

但在音响系统中却并非如此。控制扬声器的辐射方向性所带来的潜在利益驱使人们将时间和资金投入到此方面的研究开发之中。控制扬声器指向性的一个最重要的原因就是减小回声的影响。焰火声音产生的回声我们都体验过，对于扬声器而言，要想将回声降低一点点都要走很长的路。过强的反射会导致清晰度下降，并对音乐的音质产生影响。

避免过大反射的最基本工作就是从控制指向性开始，使辐射到没有观众区域的能量尽可能少。

对扬声器系统的指向性控制主要有两种机制：扬声器与声学边界的相互作用，以及扬声器间的相互作用。边界的相互作用包括号筒、墙壁、波导，以及由市场部门命名的各种各样的声学器件。辐射单元的形状，比如纸盆驱动单元，也会影响单只扬声器的自由场指向性，这一问题不在我们讨论的范围之内，我们假定都是使用圆形纸盆驱动单元。扬声器间的相互作用既发生在一个音箱箱体中，也发生于不同箱体间。

这两种机制共同作用的情形非常多。边界的能量反射本质上可以视为次级声源。它们与直达声相混合，就象是两只扬声器发出的直达声一样，这与第 2 章要介绍的声学叠加原理是一致的。指向性控制的结果就是让一个方向上产生正相位叠加，而在另一方向上产生反相位抵消。声学抵消在声频领域常常会招致一些反对的声音，但是如果不这样做，那么指向性控制基本上就不能实现。

控制指向性的定向方法是与频率相关的，或者更准确地讲是与波长相关的。在边界控制情况中，要想实现控制，边界的长度必须足以与辐射的波长相比拟才行。随着波长的变长，为了维持指向性不变，边界的尺寸必须按比例增大。通常认为 1/4 波长是能取得明显效果的最小边界尺寸。虽然对于高频这很容易达到，但是要想控制 30Hz 的低频成分的指向性，所用号筒的深度就要达到两米，因此要想控制低频的指向性，比较实用的做法是利用多只扬声器的叠加来实现。

1. 覆盖图案的定义

扬声器的指向性形状是垂直和水平面上空间滤波器效应的结果。扬声器在其周围所建立起来的辐射形状称之为

覆盖图案。覆盖图案是个三维的形状，而不是个数字。覆盖图案对应于滤波效应衰减低于 6dB 的覆盖区域，这一区域对应的张角称为覆盖角，它是以度数来表示的（如图 1.38 所示）。

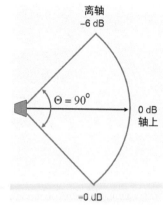

图 1.38　利用径向法（量角法）得到覆盖角

将扬声器轴上电平作为基准，以弧形偏离主轴，直至响应下降了 6dB 就可以找到覆盖角边界。分别针对垂直和水平面的不同频率范围进行如上处理，就可以到到不同平面和频率范围上的覆盖角边界。

对覆盖图案和覆盖角的表示都是以主轴响应为基准进行归一化得到的。对于指定的频率范围，所给出的数值是相对主轴电平而言的，而不是绝对数值。例如，如果高频号筒在 1kHz 频率时主轴 1m 处产生的声压级为 100dB SPL（100dB@1m，轴上，1kHz），则可以找到同一距离处声压级下降到 94dB SPL 时的离轴点。如果频率变为 30Hz，即使主轴上的响应比 1kHz 时下降了 60dB，还是可以确定其极坐标图案。覆盖表示法只是给出了相对电平与角度间的关系信息，并没有给出扬声器的功率能力，以及主轴频率响应。

就像此前所谈到的表示电压有各种方法一样，覆盖图

案也是一样。覆盖图案是相对的，因为离轴的声音在超出了 −6dB 点之后并不是简单地停止了。

扬声器覆盖范围的常用表示方法：

（1）覆盖角：在给定频率或频率范围下两个 −6dB 点间的夹角。其称之为"径向"或"量角"法。它是针对垂直和水平面分别给出的。

（2）极坐标图：相对电平与角度间的径向图形。一系列同心环上标出的数据代表的是相对声级衰减。最外面的环是 0dB 衰减，而内环上给出的数值代表的是衰减量。最常用的格式是每个环间隔 6dB 和 10dB。连续的径向函数是由衰减量与角度的关系建立起来的。典型的极坐标图如图 1.39 所示，它是针对垂直和水平面上不同频率的图形。

（3）等声压级曲线（等压线）：声源距离与 SPL 衰减的径向图形。将极坐标图反过来，并以线性轴表示，就得到等声压级曲线图。等压线将 0dB 置于距扬声器 1m 的位置（扬声器数据的标准测量点）上。图形跟随维持相对声级的径向形状。连续的环表明了声压级随距离和角度变化产生的衰减情况。它也是针对垂直和水平面上不同频率给出的，如图 1.39 所示。

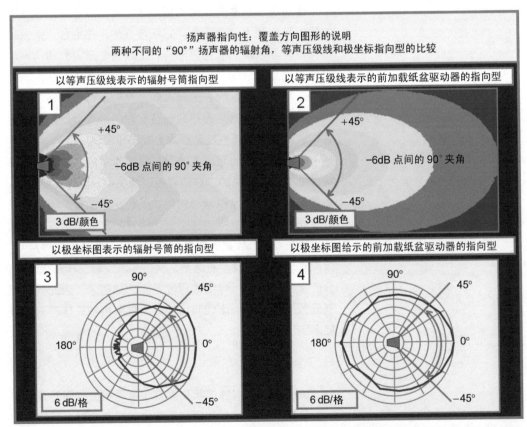

图 1.39　HF（1）和 LF（2）驱动单元的等压线法。两者均有 90° 的覆盖角。同一 HF 驱动单元(3)和 LF 驱动单元(4)的极坐标图

（4）指向性指数（DI）：该参数描述的是系统在整个球形辐射空间内的方向性。指数值是扬声器向正面辐射的能量与同样条件下无指向扬声器辐射声能的比值。回想一下前面谈到的焰火问题，声源的能量是固定，DI 告知我们有多大的能量被汇聚到前方方向上。该值是以 dB 形式给出的，数值越大代表指向性控制越强，"前后比"也用来描述这一关系。对于给定频率范围，给出的 DI 只是一个数值。

（5）指向性系数（Q）：它是指向性指数的线性格式，DI=10lgQ。这两个数值（DI 和 Q）可以以不同的垂直轴刻度绘在同一图中。

（6）波束宽度与频率关系：波束宽度一词是可以与覆盖角度互换的。波束宽度与频率的关系图建立起扬声器在全音域范围上不同覆盖角度下的复合图。典型的波束宽度与频率的关系图的分辨率有 1/3 倍频程或 1 倍频程。波束宽度图让我们在一幅图中就可以看到扬声器在全音域上覆盖角的变化趋势。由于波束宽度是覆盖角度形成的，所以不包括离轴响应，如图 1.40 所示。

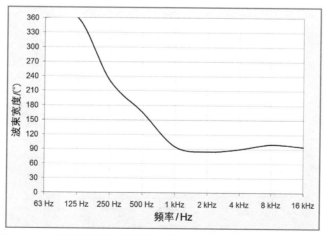

图 1.40　小型全音域扬声器的带宽与频率的关系。覆盖角度为 90°（标称）

2. 90° 隔离

由于每种覆盖表示方法都告知我们有关扬声器的信息，那么是否在作决定时要考虑所有这些因素呢？覆盖数据的这种多样性表示法可以为我们提供多种信息，从中可以得知在何种场合下什么样的扬声器是最佳的。到底哪一种表示方法与要实现的目标最为吻合呢？关于此问题会在本书第 6 章详细地介绍，但是现在还是要先用一个简单任务为例，看看它们在其中的作用。该实验将决定为达到针对四种不同形状获得最均匀的声级而需要的扬声器覆盖角度。

图 1.41 示出了 A ～ D 四种垂直覆盖的剖面图。对于所有的形状，扬声器的位置都是一样的。从扬声器的角度来看，最前排和最后排间的夹角在所有情况下均不变。这是相对于每种情况变化的形状下部的距离。第一个问题是：所需要的覆盖角度是多大？答案可以从图 1.41（2）中得到，在任何情况下覆盖角都是 90°，因为要覆盖的区域从后排的上部到前排。到地板的不同距离并不改变扬声器与这两个极端位置间的角度关系，但是这确实在与覆盖边界的距离间引入了总体的不对称。形状 A 的不对称程度最高，最低的是形状 D。这是径向（量角法）最主要的不足之处。

图 1.41（3）使用极坐标图的目的是想看清楚最佳角度，但不幸的是极坐标图不能让我们进一步观察到扬声器的离轴形状。极坐标图的不足之处是其对声级的描述并不是按房间的几何结构刻度的。在有关房间的表述中，我们也以假设距声源的距离加倍的话，声音相当于是衰减了约 6dB。在极坐标图中，6dB 线具有均匀的间隔，为此它相当于房间中 6dB/m 的损失，而非每次的距离加倍（参见图 1.39）。因此，我们并不能将极坐标图覆盖在房间图形上，并以此确定覆盖形状内任何一点的声级分布。我们所掌握的一切就是：在离轴 45° 的角度上，声级下降了 6dB，这已经是

我们在量角器法中得到的事实。这 6dB 的下降是在后部坐席还是前部坐席呢？我们对此全然不知。下面我们采用等声压级曲线方法分析。图 1.41（4）显示出了涵盖整个覆盖角的 45° 倾角中央扬声器的 90° 曲线。在 A～D 的所有情况中，全部的座位区均处于扬声器的覆盖角之内，所有情况的听众区后排比前排声级低 8dB 以上。很显然这是一个不能令人满意的结果。但其积极的一面是让我们证明了这种指向角并不适用，故可以着手发现其优点。等压线提供了一些解决问题的线索：必须得到满足四种不同形状的

最佳角度。

指向性指数（DI）或指向性系数（Q）法没有图形，那么这些方法到底能做些什么呢？用涵盖垂直和水平指向性的单一一个数字并不能做些什么。如果前 / 后比是正值（DI>0dB，Q>1），那么我们就知道该将其正面对着听众。这只是开始，我们必须的是更为明确一些的信息。我们需要 90x40 的扬声器吗？如何才能告诉我们该如何做呢？如果我们稀里糊涂地决定用 90x40，那么我们不论在水平面或垂直面上如何取向，其 DI 值都是一样的。我认为我们

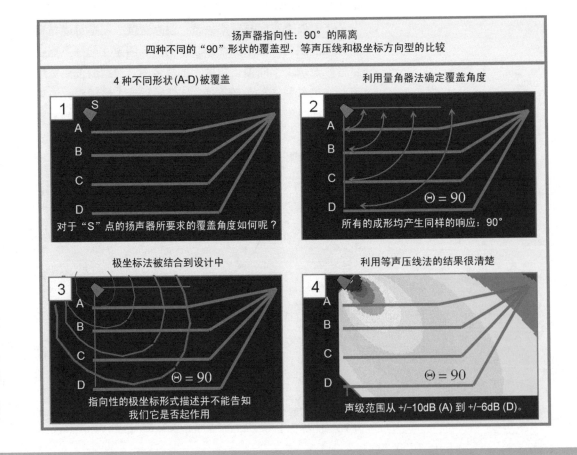

图 1.41　由一个扬声器位置产生的四种覆盖形状。（1）听音位置目标 A～D。扬声器最接近形状 A，与形状 D 最远；（2）量角法表明在所有情况下应用需要 90° 的覆盖，因为第一排和最后一排间的角度是恒定的；（3）采用 90° 覆盖图的极坐标图形状给出的听音区形状的过渡并不清楚；（4）等压线法表示出的所有情况下的声级均匀度较差，其中最差的是形状 A

必须掌握这些。现在的答案是：将四种不同的扬声器覆盖图案应用于四种不同的观众区形状。在所有情况中，扬声器的取向都是不对称的——在最远端的座位处，以便弥补空间上的不对称。由于等压线直接指示出了声压级，所以对于如何补偿不对称性，等压线法能给出最佳的指示。既然许多覆盖应用都存在不对称的问题，故它是一个重要的参数。图 1.42 利用等压线法得到了与每个形状的最佳吻合方法。图中每个彩色梯度存在 3dB 的声压级变化。在每种情况中，根据覆盖图案确定不同的覆盖角度。其中的决定因素就是使覆盖图案形状与覆盖轮廓线取得最佳的吻合。

（1）主轴和离轴距离间的不对称是最大的，覆盖角是最小的（20°），均匀覆盖的轮廓线比例最小；（2）增加与地板间的距离，减小不对称程度。不对称程度越低，覆盖越宽（45°），并可覆盖更大的区域；（3）覆盖角张开到 90°。应注意的是 90° 角相当于径向覆盖角法，扬声器的取向是不同的；（4）覆盖达到最大的对称。覆盖加宽到 180°。

等压线法引领我们选择覆盖角和取向，即便面临的是不对称覆盖的情况。不对称是设计中始终要面对的问题，例如：每位新手在面对垂直覆盖应用时。分析覆盖角需要能够处理不对称性问题。

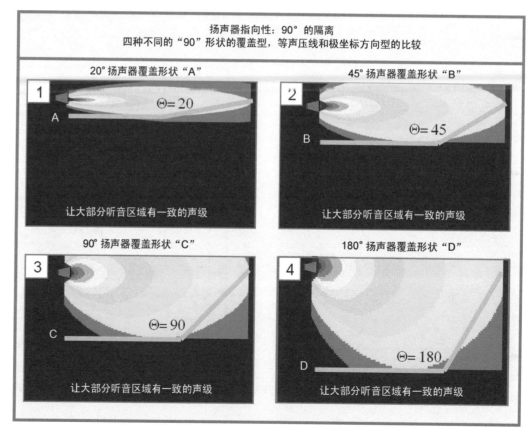

图 1.42　采用四种不同覆盖角的等压线法。曲线的形状反映出与每一房间的最佳吻合

很显然，我们所关心的是墙壁反射回来的覆盖图案的上半部。在处理这方面问题时要特别关注该方法。至此我们要牢记此前所讨论的是单只扬声器的情况，它是下面分析问题的基础，而不是最终的结论。创建不对称覆盖图案的最佳解决方案是扬声器阵列，扬声器阵列的作用是各只扬声器单元叠加的结果。在想跑之前先学会走，学习要循序渐进。

3. 技术指标

至此，我们已经介绍了音响系统中的各个组成部分。由于市场上有许多种选择，所以我们必须要用语言表述来描述产品的性能。每一种选择都有其特性和共性，换言之我们要用特殊和通用的术语来描述它们。这一部分内容的目的就是要建立起一个标准，以此帮助人们掌握和利用产品的生产厂家给出的技术指标列表，从而保证我们所做出的选择适合于建立优化的系统。为此我们通过图1.43给出的列表来对这部分讨论进行言简意赅的总结和归纳。尽管列表并不是包罗万象，但是对于指导我们工作已经是足够了。列表中包含了系统组成设备的基本特性和简单的表述。另外还列出了相应的参量以及期望得到的结果。在表的最后一列给出了实用的设定，相应的被测参量、测量设备和步骤会在本书的后续章节中加以讨论。

项目	描述	单位	期望达到的性能指标
一般性技术指标			
频率响应	幅度响应与频率的关系	在整个频率范围上的±x dB	除非设备应用了特定的频率响应整形，否则<±1dB，20Hz～20kHz
总谐波失真 (THD)	相对于输入信号的失真百分比。通常是指1kHz或工作范围上，0dBu或0dBV时的失真值。	在给定电平和频率（或范围）上的 %THD	大多数技术指标中均<0.02%
单位增益时的噪声		dB(A 计权)	<-90dB
动态范围	最大输出与本地噪声间的电平差		应为110dB 以上
工作环境	保证设备可靠工作，不发生温度问题的最高环境温度	°F 或 °C	应为>50°C (120°F)

输入			
配置			
电子平衡	平衡线路驱动的有源输入设计		
变压器平衡	具有地隔离性能的平衡线路		
非平衡	易于耦合噪声的单一信号线路。只适合度距离传输信号		
阻抗	对驱动设备和线缆呈现的阻抗	Ω	典型值>5kΩ，平衡线路包括了两个信号路径，故其典型值是非平衡时该值的两倍
最大输入电平 @ 单位增益	在标称设定时，针对正弦波的最大电平。在具有独立的输入和输出电平控制的设备中，该值可能会根据其内部增益结构情况而变化	dBu 或 dBV	+18～+24dBV，+20～+26dBu
共模抑制比	平衡输入级对线路噪声的抑制能力	在整个频率范围上的 dB 值	>60dB，20Hz～10kHz
物理连接件			
XLR	用于平衡线路连接的3针脚结构		1针=公共端，2针=正极性信号端，3针=负极性信号端
TRS(也称为"立体声"插接件)			T(尖部)=正极性信号端，R(环部)=负极性信号端，S(套管部)=公共端
TRS(也称为"单声道"插接件或1/4 英寸插接件)			T(尖部)=信号端，S(套管部)=公共端
其他	各种多针连接件。具体参见厂家技术指标描述		各种多针连接件。具体参见厂家技术指标描述

图1.43　通用的技术指标列表

输出				
配置				
	电子平衡	平衡线路驱动的有源输入设计		
	变压器平衡	具有地隔离性能的平衡线路		
	非平衡	易于耦合噪声的单一信号线路。只适合度距离传输信号		
	阻抗	输出级对所驱动的下一级设备的输入呈现的阻抗	Ω	典型值＜200Ω
	物理连接件			
	同上表（输入）			
	最大输出电平	在标称设定时，针对正弦波的最大电平。在具有独立的输入和输出电平控制的设备中，该值可能会根据其内部增益结构情况而变化	dBu 或 dBV	+18～+24dBV，+20～+26dBu

限制器				
压缩器/限制器				
	门限	电压电平参考标准。当输入信号超过门限值时，限制器启动	dBu	~20～10dBu应该足够
	建立时间	在开始限制产生限制之前，信号电平超过门限的时间长度	μs，ms	对于峰值限制器，＜1ms，对于压缩处理，＜100ms
	恢复时间	在不需要限制之后，系统恢复到完整动态范围所用的时间	μs，ms	最高可达5s
	压缩比	开始产生限制之后，输入电平和输出电平的比值。低压缩比产生压缩处理，高压缩比数值产生限制处理	1.2(柔顺压缩)～24(硬限制)	取决于具体应用

频谱分割器(电子分频器)				
	转折频率(截止频率)	由标称值衰减6dB所对应的频率。根据滤波器斜率的定义，产生的衰减可能达不到这一数值	Hz	取决于具体应用
	滤波器类型(拓扑结构)	滤波器结构形状的细节。各选择之间的主要差异体现在转折频率附近的情况	Bessel，Linkwitz-Riley，Butterworth，Aunt Jemima．	取决于具体应用
	滤波器余率(阶次)	转折频率之外的衰减斜率	3dB/oct(1阶)，12dB/oct(2阶)以此类推	取决于具体应用
	延时	在机械发生错位时，进行驱动单元对齐校准所加的全频带延时	时间(ms)	取决于具体应用
	全通延时	针对驱动单元相位对齐、波束控制和提高相位兼容性所施加的中心频率和带宽可调谐的选频延时	频率和时间(ms)	取决于具体应用

均衡器				
参量式		具备可变中心频率和带宽的多个带通滤波器组		取决于具体应用
	通道数 #	独立滤波器电路的数量		最少 4 个频段
	带宽（Q 值）	在幅度域内滤波器函数的形状	以 % 倍频程表示的带宽，Q 值（参考文字描述）	0.1oct～1.5oct，Q 值：0.5～8
	中心频率范围	可使用中心频率的跨度		20Hz～20kHz，连续可调
	提升／衰减量	与标称响应的最大电平偏差量	dB	±15dB，分辨率至少为0.5dB
	对称性	对称均衡器在提升和衰减时维持同样的带宽。非对称形式在衰减时采用的是陷波滤波器（宽峰窄谷）		优化应用需要使用对称形式的均衡
图示式		与上面描述的参量均衡器一样，只不过中心频率和带宽是固定的	频段数，1/3oct，1oct	由于取法灵活性，故不适合系统优化使用
高频切除、低频切除、搁架				
	滤波器类型	在幅度域内滤波器函数的形状	高切、低切、搁架	12dB电平
	转折频率	滤波器开始起作用时的频率	频率，dB，带宽	可变频率
	提升／衰减量	滤波器响应中最高（或最低）点的数值	dB	+6～-12dB电平
HPF/LPF		有些均衡器采用了与频谱分割器使用的相同类型的滤波器（参见上面的描述）	滤波器形状、频率、dB/oct	取决于具体应用

图 1.43　**通用的技术指标列表（续）**

单只扬声器

	描述	单位/值	备注
频率响应	幅度响应与频率的关系	在频率范围上±4dB(或6dB)	在高频和低频限定值之间的频率范围内应处在4dB的窗口内
范围(标称工作范围)	高低频的上下之间，-3dB滚降频点之间的频率范围	在频率范围上±3dB(或6dB)	取决于产品型号
可用频率范围	幅度响应与频率的关系	在频率范围上±3dB(或6dB)	除非设备采用了特定的频率响应整形(比如专用的扬声器控制器)，在20Hz～20kHz上，应处在1dB的窗口内
阻抗	标称阻抗(一般接近于整个频率范围上的最低值)	Ω	一般接4～16Ω
标称功率	驱动单元的最大长期功率能力。放大器标称功率应与该数值接近	W	取决于产品型号
灵敏度	扬声器在1W的功率驱动下在距其1m处产生的声压级		取决于产品型号
最大SPL			取决于产品型号
峰值	按照距扬声器1m处归一化的最大瞬时SPL能力		取决于产品型号
连续值	按照距扬声器1m处归一化的最大长期SPL能力		取决于产品型号
覆盖角度			取决于产品型号
标称值	整个频率范围(通常处在中高频)上最稳写的角度范围(-6dB点之间)		取决于产品型号
DI(Q值因数)	针对标称值或整个频率范围而言的前/后能量比		DI一定为正值，且最大值处在高频段
波束宽度	覆盖角度与频率的关系		波束宽度不应随频率的升高而增大。不同频率下保持恒定或收窄时可接受的

有源扬声器

	描述	单位/值	备注
输入	采用如前面所描述的模拟电子设备采用的平衡输入配置		平衡式，>5kΩ，同上
动态范围	最大输出与本地噪声间的电平差		应为104dB以上
AC电源			
电压	系统安全工作时的AC电压范围	V, Hz	100～260VAC，50～60Hz
电流	要求的峰值、浪涌和连续电流。通常要保持AC电源和电路断路器有足够的储备余量	A	
工作环境	设备可以维持可靠工作而不发生温度问题的最高环境温度	°F 或 °C	应为50℃(120°F)

多分频扬声器

	描述	单位/值	备注
分频器			
类型	驱动扬声器覆盖不同频率范围的配置	有源或无源，2分频或3分频等	取决于产品型号
频率	针对扬声器的频谱分割所建议的频率范围	Hz	取决于产品型号
斜度，滤波器配置等	建议的频谱分割设定(参见上面的频谱分割器)		取决于产品型号

放大器

		描述	单位/值	备注
模式		输入至输出的配置		取决于产品型号
		单声道模式：一个输入驱动两个输出至独立的扬声器		取决于产品型号
		立体声模式：两个输入驱动独立的输出至独立的扬声器		取决于产品型号
		桥接模式：一个输入驱动独立的输出(一个通道极性反转)作为单独一个输出通道。扬声器两个热端之间的负载		取决于产品型号
灵敏度/电压增益		输入电压与输出电压的关系。灵敏度是用到达满负荷时的标称电压表示的，标称的电压增益是用dB表示的	0.775V, 1V, 2.2V, dB	20～32dB电压增益
标准功率		确定放大器功率能力的各种方法	16, 8, 和4和2Ω时的瓦数	取决于产品型号
		1kHz连续	16, 8, 4和2Ω时的瓦数	取决于产品型号
		20Hz～20kHz连续	16, 8, 4和2Ω时的瓦数	取决于产品型号
		猝发功率，20Hz～20kHz	16, 8, 4和2Ω时的瓦数	取决于产品型号
阻尼系数		当放大器返回到0V的周围状态时，该参量用来量度放大器跟踪瞬态响应的能力		典型值>200
斜率		度量放大器能以多快的速度从周围状态提高至满功率	V/μs	>10V/μs
最小负载阻抗		放大器可以安全驱动的最低阻抗	Ω(对于桥接模式为差分值)	典型值为2Ω，最小4Ω

图 1.43　通用的技术指标列表（续）

第七节　总结

- 传输的目的就是要准确地将原始的波形传输至不同的设备，或不同的媒质和远处目标
- 声频波形是由各个具有不相关的幅度和相位特性的单独正弦波波形组成的
- 模拟声频传输需要媒质才能进行
- 时间和频率的关系互为倒数关系，并且与传输媒质无关
- 波长的长短随着传播速度的增加而加大，且随频率的提高而减小
- 空气中声音的速度随温度的变化而变化
- 波形是由混合在一起的不同频率成分构成的，其中的同一成分叠加在一起
- 由于声频波形的幅度变化范围非常大，所以它们采用对数刻度来进行度量
- dB 量可以以固定或相对的标准来进行度量
- 极性是描述被传输的波形相对其原始形式变化方向的术语。它可以是同样的（正常的，非反相），或反转的
- 传输过媒质所需要的最短时间就是所谓的"反应时间"
- 传输的功率是电压和电流的乘积（电学），或声压和表面积的乘积（声学）
- 传输过程中的电平可能随时间或频率的变化而变化。这种差异就是所谓的"频率响应"
- 虽然标称的人耳听力范围为 20Hz ～ 20kHz，但是传输中实际采用的范围为 30Hz ～ 18kHz，两者相差 600 倍
- 线路电平设备具有的工作电平为 1V（0dBV），最大电平为 20V（+26dBV）
- 在线路电平设备之间采用平衡线路可以让互连的噪声最小化
- 典型的线路电平设备采用低阻输出来驱动高阻输入
- 数字传输没有媒质，其传输的是数字而非波形
- 声学传输一般都是用空间中某一点的声压来量化：dB SPL
- 扬声器的特性主要是用其最大 SPL，频率范围和覆盖角度来进行描述
- 有许多不同的方法可以对覆盖角度进行特性化描述。等声压线法显示的是空间中声压一致的一系列曲线

本章参考文献

Giddings，P.（1990），*Audio System：Design and Installation*，Sams.

声波的叠加

第一节　引言

现实中几乎没有绝对的事情。有许多事情我们初次接触时认为是绝对的，但后来就发现它很复杂。就像对与错一样，在我们看来是对的，而其他人可能就认为是错的。究竟是对还是错需要进行多方面的考量。在此我们唯一可以确定是绝对的就是：一加一等与二，但在声频领域里并非如此。

声频波形可以实现电或声形式的叠加。当具有相同幅度和频率成分的波形混合时，我们希望是简单的叠加。这种结果是可以得到的，但是并不是一定能实现。在公式中存在会对叠加结果起决定作用的隐含参量，它就是相位。叠加后的信号电平可以是大于、等于或小于每个叠加信号的电平，甚至是等于零。正因为声频波形混合具有多维性的特点，所以将其叠加称为复合叠加。尽管叠加存在一定的复杂性，但庆幸的是用数学方程来表达并没有许多无法克服的障碍。对声频叠加属性的理解，对于音响系统设计者和优化工程师而言是最重要的课题之一。这种机制会对每一种情况的声频叠加结果产生决定性的作用：这就包括

每个电叠加的交汇点，各个扬声器单元间的声学交互作用，以及空间中各个边界的相互作用。

作为设计者，我们必须了解在每一叠加交汇点所面临的问题，确定地点，并控制其交互作用。未加控制的叠加会加大整个声学空间内的声压级和频率响应的起伏变化。由于叠加的空间属性会引发各个位置的声音不同，并且机制表现得很随机，所以对它的说法十分多。一旦掌握了其特点，那么机制就表现得不是随机的了，而是具有一定的重复性，其对音响系统的影响完全是可以预测的；另外叠加控制技术将变得更加明确，我们也就会朝着所期望的最小起伏变化的优化设计目标进发。

在第 1 章中，信号传输是借助空气完成的。然而了解了飞行，并不代表掌握了着陆技术。既然已经升空，那么这时是掌握控制技术的大好时机，这也将是我们实施软着陆的唯一希望。这种控制机制就是叠加。

这一讨论将分几个阶段进行。首先研究的是在电学和声学系统中声频叠加的理论机制，这里将介绍相对幅度和相对相位的作用，以及它们对叠加后频率响应的影响；然后将这些属性应用于对多只扬声器相互作用的分析中，这

包括：不同的扬声器和阵列中声学交叠的作用，并归纳出房间反射的叠加属性。

本章将扩声音响系统的三个最具交互性和不确定性因素用一条主线贯穿起来，这三个因素是：频谱分频器（频谱交叠）、扬声器阵列和房间。正如所见到的，这三个因素看起来是截然不同的，但可以通过一种分类将它们有机地联系在一起：这就是声学交叠。声学交叠会发生于系统中声波波形相遇的任何地方。只要声波相遇，不论声波是来自不同类型的驱动单元，来自不同的音箱，还是来自墙壁，它们都将遵从同一规则，即叠加规则。

第二节　声波叠加的属性

2.2.1　声波叠加的定义

当两个或多个声频信号混合在一起时就会产生叠加，并且产生新的波形。叠加可能只是一个瞬间的事件，因此控制它的机会可能很少。但只要满足某种条件，叠加就会是稳定的，并且混合的结果是可预测和可控制的。

2.2.2　叠加的条件

只有当信号保持恒定的幅度和相位关系才能产生稳定的叠加。这并不是说信号必须是幅度和相位匹配，它们可以完全不匹配。但不论关系如何，它们必须是恒定的。稳定叠加的必要条件是匹配的信号源和叠加交汇点上存在持续的重叠时间。

2.2.2.1　信号源匹配

在第 1 章我们讨论了同频相加（叠加），以及不同频信号相加（混合）信号间的差异。对稳定叠加的评估是基于指定的频率（如图 2.1 所示）。要想在某一频率上产生稳定叠加，要求输入信号在那一频率上具有固定的微分。要想将其扩展到整个频率范围，则要求输入信号在整个频率范围上具有稳定的微分，那么信号必须具有相关的波形，即信号必须是源于同一原始信号源的波形。从遗传的意义上讲，它们一定要是同一父母波形的后代。在声频系统中产生这种情况主要有两种形式：电学复制和声学复制。这些信号的复制处理遍布整个声频领域，调音台（电学）、扬声器阵列和反射（声学）就是明显的例证。如果相加的完全一样的信源信号，那么叠加就如同简单的数学意义上的相加运算一样。如果信号克隆得不成功，那么复制信号与原始信号的混合形式就复杂了，其结果是稳定和可预期的，但不一定是相加混合。

来自两只不同位置扬声器的单声道信号能够在房间的指定点上建立起稳态的叠加。这种叠加可能在每一频率具有不同的响应，响应在时间上是稳定的。正因为如此，响应才是可以测量的，并有可能进行延时、均衡和其他校准处理。将贝多芬的第九交响曲与 Black Sabbath 的 “*Iron Man*” 混合则会产生不稳定的叠加，因为信号是随机的，信号源的匹配也只是瞬间出现的情况。在这两种极端的情形之间的就是立体声了。来自两只扬声器的立体声信号是准稳态的信号。将出现在左右通道的信号混合能够产生稳定的响应，信号完全出现在一侧通道的情况是不会出现的。由于两个信号是不完全相关的，所以叠加响应会根据两通道差异程度以一定的比例关系产生时间上的变化。因此这种系统叠加不能用均衡来处理，因为混合后的频率响应是恒通量的。立体声音乐的这种不稳定叠加属性可以通过一个简单的听音实验来加以说明：将调音台的左右信号进行电学意义上的叠加。最终不稳定的电学叠加被音响系统重放出来，并且可能被空间的声学叠加混淆。

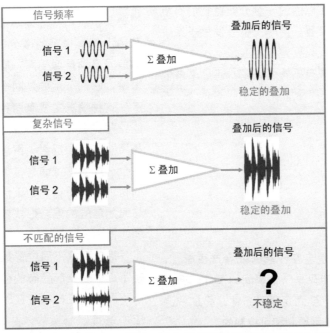

图 2.1　叠加示意图。上图：输入信号可以是简谐信号也可以是复合信号，但信号必须有同一原点；中图：声源必须源自能产生稳定叠加的相关波形。下图：不相关声源的叠加关系是随机的

2.2.2.2　持续时间

简单地将两个完全一样的信号叠加在一起，并不能保证声音听上去更响（或者因抵消而更轻）。信号必须在时间上靠的足够近，以便它们共享空间（或者导线等）。尽管我

们顺序且连续不断地播放一首歌曲，使时间长度加长为一遍的两倍，但是歌曲听上去并没有变得更响。如果我们通过并联的两只扬声器来重放的话，则听上去响度加倍了，然而并没有使歌曲时间加长。如果两个声源以并联的形式驱动，但是存在时间上的偏差，其结果就是串联和并联作用的综合：声音稍微变响，同时稍微变长一些。当声源是同步的，并随着时间的流逝信号逐渐减小，那么叠加将具有最大的稳定性。如果持续时间足以让并联的成分比串联的成分强的话，那么叠加就足以能达到我们所要求的稳定度（如图 2.2 所示）。这是多大的时间偏差呢？这里我们还要再次考虑曾提及的 600 : 1 的频率范围。20ms 的时间偏差对应的是 10kHz 信号的 200 个波长，这便给瞬态信号留下了很大的缝隙机会。同样的时间偏差对于 30Hz 信号而言，对应的时长还不到一个周期，所以我们可以断言这样的两个信号是无法被一个安静的空间所隔开的。稳定叠加的门限是与频率相关的，低频的情形被感知为串联信号源的情况。

由于音乐是由不同持续时间的频率成分混合而成的，所以叠加混合是随时间而变化的。这是不是就意味着除了同步系统或者连续不变的信号源之外就不会产生稳定的叠加了呢？实际并非如此。一般而言，音乐和语言的持续时间都远长于获得稳定响应所需的时间。为了让耳朵能区分出音调，信号必须维持足够长的时间。要想改善对音调的感知，则持续时间要长于一个波长，而大多数音乐都远远超过该持续时间。因为听感是与波长相关的，所以人们感知到音调变化所需的时间长度也是随频率而变化。例如：对于 4kHz 而言，25ms 是足够长了，其长度相当于通过 100 个波长所用的时间，而对 40Hz 来说，25ms 只相当 1 个波长所用的时间。感知低频的音调要比感知高频音调所用的时间长。大部分音乐和语言的持续时间都比单一波长的持

续时间长，尽管缺少同步，我们还是可以在给定的频率上有足够长的时间来获得稳定的叠加。

在本书中除非有另外的说明，一般都是假定信号有足够长的持续时间来产生稳定的叠加。

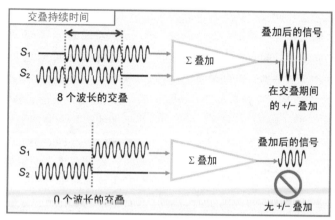

图 2.2 如要形成稳定的增减形式叠加，信号在叠加点处的交叠区必须有足够长持续时间。如果信号的持续时间短于通道间的时间差，那么叠加将会表现为不稳定的增减叠加

2.2.3 叠加的数量

只要信号满足前面所述的稳定叠加条件，那么参与叠加的信号数量并没有限制，比如房间的反射实际上就是无限数量的单一信号叠加的例子。当反射的时间偏差超过了信号持续时间时就不再产生稳定的叠加（如图 2.3 所示）。

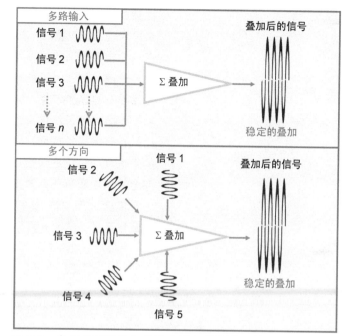

图 2.3 参与叠加的输入是没有数量限制的。输出上的潜在增加会随每个输入而提高。叠加的声源来自不同方向。空间中指定点的叠加并不受声源方向的影响

2.2.4 电叠加与声叠加的比较

对于电学和声学系统而言，大部分叠加属性是一样的，其主要的差别表现在叠加的空间位置上。电信号的叠加是没有几何空间的，而声信号的叠加如果没有几何空间则无从谈起。电信号的叠加发生在电路内部，并且结合成为具有全部新属性的信号。当该信号变成声信号时，电叠加信号就通过扬声器重放出来，并传递到扬声器覆盖区的各个点。如果电信号存在 1kHz 抵消现象，那么在空间的任何位置都不会听到 1kHz 的成分音。下面将它与声信号叠加进行

比较和对比。如果只是在声学空间的一个点进行测量，那么会表现出出和电叠加一样的属性。但是与电信号不同的是，在一个位置抵消的频率可能会在另一个位置又重新显现出来。声信号彼此间有很大的互补干扰性，并形成了空间每一点唯一的叠加结合。

下面的例子就更清楚地说明这一问题：两个同样的电信号，只是极性相反，叠加的结果是完全抵消；两个同样的声信号，也只是极性相反，叠加的结果只是在某一位置完全抵消，而有些位置抵消的程度低一些，有些位置还会出现完全地相加情况。当极性反转时，声能量并不变化，只是移至另一个地方。

2.2.5　声源的指向性

声信号叠加所包含的信号是由不同方向传输来的波动（如图 2.3 所示）。每一声波的方向性成分是空气粒子运动的结果，也称之为强度。对于声学家而言，强度分量具有十分重要的价值和重要性，因为它是确定空间内特定反射源的潜在因素。但是我们的工作性质与声学家不同。我们的问题是：强度信息与叠加的关系如何？叠加会因信号的空气粒子方向性而改变吗？对于给定的空间某一点：答案是否定的。就像上面提及的电信号一样，叠加是由交汇点的信号相对幅度和相对相位决定的，但是声源的方向将会对整个空间的叠加分布情况有非常大的影响。声源间的方向关系是决定空间叠加变化率的主要因素。叠加变化率转变成空间响应变化的程度。值得庆幸的是，我们并不需要设立强度检测传声器来观测这些，因为这种做法成本非常高，而且也不实用。我们可以用眼睛观察到声源方向在叠加过程中所起到的重要作用。这就是扬声器和墙壁。

2.2.6　叠加的数学表达

两个最简单形式的叠加信号间关系可以用如下的公式表达：

$$1 + 1 = 1 (\pm 1)^*$$

* 取决于相对相位。

该公式表明了对两个信号间相对相位的临界依存性。叠加信号可以相加，使数值提高 6dB，或者低至 0（$-\infty$ dB）。当看数字时，叠加属性表现为平衡，而当用对数（以 dB 形式）形式来看时，可以看到衰减的影响远远大于相加的影响。叠加是一种声学上的赌博，这里相对的幅度是赌注，而相对相位则决定输赢。当相对幅度与赌注相等时，输赢最大。这里处处存在风险，我们可以让本金翻番，也可能血本无归（-100dB）。随着声级差的加大，这种赌博的大小变小了，也就是说既不会赢很多，也不会输很多。相对相位就相当于拿到的牌，它会决定输赢。

在拉斯韦加斯由于经济法的原因，猜奇偶是很受欢迎的赌博游戏。由于物理规律的原因，在这里奇数可以突然变成偶数（能量不可能创生或消失）。这种游戏是非常不对等的。我们的获利很小，而且要在很大的范围上均摊；而亏损却很大，并局限于很小的范围内。职业的赌博者研究了游戏的各种可能的结果，所以他们了解其规律。因此我们也应该这么做，我们不能改变规则，但是我们可以将赌注押在赢面最大的一方。

上面的公式可以整理成如下的形式：

叠加 =（相对幅度限制系数）x（相对相位的乘积系数）

这两个系数共同影响混合的结果，但是却是分别起作用的。因此，对其要单独进行分析。首先，我们要研究相对幅度的范围设定，然后再去考虑相对相位在该限制中的最终地位。

2.2.7　叠加的幅度

两个在时间上同步的匹配声源的叠加为：

$$叠加 = 20 \lg(\ S_1 + S_2\ )/S_1$$

这里的 S_1 是其中较强的信号，而 S_2 是等于或小于 S_1 的信号。

从中我们可以看到，最大的相加量发生在两信号相等的情况，随着两信号电平差异的加大，叠加后的信号会减小。当两者间的幅度差大于 12dB 时。较弱信号的影响几乎可以忽略不计，信号幅度与强信号基本一样。关于最大叠加公式的结果如图 2.4 所示。

相加的限制并不只局限于两个声源，而是取决于预算。多个声源的相加开启了进一步相加的可能性大门。声源数量每增加一倍，响应在电平上会有 6dB 的潜在增量。在电信号叠加的情况，最大的增量很容易得到，它相当于电压增益提高 6dB。通过对多个声源叠加的推理，可以将声压级提高到想要的值。之前我们开始点算音箱数目，结果是声压级马上就达到了 170dB，实际上这里要考虑一些限制因素。为了得到 6dB 的增量，系统必须像电信号那样叠加，即信号必须是在电平和相位上完全一样。声信号必须是百分之百地产生声学交叠。声学叠加的空间属性表明：除非

在非常小的空间点上，否则是根本不可能发生像电学一样的情况的。就像后面要讨论到的，最大的相加情况的产生是要有代价的，即要以空间上的声压起伏为代价。在大多数应用中，我们会发现：随着频率的提高，最好是交叠最小，而只保留在低频端的声压级的大量提升。图 2.5 示出了多个单元叠加的参考表。

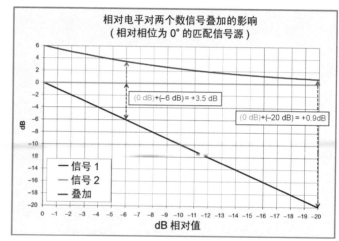

图 2.4　叠加后的信号电平取决于两个输入信号间的相对电平。匹配的信号具有最大的潜能。该表中的数值表示出了以两个信号叠加为例的最大限制，这只在两个信号的相位响应完全匹配时才会发生

图 2.5　随着输入数量的增加，叠加电平也会提高。输入数量每增加一倍，输出会提高 6dB

多个输入信号叠加后的电平参考表												
输入信号 #	2	3	4	5	6	8	10	12	16	20	24	32
相对输入信号的电平	+6 dB	+10 dB	+12 dB	+14 dB	+17 dB	+18 dB	+20 dB	+22 dB	+24 dB	+26 dB	+28 dB	+30 dB
注：这是最大的相加值，这只在所有输入的电平和相位均匹配的情况下能够出现												

2.2.8　叠加的相位

相对相位度量的是彼此分离的两个信号间在一个波长内相差的分数，并以度来表示其差距。如果两信号相差的间隔是零波长，则对应的相对相位就是 0°，相差半个波长，则为 180°。我们可能还记得相对幅度的范围是 0dB 至无穷大，但相比而言，相对相位是周期函数，其范围限制在 ±180°（0°～360°）。一旦相移超过了半波长，那么就进入到下一波长范围了，这时相对相位减小了。当发生了一个波长的相移，相对相位值将归零。这并不是说 0° 和 360° 是一样的，它们在不同解决方案中的差异表现对控制其影响是要考虑的，但是对给定频率下的叠加是一样的，相关的详细内容见下文。

2.2.8.1　相位周期圆

首先将相对相位视为一个圆，我们称之为相对相位周期。相位周期的开始点是圆顶部的 0°，然后可以向两个方向运动，到达底部的 180°。相对相位的增／减效果是基于相对相位值的径向位置，即在相位周期圆上的位置。

相对相位叠加的属性：

- 最大增量发生在 0°
- 增加的叠加发生在小于 ±120° 的条件下
- 既不增加也不减小的叠加发生在 120° 时
- 减小的叠加发生在大于 ±120° 的条件下
- 最大减量发生在 180°

相位周期圆对幅度的影响并不是所期待的具有对称性，其平衡点并不是在 90°，并且增加和减小的速率也不是对称的。增加的情况占了周期圆的 2/3，并且变化比较缓慢；而减小部分只占周期圆的 1/3，且变化较快。增加或减小的准确量值是不能单独通过相位周期圆得到的。当相对幅度接近 1 时，相位轮的作用加强了。但是在任何情况下影响都是不对称的，增加的区域总是要比减小的区域宽，这总是可以通过幅度的减小始终大于增加这一事实加以平衡。相位轮固有的这种非对称在叠加控制方法中是关键的因素。

下面研究在最极端的情况下相位轮的作用，即相等幅度的两个信号叠加。在这种情况下会发生最大增减量的叠加。图 2.6 和图 2.7 所示的就是两个信号单位增益叠加的幅度值结果。增加的不对称性可以通过观察产生 6dB 变化所需的相移量的差异反映出来。相加一侧为 120°（0°～120°），而相减一侧只有 30°（120°～150°）。匹配的幅度条件也会让最大限制条件发生改变。当幅度存在差异时，相加和相减范围的限定因所产生的上下限而减小了，如图 2.8 所示。相加和相减的影响是个连续函数，即它并不是人们所认为的那样，要么有，要么无的。由于关于"同相"和"反相"的论述存在很多误解，所以还是有必要对此作一些解释。同相和反相一般是指信号的极性，它具有二元性的特点。对于我们的工作而言，"同相"可以视为是相对相位小于 120° 的叠加，是一种增加的混合。相位轮的相减区也就是叠加公式的反相区。

2.2.8.2　360° 及其超过 360° 时的情况

从时钟盘面上看不出日期。我们也不会因戴的腕表上的日期不对而误了今天上午八点的火车。

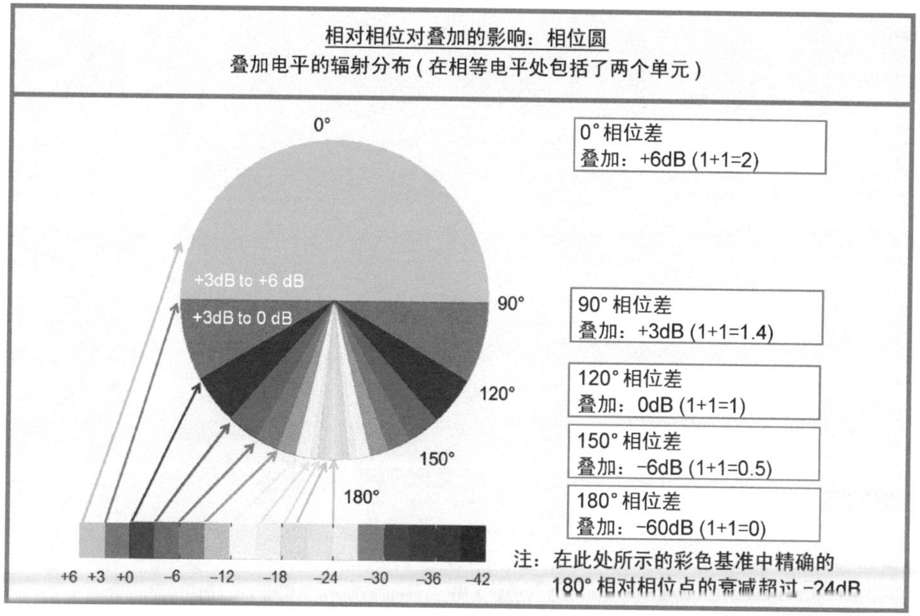

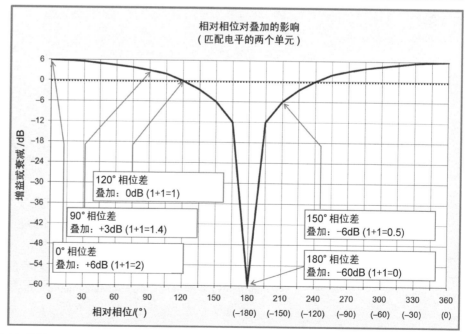

图 2.6　用相位周期变化辐射图的形式表示相对相位对叠加的影响。每种颜色形态代表 3dB 的电平变化

图 2.7　通过水平形式的电平与相位差关系，表示相对相位对叠加的影响

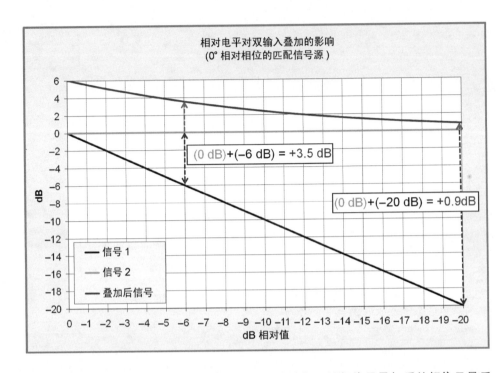

相对电平对双输入叠加的影响
（0° 相对相位的匹配信号源）

(0 dB)+(–6 dB) = +3.5 dB

(0 dB)+(–20 dB) = +0.9dB

信号 1
信号 2
叠加后信号

dB 相对值

图 2.8　各种电平差的信号叠加的极端情形，最大叠加（同相）和抵消（反相）。在此两种极端情形之间的相位差，电平在此最大和最小值间变化

0° 和 360° 间存在差异吗？一个波长的间隔与零间隔是一样的吗？那两个波长或两百个波长间隔呢？差别是存在的，但是叠加公式仍然成立，除非信号的持续时间已超出。对于相位相加而言，0° 和 360°（落后一个周期）所产生的相加效果是一样的。同样 180° 的反相叠加产生的相减混合也会在 540°（180° +360°）上发生。现在利用相位周期圆来观察多个旋转的作用。首先，我们必须标记出从 0° 到 360° 变化的相位轮，然后就可以开始以波长为单位观察每次旋转的情况。当通过了一个波长后，下一个波长就出现在其后面，这样就建立起一个相位圆的螺旋图（如图 2.9 所示）。只要螺旋的深度不超过信号的持续时间，则圆上的位置就是决定那一频率叠加公式的关键因素。

如果信号是连续的正弦波，那么就没有办法告知两个信

号源到底是相差了几个波长。单频信号叠加后的相位只是反映出其相位轮的位置，要想分辨出相位轮转过的圈数只能通过与其他频率的因果关系推算出来。这种因果关系由相位斜率给出，它是我们下面要讨论的与叠加有关的问题：时间。

应用于相位周期上的相位延时特性：

● 固定的时间延时量对于每一频率会产生不同的相移（对于每一频率，相位圆以不同的速率旋转）

● 固定的相移量对于每一频率会产生不同的时间延时（对于每一频率，相位圆上给定位置产生不同量的延时）

● 对于给定的延时，相位斜率随频率提高而增加（随着频率的提高，相位圆旋转更快）

● 对于给定的频率，相位斜率程度随延时增加而提高（随着延时的增加，相位圆旋转的圈数更多）

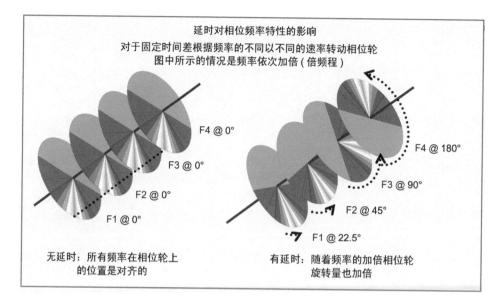

延时对相位频率特性的影响

对于固定时间差根据频率的不同以不同的速率转动相位轮

图中所示的情况是频率依次加倍（倍频程）

F4 @ 0°

F3 @ 0°

F2 @ 0°

F1 @ 0°

F4 @ 180°

F3 @ 90°

F2 @ 45°

F1 @ 22.5°

无延时：所有频率在相位轮上的位置是对齐的

有延时：随着频率的加倍相位轮旋转量也加倍

图 2.9　相位周期变化是受延时的影响。图中的四个周期示出的是 1 倍频程间隔的四个频率。左图：无延时差。周期全部被校准到圆的同一点。右图：引入等效为最高频率（F4）1/2 波长的延时时，每个频率均旋转了不同的量

- "包裹着"的数目表示出延时的波长数（相位圆的圈数）

　　以上阐述的复杂性可以借助自行车的转动来进行机械模拟：自行车的相位。当自行车的踏板转动时，与踏板相连的大链轮齿通过相连的链条使小的链轮齿转动，车轮旋转的速度取决于两个链轮齿间齿轮比。当一个齿轮比是 1：1，而另一个齿轮比是 2：1 时，踏板转动同样圈数，它所驱动轮子转动的圈数后者是前者的两倍。如果进行类比，时间就是旋转的踏板轴，后轮是相位圆。以上的齿轮比的差异可以类比成频率的一个倍频程变化。下面将这种类比扩展到整个声频系统，一个踏板轴连接 600 个不同的齿轮上，它又与 600 个相位圆相联系。每一齿轮比均是唯一的，范围从 1：1（30Hz）至 600：1（18kHz）。起初，所有的轮子均排列在上部 0°的位置，时间差是零，在所有频率上均是理想的叠加。一旦时间的踏板开始向前运动时，所有

的轮子也以不同的比率开始运动。最先通过相减线的轮子是 #600，而其他的轮子会根据其各自的比率依次通过同一个点，最终结果是对应每一时间差变化，会有不同的频率响应。

第三节　响应的波纹

　　对于给定的响应，响应与频率的关系可以归结成用一个称为波纹的数字来表示。所谓的波纹是指响应中最高点与最低点幅度的整个变化范围（如图 2.10 所示）。一个变化范围为 +4 ～ -8dB 的系统描述成有 12dB 的波纹，而不是挑选峰或谷来表示。基于这样的原因，以上的响应可以解释成具有 ±6dB 的波纹。我们用波纹作为衡量叠加影响程度的量化数据，设计优化的最终目标就是使波纹最小。

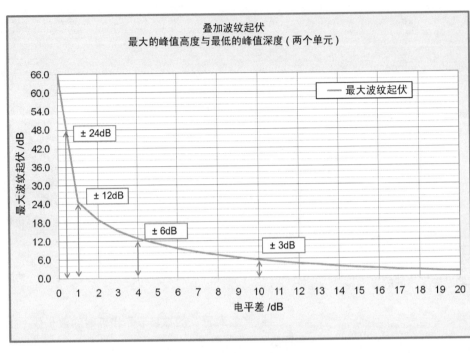

图 2.10　用叠加波纹来度量因叠加产生的电平变化。随着电平差接近 0dB，产生高波纹值的风险会逐渐增大

2.3.1　叠加区域

当两个信号源混合在一起时，存在两个决定性因素（相对电平和相位）可能性混合形成的连续区域。这一连续范围的一端是由匹配的电平和相位产生的，而另一极端情况则是电平和相位相差极大时产生的。对每一种可能的混合情况都进行讨论显然是不切实际的；故根据其相互作用的类型将这一连续范围分成五种情况进行分组讨论。这五种情况相当于是叠加这一连续过程中的五个里程碑（如图 2.11 和图 2.12 所示）。

2.3.1.1　耦合区

耦合区完全是由增益而非衰减的特性确定的。信号到

达的时间必须保持在相位周期的相加一侧，即必需维持在 ±1/3 波长（±120°）的范围内。因为相位差决不会大到产生衰减的地步，所以耦合区的影响只是相加作用。增量的范围在 0 ～ 6dB，具体则取决于相位和电平差的程度，这时的波纹范围也就是 0 ～ 6dB（<±3dB）。耦合区是扬声器叠加时我们所追求的响应区域。在低频时，由于波长长所以很容易实现，另外在两个匹配的扬声器间的正中间也一定会出现耦合叠加区（除非一只扬声器极性反转）。耦合区是音响系统获得能量加强的最有效方法。问题是到底能在多大的区域和多高的频率上能够获得相对相位小于 120° 的混合。追求耦合是要冒很大风险的，一定要小心地控制，以避免耦合区的缺陷。

叠加区参考表				
电平差 (dB)	最大 (dB)0° 相位表	最小 (dB)180° 相位表	波纹起伏 (dB)	
0.01	6.0	−60.0	± 33	
0.1	6.0	−38.4	± 22	梳状响应区
0.25	5.9	−30.5	± 18	电平差范围：0 至 4dB
0.5	5.8	−25.0	± 15	相位差范围：未限制
0.75	5.7	−21.7	± 13	叠加范围：+6dB 至 -60dB
1	5.5	−19.2	± 12	波纹起伏范围：>+/-6dB
2	5.1	−13.7	±9.4	
3	4.6	−10.7	±7.7	
4	4.2	−8.7	±6.5	
5	3.9	−7.2	±5.5	混合区
6	3.5	−6.0	±4.8	电平差范围：4～10dB
7	3.2	−5.2	±4.2	相位差范围：未限制
8	2.9	−4.4	±3.7	叠加范围：+4dB～-8dB
9	2.6	−3.8	+3.2	波纹起伏范围：+/-6dB～+/-3dB
10	2.4	−3.3	±2.9	
11	2.1	−2.9	±2.5	
12	1.9	−2.5	±2.2	
13	1.8	−2.2	±2.0	隔离区
14	1.6	−1.9	±1.8	电平差范围：>10dB
15	1.4	−1.7	±1.5	相位差范围：未限制
16	1.3	−1.5	±1.4	叠加范围：+2dB 至 -3dB
17	1.1	−1.4	±1.3	波纹起伏范围：<+/-3dB
18	1.0	−1.2	±1.1	
19	0.9	−1.1	±1.0	
20	0.8	−0.9	±0.9	
+6.0 dB ～ −0.0 dB	+0.0 dB ～ −60.0 dB	波纹起伏 (dB)		

耦合区	抵消区	
电平差范围：未限制	电平差范围：未限制	
相位差范围：0°～120°	相位差范围：120°～180°	
叠加范围：6dB～0dB	叠加范围：0dB～-60dB	
波纹起伏范围：<+/-3dB	波纹起伏范围：<+/-3dB	

图 2.11　**叠加区域参考表表示出了产生增量叠加、减量叠加和波纹情况所对应的参量范围**

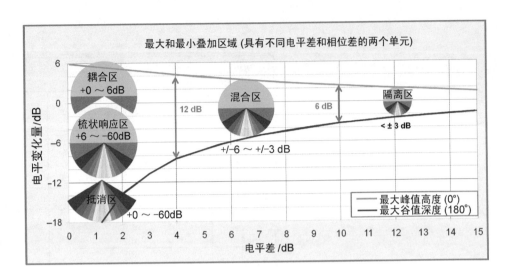

图 2.12　叠加区域的电平变化示意图。耦合和抵消区只利用部分相位周期，其他则利用了完整的周期

2.3.1.2　抵消区

抵消区可以说是耦合区的邪恶孪生兄弟。它被定义成相位轮中相减部分发生的两个或多个信号混合产生的。由于相位差不会小到产生相加的情况，所以抵消区内的混合只会是相减，其减量可能会非常大，但如果存在一定的幅度差，减量可能会变小，这时的波纹范围也就是 0 ～ 100dB（±50dB）。当扬声器叠加时，抵消区响应是我们最不想要的，除非想要对特定区域的声音进行控制，比如对心形重低音扬声器箱的控制。

2.3.1.3　梳状区

当声级非常接近匹配，且相位差大到足以使全部绕行到达最不稳定区时，这时就处在梳状区了。梳状区是由两个信号间小于 4dB 的隔离来定义的，但对相位差并没有特殊的规定。与耦合区相比，它会在一些频率上产生一定量的增加，而在另一些频率上则会产生深且窄的谷。增加量

可以高达 6dB，而衰减量可能会达到最大程度。梳状区的波纹范围为 ±50 ～ ±6dB。实际工作中要尽可能地避免产生梳状区，因为这时的变化起伏最大。

2.3.1.4　混合区

一旦我们达到了 4dB 或更大的声级差时，波纹的起伏程度便减小到更为可控的状态。混合区范围的声级差在 4 ～ 10dB，同样对相位差也没有特殊的规定。在混合区时，系统是处在半隔离状态，所以最大的混合与最大的抵消是一样要被限制的。混合区区域波纹被限制在不大于 ±6dB。回想前面谈到的赌博的比喻，这里的混合区就相当于是较低下赌区。当进入到混合区时，会发生叠加下降的情况，但不必冒产生深抵消的风险。

2.3.1.5　隔离区

当幅度差 ≥ 10dB 时，就进入到隔离区了。在隔离区中，信号相互作用稳步地下降，甚至可以完全忽略不计。

随着隔离的增加，信号间的相互作用减小。隔离区的波纹不会超过 6dB，这与可接受的覆盖均匀度最低标准是一致的。

2.3.1.6　叠加区与频率的关系

现在可以将相对电平和相位的作用综合在一起来考虑，并研究在整个频率范围上的叠加影响。要完成这一工作，必须要加入决定的因素：时间。此前所讨论的叠加区的影响并没有指定频率或时间差。如果要讨论全音域的叠加，就必须要指定时间差。给定的时间差都会在每一频率上产生不同的相位差，从而影响叠加区的位置。当两个全音域的信号叠加时，叠加值对于每个频率都是独立的，具体则要取决于它们的幅度和相位差。当然对于全音域响应，相

互作用可能会涵盖五个叠加分类区中的四个。当时间差为 0ms 时，叠加完全是积极的（耦合）。随着时间差的增加，发生相加和相减的频率范围会逐步向下移动（梳状区）。随着幅度差的加大，相互作用逐渐减小（梳状响应），并最终演变成作用最小的隔离。这种区域的变化是本书讨论的主题，因为它是声频系统叠加作用的普遍现象。

下面一组频率响应（如图 2.13 和图 2.14 所示）可以看成是响应叠加的简单指南。频率范围的影响与幅度影响一样是连续变化的，但是其变化的轨迹具有里程碑的意义。在本书余下的章节中，这些轨迹将会演变成为一个符号。这些符号将用来指定在大厅中或阵列周围的位置，在那些位置上会满足产生那些响应的条件。我们必须对这些符号十分了解，这样才能够从分析仪中将它们识别出来。

图 2.13　不同时间差，0dB 电平差叠加时，叠加电平与频率的关系。当时间差加大时，产生梳状响应区域的频率下限降低：(a) 0ms，(b) 0.1ms，(c) 1ms，(d) 10ms。应注意的是，在 10ms 的显示图中，由于分析仪分辨率的限制，1kHz 以上的范围是空白的。实际的响应波纹在所有情况下均延续至 20kHz

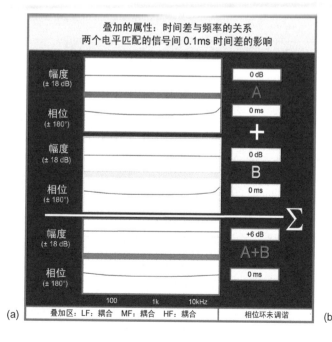

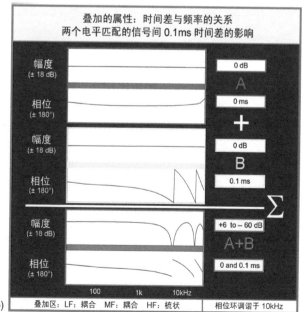

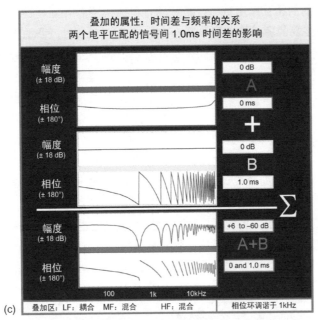

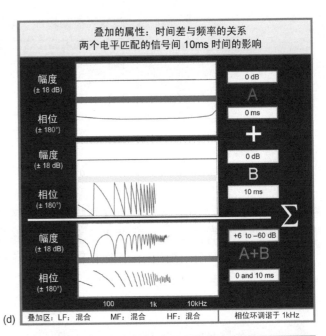

图 2.13　不同时间差，0dB 电平差叠加时，叠加电平与频率的关系。当时间差加大时，产生梳状响应区域的频率下限降低：(a) 0ms，(b) 0.1ms，(c) 1ms，(d) 10ms。应注意的是，在 10ms 的显示图中，由于分析仪分辨率的限制，1kHz 以上的范围是空白的。实际的响应波纹在所有情况下均延续至 20kHz（续）

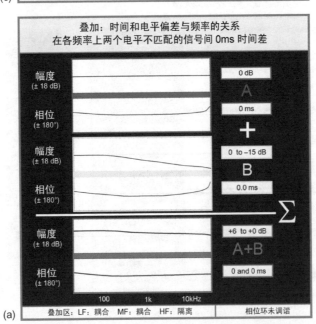

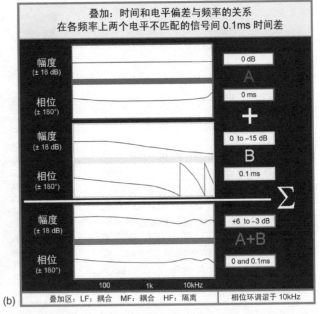

图 2.14　不同时间差和电平差（由于滤波作用）叠加时，叠加电平与频率的关系。当时间差加大时，产生梳状响应区域的频率下限降低。由于滤波器引入了时间差，致使波纹的变化范围减小了：(a) 0ms，(b) 0.1ms，(c) 1ms，(d) 10ms。应注意的是，在 10ms 的显示图中，由于分析仪分辨率的限制，1kHz 以上的范围是空白的。实际的响应波纹在所有情况下均延续至 20kHz

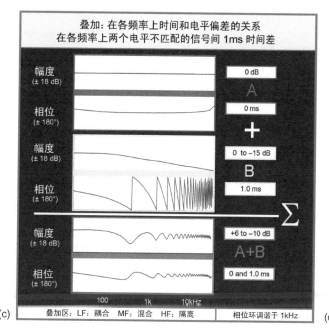

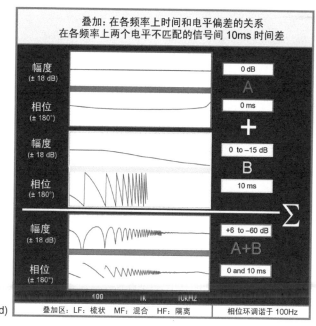

图 2.14　不同时间差和电平差（由于滤波作用）叠加时，叠加电平与频率的关系。当时间差加大时，产生梳状响应区域的频率下限降低。由于滤波器引入了时间差，致使波纹的变化范围减小了：（a）0ms，（b）0.1ms，（c）1ms，（d）10ms。应注意的是，在 10ms 的显示图中，由于分析仪分辨率的限制，1kHz 以上的范围是空白的。实际的响应波纹在所有情况下均延续至 20kHz（续）

图标都可以变成是一个单一的图形，该图形确定了叠加区在整个时间和声级差透视关系中的位置，如图 2.15 所示。我们针对系统设计和优化所制定的方案就是源于这种关系。成功的解决方案应处于（图的左下部）耦合区向声级差增大而形成的声级隔离区（图的右上部）过渡的区域。如果时间差允许提高到无法产生足够声级差时，我们就会发现自己处在不稳定的梳状区（图的上半部）。

2.3.2　梳状滤波器效应：线性与对数

回想一下讨论相位时所作的自行车比喻，我们发现当某一信号被延时了，则相移量将会随频率而变化。如今将其结论应用到延时信号与另一未延时信号的混合上，当两个信号时间上不同步混合，则相对相移量也将随频率而变

化。这种变化是因为相位是与频率相关的，但时间与相位无关。对于给定的时间差，相移量会随着频率的提高而增大。最终的结果是：通过相位周期圆的旋转会产生一系列空间间隔的峰和谷。出于简化考虑，这里指明延时一个周期的信号是被延时了一个"波长"（如图 2.16 所示）。一个延时了 10ms 的 100Hz 的信号与延时了 0.1ms 的 10kHz 信号同样都是被延时了一个波长。10ms 的延时将会使 10kHz 信号延时 10 个波长。这对于具有对数听感的人耳而言，这一点十分重要，因为它反映出为什么能听到叠加的频响效果的原因。两个信号间的波长数目上的差异是决定建立的滤波器形状的百分比带宽的关键因素。一个波长的延时将会导致两个谷间的峰相距一个频程，两个波长的延时将会使峰间距缩减到 0.5 倍频程，以此类推。

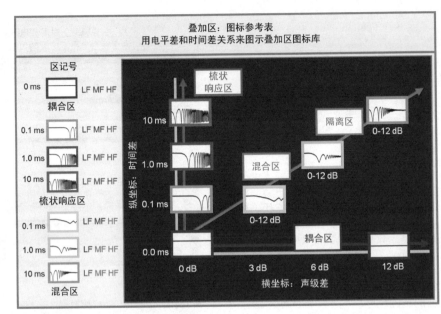

图 2.15　叠加图标显示出了时间差与声级差的关系

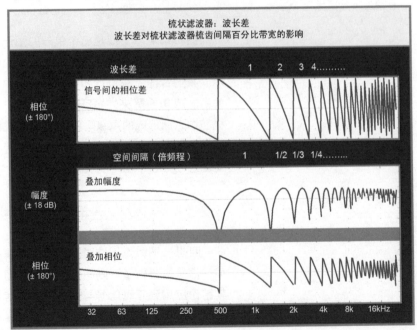

图 2.16　梳状滤波和波长偏差与频率的关系

对时间差叠加结果一般用"梳状滤波"这一术语来表示。（如果是通过线性频率轴显示的话）这种均匀间隔的峰和谷就像是梳子的梳齿一样。由于我们的听感相对于频率而言呈现的是对数关系，故这种直观显示实用性有限。利用对数频率轴来显示的话，叠加的结果会表现出随频率升高而变得越来越密的一系列峰和谷。人耳对声音的感知特性会在第 3 章进行讨论。宽的峰所产生的声染色最为明显，而峰谷间隔较窄所引发的音质差异也就不明显了。图 2.17 所示的是供参考的梳状滤波器的峰谷频率与时间差的关系细节。

| 梳状滤波器确认参考表 | | | | | | |
| | | | | 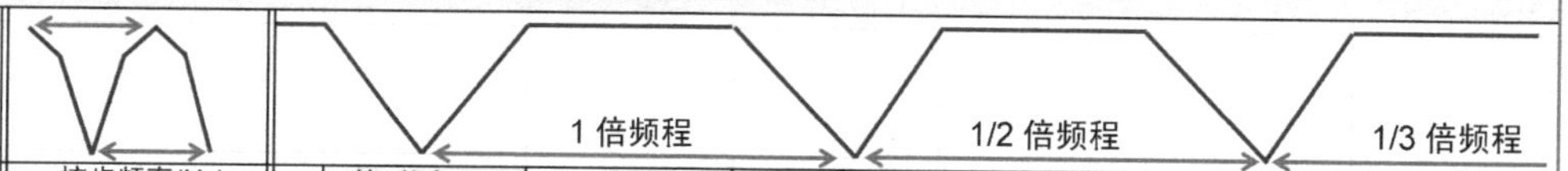 1 倍频程 | 1/2 倍频程 | 1/3 倍频程 |
时间差(ms)	梳齿频率(Hz) 间隔(Hz)	第1谷点(Hz) 0.5x梳齿频率	第1峰值(Hz) 1x梳齿频率	第2峰值(Hz) 2x梳齿频率	第2峰值(Hz) 2x梳齿频率	第3峰值(Hz) 2.5梳齿频率	第3峰值(Hz) 3x梳齿频率
0.1	10,000	5,000	10,000	15,000	20,000	25,000	30,000
0.2	5,000	2,500	5,000	7,500	10,000	12,500	15,000
0.3	3,333	1,667	3,333	5,000	6,667	8,333	10,000
0.4	2,500	1,250	2,500	3,750	5,000	6,250	7,500
0.5	2,000	1,000	2,000	3,000	4,000	5,000	6,000
0.6	1,667	833	1,667	2,500	3,333	4,167	5,000
0.7	1,429	714	1,429	2,143	2,857	3,571	4,286
0.8	1,250	625	1,250	1,875	2,500	3,125	3,750
0.9	1,111	556	1,111	1,667	2,222	2,778	3,333
1.0	1,000	500	1,000	1,500	2,000	2,500	3,000
2.0	500	250	500	750	1,000	1,250	1,500
3.0	333	167	333	500	667	833	1,000
4.0	250	125	250	375	500	625	750
5.0	200	100	200	300	400	500	600
6.0	167	83	167	250	333	417	500
7.0	143	71	143	214	286	357	429
8.0	125	63	125	188	250	313	375
9.0	111	56	111	167	222	278	333
10.0	100	50	100	150	200	250	300
20.0	50	25	50	75	100	125	150
30.0	33	17	33	50	67	83	100
40.0	25	13	25	38	50	63	75
50.0	20	10	20	30	40	50	60
60.0	17	8	17	25	33	42	50
70.0	14	7	14	21	29	36	43
80.0	13	6	13	19	25	31	38
90.0	11	6	11	17	22	28	33
100.0	10	5	10	15	20	25	30

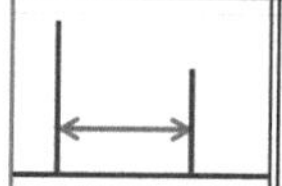

图 2.17 时间差和梳状滤波中峰谷频率关系的参考表

业界评论：Cirque du Soleil 为我打下了坚实的测量基础。自从 1990 年，我所设计的每次演出的复杂程度都增加了。如果不借助大量的测量，调试这种类型的复杂分布系统是不可能实现的。所用到的声源越多，我就越是感到自己是个富有创造力的人，尽管很快我就陷入到时间调整的梦魇当中。当然，对吊装设备延时时间的重新调整使我作为系统工程师的创造精神得以体现，但是这样做耗费了我的程序资源。

弗朗索瓦·伯格隆（François Bergeron）

2.3.3 叠加几何学

声学叠加具有线路内部电信号叠加所不具备空间属性。为了讨论这一问题，我们需要掌握一些叠加几何学的知识。当两个位于不同空间位置上的声源辐射声音时，在空间任何一点上针对某一给定频率的叠加属性是与此前讨论过的决定因素一样：即相对声级和相对相位。对于某一点而言，电信号叠加产生的差异是可忽略的。但是所有其他的点又是怎样一种情况呢？房间中其他的点是彼此随机相关的吗？几乎不是。

2.3.3.1 三角测量

这一问题的答案可以通过立体几何和阵列理论来给出。在大多数学院的教科书中讨论阵列理论时都采用的是无指向信号源。对这种方法的有效性人们并没有争议，但实际上在系统设计中无指向的发射源是不实用的，因此在此我们跳过这一理论，而用简化的数学方法来进行分析：几何三角法。只要扬声器具有一定的指向性，我们就可以建立一个三角叠加模型。

三角形是双扬声器叠加几何学的基本形状。图 2.18 所示的是常用的四种三角形类型。其中的不同之处是从扬声器 A 看过去的到其余各点的角度。不同的三角形类型是与之前讨论的叠加区紧密对应的，它将电学和声学域联系在一起。为了将这种联系提炼的更简单，我们必须将影响三角形叠加点（C）响应的因素减到三个。

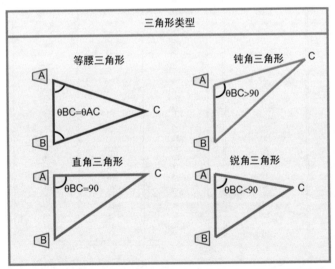

图 2.18　叠加的三角形。声源位于 A 和 B 点，C 为听音位置

影响叠加点（C）响应的因素有：

- 由距离差引入的声级差
- 由轴向响应差引入的声级差
- 时间差

首先我们从研究最基本的三角形公式入手，这一公式

就是毕达格拉斯理论（即我们所说的勾股定理，译注）：三角形斜边的平方等于两个直角边的平方和。

将这一定理应用于空间两点的叠加上，相同的扬声器在 A 和 B 点辐射声音，C 点为听音参考点，这样就构成了一个三角形。扬声器间的间距是 AB，它们到听音点的距离分别为 AC 和 BC。在 C 点的叠加响应就是通路 AC 和 BC 间的时间差和声级差的结果，但是这两个因素间存在关键性的不同，声级差是两只扬声器声级间比值，而时间差是扬声器达到听音点的时间差。第一个因素是受乘除运算控制的，而第二个因素是受加减运算控制的。摆在我们面前的问题如图 2.19 所示，从图中可以看出扬声器间的关系并没有用相等的度量刻度来表示声级和时间。在这种情况下，我们对这两个因素做一定的改变：即变为声源到叠加点的距离和声源间的位置关系。两个因素被加倍了，其中声级差比值保持恒定，而时间差加倍了。

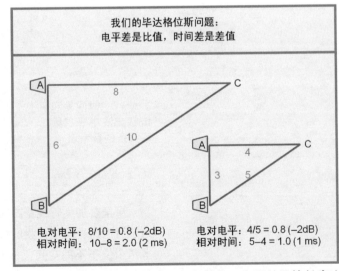

图 2.19　电平差和时间差并没一起刻度。电平差是按长度比来刻度（相乘），时间差是长度之差（相减）

下面分别对给出的四种三角形中可变的距离和位移的空间量进行分析。这些变量将对空间中的相对声级和时间差产生影响。四个三角形之间的差异可以归结为如下的关系。

- 等腰三角形：AC 和 BC 相等，且 C 处在 A 点与 B 之间
- 直角三角形：C 处在 A（或 B）的正前方
- 锐角三角形：AC 和 BC 不相等，且 C 处在 A 与 B 之间
- 钝角三角形：AC 和 BC 不相等，且 C 处在 A 与 B 之外

先从图 2.20（a）所示的等腰三角形开始分析。等腰三角形所给出的距离差、轴向损失和时间差都是零，因为通路 AC 和 BC 是相等的。不论距离和位置如何，在等边三角形的叠加点上均为耦合区（只要 C 是居中的）。

接下来分析直角三角形，如图 2.20（b）所示，这里我们使用之间在毕达哥拉斯讨论的例子。听音位置 C 处在单元 A 的正前方。虽然听音人到 A 的直线距离更近一些，但是距离和声级差的准确量是变化的。声源的位置改变或者沿直线长度方向上的移动将会改变这些差异。图标表示的梳状区是沿着直角边的方向表示的。随着距离的增加或间距的减小，频率范围受梳状响应的影响减弱了。如果扬声器具有方向性，则梳齿的深度将会随与所示扬声器距离的减小而变浅。

之后讨论的就是图 2.20（c）所示的锐角情况，这里存在一个尖锐的问题，它与钝角正好相反，所带来的隔离程度最小，并且时间差的变化无所不在。不论怎样变化面向向内的共同目标源的扬声器，都会存在梳状区。

下面要分析的是如图 2.20（d）所示的钝角三角形，它具有听音位置之外的特征。这时的时间和声级差永远不会像上面那样存在空间匹配，而是表现出非常大的差异：如果扬声器存在指向性的话，便可以取得有效的隔离。由于叠加点从扬声器 A 的轴向位置向外移动了，所以这种单元能够通过轴向损失差来使声级差成为主要的因素。随着偏离中心程度的的加大，钝角更大，因此隔离能力增强，这将我们带入了混合区，进而进入隔离区。作为一种必然结果，随着时间差的逐渐增加，隔离的下降作用将会减弱。钝角是最受欢迎阵列类型（点声源）的主要驱动机制。

图 2.21 所示的是两只扬声器的三角形布局图。我们将叠加图标放置在布局图的相应位置上，看看各种区域是如何分布的。在例子中，我们将考虑处在等压线附近空间两只扬声器点声源阵列三角形。这组图表现出了叠加图标基于三个频率范围（100Hz、1kHz 和 10kHz）上的响应。

叠加例子表现出的重要特性：

- 在等腰三角形的中央，所有频率均表现出最大的相加（耦合区）
- 在直角三角形点附近，1kHz 和 10kHz 处表现出深的抵消（梳状响应）
- 当偏离中央变成钝角时，10kHz 首先表现出了梳状响应的减弱现象（隔离区），当钝角继续加大时，1kHz 也遵从这样的规律变化
- 在等边三角形之内的区域——锐角区域，位置和频率上的变化会引发最大程度的响应起伏变化（梳状区）
- 随着钝角的加大，隔离增加
- 100Hz 的图形在直角位置并没表现出抵消，这是由于声源间的位移小于 100Hz 的波长（参见第 3 章）

如果不知道想要什么，叠加的空间效应可能将人搞得晕头转向。我们需要一个路线图，让它表示出在重要的关键点上我们希望看到什么情况，以及在何处能发生这种情况。现在所见到的叠加三角形为我们提供了一个有叠加区图标位置的等压线图。随着研究的深入，我们会发现即便是最复杂的阵列叠加也具有这些关键点。

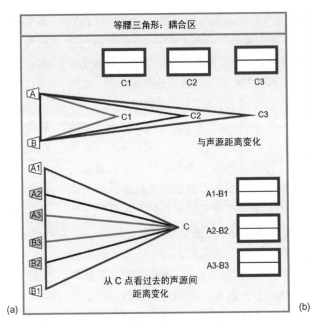

(a)

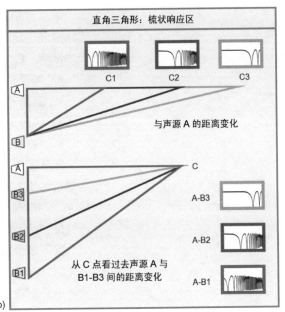

(b)

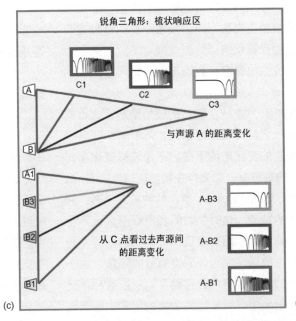

(c)

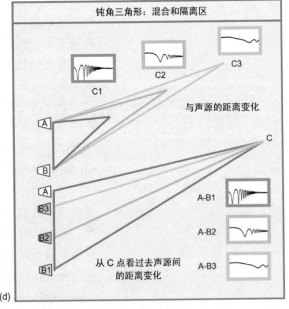

(d)

图 2.20　叠加区几何表示的三角关系

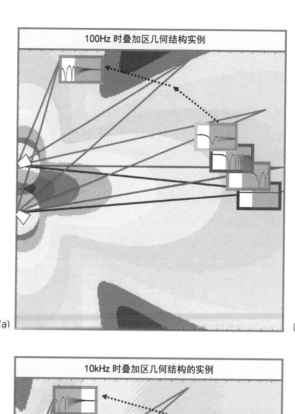

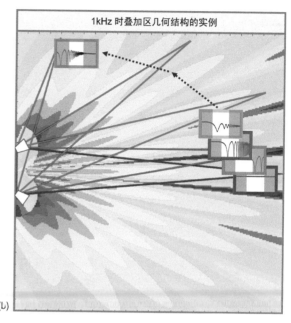

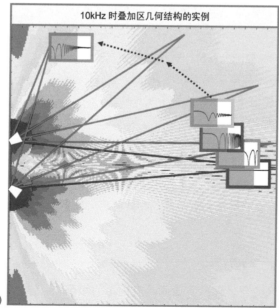

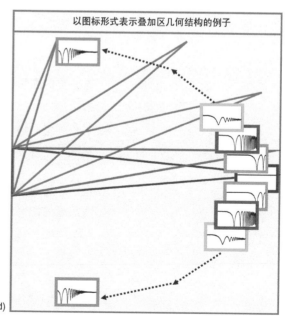

图 2.21　两个单元叠加的叠加几何。每个单元具有 100° 的覆盖角，两者相距 2m，彼此倾角为 50°。12m x 12m 区域

2.3.3.2 波长位移

从几何关系可以肯定只有听音位置是位于等腰三角形的顶点，其距离声源的距离相等，故声音是同步到达的。当移出了阵列的中央点，只是产生时间上的问题，直到产生了抵消，更准确地讲，它不是时间问题，而是相位问题。相对延时导致与频率相关的相对相位差。当相对相位超过120°，就会产生衰减。如果间距和频率已知，则我们就可以预测叠出峰和谷点的空间分布。这里起决定作用的因素是声源位移与波长的比值，波长和位移是共同作用的。一个波长的位移得出一幅图，两个波长的位移得到另一幅不同的图。比值是与频率无关的。由于随着频率的降低间距按比例扩大，所以绘出的 100Hz 图与 10kHz 时的类似。所以我们可以针对这一双变量的系统，分别示出它们各自产生的影响。

1. 固定频率，改变位移

如果我们改变一种的一个变量，则比值就会发生变化。这里我们先从改变恒定频率下的间距展开讨论（如图 2.22 所示）。所示的各种比值下的间隔从半个波长到四个波长。在本例中，频率为 100Hz，但这和结果并不关联。影响用频率来刻度度量，间隔是按比例变化。应注意的是，当间隔是半波长时，在主轴的前向（以及后向，尽管没有绘出）是一个居中的单波束。这种利用波束向中间集中，以缩窄覆盖区的能力对阵列设计是十分重要的，具体内容将在第7章介绍。

2. 固定位移，改变频率

我们现在反过来变化，保持声源间具有固定的距离，

观察频率的变化（如图 2.23 所示）。这种情况对于我们十分重要，因为现实当中的扬声器彼此间都是有固定的物理间隔，并且覆盖较宽的频率范围。在上个例子中所示的扬声器再次被拿来描述波长位移这个第二个影响因素。扬声器彼此间隔 2m，在三个关注的频率（100Hz、1000Hz 和 10000Hz）上的位移分别为波长的 0.6 倍、6 倍和 60 倍。在其坐标系的 90° 这一四分之一象限内零点的数目等于声源间位移波长数。可以看到，当 100Hz 时显示的零点不完整，1kHz 时为 6 个，10kHz 时为 60 个。从图 2.23（a）可以找出零点间隔的原因，图中每只扬声器都向外辐射出一族同心圆，其中的等相位线对应一个波长。水平中心线横穿圆的交叉点，产生所熟悉的耦合，因为这时为零偏差（标注为 0 λ）。当偏离了中心线（向上或向下）时，圆开始分离，下一个交汇点出现在完整的相位周期处（标注为 1 λ），并如此循环下去。一个波长的位移（1ms）在频响曲线上产生一个倍频程宽的峰（1ms 的图标）。随着进一步的离轴，相位周期圆将累加，直到在 90° 处达到 6 个周期（6ms）。等相位线的位置是与对应的零点最远，因为相位周期圆相隔半个波长。这一点用红线显示在 100Hz 的窗口图中。在所有的窗口图中频响都是 1ms 的偏差点，其耦合为 100，倍频程宽的梳状结构出现在 1kHz，0.1 倍频程宽的梳状结构出现在 10kHz。

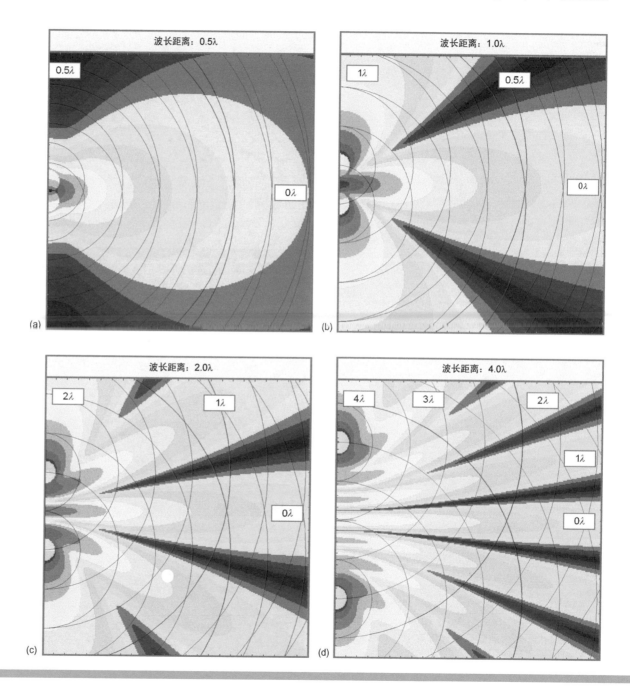

图 2.22　波长位移效应：固定的频率和变化的位移。极小点数目 / 象限等于波长位移

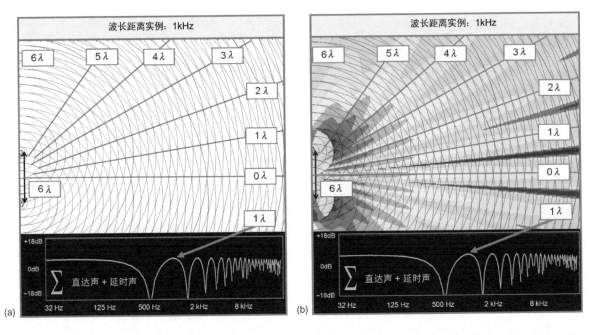

(a)

(b)

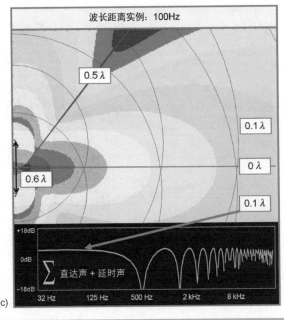

(c)

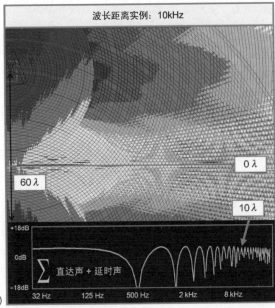

(d)

图 2.23 波长位移效应：固定的位移（2m），变化的频率（100Hz，1kHz 和 10kHz）。同相圆周线代表每个波长。某一位置上，1ms 时间差时的频率响应示于图的底部

第四节　声学交叠

声学交叠的性能是受前面阐述的叠加原则制约的。下面将讨论叠加区的实际应用。

2.4.1　声学交叠的定义

声学交叠（acoustic crossover）定义为源自同一原始声源的两个分离声源信号以等能量混合的点。这可以是特定的频率范围、特定的空间位置，或者两者兼有。声学交叠是叠加交汇点的最重要类型。由于在交汇点上两个或多个声源的声级是相等的，所以"下注筹码"也最高，在该位置上可以从"同相"叠加中获得最大益处，也能因"反相"叠加产生最大损失。因此我们要尽一切努力来校准声学交叠处的相位响应。

一般的声频词典中将 crossover 解释为一种将信号分成低频和高频通道信号，并将各自信号送去驱动对应的不同驱动器的电子设备，这种设备比较准确地名称应该叫做频谱分配器（spectral divider）（或分频器），因为交叠是发生在声学媒质中。为什么是这样的呢？如果将分频器当作是"交叠"的话，那么我们就假定单独的电气响应就完全能达到所期望的实际声学交叠的结果。这种理念上的跳跃类似于蹦极。

声学交叠的结果是与电气响应、声学响应、放大器的相对电平，以及扬声器的物理位置有关。不论怎样，声学交叠都是在两个影响量相等时发生的叠加。只要是知道了这些，就可以开始研究如何将相位校准到最佳性能的方法了。根据上述理由我们在覆盖各自频率范围的设备间增加对声学交叠的常规命名法，将声学交叠称为频谱声学交叠（spectral acoustic crossover）。

还有另外一种声学交叠，它是源于两个不同的扬声器单元覆盖相同的频率范围，驱动两只扬声器信号的分离被称之为空间分配（spatial divider），分离的信号会在声学媒质中再次交叠。这种交叠称为空间声学交叠（spatial acousic crossover）。上文中针对空间分频器的阐述与频谱分配器的完全一样。在这两种情况下，最佳的解决方案就是对交叠区进行相位校准。这就是说可以用一句话来描述声学交叠的特性，并且相关的解决方案也更容易理解。

分频器／交叠的术语解释：

- 分频器（spectral divider）：可以将响应分成高频和低频（或者多个频段）通道，并将信号传输给各自扬声器的电子（有源或无源）或声学器件。
- 频谱声学叠加（spectral acousic crossover）：两个电子（或物理）的单元以相等的声级相叠加的频率范围。
- 空间分割器（spatial divider）：可以将响应分成两个（或者多个）频率范围相同的通道，并将信号传输给各自扬声器的电子（有源或无源）或声学器件。
- 空间声学交叠（spatial acoustic crossover）：两个电子（或物理）的单元以相等的声级在空间相叠加的位置。

在这两种情况下，多个声源的相互作用是受相对声级和相位响应的制约。要想在这两种情况下取得成功，关键的因素就是认真地控制好五个叠加区。在想得到的覆盖区上，必须将单元间的重叠限制在相位周期圆的"同相"相加部分。分频器的设计就是要最大限度地利用重叠区域的耦合区。随着我们交叠过渡区进入到由单一单元主要控制的区域时，我们寻求通过使混合和梳状响应区的分布最小化来达到对隔离区的保护。

分频器附近的过渡方案有许多种变型，有简单的也有复杂的，如图 2.24 所示。最简单的情况示于金字塔的顶端，这时的叠加只产生耦合区。这是典型的次低音阵列空间交叠的情况，因为这时的位移与低频波长相比比较小。在下一级中，交叠过渡直接是从耦合区过渡到隔离区，并且没有明显的损失，这种情况在现实中是可以通过分频器达到的，或者利用低频和中频紧密耦合的空间分割器达到。金字塔下面的部分表现的是全音域扬声器空间过渡的典型过程，最下面一层表现的是高度重叠和大位移的危害，它是

延伸的梳状响应区相互作用引起的。我们所面临的挑战就是将覆盖的梳状响应区部分最小化。

让我们进入到叠加的领域当中吧。

类似的情况也以相反的形式出现，这时需要的是声学相减。抵消区可以用来控制声音，使其离开指定的区域，这一原理推动了心形重低音阵列的设计（参见第 8 章）。

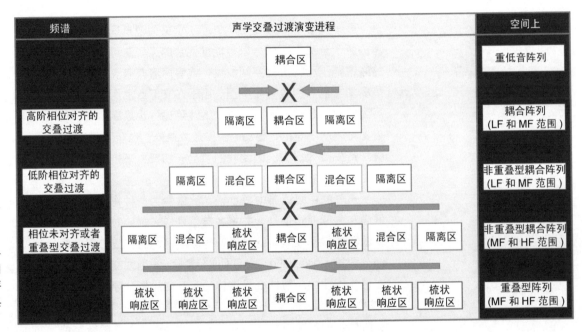

图 2.24　声学分频器的衍生图。通向声学分频点有各种分频区域。理想的情况是不存在梳状区的相互作用（上面几层），最差的情况是（下面几层）包含普遍存在的梳状区。基于这两种情况的频谱和空间系统的典型应用示于图中

业界评论：返送调音工程师的优化提示

1. 拿出足够的时间做系统优化的准备工作是最为稳妥和快捷的成功之道。

2. 对于系统检查而言，听粉红噪声要比听并不熟悉的 CD 要容易得多。

2.4.2　分频器的分类

声学交叠过渡是按照交叠过渡区到隔离区的电平关系进行分类的（如图 2.25 和图 2.26 所示）。交叠过渡处的电平是等于、大于还是小于单一单元产生的区域覆盖呢？每一交叠过程的响应被划分成单位交叠、重叠和缝隙交叠。每种交叠类型在系统设计中都有其具体的应用。

交叠的分类：

- 单位交叠（unity）：交叠区的声级是与周围响应的声级相匹配。单位型交叠可以用公式表示成：（−6dB）+（−6dB）= 0dB

- 重叠（overlapped）：交叠区的声级比周围响应的声级高。重叠可以用公式表示成：（XdB + XdB）> 0dB

- 缝隙交叠（gapped）：交叠区的声级比周围响应的声级低。缝隙交叠可以用公式表示成：（XdB + XdB）< 0dB

3. 采用与优化 FOH 扬声器相同的方法，可以让舞台返送监听取得最大的回授极限。

4. 由于时间预算的问题，我们常常没有时间来优化舞台返送监听。现在人们知道了，舞台返送监听的优化有助于彩排的顺利进行。

5. 自从进入这一行业以来，我就十分注意有关舞台上使用的传声器的位置和响应的问题。

6. 我认为认真进行扬声器的投射方向、声级设定和箱体排列等的调整要远比 EQ 和延时的设定更有意义。

7. 当碰到并不关心优化方法（尤其是 EQ）的音响工程师时，帮助他们检查一下扬声器系统还是有好处的。

福冈广，日本 ATL 有限公司

（Hiro Tomioka）

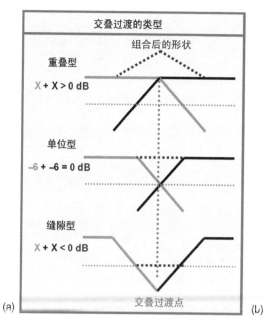

(a)

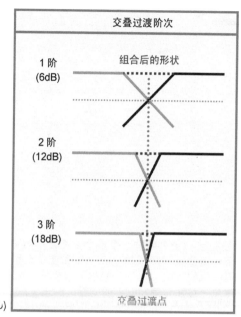

(b)

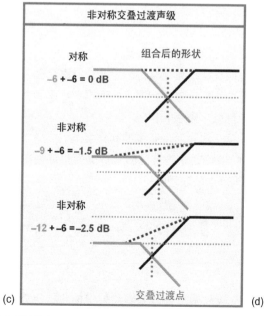

(c)

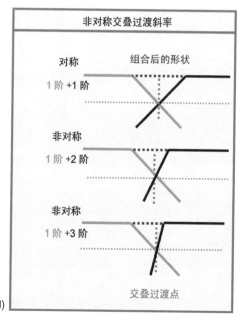

(d)

图 2.25 （a）分频器的分类。以其交叠的程度进行分类。单位型的声学分频器在混合和独立区具有相等的电平；（b）分频器的斜率阶次。斜率决定混合区与独立区之比的大小。当斜率提高时，耦合区缩小，且各个单元必须排列紧密。高阶单元必须排列紧密才能维持单位型分频器的特性；（c）由不同的电平造成的非对称分频。独立区间的过渡区是混合响应；（d）由失配的斜率造成的非对称分频。混合区的大小和单元间的间隔均受影响

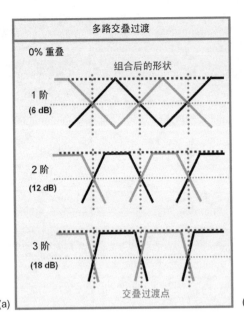
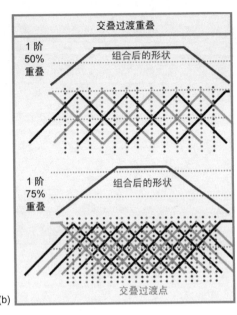

图 2.26 （a）通过无限多个多路分频器可以覆盖整个区域。利用少量的大间隔低阶单元可以和使用大量的小间隔高阶单元取得类似的效果；（b）分频器可以交叠，而对混和响应进行整形。多单元叠加会导致电平随交叠区的增大而提高

声学交叠具有一些共同的特性，这些特性被用来控制交叠设计，使其符合我们需要。

交叠的特性：

- 交叠的位置（频率或位置）
- 交叠的程度（单位交叠、重叠或缝隙交叠）
- 交叠的斜率（过渡到隔离的速率）
- 对称程度（声级和斜率）
- 可闻度（对过渡的听觉感知程度）

下面我们将探究这些常见的交叠类型和特性在频谱和空间声学分频器中的表现。

2.4.3 频谱的划分和频谱分频器

2.4.3.1 分频器交叠

分频器一般只用三种分频器类型中的两种：单位交叠

或重叠。声学交叠成功的关健因素就是将重叠限制在相位相加的区域。设计优良的分频器只采用两种叠加区：耦合区和隔离区。很少一部分成功的冒险者可能也采用了混合区和梳状区的相互作用。这里先从讨论单位交叠开始，从中引出相关的概念，之后再讨论重叠，并根据需要与单位交叠进行比较说明。

耦合区是处在交叠的正中心，这里的相位响应是匹配的（如图 2.27 所示）。为了深入了解过渡耦合，这里引入另一个简单的公式。

单位交叠相加公式：

$$(-6dB) + (-6dB) = 0dB^* + 0, -\infty$$

$$或 \quad 0.5 + 0.5 = 1^* + 0, -\infty$$

*取决于相位。

该公式是指利用两个 -6dB 信号的叠加产生混合的单位增益响应。这种情况只有当信号在交叠点具有匹配相位时

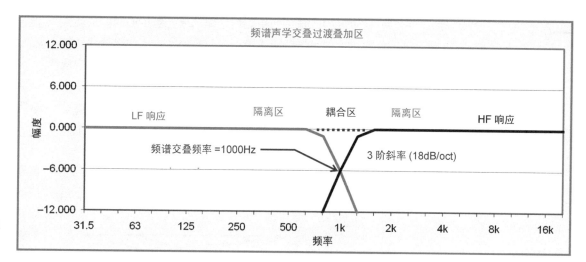

图 2.27　频谱声学分频的叠加区

才会发生。即便某一信号比另外频率的信号低 6dB，但只要在交叠处电平和相位匹配，就可以使叠加后的电平提高 6dB，达到单位电平。匹配的电平和相位可以使分频交叠点处在耦合区。只要相对相位偏差不超过 120°，则分频交叠点上下均会一直处在耦合区。在相位偏差导致相减叠加产生之前，先要经过隔离区。如果这一点的隔离达不到 4dB 的话，那么在变化的过程中就会出现梳状响应。

　　交叠区的大小与三个因素有关：滤波器的转折频率、拓扑结构和斜率。这三个因素共同控制着相互作用的范围，以及在出现"反相"抵消之前是否到达了隔离区。这并不是一个斜率"越陡越好的"问题。随着滤波器斜率的提高，相位延时也会加大。这里存在一个可以让我们通过选择中心频率和斜率来优化特定分频器的滤波器响应的机会。有了这种机会，可以使驱动单元的某些特性、物理位置，以及相互作用的复杂性变得清晰。由于两只扬声器必须始终是间隔摆放的，所以总是会出现因距离某一驱动单元较近而引发的极坐标响应的相互作用问题。例如，虽然垂直安排的高低频驱动单元可以对齐，并在物理中心点同相，但是在中心点上下驱动单元间的距离不再相等，这就会导致在交叠频率上的垂直覆盖有不同的相位关系产生。

　　分频器的技术要求：

　　● 选择的最佳分频点应该可以在交叠区不存在抵消的情况下，提供最大角度的覆盖。

　　● 随着距离的变化，角度应尽可能保持恒定。

　　在这个问题上常犯的共同错误就是用 HF 号筒来优化系统的轴上特性。这种实用方法的本质很容易理解，因为系统的角度控制主要都是通过 HF 号筒实现的。这种解决方案的不足之处通过之前讨论的三角形概念可以看出。以号筒轴校准会引入直角三角形叠加响应，因此不能保持其与距离变化的同步。相位优化只能在一个距离上有效。当距离短于到这一点的距离时，HF 驱动单元超前，而当距离长于到这点的距离时，LF 驱动单元超前。这种解决方案还会导致偏离号筒中心线时产生不对称响应。这是由于不同角度时的变化率不同造成的。如果向背离两个驱动单元的方向移动，那么当向另一方向移动时首先是朝向 LF 运动，然后再向背离两个驱动单元的方向运动。

较好的方法是利用距两个驱动单元等中心的方法。任何深度上的差异都可以通过延时来补偿，比如隐藏式号筒驱动单元。等距离的解决方案使远处的声场一致性和响应的对称性得到最大化（如图 2.28 所示）。另外值得关注的是，我们已经开始应用空间分割的概念（在 HF 和 LF 驱动单元间的情况）来优化分频器的组合效果了。在这两个方面已经开始建立起联系了。

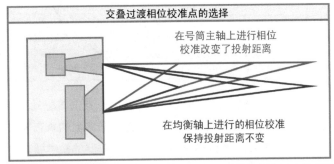

图 2.28　选择相位校准点。等边三角形的叠加提供了对远距离声覆盖的最佳解决方案。应注意的是，频谱分频器（HF 范围至 LF 范围）也是空间分频器（HF 位置至 LF 位置）

另外一种关于频谱交叠的方法就是在交叠中心频率处叠加时发生在两个单元的 -3dB 点。如果响应是经过相位校准的，那么叠加响应会表现出有 3dB 的提升，形成重叠型过渡交叠。通过将相对相位响应分来 90°（参考此前图 2.6 的相位环），可以将这种重叠交叠恢复成单位型交叠过渡。但是将 90° 的间隔作为开始点是很危险的，它距离 120° 这一相位边缘近在咫尺。这时驱动单元间的隔离必须非常快地建立起来，以避免滑落到抵消区，这是一种相当大的挑战，因为驱动单元在 -3dB 点的叠加会导致在重叠区有较大的相互作用。这种解决方案要求使用陡峭的滤波器来取得快速的隔离，这样便限制了可充分使用的过渡区域范围，并降低了驱动单元间的功率共享。0° 重叠法具有 3dB

混合功率的优点，以及在 -3dB 处有 90° 相位相加的好处，90° 方法具有防抵消的特点。

重叠型分频器主要用于低频，因为这时的波长在耦合区会一直维持足够长。其典型的应用就是重低音和全音域音箱的重叠。这些系统可以共同享有 60Hz ～ 120Hz 这一范围，利用冗余的优点有如下的理由：第一，整个系统中对这一频率范围上的功率要求最高，我们可以充分利用峰值储备；第二，驱动单元的物理位置区域更加紧凑，耦合区内的相位响应在整个范围上保持不变；第三，如果主扬声器是吊装，而重低音扬声器是置于地板上的话，则分频器的性能可能下降。最后，系统的方向性控制可以通过附加声源的出现而使波束集中的方法来加以改善。

2.4.3.2　分频频率

在电子分频器的前面板上找不到声学交叠频率。实际的交叠频率是由五个因素所引发的声学叠加点。

影响交叠频率的因素是：

- 相对的滤波器斜率
- 相对的滤波器转折频率
- 相对的滤波器拓扑结构
- 相对的驱动电平
- 相对的扬声器位置
- 相对的扬声器效率、以及 / 或者个别的驱动单元参数

如果前五个因素是对称的，那么它们会彼此作用抵消，而只有驱动单元效率是未知的。如果高频单元的效率较高，那么交叠将在电子器件所期望的电平之下产生，反过来也是如此。如果任何其他的因素是不对称的，那么声学交叠频率也会产生不明显的变化。

例如，一个在 1kHz 分频的两分频系统（如图 2.29 所示）。我们开始可以将驱动电子器件匹配的 12dB/ 倍频程贝塞尔

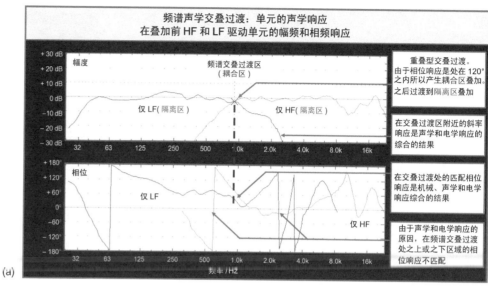

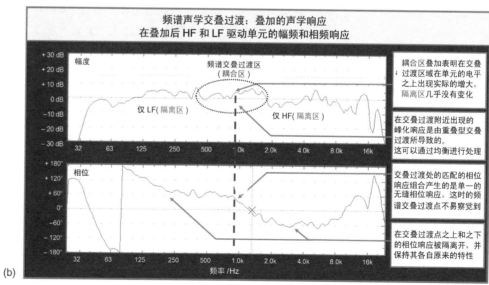

图 2.29　频谱分频器校准实例：（a）两路分频的扬声器各自的响应。应注意的是，900Hz 频谱声学分频点附近相位曲线的收敛情况。（b）同样扬声器的混合响应表明耦合区到独立区的过渡是没有梳状响应的。这里显示的分频器是图 2.24 所示的金字塔的第三层。（c）非对称频谱分频器的斜率。低通滤波器（3 阶）的斜率比高通滤波器（2 阶）的陡。在这类应用中生产厂家和终端用户采用了非常多的非对称滤波其设定

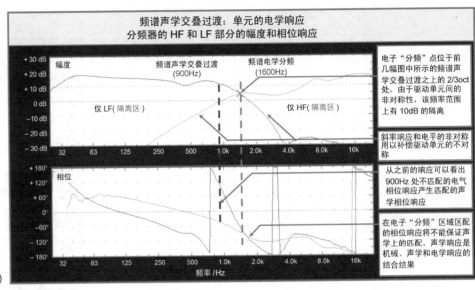

图2.29　频谱分频器校准实例：(a)两路分频的扬声器各自的响应。应注意的是，900Hz频谱声学分频点附近相位曲线的收敛情况。(b)同样扬声器的混合响应表明耦合区到独立区的过渡是没有梳状响应的。这里显示的分频器是**图2.24**所示的金字塔的第三层。(c)非对称频谱分频器的斜率。低通滤波器(3阶)的斜率比高通滤波器(2阶)的陡。在这类应用中生产厂家和终端用户采用了非常多的非对称滤波其设定(续)

低通和高通滤波器设定工作在1kHz，这时可以说电子分频频率为1kHz。如果恰巧高低驱动单元在1kHz具有相同的效率，那么此时的声学交叠就与电子分频一样了。但如果高频单元的效率比低频单元的高，则声学交叠就会发生在电子分频频率之1几下。实际上在分频点上驱动单元具有匹配的效率是非常少见的，所以应该对最终的声学结果给予格外的关注，而不应只关注电子分频频率。

假如驱动单元在1kHz的声学响应不匹配，我们可以选择如下的处理方法：调整相对电平、滤波器的转折频率、滤波器的拓扑结构，或者滤波器的斜率。在电子系统中有时为了补偿声学系统的不对称性必然要引入其他不对称性。通过调整这些参量的组合，最终可以在希望的频率上建立起平滑的声学交叠。

2.4.3.3　滤波器阶次

"交叠范围"定义为两个信号维持较高交互作用的交叠中心频率左右的频率范围。交叠范围可以是变化的耦合、梳状和混合区组合，但是隔离区被限制在之外。滤波器的斜率定义为交叠区的大小，较陡的滤波器影响的范围也就变窄。在发生抵消之前产生隔离是我们的目标，这是幅度与相位间的竞争过程。其原理看起来非常简单，即利用陡峭的滤波器进行迅速的隔离，这种简单的处理方法在行业中很是流行的，但是这种方法有舍本逐末之嫌，因为陡峭的滤波器会使相位延时增加。因此，随着滤波器交叠范围的减小，此处的相对相移会增加。陡峭的滤波器还需要将转折频率靠得更近，以避免出现交叠缝隙。这样其结果是当交叠范围减小时，该频率范围上的不确定性加大了，这就象现实生活一样，凡事有其利必有其弊。

分频滤波器斜率的利弊：

- 低阶：交叠范围大，相移小，高频驱动单元的过驱动保护最差，声学相加叠加最强，可察觉的瞬态变化最小
- 高阶：交叠范围小，相移大，高频驱动单元的过驱

动保护最强，声学相加叠加最弱，可察觉的瞬态变化最大

在利弊对比中还要考虑另外一个因素，这就是声学相加。此前所介绍的叠加属性反映出两个器件有机会来共同承担交叠区域上的功率。假定两个驱动单元在交叠范围上具有合适的功率能力，那么声学功率就有可能增加 6dB。功率的提高源于在耦合和梳状区驱动单元的相加叠加。通过将两个驱动单元组合在一起工作，可以使扬声器系统产生所要求的声压级，而每个驱动单元并不需要太大的功率，这样就避免了驱动单元过驱动问题的发生。陡峭的斜率可以将交叠范围最小化，以将相位作用的负面影响（梳状区）最小化，但这种方法同时也使相位作用的积极影响最小化了，也就是说两个驱动单元在交叠的中央附近的耦合效应被最小化了。对此的折中处理会引发出下面的问题：功率相加的积极效果能够强过潜在的相位抵消带来的消极效果吗？这一问题的答案并不是很简单，而是要看下面的变化趋势是否明显：交叠的频率越低，交叠的范围就越宽。这是因为这时相对于物理驱动单元偏差的波长尺寸大，并且能从尽可能小的的低频功率增加得到益处。随着频率的提高，相对于物理位移而言，波长变小了，因此相位抵消而产生的隔离变得格外突出。另外，高频驱动单元的相对机械强度较低，所以更适合利用较陡的滤波器来使导致 HF 损坏的过驱动出现的概率降到最低。

高通和低通滤波器的斜率可以是不同的，从而创建非对称的交叠过渡范围。非对称的交叠常常是给高频驱动单元使用较陡的滤波器，以取得对音圈过分移动的最大保护，同时给低频驱动单元使用斜率较缓的滤波器，以便在低频取得最大的功率增量。

2.4.3.4　滤波器的拓扑结构

滤波器的拓扑结构种类很多，比如有贝塞尔、巴特沃兹和 Linkwitz-Riley 等。两者在形状上的差异主要体现在两个主要特性上：通带的波纹（所采用的滤波器频率范围上的峰和谷）和在第一个倍频程上的衰减比率。如果我们举例说明的话，可以用一个 1kHz 的 2 阶低通滤波器，其他都是已知的（除了滤波器的拓扑结构）：1kHz 是偏离参考电平 −3dB 的频率，滤波器的最终衰减比率为 12dB/ 倍频程。拓扑结构差异的影响将出现在 1kHz 上下附近区域。每种拓扑结构会在 1kHz 的转折频率之下产生一定的波纹起伏变化，其形状（电平和频率范围）是可变的。令我们较为感兴趣和吃惊的是初始的斜率。我们可以假设 12dB/ 倍频程的斜率使 2kHz 处的电平提高 12dB（2kHz 处在 1kHz 之上一个倍频程），或者是 −15dB（在 −3dB 点之上一个倍频程），但这是不可能的。除非是移动一个倍频程或偏离转折频率一个倍频程，否则衰减率是不可能保持其比率形状的。因此，针对分频点上下隔离而采用的比率是与拓扑结构有关的。正如前面所看到的，隔离最迅速的拓扑结构具有最大的相位偏移，所以我们要做类似的折中考虑。每一种拓扑结构的优点可能还会争论不休，但我们关注的是对综合了所有因素的最终声学混合的测量结果。

2.4.3.5　分频的可闻性

我们的目的是为听众提供对艺术家表演的信息感知。因此要尽可能减弱使听众感觉到扬声器存在的任何提示性内容。小提琴并不存在分频频率。多路扬声器系统能够重放出小提琴的全部音域范围内的所有音符，但是我们必须认真处理好分频区域，以确保听音者并不会注意到驱动单元间的过渡。使驱动单元间的过渡暴露出来的机制有如下几种：第一是驱动单元的位置。随着驱动单元分得越开，人们就会越发明显感觉到这种空间位置。这对于各驱动单元处在一个箱体内多路扬声器系统而言并不是问题，但对

于有重低音扬声器的系统则会产生问题，因为重低音扬声器单元与主单元相隔的距离较大。第二个因素就是交叠，过大或过小的交叠会将过渡变化暴露出来。那些由非常陡峭的滤波器形成的分频器会产生突然的变化，这种变化可能会产生于音程中某一音符上。这时如果在两个单元间这种过渡变化产生移动，那么这种变化将听上去很明显，例如从前加载纸盆驱动单元过渡到窄号筒，就会发现在指向性控制上表现出很大差异。声音的混响特征会随着过渡而产生突然的变化。从另一方面来看，如果交叠得太多，那么滤波器就不能产生足够的隔离，以避免交叠中心附近出现梳状响应。这种情况极可能出现在交叠之上或之下，并且当响应出现跌落时，将交叠分频点暴露出来。最后一个例子就是置于地面的重低音与吊装的主音箱配合使用时的间距和最小交叠的组合。这两个因素突出了隔离，并可能感知为两个独立的声源。

由于我们还拿不出一个让大家所能接受的术语来描述这种现象，所以这里采用"分频可闻性"来描述，并且将其定义为：听音者对工作于某一频率范围（或位置）上的扬声器单元过渡到工作于另一不同频率范围（或位置）的感知能力。毫无疑问，我们的目标就是让这种过渡尽可能听不到，同样对最小位移、最小覆盖角过渡、最小梳状起伏，以及较缓的滤波器斜率都应在我们的掌控之下。人的听音机制获取的信息是音程内音符间声音特征的突然变化。位移引起位置上的突然变化，随着音符的消失和出现梳状响应都会引发声级的突变，而覆盖角度的过渡会使混响声场产生变化，使听音者感觉好像一个频率处于远处的混响空间中，而另一频率处在附近的直达声声场空间中。

2.4.3.6　分频的不对称性

声学交叠中存在同一形式的两种不对称性：斜率和电平。如果两个点单元具有不同的滚降斜率，那么从耦合区向隔离区的过渡就具有不对称性。虽然我们可以有效地利用不对称的斜率，但必须对其作用要事先预知。奇和偶阶次滤波器的混合（比如二次和三次）将很可能需要通过极性反转和不匹配的转折频率来实现单位型分频效果。

如果不对影响进行补偿的话，不对称电平设定也可能产生不希望出现的结果。一般在转折频率处系统单元的相对电平是匹配的。如果某一单元的电平变化了，则分频频率就会产生移动。如果 HF 的电平提高了，则分频会向低端移动，反之亦然。这种影响被划分成许多重要的类型，这说明对这种做法不要轻举妄动。这里首先对声学功率和分频等重要特性进行阐述。

调音工程师要求系统具有一定的功率容量，以获得想要的声音音质。但我们发现这并不单单是一个数字的问题。即便我们可以为调音师提供一个可产生 130dBSPL 的系统，对像摇篮曲这样的音乐也不一定有足够的声级。为什么呢？因为给出的 130dBSPL 系统可能是由 64 个重低音和单只书架型音箱组成的，它在 100Hz 时始终能产生 130dBSPL 的声级。

我们所需要的是能够在所有频率上产生所要声级的系统。这并不是说必须在所有的频率上都要达到 130dBSPL，只要能够满足音乐的要求即可。对于任何给定的频率范围，都存在一个 SPL 要求，并且在系统的某一（某几个）部分是必须要达到的。

下面讨论它与分频器的关系。调音师只对功率有要求，而并不关心它到底是那只驱动单元产生的。如果我们将两分频的分频点设在 1kHz，那么 1kHz 范围上的功率将是两个驱动单元的组合响应共同作用的结果，而 1kHz 之上和之下的频率区域则是独立单元自己产生的。如果将分频频率下移至 500Hz，那么共同产生功率贡献的频率范围将下移一个倍频程。这就意味着在 1kHz 时，HF 驱动单元必须独立工作，它必须再多提供6dB 的功率来补偿 LF 单元的损失，调音师的需求并没有改变。声学功率还是所要求的那样，问题简化为功率是由哪一单元产生的。

相对电平对分频范围的影响：

- 如果是与前一个频率匹配的话，那么相对的相位响应就不再匹配了，因此需要进行调整。如果不调整的话，则分频过渡将不会出现最大功率的叠加，而且系统的效率和可靠性也会下降

- 由于 HF 和 LF 单元的轴向响应随频率变化而变化，因此在整个分频过渡范围上轴向变化的比率可能会受到影响。例如：HF 号筒的轴向响应会随着截止频率的降低有变宽的趋向，而 LF 的响应则会随截止频率的升高而变窄

- 截止频率的选取对于想在截止频率处产生同样的声功率 HF 驱动单元的位移需求的影响非常大，有关这一问题的讨论超出了本书的阐述范围，但这里可以给出基本的结论：随着频率的降低，位移按照指数规律升高。例如：当频率下降一个倍频程（0.5f）时，需要四倍的位移才能产生同样的声功率

- 降低分频频率可能会导致单元的器件工作在号筒的共振范围上，使得效率降低，故需要更大的位移才能取得想要的声压级

- 对于具有陡峭分频过渡的系统而言，电平上的偏差会导致频率响应出现"阶跃现象"，即分频过渡区响应表现出突然、峭壁般的升高。随着分频斜率的提高，电平变化产生的频移作用减轻，取而代之的是在分频过渡区产生了"问题区域"。毫无疑问这是我们不愿听到的情况

关于分频过渡电平变化最为一致的看法就是：用户可以减少对系统均衡的需求。这一概念是指系统在低频所产生的耦合要比高频大得多。因此，通过调低 LF 单元来减小中低频区域出现谷的方法进行频谱平衡。这里的谬误是：几乎没有哪个系统从低频到 HF 驱动单元的分频频率能有均匀的耦合。其结果是为了避免参量均衡器的损坏而导致 HF 驱动单元过度疲劳。我曾经看到过因此而破损的许多 HF 驱动单元，但是还从未听说过滤波器损坏过，因为中低频的峰会导致单元过驱动（如图 2.30 所示）。

因电平变化引发的中心频率偏移的速率取决于分频过渡的斜率。低斜率会产生最高速率的变化，高斜率产生最低速率的变化。无限高斜率下，中心频率将不会变化，但并不应将其理解为陡峭斜率的优点。具有高电平偏差的陡峭分频听起来极为明显，因为混合响应在分频过渡处存在突然、阶跃型的电平上升跳变。拿图来做比方的话，一个无限陡的分频交叠就像是两块并排放在一起的砖块一样，当其中的一块砖向上滑动时，其中心点并没有变化，只是在分频交叠的中心形成了一个峭壁，因此当分频器斜率提高时，要格外注意交叠中心处的电平匹配。

最后要注意的是：应该认真对待厂家所推荐的有关分频器参量。一些著名的厂家投入了相当大的精力研究才获得了这些优化了的参量。这些参量在现场是得不到的，只有在受控的声学条件下才能进行有关的测量，任务的复杂性令人头痛。尽管在过去的二十年里，我在系统校准方面作了大量的实践工作，但还是不去碰那些由厂家设定完成的一些实际任务，除非我认为所给的参量太简单了，以至于不能利用其进行工作。当遇到了这样的情况时，我就按照上面所讲的去做。如果厂家所推荐的参量能够使用，那么我就可以开心地去做另外的事情了。

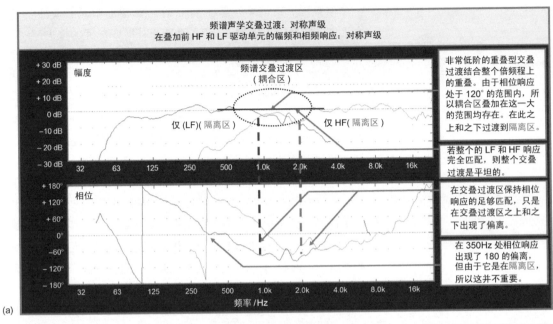

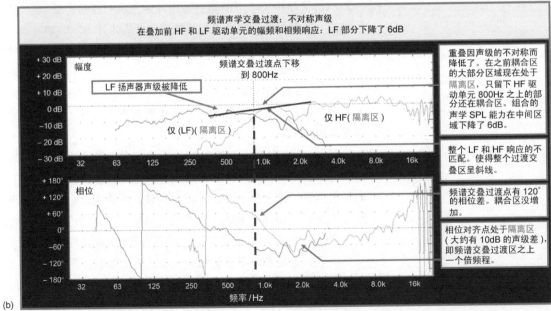

图 2.30　非对称分频器的电平设定：（a）HF 和 LF 通道在 1200Hz 附近发生交叠。这一频率附近的相位响应也要校准，以确保耦合区的叠加中的梳状区最小。（b）LF 放大器的电平减小了 6dB。现在频谱声学分频器位于 800Hz 附近，在这一频率上的相位响应接近 150°，以保证在频谱分频器附近产生梳状区叠加

2.4.4　空间分割器和空间声学交叠

2.4.4.1　频谱与空间的关系

这一部分我们从声学交叠中的典型方法开始介绍。我们将会看到：前一部分所介绍的有关分频器的相位校准的核心内容，在新问题阐述中再次应用到，这就是空间分割器。分频器通过频谱的划分进行信号的分离，并将其馈送给每只扬声器，同时声学信号在特定的频率上混合：频谱的声学交叠。空间分割是将一个完整的信号分别送给独立的扬声器，声学信号在特定的位置上混合：空间分割器。

以一对两分频扬声器箱为例进行图示说明，其中的每只两分频扬声器箱都是将分频处理放在 HF 和 LF 驱动单元间完成，同时两个驱动单元将覆盖同一听音区域。频谱负载（高频和低频单元）是独立的，但是其空间负载（覆盖区域）是共同的。

两分频阵列中每只扬声器单元的空间分割处理是在单元间完成的，两只扬声器单元中的驱动单元将覆盖同样的频率范围。其空间负载是独立的，而频谱负载是共同的。

这样的一个阵列包括了两种声学分频过渡，在这一最敏感的区域采用优化响应的方案是同样的：相位校准的分频过渡，即两个信号在电平上相等的同时，其相位也要调成相等。

在这一部分我们会看到空间的划分（将听音区域划分成不同区域的处理）是直接对高、低和中频驱动单元划分的模拟，这一原则被应用到单只扬声器箱的四分频（频谱）或四个单元阵列（空间）上。因为我们发现房间的墙壁是最基本的空间分割器，并且其反射是受同一原理控制的，所以最终的问题就会依次出现。对惯用术语的修订需要一定的时间来消化，但是为了揭开扬声器与房间相互作用产生的秘密，所作的努力还是值得的。

频谱和空间声学交叠过渡的比较和对比：
- 两种相互作用都受声学叠加特性的制约
- 为取得优化叠加所采取的措施都是建立在同一概念之上的：相位校准的交叠过渡

频谱和空间声学交叠间的差异是：
- 由于空间交叠过渡可以贯穿整个声频范围，所以在没有抵消的隔离能力方面具有更大的灵敏性
- 频谱交叠过渡（分频）中的相对相位变化影响的只是交叠过渡的频率区域，而空间交叠过渡中的相对相位影响的是对所有频率都有影响

类比作用：
- 两只扬声器共享相等声级的空间位置类比为分频器的分频频率。该区域将再次成为耦合区
- 扬声器的指向性控制能力类比为分频器的斜率。强指向性扬声器类似于陡的分频
- 扬声器间的相对声级变化演变成空间交叠点的位置变化，这可以类比为某一驱动单元电平变化所引发的分频器分频频率的偏移
- 空间交叠过渡中水平或垂直交叠所产生的能量提高的能力类比为分频器中分频频率范围上的可用交叠

虽然空间声学交叠过渡要比对应的分频复杂得多，但是它们的变化确实是在同一范畴里发生的。将两只同样的扬声器以任意的取向放置，并找出它们之间的中间点，那就是所有频率的交叠过渡点，也是所有频率的耦合区中心。找到这一点还比较容易，但下一步就困难一些了，我们必须找到一个可以确定隔离区位置的方法，在那一位置上一只扬声器产生的声级至少有 10dB 以上差异。对于任意一个频率而言，做到这一点并不困难。如果扬声器在所有的频率上都有同样的指向性，那么进入到隔离区的关键点就演变成与分频器中见到的一样简单的单一滚降线。不幸的是，想在声场中找到这

样的情况几乎就是大海捞针。在现实世界中，我们发现低频时的声场交叠要比高频时的大很多，因此对于不同的频率，空间中也会存在关于梳状响应、混合和隔离区的不同边界点。

2.4.4.2　分频的重叠

适合于空间分割的重叠与分频器的交叠有很密切的关系。如果扬声器单元是在 −6dB 点混合的，并且相位响应是匹配的，那么中心点叠加后为 0dB。在分频点的混合电平（耦合区）等于各自轴上的电平（隔离区）：单位型交叠过渡。与分频器一样，我们希望幅度和相位响应在偏离中心位置时是分开变化，并且期望隔离是发生在抵消前。

空间分割与分频器的基本区别是所有三种交叠类型可以在两个单元的空间交叠共存。根据几何取向和不同频率上的覆盖角度的情况，单——对扬声器可能存在缝隙型交叠过渡、单位型交叠和重叠型过渡。我们首先来考虑几何形状。有两种方法来划分扬声器：位移和角度。通过将扬声器彼此分开，可以在覆盖区域上产生一个缝隙，或者通过将两者的张角分开也可以产生这样的结果，也可以两种方法同时使用。可是同样的配置创建的听音位置，我们会发现有的扬声器以单位声级交叠过渡，而另外的扬声器则是重叠交叠过渡。这种交叠过渡的空间方面使得分类变得复杂。第二，即便处在同一位置，我们也可能会在三种交叠类型间转换，因为我们感知的是整个频率范围。由于单元的覆盖型会随频率的变化而变化，并不是恒定不变的，所以并不存在一种间距或倾角能够在整个频率范围上具有单位交叠的性能。在高频区可能存在缝隙交叠过渡，而中频则享有单位交叠过渡带来的益处，同时低频会是重叠交叠过渡。这些影响的实例可参见图 2.31 和图 2.32 所示。

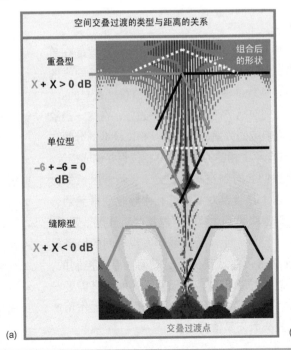

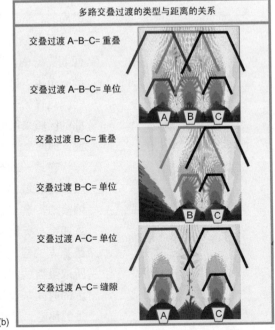

图 2.31　（a,b）根据距离来对空间分频器进行分类。一对空间相分离的声源整个划分成三个分频区。如果扬声器的间距加大，过渡序列会随着辐射距离的增加、单元的覆盖角度减小或倾角的加大而膨胀

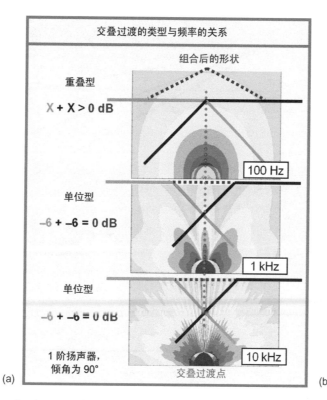

图 2.32　（a，b）空间分频器根据频率的变化来分类。随着频率的降低，由于辐射指向性难于控制，故分频器产生交叠

2.4.4.3　扬声器阶次（分频器斜率）

在分频器的讨论中，我们采用"阶次"一词来描述完成单元划分工作的滤波器斜率。随着滤波器阶次的提高，斜率变得越来越陡。在空间交叠过渡中我们在此引用这一术语，此时他描述的是"空间滤波"的变化率。那它是何含义呢？我们以两只扬声器来作图示说明：全指向扬声器向 360° 的四周均等地辐射声音，而 90° 扬声器将其能量集中在 1/4 的空间内。如果我们这一圆函数（度）转变成水平的图形，得到声级与角度的关系图表，这与图 2.33(a) 所示的分频器响应相似。360° 扬声器表现为平坦的直线。这是"全音域"扬声器，从空间的角度来看这就如同是全

音域扬声器平直频响的频谱。90° 扬声器表现为随角度变化向下倾斜的曲线，这就是空间滤波。随着指向性的提高，向下倾斜的曲线越陡，这就如同是模拟分频滤波器一样。将扬声器划分成一阶、二阶和三阶（就像我们实现的滤波器那样），我们就可以简化对扬声器的讨论，强调其产生的基本形状，而不管它们是前向加载、径向号筒、带式或专利技术的数字波导。扬声器阶次为我们确定了空间滤波的斜率，这将引导我们充分理解叠加区的空间分布情况。我们已经将叠加区的概念应用于频谱分布问题的分析当中。虽然空间领域更为复杂，但是扬声器阶次的划分将会使这一讨论大为简化。

99

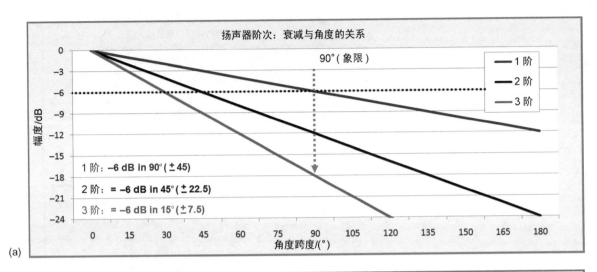

(a)

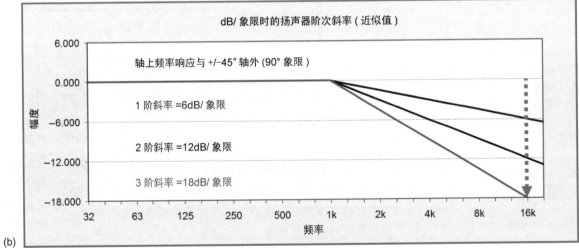

图 2.33　扬声器阶次斜率与频率的关系按照轴上响应进行归一化。图中示出了高频滚降率与象限（偏离主轴 ±45°）的关系

(b)

本书中采用的 3 中扬声器阶次：

- 1 阶：60°～180°
- 2 阶：20°～60°
- 3 阶：6°～20°

由于扬声器在其宽的频率范围上具有不同的覆盖角度，所以我们必须要弄清楚角度隔离的问题。扬声器产生差异化的范围出现在高频端，因此我们采用 HF 响应：一般是 8～10kHz 的响应作为扬声器阶次的代表。假定扬声器随着频率的降低（波长的提高）而辐射角度加宽。当扬声器的阶次提高时，指向性的比值也会随频率的提高而增大。

换言之，3 阶 12° 的扬声器在 HF 的指向性要比 LF（360°）时的高出 30 余倍。90° 的 1 阶扬声器在同一范围下只高出 4 倍。图 2.33（b）所示的扬声器阶次的第二幅图就是 3 种阶次的指向性与频率的关系。该图表示的是在 90°，即 1/4 象限内（±45°）内的幅频响应。从中我们再次看到随着指向性的增加，斜率变得越来越陡。

比对分频器阶次的阶越瞬态可以看出，分频器具有连续的角度响应。尽管如此，这种特性差异还是有利用价值的，因为我们可以据此对扬声器进行分类，而无需将其分离成数百种。1 阶系统在 ±45° 的边界处存在 6dB 的跌落，而 2 阶和 3 阶扬声器在 ±45° 的边界处则分别跌落 12 和 18dB。虽然这些都是近似的数值，但是可以使我们避免被典型的 "7°" 扬声器在所有的频率上均呈现窄窄一小块匹萨的假象所迷惑。

空间交叠的例子：一个 1 阶扬声器（如图 2.34 所示）在 250Hz 时具有 270° 的覆盖图案，而在 1kHz ～ 16kHz 的范围上其覆盖图案的角度下降到了 90°。该扬声器可以将指向性与频率的关系按照 3 : 1 : 1 的比例关系进行特性划分。如果扬声器张开 90° 的话。则产生单位型交叠。在低于 1kHz 的频率上，交叠将会增加，并产生较宽的混合区和较小的隔离区。

另一个例子是 3 阶扬声器，它具有类似的中低频响应，但是到了 16kHz 时变窄到 7°。该扬声器可以将指向性与频率的关系按照 40 : 12 : 1 的比例关系进行特性划分。这时产生单位型交叠就只需 7° 的张角。在 1kHz 的重叠量超过了覆盖图案的 90%。

在这两种情况中，扬声器的张角必须设定成不大于最窄的角度：即在高频端要避免出现缝隙交叠过渡。在重叠范围内，扬声器将会出现耦合、梳状响应或混合现象。具体要取决于相对声级和相位，但是绝不会出现隔离现象。

由于 1 阶扬声器在频率变化时具有小得多的重叠，所以可以有较高的物理位移；而 3 阶扬声器具有的重叠较大，所以物理间距必须绝对小才行。

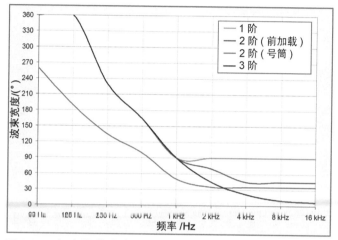

图 2.34　扬声器的阶次是波束宽度的函数。高阶扬声器的低频与高频覆盖角之比最大

扬声器的覆盖图案所产生的形状可以用我们所熟悉的分频器交叠形状来进行形象化地表现，如图 2.35 所示。1 阶系统所表现出来的斜率较缓，而 3 阶系统则较陡。其形状在整个频率范围上并不是保持不变。扬声器阶次形状与频率间的关系如图 2.36 所示。由图可以看出 1 阶系统所表现出的较缓的斜率十分接近整个范围上的覆盖形状，而当变成 3 阶系统后，陡峭的 HF 响应形状与宽且缓的 LF 响应形状有很大的不同。扬声器之间的空间分频点位置将会 3 个因素所左右：单元的阶次、间距和张角。所有这 3 个因素均是独立变量，从而建立起所需的分频过渡位置、交叠和隔离区的大小和形状的变化。

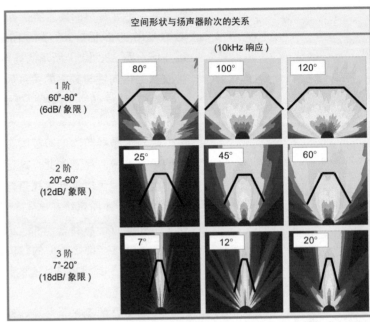

图 2.35　空间形状的变化是覆盖角的函数。扬声器阶次按照形状划分成三个基本形状

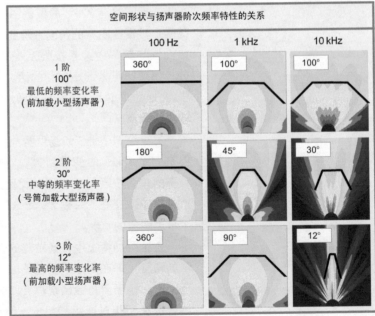

图 2.36　扬声器不能在整个频率范围上保持其覆盖角度不变，其形状只适合有限的频率范围。随着扬声器阶次的提高，高频形状变化加剧

最好的方法还是以例子来说明。如果我们从 3m 的固定距离和 0° 的固定张角开始讨论，我们可以看到剩余参量产生的影响：扬声器阶次的影响。我们的目标是要在扬声器的正面让指向性图案依次经历 3 级变化。在附近的区域，响应在中间处存在缝隙；进一步远离后，扬声器将会呈现单位交叠，最后它们将呈现交叠（并保持下去）。我们要离开多远才能达到单位交叠过渡呢？答案取决于扬声器的阶次。随着阶次的提高，覆盖角度会减小，因此产生单位交叠的距离会进一步远离扬声器。

接下来将扬声器的阶次（1 阶）和角度（0°）固定，而改变间距。与前面一样，我们可以从 3m 开始，同时以我们熟悉的方式开始。如果我们将扬声器彼此靠的更紧，或者单位交叠的位置变化到重叠区，那么我们必须前移，才能到达单位交叠过渡点。如果我们移动的太靠近，以致于我们直接处在近场区，这时就不再需要考虑缝隙区了。反之，如果我们将扬声器拉开，则结论仍然成立。

第 3 个变量就是张角角度。我们还是从所熟悉的情况开始（3m，0°），将张角朝内转动。这时缝隙会更快地闭合，而重叠区则变得更大。如果我们将扬声器的夹角张开，则缝隙将会加宽，重叠会减小。在最后一个例子中，我们可以将扬声器直接置于近场中，然后将其张角设为 90°（与扬声器的覆盖角度相同）。这时缝隙区将不存在，产生一个角度明确的单位交叠过渡，并且不随距离发生变化。隔离区在不同的距离上均保持其隔离特性。这是很有利用价值的特性，它是我们确立解决方案的重要环节。

顺便要提及的是，上述例子只是对扬声器阵列的简单前瞻和分类，详细内容会在本章的后续章节中阐述。

2.4.4.4　交叠的非对称性

只要交叠范围内存在参量的不匹配情况，都会产生不对称的空间交叠过渡。声级、斜率和角度上的差异都会形成不对称的混合形状。（除非使用了三个单元，否则角度差不会构成影响因素，因为这时存在两个张角）。这些因素示于图 2.37（c）至（e）中。声级差会导致交叠过渡点朝着较低声压级扬声器靠近。

2.4.4.5　多路交叠

多路的空间交叠过渡可以用来将覆盖区细分为无限多个部分。对于两个单元而言，间隔和扬声器的阶次将决定单位型交叠的深度，如图 2.38（a）所示。在本例中，其目的就是要利用不同的扬声器阶次在固定的距离和长度上创建出等声级线。少量的宽间距 1 阶扬声器可以建立起与大量的窄间距的 3 阶扬声器同样的声级线。

多路叠加的特性如图 2.38（b）所示。我们看到距离处在第一个单位交叠线之外，因此反映出附加的组合层层叠加的结果。扬声器以一种顺序的方式彼此靠在一起，从相邻的扬声器开始，并移向下一个扬声器。这里相关的因素就是：阵列并没有完全组合在一起，除非最远处的单元之间已经达到了单位型交叠过渡。多路交叠金字塔在当今的大型扬声器阵列中扮演着重要的角色。这一点我们会在稍后再次提及。

2.4.4.6　空间交叠的可闻性

此前针对分频器所描述的重叠和间距因素将再次起作用。空间分频暗含着许多困难，因为在高频段实际上是不可能不经过部分梳状响应区域而实现过渡的，另外它们实际上还存在物理上的位移，就象正面补声/中央扬声器箱的交叠过渡一样；对交叠过渡斜率的认识也不一样。高阶系统可能具有高的感知性，但是只局限在非常小的空间内；而低阶系统的感知性较低，而且在很大的空间里都是如此。

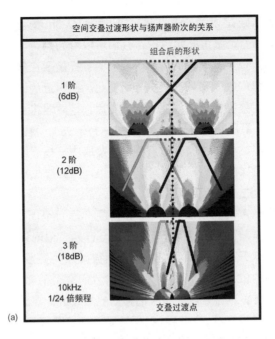

(a)

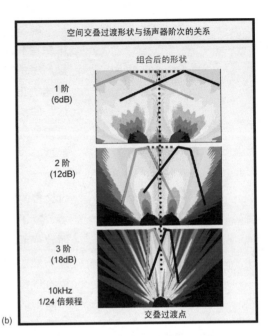

(b)

图 2.37 （a）扬声器阶次会影响在给定的距离上为取得单位型空间交叠所要求的单元间的间距。高阶的斜率要求各个扬声器靠近交叠过渡点。（b）扬声器间夹角的引入产生了混合的形状。间隔和角度必须与扬声器的阶次成比例，以便维持单位型空间分频为了取得单位型的空间分频。（c）声级差产生了非对称的交叠过渡。空间交叠的位置朝向较低声级的扬声器方向偏移。（d）声级差影响构成角度关系的一对声源的组合形状。随着差异的增大，形状朝较响扬声器突出。（e）扬声器阶次的混合产生非对称空间交叠。它还受到声级和角度变化的影响。通过非对称扬声器阶次、角度和声级的组合可以建立起多种空间形状。将扬声器阶次、声级和角度这三个参数有机地结合，可以建立起针对那些需要非对称应用的最佳形状

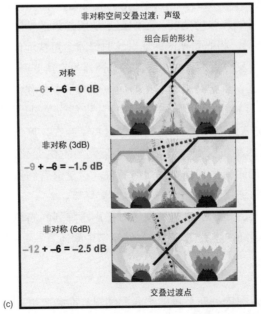

(c)

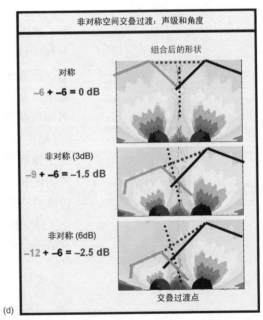

(d)

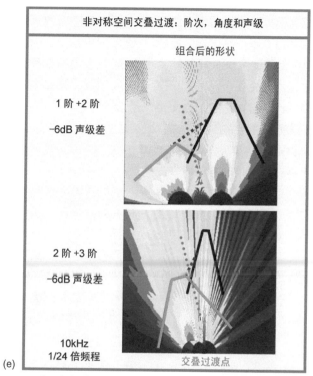

非对称空间交叠过渡：阶次，角度和声级

组合后的形状

1 阶 +2 阶

−6dB 声级差

2 阶 +3 阶

−6dB 声级差

10kHz
1/24 倍频程

交叠过渡点

(e)

图 2.37　（a）扬声器阶次会影响在给定的距离上为取得单位型空间交叠所要求的单元间的间距。高阶的斜率要求各个扬声器靠近交叠过渡点。（b）扬声器间夹角的引入产生了混合的形状。间隔和角度必须与扬声器的阶次成比例，以便维持单位型空间分频为了取得单位型的空间分频。（c）声级差产生了非对称的交叠过渡。空间交叠的位置朝向较低声级的扬声器方向偏移。（d）声级差影响构成角度关系的一对声源的组合形状。随着差异的增大，形状朝较响扬声器突出。（e）扬声器阶次的混合产生非对称空间交叠。它还受到声级和角度变化的影响。通过非对称扬声器阶次、角度和声级的组合可以建立起多种空间形状。将扬声器阶次、声级和角度这三个参数有机地结合，可以建立起针对那些需要非对称应用的最佳形状（续）

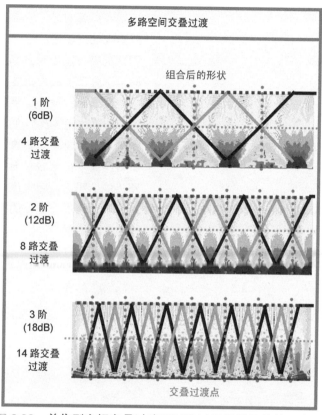

多路空间交叠过渡

组合后的形状

1 阶
(6dB)

4 路交叠
过渡

2 阶
(12dB)

8 路交叠
过渡

3 阶
(18dB)

14 路交叠
过渡

交叠过渡点

图 2.38　单位型空间交叠过渡可以通过无限数量的单元来创建。为了维持单位型，随着单元数量的增加和其间距的减小，需要更陡的斜率

但是其最显著的区别是：空间分频过渡只能在特定的位置上可闻；而分频器的交叠过渡在倾向于在设备的大部分覆盖区域都能听到。可以让空间分频过渡处在厅堂的过道、挑台的前部，以及其他尚缺乏理论说明的位置上，而分频器则不能如此。

人耳对分频器本身造成的方位上的偏移感知要比突然

的频谱量的变化更敏感。如果两个声源的原始相对角度小，那么两只扬声器单元间的交叠过渡就越发明显。人耳能够感知到声源的方位信息，并且扬声器间的夹角越大，位置感表现的越明显。另一个感知到的信息是交叠过渡区域的不匹配响应。当某只扬声器的 HF 上限比另一只扬声器高时，这种情况最为明显。当交叠过渡发生在小尺寸的扬声器时，这一因素一定要认真对待，比如与主系统配合使用的前向补声扬声器和挑台下扬声器就是这种情况。

再一个能感知到的信息就是源于扬声器系统单元间的相对距离。彼此靠得很紧的扬声器在较远的地方仍能产生不错的信噪比，因为这样可以增大远处扬声器响应中反射声能量的比例。近处的扬声器与远处的扬声器的交叠过渡一定要认真对待，控制好它们的相对声级，使近处扬声器的声级不超过远处扬声器在此处的声级。

第五节　扬声器阵列

2.5.1　引言

下面我们将叠加理论和声学交叠过渡的研究成果应用到扬声器阵列的实际结构设计中。两只扬声器的叠加结果取决于其相对幅度和相位。十只扬声器的叠加结果完全可以通过两两叠加再叠加进行分析。阵列的空间分布取决于一组受限的关键参数：各个单元特性，以及它们的相对位移、相对角度、相对距离和相对声级。这些参数的交汇点就发生在空间的交叠过渡上。如果我们能够在这些交汇点上成功地进行系统融合，那么在其他的覆盖区域的声场特性就是可以预测和控制的了。在设计

中，更进一步而言是在优化处理过程中，所有这些因素是可以独立控制的。

这里研究的是对这些参数中的每一个在创建不同类型阵列中所起作用的系统处理方法。此前曾经提到过，这些独立的机制变成可控制的，并且由多个单元扬声器构成的近于无限复杂的系统演变成已知和已掌握的子系统复合。

2.5.2　扬声器阵列的类型

扬声器阵列的类型非常多。如果我们有时间和精力来研究商业信息，就会得出这样的结论：扬声器阵列的注册商标名称不下几百种。另外我们还得另一结论：目前使用的阵列只有一种类型：线阵列，并且所有其他的阵列创建方法走的都是蒸汽发动机的路子。

实际的阵列类型数目是有三种：阵列中的扬声器是平行的，阵列中的扬声器向外呈一定的角度，阵列中的扬声器向内呈一定的角度。扬声器可以放置在一起或者分开放置，虽然可以有一定量的差异，但属性必须一样。我们首先要做的，也是最重要的分类是以取向角为基础来划分的（如图 2.39 所示）。

我们在此讨论的目的是将每种扬声器阵列再划分为两种形式：耦合和非耦合阵列。所谓"耦合阵列"是指其中的扬声器彼此排列很近。典型的巡回演出用阵列，或者这种类型的重低音音箱阵列都属于这种情形；"非耦合阵列"则是扬声器彼此间隔一定距离放置的情况。虽然这些分类方法可以当作是基本的指南，但是却不能简化成特定间距的单元。回顾我们所熟悉的倍频器 600x，我们就会看到 100Hz 和 10kHz 时的耦合方式存在相当大的不同。我们将勾勒出一条深灰色的"耦合 / 非耦合"线，其涵盖范围包

含针对全音域音箱的不到 1m 的距离，直至针对重低音音箱的 3～4m 的距离。其主要的差异是：耦合阵列的目的是将能量集中在缩小了的空间形状内；而非耦合阵列是将能量分布到展开的空间形状内。虽然任何类型的阵列可以演变为所有三种类型的空间交叠过渡，但是实际中这是不可能的。空间交叠过渡类型的空间比例针对不同的配置会有很大的不同。耦合阵列具有最小的缝隙区域（如果有的话），并且空间交叠过渡的位置是按角度定义的（单位型或交叠型），且不随距离而改变。相反，非耦合阵列却总是存在一个缝隙，这一缝隙首先都是由单位交叠与（潜在的）过渡交叠之间的区域声场深度来定义的。这里，角度也扮演着主要的角色，控制着重叠区域的形状。

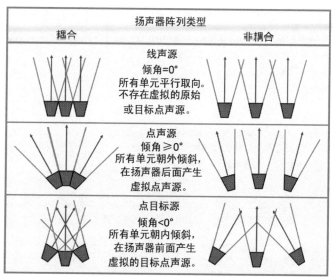

图 2.39　扬声器阵列的类型

注：除非有特殊的说明，否则本章中的阐述都是假定阵列均是由同样的扬声器构成的，并且均是由同样信号驱动。所描述的阵列是处在一个平面上，并且其单元所表现

的特性在垂直和水平方向上都是一样的。

关于扬声器阵列的理论分析一般都是采用理想化的全指向扬声器声源作为其基本的单元。全指向声源对于描述阵列特性的一系列数学公式而言绝对是正确的模型。本书的论述目的是尽可能少用数学表达，而最大限度地提高实用性。全音域的全指向扬声器对于声学研究和测量而言是最佳的，而对于实际的扬声器阵列而言却是最不可信的选择。我们所讨论的阵列限制在那些在现实中有应用的阵列形式：扬声器前方辐射的声能要比后方辐射声能大。下面我们将着手研究六种基本的阵列配置。在本章余下的章节中我们主要采用的处理方法共有两种图示系列。第一种图示是针对每种阵列类型空间交叠过渡的细节研究。第二种是针对叠加区空间演变进程细节研究的。值得庆幸的是，这些图板可以解决有关这些特性的大部分讨论问题。

2.5.3　耦合阵列

我们首先从耦合阵列开始研究。彼此紧挨着的扬声器所产生的缝隙覆盖区域被严格地限制在非常近的声场区域，该区域一般并不安排固定的观众座席。因此声场会很快地演变成具有很高交互性的单位交叠区和重叠交叠区。对于耦合阵列，我们主要关心的问题是控制重叠区，以此提高阵列在特定区域的声功率覆盖。因此我们所面临的挑战就是以尽可能小的梳状响应为代价，获取这种形式的功率提高。

2.5.3.1　耦合线声源

线阵列是最为简单的阵列形式，在分析该阵列时不需要考虑单元间的角度问题，而只需要考虑单元的数量和相对间隔即可；耦合线声源阵列是由有限角度上的无限多个在经过了一系列的调整之后，原本发散的声像朝向舞台的中间集中。即便是减小了混响，每件乐器的音色和辐射方向还是有明显的特点。在场的所有人无不赞叹"这真是不可思议！"

我知道这一切都应该归功于 SIM 的相位测量和据此所执行的优化。

麻栖秋良 （Akira Masu）

单元构成的。所有的单元都朝向我们指定的同一方向，这里所描述的交叠与线声源的一样，单元的几何中心位于单元的中间，并且声源的长度为无限长。实际的声源并不是单独一个点，而是个独个延展的声源，它被拉长为阵列的长度。

1. 交叠形式的演变

耦合线声源的空间叠加演变过程如图 2.40 所示。从图中我们可以看出驱动这种阵列工作的基本机制。其中的三个主要参数在整个演变过程中保持很好的一致性，这三个参数是扬声器的阶次、位置和频率，它们会产生相同的影响：随着其提高，过渡点会逐渐远离扬声器。耦合线声源的另一个保持恒定的特性就是整个系统响应几乎都呈现为重叠型特性。这种特性是把双刃剑，重叠可以产生最大的功率提升，但是其代价就是声场的均匀度最差。

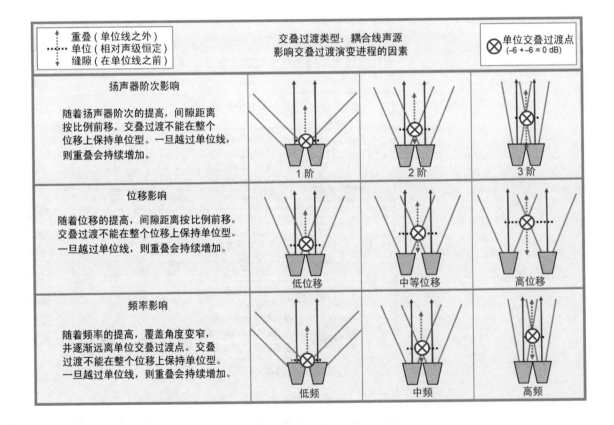

图 2.40 针对耦合线源阵列的分频类型演变的影响因素

2. 叠加区

　　这一部分的阐述从图 2.41 开始，从该图我们可以看到组成耦合线声源的一对 1 阶扬声器阵列所产生的叠加结果。图中所示的 100Hz、1kHz 和 10kHz 的响应表示形式会在本章中一直使用。这组图将此前出现过的叠加图标和关于空间过渡位置的文字表述一并给出。对于这种特定的情况，结果很清楚：在整个空间里只有一个位置能得到无波纹频率响应，这就是准确的中心线；空间的交叠过渡。所有其他位置的响应是变化的，这是重叠响应的结果。叠加区的变化是左右对称进行的。10kHz 范围上所表现出的深度梳状响应是重叠的主要特性。梳状响应并不随距离的变远而减小，只是随着偏离主轴而逐渐减弱。在低频，声源的附近还是保持耦合区的重叠。

　　蓝色等腰三角形的顶部就是耦合区。近距离的单元将此区域和轴上的直角三角形区域限制为只占覆盖区域的很小部分。在此之外的钝角三角形边界并不产生隔离区的性能，因为不存在角度分离。在偏离中心的区域因时间差产生90° 型的重叠。从响应可以推断出声源的位置。10kHz 时的响应表现出了 11 个谷点（11 个波长的距离，或 38cm）。

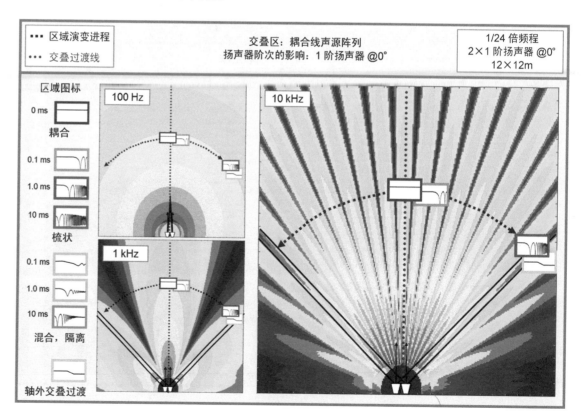

图 2.41　对于耦合线源阵列 1 阶扬声器叠加区演变的影响因素

图 2.42 示出了扬声器阶次变化带来的影响。在此情况下，号筒加载的 2 阶扬声器对所有频率上的指向性控制均提高了。有害的干扰区域并没有减小（以覆盖的百分比衡量）。尽管单元的覆盖角度减小了，但是重叠的百分比还是保持 100%。应注意的是，1kHz 时的响应要比 10kHz 的响应窄。虽然 HF 响应处在非耦合梳状响应区相互作用之下，但是中频范围的波长对于产生单一的窄波束的耦合区叠加而言还是足够长。

图 2.43 所示的是一对 3 阶单元。这时单元各自的高频覆盖很窄，以至于只能在扬声器的近场区才能见到缝隙覆盖区。这样就很快地给出重叠覆盖的方法，其中我们可以观察到三个波束。中间波束为耦合区，刚偏离中心的位置是一个衰减 15dB 的谷点，之后跟随的是一个比主瓣低 6dB 的旁瓣。尽管这是梳状 / 混合区的边界，但是与隔离区特性表现有很大的差别。应注意的是其不同频率下覆盖形状的一致性差，并且具有极窄的 HF 响应和极宽的 LF 响应。

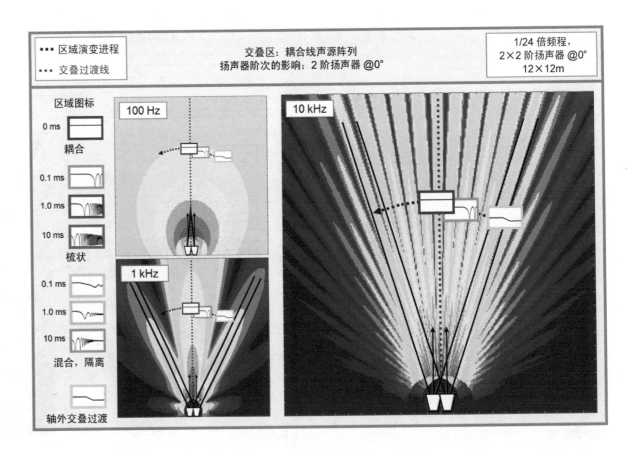

图 2.42　耦合线源阵列 2 阶扬声器的叠加区影响因素

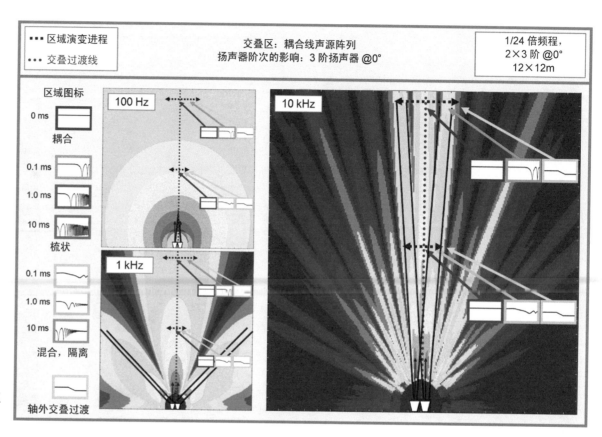

图 2.43 耦合线源阵列 3 阶扬声器的叠加区影响因素

还应注意的是，在这种阵列配置的所有 3 只扬声器阶次之间 LF 和 MF 响应只有很小的差异。图 2.44 中又增加了一只 3 阶扬声器到阵列中。这样便扩展了两部分间的缝隙交叠过渡范围。当所有三个单元汇聚在一起时，第一个部分等待相邻单元的覆盖，以及第二个缝隙部分的结束。这一系列变化的细节可以由细节图示中清楚地看到。第三个单元的加入增加了阵列的能量耦合，并且进一步缩窄了在各个频率上的响应，但对 HF、MF 和 LF 覆盖区域形状差异的影响很小。

随着第 3 个单元的加入，三角几何的复杂性也增加了。现在多个三角形堆在一起，随着距离的变远重叠开始增加，从而导致覆盖角变窄。

为了说明线声源（耦合和非耦合形式）的基本属性，我们先对其他的相关问题进行阐述。线声源的平行特性导致一组金字塔形状的叠加产生。其中金字塔的台阶数量小于阵列单元数量的值。金字塔效应源于之前叠加系统的叠

111

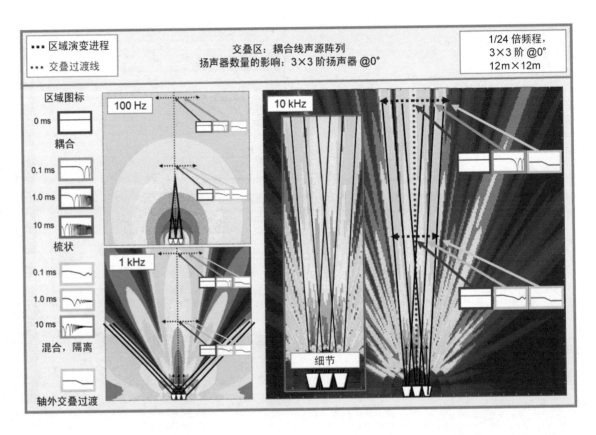

图 2.44　耦合线源阵列单元数量改变的叠加区影响因素

加作用。3 个单元的系统（ABC）具有 3 个分频过渡，其中的两个存在于相邻系统（A+B，B+C）之间，另外一个是 3 个单元（A+B+C）叠加产生的。它可以视为是一对在近场区的重叠 2 路分频和一个远场区重叠的 3 路分频。正因为如此导致产生了图 2.45 所示的金字塔。3 个单元的等相位线最初集中在 2 个叠加区（其中一个是抵消区）。当进一步远离时，3 个单元的相位响应集中并形成单一波束，产生金字塔的尖顶。

一旦金字塔搭建完成，就可以假定耦合阵列具有单只扬声器的特性：在其中心方向上主轴点可定义的，距离每增加 1 倍，衰减的比率为 6dB，并且覆盖角度不随距离而变化。在峰顶以下的高度上，我们将看不到这些特性。随着本章阐述的进一步深入，我们将会看到这种差异的重要性。目前我们所关心的问题只是：优化一个可预测的单只扬声器要比优化一个不可预测的混合方便得多。在金字塔的顶端我们将看到前者的情况，在其内部将看到后者的情况。

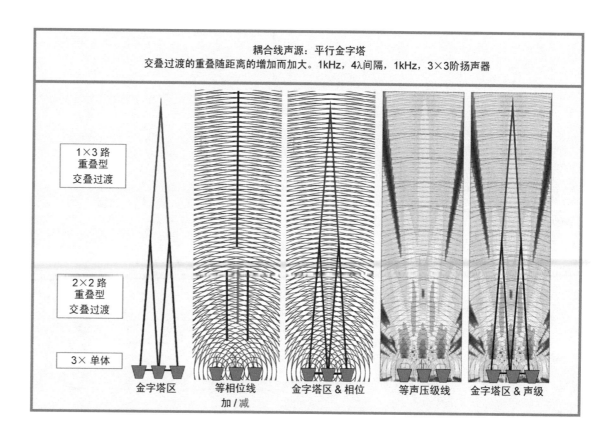

耦合线声源：平行金字塔
交叠过渡的重叠随距离的增加而加大。1kHz，4λ间隔，1kHz，3×3阶扬声器

1×3 路
重叠型
交叠过渡

2×2 路
重叠型
交叠过渡

3× 单体

金字塔区　　等相位线　　金字塔区 & 相位　　等声压级线　　金字塔区 & 声级
　　　　　　　加 / 减

图 2.45　3 个单元的平行金字塔

图 2.46 所示的是一个 8 路线声源形成的金字塔。金字塔的基础从隔离单元（缝隙交叠过渡）开始，然后演变成 7 个 2 路重叠交叠过渡，最后集中成单一的 8 路交叠叠加。金字塔第一个台阶的距离（2 路交叠过渡）受此前讨论过同样因素的控制：单元的的覆盖角度和间距。由于后续的每个金字塔台阶的距离是一样的，所以总的高度等于单元总数减去 1 再乘以台阶的高度（例如，8 个单元的金字塔高度 = 距第 1 个交叠过渡的距离 x 7）。随着单元指向

性的加强或间距的加大，所乘的台阶高度加长了。由于指向性是频率的函数，所以金字塔的台阶高度也会随频率变化，从而在相乘时可能导致混合形状随频率的改变产生很大的变化。假如声源的间距小到足以维持只产生耦合区相互作用，而阻止梳状响应区相互作用的产生的话，那么就会在整个的频率范围上均以平行金字塔的方式工作。因此我们必须要通过非常窄的间距来获得在高频区的金字塔效应。如果波长比单元的间隔大，金字塔的基础就会产生很

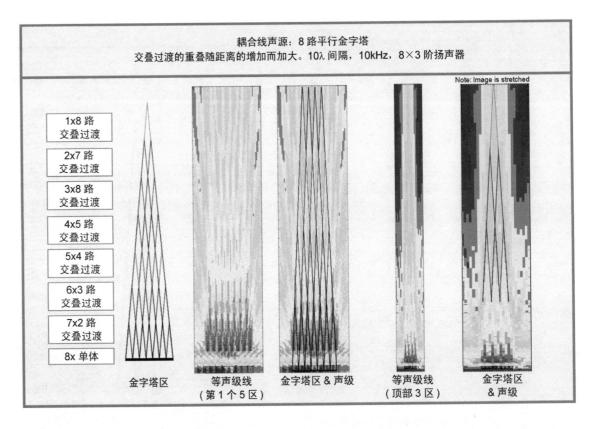

耦合线声源：8 路平行金字塔
交叠过渡的重叠随距离的增加而加大。10λ 间隔，10kHz，8×3 阶扬声器

Note: Image is stretched

1x8 路
交叠过渡

2x7 路
交叠过渡

3x8 路
交叠过渡

4x5 路
交叠过渡

5x4 路
交叠过渡

6x3 路
交叠过渡

7x2 路
交叠过渡

8x 单体

金字塔区　　　等声级线　　　金字塔区 & 声级　　　等声级线　　　金字塔区
　　　　　　（第 1 个 5 区）　　　　　　　　　　（顶部 3 区）　　　　& 声级

图 2.46　8 个单元的平行金字塔

多的重叠，以至于不存在缝隙型交叠过渡区。因此金字塔的基础就坍塌了，并且台阶也看不到了，除非离开足够远的距离，才产生驱动金字塔的一致形状等相线。图 2.47 示出了与图 2.46 讨论过的一样的 8 单元阵列，图 2.46 给出的是 10kHz 的响应，而图 2.47 给出的是 1kHz 的响应。由于 3 阶扬声器在 1kHz 时的指向性已被控制得很窄了，因此重叠高很多，只有金字塔顶端的 3 级台阶还能清晰看到。

关于耦合线声源的结论

1. 如果与波长相比间距小，那么将主要产生耦合区叠加。

2. 如果与波长相比间距大，那么将主要产生梳状响应区叠加。

3. 由于不存在隔离机制，所以混合区和隔离区叠加将不会占据支配的地位。

2.5.3.2　耦合点声源

耦合点声源从一个完全不同的角度（并不是 0°）来着手分析阵列。将张角的参数加到公式当中，为创建覆盖形状可变的阵列提供了很大的可能性。我们可以将扬声器

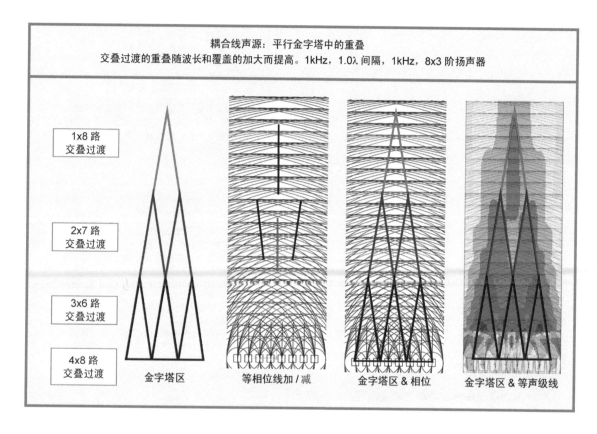

图 2.47　考虑交叠影响的 8 个单元的平行金字塔

阶次、张角、声压级和延时综合在一起去创建阵列的覆盖形状。耦合点声源具有其他阵列所不具备的一种特性：即可以在远距离处保持单位型交叠过渡。这并不是自动形成的，虽然它是随频率变化的，但是其他类型的声源即便是在单频上也不具备这一特性。这种特性可以通过创建一个张角等于单元覆盖角（单位张角）的阵列来实现。如果覆盖角可以保持不随频率变化的话，就可以产生单位型交叠过渡。如果覆盖角加宽了，则会形成重叠型交叠过渡；变

窄了则会产生缝隙交叠过渡。缝隙型、单位型和重叠型区域间的差异全都是按角度定义的，并且在各个距离上保持其这种特性。

1.　交叠过渡类型的演变

　　图 2.48 示出了耦合点声源的交叠过渡类型的演变情况，由图我们可以观察到驱动该阵列工作的基本机制。倘若张角与单元覆盖角匹配的话，则不论扬声器的阶次如何，其

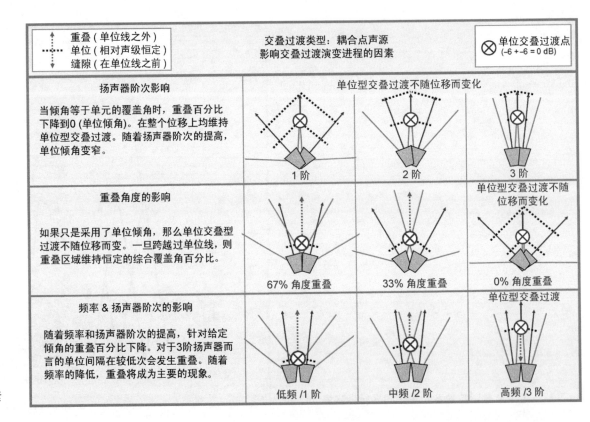

图 2.48　耦合点源阵列交叠类型演变进程的影响因素

在各个距离上的均会维持单位型交叠过渡。由于耦合单元彼此紧密的缘故，所以缝隙区的作用可以忽略。重叠区是根据角度覆盖的百分数来定义的，而不是按照距离定义的。虽然对于受控频率范围的重叠百分数可以设定为 0%（单位张角），但是它可能会随频率的降低而提高。

2. 叠加区

　　首先从 1 阶（90°）单位张角点声源（如图 2.49 所示）开始讨论。叠加区演变开始于空间交叠线（耦合区），并

且在经过在梳状响应区非常短的停留之后随着偏离中心而到达混合区和隔离区。这种演变在不同的距离上保持相同的角度量。隔离区的特性可以很清楚地从高频响应中看到，并且在中频时会减小。由于间距很小且指向性控制充分，故在分化到隔离区之前将 MF 分布限制在单——个 -9dB 的谷点（混合区）上。由于间距小的原因，所以 LF 范围完全处在耦合区。应注意的是 HF、MF 和 LF 形状的总体相似性，在整个 180° 的覆盖弧上表现出类似的频率响应。

　　即便点声源阵列的轴和单元与耦合线声源的完全一

致，其三角形外形所表现出的情况也有相当大的不同。张角的分离会将两个单元主轴上的能量从等边和直角三角形（耦合和梳状响应）中移到钝角三角形区域（混合和隔离区）。

图 2.50 示出了另外一种采用单位张角的 2 阶（45°）扬声器构成的耦合点声源。虽然在中心处的叠加区演变与 1 阶时的类似，但是其角度受到很大的压缩。由于单元覆盖角的下降，使得隔离区很快就产生了。这是 2 阶扬声器

的较陡峭空间滤波斜率作用的结果。在重叠百分数和混合的形状上，其 MF 响应不同于 1 阶例子的情况。40° 的张角导致产生 0% 的重叠（单位）@10kHz，产生了 80° 的混合形状。这时的特性不同于 1kHz 的情况，1kHz 时单元的角度被扩展到了 100°，产生了 60% 的角度重叠。其结果是在中央瓣附近可以看到混合区叠加存在 15dB 深的谷点。混合覆盖角度大约为 140° @1kHz，比 HF 响应宽得多。LF 响应与 1 阶时的类似。

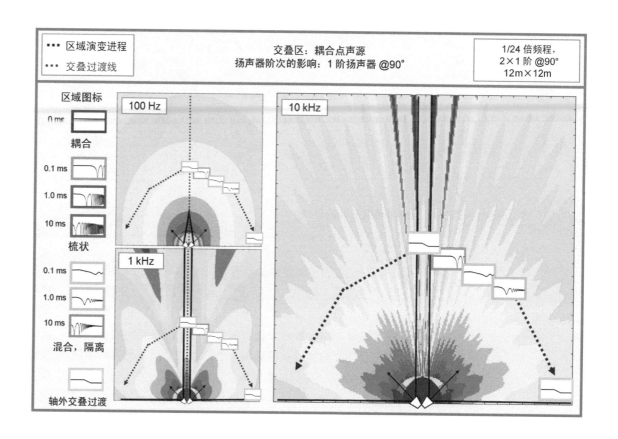

图 2.49　对于耦合点源阵列 1 阶扬声器叠加区的影响因素

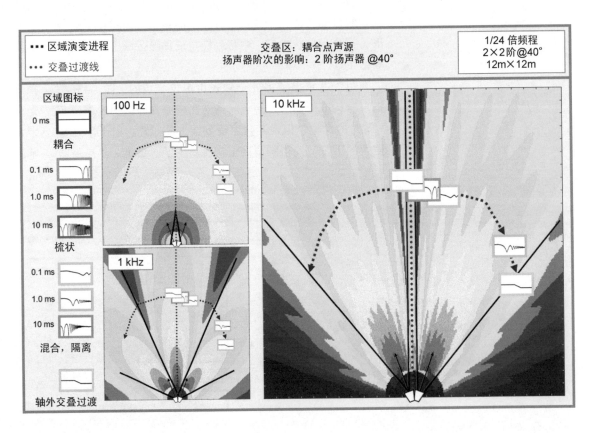

图 2.50　对于耦合点源阵列 2 阶扬声器叠加区的影响因素

下一个例子阐述的是具有 8° 的 HF 单位张角的 3 阶扬声器的情况（如图 2.51 所示）。这种强指向单元的明显特性就是在近场的高频响应中可以清晰地看到缝隙交叠过渡区。更进一步会看到交叠过渡已经达到能在延伸的范围上维持单位交叠过渡点的区域。之前我们已经提及 3 阶系统具有最高的 LF/MF/HF 覆盖角度比，具有将单位张角范围减小到很小的频率响应范围上的特性。重叠的百分比超过了90%@1kHz，从而导致梳状响应区的谷点深度超过了 20dB。并没有因为中频范围梳状响应的存在而将这种阵列排除于

应用的候选之列。我们将在下文中看到：增加单元的数量将会对高度重叠的阵列有很大的影响。下面我们还是回到 LF/MF/HF 覆盖的比值上来，从中我们发现双单元阵列降低了其在各个频率下的不一致性。综合的覆盖形状中 HF 被加宽了（主要区域是隔离区），LF 变窄了（主要区域是耦合区）。综合的比值可以用如下的近似值来表示：1/2LF/MF/2xHF。正如我们会在第 6 章看到的那样，这种特性是 3 阶扬声器得以应用的主要原因。

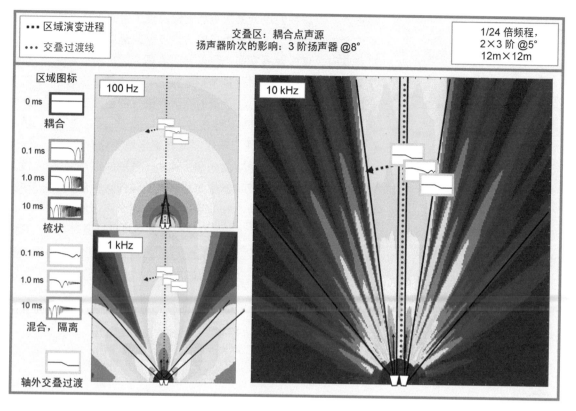

图 2.51　对于耦合点源阵列 3 阶扬声器叠加区的
影响因素

接下来我们将研究的重点放在 1 阶扬声器的 HF 段重叠百分比所产生的影响上面（如图 2.52 所示）。图 2.49 所示的 0% 重叠的情况作为参考基准。图中其他部分所表示的分别是 50%（90° 单元 @45° 张角）和 75% 重叠（22° 张角）的响应。从中可以看出明显的变化趋势：重叠百分比等于梳状响应区在覆盖中所占的比例，余下的区域就是隔离区。如果间距相对于波长而言比较大时，必须仔细控制覆盖百分比。否则梳状响应将会占据主要的地位。当通过小的间距和角度控制可以使覆盖限制为耦合区叠加时，重叠是最为有效的因素。

通过改变相对声级的差异我们可以让点声源具有非对称性。如图 2.53 所示，这时 1 阶非重叠点声源阵列中其中一个单元的声级降低 6dB。声级差迫使交叠交叠过渡线偏离开两只扬声器的几何中心。新的交叠过渡区（现在为等声级）将靠近被衰减的扬声器一侧，从而产生了时间差。原有的交叠过渡区（现在存在声级差）还是维持等距特性（时间上相等）。在原来的交叠过渡点上我们将会看到耦合区，只不过增加量只有 3dB，因为这是不是等量叠加。偏离开这一点，在朝向隔离靠近时，路径就不相等了。在较响的一侧将很快出现隔离，因为这时已经存在 6dB 的领先量。在相反的方向上，在情形好转之前问题将会更为严重。我们这时是朝着等声级区（和最大扩散），且离开等时间区域进发。随着我们逼近最大梳状响应位置（新的交叠点），相位会进一步落后。对此的应对方法就是对衰减的扬声器进行延时，重新对齐交叠点，使其回到耦合区。一旦设定了延时，我们就可以对这种情形进行重新评价了。这时耦合区已经返回到交叠点了。这时在隔离进发的道路上仍然是不对称的（虽然不对称的程度较小了）。由于占据主要地位的一侧渐变衰减较快，所以隔离将缓慢地变化到弱侧。这时可以通过肉眼就能观察到非对称的滤波器斜率所带来的有利之处。其结果就是产生了左侧具有强梳状响应，右侧具有强隔离的非对称叠加演变进程。有两个原因使得非对称阵列表现不成功。第一是交叠过渡点不再是相位对齐，

耦合区仍然是处在几何中心（这里的时间差为0ms），交叠过渡靠近较低声压级单元附近，并且因此产生大约0.5ms时间差对应的梳状响应区。这导致1kHz和10kHz的响应具有明显很强的梳状响应，这可以通过延时加以补偿，只是延时还没有长到可以产生单位型交叠过渡的程度；第二个挑战是声级的变化不能通过对应的角度变化来加以补偿。在中心线处（之前的过渡交叠）响应不能建立起单位交叠过渡。原始中心的声压级分别是−6dB和−12dB，为了补偿声压级差必须将张角向内靠近。

需要注意的是，最大张角（这时的单元为相等的张角）只能用于对称的交叠过渡中。

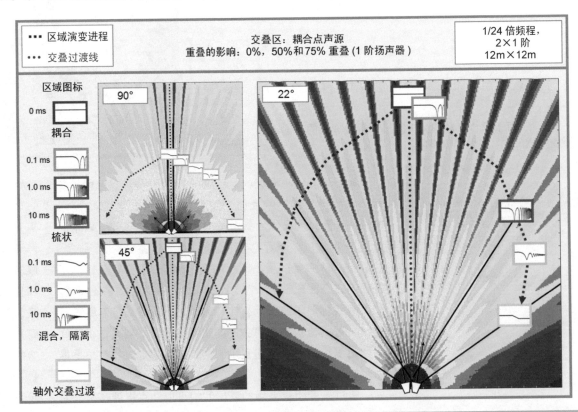

图 2.52　考虑重叠的耦合点源阵列叠加区的影响因素

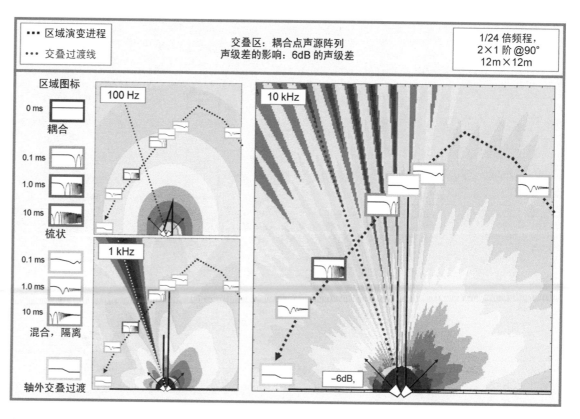

图 2.53　考虑声级差的耦合点源阵列叠加区的影响因素

相位对齐的非对称点声源要求三个参量都被控制。当声压级差加大时，张角必须相应地按比例减小，以避免覆盖出现缝隙。当声压级差提高时，在新建立的交叠过渡点处的延时偏差也随之提高，这必须要进行补偿，其补偿方法如图 2.54 所示，我们可以将其与图 2.53 对比进行分析。这时的声压级差为 6dB，较低声压级单元要向内调整，直到张角减小一半（声级也是如此），然后较低声压级单元再进行延时，并建立起具有单位交叠过渡的相位对齐非对称阵列。值得注意的是，现在的叠加区演变已经不存在之前看到的梳状响应区相互作用了，并且在交叠过渡线两侧的变化开始对称了。

图 2.55 示出了三种形式的相位对齐交叠过渡。其中的每一个都是由同样的两个单元组成，但是在声压级、张角和延时上有所不同。对称形式的具有匹配的声压级，无延时，以及最大的张角。最不对称形式的则是在图 2.53 中描述的（6dB 的声压级差，0.46ms 延时和 50% 的重叠）。两者之间的形式是图中最大一幅图所描述的，其中的 3dB 声压级差通过 25% 的重叠和 0.15ms 的延时来补偿。不论哪一种形式，交叠过渡区处于耦合区的中心，并且可以预测叠加区的变化是偏离中心线，朝隔离区移动。

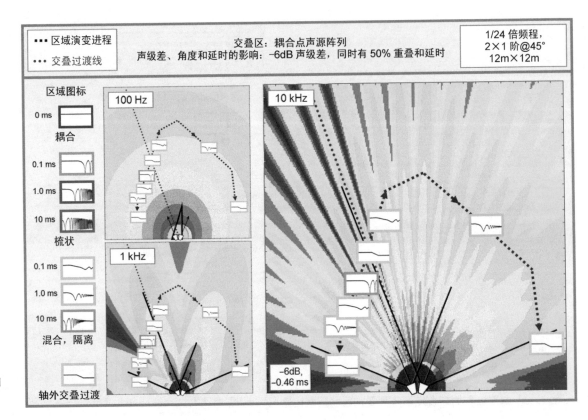

图 2.54　考虑声级、角度和延时的耦合点源阵列叠加区的影响因素

2.5.3.3　耦合点目标源

出于简化的目的，在此我们不会花大量的篇幅来讨论耦合点目标源阵列。耦合点目标源阵列的特性与点声源的非常类似。在正面位置上，扬声器交叉（点目标源）取代了点声源。其原理与凹面镜的是一样的。耦合点目标源的主要的不足之处表现在机械和实用性上。正如有些人相信的那样：在扬声器的正前方不存在涡流分布。具体性能总结如下：

耦合点目标源阵列

- 该阵列在关于角度、频率等特性方面与耦合点声源具有等效的功能

- 由于阵列的单元是指向其他的阵列单元，所以在 90° 之外这种阵列并不实用

- 由于号筒驱动单元处在箱体的后部，所以所生产的大多数系统的几何结构都不适宜。点目标源阵列与其具有相当角度的点声源阵列相比将具有更高的安装位置

- 除了在具体运销方面有极罕见和特殊的要求之外，人们更愿意采用与其相当的点声源阵列

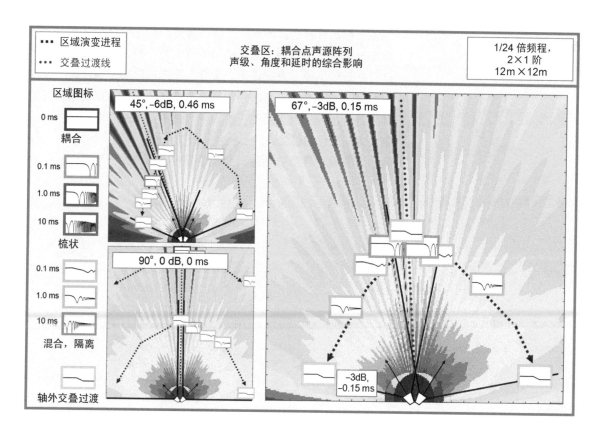

图 2.55　考虑电平、角度和延时的耦合点源阵列叠加区的影响因素

2.5.4　非耦合阵列

下面我们将讨论非耦合阵列的问题。此时的扬声器不再是近距离放置在一起，并且缝隙覆盖区域可以延伸到声场的更远处。因此，声场的演变过程将是比较缓慢，逐渐地进入到相互作用较强的单位型和重叠型区域。虽然扬声器的间距变大了，但一旦开始产生重叠，则相互作用将会变得非常强。由于非耦合阵列单元的间距较大，所以其可用的覆盖范围受到了限制。我们所面临的挑战就是要有效限制覆盖范围以取得最小的梳状响应区叠加。在非耦合阵列当作声功率的发生器使用是无效的。虽然耦合阵列是在长距离上将能量集中，但非耦合阵列却是在短距离范围上将能量扩散。

2.5.4.1　非耦合线声源阵列

1. 交叠过渡类型的演变

非耦合线声源与耦合线声源之间的差异只是体现在比例上。虽然这不是小的细节问题，但是我们一定不能忘记波长不是按比例刻度的。不论单元的间距是多少，100Hz

123

的波长都是一样的。所有的交叠过渡类型和区域叠加演变都是严格地按照与耦合类型相同的阶次进行的。平行金字塔只在低频范围上发挥作用。金字塔效应被限制于耦合区的特性上，因此频率范围受到间距的限制。我们可以将非耦合阵列视为具有连续的特性表现，随着频率的降低有向耦合方向变化的趋势。对于耦合的情况则是反其道而行之。我们对非耦合叠加特性的研究就是要观察响应如何随深度

而变化。图 2.56 示出了交叠类型过渡的演变情况。我们关注的重点是开始产生单位型交叠过渡时的耦合阵列，以及向重叠区域过渡的过程，但是这时的视角与非耦合阵列相反。我们这时的重点是缝隙区域到单位交叠点的这部分。一旦跨越了单位交叠线，则声场的变化情况十分复杂，难以预料。

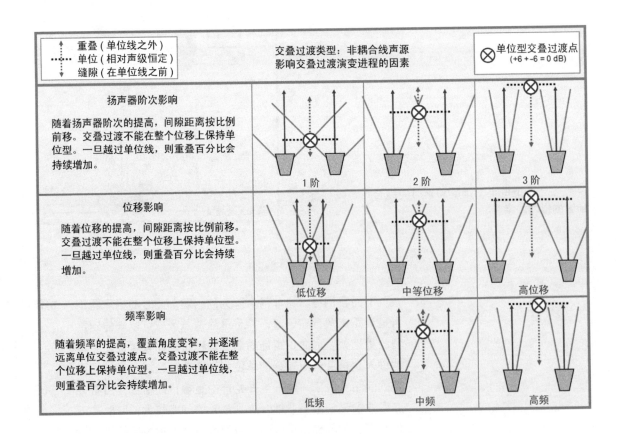

图 2.56　对非耦合线源阵列交叠类型的影响因素

2. 叠加区

与之前一样，我们还是从 1 阶扬声器开始讨论。非耦合线声源如图 2.57 所示。单元的间隔为 3m，这个距离是我们这部分讨论的一个基准距离。五个单元沿直线排列，观察其在远近不同深度和宽度上的响应。我们注意到：响应在水平方向上具有重复性，而在不同的深度上则有非常大的不同，这与耦合阵列的响应形成鲜明的对比，耦合阵列建立起一定角度的覆盖形状，并且不随距离而变化。在近场的高频响应中清晰地看到缝隙交叠过渡区。图中所示的第一叠加区的演变是沿着单位型交叠过渡线移动的。沿

着这条线，我们将看到隔离区（主轴到某一单元）和耦合区（在交叠过渡处）交替出现，并伴随着一定的梳状响应和混合转换。沿着这条线的各位置具有最高的声级一致性和最小的波纹影响的特性。随着深度的进一步增加我们会失去隔离区。我们将共享两只或多只扬声器的覆盖。多条路径将会建立起一串梳状响应区叠加。回想平行金字塔的多个声压级。虽然它们处在后面，但是这种情形下它们大大地损害了响应，产生了梳状响应而非通过耦合将能量集中。当进一步深入时，波纹的密度开始增加。峰和谷的准确特性将随频率和位置而发生变化。有一点是可以肯定的：

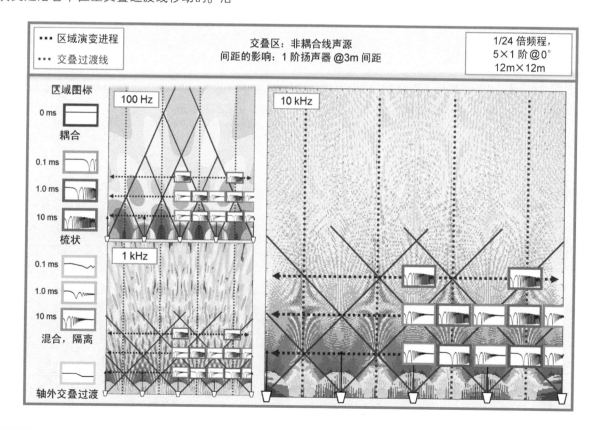

图 2.57　对于非耦合线源阵列 1 阶扬声器叠加区的影响因素

一旦我们越过近场区就必须用另一个系统来进行覆盖。在进行下一部分的讨论之前，我们先考察一下低频响应。这时我们发现了平行金字塔的踪影。至此我们还是处在耦合区。

如果保持单元间隔不变，而扬声器变成 2 阶，则缝隙交叠区向前延伸，并移动了单位线的位置（如图 2.58 所示）。然而在这种情况下，只有在高频范围上，延伸的结论才能成立。这种前加载的 2 阶系统，该系统并没有提供比其 1 阶同类系统更好的的中频辐射型控制，因此在 1kHz 时的缝隙要比 10kHz 时的来得更快。在高频靠近缝隙之前，中频范围就已经发生了重叠。非耦合阵列的基本设计原理

就呈现出来：如果单元在各个频率下具有一致的覆盖形状，那么非耦合声源将产生最佳的混合。

水平面上的最平坦响应发生在单位交叠过渡线和第一次加倍交叠过渡（从扬声器到单位线距离的两倍）之间。我们仍然是选择另一只扬声器，并保持标准的间隔距离。这次（如图 2.59 所示）我们采用号筒加载 2 阶系统来增加对 HF 和 MF 的指向性控制。这样便一个近似同样的比率延伸了 HF 和 MF 范围的交叠过渡型。一致性覆盖的区域（单位交叠线和加倍的覆盖线之间）随后开始，并且与 1 阶系统相比，它具有更大的深度，即便它们的间距是一样的。

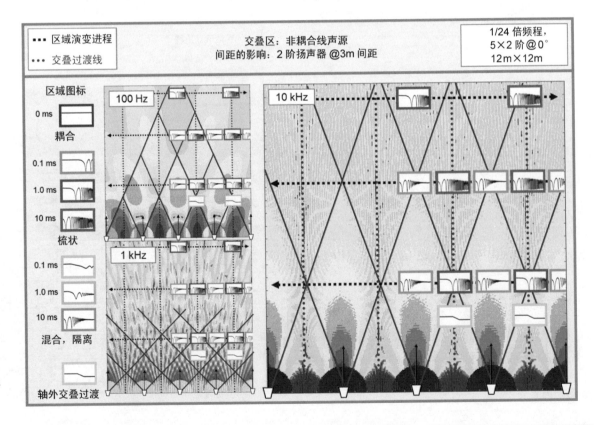

图 2.58　对于非耦合线源阵列 2 阶扬声器叠加区的影响因素

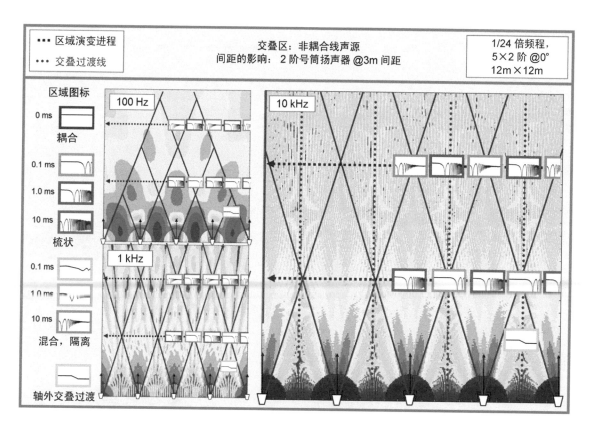

图 2.59　对于非耦合线源阵列 2 阶号筒加载扬声器叠加区的影响因素

由于 2 阶系统能够将单位型交叠过渡线向后移，那么 3 阶系统肯定会进一步将其向后移。图 2.60 所示的就是这种情况，图中的 3 阶系统采用的间隔也是 3m。高频范围的缝隙交叠区移到了图框的 12m 深度之外。这时单位交叠终于出现了，从而在出现"加倍交叠过渡"之前具有最大的范围。但应注意，中频和低频响应仍然是与 1 阶系统的响应很相像，重叠仍然是处于距声源几米的范围内。缝隙深度之间的差异已经达到了最危极限的状态。除非 3 阶系统采用中频指向性控制来补偿高频控制，否则当频率下降时会很快地出现重叠。

图 2.61 所示的是改变了单元的数量和间隔情形。在此情况下，我们再回到 1 阶扬声器的情况，同时将单元的数量减少到 3 个，将间距加倍，即 6m。其结果是交叠过渡分割位置线的数量加倍了，并且与间距的变化成比例。应注意的是，图中低频部分的平行金字塔终于看出有了一定的变化。单元间距的增大，提高了金字塔台阶的高度，降低了台阶的总数，将数量减小到 2（之前为 4）。

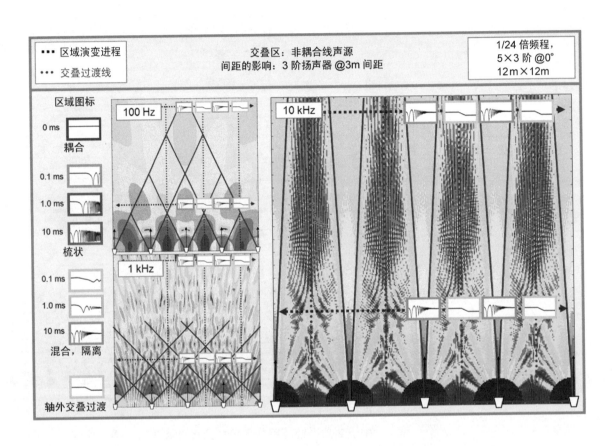

图 2.60　对于非耦合线源阵列 3 阶扬声器叠加区的影响因素

2.5.4.2　非耦合点声源阵列

　　下面的分析是在原有非耦合研究的基础上增加张角这一变量。非耦合点声源主要特性与其对应的耦合声源并不相同，它并不能保持单位型交叠过渡不随距离而改变。其原因很简单：如果在单位交叠的张角下两个单元间存在 10m 的间隔，那么它们永远也不会相交。如果相距 100m，其覆盖型仍然是与 10m 间隔时一样。虽然我们可以选择不同距离上的覆盖型，但是如果想要在某处产生单位交叠，那么就必须通过角度的重叠来补偿单元的物理间隔带来的影响。非耦合点声源利用了两个隔离机制：角度和间距。一旦缝隙闭合了，那么在梳状响应交叠占据统治地位之前阵列将具有更大的工作深度。非耦合点声源与对应的耦合点声源的关系很密切。

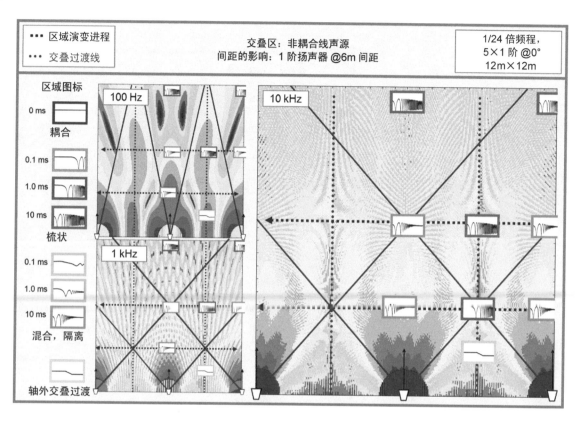

图 2.61　考虑彼此间隔的非耦合线源阵列
叠加区的影响因素

1. 交叠过渡类型的演变

　　未按比例绘制的图 2.62 示出了影响交叠过渡类型演变
的因素。在以下的章节将会对这些因素进行研究，并观察
在通常的测量应用中叠加区的演变过程。

2. 叠加区

　　像之前一样，我们的研究仍然是从 1 阶扬声器开始，
同时单元的间隔还是采用 3m 的标准。第一种情形下（如
图 2.63 所示），我们将单元的张角设定为 50% 重叠。大的

隔离区成为高频响应图板中的主导。50% 重叠的显著特点
就是靠外的单元决不会相交，因为它们是 0% 的角度重叠
和 6m 的间距。这样就将深度延伸至遇到耦合线声源的限
制之外。随着我们向外移动，隔离将下降，并且沿两个交
叠过渡线的梳状响应区叠加很明显。在高频和中频范围上
的叠加的演变程度随着距离加大而逐渐下降，同时梳状响
应区相互作用越发明显。要注意的是，在低频响应中平行
金字塔出现了延时。这些单元的全指向属性使得其相对的
张角对其叠加的影响最小。因此虽然其结构上是向外的，
但响应仍然表现出三角测量的迹象。

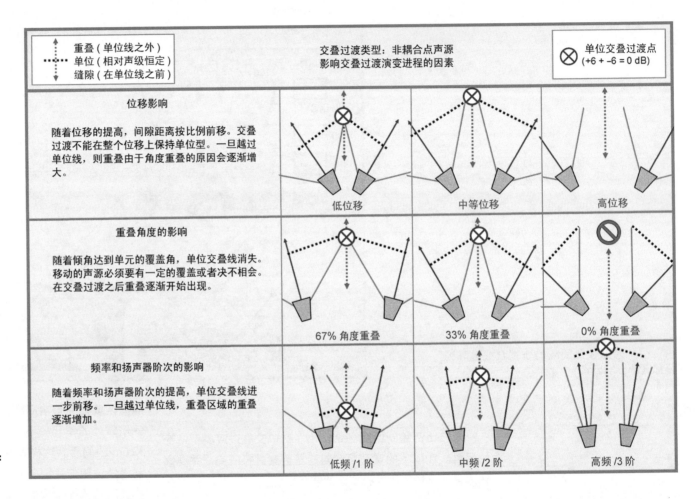

图 2.62 交叠过渡类型演变因素：
非耦合点源阵列

75% 的重叠百分比压缩了阵列的作用范围，如图 2.64 所示。其结果是缝隙交叠过渡开始的更早，重叠交叠过渡更早地到来。叠加区的演变以更快的速率进行，并且梳状响应更强。由于中间区域受到三个单元的影响，所以其受到的影响最大。另外一个明显的作用体现在低频响应形状与对应的中频和高频响应形状与距离的关系上。在单位型交叠过渡线上三个响应的范围具有类似的总体轮廓（第一条线交叉处）。除此之外，低频变窄的速率要比其他频段的快很多（金字塔效应）。

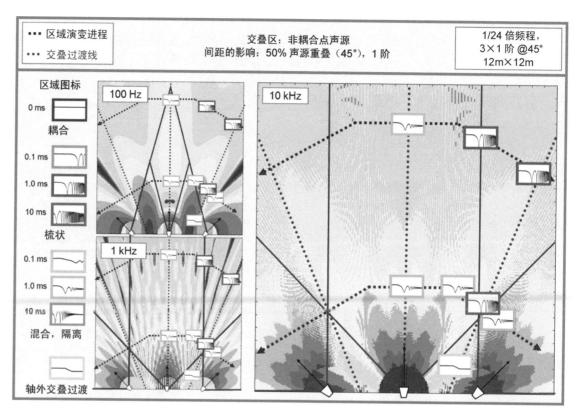

图 2.63　对于非耦合点源阵列 1 阶扬声器叠加区的影响因素

2.5.4.3　非耦合点源目标阵列

　　本章反复探讨的主题就是对耦合和隔离的控制。由于该阵列被替换了，所以我们失去了对耦合的选项。通往隔离的道路只有角度和间距。当非耦合点目标源中，扬声器间彼此的角度是朝内转动的，这便为我们提供了一个"相反的隔离"。我们采取的唯一对策就只有间距一个因素了。非耦合点目标源阵列是所有阵列中限制范围最严重的；在许多情况下，我们甚至不能取得交叠过渡，其中所产生的重叠就完全不同了。到目前为止非耦合点目标源是空间变化最为复杂的阵列类型，但我们的目标却是让复杂性最低。

在其对称的类型当中，除了近场隔离之外，其他的每一件事情都将放弃；而在其非对称的类型（比如延时/主扬声器组合）当中，它在交叠过渡处是满足的，并希望在非常有限的区域上保持响应的稳定。尽管所有这些我们要使用的信息是采用图形来描述的，所以几乎不可能像在耦合点目标源那样使用文字来表述。这是种极为普遍的阵列。对于对称类型，侧向补声返送监听，舞台左和右两侧的朝内补声都是很常见的应用。非对称应用包括将一个单元用于主扩和向下补声或诸如耦合点声源主扩系统与非耦合线声源延时阵列组合形成的"阵列的阵列"。这种阵列的空间发

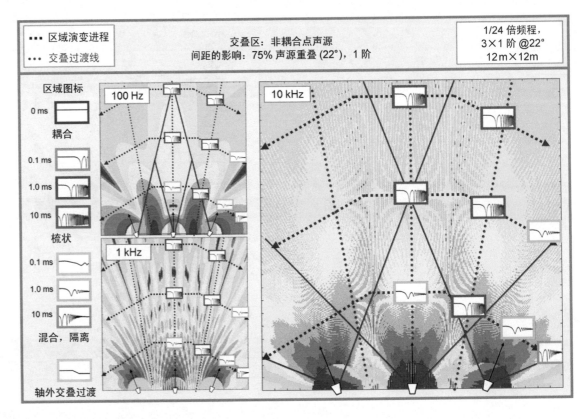

图 2.64 考虑交叠的非耦合点源阵列叠加区的影响因素

散性要求我们要认真对待对共同覆盖区范围的限制。我们必须对相对角度给予关注，因为这将为我们提供相反的隔离。角度向内转动的越多，为我们进行隔离和梳状响应区最小化处理提出的挑战越尖锐。

1. 交叠过渡类型的演变

未按比例绘制的图 2.65 示出了影响交叠过渡演变的因素。在以下的章节中我们将会对这些因素进行研究，并观察通常的测量应用中叠加区的演变过程。

2. 叠加区

我们以一对彼此向内倾斜 45° 的 1 阶扬声器展开分析（如图 2.66 所示）。虽然单位型交叠过渡点出现在指向图形的中心交汇点（目标）上，但是这必须是不同类型的单位型。在所有其他的阵列中，单位型交叠过渡具有偏离主轴边缘的耦合，同时还结合有与主轴中心隔离相类似的响应。在这种阵列中，我们在主轴的中心存在耦合区，而隔离区似乎是消失了。这种单位交叠过渡的标准为何呢？与何处相比呈单位呢？这一位置处在扬声器与交叠过渡点之间距

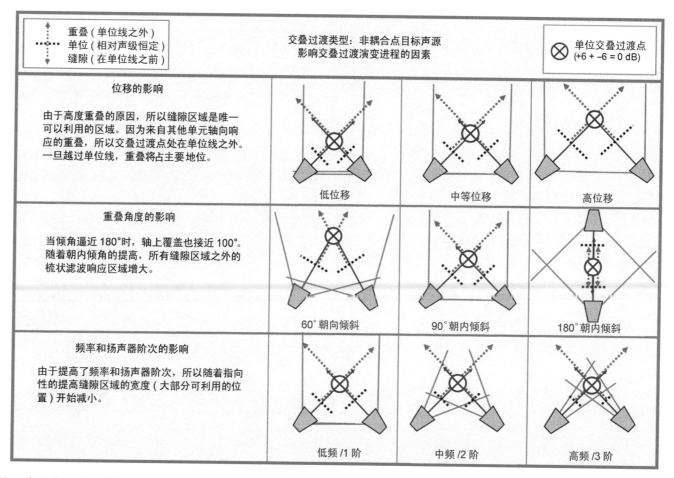

図 2.65　对非耦合点源目标阵列分频类型的影响因素

离的一半的位置处。为何是这样的呢？我们回顾之前提及的反平方定律：距离加倍，衰减 6dB。在中点和交叠过渡点之间 6dB 的衰减将使我们又回到耦合区的叠加。由于可以肯定的是：中点位置的声级中局部扬声器起支配的作用，所以它取得的响应与隔离区响应一样优异。现在我们可以将单位型关系用简单的术语来表示：借助隔离区在主轴上（中点长度）取得 0dB，同时交叠过渡（整个长度）将一

对 –6dB 响应耦合得到同样的声级。一些熟悉的特性也表现出来：隔离区是最稳定的，同时我们的解决方案在朝交叠过渡变化时会变得越发不稳定。虽然远离交叠过渡的移动会使隔离程度增加，但是这样最终会使我们偏离开主轴（离轴）。既然我们接近声源，就可以将离轴反转（声音提高 6dB）。有趣的是：因为两个参考点沿着主轴线跌落，所以参考位置与倾角和扬声器的阶次无关。我们必须掌握的

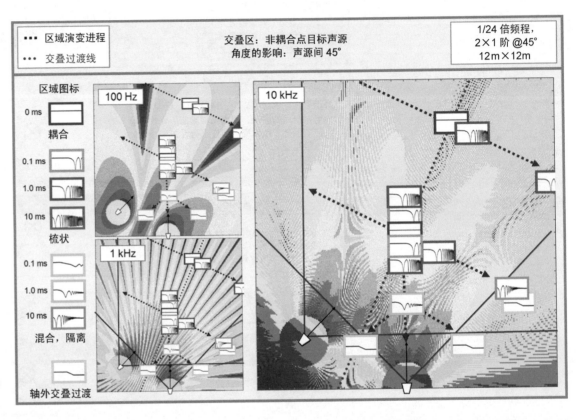

图 2.66 考虑 45° 角影响时，非耦合点源目标阵列叠加区的影响因素

全部内容就是它们从何处开始，又在何处相汇。

既然在图上有两个参考点，我们就可以开始分析该阵列的空间特性。由交叠过渡点向外叠加区演变朝多个方向进行。我们主要关注的区域处于隔离中间点附近的中央区域。以此我们可以找到有关离轴点的角度，这将确定覆盖的边缘。当在中间点和交叠过渡点移动时，虽然存在高的梳状响应，但是会经历标准的叠加演变进程。在交叠过渡之外的地方将是由梳状区叠加区控制的不稳定区。

我们可以进一步将单元间的夹角打开到 90°（如图 2.67

所示）。随着我们接近其中一只扬声器，我们将垂直线移向另一只扬声器。这时我们的参考点还是与以前的一样：中间点（隔离）和交叠过渡点（耦合）。虽然在两个参考点之间角度变化存在一个寂寞区效应，但是在周围的区域上则存在非常显著的影响。随着角度的升高，外围区域的响应变化率也按比例增加。另外，具有由于额外和强的 MF 及 HF 覆盖的区域的比例的提高，由此导致产生了整个范围上全都是梳状响应区叠加的最坏情形。

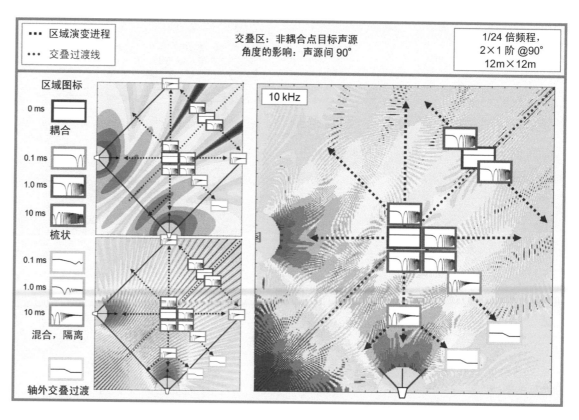

图 2.67　考虑 90° 角影响时，非耦合点源目标阵列叠加区的影响因素

我们继续将朝内夹角角度加达到 135°（如图 2.68 所示），并一直像上面那样连续增加下去。最终我们达到最大的朝内夹角情况：180°（如图 2.69 所示）。这时的阵列在最快速地移动到梳状响应区和最小的逃逸期望间存在的差异并不明确。如果我们处在一个单元的覆盖之下，那么也就同样处在另一单元的覆盖之下。可以肯定的是，这时的变化的速率是最高的，因为在向一个单元靠近的同时也远离开另一个单元。我们能够用安装在右侧的扬声器来覆盖左侧的座席区或者反过来吗？如果可以的话，是不是最好将强指向波束投射到对面的区域呢？我们尝试分析用三

种不同阶次的扬声器得到的剖面图（如图 2.70 所示）。虽然随着扬声器阶次的提高，覆盖区域变窄，但是中间点和交叠过渡点仍然未变。虽然从中间点到离轴的的叠加区演变进程较快地完成了，但是出现的顺序并没有发生变化。尽管这里只显示出了高频的响应以及 3 阶系统到达相对一侧的整个过程，但附近扬声器的低频和中频响应就能够终止与远处的扬声器所产生的梳状响应吗？除非中频和低频响应共享强指向性的高频响应，否则我们就可以料到会出现与此前类似的梳状响应区演变进程。

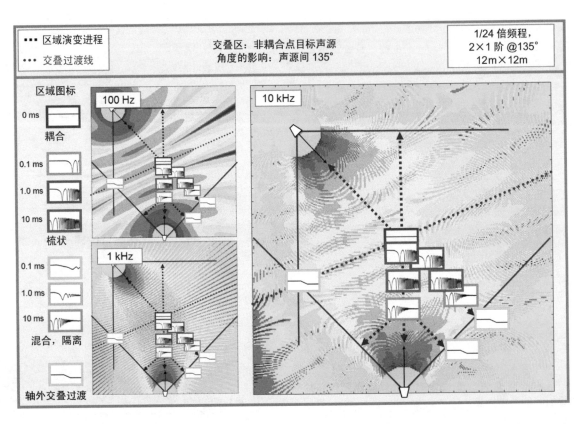

图 2.68 考虑 135° 角影响时，非耦合点源目标阵列叠加区的影响因素

接下来我们继续讨论这种阵列的非对称形式。这种形式的最常见的应用就是图 2.71 所示的与主扬声器系统组合使用的延时扬声器。虽然扬声器被更换了，但是角度的取向还是一样的。延时扬声器轴上的任何一点（以及正前方）也处在主扬声器系统的轴上。采用的单位交叠过渡位置是哪些，而我们更愿意采用的又是哪些呢？尽管答案就是上面提及的对称形式的方法的变形，但是这种情况下我们更愿意选择两个中间点。这时首先要做的就是确定延时扬声器想要的覆盖范围。这时它需要覆盖多长的距离呢？如果答案是七排的话，那么中间点就是第四排，这一位置就是

单位交叠过渡点，在这一点上要与延时信号做相位对齐处理。这是主扬声器系统覆盖（从主扬声器到交叠过渡点距离的一半）。这一点与对称形式时是一样的。此时过渡交叠处的耦合响应等于主扬声器中间点的隔离响应。它对延时区域的贡献就是将声级与大厅中间区域的声级匹配。当我们从交叠过渡区域离开时，开始产生时间差异，并且诱发产生梳状响应区相互作用。随着我们背着主扬声器的方向远离交叠过渡区域，声级的不对称性会限制梳状区相互作用的范围，因为这时距离加倍对应的长度更长，以此保持在大部分区域上其声级的主导地位。尽管在任何情况下梳

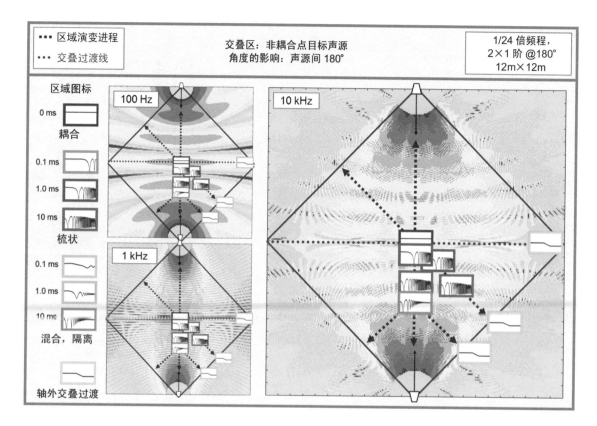

区域演变进程

交叠过渡线

交叠区：非耦合点目标声源
角度的影响：声源间 180°

1/24 倍频程，
2×1 阶 @180°
12m×12m

区域图标

0 ms　耦合

0.1 ms
1.0 ms
10 ms　梳状

0.1 ms
1.0 ms
10 ms　混合，隔离

轴外交叠过渡

100 Hz

1 kHz

10 kHz

图 2.69　考 虑 180° 角影响时，非耦合点源目标阵列叠加区的影响因素

状响应都是无法避免的，但是它与其对应的对称形式一样，其变化的比率受声源间角度关系的影响很大。梳状响应区相互作用所占的比重会随相互间角度的增加而提高。

2.5.4.4　环境因素的影响

在第 1 章中我们讨论了温度对声音速度的影响。所有声学叠加的参量也都随声速变化以相同的百分比变化（假如它们也都受相同的温度变化的影响）。虽然百分比变化是个比值，但是我们一定要牢记时间差是不同的。当温度变化时，只要两个通路的声学通路长度是一样的，那么这两

个声学通路将产生相同的变化量。如果通路的声学长度不一致的话，那么温度对较长通路的影响要比对较短通路的影响大。由于变化是与传输的距离成比例的，所以短的路径产生的衰减（或提升）的绝对值要小一些。例如，1% 的声速变化将导致在 100ms 的传输时间上有 1ms 的变化，而在 10ms 的传输时间上仅有 0.1ms 的变化。因此，原本通过延时相位对齐的两个不同距离上的扬声器将会因温度的变化而不再保持相位对齐的状态。图 2.72 给出了关于此情况的参考图表。

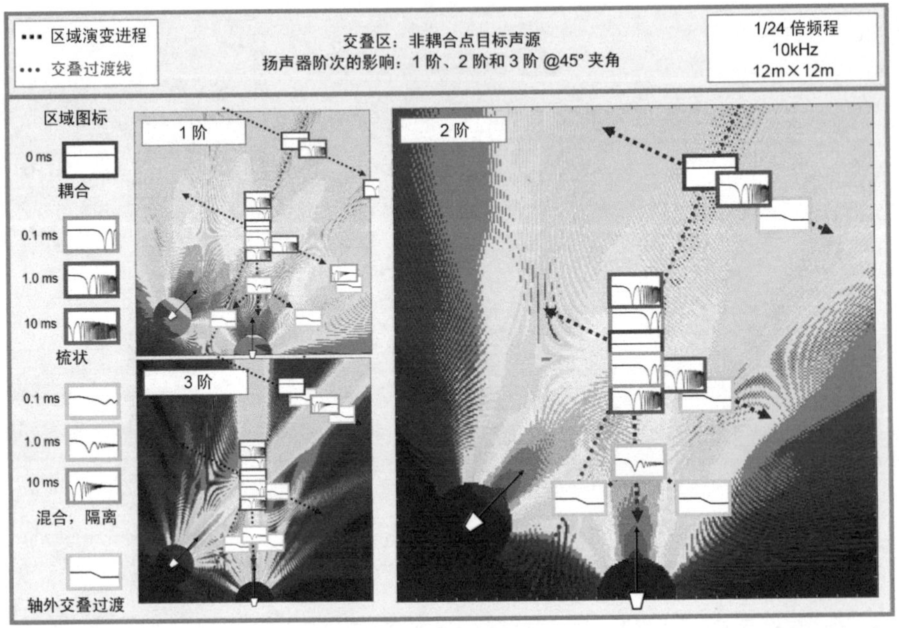

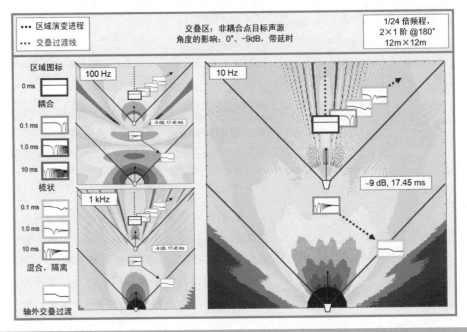

图 2.70　考虑扬声器阶次影响时，非耦合点源目标阵列叠加区的影响因素

图 2.71　考虑角度和电平影响时，非耦合点源目标阵列叠加区的影响因素

温度 (°C)	温度 (°F)	声速 变化量 (%)	主扬声器声音 到达时间 (ms)	延时扬声器声音 到达时间 (ms)	同步的延时 时间 (ms)	房间温度设定 引入的时间差(ms)	梳状滤波器 频率 (Hz)
0.0	32	3.91%	129.89	25.98	103.91	-3.91	256
1.1	34	3.72%	129.65	25.93	103.72	-3.72	269
2.2	36	3.52%	129.40	25.88	103.52	-3.52	284
3.3	38	3.32%	129.15	25.83	103.32	-3.32	301
4.4	40	3.13%	128.91	25.78	103.13	-3.13	319
5.6	42	2.93%	128.66	25.73	102.93	-2.93	341
6.7	44	2.74%	128.43	25.69	102.74	-2.74	365
7.8	46	2.54%	128.18	25.64	102.54	-2.54	394
8.9	48	2.35%	127.94	25.59	102.35	-2.35	426
10.0	50	2.15%	127.69	25.54	102.15	-2.15	465
11.1	52	1.96%	127.45	25.49	101.96	-1.96	510
12.2	54	1.76%	127.20	25.44	101.76	-1.76	568
13.3	56	1.56%	126.95	25.39	101.56	-1.56	641
14.4	58	1.37%	126.71	25.34	101.37	-1.37	730
15.6	60	1.17%	126.46	25.29	101.17	-1.17	855
16.7	62	0.98%	126.23	25.25	100.98	-0.98	1020
17.8	64	0.78%	125.98	25.20	100.78	-0.78	1282
18.9	66	0.59%	125.74	25.15	100.59	-0.59	1695
20.0	68	0.39%	125.49	25.10	100.00	-0.35	2564
21.1	70	0.20%	125.25	25.05	100.20	-0.20	5000
22.2	72	0.00%	125.00	25.00	100.00	0.00	
23.3	74	-0.20%	124.75	24.95	99.80	0.20	5000
24.4	76	-0.39%	124.51	24.90	99.61	0.39	2564
25.6	78	-0.59%	124.26	24.85	99.41	0.59	1695
26.7	80	-0.78%	124.03	24.81	99.22	0.78	1282
27.8	82	-0.98%	123.78	24.76	99.02	0.98	1020
28.9	84	-1.17%	123.54	24.71	98.83	1.17	855
30.0	86	-1.37%	123.29	24.66	98.63	1.37	730
31.1	88	-1.56%	123.05	24.61	98.44	1.56	641
32.2	90	-1.76%	122.80	24.56	98.24	1.76	568
33.3	92	-1.96%	122.55	24.51	98.04	1.96	510
34.4	94	-2.15%	122.31	24.46	97.85	2.15	465
35.6	96	-2.35%	122.06	24.41	97.65	2.35	426
36.7	98	-2.54%	121.83	24.37	97.46	2.54	394
37.8	100	-2.74%	121.58	24.32	97.26	2.74	365

温度对扬声器/扬声器叠加的影响

图 2.72　温度对扬声器间相互作用的影响

第六节　扬声器 / 空间叠加

空间声学交叠过渡的另外一种形式就是直达声与反射声在声学空间内产生的各种形式的叠加。声学空间可以是任何形式的，其中也包括巨大的室外空间。出于阐述上的简便，我们都称其为空间。直达声和空间反射声的叠加与此前讨论的空间分频器叠加具有类似的属性。对此并不令人惊奇，因为墙壁、地板和天花板就相当于是"空间分频器"。这些边界的反射作用就相对于是在听音区域内增设的辅助扬声器。不同的界面类型可以类比成不同性质的扬声器阵列。对此问题处理的重点集中在这些共有的特性，以及根据要求所作的对比上。由于这样两种类型的交叠过渡

139

间的共同点有相当的可比性，所以利用所掌握的扬声器 /
扬声器叠加知识可以了解有关扬声器 / 空间叠加的大部分
内容。

2.6.1　模拟函数

首先我们将研究的重点放在扬声器 / 扬声器叠加和扬
声器 / 空间叠加之间的关系上。

扬声器和房间叠加的比较和对比：

- 由声学叠加属性所掌控的两者间的相互作用
- 基于同一概念的叠加优化策略
- 房间的反射实际上是对原始信号的复制。房间边
界将到达其边界表面的信号反射回来，所以从与信号源信
号相关性的角度上来看，两者并不存在差异，并不存在一
个立体化的墙壁
- 信号会从房间的一个墙壁到另一个墙壁持续反射
一段时间，反射持续的时间长度可能会超过原始信号自身
的持续时间，因此它成为我们确定叠加标准的边界条件
- 大部分的边界表面并不会以相同的相对声级、相
对相位和相同的入射角反射所有的频率成分。由于边界的
这种复杂性，所以我们的目的只是定性地分析其反射属性。
这种类似滤波器的特性导致叠加属性会随频率产生变化。
虽然我们是以频率点为基础进行的讨论，但是模拟的结果
还是令人满意的
- 除了上面提及的房间 / 扬声器交叠过渡引用的滤波
器效应是"自身校准"之外，即它们是不能极性反转的，
它们在交叠过渡处（表面）是时间同步和声级匹配的
类比机制：
- 扬声器和边界表面的距离类比为阵列中两只扬声
器单元间声源间距的一半

- 扬声器和边界表面间的相对角度类比为阵列中两
只扬声器单元间倾角的一半
- 反射的"虚拟"扬声器覆盖角度与声源扬声器的覆
盖角一样
- 边界表面是一种物理意义上的空间分频器。由于
只有在表面处才有可能存在等声级和时间的直达声和反射
声（要求 0% 的声吸收），因此表面相当于空间交叠过渡。
这一区域将再次成为耦合区
- 墙壁表面的声吸收可类比为次级扬声器的声级下
降。声级变化导致的相对声级的偏移可类比成非对称的交
叠过渡
- 由边界表面交叠过渡产生的水平或垂直重叠所引
发的能量增大的能力可类比成扬声器 / 扬声器相互作用中
耦合区的相加

由于扬声器 / 房间相互作用产生的交叠过渡点是源于
边界表面本身的作用，所以在进一步展开讨论之前有必要
对一些实际的问题弄清楚。很难想象现实中将听音者置于
地板中、墙壁中或天花板中的情形。既然听音者没有可能
处在这些交叠过渡位置上，那么为什么我们还要将其放在
考虑之内呢？其原因就是我们不能在不考虑驱动机制的情
况下孤立地讨论梳状响应、混合和隔离区：来自墙壁后面
的虚拟声源产生的叠加。这些虚拟扬声器在墙壁处对可闻
域产生"交叠过渡"。因此讨论中必须将所有的参加者都考
虑在叠加游戏中。

扬声器 / 房间的叠加被建模成实际的扬声器和体现反
射的"虚拟"扬声器。实际声源和镜像声源的理想相关要
求边界表面具有理想的反射特性。由于每一表面都具有一
定的特殊吸声特性，所以要想使叠加的评估有良好的准确
性，就要逐频率地进行叠加评估，但对此问题的讨论不在
本书的阐述范围之内。为此我们最初的讨论是在假定所有

的边界表面都是 100% 的反射面前提下展开的，这在著名的建筑师的设计中的某一空间中会见到这种情形。

2.6.1.1　分频交叠过渡区

反射可以利用声线跟踪模型来进行简化建模，这对于讨论叠加特性而言是足够了。声波在边界表面产生的反射角是等于直达声的入射角。声线跟踪模型将墙壁反射回来的声波类比为镜面的光反射。将扬声器置于任意方向上，并获取其到边界表面的距离。虚拟扬声器便是处在边界表面后方，与实际扬声器在相对方向上呈等距的镜像位置上。

另外我们也从中发现了对交叠过渡类型的类比表现：缝隙交叠过渡、单位型交叠过渡和重叠型交叠过渡。每种不同类型的扬声器取向将会产生不同位置上的叠加区和交叠过渡区划分，这些就如同扬声器阵列的情况一样。

2.6.1.2　交叠过渡的斜率

扬声器 / 房间交叠过渡的斜率主要是受扬声器指向性的影响。随着扬声器阶次的增加，叠加向隔离的过渡变化会更快。如果边界表面具有吸声特性，那么这会增大斜率的倾角。我们的目标是在相对相位响应到达相位轮的相减一侧，并进入到梳状耦合区域之前完成耦合区（表面）到隔离区的过渡过程。幅度和相位的竞争再次展开，在 16kHz 的交叠过渡点抵消出现之前，到达隔离区的过程到底是怎样的呢？从多方面来看，实际这时的情况要比扬声器 / 扬声器叠加的情形要好。第一个原因是，我们并不要求以单位型的交叠过渡到达边界表面。如果在墙壁和天花板处没有座位，则就不要求以单位增益到达那里。如果表面具有强反射，则我们可以调整扬声器，使其 −6dB 点对准最后面的观众，这是我们可接受的最大变化标准。我们

可以随时在交叠过渡表面处建立一个覆盖缝隙，从而减小反射的能量。第二原因就是墙壁可能会存在一定的声吸收，尤其是在高频段，这时的波长是最容易进入到梳状响应区的。

扬声器 / 房间叠加的考虑：

- 由于扬声器的覆盖范围是随频率变化的，并不是恒定的，所以交叠过渡重叠的程度也随频率而改变
- 最好的情况就是扬声器高频范围的指向性控制要比低频的强或者相当
- 由于高频段的波长最小，所以这时的相位误差容限也最小。因此，对高频重叠的控制也至关重要。由于中频和低频范围的波长较长，足以导致抵消最小化，因此此频率范围上的重叠控制比较容易
- 要求重叠的高频具有尽可能短的声程差。如果间距大到足以和波长相比拟，则反射声级必须通过指向性控制、调整位置或吸声处理来降低

2.6.1.3　交叠过渡的可闻性

在交叠过渡的最后一部分中，我们以其在房间中的可闻性结束全章的讨论。当我们发现自己关注的是挑台栏杆前面反射声源时，实际上我们正好是在交叠过渡点观察。先不必说我们并不想让听音者透过墙壁来看演出，而鼓手打击的声音是来自其身后的虚拟扬声器。

房间中交叠过渡的可闻性反映出其中的空间交叠过渡，这其中反映出了由角度位置偏移所给出的信息。如果两个原始声源的相对角度小，则扬声器与房间之间的交叠过渡将最为明显。人耳能够获取声源的位置信息，以及扬声器间大的张角和由此产生的回声等信息。对于扬声器 / 扬声器叠加的情况，由于人们双耳定位的机理，故人对水平轴上的变化最为敏感。

过度的重叠将会给出回声声源的位置信息。除了在交叠过渡处（表面边界），其他的任何位置都不可能维持系统的声音同步。当反射声紧接着直达声之后到来，人们会感受出音质的变化和声学空间的空间感。如果在时间上反射声与直达声相隔很远，并且反射声的声级维持很高，这时人耳就会获取到来自两个独立的声源声音信息，并且感知为分离的回声。在扬声器 / 扬声器叠加的情况下，具有很强高频成分的声音很容易被定位成分离的回声。

2.6.2　扬声器 / 空间叠加类型

2.6.2.1　概述

扬声器 / 房间的特性是应用叠加的高级形式。将扬声器系统置于房间中，它所发出的声音便会与其反射声混合叠加。如何进行混合叠加则要取决于其相对的幅度和相位。这些数值又取决于扬声器的指向性和相对边界表面的取向，以及边界表面的吸声特性。这部分论述的目的就是归纳总结不同的扬声器与边界表面关系下的叠加演变进程。

扬声器和房间之间的关系有三种不同的类型：扬声器与边界表面是同样的角度（平行），边界表面角度朝外，边界表面朝内。

为了展开问题讨论的方便，在此我们将每种叠加类型再分成两种形式：耦合与非耦合。所谓"耦合表面"是指扬声器紧挨着边界表面摆放。地面放置的重低音扬声器组，"半空间加载"等安装情况就是这种类型的实例。"非耦合边界表面"是指扬声器与边界表面相隔一定距离放置的情形。耦合与非耦合的选择条件与扬声器 / 扬声器叠加中所看到的类似，因此在此不再赘述。扬声器关于边界表面的特性与扬声器 / 扬声器相互作用中的距离和波长的比例关系因素一样。当扬声器彼此靠近或远离放置时，这些结论性表述对于空间中的扬声器特性也具有指导性的意义。但应牢记的是，靠近重低音扬声器（多个传输波长）的场地后墙时感觉就如同在球顶高音单元前方 1 英尺的地方放了一块薄板一样。

注：除非有特别的说明，否则在这部分阐述中假设边界表面对所有频率成分均产生 100% 的反射。所描述的叠加是指在一个平面上的叠加，即在垂直平面或水平面上的叠加。

图 2.73 示出了六种不同的相互作用类型，它们分别是我们在之前讨论过的可能出现的常见形式。平行表面被类比成线声源阵列，相对向外的墙壁类比成点声源阵列，而相对向内的墙壁类比成点目标源。下面的一组图表详细地描绘了空间中叠加区的演变进程情况。令人高兴的是，这些图表解释了大部分扬声器 / 房间叠加类型的叠加属性。

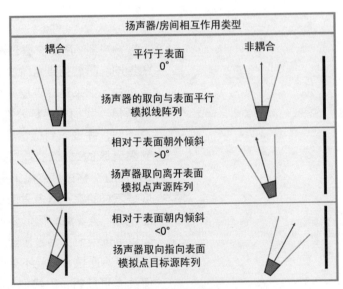

图 2.73　扬声器 / 房间相互作用的类型

2.6.2.2　耦合平行表面

将一只扬声器置于平坦的地板上是最常见的耦合平行表面阵列的例子，这种特殊的叠加类型有其自己的名称：半空间加载。这一说法源于这样一种事实，即球形辐射被边界表面所阻挡，迫使辐射以半球形的方式进行。虽然对半空间负载的属性我们已有一定的了解：即在低频响应上产生了 6dB 的提升，但是它在重低音扬声器工作频率范围之上频率的表现则并不十分清楚。实际上这对我们而言并不是不解之谜，边界表面所起的作用相当于在此前讨论的线声源阵列中增加了一个单元，由此所产生的频响结果如图 2.74 所示。图表中包含了两组响应，其中彩色的一组表示的是受边界表面影响所产生的响应，另一半灰色的响应是实际的耦合线声源阵列的模拟响应。正如我们所期望的那样，这些响应确实是一种镜像的关系。就象之前讨论过的耦合线声源一样，这里交叠过渡类型和叠加区的演变进程都和以前讨论的相同。

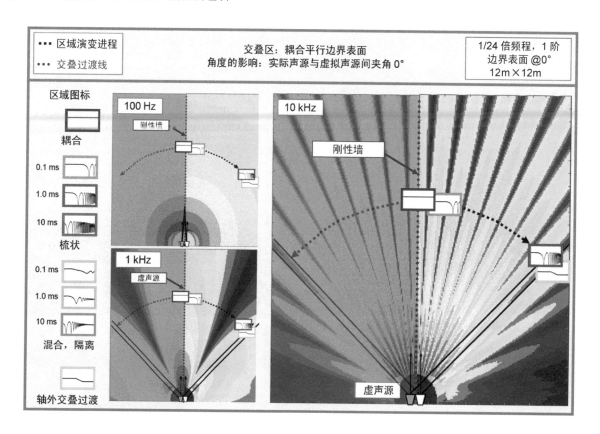

图 2.74　耦合平行面叠加区的演变进程因素

2.6.2.3　耦合角度朝外表面

接下来仍然讨论的是扬声器与表面边界的耦合，只不过扬声器是指向外侧的。这是一种耦合点声源的边界形式，如图 2.75 所示。从边界表面看过去的倾角等于耦合点声源阵列每只扬声器单元中心看过去的倾角。这里我们再次看到了类似的特性，并且演变的进程也将继续沿着扬声器 / 扬声器叠加时的情形变化。关于这一问题的论述我们暂且到此为止，要注意的是我们对耦合角度朝内表面的响应不

展开详细的阐述。对于朝向下方与表面边界耦合的扬声器我们只能将其视为是特殊效果处理的一些形式，还是把这些问题留给艺术家处理吧！

2.6.2.4　非耦合平行表面

紧接着我们讨论非耦合表面边界的情况。首先是平行的表面形式，如图 2.76 所示。扬声器与边界表面的距离可以类比成非耦合线声源阵列中扬声器单元间距的 1/2，即距离墙壁 3m 相当于阵列模型单元间距为 6m（每个单元距离中点的距离是 3m）。就像阵列模型中表示的那样，随着

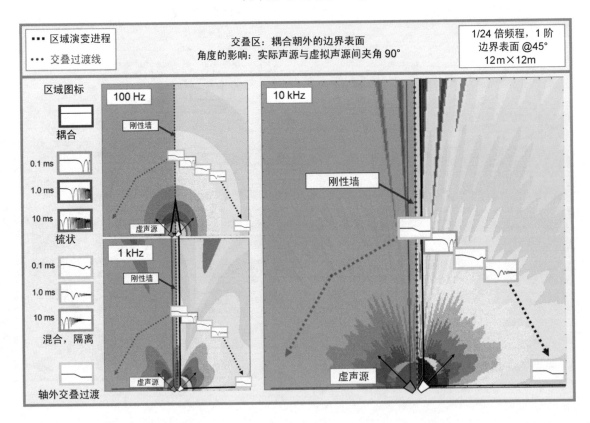

图 2.75　**耦合表面朝外叠加区的演变进程因素**

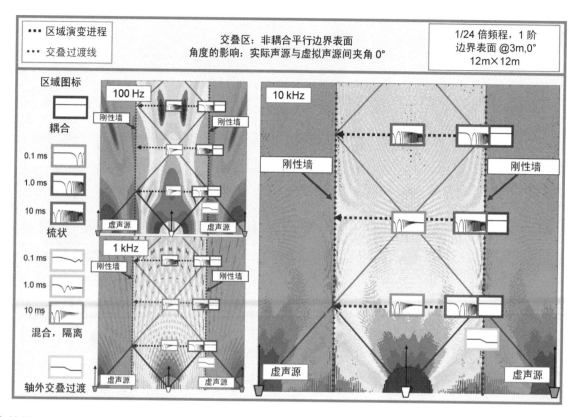

图 2.76　非耦合平行面叠加区的演变进程因素

距离的变远响应将会持续地下降。如同阵列单元间间距变化产生的影响一样，到墙壁的距离也会对扬声器产生相同的使作用范围变短的影响。这里所示的例子给出的是非对称的一对边界表面，扬声器处于中间。将扬声器移开中心点就会产生一个非对称的间距。距离边界表面近的一侧要比远的一侧的作用范围短。另外还要注意的是，在 LF 响应中存在的平行金字塔，在居中和对称的情况下也是一定会出现的。

2.6.2.5　非耦合角度朝外表面

　　与边界表面非耦合且朝内倾斜的扬声器可以类比成非

耦合点声源阵列（如图 2.77 所示）。所有类似的考虑都能应用，只不过还要增加一项关注的内容。我们之前观察的是如果倾角与单元的夹角相等，那么非耦合点声源阵列永远都会存在缝隙。如今这种特性具有实用的价值，它为我们提供了一种沿着座位区平滑过渡的覆盖，并且不会在附近的边界表面产生重叠。朝外倾斜的表面情形具有稳定的长距离覆盖特性，这种特性在之前的点声源阵列的讨论中见到过。

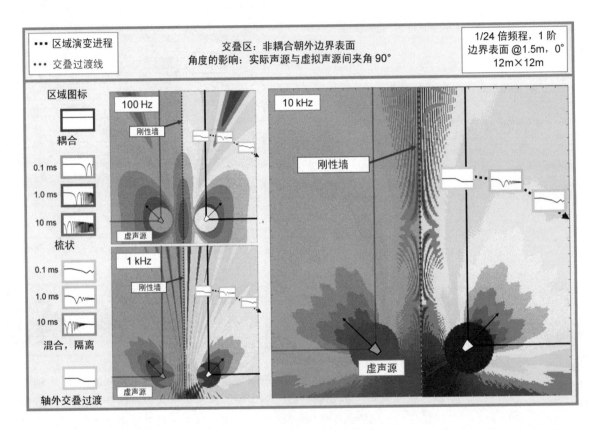

图 2.77　非耦合朝外表面叠加区的演变进程因素

2.6.2.6　非耦合角度朝内表面

之前我们看到非耦合点目标源阵列产生的叠加区转换过渡最为迅速，并且梳状响应区叠加量也最高。这并没有什么可意外的，因为类似的表面边界情况一定会产生同样的结果。朝内的墙壁（如图 2.78 所示）会将主轴上的能量返回到覆盖区的中心。随着朝内表面角度的加大，对吸声的要求也按比例提高。

法线上的边界表面是扬声器 / 房间叠加最极端的情况，边界表面法线与扬声器的主轴呈 90°（按照几何学的术语称之为法线角），而虚拟声源处在扬声器主轴 180° 的方向上，这种位置情形示于图 2.79 中，它被类比成 180° 的点目标源阵列。在现实中这种情形就是后墙。大多数工程师都了解来自后墙的低频耦合。如果打算进行低频的全面提升，则必须将扬声器依靠着后墙放置。不幸的是，我们进行声音合成的位置很可能在其前面几米的地方，而正好将

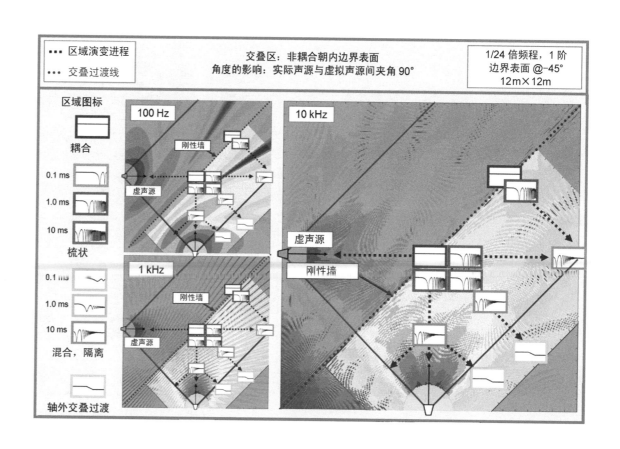

图 2.78　非耦合朝内表面的叠加区演变进程因素

我们置于梳状响应区的中心。生理解剖学给出了令人振奋的特性，它有助于帮助我们减小这种叠加形式所带来的预知影响：人耳的前 / 后声音抑制特性。人们对所测量到的源于后方的梳状响应区相互作用的响应的听觉敏感度要比对源于前方叠加的梳状响应敏感度弱很多。这就是说，相对于任何其他的类型，这种类型的扬声器 / 房间叠加需要更大的声吸收处理。

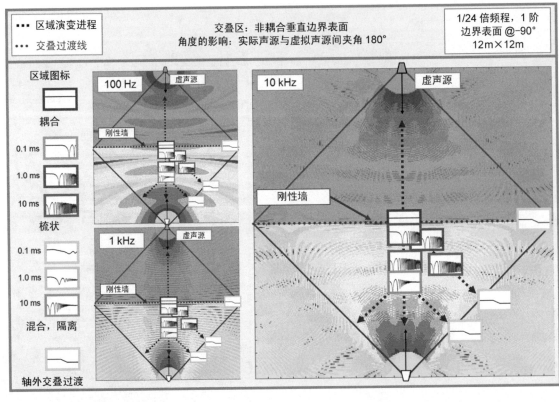

图 2.79　非耦合垂直表面的叠加区演变进程因素

2.6.3　吸声的影响

只要我们讨论有关吸声的问题，就要关注吸声对正常的墙壁叠加产生的影响。图 2.80 示出了将声学材料块置于表面产生的状况与刚性表面情况的比较结果。结果是令人欣喜的，在减小 HF 梳状响应区叠加的同时，中频范围响应也更小了。

2.6.4　环境的影响

之前我们已经讨论了温度对扬声器／扬声器叠加的影响（如图 2.72 所示）。在扬声器／房间叠加模型中我们也会发现存在类似和更为严重的影响。几乎可以肯定的是由于直达声和反射声的声程不同，所以温度变化将会对所有类型的扬声器／房间叠加产生影响。既然声音的速度会随着温度的改变而产生一定的百分比变化，那么每一反射声声程的叠加效果都不同。梳状滤波器频率是受相对时间偏差绝对值（ms）的控制。考虑到这样一个事实，即 1% 的声速变化对于传输时间 100ms 的直达声会引发 1ms 的时间变化，对于 100ms 之后到来的回声（200ms 的总传输通路）会产生 2ms 的变化。其结果是所有的房间／扬声器叠加都将随频率而改变。虽然在观察个别的变化时表现并不明显，但是看整体表现时，这种变化会十分显著。很显然，在大

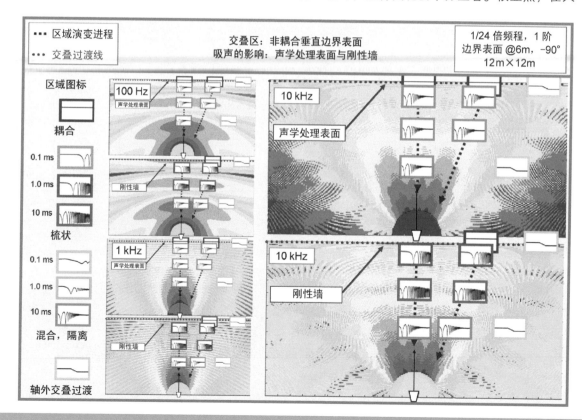

图 2.80　考虑吸声影响，非耦合正常表面的叠加区演变进程因素

混响的空间里，温度变化越大，影响就越发明显。图 2.81 给　出了一个温度对扬声器 / 房间相互作用的影响的参考图表。

温度 (°C)	温度 (°F)	温度 变化量 (%)	声速 变化量 (%)	直达声 到达时间 (ms)	反射声 到达时间 (ms)	时间差 (ms)	梳状滤波器 频率 (Hz)
					温度对扬声器 / 房间叠加的影响		
0.0	32	−7.52%	3.91%	25.98	129.89	−103.91	9.62
1.1	34	−7.14%	3.72%	25.93	129.65	−103.72	9.64
2.2	36	−6.77%	3.52%	25.88	129.40	−103.52	9.66
3.3	38	−6.39%	3.32%	25.83	129.15	−103.32	9.68
4.4	40	−6.01%	3.13%	25.78	128.91	−103.13	9.70
5.6	42	−5.64%	2.93%	25.73	128.66	−102.93	9.72
6.7	44	−5.26%	2.74%	25.69	128.43	−102.74	9.73
7.8	46	−4.89%	2.54%	25.64	128.18	−102.54	9.75
8.9	48	−4.51%	2.35%	25.59	127.94	−102.35	9.77
10.0	50	−4.13%	2.15%	25.54	127.69	−102.15	9.79
11.1	52	−3.76%	1.96%	25.49	127.45	−101.96	9.81
12.2	54	−3.38%	1.76%	25.44	127.20	−101.76	9.83
13.3	56	−3.00%	1.56%	25.39	126.95	−101.56	9.86
14.4	58	−2.63%	1.37%	25.34	126.71	−101.37	9.88
15.6	60	−2.25%	1.17%	25.29	126.46	−101.17	9.90
16.7	62	−1.87%	0.98%	25.25	126.23	−100.98	9.92
17.8	64	−1.50%	0.78%	25.20	125.98	−100.78	9.94
18.9	66	−1.12%	0.59%	25.15	125.74	−100.59	9.96
20.0	68	−0.75%	0.39%	25.10	125.49	−100.39	9.98
21.1	70	−0.37%	0.20%	25.05	125.25	−100.20	9.98
22.2	72	0.00%	0.00%	25.00	125.00	−100.00	10.00
23.3	74	0.38%	−0.20%	24.95	124.75	−99.80	10.02
24.4	76	0.76%	−0.39%	24.90	124.51	−99.61	10.04
25.6	78	1.14%	−0.59%	24.85	124.26	−99.41	10.06
26.7	80	1.51%	−0.78%	24.81	124.03	−99.22	10.08
27.8	82	1.89%	−0.98%	24.76	123.78	−99.02	10.10
28.9	84	2.27%	−1.17%	24.71	123.54	−98.83	10.12
30.0	86	2.64%	−1.37%	24.66	123.29	−98.63	10.14
31.1	88	3.02%	−1.56%	24.61	123.05	−98.44	10.16
32.2	90	3.40%	−1.76%	24.56	122.80	−98.24	10.18
33.3	92	3.77%	−1.96%	24.51	122.55	−98.04	10.20
34.4	94	4.15%	−2.15%	24.46	122.31	−97.85	10.22
35.6	96	4.52%	−2.35%	24.41	122.06	−97.65	10.24
36.7	98	4.90%	−2.54%	24.37	121.83	−97.46	10.26
37.8	100	5.28%	−2.74%	24.32	121.58	−97.26	10.28

图 2.81　温度对扬声器 / 房间相互作用的影响

2.6.5　总结

- 稳定的叠加要求混合的信号来自同一原始波形
- 叠加信号的相对声级限制了相互作用的范围，同时相对相位明确了叠加是加性还是减性的
- 等声级的关键结合点被认为是交叠过渡点
- 存在时间差的信号叠加的结果是产生了波纹变化（梳状滤波响应）

- 声级差是比值，时间差是差值
- 频率和空间上的波纹变化演变进程具有一致的趋势
- 频谱和空间上的交叠过渡具有类似的形式和特性
- 扬声器阵列可以通过夹角和物理上的分离划分成六种形式
- 这些阵列形式存在对称和非对称两种类型

接收

第一节 引言

我们都听说过一个众所周知的说法:

如果森林中的一棵树倒下了, 但没有人听到它倒下所发出的声音, 那么它发出声音了吗?

我们可以将这个问题在声频工程方面进行改述:

- 如果一个声学传输系统只有发送声信号, 而没有接收声信号, 那么声音信号存在吗?

- 如果一场音乐会没有一个观众, 我们还会买票去听吗?

人的听觉机理是个值得深入研究的课题。目前相关的研究正在进行, 有些课题还在探讨当中。对于声音接收的研究包括客观和主观两个方面。客观方面主要是指声音接收的机制, 这其中既有人类的听觉系统, 也有传声器的因素; 主观方面主要是指人类的一些听音经验, 例如对声音的感知。听觉的感知问题现在已经成为人们探讨的焦点。我们把对这一问题的讨论划定在与最优化设计相关的范围之内。虽然这限制了我们对于一些争论性课题的探索, 但并没有完全的将其忽略。因为在听觉感知系统中, 相对于绝对的感觉, 我们更关心相对的感觉, 故研究课题的范围会减少。例如, 我们并不关心在 3kHz 时, 人耳耳道会有一个共振峰值。这个峰值的存在对于所有的听众都是相同的。没有哪个设计或优化的决定会考虑这种非线性的因素。相反, 我们关注的是那些能够使一个听众的体验不同于其他听众的因素。一个与此相关的例子便是声源的声像定位, 它是由不同声源之间相对的时间差和声级差决定的。在我们进行设计的过程中, 需要考虑声音到达的时间和声源所处的位置, 以便为在同一房间的不同听众营造出相似的声像定位体验。

首先我们从一系列的结论开始阐述问题。对于这些问题, 我们不需要进行深度的研究, 因为它们或许对所有听众来说都是相同的, 或许与我们的设计和优化决定没有关联。

- 对于音高的感知: 声音的传输过程不会改变输入声信号的频率。人耳如何对音高进行辨识对所有听众来说是一个相同的因素

- 人耳对于声音的非线性频率响应: 人耳对于不同频率的声音具有不同的响应峰值, 我们听到的每一种声音都是经过人耳处理后得到的

- 人耳的生理构造：这里我们假设听众具有正常的人耳解剖特征。对于人耳解剖特征相异的人群，建议使用本文的另一版本
- 声音谐波和拍频：这些现象仅存在于人耳中，并且声学分析仪器也检测不到（我们对此无能为力）

由此，可供我们研究的问题是有限的。关于这些问题，我们将集中关注它们是如何影响声学设计优化的。

第二节 响度

我们对于响度的感知是由声音在人耳中的声压大小和持续时间两者共同决定的结果。由于我们研究的范围大部分限定在从扬声器发出的声音如何被感知这一问题上，因此我们可以用常见的平均声压级列表给出手提钻、退火炉和火箭引擎所对应的声压级数值（SPL）。我们关心的是使人们愿意让我们通过声学系统重现他们想要的声音。这些声学系统必须有足够的响度以满足观众（和乐队经纪人）对于节目素材的期望。其中最重要的就是音乐和人声。这些信号的最大响度范围取决于节目本身的类型，例如，虽然在自然状态下人声的声压级可以达到90dBSPL，但这一声压级对于在体育场中重现 Mick Jagger 的声音是不够的。我们清楚地知道流行音乐所需要的声压级大小。我们会尽全力关注节目素材所需要的实际声压级。

其次我们关注的是本底噪声的大小，它会限制我们所要重现声音的动态范围，更重要的是它会限制我们听觉系统的能力。在一个嘈杂的集会场合，本底噪声大约会达到50dBSPL或远远超过我们听阈的最小值。产生噪声的原因来自于中央空调系统、移动的灯光、人们咳嗽和溅洒饮料的声音。我们没有必要将时间浪费在讨论声学系统的声压级为30 dBSPL 时

的感知问题，因为此时声音将会被淹没在噪声中。

我们现在已经确定了所要研究的问题：系统产生最大声压级的能力和本底噪声。在节目素材中所使用的实际动态范围是艺术创造者所关心的，实际上属于调音工程师的职责。我们的工作是提供一个系统，使其能够在最小限度的失真条件下达到所需的最大声压级，并且使它的本地噪声低于前面提到的集会场合。如果这些条件都达到了，那么听众感知到的会是节目素材本身，而不是声学系统。

3.2.1 响度与 dB SPL

虽然测量声压级 dBSPL 是一件很简单的事，但它并不直接与我们对于响度的感觉相对应。响度是人们对于声音强弱感觉的一种表达。人耳能够对持续时间超过大约100ms的声压进行积分，因此我们对于响度的感觉与声信号的持续时间有关。持续时间短的高声压级声信号与持续时间长的低声压级声信号作用于人耳时，有时会产生相同的响度感觉。在描述声音特性时，通常采用声压级的峰值和有效值这两个不同的参量。声压级的峰值表示的是在不考虑持续时间的条件下声压级的最大值，而声压级的有效值则表示在超过100ms的一段持续时间内声压级对时间积分后的大小。

连续的正弦波信号的峰值和有效值的差值是最小的，其峰值因数（峰值与有效值之比）为3dB。相反的例子是冲激信号，其峰值无限大，却没有有效值。我们经常使用的粉红噪声测试信号的峰值因数是12dB。典型音乐的峰值因数也在这一范围之内。演讲语音的峰值因数是可变的。元音与正弦波类似，具有很低的峰值因数，而辅音是瞬时的。一个不能重现语音瞬间变化的系统将会丢失辅音之间的差别。由不清晰的辅音所引起的语音清晰度损失是测量语音可懂度首先要考虑的问题。这可以用由辅音引起的语

音清晰度损失百分率来表示（%ALCONS）。

对于声学系统需要进行适当说明的是，我们需要确保系统的有效声压级和最大声压级能够满足节目素材所需要的响度要求。在第 1 章中我们已经讨论过限制器对于演讲者声音的限制作用。现在我们将要研究它们是如何影响人们对于声音的感知的。

一个音响系统会保持它最大的峰值因数直到它达到了过载点。当达到过载点时，系统会受到峰值限制或削波，这都会导致峰值因数降低。削波会将响应的峰值削掉，使得其更接近低声压级的信号。虽然峰值限制也有类似的效果，但所引起的谐波失真更小。压缩器会降低全部信号的声压级水平（不仅仅是峰值），因此它对于峰值因数的影响较小。然而，如果仅仅使用压缩器，常常会发现伴随着峰值限制或削波。以上三种方式的结合是我们对系统动态范围的总结，它们会使系统的峰值和有效值趋向于一致。由于峰值因数是从系统中得出来的，因此系统的可懂度、清晰度和其他详情也与峰值因数有关。

我们对于响度感知的另一个体验就是声压级过高时所引起的人耳不适。当人耳感觉到声压级过高时，我们的听觉肌肉——鼓膜张肌会收缩。这使得鼓膜绷紧，降低了听觉的灵敏度。结果导致在声压级减小到能够使听觉肌肉得以放松的水平之前，我们所能觉察到的响度不断下降。当听觉肌肉得到放松之后，人耳的全部动态范围能够恢复。如果听觉肌肉没有放松，人耳的动态范围将会受到限制，并且我们对于峰值因数的感知也会受到影响。鼓膜张肌的初始门限更像是一个建立时间缓慢的压缩器，而不是一个峰值限制器。在听觉肌肉没有收缩的条件下，人耳能够忍受高声压级的峰值信号，但当信号的持续时间较长时，则会引起听觉肌肉的收缩。

调音工程师如果能考虑到人耳听觉肌肉的这一生理特性，无论对他们还是听众来说都是很明智的。如果混音时使声音能够动态的起伏，那么就有可能使混出来的音乐高潮迭起。如果混音时使声音一直保持在高声压级的水平，那么人耳听觉的生理反应（对声音的压缩）则会被引入。即使系统有足够的峰值储备去重现它们，人们对于后来的峰值信号将会觉察不到。

音响系统在处理过载点时就像是一个循环的复合压缩器。一旦系统进入削波和限制状态，它很有可能引入人耳的压缩系统，因为有效声压级的大小在很大程度上取决于峰值因数。动态上的损失会使听众失去对音乐激动的感觉，为了使他们重新获得这种感觉，需要系统有更大的声压级。压缩器无论在声音传送还是接收时都发挥了作用。持续不断的使用鼓膜张肌会引起肌肉紧张，并导致听觉疲劳。一个低功率系统持续运行过载信号，容易使人耳疲劳，并且有可能使人们在一段时间后感觉声音更响；相比之下，一个能够充分利用峰值因数且没有压缩器的高功率系统则不容易出现上述状况。最糟糕的事情莫过于用一个高功率系统全部运行过载信号，但不幸的是这是很普遍的现象。然而这是操作方面的事，严格来说属于调音工程师可控的范围。人们很可能没有听取我对此事的深思。

3.2.2　等响曲线

人耳对于声压大小的感觉并不是保持一个恒定的频率响应。当声压较低时，人耳对中频段的声音最为敏感，对高低频段声音的敏感度下降。这里有一组表示人耳对于声压在不同频率时敏感度大小的曲线族，我们称之为等响曲线。这些曲线（如图 3.1 所示）代表了对于不同频率的声音的感知响度，即人耳感觉到与中频范围的声音具有同样响度时所对应的声压级（dB SPL）大小。响度的单位为方

业界评论：当我们首次使用冲击/相位对齐的扬声器时，人们问我们是否可以使他们的声音听上去更像是某一品牌的扬声器发出的。他们并不了解问题的所在，因为他们所听到的声音比较清晰，视在的音量（dBSPL）比较低。他们寻求的是一种边缘的特殊情况。当使用声级计测量时，大多数人都会降低 6 ～ 10dB。

唐·皮尔森（唐博士）（Don（Dr Don）Pearson）

（phon）。听觉疾病矫治专家对于"方"很关心，可它与我们有很大关系吗？是的，它会影响到我们对声学系统在均衡方面的调整，同时也会影响到每当节目声压改变时，我们对系统均衡器重新进行设置。等响曲线反映的是人耳对声音响度感知的自然生理特点，并不掺杂由声学系统引起的一些人为的因素。如果我们想消除它的影响，需要用均衡引入非自然的成分。如何保持一种自然的，动态合适的音调平衡是调音工程师操作时要考虑的问题。

然而，这使得我们把注意力放在了这样一个问题上，即为了使坐在不同位置的听众感受到相同的频率响应，我们需要使频率响应和声压级大小相匹配。如果声压级大小

不是匹配的，由于人耳对声压感觉的非线性，听众觉察到的与之相对应的频率响应会不同。听众觉察到动态的频率响应差异程度大到值得我们如此关注吗？如果是这样，我们需要一条离舞台较近位置的均衡曲线和一条离舞台较远位置的均衡曲线。幸运的是，现实的情况并非如此。当我们查阅房间声压分布的文章时，会发现由等响曲线所引起的变化是非常小的。声压级有 20dB 的变化（从 80dB SPL 到 100dB SPL）会引起 30Hz 的频响变化（由等响曲线导致），相对于声压级有 3dB 变化所引起的 1kHz 的频响变化（由其他因素导致）。如果在礼堂有一些座位的声压级比其他座位高 20dB，那我们会遇到比等响曲线严重得多的问题。

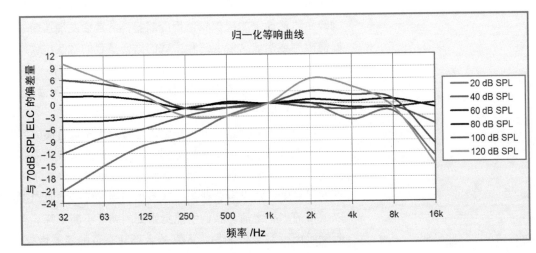

图 3.1　归一化的等响曲线。图表表示出了归一化声级下，频率响应的感知差异与声级的关系（以 Robinson 和 Dadson 命名，1956）

第三节　定位

3.3.1　引言

当听到有人喊自己名字时，我们都会把头转向声音传

来的方向。我们是如何知道的呢？实际上是通过听觉的定位系统——我自身的声纳。人类和其他大多数动物都有一个关于声音定位的解码器，它存在于人耳和大脑中，可以帮助我们辨别出声源的方位。

听觉的定位功能对我们来说是生死攸关的。想象一下，如果我们听到在附近出现的老虎发出的声音与实际的方向

相反，那将会发生什么？我们会变成老虎的午餐。从这个例子可以看到人耳对于声像的失真，也就是说，视觉上看到的，在这个例子中，所看到的物理上的声源位置与人耳所觉察到的声像定位并不一致。这种和口技有关的现象很少在自然界中发生，当它确实发生时会令我们不安。其中一个例子就是一架离我们很远的喷气式飞机发出的声音远远滞后于我们从视觉上看到的飞机影像。另一个例子是一个能够聚集反射声的空间，它可以是带有凹陷表面或复杂拐角的空间，这便是一个无实体的声源。在大多数情况下，声源声像是与我们所看到的声源位置相一致的。我们听到声源发出的声音而不用去质疑它的真实性是令人非常舒服的。为了加强声音我们必须对其使用一些处理方法。在很多情况下，作为音响工程师，我们的作用是使声音听上去是从舞台上的演员那里发出的，而实际上演员的声音则完全是由扬声器发出的。

3.3.2　声像

关于能够使声源的声像达到我们想要的定位位置的能力取决于扬声器的摆放和相对的声压级。我们所感知到的声源声像与实际声源之间不同的程度称为声像失真度。这一参数的大小是由度（即觉察到的声像位置与想要达到的声像位置之间的角度）来量化的，不客观地说，它也受到声音强度的影响（无论觉察到的声像是定位于简单的一点或是分布在一个区域）。在大多数情况下，我们想要的声源声像符合于一个实际的声源，比如舞台上的一个演员或是音乐家（如图 3.2 和图 3.3 所示）。扬声器的作用是加强声音，并且我们的目的是使觉察到的声源声像定位与视觉上看到的声源位置联系起来。从舞台到达人耳的"自然"的声音帮助我们进行定位。如果自然的声音先到达人耳，或

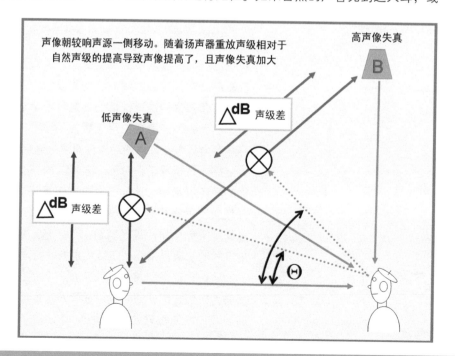

图 3.2　垂直方向上的声像

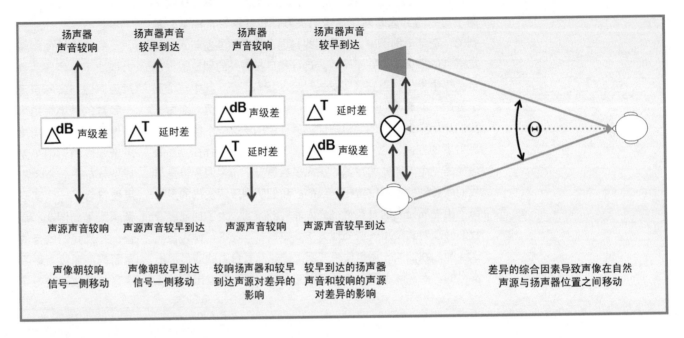

图 3.3　声级差和时间差对水平声像定位失真的影响

者它比从扬声器发出的声音更响，那么我们会有强烈的对自然声源进行定位的倾向。如果我们只关心定位问题，我们会请音乐家们通过使他们的舞台音量达到最大来帮助我们。相反的，在舞台的声压级并不够大的情况下，我们会将注意力集中在如果使声像失真度达到最低。

在一些情况下，对于"自然"的声音没有可以感知评估的声压级水平，比如一个电影院系统。类似的情况在声音放大的过程中也很普遍。许多乐手都用耳机进行监听，这样几乎完全排除掉了舞台上的声音。在音乐厅，头戴式传声器给了演员用低声压级的声音进行演唱的自由。

我们如何才能将声像失真度降到最低呢？要想在这方面努力得到成绩，需要我们理解人耳生理定位机制的作用，而后我们才能学习如何解决这一问题。声像定位的根本原因在于相对的强度和时间，这是在此书中出现次数最多的主题。我们自身的声纳系统具有独立的垂直和水平定位机制，我们将对此分别进行讨论。

3.3.3　垂直方向的定位

文森特·梵高曾经有一段时期很难分辨出声音是从他上面还是下面来的。为什么呢？你可能会想起这位著名的性格极端的画家割下过他的一只耳朵。这一行为虽然不会使他的那只耳朵变聋，但改变了他的垂直定位机制——外耳或耳廓。耳廓能够形成一系列反射曲线，引导声音到达内耳。在这一过程中，会引起声染色。这些反射形成的音调信号在大脑中进行编码，从而为我们提供了垂直声像定位的依据（Everest，1994，p.54）。看起来似乎耳朵、眼睛和大脑都能够将图像信息与声音信息关联起来，而且这种声染色已经印在了记忆中，对我们的听觉解码器来说这就像一张听觉覆盖图。这一对声音的响应——头部相关传递函数（HRTF），对每一只耳朵而言是相对独立的。因此有理由相信，要想恢复梵高的垂直定位功能，不仅需要一只假耳朵，还需要时间来重置他对于新 HRTF 的记忆。

　　人们对于一个在垂直位置上独立的声源很容易进行准确的定位。当人耳听到若干相关的声信号时，定位的过程变得更加复杂。如果这些声信号在时间上十分地接近，那它们会在人耳混合到一起，并且 HRTF 函数会改进为一个多种声源的累加器。每只耳朵独立地判断垂直的定位位置，这与依靠两耳之间的信号差异进行水平定位的原理有所不

同（Everest，1994，pp.51-53）。结果导致当声源在水平方向和垂直方向进行移动时，会产生相矛盾的垂直定位和不一致的水平定位，此问题我们将在后面加以讨论。现在我们只关心在两耳之间非矛盾的垂直定位。我们可以单独地考虑每只耳朵，或是一种特殊的情况，即若干声源在垂直面上分散开来，但都准确地处于水平中心线上。

　　如果两个在垂直面上分布的声源到达人耳时具有相同的声压级，则相互矛盾的 HRTF 函数数值会使得声像移动到两个声源的中心位置（如图 3.4～图 3.6 所示）。这与一个微小的声源或是简单的中心声源对听众形成的感觉是不同的。实际上，人们会感觉声像具有空间感地分布在这两个声源之间的垂直平面上。

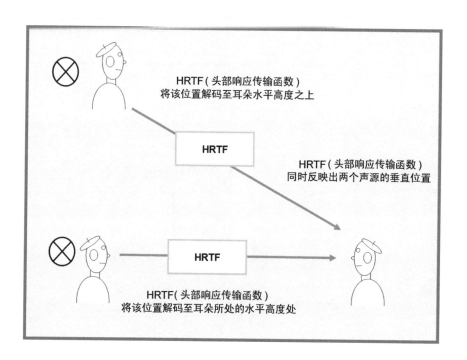

图 3.4　时间差对水平声像定位失真的影响

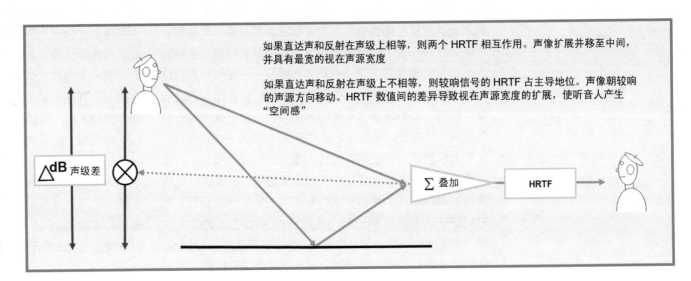

如果直达声和反射在声级上相等，则两个 HRTF 相互作用。声像扩展并移至中间，并具有最宽的视在声源宽度

如果直达声和反射在声级上不相等，则较响信号的 HRTF 占主导地位。声像朝较响的声源方向移动。HRTF 数值间的差异导致视在声源宽度的扩展，使听音人产生"空间感"

图 3.5　时间和声级差的共同作用可以改变声像的位置

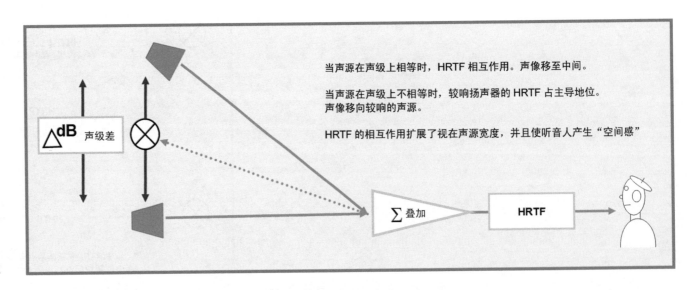

当声源在声级上相等时，HRTF 相互作用。声像移至中间。

当声源在声级上不相等时，较响扬声器的 HRTF 占主导地位。声像移向较响的声源。

HRTF 的相互作用扩展了视在声源宽度，并且使听音人产生"空间感"

图 3.6　对两个不同声源的垂直定位

图 3.7　存在反射情况下的垂直方向上的定位

如果这两个声源在声压级上有偏差，则声压级较大的声源对声像起主导作用。回想我们在前一章有关叠加的讨论：主要的声源将以主要响应的姿态出现，而较低声级的声源只是在主要的响应商之上增添一些调制的痕迹。因此人耳倾向于主要的响应，并且将其具象为 HRTF 定位提示信息。人耳将这种标记识别成声源的方向，尽管存在一定程度的误差。我们对声源定位的不确定性导致将声源之间间距被一定程度拉伸了。这种拉伸的结果用术语来表示就是视在声源宽度。当声源具有相等的声级，并且随着声级差的提高而按比例减小时，就会产生最极端情况的声像拉伸。

如果这两个声源在时间上有偏差，则人耳似乎不能辨别出哪个声源的声音是先到达的。早期反射声也经常碰到类似的情况。只要直达声与反射声相比占主要地位，声像就会偏向直达声。只有当声信号具有充足的时间衰减，使得其听上去像不同的声源时，每个声源才具有单独的声像定位。

与时间相比，声压在垂直定位时起主要作用，而在水平定位机制中，则采用双声道系统进行定位。在双声道水平系统中，声音到达的时间和相对的声压级是定位的主要因素。

3.3.4　前 / 后定位

耳廓的第二个作用是进行前后定位（Everest，1994，P.53）。耳廓的生理结构能够对一些高频信号进行定位，并通过滤波改变其 HRTF 函数的表达式，这便是前后定位的定位机制。我们很少关注前后定位，尽管它能够使我们注意到传声器与人耳之间的差异。与人耳相比，全指向传声器对于前后声源具有较小的选择性，相对而言心形指向传声器的选择性则大的多。实际上并没有一个完美的人耳模型，尽管全指向传声器与此很接近。

3.3.5　水平定位

水平定位机制比垂直的要敏感的多（如图 3.7 ～图 3.9所示）。位于我们头部两侧的双耳相隔一定的距离，这为我们提供了一个自动的空间传感器。在水平方向上的任一位置可以与双耳建立一个三角形，例如，人耳之所以能够听辨出从两个不同位置发出的声音，是通过其到达双耳时的信号差异来实现的。这种机制被称作双耳效应，它对我们的应用很有帮助。

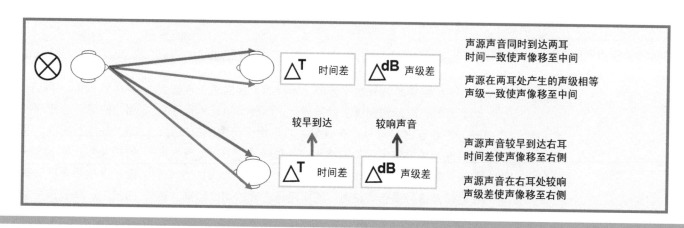

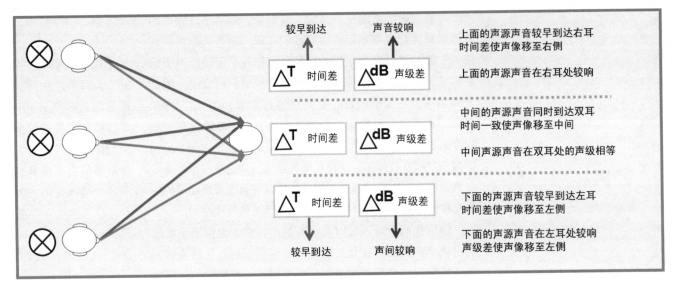

图 3.8　存在多只扬声器时垂直方向上的定位

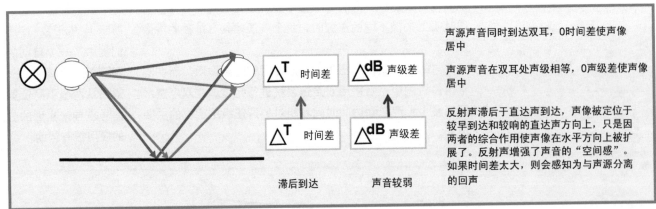

图 3.9　处于中心和偏离中心位置的单个声源的水平定位

　　人们能够感知到水平方向上的声像位置取决于声音到达双耳时在时间和强度上的差异。这两种机制是相互独立的，并且当它们同时存在时会共同作用于声像定位位置。与时间相关的定位因素被称为双耳时间差（ITD），与强度相关的定位因素被称为双耳强度差（ILD）（Duda，1998）。在对低频信号进行定位时，时间差是主要的定位因素，因为在低频时，声音的波长足够大，以至于它可以绕过头部，使得到达双耳的信号几乎具有相同的声压级，但在时间上却是不同的。时间差的数值已经映射到大脑作为声源的极化图。对高频信号而言，强度差则是主要的定位因素，这是因为声音在经过头部时受到阻碍而引起在声级上的损失。高频信号的波长较短，不能绕过头部，所以此时强度差成为人们进行定位的主要依据。双耳时间差和双耳强度差都可以单独成为定位的主要因素。当我们听一个单独声源时，这两种因素总会共同作用，对定位数据产生互补的贡献。

当一个单独声源位于水平中心线上时，双耳强度差（ILD）和时间差（ITD）的数值均为零。大脑能够准确地对它的位置进行解码，其位置就像我们看到的那样位于正前方的中心。如果声源向远离水平中心的方向移动，那它会以较高的声压级较早到达离声源较近的那只耳朵。在这种情况下，双耳时间差和强度差的数值能够帮助我们确定声源新的位置。

现在我们引入第二个声源。如果此声源发出的是一个清楚且独立的声信号（此信号不满足我们在第 2 章提到的叠加定理条件），那我们会对每一声源分别进行定位。这里有一个关于在会议桌上同时进行谈话的例子。我们能够对每个参与谈话的人进行定位，是通过他们不同的双耳时间差和强度差数值，这与我们对一个人进行定位是一样的，即使他们是在同时说话的时候。

如果第二个声源满足叠加定理，定位会变得更加复杂，例如反射声和第二只扬声器的直达声音。在这种情况下，第二个声源发出的声音有它们自己的时间差和强度差数值，这些数值可能与原先声源的互相加强或互相抵消。我们首先考虑最早到达人耳的反射声。假设我们在直达声的通路上，并且在直达声和任何单一的反射声之间有可预测的关系，那么直达声会以较高的声压级较早到达人耳。我们的定位系统已经学会预计这种情况，并且不会由于增加的回声而变得混乱。虽然声音会有修正的音调质量和"宽广"的感觉，即感觉声音是从一片区域发出的而不是从一个单一的点发出的（Everest，1994，pp295-301）。这里直达声信号的直达声的时间差（ITD）和强度差（ILD）

是最主要的因素，因为直达声不仅是最响而且也是最早到达人耳的。即使直达声和反射声之间有延时，这种关系也会保持，直到延时增大到我们把回声感知为一个单独定位的声源为止。

当直达声与反射声相比以较低的声压级较晚到达人耳时，情况则相反。人耳会将以较高声压级较早到达人耳的声音作为实际的定位声源，而另一个则不会作为定位的对象。当有对直达声起阻碍作用而对回声不起阻碍作用的通路时，这种情况可以随时发生。作为音响系统设计者，我们应该在加入第二个声源时避免这种情况出现。下面我们考虑一下当这种情况发生时会有什么现象。首先我们从最普遍的具有第二只扬声器声源的情况——立体声入手进行分析。

坐在房间的中心位置。两只扬声器在声级、距离、角度和声学环境方面都是匹配的。当一个匹配的声信号传送给这两只扬声器时，我们会感知到声像在哪里呢？就在没有扬声器的位置：中心，当扬声器向两侧移动，就会察觉出时间差（ITD）和强度差（ILD）的情况。由于两者作用强度相等但作用方向相反，所以折中后的数值还是处在中间。如果传送给左扬声器信号的声级比右扬声器大，声像会向左边移动（如图 3.10 所示）。强度差（ILD）数值说明左声源是"直达声"，而右通路是"反射声"。实际上，时间差（ITD）数值保持匹配，这使得声像定位于一个折衷的位置，也就是说强度差因素使声像定位在左边，但时间差因素使声像仍定位于中心。结果导致声像定位于这两个点之间一个折衷的位置。随着强度差数值的增大，其优势会越来越明显，声像定位会完全地到达左扬声器，这是最基本最主要的立体声全景定位的原理。位于水平方位的声源，一些输入信号会以相等的声级传送给两个通路，而另一些输入信号则以不等的声级传送。相等声级的信号会有对称

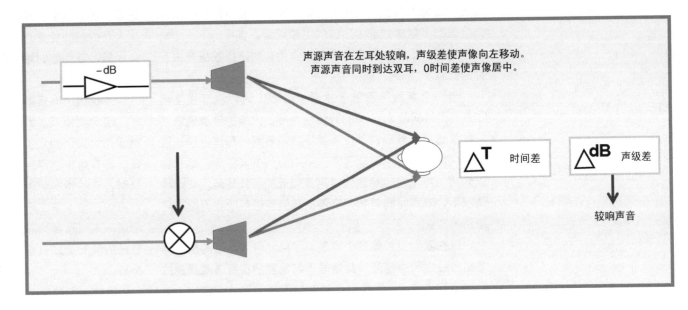

声源声音在左耳处较响，声级差使声像向左移动。
声源声音同时到达双耳，0时间差使声像居中。

$\triangle^T$ 时间差 $\triangle^{dB}$ 声级差

较响声音

图 3.10　多个声源的水平定位。声
源处于不同的位置

的定位数值，并使声像定位于中心位置。不等声级的信号
会有不对称的定位数据，导致声像定位偏离中心位置。我
们稍后会回到立体声问题，现在来研究时间因素。

　　我们仍然坐在中心位置并复位系统，使各通道的增益
统一。我们不再偏移扬声器之间的声级，而是对时间进行
偏移（如图 3.11 所示）。当传送到左扬声器的信号被延时
时，时间差数值对左右耳不再匹配，而强度差数值仍保持
一致。我们再一次有不确定的声像定位情况出现。声音会
首先到达右耳，使得我们对声像的感知朝那个方向移动。
然而，这种不确定性不会使声像马上完全地到达右扬声器。
随着时间差数值的增大，声像会继续向右边移动。最后当
时间差足够大时，会使得左边的声音分离成能够独立进行
定位的回声，这与在自然界中的反射声是一样的。

　　水平声像的移动可以通过声级或延时的偏差来实现
（如图 3.12 所示）。用这些方法改变水平声像位置的过程

被称为"panning"（即调节声像电位器的过程）。这是一
个对声像"全景"分布的缩写词，并且有两种形式：level
panning（调节声级声像电位器）和 delay panning（调节时
间声像电位器）。可以通过调节这两者使其相互矛盾，此时
声像会在完全不同的强度差和时间差数值之间进行一个折
衷的定位。这就是我们的方法充分发挥作用的地方。例如
通过调节声级声像电位器使声像朝左边移动，再调节时间
声像电位器使声像朝右边移动，最终导致声像回到中心位
置。总之，通过控制相对的声级和时间，我们可以将声像
定位于两声源之间的任一水平位置，这是具有实际作用的，
尤其当我们发现自己与扬声器的某些位置具有较高的声像
失真度时。处于这些位置的扬声器可以通过声级调整和延
时，使得声像远离它们，并以更合适的角度朝另一扬声器
移动。

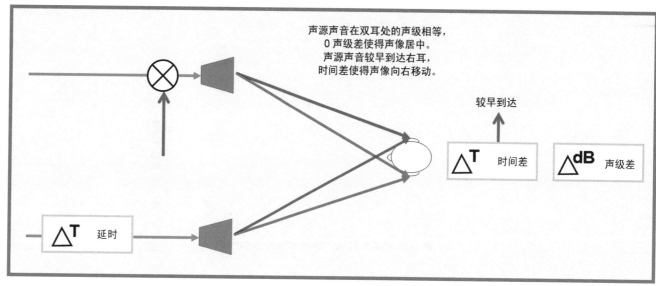

图 3.11　存在反射情况下的水平方向上的定位

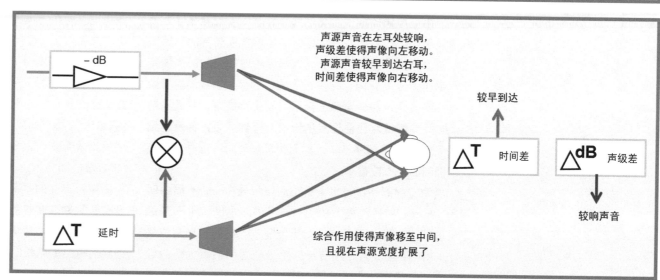

图 3.12　与自然声源类似的单只扬声器的水平定位

到达人耳的声音和我们对声音声像感知之间的关系被称为领先效应。这方面的研究主要归功于赫尔穆特·哈斯，因此许多人把这也称为哈斯效应（如图 3.13 所示）。领先效应的实验证明了通过调整时间和声级声像电位器所引起的声像的水平移动（Everest，1994，pp.58-59）。听众坐在立体声声场的中心位置，并且扬声器以偏离中心轴 45°角

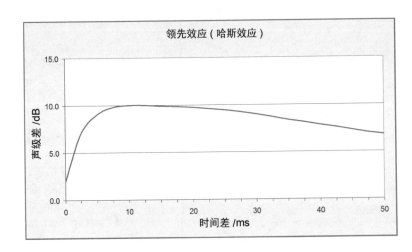

图 3.13　声级差对在两只扬声器间水平定位的影响

放置。使用时间和声级声像电位器，并记录一系列有关感知一个中心声像的数据。自然地，零时间差和零强度差使声像处于中心位置。当一个延时的扬声器以较高的声压级工作时，声像又回到了中心。大部分由时间引起的声像变化发生在 1ms 变化内，并在 5ms 内达到最大。我们能够通过稳步地变化声级偏离量使声像回到中心位置，并抵消前 5ms 时间偏移量对声像位置的影响。等到声级偏移量达到 10dB 时，声像不再移动，这时无论多长时间的延时也不能使声像回到中心位置了。

　　声像控制能够保持水平方位的声源处在一个有限的时间差（5ms）和强度差（10dB）范围内。这仅是水平声像定位的情况！那关于垂直声像定位呢？我们的垂直定位是基于 HRTF 函数，因此没有什么手段整理归纳出垂直的数据。幸运的是有一个方法正在研究，即使是一个意想不到的声源或是水平定位系统，这一方法也是奏效的。垂直定位系统对每只耳朵单独作用，而水平定位系统关心双耳之间的信号差异。垂直定位系统能够提供两个垂直数据，只

要它们对每只耳朵是独立的。因此，如果有声源放置在水平和垂直两个方向上时，我们能够独立地辨别出它们的位置，并且得出一个折衷的水平和垂直的数据（如图 3.14 所示）。除非我们处于两个垂直声源间的水平中心位置，否则我们会接收到两个声源的垂直数据。调节垂直声像的唯一方法是使用声级声像电位器，将一个声源的声级变成主要的 HRTF 信号。如果我们听由左上方和右下方的扬声器构成的重放系统，领先效应会折衷水平定位，而两个不同的 HRTF 数值则会折衷垂直定位。结果使声源声像位于没有实际扬声器存在的平面位置。瞧！现在你听到它了。现在你没有看到它。有趣的是，我们注意到在行业中许多已通过的对垂直延时声像电位器的描述实际上是从水平平面得到线索后得出的结果。

　　下面以图例来说明两个典型的应用。第一个例子是左 / 中 / 右的老式舞台结构，其中两侧低中间高。像人声声道这样的单一信号可以通过母线分配到所有的声道上，并且通过声级和延时的声像控制来进行声像的水平和垂直方向

上的移动。很显然，为了能在微小的区域之外还能感知到这种作用，则三个声道必须在标称电平、频率响应和覆盖范围上很好地匹配才行。虽然这要付出相应的实际波纹起伏变化的代价，但是设计人员可能还是会为了降低声像失真而承担此代价。

　　第二个例子就是挑台下的延时。来自延时扬声器的声像一般情况都是呈现在主扬声器的正上方，并且常常被建议借助延时来进行声像处理：即在延时扬声器上再引入延

时。应牢记的是，除了位于两个声源出的极小部分区域，其他的区域都是处在垂直和水平平面上的。因此，实际感知到的延时控制的声像运动是处在水平面上的而不是垂直平面上的，而声级控制声像的作用在两个平面上都存在。这种做法在以高波纹起伏变化为代价的同时换来的益处则很小。由于延时扬声器的主要工作就是减小波纹起伏变化，所以这种折中形式的方法在使用时要格外小心。

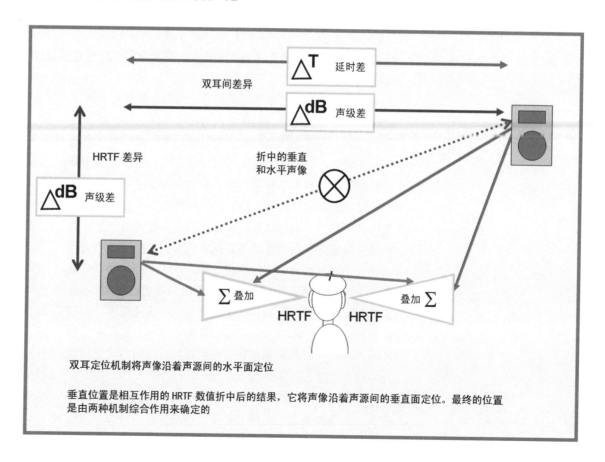

图 3.14　时间差对在两只扬声器间水平定位的影响

第四节　音调、空间感和回声的感知

3.4.1　引言

音乐和人声能够形成一种持续变化的音调形状，人耳对其进行追踪。这一变化的音调也在大脑中与一个进行中的历史文件相比较。我们希望音调形状随着音乐变化，而不是独立的。如果声音重建系统是明晰的，音乐可以没有音调修正地通过它。如果我们的声音系统在中频段有一个峰值，此峰值会传递到所有的音乐上。这就是我们所关心的相对音调形状。

我们关于音调特点的听觉经验由三部分组成：直达声的波形，在叠加持续时间窗之内到达人耳的复制波形和在叠加持续时间窗之外到达的复制波形。除非我们在一个消声的环境中，否则所有这些因素都会出现。每次当一个复制的信号添加到和信号后，音调的复杂程度便会增加。这些因素的组合情况将会决定我们如何体验头部的声音。经常被用来对这一听觉体验进行分类的词语是音调、空间感和回声的感知。这些体验不是孤立的。这三种感知经验可以在一个简单波形中同时存在或是其中一个占主导。结果取决于原始信号的组成情况和后到达信号的比率与时间。它们之间的关系很复杂，但不超出我们的研究范围。所有这些都与声音加和变化的主题相联系，这一主题是本文的核心。加和性质和音调感知之间的联系对我们的优化和设计方案有实质性的影响。

与大多数文章相比，此文采用一种不同的方式进行研究。一个区别是我们的精力集中于超越音域的范围。大多数已出版的关于这些问题的文章都是围绕着语言感知和可懂度进行论述的。我们很难找到关于 NASTI（噪声和军鼓传输指数）或 %ALCONGAS（康茄舞鼓的清晰度损失百分率）的统计数字，但对于这些和其他乐器的感知对我们来说是非常重要的。在此文中没有什么是严格地或断然地与音域相关的。我们都有平等的机会接收声波。另一个区别是我们希望制定一些感知问题的术语，以便我们能够转化为行动。我们不是被动的观察者。我们是声音战场上的参与者。这一问题归结于此：怎样能够使我们听到的和我们在空间里看到的有很好的匹配，并且可以读我们的分析器？我们怎样才能把这转化为最优化设计的行动？第三个区别是当其他文章强调音调，空间感和回声感知之间相比的差异时，我们将讨论它们之间的连续性和共同的原因。

我们的感觉使我们相信离散的回声是被寂静的空间分隔开的不同事件，因此用"离散"这个词。这比我们所想的更为珍贵，因为在大多数情况下低频信号的持续时间是足够长的，它使信号加和能够发生，从而防止了声音中的间隙。持续时间在这是一个关键的因素。如果持续时间无穷大，例如一个连续的音调，我们将听不到任一回声，无论有多少反射板围绕着我们。回声仅在声音有动态变化时才能被听到，比如某种瞬时的形式。

我们来考虑关于节目素材的两个极端例子。单调且嗡嗡作响的音乐以格里高利圣咏为人们所熟知，它是为曾建造的最具混响感的声学空间而创作的，这种声学空间是用石材和玻璃建成的大教堂。圣歌具有几乎无限长的持续时间，使它具有最大程度的音调感知，并且可以免受由回声感知引起的干扰。阿门。另一个与之相反的极端例子是纯粹的脉冲信号，在宽频带中它以单一的周期上升和下降。所有信号中这个信号的回声是最容易辨认的，且音调最难辨认。圣歌具有最长的持续时间和最小的动态变化，而脉冲信号则正好相反。我们的音乐信号含有丰富的瞬态和稳态信号。即使是在同一建筑的同一座位上，我们也将不断在三种感知经验（音调、空间感和回声）之间进行转变。此时我们的目标是找到一种方法，不需控制音乐就能辨识这些感觉的阈值。其中的关键就是频率。

回声的感知是一个渐进的过程。它开始于最高的频率，并逐渐扩展到连续的较大部分频谱上。已刊出的大部分文章都说划分机制是时间差（如图 3.15 所示），所公布的时间界线缺乏一致性。第一个感知区域是音调的融合区域，它在前 20 至 30ms 发挥作用，这会是受益于均衡最多的区域。从那之后我们便进入到空间感知区，它在 50 至 60ms 之间发挥作用，并最终显现成能够感知到的离散回声（大

于 60ms），这一最后区域会是受益于均衡最少的区域。然而，上述这些不应该被看作绝对的数字。试图对分布于我们整个频率范围的任一现象对应于一个简单的数字，这会让我们停滞不前。毕竟，时间界限的差异与我们所能听到的 20Hz 至 20kHz 的频率相比，比值是 1000∶1！作为一个例子，我们来考虑两个联合的信号，它们之间有 30ms 的延时，这是音调融合区域的界限。联合信号的响应在 30Hz 具有一个倍频程宽的峰值，而在 12kHz 则具有四百分之一倍频程宽的梳状波形。这些对均衡来说是等效的吗？

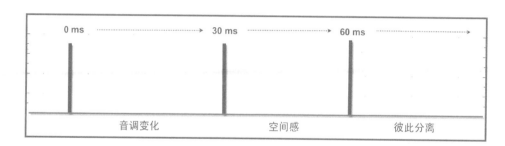

图 3.15　声级差和时间差共同作用对在两只扬声器间水平定位的影响

3.4.2　音调的感知

在系统中对音调响应感知的复杂性表现在几个层面上。音质是直达声与在直达声持续时间内到达人耳的和信号的一个组合。直达声的音调特征是通过第 2 章中描述的"梳状滤波"进行叠加修正的。随着叠加波纹的增大，音调的失真也越来越明显。音调将在一定程度上被改变了，无论第二个信号多晚到达人耳，这里假设它们都满足叠加持续时间定理。时间偏移量决定音调干扰最易被察觉的频率范围。当时间偏移量增大时，受影响的频率范围会下降。当在音调上明显的宽带滤波器向下移动时，梳状结构会导致越来越狭窄的滤波器滤过上部区域。最后我们达到的程度

是滤波十分狭窄以至于人耳无法辨别出一个音调的质量。然而，这种干扰并没有消除，而是经过音调感知门限迁移到了空间感知区，并最终进入回声感知区。

音调包络

如果在漆黑的房间中有一串灯，这些灯光可形成了一个可辨识的形状———颗树。尽管这些光线仅占据我们视野的一小部分，但我们的头脑会集中辨明它们的样式。我们专注于我们所看到的，而不是我们看不到的。我们对于音调的感知与此类似。我们会专心听我们所听到的，而不是缺失的。我们的耳朵集中于明亮地方的声音频谱和峰值，并将声音衰减的黑暗部分置于次要的地位。位于明亮地方

的声频谱样式就是包络。包络是所能听到的声音频谱的形状，也是音调的特征。

在一个自由的声场环境中，包络具有扬声器的频谱形状，并且应该自由的衰减。理论上一个理想的扬声器包络应该是平直并且没有间隔的。这是自由的音调特征。当房间内反射声叠加或添加其他扬声器时，响应会发生变化。峰值和衰减的部分会增加，包络会变化。峰值部分会超出中间的响应，并且衰减向下移动。人耳会追踪频谱区域中最突出的部分，就像眼睛追踪最亮的光线一样。在中间响应附近的一个峰值是十分突出的，这好比我们在平直的地平线上能够看到一座山。靠近衰减部分的中间响应区域也会同样地突出。一个毗邻深度衰减部分的峰值是最极端的例子，这是由于它们在声压级上的差异。所有的情况都会产生一个新的音调特征。随着声音叠加不断增多，响应的复杂程度也在增大。包络会更新主要频谱区域的形状。

峰值的带宽在音调感知水平方面是一个很重要的部分。人耳对于音调的分辨能力是有限的。有限层次的耳朵频率分辨率极高，振荡器音高上非常微小的变化甚至都能被未经过训练的耳朵所察觉。但辨别音高和辨别音调特征是不同的任务。对于可听音调特征的频率分辨率被称为临界带宽。这意味着那些比临界带宽窄的峰值和衰减部分不会被感知为音调的变化。这并不表明窄的峰值和衰减部分对听觉没有作用，而是说它们被感知为空间上或时间上的影响。回忆第 2 章阐述的内容，我们知道这些梳状滤波器的带宽是与两个叠加信号之间波长的偏移量有关的。在某一特定频率，滤波的带宽百分比（以倍频程）与时间偏移量成反比。当时间偏移量足够大，使滤波器窄到音调门限之下时，它在时域上对于空间传播和最后的离散回声感知的影响变得越发明显。

声场经验证实，被觉察的音调包络与响应趋势是一致的，如同我们在高分辨率复杂分析仪上所看到的（如图 3.16 所示）。

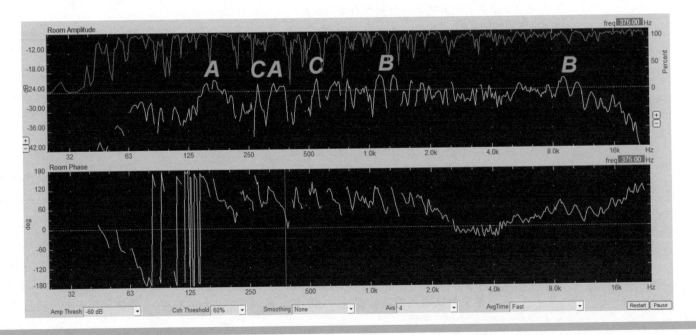

图 3.16　领先效应。水平方向上的声像受到声源间时间差和声级差的影响。当时间差和声级差为 0 时，声像出现在两个声源的中央。当时间差增加时，为了保持声像仍在中央，必须提高靠后声源的声级。5ms 之内的时间差是时间和声级间平衡作用的关键；超过 5ms 后声级差必须非常高才能影响声像

宽带宽的峰值是最容易识别的，即使它们仅比中间部分高几分贝。临界带宽不是一个简单的数值，而是一个正在争论的课题。已发现的最常见数值在中高频段大约是 1/6 倍频程。在低频段，人耳的频率分辨率像临界带宽一样变得更加线性。其实际意义在于指导我们如何尝试着去弥补由滤波所引起的音调不规则性。同时也可以分配它们来解决最易听见的干扰，例如最宽的峰值。优先等级的划分从那里开始，太狭窄以至于不能在音调上被察觉的峰值和衰减部分最好留给其他解决办法处理。

这不是说在响应中衰减部分的存在是听不出来的，只不过它们能被听到不是通过它们的存在，而是通过它们的缺失。大范围缺失的响应是随时间而变得显著，音乐的一些部分会丢失。最显著的影响是当一种特别的乐器或人声在某一范围内移动时导致的音调变化，一些音符突出出来，另一些丢失了；还有一些在它们这音结构上有意想不到的声染色。虽然将峰值降低到平均水平会避免它们突出出来，但这并不能恢复由抵消造成的丢失部分。虽然这些细微的抵消衰减仍是我们所关心的，但是还不足以影响我们以此进行音色的处理，比如滤波器。

3.4.3　回声的感知

音调质量、空间感和离散回声不是独立的。它们都是由相同的机制引起的：原始直达声和较晚到达或具有修正频率响应的有缺陷的复制信号的存在。在这些感知特性描述之间并没有明确的界限。像我们研究声频波形其他方面特点一样，界限取决于频率。

在物理声学中没有一个明确的界限来定义较早到达的信号哪些被听出是音调变化，哪些则被感知为回声。如果在时域进行测量，时间上信号的任一分离都可以看作是一个离散独立的脉冲。增加更多的时间偏移量仅使脉冲分散开来，在频域上我们看到的是连续狭窄的梳状滤波波形。在这两种情况下，没有什么东西可以直接告诉我们进入空间感知区域或离散回声区域的变化。划分的界限在我们大脑中。

我们知道音调变化的起因：早期到达信号的叠加。我们知道空间感知的起因：中期到达信号的叠加。我们知道离散回声的起因：晚期到达信号的叠加。我们如何定义晚期呢？所谓的晚期就是当我们听到信号有回声的时候。现在我们建立一个循环的论据。

我们已经知道：感知到的瞬态受到输入信号特性的影响。格列高利圣咏（连续性信号）所表现出的就是一种极端情况，而敲击的鼓和号角声（瞬态性信号）则是另一种极端情况。其中的主要差异就是在叠加持续时间中所起的作用。连续性信号延长了叠加持续的重叠时间，让人感知到声染色。瞬态信号具有的重叠持续时间最短，先进入到下一个感知区间。由于高频具有最短的周期，所以其瞬态峰值具有的持续时间最短。它们将最先跨过分界线，进入到回声感知区。

既然在我们对音调感知的过程中，时间差对于叠加的作用可以看作一个平滑的频率响应滤波器，那么我们同样可以将此平滑滤波器应用于对回声的感知。较晚到达信号对于 10kHz 与 100Hz 是完全不同的。有 5ms 延时的信号会在 10kHz 引起 1/50 倍频程宽（信号波长的 50 倍）的梳状滤波，这远超过我们对于音调变化感知的临界带宽（信号波长的 6 倍）。那这是什么？它一定是某种东西。至少是一种潜在的回声。如果信号在自然界中是瞬时的，那我们将把它听为回声。我们当然不打算去均衡它，对我们的目的而言，它就是一个回声。在 100Hz 会发生什么？ 100Hz？你读懂我意思了吗？我们遗憾地告诉你，100Hz（半波长

业界评论：不止一次，我利用看上去很好的测量结果来均衡音响系统，而声音听上去却十分地可怕。在这时，真正重要的是要相信你的耳朵。人们很容易只关注技术上的问题，而忘掉了真正的任务是什么。在均衡系统时，所犯的一切错误都源自放置在错误位置上的测量传声器或者使用了错误的技术方案。我的观点是：如果声音听上去不对，那就是不对。这时我们应该回过头来，重新开始进行系统优化！

亚历山大·尤尔－桑顿二世（桑尼）（Alexander Yuill-Thornton II（Thorny））

在经受最终的音调变化：衰减。与它相邻的 200Hz 在此过程中得到一个倍频程宽的音调提升。从音调到回声的平滑滤波器的转变就像梳状滤波器的对数齿距一样简单。在齿距宽的地方我们听到音调，当齿距变得很窄时我们就有了潜在回声。

大家普遍认可的回声感知门限是 60ms。这种延时会引起在 400Hz 范围内大约 1/24 倍频程的滤波。时间门限的数据来自用人声作为声源的研究。400Hz 处在人声频率范围的中心，所以使得我们感觉人声已经跨过了回声感知的界限。但是低音吉他的大多数频率都低于 400Hz，而踩镲则远高于此频率。如果我们把制定门限标准的观念从时间偏移量转变为它的频率响应效应会怎样？如果我们将 1/24 倍频程（即 24 倍波长的延迟）作为门限，而不是固定的 60ms 的时间会怎样？这会转化为一个变化的时间表，12kHz 的延迟时间是 2ms，100Hz 的延迟时间是 240ms。这很重要，因为它给了我们一个单一的门限，从这个门限可以分辨在时域和频域之间的解决方法。对于低于 1/24 倍频程门限的信号，其优化方案将包括均衡的可能性；而对于那些超过门限的信号，其优化方案将被制约在延时或其他的解决办法。这一论点成立吗？尽管我没有专门的实验室去支持这一论点，但我自己的研究和经验可以支持它。我听过高度叠加的瞬态信号，它具有连续调整的时间偏移量。过渡到回声的转变是逐渐进行的，开始仅在最高频率，而后稳步地移动更多的低频端。瞬时峰值在不到 2ms 的时间显示出最高频率信号的可辩识分离度。这与 1/24 倍频程的期望是一致的。当时间增加到 10ms 时，信号在中频范围的分离已经十分明显，而在低频部分信号听上去仅是被拉长了。到 25ms 时，信号听上去好像它们被强有力地分开了。但我们知道实际上它们并没有被分开。30Hz 信号的波长怎么能够在它还没有完成一个单一的周期时与它自身分

离开来呢？

虽然这与主流的声学研究结果并不一定矛盾，但是我们可以将其视为是频率范围的延伸。它们被认可的数值是针对中等频率范围的语音传输的，而非全频带的音乐信号。60ms 的回声感知门限的确立对应于 400Hz、1/24 倍频程信号（正好处在语音频率范围的核心区）的门限。虽然这种方法是与中等频率范围的歌唱声瞬态感知一致，但是还是有别于大提琴和定音鼓等极端情况。

3.4.4　空间感的感知

当我们能够精确地指明一个单一声源时有一个时间数值。另一个极端是当我们能够指明以回声形式出现的多个声源时的时间数值。在这些极端数值之间的就是空间——最终的边界。在此之间的灰色世界就是空间感知的地带。这里声源被感知为"大""肥""宽"，或者其他各种形容性的词汇，这些词汇都表达了一件事：我们的耳朵在接收关于声源定位和持续时间的相互矛盾的信息（Everest，1994，pp.295-301）。我们从所讨论的声源定位中可以知道，声源声像会倾向于第一个到达的声信号的方向，除非这时它被声级差偏移量所控制。这并不意味着这种感知与听到一个单一声源是等同的。实际上相差很远。我们来考虑下面的情况。仅用 2.5ms 的时间偏移量就使得声源声像在优先效应的作用下走了它一半的路程。在 10kHz 这相当于 25 倍波长的偏移量，足够使它超过回声感知的边界。在 100Hz 它相当于 1/4 波长，这是无意义的。谁在空间感知上起主导作用？回顾此前有关视在声源宽度的讨论，这里所发生的就是声源宽度的展开随频率变化的情况。低频具有最强的弹性，因为具有的长波长使得其一直不能满足叠加持续时间的条件；从另一方面讲，高频部分所具有的弹性最小：

业界评论：声学测量系统的目标应该是帮助你了解你所使用的设备正在做什么，你所听到的又是什么。在对所听到问题和系统对信号的影响进行解释时，你所看到的测量越多，那么测量系统对系统优化的帮助就越大！

萨姆·伯科（Sam berkow）

持续时间最短。因此高频信号首先离开进入到两个分立位置区：直达声和回声。人的大脑最终将其混合后感知为一个整体的听音体验。这个声音的真正位置位于何处呢？对于不同频率的信号，似乎是位于不同的位置上。对于像音乐这样的变化信号，空间提示信息是一种恒定的通量，并且是由不同的频率范围反映出来的，人们可以无忧无虑地欣赏这种运动变化。这样我们就可以很容易理解为何将这一区域冠以"空间感"的原因了。

空间感知区域是时间偏移量很低的区域，这足以使声像在某些频率上产生移动，而在其他频率上不被察觉为分立的回声。具有很多瞬时高频成分的信号在音调和回声感知世界之间有最小的窗。滤掉高频成分的信号（减少了瞬时响应）到达地较晚，并且在我们回声感知声纳中添加为空间感知的经验。交响乐厅堂声学设计需要掌握到达信号的顺序，这样较晚到达的信号具有较少的高频成分。我们的目的是使听众对于空间的感知最大化，而对回声的感知最小化。

3.4.5　感知区域的检测

是否有一种办法使我们能够通过分析仪来辨别感知区域？答案是肯定的。结果可以在高分辨率频率响应中找到。音调感知区域是在叠加声源有很小数量波长分离的地方。如果遵循临界带宽理论，那么我们可以将门限设置在 1/6 倍频程。因此当梳状波形间隔 1/6 倍频程或更少时，音调区域能够被察觉。回声感知区域出现在当声音已经超出人耳的音调分辨能力的时候，我们实验性地找到门限为 1/24 倍频程（24 个波长）。在两者之间的是空间区域。一个具有 1/24 倍频程或更高的分辨率，频率采用对数坐标显示的分析仪可以提供给我们这一信息。这一响应显示在图 3.17 中。低分辨率的分析仪去掉了响应中的重要提示信息。这些信息是反映门限的频率响应细节。呈现在显示屏上的宽的峰（音调区）最适合进行 EQ，事实却是如此！极细微的梳状响应（分离区）表现为最适合进行除 EQ 之外的其他解决处理方法的实施，现实中也正是这样！其中的关键体现在细节上。

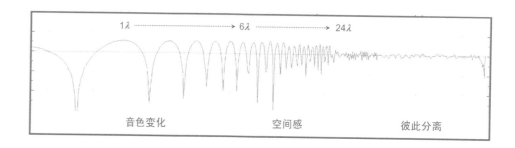

图 3.17　波长差对叠加信号感知的影响。小的差异使人感觉音色有变化，而大的差异让人产生声源彼此分开的感觉。特定频率下的波长差是时间差的函数

第五节　立体声的接收

3.5.1　引言

立体声音乐重现是一种巨大的乐趣。当每一个乐器占据一个唯一的位置来创造出丰富的音乐全景声像时，声音在水平方向上分散开来。立体声重现毫无疑问地比单声道重现更"有趣"。当然，这里假设我们是在立体声全景声像效应确实发生的听音区域。对于那些位于最佳听音区域之外的听众，单声道系统如果不比立体声更好的话，至少也和它具有一样的品质。

立体声是如何工作的？它的局限是什么？有什么副效应吗？它如何适合我们对于大空间的系统设计？为了回答这些问题，我们必须首先清楚立体声是如何被察觉的。它是我们双耳定位系统以及双通道听音系统综合的产物。

3.5.2　声像区

我们都知道对于立体声来说在房间中最佳的听音席位是中心位置，并且当我们远离中心位置时全景声像效应的作用减小了。这是为什么呢？立体声感知首先基于我们双耳听音的声级差系统。我们在前面已经看到一个单声道的声频信号是如何以不同的声级传送到两只扬声器，并且使声像从一边移动到另一边的。声像可以位于两只扬声器之间水平方向上的任一位置，这一宽度就是全景声像区域。信号在这一区域的位置是由缩混调音台上的全景电位器（之前叫作"pan pot"）控制的（如图3.18所示）。这一控制通过可变的左右声道之间的声级偏移量来维持一个恒定的总体声压级水平。

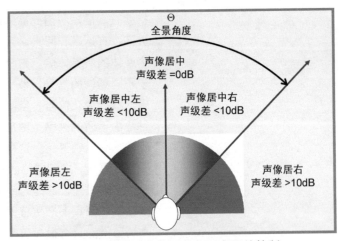

图3.18　声像区是受声像电位器的相对电平的控制

3.5.2.1　距离因素

当我们靠近一对立体声扬声器时，从中心位置到单独一只扬声器之间的角度增加了。全景声像区域成比例地扩展。当我们远离时情况则相反。通常认为最佳的全景声像角度大约与中心呈30°角。这在家中或是工作室中都很容易实现，此时扬声器对准一个单点——"最佳听音点（sweet spot）"。过宽的立体声全景声像区域会使中心位置的声像缺乏稳定性，而较小的区域则会使声像范围有所压缩。压缩后的区域并不令人满意。宽角度的声场有最小百分比的立体声区域，在此区域立体声感知仍然很明显。窄的声场有较大百分比的立体声区域，但立体声全景声像效应有所减弱。在音乐会的设置上我们有延长了宽度和深度的覆盖面。因此全景声像声场的宽度必然会随着大厅中距离和侧向位置的不同而发生变化。遗憾的是，我们不能实现市场部门对于每一个座位都是立体声的承诺。

3.5.2.2　偏离中心的效应

下面我们花一点时间留意一下当在大厅中四处走动时被声像处理的信号（如图 3.19 和图 3.20 所示）。回顾在第 2 章进行的有关三角形法则方面的讨论，并考虑等边、直角和钝角三角形位置的情况。在等边三角形的中心位置处，声像被处理至左侧的信号出现在左边，处理至中间的信号出现在中间，以此类推。这一结论在任何的距离上都是成立的，其差异只是表现在 L 和 R 位置之间的宽度上。这其中最重要的问题是在声像定位机制中起作用的因素只有一个：声级。这时的时间差是相等的，因此其影响并不会表现出来。这时只有声级因素对声像处理起作用，它可以实现在水平方向上的连续定位。

接下来我们研究直角三角形的情况，即听音人位于左扬声器的主轴上。通过声像处理让左信号出现在右扬声器上——即出现在听音人的正前方中间位置。让被声像处理至中间的信号出现在中间，处理至右侧的信号出现在右边。从两个方面来看，这并不是全景立体声：任何信号都不会

出现在听音人正前方的左侧，另外也不能实现从中间到右边的逐渐过渡。时间差是固定的，它将声音优先定位在左扬声器上。将感知移至右边的唯一办法就是声级差：非常大的声级差。如果听音人离左边的距离近，并存在 5ms 的时间差，那么需要 8dB 的声级差才能将声像定位在中间偏左的位置上。由于时间和声级间的差异之间缺乏平衡，所以有很少能在其他的座位获得与此相同的感知，即感知声音定位在中间偏右的位置。这是个不能成立的公式。随着听音人进一步移向左侧，时间差将进一步加大，这时就要求右声道更响，只有这样才能维持声像处在中间偏左的位置上。如果我们从右侧扬声器离开的话，那么怎样可能是更响呢？直角三角形的几何形状表明，它是不可能在宽的区域上保持声像的逐渐变化的。在我们从这一位置离开之前，先考虑一下声像处理成全右状态的信号情况。这时其表现在很宽的区域上都是正确的，因为这时声级具有压倒性的优势。从本质上讲，我们具有的是双声道系统，而不是立体声的全景系统。

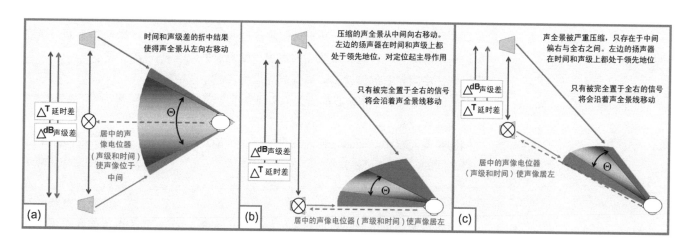

图 3.19　不同角度下的立体声声场：（a）对于中间位置的声级和延时声像处理；（b）对于左侧位置的声级和延时声像处理；（c）对于左外侧的声级和延时声像处理

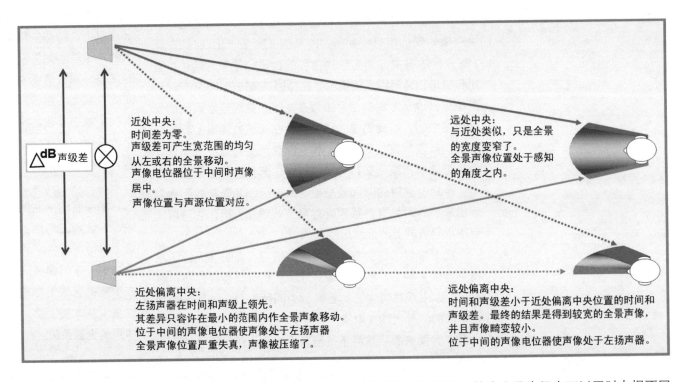

近处中央：
时间差为零。
声级差可产生宽范围的均匀从左或右的全景移动。
声像电位器位于中间时声像居中。
声像位置与声源位置对应。

近处偏离中央：
左扬声器在时间和声级上领先。
其差异只容许在最小的范围内作全景声象移动。
位于中间的声像电位器使声像处于左扬声器全景声像位置严重失真，声像被压缩了。

远处中央：
与近处类似，只是全景的宽度变窄了。
全景声像位置处于感知的角度之内。

远处偏离中央：
时间和声级差小于近处偏离中央位置的时间和声级差。最终的结果是得到较宽的全景声像，并且声像畸变较小。
位于中间的声像电位器使声像处于左扬声器。

△**dB** 声级差

图 3.20　立体声声像区。系统在不同的距离和角度下的多个位置时的情况

最后，我们到达钝角三角形区域。这时我们完全处在左边扬声器覆盖的盲区，从我们的透视角度看过去，这时它出现在中间偏右的位置上。声像被处理到左、中或中间偏右的信号出现在中间偏右的位置（左扬声器方位）。只有声像被处理成全右的信号才会出现在右方。中间偏右与右之间的角度差很小，而且任何人几乎都不大可能对处在这些点之间的位置有所感知。

3.5.2.3　混合信号

立体声声像电位器可以处理多个声信号。混合后的信号可以被使用，它们每一通道都有自己的声级声像电位器。

结果使得不同声道在立体声全景声场中可以同时占据不同的位置。

3.5.3　立体声的度量

对于我们的生活来说，有一个计划似乎是不证自明的，那就是在家中聆听的立体声是可以转移到音乐会现场的（如图 3.21 所示）。左右声道可以和家中一样进行相同的安置。只要扬声器阵列有许多水平方向上的覆盖面交叠，立体声声像就会表现地像在我们家中客厅一样，是吗？实际上并不是这样的。距离因素主导着立体声。回忆我们前面

所讨论的"毕达哥拉斯问题"（见图 2.21）。声级差是用距离的比值来度量的。这便可以让我们将一个大的空间具有和我们家中客厅相同的立体声声级分布。虽然这对于声级差是成立的，但对于时间差则有所不同。它们呈现的是完全线性的变化，每次 1ms。在时间差方面，大空间没有提供给我们数量上的折算，也非按比例度量。当我们偏离中心时，我们就合不上拍了，呈现出周期性的特点。

　　处在中心位置时声像度量尺度变动的影响是明显的，但并不令人感到十分麻烦。立体声声场的宽度随距离逐渐减小，直到其宽度小到我们很难察觉到它为止（如图 3.22 所示）。在偏离中心位置区域上，结果并不如人们所期望的

那样。罪魁祸首并不是十分之几分贝的声级差，而是时间。我们的双耳定位系统在 5ms 以后失去其效用，例如如果声音晚于 5ms 到达，则需要大于 10 分贝的声级差优势来移动声像定位。我们不必走到较远且偏离中心的区域来得到离一边较近的 5ms。在我们空出中心区域后系统变成了两个单声道通路。只有那些将声像电位器完全设置到一边的声像才能被听出是不同的定位来。而其他声像则出现在最近的扬声器位置。对于大多数音乐会的听众来说，立体声体验的积极方面是令人兴奋的因素，如偶尔出现的通通鼓或特殊效果会出现在相对的一边。而消极方面则是降低了可懂度，增加了音调失真和回声的可闻性。

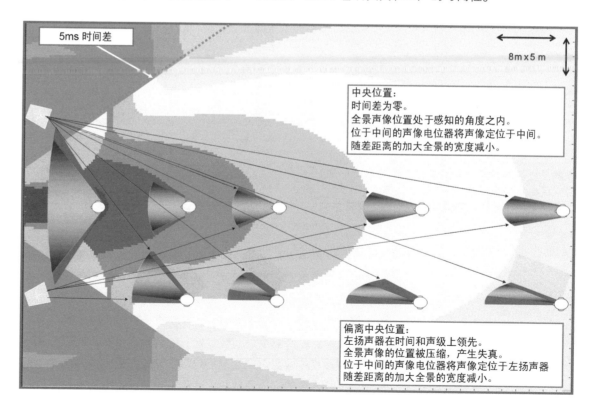

图 3.21　家庭条件下的立体声声像区。灰色区表示的是处于立体声区之外

5ms 时间差

8m x 5 m

中央位置：
时间差为零。
全景声像位置处于感知的角度之内。
位于中间的声像电位器将声像定位于中间。
随差距离的加大全景的宽度减小。

偏离中央位置：
左扬声器在时间和声级上领先。
全景声像的位置被压缩，产生失真。
位于中间的声像电位器将声像定位于左扬声器
随差距离的加大全景的宽度减小。

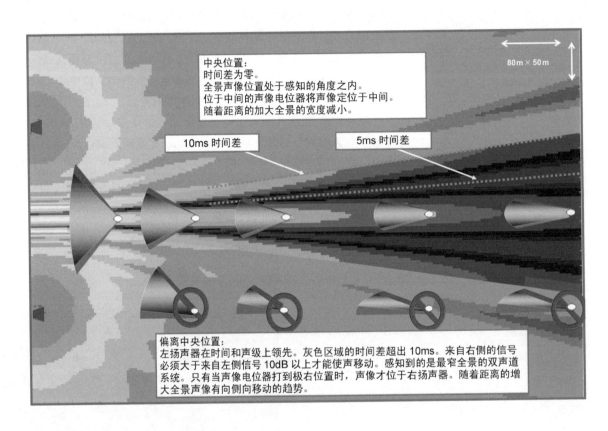

中央位置：
时间差为零。
全景声像位置处于感知的角度之内。
位于中间的声像电位器将声像定位在中间。
随着距离的加大全景的宽度减小。

10ms 时间差

5ms 时间差

80m × 50m

偏离中央位置：
左扬声器在时间和声级上领先。灰色区域的时间差超出 10ms。来自右侧的信号
必须大于来自左侧信号 10dB 以上才能使声像移动。感知到的是最窄全景的双声道
系统。只有当声像电位器打到极右位置时，声像才位于右扬声器。随着距离的增
大全景声像有向侧向移动的趋势。

图 3.22　音乐厅规模的立体声声像区。灰色区域代
表的是立体声声场之外的区域。虽然与前一幅图一
样它保持同样的尺寸关系，但是距离大了 10 倍。应
注意的是，在全景声场区域中的座位比例减少了

一个大规模的系统（如图 3.23 所示）的立体声声场形
状像一个随距离增大不断扩展的楔子。楔子的宽度是由扬
声器的摆放位置决定的，而不单单是由单元的覆盖角决定
的（倘若角度宽到产生重叠）。当摆放的间距较宽时，楔
形变得较窄，在声场中只有较少部分的听众。当摆放得较
窄时，楔形变得较宽，但全景声像宽度变窄，因此形成一
种较少令人兴奋的立体声体验。这是我们对于一个较大空
间的选择：为了极少数席位选用宽的全景立体声或者为了
少数席位选用窄的全景立体声。虽然要记住上面这些结论，
但对于处于中心线上的席位，由于时间和声级差的缘故是
会产生失真的全景声像分布。在楔形中的听众所占的比例
取决于厅堂的形状。长且狭窄的厅堂比例最高。宽的厅堂
比例最低。

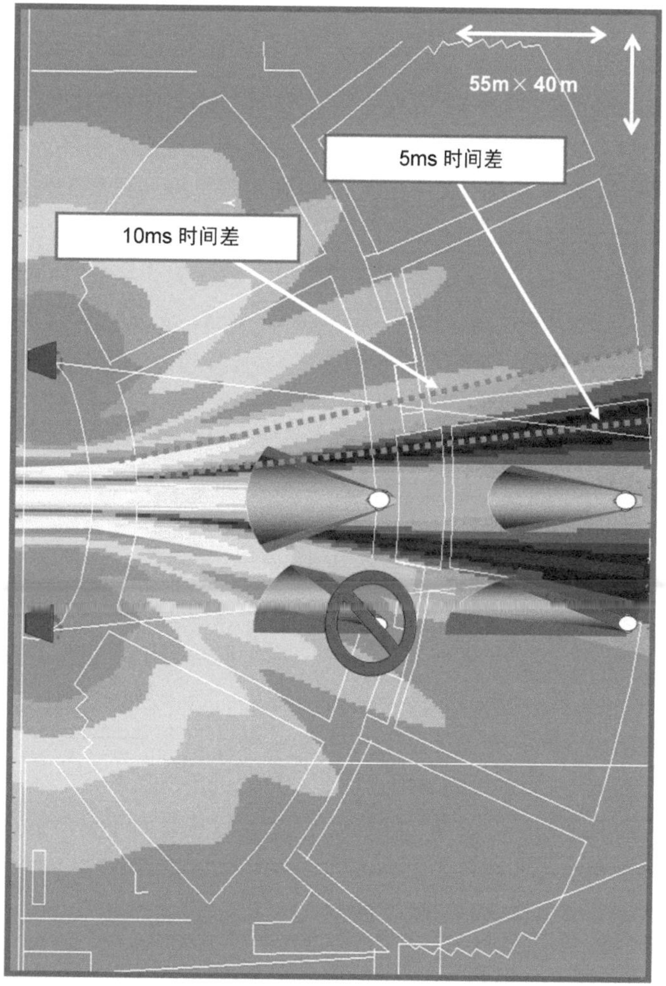

图 3.23　宽阔空间中的立体声声像区。灰色区域代表的是立体声声场之外的区域。处在全境声场中座位比例较低。打算以立体声来覆盖侧向座位区的尝试会导致可闻回声的产生

业界评论：尽管重放出具有空间感的声音是件令人陶醉的事情，但是听音存在着所谓的"最佳听音位置"的问题。即便如此我认为人们还必须以这种方式去工作。可以明确的是，道具和灯光的设计者很少考虑偏离中心就座的观众。从不同的角度来看视觉的基准（舞台）需要声音也应具有和视觉输入相吻合。

乔纳森·迪恩斯（Jonathan Deans）

3.5.4　立体声的副作用

要确定立体声是否值得我们如此麻烦，需要对其可能产生的副效应进行考量。如果这些效应对一些人来说提升了立体声，且不降低其他人的体验，那么我们有明确的决定：使用立体声。但副效应是真实存在的。它们是由于左右边的声源移位而引起的声音叠加的产物。任何一个没有被声像电位器完全设置到一边的声信号都会在空间中形成一个稳定的叠加信号。由于在相互竞争的声源之间有不断变化的时间和声级偏移量，每一个偏离中心位置的席位都会不同程度地受到影响。对于那些离中心较近的听众来说，效应会是梳状滤波的音调变化。而在边上的听众则会受到离散回声的影响。这些负作用的程度取决于系统中声音交叠的程度。由立体声引起的损伤是与声音交叠区域中的声级交叠程度成比例的，在这一交叠区域中，时间偏移量太大以至不能使我们保留在立体声感知窗口中。

第六节　放大声音的检测

它存在吗？或者它是 Memorex™? 这一经常被引述的商业广告语在美国电视台出现了多年。爵士乐史上最伟大的歌手之一艾拉·费兹洁拉在一个声乐房间里唱歌，这时扬声器发出的她的声音使得摆在扬声器前面的酒杯碎了。我们得出结论，因为酒杯不能区分现场声音和从磁带放出的声音之间的不同，那么我们也可能被愚弄了。如果事情这么简单就太美妙了。

我们作为声频工程师的一个作用是压制一些因素，这些因素有可能打破听众处在演唱者直达声音场内的感觉。我们希望听众将注意力集中到艺术家身上，而不是扬声器。我们必须考虑所有感知的因素，这些因素告诉我们一个声音系统，而不是物理定律中一个神奇的突破，使得声音从遥远的演出者到达我们所处的位置。有大量必须通过管理

才能创造出感觉的因素。我们只需找到一个突破口。一个线索就是手持话筒。通过足够的努力，使缺乏专业经验的听众不注意到声音系统的存在是有可能的。一个完美的例子是百老汇音乐剧院的声音。剧院的评论者没有注意到声音系统的存在。在 2008 年之前人们还想不出到底该如何解释音响设计的汤尼奖（Tony Award）被增加到剧院候选的清单中的？

3.6.1　失真

所有形式的失真告诉我们这一个事实：扬声器中都会存在。谐波失真是最不易被察觉的，因为它具有"音乐"的性质。互调失真和数字失真表现的则要明显的多。这类失真的副产物是与谐波不相关的，并且即使在极低的声压级也能被发现。在数字声频电路中的失真也是和谐波不相关的，即便失真的电平非常小也会被检测到。

当信号超过了某级电子电路的电压限制值时，电路就会产生削波。当信号处在限制值之下时，如果一段无失真的信号紧跟在会导致谐波失真和互调失真的瞬时脉冲之后，那么就能听到谐波失真和互调失真的影响。然而，操控整个系统，使其处在门限之内是调音工程师的基本工作，并且没有哪个系统设计或优化方案能够避免这种可能性的发生。我们的设计目标是为系统提供足够的动态余量（峰值储备），从而使过载出现的概率最小化。

3.6.2　压缩

避免扬声器单元受到损坏的一种方法是使用压缩器和限制器。当信号通过系统时，其电平如果超过了基于驱动单元功率限制而确定的门限电平，则这两种设备都会降低

其电压增益。这种处理所产生的声音效果就是动态响应变平坦了，从而使过响的部分不会引起过分的削波。尽管这样的处理与纯粹的削波相比不易被听出来，但使用过量时会让人明显感觉到声音具有不自然的动态结构。最糟糕的情况是：一台过度工作的压缩器会引起"喘息"效应，即人们能听到压缩器的压缩和释放动作。这里我们再强调一次，这是操作层面的问题。

3.6.3　频率响应的染色

频率响应在我们识别声源时能够提供很多线索。如果一个单簧管听上去不像是单簧管，那么我们开始设想这是如何发生的。是奇怪的房间反射所引起的吗？是我喝酒喝过了吗？噢，是的！还要将声学系统考虑进来。

具有大量尖峰和低谷的频率响应会引起人耳的注意。在大脑中我们对于声音存在着期望。我们的记忆中包含一张图，其中就包含着我们对某种特殊乐器或人声应该听上去像什么的听音感受。第二张记忆图包含了对这一乐器在几秒钟前发出的声音的听音感受。如果感觉声音总是不自然，或是有时不自然的话，我们倾向于猜想一个声学系统被引入了。

3.6.4　准透视关系

小提琴就是小提琴，然而将小提琴放在我肩膀上演奏所发出的声音与处在 30 米远的地方演奏所听到的它所发出的声音是完全不同的。在我们大脑中不只保存有一张小提琴声音的记忆图，我们还有对于声音的透视感。一把在远处演奏的小提琴声音不应该听上去像是在近处演奏所发出声音，而一把在近处演奏的小提琴也不应该听上去像是远

业界评论：多年的工作经验告诉我一件事：差的音响调控一定会抱怨连天，而良好的音响效果评论就悄无声息了。如果我们看到第二天当地的报纸评论没提到声音的问题，这就说明一切 OK 了。

米格尔·卢尔蒂（Miguel Lourtie）

处演奏的小提琴发出的。当发生这种情况时，我们会发送准透视关系的提示信息。

当我们强化一个声源时，就使得自然的声音感知产生了失真。通过增加声级和扩展高频响应，会使一个处在远处的声源被感知为处在近处。之所以这么做我们是有很好的理由的：它使得听众与表演者更加亲近。同时这也使得经典戏剧演员和歌剧演唱者不必提高嗓音就能让听众听到其声音。对于剧场的演出者来说，音响系统的出现使得更大范围的实际语音和情感能够被听到。一首歌可以轻声演唱，仍能被听众所听到。总之，若采用"自然"的音响，演员必须以不自然的方式发声以便使声音辐射到后方。若采用"不自然"的音响（这是我们所采用的），演员可以以自然的方式发声。

这一过程有其局限性。我们希望观众缓和其怀疑心，就像他们沉浸在电影情节当中一样。不要把声音包络推得太远是关键。我们不希望观众感觉演员就在他们耳边。远距离声源发出的声音直混比较低，具有大量低频房间反射叠加与高频衰减。它们在声压级上也很低。近距离声源发出的声音具有较高的直混比、很少量的低频房间反射叠加和高频衰减，它们听上去也很响。我们需要铭记是：我们期望的是声音的自然传输，以便当移动景别变化时，人们仍然感觉不到声音的变化。

当我们向声源靠近时，声压级会增大，高频响应增强，低频响应变平滑并且房间的影响变小。所有这些品质可以通过我们的音响系统实现。当大于 10kHz 范围信号的峰值不超过响应的主体部分时，"在耳边轻语"的声音效果能够被抑制。这种高频能量处于信号顶部的极端情况仅在近场自然地发生。因此远距离处声覆盖的的扬声器进行高频扩展时必须使高频信号能够到达厅堂的后方而不使近场的听众感到高频过多，产生刺耳的感觉。

将这一情况反过来，让近处的声源出现在远处，这也是可以做到的。在大多数例子中这一效果并不令人满意。近场偏离中心轴的区域与远场具有类似的响应。当我们向偏离中心轴的方向移动时，听到声音的感觉与我们向更远的地方移动时的一样。高频覆盖的缺失模拟了声音在空气中的衰减，使我们感觉声源变远了。

第二种产生准透视感觉的方法是在远场过度地减少低频成分。如果低频被过分地平滑，则很远距离的响应与近场响应会十分相似，保持有不确定性。

如果低频减少到中频声级之下的话，那么就会产生"电话"般的音质。从本质上讲，这并没什么，这可以通过一个管子进行短期谈话来实现，这一管子同时减小了高频和低频成分，仅保留了中频成分。如果我们的系统呈现出电话般的声音音质，美梦就破灭了，音调也令人讨厌，并且观众很可能就会下意识地接听他们的手机。

3.6.4.1　双重感知

反映扬声器的另一个方法就是双重感知。我们不可能同时离声源很近又离它很远。我们也不可能同时在一个小房间又在一个大教堂。如果高频成分听上去像是从一个附近声源发出的，而低频成分则像是从很远的声源发出的，那么我们就会有了双重感知。在这方面最常见的错误是剧场挑台下方延时的情况。对于延时信号的低频利用低频切除滤波器进行大的衰减是为了减少低频信号的叠加，以便获得更好的可懂度。为了对其进行图示，我们采用一个极端的情况来说明。在大多数挑台应用中，只有 4kHz 之上的频率范围需要从主扬声器和延时扬声器的混合中获得真实的叠加增益。我们可以断开除了球顶高音之外的一切，并且仍然填满这一频率范围。主要系统与远距离系统在频率上没有很均衡地结合。在中频和更高频率的范围，结合后的声音感知是近场，因为延时信号占主导地位。在低频，远距离的感知则占主导地位。这在某种程度上总是会发生，但从延时信号中移除低频只会加重它们的不同。这将在近场和远场的听觉体验中引起不自然的双重感知。

双重感知的另一种情况发生在多频段扬声器系统中，例如一个两分频扬声器，它的低频驱动单元和高频驱动单元具有完全不同的指向特性。当指向性变化时，我们对声音的感知也随之变化。增强高频的指向性使听众对于声音的感知向前移动，而增强低频的指向性则使其向后移动。这一情况逐渐地发生在一个房间中是很自然的。而它在一个单一音符上或是在分频器中使用过陡的滤波器时发生则是不自然的。

当覆盖不同频率范围的扬声器被替换时，这一情况的第二种形式会出现。这对重低音音箱来说十分典型，它可能处于地面上而系统的其他部分则处于半空中。通过不同区域传来的低频和高频信号，可以找到一个分裂的声源声像。当替换很大或是频谱交叉很陡峭时，这一情况最容易被听出来。更多关于交叠过渡的可闻度的问题参阅第2章。

3.6.4.2 声源声像失真

我们已经讨论过了声源声像的机制问题。如果声音听上去像是从扬声器发出的而不是从自然声源发出的，那么这是一个明显的错误感知的例子。即使声音信号是原始信号完美的副本，如果它听上去不是从演出者那里发出的，那么也欺骗不了任何观众。我们的扬声器需要有目的地选择和摆放，并仔细地设置时间差和声级差以获得听起来真实的声像结果。

3.6.4.3 同步

许多大规模的活动都包含视频的放映以提高远距离观

众的临场感。在这种情况下我们看到实际的演员不带有任何的掩饰，因此我们也不需要隐藏声学系统的存在。然而，这会出现潜在的音视频不同步的干扰作用。大屏幕上的画面会先于声音到达观众，除非视频信号加有延时。视频与声频之间同步的缺失会降低语音可懂度，这是由于我们下意识地看到唇型与声音相冲突。除此之外，它还很烦人！

第七节　传声器的接收

3.7.1　引言

我们的耳朵不是声音唯一的接收器。声学信号能够被传声换能器拾取到并转换成电信号。传声器在我们的系统中有很多用途，其中大部分是用来拾取声源发出的声音，进而通过扬声器重放出来。对于声学信号起源而言，传声器是我们声学系统中起始的输入点，并且可以说我们首要的任务就是在传声器的位置为听众重建声学体验。从这个意义来说，传声器是我们的仿真耳，而且它对我们耳朵响应的真实度似乎是一个定义因素。然而，实际情况没有那么简单。

3.7.2　传声器与人耳的比较

传声器与我们的听觉系统截然不同。我们在舞台上对传声器的应用有很多方面是与人耳不同的。首先，人耳是被我们的头部分割开来的双耳系统。为了重建这一听觉体验，需要一对传声器，放置在一个人工头中。这被称作"仿真头"或双耳录音。以这种方式进行录音很吸引人，但

业界评论：在富有亲切感的剧场中，几乎不存在可以取代实际事情的窍门。我发现，当你没有真实的电话铃声或者电视舞台时，虽然观众不会对此保有怀疑的悬念，但是要具有一定的逼真的程度，还是要针对怀疑的层面做一定程度的补偿。要想抓住观众在动作舞台上的心理，需要在现实的边缘留有一定的让人震惊的空间。声音的"真实性"或自然性与非现实的声音可能性或营造的梦幻现实之间的分界线可能会产生一些关于声源和扬声器摆位方面的、十分令人感兴趣的问题。其中一些关于准确扬声器延时的要求将帮助我们更好地将演员的世界转移到观众的世界中。

马丁·卡利洛（Martin Carillo）

有很多局限。最主要的局限是录音节目必须使用一个与之相似的扬声器系统——耳机重放。这限制了我们的 3D 立体眼镜，虚拟现实类型的应用以及具有一个精确听音位置的特殊房间的重放。每隔几年就有一个"重大突破"，而一些人认为这是不可能的：他们有一个可以为整个房间提供这一听觉体验的特殊处理器。

重建人耳听觉体验实际的折中方法是采用立体声传声器对。两只传声器放置的很近并张开一定角度。单独的传声器比我们的听觉系统有更强的指向控制特性，但仍要以其他的方式营造一个相似的听觉体验。为此，传声器必须放置得足够远，以使舞台上的声源能够相互融合。由于泄漏，这种放置方法对加强声音几乎是无用的。模拟我们听觉系统的传声器放置超出了舞台范围。我们如何工作？

传声器指向性控制在加强声音的应用中是非常重要的。所有声学舞台的声源将找到自己的方式对待不同电平和延时偏移量的传声器。当传声器信号在调音台上混合在一起时，最终的电信号叠加会引起声源响应的梳状滤波失真。有几种防止这些梳状滤波效应的方法。关闭声源的传声器，用强指向性传声器，或承担得起很大程度的声波隔离。然而，这会引起错误感知的问题，如上面所述，听众会感觉自己处于像大鼓里面一样的位置。为了营造真实的听音感觉，我们需要对传声器或在缩混调音台中对响应进行修正。

第二个要防止的是在舞台上的声波隔离，可通过使用隔板，或礼貌地要求音乐家在其局部区域限制他们的声压级。所有的音乐家都想听到自己的声音，而且有些音乐家实际上希望能听到其他音乐家的声音。这提出了一个附加的复杂问题：舞台监听。这些声源引入了一个额外的泄漏通道，我们只好对传声器进行最大限度的指向控制。

我们可以推断流行乐队的舞台区域是一个声学战区。

调音师的目标是尽最大可能分离这些声源，并希望在混音台重组这些片段。对这一任务而言，模拟人耳听觉机制的传声器不是合适的选择。

3.7.3　测量传声器

对系统优化而言，传声器的首要任务是在房间的不同位置拾取信号采样响应以便监听传输系统。这些采样响应需要包含直达声和混响声，因为我们的听觉体验受两者共同影响。朝着声源方向的全指向传声器，与单个耳朵的响应很接近。耳廓有一个有限度的高频前向或后向指向性，全指向传声器与之很像。相比之下，心形指向传声器比人耳有更强的指向性，并且能够通过距离改变低频响应（近讲效应）。人耳会失去在垂直和水平定位中的作用，但是叠加的频率响应与感知到的音调响应十分接近。因此，为了传输系统监听的仿真耳应该是放在大厅中某一位置的一个全指向传声器。

用于系统优化的传声器都属于"自由场"类型的。这就意味着它们具有平坦的轴上响应，并随着频率的升高高频响应会稍微有些跌落。另外一种类型的测量传声器是所谓"随机入射"型传声器（也称为"扩散场"传声器），这种传声器是针对象 HVAC，环境噪声等这类完全非相干的声源特征而设计的。这种传声器在轴上呈现出大的 HF 峰，在系统优化中并不采用这种传声器。

测量传声器的标准已远不止十分平坦的频响曲线这一条。传声器的失真度必须低，并且要有足够的动态范围以便无失真的拾取系统的瞬态峰值。其自身噪声必须低于周围的环境噪声。不幸的是，这仅是一个理想状态，即使是最好的录音工作室也有很多环境噪声，使得传声器自身的噪声成为一个理论上的数值。

Trap 'n Zoid by 6o6

3.7.3.1　全指向传声器

测量传声器技术指标：

- 频率响应：27Hz 到 18kHz ± 1.5dB
- 全指向
- 自由声场
- THD ＜ 1%
- 无负载最大声压级 ＞ 140dB SPL
- 自身噪声 ＜ 30 dB SPL（A 加权）

3.7.3.2　心形指向传声器

在系统的声场优化中，一些有经验的人会用多只心形指向传声器做测试。当这一应用中使用了心形指向传声器时，有一些很重要的要点需要牢记。

全指向传声器和心形指向传声器作为测量传声器的对比：

- 心形指向传声器具有更加一致性的读数，减少了频率响应的波动，而且通常更容易读出数据

- 心形指向传声器比人耳的指向性更强，因此乐观的数值可能令人产生误解。这可以通过下面的事实得到缓和，即全指向传声器比人耳听觉系统的指向性弱，因此会得到一个不乐观的响应

- 为了得到准确的结果，心形指向传声器必须严格地对准声源。这需要警惕的注意力以防止出现关于扬声器高频响应的错误结论

- 在测量两个声源之间相互作用时会出现一个附加的复杂问题。如果对传声器而言声源来自不同的角度，那么它们不可能同时处在中心轴上。如果传声器的中心轴对准其中一个声源，则会挡住另一个声源。如果使其中心轴对准两个声源的中心位置，那么这个错误会同时影响两个声源

- 对于心形指向传声器而言，近讲效应不仅会在人们所熟知的近场条件下发生，还会在远场继续发挥作用。随着传声器逐渐远离声源，低频响应会继续下降。远距离

的自由声场测量会显示出每增加一倍距离时的衰减量。在室内，由于强的早期反射，低频响应在远场提升是一个自然的趋势。这一可听见的效应将通过心形传声器的近讲效应从测量数据中移除

本章参考文献

Duda，R.O.（1988）.*Sound Localization Research*，San Jose State University，http：/www-engr.sjsu.edu/ ～ duda/Duda.

Everest，F. A.（1994）. *Master Handbook of Acoustics*，TAB Books.Blue Ridge Summit，PA，USA

Hass，Helmut（1972）. The influence of a single echo on the audibility of speech. *Journal of the Audio Engineering Society*，20（2），146-159

Robinson，D. W. and Dadson. R. S.（1956），A re-determination of the equal-loudness relation for pure tons，*British Journal of Applied Psychology*，7，166-181

第 2 篇
设计

第4章

评估

📖

evaluate 动词：定量；量化表示；评价；评定；为了判断其数值、品质、重要性、范围或条件而对某事所做的检查或考量。

摘自简明牛津词典

第一节 引言

音响工程师来自火星，声学家来自金星。

上面这句话引自约翰格雷所写的通俗读物，作者十分关注人们如何与持不同观点的人进行交流问题。书中主人公分别是男人和女人，虽然作者并没有给出对与错的结论，但是表现出了男女人之间明显不同的生活态度。按照作者的观点，成功的关键是在保持自己的独立性的同时，充分理解对方的思想，之后就是尽一切可能有效地满足两者需求的关系。如果其中一方不能了解对方的思想，那么就会陷入无休止的争吵和责备当中，使得和谐的氛围被打破。对于音响工程师和声学家而言，两者的关系也是如此，但是处理好并不容易。

交响音乐厅的声学专家最近被告知流行和爵士音乐家在他所设计的音乐厅中使用音响系统演出时有些问题。在项目开始之初人们就已经知道这个音乐厅是要进行各种形式的艺术表演，其业主已经明确保证其声学条件是完美的。这座音乐厅已经承办了成功的交响乐演出，所以没有必要对其建筑声学进行评估。问题一定是出现在音响系统上：

40个单元的扬声器系统，它是由声频工程师为此而设计的。声学家提出了解决方案：将一个无指向点声源扬声器系统（12面体扬声器系统）悬吊在舞台上方，以取代现有的扬声器系统。这种声源是声学家用来模拟来自交响乐舞台声音的类型声源。声学家完美地修正了在他看来由于40个单元的扬声器系统的传输特性并没有像舞台上的交响乐队那样激励厅堂所带来的问题。无指向扬声器紧挨在一起，其辐射的特性与舞台辐射的自然声音类似。

这样就可以解决问题了吗？当然不能。这样会产生持续不断的反馈，声音的清晰度也大大下降，单靠之前的音响系统也不能解决问题。两种方案都存在固有的缺陷：对于听众区而言，辐射和传输系统不匹配。当辐射声源直接耦合给听众区（厅堂）时，自然的声音传输模型能够很好地描述其工作机制，厅堂被整形和条件化扮演传输系统的角色。扩声系统传输模型能够很好地描述与厅堂未耦合的声源的传输情况，这时厅堂的声学条件对声音的传输的修正最小。扩声系统传输"完美的"交响乐声学就如同交响乐室外演出没有云板一样不匹配。这些都是阻抗不匹配这一根本问题造成的。

第二节　自然声音与放大声音

是自然的声音好，还是扩声的声音好呢？

大多数人会不假思索地回答：当然是自然的声音好啊。通常更合理的说法应该是：对于听自然声音已经不切实际的场合，扬声器系统所发出的"非自然的声音"还是可以接受的。虽然自然声是首选，但是现实中往往不能实现。专门的"自然"声音的主要市场只是局限在极其小的空间场所或者是传统理念禁止使用"非自然"声的场合。只有在节目的素材、声源的质量，以及声学空间都十分和谐完美的情况下，自然的声音才可能大有市场，比如音乐厅演出的交响乐，歌剧院上演的歌剧，或者是小型会议室的演说等。如果将这些声信号从其适合的声环境中脱离出来，那么其缺陷立刻就显现出来了。

既然自然声如此出色，那么为什么 20 世纪它失去了 99% 的市场呢？如果它是首选，那为什么又很少人选择它呢？如果 25 个人聚在一起听一个发言，而且没有扬声器，我们就不会被震撼了吗？如果我们问世界上的人，他们一生中所听到的最著名的古典音乐会是什么的话，那么大多数人的答案很可能是"三大男高音的音乐会"，他们的演出是在露天体育场借助大型的扩声系统实现的。可以肯定的是，没有人会争论著名的三大男高音在没有音响系统的世界上著名的歌剧院演唱远比体育场的演出好。选择露天的体育场来演出，是因为它有不错的总体混响，而不是它的声学条件。这不是个人的因素决定的，而是商业因素，商业就是商业。优化过的扬声器系统可以胜过 99% 场合下的自然声。如果你是一名音响工程师，却又不相信这一点的话，那么我劝你重新考虑一下自己的职业选择定位。

让我们看一下下面的例子：我们已经签了 Rogers 和 Hammerstein 的音乐会的音响设计合同。音乐会将在 1600 座的 Majestic 剧院举办，该剧院因具有出色的声学条件，所以上座率一直很高，自 1945 年剧院首演以来，它一直上演百老汇的音乐剧。管弦乐队的乐器配置与在乐池中的一样，服装与道具也将保持传统演出的风格，移动灯光的噪声将不会很大，这是一台复古的演出。那么音响系统怎么样呢？如果我们认为自然的声音是最好的，那么我们就被迫重签项目合同了，也就不需要扩声系统了。原来的演出就是按照自然声的情况作曲和进行舞台表演的。我们还要对此作何种改进呢？实际上是出现了如下的情况：导演抱怨，演员抱怨，观众抱怨，评论家也抱怨。演出进行了三个晚上就结束了，我们将不会再回到百老汇工作了。为什么会这样呢？是什么变化因素导致这种结果了呢？我们期待答案。实际上如今的观众并不期待自然声，所期待的是有魔力的声音。我们要能够不费力气就能听到传来的声音，放松地欣赏演出，人们已经习惯这样的状态了。这并不是一种爱好，不仅观众是这样，就连演员也要求有魔力的声音，他们要口哨声，要能听到自己的舞台演出声，让后排的观众也能听到自己的表演。虽然这不是变魔术，但这就是我们的工作。如果我们实现不了出色的"非自然声"的话，那么我们就失业了。

为什么要这么说呢？只是想挑起一场争斗吗？当然不是。声学专家们请你们放下端起的手枪。如果我们是在并不适用的建筑结构下开展工作，那么我们所从事的优化设计工作就无法进行。如果完全遵从自然声音优先这一大多数人的看法，那么我们就无需做任何事情了。当观众有了在流行音乐厅里欣赏演出的听音经历之后，只要声学专家（或者建筑设计的负责人）没有为我们建造出合适大厅的话，那么音响系统的性能就成为决定性的因素。如果我们能表达出我们的声学要求，即根据我们的要求所要的扩声，那么就更大的成功概率。

4.2.1　辐射、传输和接收模型的对比

自然的声音传输需要在三个方面达到和谐：声源的辐射。舞台上的声传输和厅堂的声传输。这有着三个方面都达到和谐统一才能让听众获得满意的欣赏（声接收）效果。声音是由舞台上每个演员的演奏或演唱产生的，这些声音被直接传输到听众的接收区。这一声波传输过程伴随有舞台和厅堂的声反射，这些反射声与直接传输的声波混合在一起，使得声音更加丰满，响度提高。对于演员和听众而言，绝对需要舞台和厅堂能够对声传输提供正面的支持。这就好像观众在舞台上，而演员在厅堂中一样，两者之间并不存在声学意义上的隔离。对于音乐家和听众来说，所有听觉上的接收都发生在声音传输机构的内部：即房间中。声音在空间和时间上具有连续性，房间中存在着超越特定的作曲家和指挥家之外的声音元素。房间定义了声音，同时声音也定义了房间。

扩声应用也要求在三个方面达到和谐，但是它与自然声音传输要求的和谐完全不同。声音在离开舞台之前，每一音乐声源所辐射出的声能被附近的声接收器（传声器）所捕获。接收器可以将声源与听众和隔离开来。这些声源发出声音分别以电信号的形式传输到调音台，在调音台上完成声音的混合，以及对声源音色的控制处理，然后混合后的声源被送至远处不同的听音位置。有些信号被送回到舞台，所送回来的声音是最适合音乐家要求的形式；送给听众的混合信号是通过剧场的扩声系统实现的，它能对声场的覆盖区域进行控制。将这些传输分离成为隔离区可以让每一听众区域的听众听到最佳的声音，即便这些区域的听众距舞台的距离不同。在扩声应用中剧场并不存在一个统一的声源，声音是以

局部分布的形式存在。在舞台上，为了能够满足表演者的特殊要求，声音被隔离出来。在剧场中，通过声音的分割来满足处在特定位置上听众的共同要求。

对舞台上所有传输声源的分割可以让我们捕捉到舞台上发生的每一件事，并将其传输到任意的地方。所有舞台和剧场传输声源的分离让我们能够将不同的信号传送至不同的地方，让听众得到满意的声音效果。回想有关自然声的讨论，一致的听音经验都是在总体缺少隔离的情况下取得的。相对而言，扩声的声音则是在充分的隔离的前提下获得的。对于扩声声音，在给定的特性下声音在空间上是保持连续性的，但是其声音特性在时间上并不能保持不变。对于同一局部区域，星期二的摇滚音乐会、星期四的篮球比赛和周末的马戏表演的声音并不相同。剧场的 PA 和巡回演出的音响系统可能不一致，每个晚上的调音人员也可能更换，声音合成的结果也就会发生变化。其中的任何一个环节改变了都会使观众感觉"声音效果"发生了改变。房间时不能通过声音效果来定义，声音效果也不能通过房间来定义。

自然声的辐射 / 传输 / 接收特性：

- 不同的声源发出的声音在舞台上混合
- 多个声源的辐射均源自一个普通的位置：舞台
- 声音的传输需要借助于房间的支持
- 禁止在辐射声源和传输媒质间进行隔离。音乐家，舞台和剧场共同构成一个整体
- 由于缺少隔离，所以在接收的声级和音色基本一致

扩声声音的辐射 / 传输 / 接收特性：

- 各个辐射声源在舞台上被进行了分隔，同时舞台与主传输系统是隔离的
- 传输是源自多个位置：舞台，舞台监听，剧场主扩系统，剧场辅助扩声系统

图4.1 关于"自然声音"和"放大声音"的直达声传输框图。自然声音通路受到声源辐射指向性和空气高频衰减带来的潜在滤波影响。声音在传输到听音者的通路中声压级按照距离每增加一倍下降6dB的规变化。放大的声音存在类似特性的两个声学通路。这两个声学通路中间是电学通路，它能够对声学传输的影响进行补偿

- 房间所支持的传输是声音丰满的辅助手段，并不是所要求的
- 要求辐射和传输声源间要进行隔离。音乐家，舞台和剧场全都是独立的个体
- 利用隔离带来的好处，可以使接收在声级和音色上保持一定的一致性

应注意的是，虽然房间和舞台在自然声传输的情况下扮演着主要的角色，而在扩声场合却基本没有提及，但这并不是说这些因素对最终的结果没有决定性的作用，它们对结果的影响是肯定的。由于我们对房间的要求是不同的，所以从这方面来考虑我们的要做大的调整。在信号声级和音色一致性方面我们对房间并没有要求。事实上，一直是经典建筑声学核心的强早期反射声是我们努力实现目标的一大障碍。室内声学给我们带来的最大益处是增强空间感，而不是辅助进行能量传输。从要实现的目标来讲，我们所需要的只是可

以加强空间感的低声级漫反射，否则我们更愿意相对独立地处理问题，让房间因素的影响尽可能小。在古典的世界中，房间包含了声音；而在扩声领域中声音的属性并不是房间和扬声器决定的，决定声音属性的是艺术家。当喜剧艺术家预订了世界上顶级的交响音乐厅来演出时，观众并不是为了听声音而来，而是为了欣赏他们的喜剧表演。经纪人必须在交响音乐厅"完美声学"的现实与并不完美的扩声应用间做出妥协。他们所需要的是扩声系统能够将声音传递到大厅复杂且不规则形状的各个地方，并且要求进行声吸收。如果不这样，那么就会有大量的观众要退票了。

4.2.2　传输通道的差异

自然声音模型和扩声系统模型之间的根本区别可以从分析其各自的声音传输通路得到（如图4.1所示）。自然声

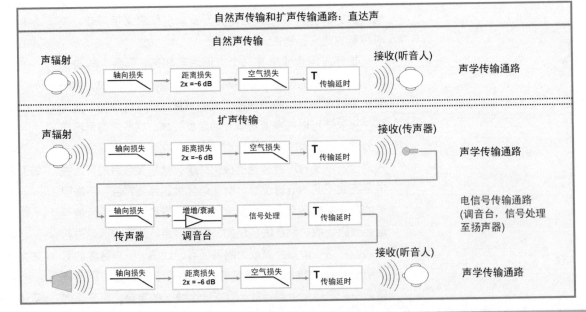

音的传输通路是从乐器的声辐射开始的，然后经过舞台上的声传输，维持连续的传输通路，直到观众接收到这一声音。这里房间所扮演的角色就是增强传输的能力；扩声系统模型也是以同样的方式开始，但是辐射立刻到达了声接收设备：传声器，然后将辐射声源转换过来的电信号馈送给扩声系统中的调音台，调音台将所有舞台声源的传声器信号混合后送至各个传输设备、扬声器，再由它们将声音在传送给广大观众。扩声系统到底将多少特有的广播味道的声音传递给观众则要取决于有多少原始的声辐射从舞台泄漏到听众区。现在我们将考虑让舞台的声级低到可以忽略其在房间中的作用。由开启的接收器（传声器）在传输线路上产生的这一断点涉及传输系统之间两种形式的泄漏。第一种形式是传声器拾取到的扬声器传输回来的返回信号，不论在什么情况下，这种返回的信号都要滞后于原始声源的信号，并且返回信号+原始声源信号的叠加会产生第 2 章中所描述的频率响应效果。其中最极端的情况是，至接收器的传输线路上泄露太大时会使得系统变得不稳定，最终导致反馈啸叫的产生。泄漏的第二种形式是复制的输入，它是因舞台上的一个声源辐射到两个开启的传声器所导致的，传声器所拾取到的信号到达的时间不同，在时间上不同步，也会产生我们常见的叠加效果。瑞然反馈和开启多只传声器所带来的危害是声频工程师所熟知的，但是用信号的再输入和复制的观点来看待这一问题可能还比较陌生。将这些术语用在此处，是为了说明它们对系统响应的感知影响是与之前第 2 章中讨论过的扬声器 / 扬声器相互作用和扬声器 / 房间叠加所带来的影响一样。不论是房间中两只扬声器的叠加，还是两只传声器拾取的信号在调音台上的叠加，由此产生的 1ms 梳状滤波所带来的声音失真具有同样的频率成分。

现实中产生影响的因素有很多，它们多会产生非常明显的可闻结果：通过传声器引入到系统中的任何信号叠加存在于源信号到传输系统之间。当来自两只叠加传声器的时间差信号通过扬声器辐射出去，声波投射到墙壁上时，这是的情况等效为原始信号的两个反射。即便扩声系统是处在消声室中，不存在任何空间特性，但由多只传声器接收同一声源信号而产生的叠加也会产生类似反射声的听感。

舞台与观众间的关系存在五种基本的叠加形式：声源 / 房间（舞台辐射声源与房间 / 舞台的相互作用），声源 / 扬声器（舞台辐射声源与其扩声信号间的相互作用），传声器 / 传声器（开启的传声器拾取的信号在调音台上的叠加），扬声器 / 扬声器和扬声器 / 房间（如图 4.2 和图 4.3 所示）。所有这些原因都会产生可闻的声染色效果。虽然回声和空间感效果都是时间意义上的问题，但是在其方向性方面是不同的。每个方面的机制需要不同的控制方法。我们的听音经验缺少合适的词语来描述，就只好用叠加的叠加来说明。通过对这些机制认识，可以看出它们是产生特殊声音特性的原因，这些原因都需要借助非常好的感知能力和分析工具来判定。

自然声传输只存在这五种叠加方式中的一种：声源与房间的相互作用，而扩声系统则包含有所有这五种叠加方式。为了让听众能感受到相当的听音经验，必须对自然声和扩声声音的总体叠加效果进行比较。自然声模型提供了所有的房间反射，而由于扩声模型存在附加的声源，因此必须相对其他的叠加形式来适当降低房间在此所扮演的角色的权重。

首先在自然声和扩声系统中舞台上的单一声源（定音鼓）至剧场某一座位的传输路径（如图 4.4 和图 4.5 所示）。在自然声模型中，鼓被敲击，所产生的声波脉冲直接传输到听者，另一部分非直接（反射）声来自墙壁反射。我们假定在使声能密度下降 60dB 的持续时间里声波信号要建立

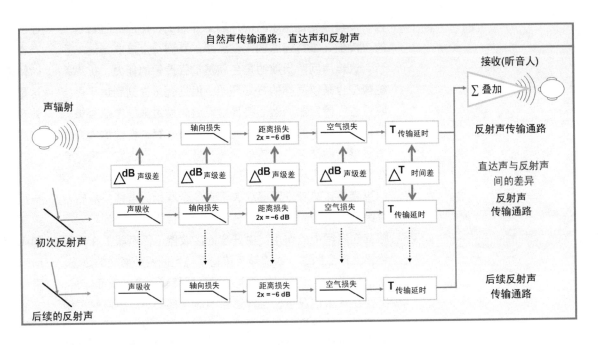

图 4.2　考虑了房间反射后的自然声音传输框图。听音者所听到的是直达声和反射声的叠加响应。反射声具有独立的指向性和空气滤波函数，传输距离衰减和传输时间是一样的。直达声和反射声在该情况的每一环节中的差异主要取决于听音者的听音经验

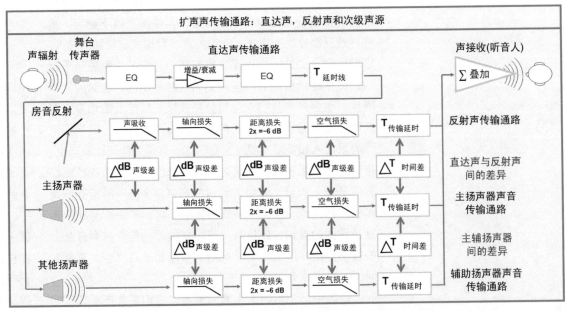

图 4.3　考虑了房间反射和次级扬声器声源后放大声音的传输框图。听音者听到的是主传声器通路及其反射，以及次级扬声器通路及其反射（未示出）的叠加响应。扬声器 / 房间的相互作用在图 4.2 中所示的自然声音传输框图中表示的并不清晰。次级扬声器通路受其指向性滤波、相对声级和时间差的影响。它不同于来自主扬声器的直达声和其反射声的关系，次级扬声器在该情况的每一环节中的差异主要取决于听音者的听音经验

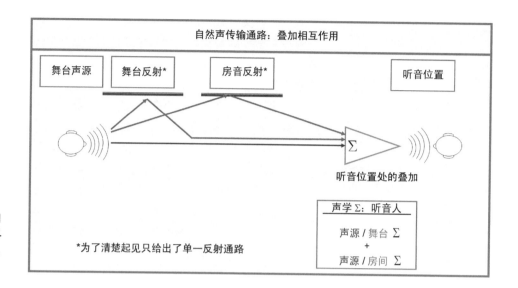

图 4.4　考虑了所有叠加通路的因素之后的自然声音传输框图。来自辐射声源的直达声与舞台和房间的反射声叠加。对于单个的声源，尽管可能有与其一样的声源信号存在，比如多把小提琴或合唱队成员，但是这时并没有其他的通路存在

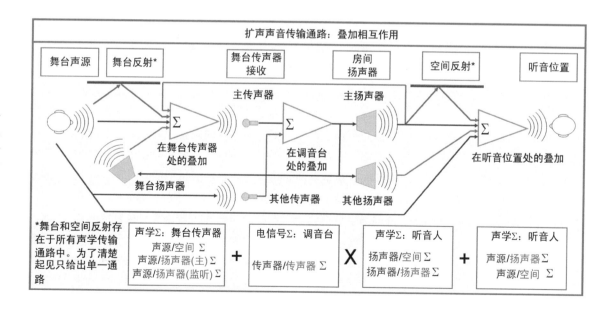

图 4.5　考虑了所有叠加通路的因素之后的放大声音传输框图。声源辐射的声音进入舞台传声器，并通过主扬声器箱送给听众。再次进入叠加通路的信号中包含了来自主扬声器箱和监听扬声器箱的声音，它被传声器所拾取。再次返回信号通路是由舞台反射信号进入传声器，以及通过其他开启的传声器进入到调音台建立起来的。所有这些叠加均会以波形输入的形式表现在主扬声器箱和其他扬声器箱中。来自这些扬声器箱信号的所有房间反射声成分与直达声叠加。最终的叠加增量是来自原始声源的自然直达声和自然声反射

起 100 个反射通路，这时我们将一支开启的传声器放置在靠近定音鼓的位置上，然后将其拾取的信号通过扬声器重放。为了使分析简化，我们对定音鼓进行了隔离，以便其自然声辐射通路不到达剧场，听者所听到的只是扬声器发出的声音。同样为了简化分析，假定扬声器的指向特性也建立起 100 个反射通路，才直接传输到听者。至此我们进行了完美的匹配。如果有地板的反射声进入到传声器（复制输入），那么该信号也将被同样传输。如今有两个来自扬声器的"直达声"到来，如果反射声低 6dB，那么我们可以假定像以前一样在同一时间段内有一半数量的反射被听到。我们将可闻反射增加到 150 个。如果在舞台上再增设一支传声器（复制输入的第二种形式），则定音鼓信号也被其拾取。如果拾取定音鼓信号的传声器也存在 6dB 的衰减，那么我们将提高另一个直达信号和 50 个反射。在这一点上，我们将感知到的混响加倍了。在没有增加表面处理的情况下，所感知到的空间变得更活跃了。接下来将扬声器的泄漏送回给传声器（在输入叠加），该直达声便与后到来的原信号的复制信号叠加，人们听到的混合声音就像加入了反射一样。在隔离良好的系统中，这可以是相对小的倍增，但这种情况并非总是如此。下面我们再在舞台上增设一个舞台监听，即另一个再输入叠加。如果监听开得比较响，叠加可能接近单位声级。下面我们在传声器位置上作一下点算：直达的自然声，地板反射的自然声，其他传声器拾取到的复制延时信号（以及它的地板反射），来自剧场主扬声器的复制延时信号和来自监听扬声器的复制延时信号。是不是有点晕了？现在我们将这些信号送至扬声器，并传输给听者。不难想象我们可以根本不做任何的努力就在听音位置建立起 5 倍数量的反射。我们可以跟深入地分析下去，如果我们开启更多的传声器，有更多的来自侧墙和后墙的舞台反射泄漏，以及更多的舞台监听，则

混响还会进一步下降。实际上这其中只有一部分是通过主扬声器激励房间产生器。因此现在我们能够在乐队调音中做的唯一一件事就是加一些电子混响。

传输线路中开放处改变了对室内声学的整个看法。传声器处的每一再输入和复制将被当作是房间反射型中的乘法器。在自然声中的声学反射只是加法式的自然累加，而在扩声中它们是加法和乘法两种形式的累加。

这里存在一个同样的问题，即一旦再输入和复制泄漏叠加到传输线路中，就不能将其去掉。由于泄漏导致了梳状滤波响应的产生，所以电缆中传输的信号的波形只是与传声器要拾取的原始辐射信号在音质上有一定的相似度。因为这些泄漏信号混入到输入信号中传输给了扬声器，进而分布到所有观众座位区，所以很显然这种传输前的信号缺陷人们全都会听到。

我曾经对歌剧巨星帕瓦罗蒂演出使用的大型扩声系统进行过优化处理。人们可能认为让人获得自然声感知的最大挑战是来自体育场馆的声学特性，实际上比这更大的挑战是要解决舞台监听至演唱者传声器的泄漏。当监听的声级提得太高时，我们就要在演唱声离开舞台之前花大量的精力来处理处在临界状态的演唱通道。

如今解决这一问题的方法已经很明确了，我们所作的每一种努力都是为了减少至传声器的泄漏。不论什么时候，都要尽可能地使用指向性传声器，近距离拾音，噪声门、声学障板和吸声处理，无线返送监听和指向性主扬声器。即便是这样一天下来仍然还是有很多的泄漏存在。送给扬声器的混合好的传输信号已经是经过精心调整的反射型进行了预条件化处理，该信号将被墙壁边界倍增处理。其结果是，扩声系统需要很少的房间反射，以便建立起与自然声传输系统一样的最终听感响应。

第三节　声学专家与声频工程师的关系

首先对声学家和声频工程师这两者之间的关系作一说明。在现实中，我们在交响大厅中举办流行音乐演出，在体育场举办帕瓦罗蒂的音乐会。我们工作的成功取决于艺术家们的表演，同样艺术家们的演出效果好坏也在很大程度上取决于我们的成败。将来几乎每个听音空间的设计或重新建模都将含有扩声系统的成分。人们将会根据他们所听到的声音音质的总体效果来评估我们所作的努力。两者在功能上的关系是建立在相互尊重和理解的基础上的。要想在两者之间建立起相互的联系，则必须充分了解彼此所扮演的角色，只有这样才能找到双赢的解决方案。

建筑声学是个受人高度尊重的专业。音响工程师则不同。如果对此有怀疑的话，我们只要听听彼此在鸡尾酒会上的相互介绍就能说明问题，一个是"声学家"，一个是"音响人"（我们确实不能称自己为工程师，因为没有这样的学位和认证）。

尊重并非徒有虚名，而是要通过努力来赢得。声学家要先于我们出现至少 400 年。赢得人们尊重的第一步就是将我们的需要用科学的语汇加以界定，这是对我们位置公正评价的开始。我们会发现虽然我们的工作角色分工不同，但目标是一致的。就像上文说明的那样，解决问题的方法几乎是完全相对的两极，两者之间要跨越一架潜在的桥梁。声学家有许多的专业语汇可以用来评估听音经验。在历史的发展的角度来看，我们当中的许多人都是在使用经典声学的语言，并致力于让我们这颗声频行星纳入到浩瀚的声学的宇宙当中。对于声学家而言已经是非常明确的表达语汇，对于我们却没什么意义。1.5s 和 1.7s 的混响时间之间

的差异可以告知声学家们这两个大厅都比较适合歌剧的演出，但是对于声频工程师而言，这种差异毫无意义，这两个大厅都不符合我们的要求。在这两种情况下，我们将会采取完全保守的设计模式，以使扬声器发出的直达声尽可能多地避开墙壁边界。

当前在整个的声频行业，我们有自己的一套语汇。如果要向前发展，我们就必须找到一种方法，它能将我们的要求转变到声学家们设计框架之中，同时还要保持其在我们语言中的含义和明确的实际指导意义。本章的内容主要是要找到这一转换的钥匙：扩声系统和建筑声学间的罗塞塔石。

4.3.1　目标的比较

结果的最终评价者还是听众。如果我们可以让听众感觉到声音变好了，那就说明我们在朝着正确的方向在前进。进行任何公正评价的最佳方法就是建立一套与特定目标相匹配的评价体系。来自任何一方的评价都可以用相匹配的评价体系和观测点结果来比较。我们如何才能发现这样一个作为基准参考的目标呢？值得庆幸的是，令人尊敬的声学专家白瑞奈克先生在其 1962 年出版的专著"音乐声学与建筑"一书中为我们给出了答案。这一具有里程碑式的专著建立了一套评价音乐厅性能的标准。白瑞奈克先生调研了许多音乐厅，测量了它们的声学性能，并且走访了乐队指挥和评论家。他整理出 54 座音乐厅的统计数据，并建立出不同类型音乐厅性能的评分体系。近些年来人们也对数百年前建造的音乐厅进行了这种公正的评价和相同的测量。所得出的结论是：不能用唯一的一个标准来断定那座音乐厅是杰出的建筑，只能肯定有哪些因素是成功音乐厅的关键。根据这些主要因素对性能的影响程度加以排序，发现

没有哪两个音乐厅会有相同的参量。

要考虑的主观感知类型有 18 个。其中一些是可以给出数字权重得分，而另外一些则因相互依存度太高，很难得到独立的数值得分。人们之后对这些主观上的度量与房间体积，混响时间等这样的客观测量进行比较，研究主观和客观数据的相关性，并且在听音经验的基础上得出对厅堂物理参量的总体评估。此后建筑声学都是以科学数据为基础不断向前发展，并将不断地进行理论上的升华。

不论是对自然声，还是扬声器声音，所有这 18 个类型都与我们的听音经验保持着相关性。这令人吃惊，因为在过去的一个世纪中人类的生理解剖结构并没有什么变化，所以这些评价体系声频工程师同样可以使用。如果能够在双盲听音评价中得到一样的主观评价结果，那么我们就可以一致认为我们获得了相同的听音经历。对于声学家和声频工程师而言，得到与主观结论相匹配的客观评价方法是完全不同的，这也是本书的核心内容。如果我们能将这些不同的方法结合起来用以实现同一目标，那么就要找到一个转换的标准，这也是我们所以旨在寻求的。

我们首先从白瑞奈克先生的主观评价参量入手（白瑞奈克，1962，pp61-71）进行阐述。针对交响乐的听音经验，我们这些参量进行解释和说明。在术语中描述的 18 个属性都是与音乐的类型，演出的地点或声音传输方法无关。

有关音质的音乐 / 声学方面的主观属性：

1. 亲切感：它是指听音者的听音透视感。听音者的愿望是想有贴近音乐的感受，就好像在一个小的空间里欣赏音乐那样。缺少亲切感就如同在大的房间里远距离地听音乐一样，之间好像存在隔阂。

2. 活跃度：它是用来描述人们对中高频范围声音丰满程度的感受。

3. 温暖感：声音低频的丰满度。

4. 直达声的响度：人们对音乐内容响度感受的描述。如果太响则让人感觉不舒服；而声音太弱，则使人感觉缺乏想要的声音冲击感。

5. 混响声的响度：人们想要的对应于声级混合的混响效果，以及叠加与直达信号之上的持续的响度增强效果。这一量值如果不充分，则人们会感觉声音整体缺乏响度，过量则会导致相反的效果。

6. 清晰度或透明感：干净且清楚的声音。

7. 明亮感：明亮，清晰如铃的声音，声音的泛音丰富。

8. 扩散性：这里是指混响的空间特性。声音的扩散会使人获得声音来自各个方向的感觉。

9. 平衡感：该因素用来评价乐器和人声的相对声级。好的平衡会让人感觉乐器听起来具有正确声级透视特性，而当有些乐器明显强于其他的乐器时会让人感到平衡感差。

10. 融合性：好的融合性会让人感觉乐器间的混合和谐。

11. 整体感：它描述的是音乐家对自己声音的听觉感受。当音乐家能很好地听到自己的声音，就说明整体感好。

12. 响应的直接性：它是用来衡量音乐家对声音响应感受如何的因素。对于音乐家而言，它要能感受到声音，足够快地适应声音的变化，不至于使声音中断。

13. 颗粒感：对声音细微颗粒性的听音感受。这里描述的颗粒感与触感有些相似。具有细小颗粒感的音乐听起来会有丰满和完整的感觉。

14. 无回声：人们想要的无分立回声的声音效果。

15. 无噪声：人们希望的最小噪声。

16. 动态范围：它是指最大声压级与噪声间的范围，最大的声压级是受舒适欣赏声压级的限制，而最小声压级则受环境噪声的限制。

17. 总体音质：好的声音质量应该是频率响应中峰谷失真；差音质声音的频率响应不平坦，这会导致某些音符丢失，而其他一些音符则会被莫名强调。

18. 一致性：厅堂各处的听众听音感受的相似性程度。

对比自然声学和扩声系统感知时需要考虑的第一个问题就是声学家使用的标准客观测量的适用性。声学家通常使用一组单一的数字来描述房间的主要特性，这其中有体积、表面积、吸声系数、混响时间、初始延时间隔，以及低频与其他频段的能量比等。这时房间被视为是一个单一的实体，它是在反射型的复杂作用的均匀控制之下。其中的一个特例是挑台下的空间，这一空间被视为是特殊的连接过渡空间。

这些数据的含义是在一定的条件下成立的。重要的是不要过分地强调某一个参量，而是要关注这些参数数学结构所强调的区域和它们的盲点。这里我们以大家最为熟知的参量：混响时间（RT60）为例来说明。RT60 是声音的声级衰减 60dB 所经历的时间长度。RT60 的数值是通过用全指向测量扬声器、声学活塞或气球来激励房间所获得的。声源可以放置在房间中的各个位置，并获得其平均值。对于声频工程师来说，看到将扬声器从舞台上被移动到中部，然后再移到大厅的后部时，数值上呈现出统计上的镜像效果时会非常不快。这对于 PA 工作来说这是不可思议的，因为将扬声器移动几英尺或角度倾斜几度都会产生明显的变化。为什么呢？考虑到 2.0s 的混响时间包含了声源与测量传声器之间数百个反射通路。这其中包括有在房间中多个表面来回反射多次的情况。我们开始的位置到底会使这个通路的总数产生多大的差异呢？从总体上看，这个差异并不太大。因此，我们可以将这个数字视为是房间具有的归一化的衰减特性。反过来看，即便我们采用了指向性声源，所得到的数值也总体上不会有太大的改变。这又是为何呢？因为我们考察了数百个通路，并且如此之多的反射声统计数量在实施起来也非易事。RT 的测量结果不会告诉

我们是否我们所用的扬声器系统是指向观众，还是天花板，因为这与声音撞击的表面完全是两回事。

测量混响的方法还有其他的类型，其中的有些方法就能更好地将这种差异表现出来。这些方法对早期反射声的衰减斜率给予了更多地关注，并且如果它一直保持是这一斜率，就可以将其插入，作为衰减 60dB 所具有的倾斜率。这样的测量对声源的位置和指向性比较敏感，因为这种差异性在反射声密度达到很高和后一阶段的衰减开始之前是比较容易看到的。这种优点更适合进行房间的分析，但不适合扬声器系统。

回顾在前一章有关叠加和接收的内容。在第 3 章中我们研究的重点放在了直达声以及相应的耦合区和梳状响应区内发生的与反射声的稳定叠加上面。一旦反射跌落了 10dB，它就已经越过进入到隔离区，并且我们采取的处理方式就会更加偏重于基于房间的解决方案（主要是声学上的处理）。RT60 的最后 50dB 衰减对我们的均衡、声级和延时设定或扬声器位置的微调只有很小的影响。对于我们而言，起作用的是 RT 图形中时间初期的顶部拐点，其声级上接近。由于我们认为 6dB 的差异是可以接受的边界，所以 30dB 的反射声跌落经不会引起我们充分地关注。

RT 统计最适合描述房间对由某一指定位置（舞台）产生的声辐射（无方向性）类型的反应。如果管弦乐队被移至舞台的侧面，并且存在有障板，使辐射型被限制到只有 30°，那么很显然，这时只有大厅的物理属性，比如容积和表面积市保持不变的。反映声学属性的早期反射参数就必须从新进行评估。

在有些情况下我们使用的扬声器系统并不是无方向性辐射或对称辐射声能的，它们并不是位于舞台上，也没有被限制于某一位置上。如果我们使用强指向性扬声器来收窄直达声的辐射范围或者用作远处的辅助扬声器，则可以

提高听众区域的直混比，进而加强声音的亲切感。相对于无指向辐射声源而言，这一技术降低了扬声器主轴覆盖区域上的混响时间。由于直达声辐射产生的最响的部分相对比较集中，只有较少的声能落在了反射边界表面，所以声能将会更快地衰减 60dB。对于主轴之外的区域，从它们的角度来看，正好效果相反。由于直达声辐射比反射声弱，故混响时间变长了。虽然房间边界表面的属性没有改变，但是房间的综合声学属性和辐射声源都发生了变化。这并不是将扬声器从室内声学性质因素中排除；只是简单地增加多点透视的复杂性。这就意味着当存在多只扬声器的透视角度时，我们必须从房间的角度考虑问题，沿用假定无指向点声源辐射时采用的集中用一个标称数值描述房间特性的方法。由于挑台下的扬声器和主扬声器所处的空间有非常大的差异，所以要对其进行单独的评估。回顾自然声学模型中引入同样的隔离，在我们的应用领域中，是借助领先效应产生的隔离。

之所以我们需要对每只扬声器 / 房间关系分别进行评估，是因为设置的扬声器只是房间的一部分，并不是房间的全部。自然声模型中假定舞台声源是无方向性的，即向剧场中的每个座位辐射声能。扬声器是分区进行声覆盖，实际上也就是将整个空间分成是一系列相邻的子空间，对每个子空间进行单独的评估。声学分区的形状，数量和位置均在控制之下，它们是我们进行设计的最主要工作，同时也是扬声器子系统辐射特性，位置和相对声级的产物。如果交响乐队被进行了分割，并被安排到剧场中不同的观众区来演奏同样的部分，则可以按照同样的原则来处理。

下面以一个点声源的例子来说明：位于舞台台唇中间的前方的补声扬声器。设计中这只扬声器是最接近自然声源的扬声器。该扬声器从舞台台面向外透视整个房间，实际使用时通常这只扬声器具有宽的辐射型，其直达声最有可能到达厅堂的每个座位，因为所有座位均在舞台台唇的可视范围内。另外室内声学与这只扬声器的相关程度要比与其他扬声器的低，这是因为该扬声器的辐射在与邻近的扬声器辐射相遇之前它的传输覆盖不会超出 4 排座席的深度。这就是声学分区。虽然分区并不能避免前方补声扬声器的声音辐射到墙壁边界，并激励出全音域范围的反射型来，但是确实可以通过将这些声音隐藏在其他扬声器发出的较强直达声的下面达到反射去相关的效果。这就给出了第一个结论：对厅堂内所有扬声器系统的评估一定要将房间视为是分区的实体，同时要考虑局部各扬声器的相互作用；第二个结论就是：厅堂内听音经验总体的一致性将是我们进行分区相互匹配，以及在过渡区内干扰最小化处理的直接前提。优化设计的基本原理是建立在与自然声传输模型完全对立的基础之上的。

自然声传输和扩声声音传输模型寻求的都是一致性的听音感受，故目标是一致的。取得这种一致性的方法可能是有天壤之别。自然声模型利用的是房间反射的叠加属性来建立起这种听音一致性，不同位置上声级的一致性是通过耦合区，梳状响应区和混合区的叠加（参见第 2 章）来实现的，频率响应的一致性则是通过混合区和梳状响应区的高密度复杂叠加来实现的，不同座位上的听音者是不能区分出频率响应的细节的。隔离区的叠加被用来创建空间上混响尾音的稳定衰减。

扩声系统模型是主要是通过隔离区叠加的方法来实现不同位置上的听音一致性。指向性声源的采用和隔离区的分割可以让我们通过选定声压级的方法来补偿不同位置上的差异。频率响应的一致性也是通过隔离区的叠加，以及梳状响应区叠加产生的频域和位置上音质变化最小化来实现。隔离区叠加的应用也是为了建立起在空间和共享参量上混响尾音的稳定衰减。扩声系统模型非常少地采用耦合区叠加，耦合区叠加只是在那些可以采用梳状响应区最小化处理的频率范围（主要是低频）和位置（分区）上有用。声学分区一定要通过相位对齐的交叠过渡进行正确地连接，只有这样才能使过渡干扰最小化。

图 4.6 对之前给出的 18 个主观感知参量进行了逐一的比较。这一图表详细地描述了想要达到各个目标所需采用方法上的不同。

声学系统和音响系统关注点的比较：

音乐声学质量的主观评价属性：自然声与扩声声音的比较						
属性	自然声(选自白瑞奈克的阐述)		比较	扩声的声音		
	描述	传输/叠加/接收	方法	传输/叠加/接收	描述	
亲切感	音乐家对空间的亲切感可以通过确保具有一定初始延时间隔的强烈早期反射型来获得。与直达声相比，早期反射声的声级偏差应在 5dB，时间偏差在 20ms	强反射叠加是声功率加强所必需的。需多个信号参与叠加，以产生足够紧密的梳状滤波响应从而使峰谷处在人耳的分辨能力之外。这可以通过每一座位到乐器的距离不同而加强。因此叠加的频率响应特性对于任意两个座位都是不同的	完全冲突	声功率的增强并不需要强反射叠加，因扬声器是单指向声源，故反射型并不复杂，且梳状叠加被感知为音质失真。多件乐器的声音组合是在调音台上完成，其信号共用同一扬声器通道传输给听众，因此梳状特性对于该通道上的所有乐器都是一样的	功率要求是通过采用大功率扬声器或重叠扬声器阵列来满足的。亲密感是通过指向性控制，在局部区域产生近距离来取得的。对声源的近距离感和高比例的直达声让人产生对演员的近距离声音透度感	
活跃度	最佳混响时间与节目素材有关。若混响时间长到足以将音乐有机连在一起，而非长到对其变化产生限制，就可以认为是最佳的了。交响乐的混响时间范围是 1.5s 至 2.2s，歌剧的混响时间为 1.5s 至 1.7s	混响是高密度的混合区和隔离区叠加的结果。密度综合了声音属性和希望产生的空间感。虽然大厅中铸一座位具有唯一的混响类型，但是由于它处于人对声音特性感知之外，所以感知是类似的	部分冲突	房间分割成不同的扬声器覆盖区，这便打破了房间混响统一的格局。扬声器的指向属性及其局部分布，提高了与房间的隔离程度。因此，混响缺乏潜在的一致性，同时对回声的潜在感知概率提高了	房间混响最好在满足我们最低要求的前提下增强空间感。混响的大小可由电子设备实现，其优点是：可以根据节目性质和乐器类型有选择地加入混响。这便让调音台具备了"可变电声学"的电子控制功能	
温暖感	保证低频的混响时间比中高频长 25%，即可获得温暖感	反射面应该是密度和硬度足够大，以便对低频产生反射，同时确保其混响时间足够长。推荐采用石膏和厚的木质材料	部分冲突	耦合扬声器（和重低音扬声器）阵列及其附近表面提供了一致性低频叠加的条件。虽然较远处的表面也提高了低频的能量，但是损失一致性换来之，最重要的是，它降低了瞬态的衰减。过种降低导致低频失去坚实感	温暖感可以通过充分的低频功率能力、阵列的指向性控制，以及均衡超过中频的低频混响时间来实现	
直达声响度	将座位尽可能靠近指挥，以 60 英尺为基准，则可以维持足够的响度	直达声声级是舞台到听众的传输通路长度的函数	不同但不冲突	直达声声级是舞台到听众的传输距离、扬声器驱动电平及其主轴取向的函数	单独位置的指向性扬声器在空间上维持恒定声级。高功率带给听者虚拟距离感	
混响声响度	混响声的声级必须与场地的大小成比例，小房间应具有较低的混响时间，而大的空间则需要较长的衰减过程	需要密度及其强的梳状响应区、混合区和隔离区叠加	部分冲突	声音的直混比应维持得尽可能高，这可以通过最小的梳状响应区和混合区叠加来取得。可接受的隔离区叠加被限制在能提供空间感范围上	虽然直达声与混响声的比例不必是固定比值，但要能够随节目素材变化而改变。对于语言或快节奏音乐，倾向于高直达声；而对于慢节奏的民谣，则需要大混响。对于极短混响的空间，可以根据需要增加人工混响	
清晰度	亲切感、活跃度和响度的最佳混合，可以获得满意的清晰度	直达声的混合，需要混合区和隔离区紧密叠加	部分冲突	清晰度是高比值的耦合区和隔离区叠加，以及低比值的梳状响应区的结果	清晰度是通过指向性扬声器建立的明显覆盖分区及分区的细致调控获得的	
明亮度	亲切的声音配合正确的高频与中频混响时间平衡，可获得明亮感	直达声的混合，需要梳状响应区和隔离区紧密叠加	不同但不冲突	远处的扬声器将具有高频提升，以补偿传输距离产生的高频空气损失	分散的指向性扬声器是为了在整个大厅产生式的高频均匀分布	

图 4.6　基于白瑞奈克的音乐厅声音主观评价的评价标准建立的自然声音和放大声音模型的比较。由于它们是基于人的听音经验，而不是传输模型，所以使用的是同一主观评价标准进行的比较。听音经验优化传输的方法是对自然声音和放大声音的系统进行比较和对比。取得可比较经验的方法即研究其异同点的细节。研究每一种情形下叠加的关键因素，以及各个方法间不一致的关键部分

音乐声学质量的主观评价属性：自然声与扩声声音的比较					
属性	自然声(选自白瑞奈克的阐述)		比较	扩声的声音	
	描述	传输/叠加/接收	方法	传输/叠加/接收	描述
扩散性	若表面为扩散特性，则反射可产生丰满的混响特性，这种扩散可产生渐变且坚实的混响尾音	到来叠加的信号随机性越强，将会导致声音的纹理越强，产生稳定的衰减特性，降低了回声感的危险	完全一致	若表面为扩散特性，则反射可产生丰满的混响特性，这种扩散可产生渐变的且坚实的混响尾音	到来的叠加信号随机性越强，将会导致声音的纹理越强，产生稳定的衰减特性，降低了回声感的危险
平衡感	在混合信号中，空间必须以正确的透视来传输所有乐器声。要想取得一致声级和频率响应，舞台和房间反射必须有足够强度和密度。例如：如果空间缺乏温暖感，则混合信号中低音就不平衡了	每件乐器都具有各自特有的传输源点、声级和频率范围。乐器的平衡是在声学空间中完成的	不同相 不冲突	扬声器系统扮演的角色是传输源自调音台输出的预混信号	舞台信号以电信号的形式隔离和平衡。房间并不提供混合的功能，除非声源是从单独的扬声器传输来的
融合性	通过乐器定位，可以取得和谐的融合。舞台上乐器的间距是关键的因素	每件乐器都具有各自特有的传输源点。乐器的混合是在声学空间中完成的	不同相 不冲突	扬声器系统扮演的角色是传输源自调音台输出的预混信号	舞台上的协奏性可以通过隔离各个单独声源、在调音台上的电气混合，以及借助各个可调节的舞台监听系统来返回信号来实现
协奏性	舞台上的协奏感需要上面所描述的声学亲切感条件来达到。音乐家必须有在小空间内一起演奏的感觉，而非在宽广的空间分散开演奏，没有交流的感觉。这种感觉可以通过在 20ms 之内始延时时间里到达的强早期反射来获得	且最紧密的梳状响应、混合和隔离叠加。每件乐器的声音必须沿舞台分布开来。乐器彼此之间不进行隔离	完全冲突	距离舞台监听扬声器较近的传声器可能会将信号再输入到回传输回路。这将导致产生梳状响应区叠加，以及可能的噪声（回授）。舞台监听也会将声音泄漏到房间中，干扰房间扩声区域的声学分区	舞台上的协奏性可以通过隔离各个单独声源、在调音台上的电气混合，以及借助各个可调节的舞台监听系统来返回信号来实现
响应，冲击感	音乐家将感觉舞台上混响的动态响应对其呈现正确的比例关系。如果混响时间太长，房间会限制其动态变化。如果混响时间太短，则音乐的音符缺乏连续感	信号直接耦合到房间。这里，声音从房间返回到舞台的传输特性如何决定的因素	部分冲突	虽然监听是舞台上的主要基准声源，但是房间中的声音将对其体验产生可感知的影响。两个基本的声源对此起主导作用；音响系统的旁听可能产生讨厌的离轴音质，来自后墙的反射	舞台上的亲切感可以通过单独可调的舞台监听系统，以及与主传输系统的隔离来实现。由于演员希望与观众产生交流，所以这是一种挑战。在折衷的位置上取得的是有限的接触和有限的隔离
纹理	通过仔细地建立空间感和依次的反射型，可以获得细微的纹理和声音细节	通过低声级反射平稳地过渡到隔离区，可以实现声音的纹理。通过隔离区的离反射密度，可以增强声音的细节表现	不同相 不冲突	这种声学上的纹理可以通过周边的混响设备引入的隔离区叠加来加强。因此电信号的处理特性也加入到声学信号中	电子混响可以应用到不同的输入通道上
抗回声能力	对回声的抑制能力可以通过避免单一反射从衰减型中突出出来或者多次反射混合产生聚焦点来实现	反射必须稳步地朝向隔离过渡。如果在隔离后的反射相对声级提高了，则回声被感知的概率也会升高	完全一致	由于反射密度较低，且声级较高，所以扩声系统的回声感的风险较高。指向性扬声器的集中波束增大了聚焦反射的概率	少量的独立汇聚声源提高了回声感知的风险
抗噪能力	通过将传输与噪声源的隔离来取得抗噪声的能力		完全一致		声学模型中的所有噪声源均存在。噪声累加包括电噪声，回授
动态范围	动态范围通过最强的直达声和早期反射声叠加，以及噪声的最小化来最大化	最大程度的声学正向相加需要耦合区和梳状响应区叠加来实现	不同相 不冲突	最大程度的声学正向相加需要耦合区和流状响应区叠加来实现	动态范围的上限受两个因素限制：系统的功率能力和反馈前增益；下限受噪声限制
声音失真	通过不让吸声发生在所选的频率范围上，或在音乐中对敏感的振动或共振的频率成分进行加 / 减处理，可避免声音失真	通过不同相对时间和声级声音的高密度复合多次叠加，可以来避免声音失真。若单次反射增强，将导致抵消和过分正向叠加产生	完全冲突	声音失真可以通过重点关注耦合区和隔离区的叠加来最小化。要尽最大可能来避免梳状响应区的出现	电声系统的声音失真是特指谐波失真、压缩和声像失真
一致性	大厅不存在"死点"或者区别于主区域音质的区域。想要的结果是取得最大可能的听音感受的一致性	一致性是通过所有座位区与传输系统的耦合来实现的。一致性是通过充满极高密度的梳状响应区、混合区和隔离区叠加来获得的	完全冲突	一致性是通过将扬声器彼此隔离，以及与房间隔离来实现的。频率响应的维持是借助耦合区与隔离区的叠加来实现的。要尽最大的可能避免梳状响应区的出现	一致性是通过将接受区域分割成独立的传输区域来实现的

图 4.6 基于白瑞奈克的音乐厅声音主观评价的评价标准建立的自然声音和放大声音模型的比较。由于它们是基于人的听音经验，而不是传输模型，所以使用的是同一主观评价标准进行的比较。听音经验优化传输的方法是对自然声音和放大声音的系统进行比较和对比。取得可比较经验的方法即研究其异同点的细节。研究每一种情形下叠加的关键因素，以及各个方法间不一致的关键部分（续）

业界评论：在交响乐空间中的扩声就是一个点到为止的很好例子。这里我们利用的是大型厅堂具有较长混响时间的自然属性，而非曾经想要的"剧场"空间或"事件"厅堂。1.6～2.4s 的较长混响时间对于舞台上的管弦乐队来说是最好的了，但是对于乐池中的管弦乐队和剧场演出的扩声歌唱声来说，这将是要解决的问题。观众决不会感觉到这时的歌唱声像他们在电影院式较短混响时间的百老汇剧场中听到的那种十分清晰的声音。

凯文·马绍尔（Kevin Mochel）

- 无回声、无噪声和动态范围最大化的要求有很强的一致性

- 扩散是个建筑上的特性，它所扮演的角色在两个领域中都是一样的。实现扩散的方法以及对扩散数据的感知存在很强的一致性

- 虽然温暖感和明亮度都属于均衡的范畴，但是取得均衡的方法确有很大的差异，只不过并不对立

- 平衡感，融合性和颗粒感被划归到调音工程师的工作范畴之内。虽然取得良好混音的方法有很大的差异，但对立性很小

- 直达声的响度划归到声源定位一类。虽然取得相等响度的方法不同，但并不对立

- 活跃度、混响声的响度和清晰度都是与建筑声学相关的声能衰减特性有关的。自然声模型的房间混响要求是强制性的，而扩声系统可以使用电子的手段来增强声音，两者之间存在一定的对立。当反射声级对于扩声系统而言太高时就会引发这种对立

- 舞台上的响应 / 声音建立存在一定的矛盾之处。扩声的结果将主要是由艺术家确定折中的位置

- 舞台上的整体感要求直接导致产生安全对立的方案。自然声系统要求舞台声源彼此，以及声源与剧场有最大的耦合，而扩声系统则要求由最大的隔离

- 亲切感是通过一些对立的方法取得的。在自然声模型中产生亲切空间感的强反射在扩声系统中会导致相反的效果

- 无音质上的变化也是存在相对立的问题。在自然声模型中反射的饱和会使音质变化被抑制，对于扩声而言，过大的反射会引发很强的音质变化

- 一致性是所有分类类型中最为对立的一个因素。自然传输系统中声音的整体性要求通过反射饱和来实现其

一致性，而扩声系统的独立属性则要求反射声要最小

4.3.2　折中方案

上面给出的问题让我们身处何处呢？中间的地带在哪里？双赢的解决方案是什么样的？分类中排在首位的激烈对立因素就是舞台上的整体感，这一问题已经交由监听系统的调音人员和艺术家来解决，那样就容易了。

另外还有三个分类留给我们去寻找创造性的解决方案，则三个分类是亲切感、音质变化和一致性。造成它们产生对立的根源是一样的，在每种情况下问题对立的双方都会归结到同样的根源上。如果我们能够解决其中一个，那么其他的问题也就迎刃而解了。产生对立的问题就是强反射。自然声需要它，而扩声则要去掉它。

在所有可能的解决方案中最差的就是只对自身表现出最合理性：以此作为折中的方案。即便将反射在交响乐队所需的基础上减半，剩下的反射对于扩声而言还是太大。如果在这一问题上我们找到一个折中的方案，则很可能双方都不愉快。这不单单是假设，我们通过实践了解了这些。令人遗憾的是，特别是 20 世纪六七十年代的许多厅堂中的许多设计都是以此为解决方案的。如今其中的大部分根据不同的用途进行重新的建模，或者改作他用（如图 4.7 所示）。

4.3.2.1　可变声学方案

实践中发现可变声学这种形式是一种双赢的解决方案，它不需要采取折中的处理。简单设计大厅的性能，更改大厅的反射结构以适应演出的节目形式。如今这种解决方案已经成为现代交响音乐厅设计的标准。除非有艺术捐赠，否则现场交响音乐会效益的下降将可能会妨碍其他的交响

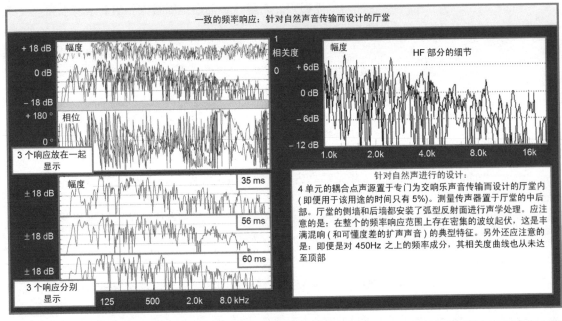

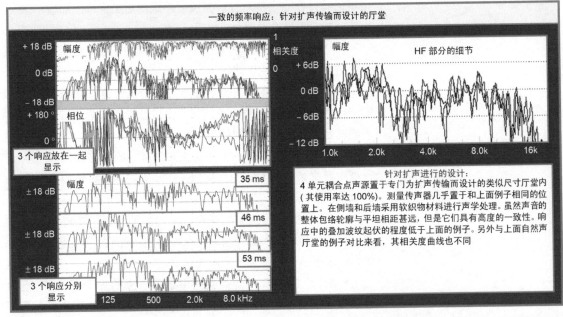

图 4.7　长混响交响音乐厅（上图）和比较适合使用音响系统的声学场地（下图）的扬声器箱频率响应的比较

音乐厅的建设。即便如此，这种慷慨也是有限定条件的，他们期待这些音乐厅能够吸引古典音乐爱好者之外的广大观众前来现场欣赏演出。这样就要求几乎每座音乐厅都要安装扩声系统。室内的声学设计必须能够保证快速地对音乐厅的声学特性进行重新的结构改变，以便它能适应管风琴、室内乐、交响乐和歌剧，以及扩声应用等不同节目形式。悬挂的幕帘可以通过绞盘落下，墙板可以从硬面（反射面）旋转成软面（吸声面），混响室的开闭等。这为优化声学设计留下了潜在的空间，这样既可以满足管理者对上座率的要求，同时也可满足广大观众的艺术需求。

要想对所有的节目形式进行全面的优化就需要能实现大范围的混响控制。在这种情况下，即便交响乐预定场地的百分比小，最优先的客户也几乎总是交响乐。这样便引出如下的问题：到底应该为扩声应用在室内安装多少软性吸声面，这其中要考虑结构头坝和操作成本这对大矛盾。结果是我们通常要给大厅留有比扩声系统优化所需的声学特性更为活跃的特性。即便是针对扩声系统，也可能建造一座并不舒服的沉寂声学特性的大厅。但完全不可能让一座声学特性按交响乐进行优化的大厅只需简单的变动就能满足我们所要求的沉寂声学特性。简言之，在古典音乐厅要尽可能地进行吸声处理，只有这样业主才愿意买我们的服务。

4.3.2.2　混合形式：自然声和扩声传输的混合应用

采用自然声和扩声传输混合应用的效果到底如何呢？传输方法的这种合并真正体现了"扩声"这一词的含义。这是种真正的这种方案。在这种情况下，各方要了解不同场合的弱点。音乐家能够在多大程度上建立起自己混音的舞台声音将是决定性的因素，这一混音是一种专门的声音平衡。舞台上的声级必须谨慎地进行控制，以便扩声系统

真正扮演补声的角色。如果一件乐器的声级压过舞台上其他乐器的声级，那么调音师为了保持乐曲的节奏感就要在扩声系统中被迫提高其他乐器的电平。这样问题就可以很快解决。音响系统需要有良好的定位和时间对齐才能为扩声的乐器提供虚拟的声像。从本质上来看，扩声系统需要与自然声结合成相位对齐的分频器：时间和声级上适合。如果某一系统的参量远远处在另一系统之前，那么就会失去这种结合。

另外一个混合形式的解决方案也常常被音乐厅所采用。它只是给歌唱声使用强指向性系统，这时的空间感的地位次于歌唱声的可懂度。在传输音乐混合信号时，要在立体声系统的空间表现与宽阔的扬声器覆盖之间作折衷处理，这一独立的立体声系统的重放声音常常与乐池辐射出的直达声混合。在这种情况下，要给混合信号特意加一些房间混响，以提高空间感。

4.3.2.3　可变的电声处理：混响增强系统

在之前的章节中我们已经广泛地讨论了扬声器/房间和扬声器/扬声器叠加的类比作用。反射可以建模成"虚拟的扬声器"，并表现出类似的听音效果。将问题反过来看也是成立的：扬声器也可以建模成"虚拟的边界表面"，并产生混响的声音空间。

混响增强系统要比剧场设备中使用的周边设备中的简单电子混响要先进得多，这种周边设备中的混响器只是在传输直达声的扬声器信号中增加了混响。由于这种简单的解决方案只是在原声上加上混响尾音，以此来模拟真实房间的声音衰减特性，因为这时我们的方位感是不受影响的，所以这种方法难以取得让我们满意的实际混响空间感觉。这时的声音听上去好像是舞台上的歌手在浴室演唱，我们还是会感觉声音相当干。简单的混响几乎不可能为我们带

来对由各个方向的声音所产生的衰减声场的空间包络感。混响增强系统需要有复杂的传声器和扬声器分布阵列，通过这些阵列建立起来自声学空间多个方向、扩散反射的空间衰减声场。这里传声器接收来自扩声系统（或来自声学声源）的声信号，这种声学声源可以是诸如歌手这样的舞台声源的辐射、同一歌手通过扩声系统产生的声传输，甚至是处在观众区的伴唱歌手的声音。传声器本身对其并不会区别对待。声音信号会再次经过空间分布的专门"混响声源"扬声器循环辐射到空间当中。之后扬声器将信号辐射到空间当中，并被所处空间的传声器接收，以上的过程会反复下去。从字面上解释这是个反射倍增的过程。专门的信号处理具有这种倍增的功能，它是通过增加延时信号的再次反馈来提高反射的密度。处理送出特定的传声器混合信号给不同的扬声器，这使空间中的各扬声器间的相互作用进一步随机化。这样就避免了稳定的叠加，从而建立起我们在石膏边界的音乐厅中能听到的具有纹理感的复杂混响尾音形成的空间效果。通过空间分布的扬声器重放出的该信号就能在某一位置建立起虚拟的反射墙，而那一位置上原本可能是一个吸声的墙壁边界，或者是根本就没有墙。如果我们希望感觉不到混响系统的存在，那么这种解决方案在稳定性和可信性上都存在一定的局限性。任何的再输入叠加系统主观上都是不稳定的，其中最差的情况就是反馈失控。当墙壁形成声反馈，导致出现哼鸣声时，人们可能就会对此产生怀疑了。我们必须避免让任何的扬声器声源产生定位作用，否则我们要根据具体情况考虑是否放弃混响增强系统。可信性是另一个较为敏感的问题，这一问题是与那些提示我们扩声系统存在的不可能声学影响的感知相关的（之前在第 3 章讨论过）。我们凭视觉来估计房间的大小，并建立起来关于一定比例空间声学质量的期望。过量的人工混响将会让听众对空间的声学质量产生虚假的印象，从而对扩声系统产生怀疑。混响增强系统对房间中存在的所有声源都进行再循环处理，其中包括观众发出的声音。如果我们在一座小剧场中拍手，听到了如巴黎圣母院大教堂般的混响感，则一定会问这样的问题：我们到底相信哪一个呢？是我们耳朵听到的呢？还是眼睛看到的呢？如果灯光暗下来或者闭上眼睛，那么虚假效应的影响范围将会扩大。

原本这些系统是为一定时期的大厅建立的，这时多功能大厅想突破建筑声学这一中间地带。建造的大厅的混响并不足够，人们用混响增强系统来辅助自然声的传输。当时使用了扩声系统之后，混响系统就不再使用了。但是在象做礼拜的场所中混响增强系统还是以单一的性能环路存在：当演奏管风琴和／或唱诗班演唱时，混响增强系统工作，但是它并不用于讲话。早期的混响增强系统类型在早期的多功能厅中的应用的并不成功。进入数字时代之后，相对便宜的多通道处理器能够提供输入和输出的正交矩阵和各种可调节的功能，数字技术在先进的混响增强系统中起到引导作用，它使得这种系统具有更诱人功能，同时也大大改善了系统反馈的稳定性。

尽管混响增强系统的这种应用在当前还在使用，但是让我们感兴趣的还有另外一种选择方案：将混响增强用作扩声系统的空间环境效果。这种"可变电声处理"形式可以让我们根据需要有选择地调用"空间"的混响特性。音响系统可以搭建在"沉寂"的空间里，当需要的时候在产生"活跃"的空间效果。先进的系统安装和富有创造力的设计师都曾使用过这种方法获得过很好的效果，创造出了完全便携式的，建立于房间之中，并将舞台事件联系在一起的"声音空间"。混响增强系统的出现减弱了扩声系统对房间扩散和空间感的要求。扩声系统产生的完全一致的直达声声场响应可以用混响增强系统的扩散空间声场来补充。

只要我们在房间中设置了足够的混响扬声器，就可以获得满意的"完美声学"效果。唯一要注意的不要因下雨而取消活动。

混响增强系统所提供的技术对建筑声学和声频工程间的关系重新进行了界定。空间感的增强和衰减特性的丰满度是扩声应用的声学属性确定之后重点追求的目标。这些特性可能在室内声学并不是大问题并且在"在混音中加以解决"。声学专家强调的建筑解决方案是自然将其过渡到听音经验和控制层面上的解决方案，这对于声频工程师同样如此。除非我们引入大量的悬挂职务，否则基于自然声而建造的大厅存在让声频工程师启用破坏控制和应急模式操作方案大的潜在可能性。在具有软性声学特性的厅堂中进行的混音操作与无风天气的室外扩声一样，只不过观众会感觉所有的声音并不是来自周围。混响增强将分界线推向过量的吸声，而不是过量的反射。由于这很明显是将工作的重心向声频工程一侧倾斜，所以并不期望这种方案受到人们的热捧。虽然双方在这一博弈中不分伯仲，但是由于要建立起给定空间的愉悦混响特性还是需要谙熟此道的声学专家的经验。这一技术开启了巨大的可能性，其声学上的成功是建立在声频和建筑双方合作的基础之上的。混响增强系统为让优化的音响系统能满足优化的声学设计开启了另外一条潜在的通路。

第四节 发展趋势

如今迈入这一行业的音响工程师可能是因为他们将物理声学的研究作为毕生的追求，而一些从事建筑声学方面工作的人也可能始终梦想着用玻璃纤维材料作为吸声材料来填充空间，更有可能的是横跨这两个领域的人都有一个共同的心灵追求：音乐。对于我们而言，音乐始终让我们将其与扬声器和电子设备直接联系在一起；而对于声学专家来说，音乐则直接与空间相联系。如今一些认为不具备任何物理声学方面知识就可以在此领域工作的所谓声频工程师的能力多少会让我们质疑，他们的想法会让我们感到有些愚蠢。给主音吉他手留下深刻印象的富有创造性的声音传输理论说服不了声学专家；同样，设计生产出十二面体扬声器的现代声学工作者也会认为我们的想法只是灵机一动而已。

我们高兴地承认一些在建筑和电声学领域长期工作的设计者设计建造出了在成本和美学意义上都可以接受的系统。他们的能力和为达到此目标所做的努力等因素决定了系统事后存在一些必须由工程师来解决的问题。音响系统在设计过程中始终要跟踪建筑方面的进程，我们在所有的空间已经确定下来之后再去评估音响系统。我们是患难与共的战友，因此我们最好能了解彼此的需求和观点，提出最佳的解决方案，只有这样才能建立起互信，避免彼此抱怨。

首先我们将建筑方面的电声设计者的目标放在首位，只有这样才能在下面的工作中取得较为满意的结果。

下面的逐项内容是戴夫·克拉克（Dave Clark）提供的，这为我们评价系统是否满足声音方面的要求给出了足够详细的说明：

- 声学控制处理方案（噪声，振动，室内声学，可变声学处理等）
- 针对主扬声器的覆盖区
- 相关空间的形状和大小；针对此空间的扬声器设置
- 各种表面的最终处理

如果工作涵盖了以上所有这些要素的话，那么就可以对音响系统进行优化了。

如下的各项内容是萨姆·伯克提供的，他制定了我们

业界评论：当然创建富有感染力的空间有助于强化对观众的感染力。如果拥有一个可以通过调音台控制的扬声器系统，一定不要让它限制你的创造力。应用具有隐含意义的实时参量的声学混响器，来实现对现实房间空间的创造性设计，以及完成设计者的声音分层工作。

乔纳森·迪恩斯（Jonathan Deans）

要实现的共同目标：

- 音调平衡：中／低频和中／高频之间的衰减速率的相对比值
- 避免潜在的有害声反射（针对观众和演员）
- 均匀的声能扩散：这是指挑台下方的空间和其他几何学意义下的处于整体空间内的"分割空间"能够"维持"扩散能量。这对于像竞技场和露天大型运动场这样的场地是一项艰巨的任务
- 环境噪声维持在合适的声级上：虽然对于用于摇滚乐的音响系统来说这并不是问题，但是对于语言扩声系统，尤其是教堂这种空间中的扩声系统来说就是个巨大的问题了
- 声场的均匀度：各个座位区域所感受到的声音差异程度
- 清晰度和可懂度：高的直混比和高的相干性等

虽然我们自己知道我们需要什么，但是我们是希望声学工作人员能读懂我们的想法，这就要将我们对大厅建筑声学的性能用清晰的基本指标描述表现出来。

这时我们打算／需要在建筑声学基础上要做的事情就是：明确肯定有哪些事件是一定要进行防大的呢？利用对交响音乐大厅模型对应极性的考虑来简化问题的复杂性。我们假定声音的传输全部都是来自舞台，每位演员使用的都是无线个人返送监听，并且乐队是完全隔离的，可以像拍摄电视商业广告那样将 PA 系统哑音。虽然这代表的是极端的情况，但却是非常普通的情况。迪斯科舞厅、体育馆的播音和音乐效果，以及许多流行音乐的音乐厅都有不少这种模型可供使用的例子。接下来我们要考虑的是，如果舞台上是一个架子鼓、吉他等乐器构成的摇滚乐队的话，那么声音就会从舞台上泄漏出来，并且与所使用的扩声系统的声音相结合。这样的情形会改变建筑中我们所希望得到的结果吗？不太可能。

自然的声音和扩声产生的声音相对共存的那些应用是个中间地带。如果我们不知道相对立的一端在哪的话，就绝不能到达这一中间地带。

下面我们来探究一下"放大扬声器中心论"的观点。在设计会议开始时，在表演的空间内研究这一观点的性能表现。

1. 空间的形状：我们接受这样一个事实，即在整个的空间形状内，声音是唯一一个因素。篮球场馆的空间形状是根据其主要的目的来设定的，其声音受这一形状的制约，并与此形状相对应。将设计采用的主扩声系统要覆盖这一形状的绝大部分，而补声系统要覆盖余下的部分。较小的空间形状可能还需要对补声系统加以关注。随着内部边界表面几何形状的复杂化程度的加大，我们要对各种大小的空间的情况都要认真对待。我们知道所有的座位区都应该处在舞台的视线之下，对"声线"也有同样的考虑，其差异有非常强的相关性。在自然声模型中，视线与声线是一样的，因为这时声音就是从我们所看到的声源传播扩来的，这一声源就是音乐家；在扩声模型中，声音是从并不是处在舞台上的扬声器传播过来的，很显然视线与声线并不一样，这时两者的关系就很重要了。像口技表演者一样，我们要让听众感觉到声线与其实现联系在一起，也就是说要与虚假的声像联系在一起。这就是说要想找到某一位置的声线并不是十分简单的事情，声线必须是来自处在正确位置的声像方位上。即便看上去很小的形状，但是由于它深入到大的形状中，所以它对音响设计也会产生潜在的最大影响，这就迫使我们要对音响系统进行细分。大而深的挑台（以及挑台之下的空间）就是这种空间形状的例子，这时我们毫无疑问地要进行覆盖的细分。即便挑台下的区域很小，仅仅有一排的进深，但如果主系统在此产生不能令人满意的定位的话，我们就需要使用专门的系统来解决这一问题。一句老话说的好："魔鬼就隐藏在细微之处。"

Trap 'n Zoid by 6o6

2. 目的与空间形状的匹配：如果主要关注的重点是立体声的话，那么空间的形状一定要设计成能够在尽可能人的区域产生立体声的形状。假如空间是一个宽广的扇形或者是个"环形的"情况，则很难实现立体声的声像再现，并且采取的立体声声像再现的措施可能会导致清晰度的下降。从另一个角度来讲，这两种形状都非常适合单声道形式的声音重放。如果我们期望在音乐厅中感知不到扩声系统的存在，则需要采取使声像地位降低的方法。虽然这类方法不胜枚举，但中心思想是一样的：就是如何让声音从形状的内部发出，并以此对空间进行设计。

3. 挑台下的空间：如果挑台下的空间有足够的净空高度，且并不很深的话，那么就不必使用挑台下的扬声器。对于任何一排而言，挑台下开口处的净高度必须是最小，不超过 3.3m（11ft），并且这一高度要随深度的增加而提高。挑台下空间后部必须注意低频共振问题。

4. 侧席区域：虽然 1 楼侧席区域需要使用一些补声扬声器，但却是比较简单的。对于声音而言，较高的侧席区可能是房间中投入资金最多的地方。最差的情况要算是"马蹄形"体型侧席包厢的前方到后方的隐蔽处。典型的情况就是只有一两个座席的深度，距后墙和顶棚都很近的，这就如同是微型的跳台。覆盖这种区域的所有选项都存在各式各样的问题。高处吊装的扬声器存在非常严重的声像畸变。由中间扬声器组来覆盖可能会在大厅中产生强烈的反射，因为座席距离侧墙太近了。通常对于这样的地方较好的候选解决方案是使用可变声学的处理方法，因为我们想要的是强吸声的沉寂处理，而古典音乐应用要的是活跃的声环境。如果我们采用侧面的扬声器来进行声覆盖，则面临的实际挑战就是维持一致声级的问题。与正面包厢的近距离使得在力图让声音到达包厢更深处的同时倾向于采用过大的功率。几乎没有非常好的扬声器定位解决方案来覆盖低的天花板和凹进去的座席。

5. 低频的吸声 / 扩散：声频工程师通常更多地是将较小空间的声音评价为"低频坚实"，反之描绘成"有温暖感"。我们如何才能取得这样的感觉呢？"坚实"主要是受传输相应的影响，而"温暖感"主要是指音色。重放出的脉冲信号的上升和下降过程必须在空间中没有太大的振铃。如果人们找不到节奏的拍点，那他们还能跳舞吗？我们必须让非常低的频率成分非常快地衰减，以便为很快到来的大鼓下一次敲击留下时间间隔。在我们看来，尽可能地进行低频的吸声处理是有益的。通过合理地控制重低音的量，以及调整相对电平和均衡处理，我们可以获得所要的温暖感。实际上我们从扬声器中获取的未加限制的直达声能量大大地缓解了对空间低频反射的要求。扬声器系统 LF 范围的方向性控制很可能要比 MF 和 HF 范围的方向性控制弱很多。由于有较多的 LF 直达声辐射到墙壁上了，所以我们可以认为反射将向 LF 范围一侧产生频谱倾斜，即便房间的吸声已经产生了频谱的平衡。

6. 中频的吸声 / 扩散：相对于低频而言，扬声器阵列对中频的方向性控制更容易实现。在扬声器附近区域，以及处在主轴区域的朝内倾斜墙壁和后墙上的中频吸声处理是非常受人们欢迎的。接下来的最佳处理就是扩散，它可以在一定程度上加强人们的空间感。

7. 高频的吸声 / 扩散：由于这一频段的扬声器指向性控制是最好的，所以这一频段的吸声 / 扩散处理也是最容易的。从另一方面来看，由于这一频段上人耳对分立回声的感知门限最低，所以吸声 / 扩散处理又是最困难的。我们有一些类似不规则的吊镲声音表现的严肃话题。采用玻璃、石膏、混凝土和金属表面时一定要小心，不要让它们将来自扬声器的声音再反射回观众区或舞台。大厅的后部表面的处理对我们来说是非常大的挑战。我们必须调整好指向后墙的扬声器，以达到前后声级的一致。我们不需要反射回听众区的强反射，尤其不希望这些反射在舞台上重新汇聚，干扰舞台上的演员和放置在此的传声器，因此这些边界表面应该处理成强吸声的。后墙的复杂性将有助于

产生一定程度的声扩散，从而降低人们对分立回声的感知概率。

8. 天花板：从扬声器系统的角度来看，天花板具有非常重要的作用：它让声音泄露出去。另一方面，我们关于天花板的处理原则很简单：这就是避免它的影响。这里有两个主要的区域是我们所关心的：一个是扬声器声源所处位置附近的天花板表面，另一区域就是最终目标源附近的天花板表面。对于这些附近天花板表面的处理，我们更多的是采取让辐射的角度片离开我们，以便附近的反射不会与直达声传输通道相重叠。平行或朝内倾斜角度的邻近表面将从吸声处理中获得好处。在目标一侧，我们碰到类似的情况。朝内倾斜角度的表面会使强反射投射到最不能容忍它们的座席区：最远处。由于我们需要它们投射到空间的后部，所以天花板的反射不可避免地成为了提高它们的因素。朝下倾斜会加剧这种情况。

9. 侧墙：这里我们再次可以从向外的张角获得益处。这对于定位于舞台两侧或中央上方的扬声器的角度取向非常有利。直达声可以被处理成沿侧墙的主轴边缘上，并具有最小的反射。另外，反射的能量被首先引导进入吸声的后墙。

10. 地板和座席区：交响乐的声音是从舞台平面上传播过来的，而不是由可能位于舞台上方 10m 的扬声器系统传来的。地板反射的影响与自然声模型是完全不同的，因为扬声器系统的截面是以极陡的角度直接聚焦到地板上的。万一我们将能量聚焦到地板表面，而不是掠过它的表面，我们就需要考虑吸声所带来的好处，比如地毯的吸声。如今我讨厌地毯，让它占的面积尽可能小。在开始之初，我只需要考虑过道，因为座位区都将由听众构成吸声体。覆盖过道的问题取决于它们与扬声器的相对取向。"光线"实验会给出答案：如果我们站在过道处，并能顺着视线找到

扬声器，那么过道就是进行处理的较理想对象，例如，中置扬声器组，通向舞台的扇形过道。

11. 隐藏的扬声器位置：引用一首老歌 "勿束缚我"（"Don't fence me in"），我们并不喜欢将扬声器置于凹陷处、横梁、HVAC 传送管、灯光、T 形台等的后面。尽管道理很简单，但是我们并不太将其当回事儿，好像这根本就不是问题似的。如果我们需要将扬声器放在凹陷处，那么其前方就一定要是声学透明的，并且对于扬声器 / 阵列的全角度覆盖一定是开放的。在凹陷的空间内共有的问题就是缺乏对任何偶发事件的应变能力，视线受到干扰，在开口处却发声吸收，在局部的硬件内会产生嗡嗡声。非常常见的情况是，这些凹陷结构在扬声器周围的活动空间很小，扬声器的聚焦角度不能修正。请给我们呼吸的空间吧！为什么看到 100 盏灯光设备的侧面和后面漏光却一切 OK，而我们要将黑色的扬声器都隐藏起来呢？虽然将扬声器隐藏起来肯定要增大成本，并且常常会使音质下降，但是这样做是将美观的考虑放在了操作之上了。

12. 主扬声器的位置：如果对声像有要求的话，那么就需要让所放置的扬声器产生的声像保持在低且中央的位置。对于地面上的座席，我们将需要使用台口两侧的位置，以保持声像处在较低的位置，而舞台台唇的补声扬声器用于垂直和水平的定位。对于楼上的座席区，虽然舞台上方的中央声源对于水平定位是最佳的，但是侧面的位置（较低位置）对于垂直定位是最佳的。这里可能需要进行折衷处理，或者两种方法都采用。

13. 挑台下扬声器位置：要给在挑台下吊装扬声器留有空间，以便所吊装的扬声器能对准座席的最后一排。我们不能采用朝下安装的吸顶扬声器。挑台的正下沿几乎不存在最佳的安装位置，最为常见的安装位置是将此位置进一步向后移，因此需要表面安装或者张开一定角度安装。

挑台下扬声器的作用是改善直达声与反射声的比值，因此要关注扬声器附近的反射面。很显然这种扬声器应该相对天花板表面并不是很显眼。扬声器前方局部天花板区域的吸声处理会产生不错的效果。如果扬声器是嵌入安装的，那么要为聚焦调整提供尽可能大的方便。

14. 前方补声扬声器位置：这种情况下人们在实际应用中更愿意采用嵌入安装的形式。如果扬声器安装高度太低，则前方补声的范围将被局限在一排，因此最大高度是很重要的。

15. 混音位置：由于歌手嗓音嘶哑或者使用了替身演员，所以要求舞台灯光每天晚上都不能变化。向前并将其置于玻璃后面。声音每天、每分钟都在变化，我们将不会通过头戴耳机的对讲功能来跟踪点声源的变化。我们必须处在演出现场，在那里我们可以听到演出的声音并看到演员的表演。

16. 舞台：这是充满了大量可变声学因素的地方。在摇滚演出中，虽然可移动的窗帘或板式吸声体可以使舞台的沉寂一些，但是也为混合式扩声应用保留下一定的活跃度。舞台的地板应该是不会产生共振的，以便放置在舞台上的扬声器不产生特殊频段的激励。舞台上方的天花板不应是刚性的，并且应向乐队音罩那样倾向于将声音朝外或朝下辐射。

17. 边界表面的复杂性：如果反射是复杂和扩散的，那么我们可以接受较强的反射。由于扬声器在高频段的控制力较强，所以小范围的玻璃和钢性材料并不会为我们带来什么麻烦，只要所产生的反射式被扩散和随机化即可。

18. 挑台前部：这就像后墙一样，只是它更近，所以更容易将声音聚焦回舞台上。我们希望有一个向上的角度，以便将第一次反射引向天花板或后墙。最坏的情况平坦、坚硬的曲面，中置扬声器组将会将其反射聚焦回舞台，而侧面阵列在另一侧会建立起幻象。

　　声频工程师和声学专家可以配合工作，并取得双赢的结果。我们需要对自然声音在空间中所扮演角色的关键性进行考核。如果全部的演出都采用扩声系统进行，那么所有的声学处理在我们所要求的条件中都应是实际的因素。如果场地要求两种类型的声学空间：可变的传输，可变的声学条件。这时仍然需要对音响系统进行优化，这就是眼下我们要讨论的重点。

　　顺便提一下，十二面体扬声器仍然在听音检测中使用，并且不论什么时候使用扬声器系统如今都要增设一道帷幕。优化的音响系统和优化的声学条件。

本章参考文献

Beranek，L.L.（1962）. *Music*，*Acoustics & Architecture.* John Wiley & Sons，New York，London.

predict 动词：预言，预测。

摘自简明牛津词典

预测

第一节　引言

预测是设计的基础，测量是优化的基础。作为设计师，我们的角色是要预测系统的性能，以便实现最大概率的成功优化。我们优化的角色是要测量数据，并根据这些数据按照要求进行参数的修正和调整，这可以证明预测的正确与否。设计师的可信度取决于所调校的系统与期望结果的吻合程度。这些期望是基于预测所揭示的可能性。如果优化过程是成功的，那么就不需要进行太多的调整了，就认为所进行的预测是可靠的。如果优化失败了或者需要进行一定成本和耗时的设计改变，那么设计师的可信度就下降了。

这里存在一个循环关系：测量与预测。我们预测所用的数据来自何处？来自测量。我们测量系统的安装性能到底会如何呢？这要通过预测来反映。工作每向前推进一步都要在更高的层次上重复这一循环。每进行一次系统测量，都要进行理论上的检测，证明其中成功的部分，而对于测量数据证明是不正确的地方要据此进行再次的预测，以期望对预测数据有更加明确的认识。每进行一次这种更进一步的工作，都会提高预测结果的准确度，同时也会将测量／优化中研究和调整推向更高的层次。这就是发现的循环机制。

如果预测和测量工具使用的是同样的语言和系统合格检测标准，那么就必须学习和掌握相关的理论。我们不能将声学分析仪所测量到的响应与占卜牌式的预测结果联系在一起，而必须要有能够描述待测声音辐射特性的预测工具，同样也必须要有能够描述已知现有声音现象的测量工具。对这两种响应的描述不会有玫瑰般美丽的词藻，所面对的只是一些繁琐的细节描述。正如我们在第 1 篇中所看到的那样，其中有大量的细节要进行观测和主观评价。

音响系统的预测主要是要掌握以下四个基本的响应：

- 扬声器在自由声场中的传输特性
- 传输媒质（空气）的影响
- 多只扬声器的叠加效应
- 房间和扬声器的叠加效应

不论是采用最先进的 3D 计算机辅助设计（CAD）程序和声学模型，还是使用铅笔在纸上计算，整个的分析过程都是一样的。以上所提及的四种响应的属性均在第 1 章中阐述过了，现在就是将这些抽象的理论应用到具体的实际应用中，其中的第一个基本的环节就是制图。

不论是以上哪一种情况，我们都必须得到有关演出空间的形状和比例图。

第二节　制图

对扬声器的性能进行抽象的预测是比较容易的，困难的是要对它的实际表现进行预测。我们所需要的就是应用，了解扬声器在场地中的实际表现。对于固定安装应用，场地就是一个简单的结构。系统设计要准确地进行调整，以适合厅堂的形状；对于流动演出系统而言，系统设计要针对一种特定的情况来进行，这种特定情况有可能是剧院、体育馆、露天演出场地，或者其他类型的场地。流动演出系统的设计必须足够灵活，以适应各种不同形状的演出场地。

5.2.1　2D 图类型

设计的草图有二维和三维两种形式。二维图是标准的形式。其中最基本的图纸要包括平面图（水平面）和立面图，以及剖面图（垂直面）（如图 5.1 所示）。

平面图：这是关于特定地平面的俯视图。如果这一平面上存在斜面或者不同高度的地板，那么要在图中标出。这一数据将用于预测扬声器在水平方向上的覆盖特性。

立面图：它是在房间的内部，沿着其长度方向看过去的平视图。典型的视点是在房间的中心点，视线的方向对着某一侧墙。这只是一种假定，如果有变化则要进行说明。

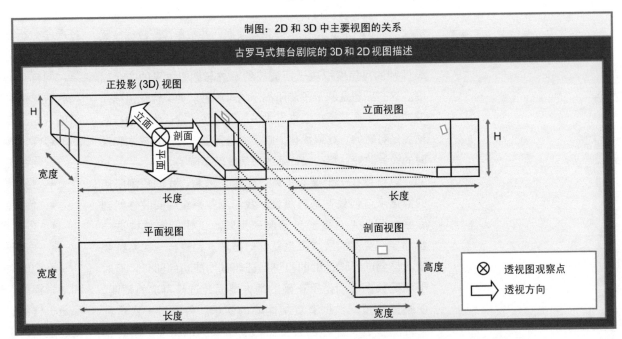

图 5.1　主要视图的关系

地板和天花板、前墙和后墙的特性是由现有视点的透视图表示出来。侧墙表面的特性应能从没有被视点和墙壁之间的近处表面遮蔽的图中表现出来。位于中心线和侧墙之间的悬吊灯具要在前墙的视图中表示出来，对于左右对称的房间而言，只需一张视图就可以了。这样的视图将用于预测扬声器在前后方向（或后前方向）上的垂直覆盖。

剖面图：它的特性与立面图表示的一样，但是它的取向是前（或后）方向而不是侧向。在大多数情况下，前后是不对称的。典型的剧院的正面剖面视图表示的是舞台的轮廓，而后视图表示的是观众席的安排和后墙的情况。这些视图用来预测扬声器在侧向方向上的垂直覆盖。

正面图：正面图是描述墙表面的平视图。视图的视角可以从内到外。根据天花板和地板，以及所有感兴趣的侧墙现有的连接情况，我们将其以视图的形式表现出来。正面图在预测中的作用有限。对于简单的声学空间，立面图和内部的正面图看上去差异并不大。而对于稍复杂一些的空间形状，两者的差异就显现出来了。例如：挑台正面是平直的空间，其挑台扶手的位置在立面图和正面图中的位置是一样的。对于典型的弧形挑台在正面图上只显示为侧墙的连接处的一个单点，而立面图则会显示出挑台在中央和侧墙的深度。当打算将扬声器以开放的形式嵌在墙上时，采用正面图会有利一些。

反射天花板平面图：反射天花板平面图与天花板平面图类似。它的透视比较独特，虽然一开始容易让人糊涂，但实际上它有一定的逻辑性。其透视视角好像我们向下看地板，将地板当成一块镜面，这时我们所看到的天花板，与我们仰视看到的类似，只不过水平取向反过来了。为什么愿意用这样一个视图呢？其原因是，反射的天花板平面图可以直接置于地板的平面图上，每一件东西对应排列的。如果物体出现在两张图的同一位置上，则说明它正好处在另一个的正上方。如果我们使用通常的内部透视天花板平面图的话，那么垂直正对着的物体会出现在两张图相对立的位置上。

浴室平面图：交待给我们的大部分工作是既没有平面图，也没有其他任何图纸。这时我只能借助我家里卫生间墙壁的设计布局来考虑问题，尽管我还从未设计过在如此挑战空间的系统。

5.2.2　3D 图类型

空间情况还可以用三维的 CAD 图来表示。3D CAD 图的优点就是非常直观。由此我们可以复制出任何的 2D 透视图，以及一个可以改善清晰度的正交视图。这对于边界表面复杂或者透视角度与 2D 描述不匹配的情况是特别有用的。3D 描述的另外一个优点就是它要比任何的 2D 图色彩丰富无比。而它的最大缺点就是，只有极少数专业声频人员会使用 3D CAD 程序。即便有能够运用它来制图的专业人员，要想绘制出这些图纸来也要耗费大量的时间和金钱，故许多音响系统设计者和客户都将 3D CAD 成本排除在项目预算之外。在此我们将讨论限制在 2D 制图上。

5.2.3　3D 世界的 2D 图纸表示

在此有必要用一点时间来分析一下 3D 世界中 2D 图纸表示的不足。2D 图纸的视点是由垂直和水平的片断拼接起来的。这种方法的缺陷在我们考虑扬声器在该平面之外的角度上的辐射响应时就会表现出来。声音并不是象土星环那样以平底盘子形状向外辐射，而是以球状向外辐射。因此，动作都是发生在所有的轴向平面上的，而不仅仅是所选择的两个平面。

然而单凭这一点就说 2D 图没有使用价值是不对的。可预测的误差因子能够进行相当准确地补偿。这里要考虑两个平面：扬声器的传输平面和绘图的平面。当两个平面匹配时，误差因子最小，这一误差因子随着平面间偏离的加大而提高。偏离有两种形式，一个是距离上的，一个是角度上的。我们将以实例来说明这两种形式（如图 5.2 所示）。

距离偏离很容易通过安装在建筑中心线上的吸顶扬声器看出。当看剖面图时，辐射面是与图纸平面匹配的。从扬声器到任何位置地板的辐射距离可以无误差地得到，同样也可以估算出声级。当从平面图来看时，辐射和制图面是不匹配的。辐射面实际上是与反射的天花板平面匹配的。这是撇开表现出来的天花板的相对声级。其间声波辐射到地板上，直接处在扬声器下方的座席就显现出来了，并且声源的声级按照距离每增加 1 倍衰减 6dB 的规律变化。地

板的情况是要考虑的困难问题，并且误差随平面间距离的比例而增大。要想描述地板上相对声级就必须通过剖面图数据建立起准确的平面图。

角度上的偏差也具有类似的属性，只不过更复杂了。其中的典型例子就是前方补声扬声器和中置扬声器组（如图 5.3 所示）。中置扬声器组就在前方补声扬声器的正上方，在平面图中它们处在同一位置上，而在立面图和剖面图中则处在不同的位置上。立面图反映出辐射的扬声器，并且与制图平面匹配。平面图的平面非常接近前方补声扬声器的辐射面，而偏离中置扬声器组的辐射面较大。相对声级的估算对于前方补声扬声器有一定的准确度，该声级是按照反平方定律确定的衰减比率辐射到座席的。相对于实际情况而言，对扬声器组的声级估算会表现出较大的差异。其原因没有补偿平面带来的偏差。在前排，声波的辐射角和制图角的

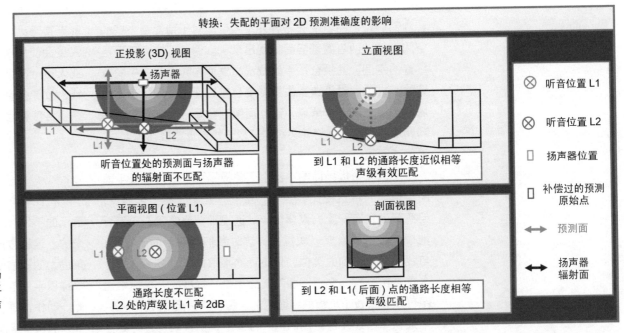

图 5.2　不匹配的声辐射和预测面的影响。扬声器水平辐射的垂直位置是天花板。预测水平面的垂直位置是地板。这种失配导致地板上声级有很大的变化

偏差接近于 90°，产生对声级最大的夸大效果。随着向厅堂的后部移动，角度偏差减小，估算声级的准确度得到改善。

　　这样便引出了第二个问题。研究平面图的根本原因就是要评估水平方向上的响应。水平覆盖的锥形在平面图中是由扬声器位置辐射出去的，它能表示出覆盖型的情况。对于前方补声扬声器这种描述方法是准确地，而对于中置扬声器组则不然，因为座席是处在另一平面上，因此从中所表现出的实际距离和轴向角度都是不准确的。

　　具有声频经验的大部分人都知道前方补声扬声器在前几排表现出很大的能量，而不会有能量到达后排，中置扬声器组则不同。我们如何才能知道中置扬声器在什么位置才加入到对地板声覆盖的活动之中呢？我们如何才能发现垂直和水平覆盖型的组合在地板的何处交汇呢？没有 3D

CAD 程序我们又如何做呢？

　　利用三角形测量的几何方法来处理这一问题会引入较大的误差。在水平面视图中的误差可以通过所掌握的剖面图来减小（如图 5.4 和图 5.5 所示）。

　　1. 指定在平面图和立面图中的听音位置，在此我们用"L1"表示。

　　2. 立面图：从扬声器位置画一条 L1 高度的向下或向上垂直线（A）。这一距离就是水平图和辐射面间的差异。

　　3. 立面图：画一条从 L1 到垂直线的水平线（B）。这一距离就是剖面图与辐射面间的差异。

　　4. 立面图：利用连接扬声器和 L1 的直线（C），建立起三角形。这条线的长度就是沿辐射面声波到达 L1 的距离。测量该距离。

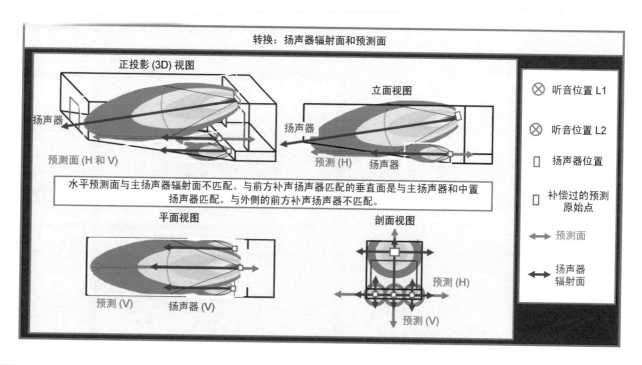

图 5.3　扬声器辐射和预测面的角度关系。主扬声器水平辐射的取向角是向下的。预测的水平面的取向角是平的。这种失配导致水平视图中地面上的声级有很大的变化。中央前部补声扬声器的辐射面和预测面在垂直和水平面上的电平和角度是匹配的。朝外的前部补声扬声器只在水平面上匹配

215

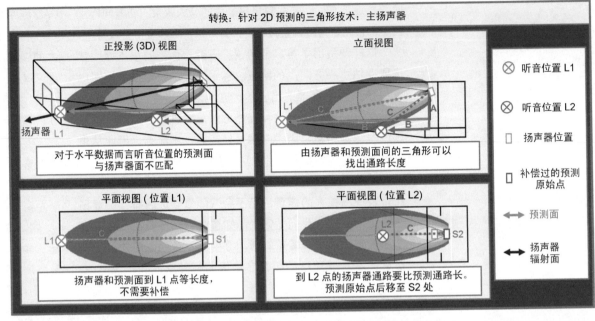

图 5.4 利用三角形关系来补偿主扬声器的轴向失配

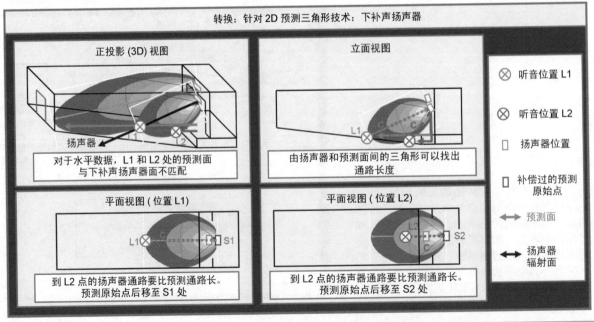

图 5.5 利用三角形关系来补偿下方补声扬声器的轴向失配

5. 平面图：从扬声器到 L1 的水平距离与线 B 的长度匹配。

6. 平面图：从 L1 画一条经过扬声器位置长度为 C 的直线，并将其标为 "S1"。这就是针对位置 L1 的补偿扬声器位置。

这是件简单的任务。我们必须为落入不同辐射面的其他各个听音位置也做这样的处理吗？很显然这是不现实的，也是没有必要的。其中主要的位置是覆盖型的最近边缘，主轴位置和最远边缘，这三个点的数据是必须要获得的。

另外还有一个问题值得说明一下：这就是平面的可互换性。扬声器的辐射面可以是在垂直方向上和偏离水平面（与前面的例子正好相反）。它可以均不在两个辐射面上。在舞台侧向朝内并向下倾斜的扬声器可以方便地控制，以便其扇形的覆盖处在平面、立面和剖面之间。

还有个问题值得讨论：这就是坡度的问题。大部分大厅从前部到后部都是缓慢地升高的，我们称之为座席的"坡度"。这在立面图中很容易观察到，平面图也可以标注出各个位置的高度变化情况。坡度使得辐射面与制图面更加不可能匹配，之所以对此展开讨论的原因在于这一坡度在音响设计中有巨大的优势，它能对一定位移角度和距离上扬声器的辐射面进行定位，这对于在大厅中建立起一致的声级有相当大的意义，将平面彼此相对，以补偿距离和角度带来的声级衰减。

我一直期待着将来 3D CAD 设计可以更快捷，价格更便宜，使用起来更简单，这样的话在这一部分的讨论中就可以将重点只放在如何利用这一工具进行分析上面。不过到目前，我们仍然要花相当大的篇幅来讲述如何使用 3D CAD。

从房间的制图开始，我们就要确定观众位置区、声源位置和边界表面的类型及其位置。了解了这一切，我们才能够展开音响设计。

5.2.4　比例尺度

为了进行合理的预测，我们要从这些图纸中得到哪些信息呢？首先要得到的，也是最为重要的就是尺度的信息。实际的距离必须从绝对和相对两个方面加以描述。房间的整个形状必须具有正确的比例，这对于确定扬声器的位置、阵列类型和覆盖型是至关重要的决定因素。实际的距离必须是与现实情况一致，因为这一距离是我们估算使用多大的功率的基础。

由于每一幅图纸都是以各自的比例尺度显示的，所以图纸的物理尺寸是与所描述的实际尺寸相关联的。图纸这种设计蓝图具有固定的比例尺度，并且可以利用比例尺直接读取。计算机制图可以以不同的动态比例尺度对图纸进行缩放察看。

5.2.4.1　比例尺

比例尺是用来确定距离的。观众区形状的尺寸、扬声器到观众区的距离、扬声器声源间的距离都可以利用比例尺得到。

5.2.4.2　量角器

基本的量角器可以用来度量出所要求覆盖的角度初始估算值。量角器在设计中的局限性在本书的第 1 章中讨论过，我们也可以参考第 6 章的相关内容。在设计中，虽然量角器这一基本的测量工具还是有很大的作用的，但是必须对其局限性保持时刻的警惕性。

第三节　声学建模程序

5.3.1　引言

　　声学建模程序是要事先提供关于空间中扬声器性能的信息。建模是根据所测量到的扬声器性能参量、空间中的声学传输性能，以及所测量到的建筑材料的反射特性来进行的。这些属性提供给模拟空间中扬声器相互作用的数学引擎中。即便是采用了一组准确的公式，并且房间尺寸的表示也很准确，这种模型的准确度也是一定的，决不会达到理想的目标。实际上这就是个分辨率的问题。这里的模型是基于描述整体特性的有限个精确测量得到的数据建立起来的。其中的关键的问题是在所选择的点上所获得的数据的分辨率是否能足以接近人耳的听音能力的上限。如果我们听不到声学效果的影响，就没有必要在那些墙壁边界上涂上两层涂料。我们所希望的最佳情况是：掌握关于选择扬声器型号、数量、阵列类型、摆放位置、聚焦角度、信号处理的分配和声学处理等问题的足够信息。正如在前面部分所看到的那样，传输、叠加和接收的属性在这些选择上扮演着关键的角色。我们可以肯定地说，预测程序在这些方面必须要有高的准确度。

5.3.2　简史

　　传统的预测工具有比例尺、量角器和厂家提供的数据表。覆盖区域被绘制在蓝图中。在20世纪80年代，基于计算机的声学建模程序开始商业化应用。第一个程序就是扬声器的制造厂家 Bose 公司引入的，其中它配合使用了本公司的扬声器数据库。室内扬声器的预测响应是以等声级线和其他的形式表现的。当时设计者急切地想获得这方面的信息技术，接着其他的设计者也闻风而动，这一切将设计带入了程序化的时代。当时的每个程序都是针对特定厂家的产品，它们具有很强的唯一性，需要进行专门的培训，而且价格不菲。由于缺乏标准化，所以很难将一个产品的预测结果与另一个产品相比较。程序的准确程度受到质疑的主要原因有两个：一个是我们已知的预测声学性能任务的复杂性，另一个是生产厂家推销其自己的产品的既定方针。实际上厂家是建立客观性能数据的关键，它是预测程序的科学基础。很显然，如果预测软件的编撰者是无关的第三方，与生产厂家是非合作伙伴关系，或对特殊的扬声器生产厂家没有偏见的话，那么结果会是最理想的情况，实际的情况是：我们自己毕竟是身在这一行业中，并且我们的研究和开发是受市场驱动的。除了扬声器的生产厂家之外还会有谁肯花大量的财力和物力去做这样的事情呢？

　　我们所关心的事情是建立起声场与时间的关系和程序的标准化问题。标准化的程序可以让设计者能访问其产品竞争对手的数据库，并比较和对比在同一指标上所表现出的扬声器性能。由扬声器的生产厂家发起并组织编写的最早程序就是开放数据库的 EASE™。它原本是 Wolfgang Ahnert 博士设计的，现在为扬声器厂家 Renkus-Heinz 所采用。由于 EASE 将有竞争的扬声器厂家的产品数据收集整理在一起，在此方面有强大的功能，因此受到广大用户的欢迎。如今一些独立的并没有结盟的公司也开发出新的建模程序。这些公司也认可这些数据格式，所以厂家能够在多种建模平台上使用这些数据。

　　所有这些程序可以分成两种基本类型：中低分辨率的3D类型和高分辨率的2D类型。理想的情况是在将来能有高分辨的3D，但截止到本书写作的时候后者还没有问世。

本书中"分辨率"一词是指基于预测模型测量到的数据的表现精度。与此最接近的性能就是频率分辨率、角度分辨率和相位。低分辨率程序具有倍频程宽度，以及 10°的角度宽度。中等分辨率的 3D 程序数据文件具有 1/3 倍频程的分辨率和 5°的角度分辨率。低分辨率和中等分辨率程序的相位响应是理想化的，而非基于实际的数据得来的，有关此问题会在本节稍后进行详细的分析。较为重要的是：相位对声学叠加的影响是一个由用户选择的备选项。我们能够如此幸运地听到系统以这种形式表现的相互作用。

具有高分辨率数据，且应用广泛的程序之一就是 Meyer Sound 的 MAPP Online。与其他的程序相比较不同的一点是：其程序运算不是在用户的计算机上完成的，而是在中心服务器上进行的。在主计算机上构建的特定信息通过互联网传送给服务器进行运算，运算的结果稍后以图形的形式返回给用户端。这要考虑模拟对象要十分详细，并且能够在任何实际的计算机上获得结果。这种方法有两个十分致命的局限性，其中之一就是数据库中只有自己的扬声器产品的数据，其二就是它只有两部分 2D 数据。尽管如此，程序结合进了测量到的相位数据，并且具有极高的分辨率：1/24 倍频程，1°的分辨率。

5.3.3　扬声器数据文件

声学建模是从扬声器的数据文件开始。扬声器的性能参数被编译成数值表，这些数值是在自由空间的房间中获得的，比如在消声室中得到的数据。从这一核心数据出发，扬声器的直达声传输将被模拟成自由场条件下的传输。覆盖型与频率的关系，以及声压级与距离的关系可以反映出许多的特性。

预测响应的精度是受原始数据分辨率的制约。预测的

响应将覆盖型表现为包围扬声器的封闭连线。来自极坐标表示中的实际"已知"数据点是源于核心的扬声器数据。曲线的连续属性则来自内插的数学处理，它将两个已知的数据点连接起来。内插是一种数学上的等效处理，这是一种数学上的等效处理，它是建立在两个已知点没有偏离期望的变化路径的前提下。在声学数据中，内插是无法更改的事实。如果不采用这种方法，那么在屏幕上我们看到的就是一串的点。这里我们所关心的是内插的程度。如果极坐标图形只是基于相隔 90°的 4 个数据点的话，那么这样的内插程度将会使我们对在两个已知点之间实际所发生的情况格外地关注。

5.3.3.1　分辨率

正如上面简单提及的那样，扬声器数据文件构成中的关键参量和预测处理的分辨率有两种形式：即频率和角度分辨率。这两种分辨率形式必须足够高才能观察出叠加相互作用的细节。它有两种表现形式：即数据的捕捉和显示。捕捉到的测量数据的分辨率是处理和扬声器特性显示的限制因素。建模程序显示采用的是两点间内插并在两个已知点间划线的方式。程序的准确程度随着内插间距的加大而下降。

1. 频率分辨率

最常见的预测响应就是等声级线，它是采用极坐标的形式表现的，一般分别用不同的颜色来表示。每幅图表示出了频率的范围；实际上就是扬声器的频率响应在空间上的分布形状。其总体的特性源自对每一个范围描述的完整分层结构。用来切割响应的分层数量就是频率分辨率。显示的分辨率所受到的限制更多是来自捕捉分辨率。显示的分辨率可以低于捕捉分辨率，我们可以通过将分层相加来

获得想要范围上的复合显示。分割片断可以是倍频程、1/3倍频程或者用户选择的任意百分比带宽，直至达到捕捉分辨率限制为止。

自由声场中，设计优良的单只低阶扬声器在不同的频率上具有相对稳定的响应形状。这对于低分辨率数据而言无疑是个福音。虽然提高分辨率将会显示出更多的细节，但是前后的差异并不大。当扬声器的阶次加大时，响应形状随频率的变化率提高了。在这种情况下，低分辨率数据与高分辨率数据的显示明显不同，如图5.6所示。

低分辨率数据可以说是同一带宽上的高分辨数据的相关组成部分。例如：倍频程带宽数据间距实际上是与该范围上的3个1/3倍频程间距是一样的。1/6倍频程的分辨率在逻辑上是将分割的数量加倍了。因此，如果观察3个1/3倍频程的分割切片，我们就能看到将其组合在一起构成倍频程响应的所有组成部分。现在回过头来观察低分辨率数据（如图5.7所示），只要它们是紧密相关的，就可以看出它还保留了一些典型的特征。随着组成部分差异的增大，高阶扬声器的低分辨率响应失掉了其组成单元的特征（如图5.8所示）。

当发生叠加时，低分辨率数据将平滑掉梳状滤波响应，使我们根本看不到它。在这种情况下，我们可以在设计解决方案之间建立起人为的等效感觉，这些设计方案的梳状响应区叠加量有非常大的不同。图5.9和图5.10示出两个例子。高分辨率的频率轴让我们看到了足够精细的特性细节，这些特性表现我们可以明显地听到，而低分辨率的预测则将这些客观的证据剔除掉了。

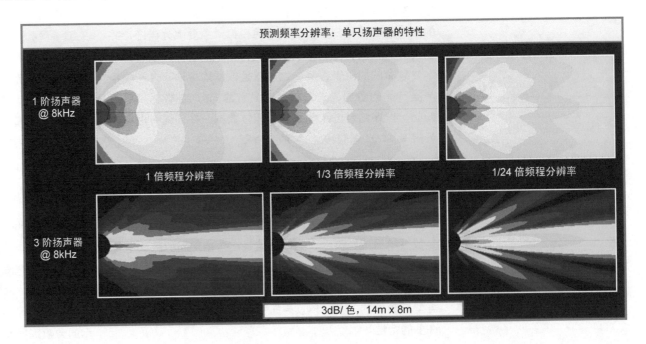

图5.6 单只扬声器特性与频率分辨率的关系。上图：1阶扬声器表现出来的高低分辨率数据差异很小。下图：3阶扬声器表现出旁瓣细节有很多的不同

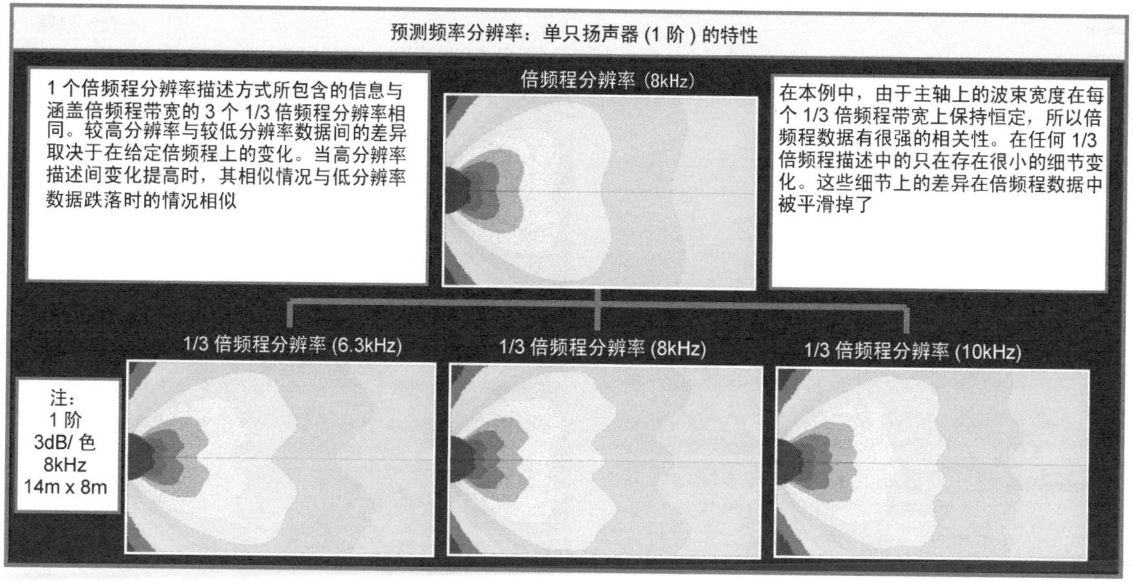

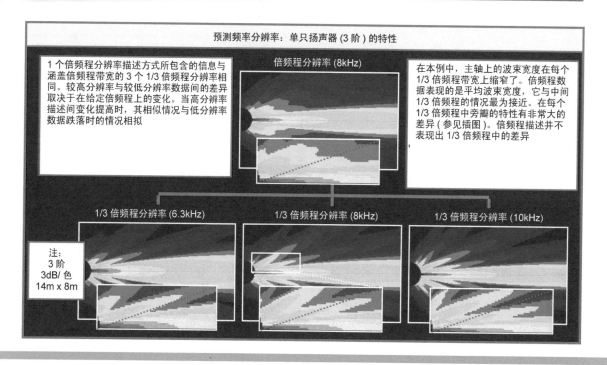

预测频率分辨率：单只扬声器 (1 阶) 的特性

1 个倍频程分辨率描述方式所包含的信息与涵盖倍频程带宽的 3 个 1/3 倍频程分辨率相同。较高分辨率与较低分辨率数据间的差异取决于在给定倍频程上的变化。当高分辨率描述间变化提高时，其相似情况与低分辨率数据跌落时的情况相似

倍频程分辨率 (8kHz)

在本例中，由于主轴上的波束宽度在每个 1/3 倍频程带宽上保持恒定，所以倍频程数据有很强的相关性。在任何 1/3 倍频程描述中的只存在很小的细节变化。这些细节上的差异在倍频程数据中被平滑掉了

1/3 倍频程分辨率 (6.3kHz)　　1/3 倍频程分辨率 (8kHz)　　1/3 倍频程分辨率 (10kHz)

注：
1 阶
3dB/ 色
8kHz
14m x 8m

图 5.7　　1 阶扬声器每倍频程分辨率与涵盖同样频率范围的 1/3 倍频程分量相比较。差异只是在细节上

预测频率分辨率：单只扬声器 (3 阶) 的特性

1 个倍频程分辨率描述方式所包含的信息与涵盖倍频程带宽的 3 个 1/3 倍频程分辨率相同。较高分辨率与较低分辨率数据间的差异取决于在给定倍频程上的变化。当高分辨率描述间变化提高时，其相似情况与低分辨率数据跌落时的情况相似

倍频程分辨率 (8kHz)

在本例中，主轴上的波束宽度在每个 1/3 倍频程带宽上缩窄了。倍频程数据表现的是平均波束宽度，它与中间 1/3 倍频程的情况最为接近。在每个 1/3 倍频程中旁瓣的特性有非常大的差异（参见插图）。倍频程描述并不表现出 1/3 倍频程中的差异

1/3 倍频程分辨率 (6.3kHz)　　1/3 倍频程分辨率 (8kHz)　　1/3 倍频程分辨率 (10kHz)

注：
3 阶
3dB/ 色
14m x 8m

图 5.8　　3 阶扬声器每倍频程分辨率与涵盖同样的频率范围的 1/3 倍频程分量相比较。差异表现在旁瓣的细节和波束宽度上

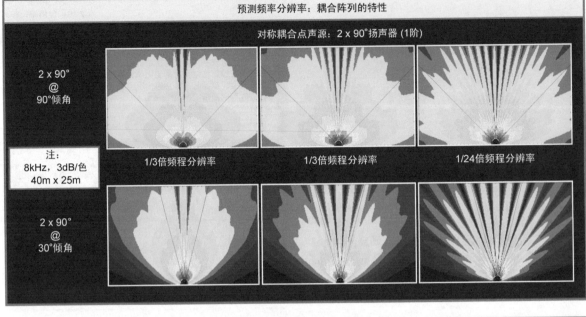

图 5.9　耦合扬声器阵列叠加特性与频率分辨率的关系。上图：非交叠阵列的梳状滤波器叠加程度最小。这在高分辨处理时是最佳的表现，这时梳状区和独立区相互作用可以清楚地区分开来。下图：交叠阵列表现出窄的形状，但是在低分辨预测中有一定的梳状表现。高分辨面板所示的在大部分覆盖区梳状区相互作用占主要的地位

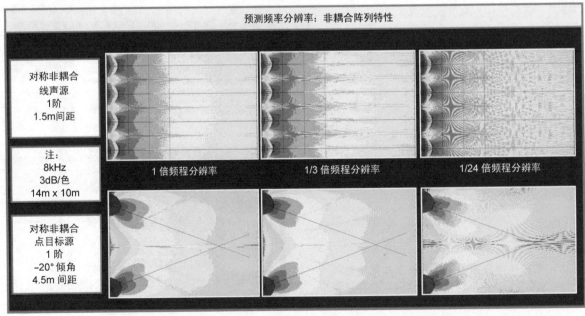

图 5.10　非耦合扬声器阵列叠加特性与频率分辨率的关系。较低分辨处理时不能从扬声器相互作用中反映出波纹变化的高电平。利用低分辨率预测反映出来的交叠区的均匀度最好，而高分辨率反映出来的交叠区的均匀度最差

2. 角度分辨率

极坐标数据是沿着圆周或球面均匀分布的一系列点。数据点的间距（以度来表示）就是角度分辨率。程序的源数据是测量仪器按指定的分辨率捕捉到的。所显示数据的角度表示精度与源数据的分辨率成正比。为了建立起平滑连续的曲线，我们还要进行一定程度的内插处理（如图5.11和图5.12所示）。

性能描述的准确度取决于测量设备中是否有足够多的数据点来跟踪角度的变化率。低变化率的扬声器可以通过低角度密度数据点加以描述。尽管1阶扬声器可能符合这一标准的要求，但是3阶扬声器肯定在小的角度区域内有高的变化率，并且许多的1阶扬声器配有号筒，并且在覆盖角度内分布肯定存在波纹起伏变化（视为是旁瓣和针瓣）。尤其是当与低分辨率频率捕获耦合在一起时，低角度分辨率可以在具有非常大的可闻音质差异的扬声器间建立起人为的等效。

虽然不论是低分辨率的角度还是频率数据将会降低我们预测研究的质量，但随着角度平滑、频率平滑或两者共同作用，除去了梳状响应，这为考察响应提供了更加乐观的视点。我们从为计算和显示所投入的分辨率改进中获益非浅。低分辨率的使用为声频问题提供了视频的解决方案。

5.3.3.2 相位响应

如果我们没有相位数据，那么可以在没有明显危害的情况下观察单只扬声器的响应。没有相位数据的叠加描述违背了热力学第二定律。建立起的能量（正向叠加的一侧）没有补偿能量的损失（抵消一侧），其结果是我们不能通过耳朵或分析仪察觉到响应。叠加模型中相位响应的角色只是做了简短的描述。

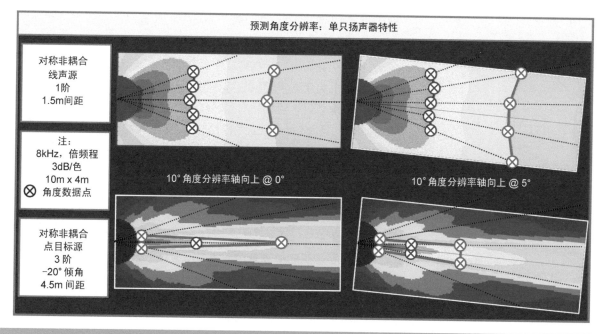

图 5.11　单只扬声器的特性与角度分辨率的关系。左面的窗口显示的是扬声器主轴取向与角度获取点匹配的时的结果。右面的窗口显示的是扬声器主轴取向处在角度捕获点之间的结果。上图：1阶扬声器表现出来的角度偏差带来的差异很小。下图：3阶扬声器表现出形状差异很大。高阶扬声器需要高的角度分辨率才能有准确的特性表现

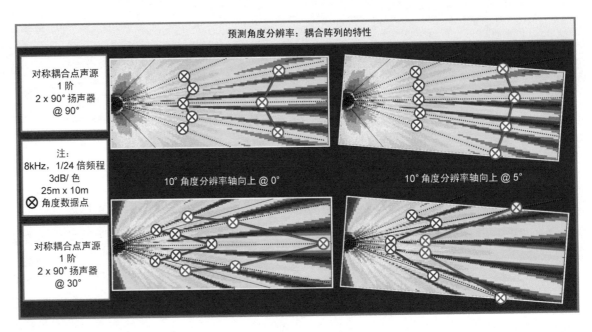

图 5.12　耦合扬声器阵列叠加特性与角度分辨率的关系。右面的窗口显示的是阵列主轴取向处在角度捕获点之间的结果。上图：非交叠阵列表现出来的角度偏差带来的差异很小。下图：交叠阵列表现出形状差异很大。交叠阵列需要高的角度分辨率才能有准确的特性表现

5.3.3.3　通用的扬声器数据格式

在为声学建模而进行的数据标准化努力过程中，所建立起的标准化数据可以让任何厂家提交的数据能够被几个程序所采用。为了与声频领域的规则保持一致：两个标准总比一个标准要好，我们也有两种数据格式：通用的扬声器数据格式 1 和格式 2（CLF1 和 CLF2）。第一种格式是低分辨率格式（倍频程，10°）和中等分辨率格式（1/3 倍频程，5°）。数据是通过冲击响应捕获的，以便于相位响应能够被程序方便地访问到。

对于 CFL 而言，它有许多不错的特性。其中最先和最重要的就是要解决想要的数据不能由市场部门输入到系统。数据必须是在确定的标准条件下和利用通过认证的设备进行测量并认证。

CFL1 和 CFL2 可以用来创建 3-D 的球形模型。在最佳的条件下，扬声器在整个球面上进行测量；而在最差的情况下，球面上的数据从水平面和垂直面被内插。很显然，当发生球面内插时，数据文件会告知用户。

作为整体看待的声学预测明显得益于应用的标准化。如果标准是足够严格的，能提供描述系统和设计差异性的关键数据，那么这一利益就是唯一可全面获得的。由于 CLF1 是种低分辨率的数据格式，所以在利用它进行任何的评估时都要格外小心。宽覆盖（1 阶）扬声器的性能会随着可以跟踪基本覆盖型的数据点数目的增多而变得可辨别了。应注意的是，宽度小于 10° 或小于倍频程宽度的旁瓣或抵消均被忽略了。重放音质很差的扬声器可能会表现比较一致的覆盖型。虽然标准化的目的就是使竞争对手在竞争中有一共同的起点平台，但是我们必须要小心不要同时又在实现目标的道路上设置了新的障碍。考虑到现代的 3 阶扬声器一般都具有 10° 或更窄的覆盖型（有较多的扬声

器都属于这种类型，通常我们认为它们是"线阵列"中的箱体单元），也就是说它们覆盖主轴点两侧 ±5° 的区域。CLF1 偏离主轴的第一个数据点是在 ±10°，在这一位置上扬声器已经跌落于 -6dB 点以下。我们如何才能设计出看不到 -6dB 点的单位型交叠过渡呢？

倍频程带宽的频率分辨率也对实际的应用构成很大的限制。特别是它限制了自由场中单只扬声器的工作范围。为什么会这样呢？其原因在于我们所了解的叠加需要更高的频率分辨率才能准确地将非对称的峰和谷的作用和线性间距的梳状响应表现出来。倍频程的分辨率给我们的工作设置了障碍，使我们观察不到优化设计和存在严重梳状响应的设计间的差异。

与 EASE 相比较（尽管它们之间并不兼容），CLF2 具有较高的分辨率。变化之一就是增量的大小。相对于 CLF1 而言，CLF2 的频率分辨率提高了 3 倍，角度分辨率提高了 2 倍。虽然这是明显的性能改善，但是这对我们应用足够了吗？根据笔者的经验，答案是否定的。分辨率上的这些改进还不能足以让我们克服上文中描述的 CLF1 存在的问题。

5.3.3.4　其他格式

我们将要讨论的预测领域的最后一种格式就是 MAPP Online。这是 2D 预测中唯一一个采用具有极高分辨率复合数据的格式。MAPP 采用两个剖面，即垂直和水平面，所测量的扬声器数据具有 1/24 倍频程频率分辨率和 1° 的角度分辨率。另外该程序还利用了实测的相位响应，所以不同型号的扬声器可以和现实的叠加结合在一起。在扬声器叠加准确度描述方面 MAPP 具有非常出色的表现，目前我们还未看到有如此接近现实的预测程序。尽管如此，这时还是存在 3 个严重的限制：扬声器数据库只有 Meyer Sound 生产的扬声器；只能对一个正方形或矩形形状的区域进行空间特性描述；所有的数据均是 2D 的。很显然这些限制

因素大大限制了其作为通用工具的前景。

现代音响设计依靠角度重叠的大量强指向性扬声器构成的阵列。1° 和 2° 的微小变化对阵列的性能都会产生非常实质性的影响。低分辨率，无相位信息的数据不能提供关于对这样系统进行全面信息决策所需要的关键细节。我手中的水晶球（古老的占卜形式）告诉我将来的标准数据格式一定是高分辨率的复合数据。这会是 CLF3 吗？

5.3.4　声学传输属性

5.3.4.1　直达声传输

假定直达声的传输具有标准的自由场衰减特性，即距离每增大一倍，声压级减小 6dB。尽管我们知道由于 HF 空气吸收的原因，在各个频率上的衰减不可能相同，但是大部分程序还是假定所有的频率上传输衰减是一致的。为了能够准确地补偿距离所带来的频率响应变化，我们必须要获得空间中有关温度和湿度的信息。有些程序将环境因素考虑其中，程序中的温度和湿度是可调的参量。尽管这种环境补偿在数学准确度上是完美的，但是使用时还是有一定的局限性。对于室内应用而言，我们可以采用标称的"室温"和标准的湿度，但是这种情况不能确保产生；对于室外应用而言，环境条件变化的动态很宽。由于气象领域的专家也不能准确地预测天气，所以对于我们而言，将这些因素结合到处于标称标准条件之外的设计决定当中是不现实的做法。

5.3.4.2　声线法模型

声音的传输通路一般是通过声线跟踪法来计算的。声音从声源出发沿着直线向外辐射，就如同太阳辐射出的光线一样。在自由场中，声音连续向外辐射，并且声级稳定

业界评论：20 多年来，我一直在系统设计的艺术和魔力间挣扎，考察它们与最终的房间调谐的联系。困难的地方就是我必须与客户和建筑部门沟通，因为我没有任何相关的历史数据。到底该如何去描述存在于环境中的不可见声波呢？这副良药就是经验，预测软件和实时的声频分析的结合，它是我为设计、验证和改善音响系统而开出的处方。

弗朗索瓦·伯格隆（François Bergeron）

地衰减。通过调整每根声线的相对声级，以模拟出特定扬声器的覆盖型形状。

如果声线撞击到边界表面，则反射回的角度与入射的角度相同，这与光线的镜面反射是一样的。来自其他扬声器的声线和反射将会交叉并穿过原始的声源。在建模程序中，一般都是利用声音的传输和叠加属性来对其进行近似的表达。这种解决方案对于我们想获得大量的关于系统潜在性能信息是完全可行的，并且大大增大了我们平滑和成功校准的机会。在最后的阶段，系统的响应是要测量的，并且希望最重要参量的测量结果能与预测模型得到的结论相似。虽然我们不能依赖预测模型的完美，并且将其当成是必需的，但是时刻牢记我们所希望的结果与预测模型预测的匹配还是有用的，同时我们要先将预测放在一边，以现场测量到的数据为权威。即便预测程序可以将天气因素的影响考虑在内，它还是不能预测天气的变化。现场的监测，以及对天气相关因素影响的补偿都需要现场测量来完成。

开始时给出的一系列数字表明了所预料到的现场高分辨率测量的频率响应与声线跟踪预测模型间差异（分析仪将在第 10 章中讨论）。第 2 章中引入的叠加区频率响应图标在此再次出现。我们期望看到同样的图标以测量的结果或各种预测的形式表现出来。如果我们看到了差异，那么就有意义了，因为叠加图标是我们了解系统响应的关键标志。测量与预测响应间描述图标的变化是我们关心的重点，因为它们可能将我们的设计进程引入歧途，而这一切只能在优化的时候才能被发现。

每一数字包含了所期望的结果，声线跟踪模型的预测结果有三种表现形式：高分辨率，低分辨率和不考虑相位情况。正如我们所见到的那样，最高相关性总是对应最高的分辨率，而最低的相关性则对应"无相位因素"的响应（如图 5.13 和图 5.14 所示）。

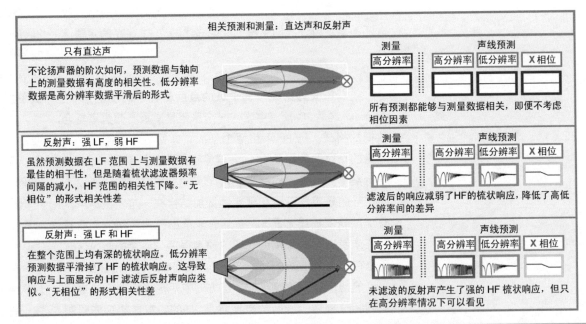

图 5.13　声线跟踪预测模型与所期望的高分辨测量响应间的比较。上图：轴向直达声通路响应；中图：滤波的反射声；下图：未滤波的反射声

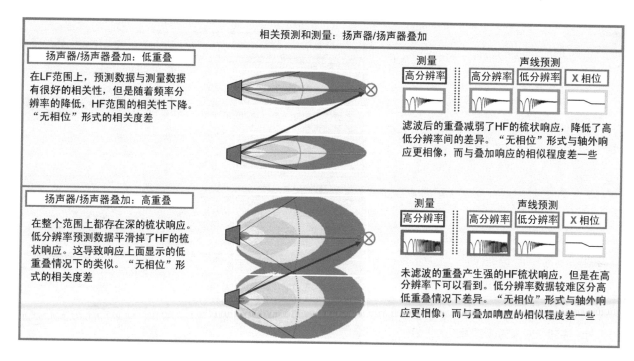

图 5.14　声线跟踪预测模型与所期望的高分辨测量响应间的比较。上图：低百分比交叠时的扬声器相互作用；下图：高百分比交叠时的扬声器相互作用

5.3.4.3　折射

声波并不总是沿着直线传播的。随着传播距离的延长传输线可能会发生弯曲，这一过程就是所谓的折射。声音的折射属性对于声学建模而言具有特别的挑战。就像物理中的光传输一样，当声音通过媒质层时，声学折射会使声音的传输方向发生弯曲。从实际应用的角度来看，这种情况只有可能发生在大型的室外应用的场合。大气中的温度分层可能导致声音传输向上弯曲（冷空气在暖空气之上）或向下弯曲（暖空气在冷空气之上）。风的条件也可能导致非常大的折射变化，使声音传输每时每刻发生弯曲变化。对于单只扬声器声源而言，这时的声音可能显著地改变其响应，这就好像我们稍微偏离开主轴又回来一样。由于传输完全如所发生的那样弯曲了：直接偏离我们的声音又弯

曲回我们所在的位置。这种影响在耦合扬声器阵列中表现得尤为明显，特别是在重叠百分比很高的时候更是如此。折射确实是改变了我们所在的位置与扬声器组之间的角度取向。其结果是运动会造成叠加产生非常不稳定的梳状滤波响应形式的相互作用，它使滤波器的频率产生偏移，这种现象我们称为是"镶边"（如图 5.15 所示）。

5.3.4.4　声扩散

要想使表面对所有的频率都能产生声线跟踪模型方式中的非常均匀的反射，则边界表面必须非常平滑，并且边界尺寸要远大于最长的波长，只有这样才能对其产生镜面反射。复杂的表面以散射的形式对不同频率的声音以不同的方向进行反射。这种类型的反射被称之为漫反射，它与

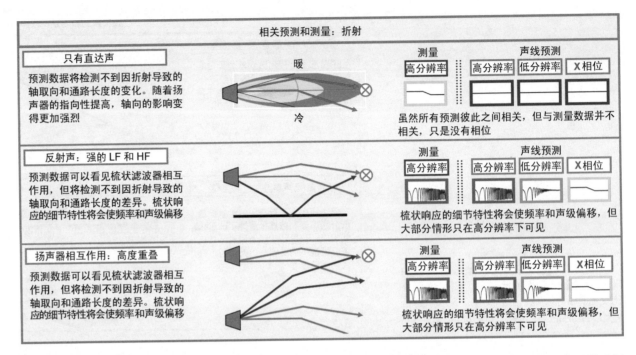

图 5.15　声线跟踪预测模型与所期望的高分辨测量响应间的比较。上图：直达声通路的折射；中图：对未滤波反射声的折射；下图：扬声器／扬声器叠加的折射

简单的声线跟踪型模型中的不同。包含各种尺寸和角度的高低不平边界表面对声波呈现出变化的表面特性。由于声波的波长是变化的，所以不同的突起对不同的频率会产生不同的影响。其中的一个著名的例子就是波士顿交响音乐大厅中沿着侧墙分布的一组组形态各异的雕塑扩散表面。这些雕塑将声音以不同的方向反射出去，并且其反射方向随频率而变化。虽然我们质疑雕塑的声学属性是良好音质的根本原因，但是雕塑所表现出的声学扩散是非常显著的。对于那些没有雕塑家居住的场所，存在着各种各样的工程上可商业化应用的扩散表面。这些表面材料被设计成特定的尺寸，以便建立起对不同频率漫反射效果的控制。人们可以说这些表面材料是为了建立起局部均匀的声场。要想使漫反射表面产生想要的声学效果，是要创建极为复杂的

模型：复杂的散射效果在每个频率上均不一样。由于漫反射属性如此复杂，所以我们打算采用现场测量的方法来处理，而不是依据预测来确定其准确的特性（如图 5.16 所示）。

5.3.4.5　衍射

声波并不是总是按照之前描述的方式由边界表面反射。在有些情况下，声波会在边界表面附近发生弯曲，而不是由表面弹回，这种情形被称之为衍射。在这种情形下，光线可能会被完全阻挡，而声线则不然。如果在我们之间有一堵三米高的砖墙，那么你是看不到我的，但是我们之间的交谈并不困难。在墙的顶沿处产生的声衍射让我们听到彼此的谈话。如果在房间中有一扇开启的窗户，那么所有的声音听上去都是来自那扇窗户，甚至会让我们怀疑是否

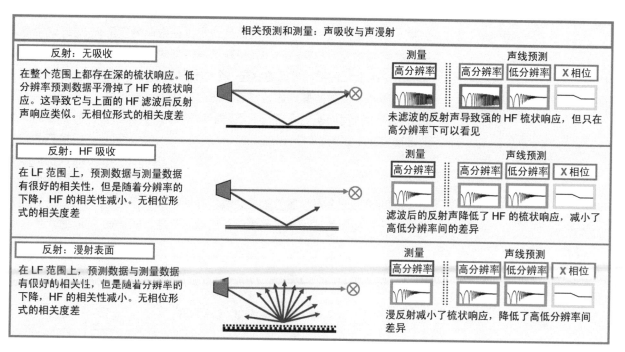

图 5.16　声线跟踪预测模型与所期望的高分辨测量响应间的比较。上图：来自非吸声表面的未滤波反射；中图：来自吸声表面的滤波反射；下图：来自扩散表面的未滤波反射

有出租车引擎声从四楼的屋檐角传来。通过这一开启的窗户产生的折射建立起虚拟的声源，并且声音从这一虚声源再次传输开来。只有将我们的头探到窗户外面，并转动到绕射体的另一侧，我们才会把那只停在在地面上的令人不愉快的出租车进行定位。

衍射的基本属性是传输特性中最复杂，对它的阐述超出了本书的范围。其最基本的属性是开口／或障碍物尺寸相对于波长的关系。小尺寸的障碍物（与波长相比）将会被声音绕过，产生的影响很小；大的障碍物（与波长相比）将会产生部分的反射，并且在障碍物的背后留下了低声级的声影区。任何物理意义上的障碍物的绕射特性都会随频率而变化，这是因为在不同的频率下会表现出不同的尺寸

／波长比。小的柱子只会对非常高的频率成分产生阻碍作用，而其他的频率成分则会按照其原有的方式行进。站在直径为 30m 的柱子后面，我们会感到十分安静。预测程序很难将绕射的影响考虑到所建的模型中。传输通路上的每个不具有固体连续边界表面的障碍需要在不同的频率上具有不同的衍射特性。边界表面上的任何开孔需要建模成次级声源。值得庆幸的是，当我们将其当作声音的隔离来分析时，这种准确度上的损失对于应用并不很重要。在应用中不会常常要求音乐厅的声音要透过开启的窗户来传输；同样我们也不希望从柱子或障碍物的后面来调谐系统。

另一方面，我们也会经常遇到在扬声器组前部会有结构性的钢质构建存在的情况。在这种情况下，在传输的通

路上就会产生高频声影，而低频则可以任意地通过钢构件。声线跟踪模型要么将其考虑成全音域的声影，要么将其视为完全不存在。现实中，扬声器的最终定位在微调聚焦角度时会常常改变。与其将时间花费在预测声影的准确位置和频率范围上，还不如考虑建立起一个结构性的解决方案，以除去障碍。衍射的属性比较复杂，在进行现场测量时要做好解决这方面问题的准备，而不是依赖预测中对其进行的准确描述（如图 5.17 所示）。

5.3.4.6　共振

　　房间的另一个声学属性就是共振。共振是由于房间的尺寸与一组特定的波长形成间隔关系所致。其结果就是在这些波长上声能变得较大，它们相对于其他衰减的波长会维持更长的时间。房间内部的共振腔会以一种形式在衰减特性上表现出来，它会使某一频率范围的衰减时间拖长。外部的共振空间与房间构成耦合形成了对低频和中频的有效吸收。这些特殊设计的腔体被我们称之为“霍尔姆兹共鸣器”，霍尔姆兹是确认这一效果的一位德国科学家。共振的效果对于建模程序是个非常大的挑战。如果将其考虑到程序中，那么多大程度上的应用会对音响系统的设计有益呢？如果将其省略掉，那么它又会对所描述的音响系统产生什么样的改变呢？当建筑完成之后，扬声器安装就位并且准备调试时，相对于应用的共振属性就会表现出来了。

图 5.17　声线跟踪预测模型与所期望的高分辨测量响应间的比较。上图：小型障碍物周围的绕射，声线跟踪模型可以将障碍物视为固体，也可以视为不存在；中图：通过小孔发生的绕射；下图：诸如墙壁这样的大型障碍物周围发生的绕射

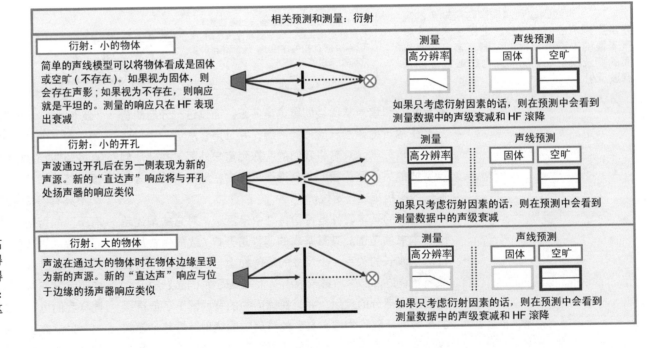

5.3.5　吸声材料属性

到目前为止，我们所考虑的边界表面都是对声波产生 100% 反射面。庆幸的是，大部分的边界表面都存在一定程度的吸声，并且吸声量随频率有很大的变化。接下来我们所要考虑的是这些属性是如何在预测和测量中体现的。

5.3.5.1　吸声系数

建筑材料的声学属性被编成数据表，这与扬声器的情况有些相像。这些数值从何而来呢？它们主要是来自建筑材料的生产厂家，厂家给出的数字是由建筑行业的标准化检测给出的。这些检测可以获得各个频率时的吸声系数。吸声系数表明当声波投射于边界表面时到底有多大的声能损失掉了。这些吸声系数的范围从最大值时的 1.00（开启的窗户）到 0.00（100% 的反射）。很显然，我们最为感兴趣的是将这些数字转换成损失的 dB 数，因为只有这样，所建立起的声线跟踪模型才能利用它。dB 衰减数值是 10lg（1- 吸声系数 ）。参考表如图 5.18 所示。

颁布的文件所给出来的吸声系数非常有限。它们几乎没有能涵盖 125Hz ～ 4000Hz 这一 6 倍频程跨度范围的。数值并未给出以 9° 和 90° 入射边界表面时的差异系数，有些材料在这两种情况下有很大的差异（但并不是全部材料都如此）。在任何的情况下，利用印刷文件中给出的吸声系数数据建立起来的声学模型的准确度可以非常接近于最佳情况。

注：材料的吸声特性是个比较复杂的问题。希望详细了解这方面信息的读者可以查阅更多的相关书籍。

声吸收声级衰减参考表	
衰减 (dB)=10 x log (1-α)	
声吸收	
数值 (dB)	吸声系数 (α)
-0.10	0.02
-0.25	0.06
-0.5	0.10
-1.0	0.20
-1.5	0.30
-2.0	0.37
-3.0	0.50
-4.0	0.60
-5.0	0.69
-6.0	0.75
-7.0	0.80
-8.0	0.84
-9.0	0.88
-10.0	0.90
Total	1.00

图 5.18　吸声系数级基准（近似值）。针对单一反射通过该表可以将吸声系数（α）转换为 dB 衰减。声线跟踪模型可以通过类似这样的模拟来计算声线离开反射／吸声表面的情况

5.3.5.2　边界表面细节的省略

可以说我们已经掌握了用于所有表面的有效数据参量。误差或者忽略到底会对数据造成多大的影响呢？并不大。模型的主要特性是房间的。出于实际的原因，建筑结构的细节被省略了，这种省略也加入了另外形式的误差。

5.3.6　特性总结

自由声场中的单只扬声器是系统设计中唯一不需要考虑叠加特性的情况。我们决不会相信消声室中的音乐会受到欢迎，既然如此，为什么还要对这种应用进行建模呢？是为了加强针对性。

对于所有其他的应用，叠加是普遍存在的。我们不能夸大叠加控制对于优化设计的重要性。如果建模程序没有

提供对复杂叠加及其准确地描述，那么我们要十分谨慎地使用建模程序。这时就需要高分辨率的频率响应和相位响应。

5.3.6.1　频率分辨率

虽然频率分辨率对于描述叠加特性的的重要性在第 2 章中就已经讨论过了，但是在此还是要再说明一下。倍频程频带宽度的分辨率可以描述距离不超过一个波长时的信号叠加相互作用。随着信号的进一步分开，峰和谷开始变窄，并且被平滑掉了。现在重要的是要看到这种关键的限制因素。在需要考虑损失的细节之前，1kHz 时倍频程的分辨率，将我们限制在 1ft（300mm）的通路差范围内。如果相互作用的细节被平滑掉了，那么我们又该如何描述复杂扬声器阵列的叠加特性呢？如果长于 1 个波长的通路声程被平滑了，那么该怎样描述扬声器 / 房间的相互作用呢？实际上，这些被当作是音质失真清晰听到的叠加影响（参见第 3 章）迫使我们暂且将这种低分辨率的任何数据放在一边不去考虑。尽管 1/3 倍频程的分辨率将可考察的范围扩展到 3 个波长，但是这种观察视角十分有限。

5.3.6.2　角度分辨率

角度分辨率在描述叠加方面也扮演着重要的角色。会有人注意到忽略掉扬声器间 5° 的倾角变化的影响吗？如果角度的分辨率达到 10°，这种变化将可能被平滑掉。现代的扬声器系统的机械安装结构可以实现 0.5° 的倾角变化。如此小的增量变化是与行业中大量采用强相互作用的 3 阶扬声器有关系。这样的阵列设计可以在很小的角度范围内容纳下大量的扬声器，并建立起小于 1° 的组合覆盖型。相对角度的微小变化对组合指向型响应有很大的影响，如果没有高角度分辨率支持，则会失去细节表现。

1 阶扬声器可以将角度调整到优化角度的 5° 或 10° 之

内，并且几乎没有人会注意到在一致性上所作的忽略。以绝对精度来进行角度调节的重叠耦合 3 阶扬声器阵列能够建立起最高程度的一致性声像。几度的误差可以造成大的变化。

5.3.6.3　相位响应

如果建模程序的特征是没有相位信息的叠加的话，那么叠加被表述成纯粹的相加，而没有抵消。即便存在相位反转或延时线设定，它们都不会造成问题。在这种构架下，混合的声级可以通过器件的相对声级乘以系数，且按照 20lgdB 的叠加公式进行累加得到（如图 1.10 所示）。每只参与叠加的扬声器都会使得各个位置各个频率处的组合系统变得更响。这种表示法源自幅度的叠加，不论所到达声波间的相位延时有多大，就好像我们始终处于耦合区一样。根据第 2 章的讨论可知，当相干信号叠加时这种情况是不可能出现的。非相干信号的混合可能出现这种情形，并且它不包含相位信息，因为声场中实际的相位关系是随机的。但由于非相干的扬声器通道并不满足稳定叠加的条件，所以在整个的空间当中并不会形成稳定的加和减。取而代之的是，两个非相干声源的混合可能只是近似看成是关于时间、频率和空间上的平均相加（对于每一参量的加倍产生 3dB 的增量）。虽然这比最大相干时的增量（+6dB）要小一些，但是还是要远远高于相干叠加的最小值（-60dB）。因此留给我们的唯一选择就是：如果我们将相位考虑在内的话，我们典型的相干信号；不考虑相位的话，就是非相干的情况。你打算为主扬声器阵列馈送非相干信号吗？如果不是这样的话，则在预测数据中必须有相位因素。

简言之，忽略了相位的预测程序只能是对叠加的影响进行误描述。"不考虑相位"的等声级线表明没有被测量系统所检验通过的机会。相位对叠加过程所产生的影响不仅仅是表现在我们可以选择看成是增强的累加特性上。它们是设计选择成功与失败的分水岭。如果程序对叠加缺乏判断，那么最好是使用量角器、比例尺和计算器。利用这些原始的工具和普通的感觉，我们能够不用忽略相位因素就可设计系统，尽管要设立桩标。

5.3.6.4　伪相位响应

还有一个中间的选择方案，它是基于所有的扬声器都具有标准的平坦相位响应，而不是使用实际测量的响应。在这种情况下，假定相位在所有频率上都是平坦的，两个声源间的相对相位是结合在一起的。例如：声源相距 1m，所表现出来的响应就如同电信号叠加一样，它具有 1kHz 相位周期所导致的梳状滤波响应。这样大大改善了不考虑相位的计算特性。如果设计采用匹配型号的扬声器，那么预测的叠加响应将会接近实际的测量。然而，当使用不同型号的扬声器时，就会发现其局限性了。由于每一只扬声器都具有自己独特的相频响应，所以测量到的叠加响应将会随型号间的差异而变化。

伪相位响应的另一个局限性就是它将相位响应模拟成单一声源点产生的。测量到的两分频扬声器的相位响应可以通过我们的视觉很容易确认，其中的高频和低频来自不同的物理位置。这就意味着即便是两只同样型号的扬声器叠加在 HF 和 LF 驱动器所处的平面的声学覆盖范围内也不准确的。这与之前讨论过的频谱和空间分频过渡相汇合（如图 2.28 所示）。

5.3.7　应用

声学建模是帮助我们作出相关设计决定的工具。这些程序的使用直接关系到所显示的各种设计选择方案间差异的准确度，以便作出最终的决定。在最终的分析（折中的处理）当中，我们将看到这些决定在优化处理的详细审查下的表现。

具有极高分辨率的 3D 数据结合所测量的相位数据将会有出色的表现。当前还没有这样的程序能提供这样的可用数据。同时我们必须将其运用到实际当中。每个这样的程序均具有其各自的长处和不足。如果我们不能充分了解这一切，那么就谈不上它们之间的优劣了。

最为首要是，我们的终极目标是要进行成功的优化，而这一切是要以分析仪上观察到的数据为指南。如果在预测阶段观察到的数据反映到优化阶段当中，那么我们成功优化的概率最大。最佳的选择是能够产生包含扬声器型号、位置、阵列类型、信号处理资源和声学处理的预测。能够在现场调整的内容，比如均衡、聚焦角度的微调和相对声级等，将留在校准阶段进行。

我们到底可以从以上声学建模程序中推断出什么东西呢？首先我们必须对极为复杂的任务做出让步。声学影响要一层一层地加入到由扬声器发出的直达声层面上。不可否认的是，预测数据的准确度会随着离开声源后每一影响步骤的加入而下降。另外可以肯定的是随着每一个声学边界和扬声器的进一步加入，准确度还会进一步下降。这时的声学机制十分复杂，可用来计算的数据也十分不完整。

我们可以看到只有处在直达声场中的单只扬声器的预测准确度是最高的。如果对扬声器的描述足够细致的话，我们就可以清晰地看到空间中在扬声器附近处的直达声场覆盖型和声级的情况。第二位的就是距离所描述的同一扬声器更远的地方，这时就要考虑直达声的辐射损失和与空气传输相关的频率响应衰减。第三个要考虑的就是多只扬声器的直达声场响应，多只扬声器的叠加影响要比房间的影响简单很多。最后要考虑的就是扬声器 / 房间的叠加，我们对此的准确描述并不抱太大的希望，这时已经不是对最初几次反射的声线跟踪了。

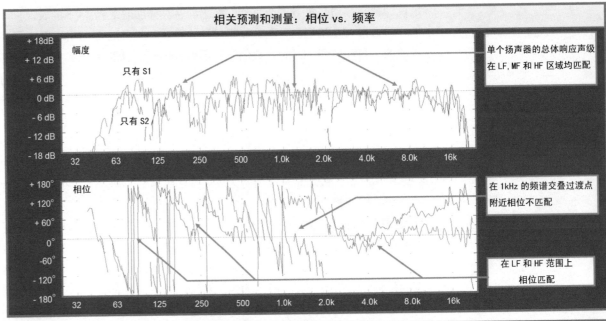

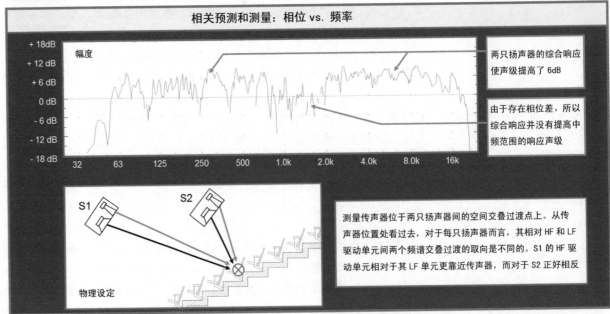

图 5.19　两分频扬声器角度对幅频和相频响应的影响。相对声源的角度影响空间分频的取向。上图和中图：处于空间分频位置上的单只扬声器的幅频和相频响应；下图：综合了多只扬声器和物理设置因素后的幅频响应

我们的任务是设计音响系统，而不是设计音乐厅。这类预测程序的准确度下降的变化过程是我们最为期望看到的。预测最准确的区域是与设计和优化的最高优先权相联系的。由于程序的准确度会下降，所以我们必须要做的就是要完成预测工作，而将难以预测的区域留给现场测量来完成。我们之所以更关注扬声器的直达声场准确性，是因为这些参量在优化过程中能够被实施最大程度的控制。扬声器型号、聚焦角度和阵列类型的选择，以及信号处理的分配基本上都要依据直达声场响应来进行。如果系统不能在自由场中产生最小变化的声音分布，那么想要借助房间的声学特性来建立起最小变化的声场分布几乎就是痴人说梦。房间只会降低声场的一致性。虽然在那些会产生强反射的地方，我们极力建议将其视为强反射面看待，但是我们仍然是期望程序对测量有效性具有高准确度的描述能力。就像前一章所讨论的那样，我们工作的努力方向是：对房间的激励最小，吸收处理最大。我们寻求的是对直达声场的最大控制，然后再在房间中引入损失控制模式。在直达声场中未解决的任何事情还会一直保留在房间中。

对于我们的应用，房间声学的建模不应该与阵列的直达声建模放在同一地位上考虑。描述阵列的准确程度可能及其高，而描述房间的则不然。对房间声学问题的最有效解决方案是可以通过对阵列的准确描述而清楚地看到。如果对阵列本身的描述就是不准确的，那么不论对房间的描述是多么的细微，都绝不可能找到针对阵列的解决方案。到底哪一个是要首先考虑的呢？是直达声还是反射声呢？如果对直达声不能进行准确地描述，那么我们还怎么能寄希望对房间反射的描述是有意义的呢？

对此问题的回答并不简单，其中许多的答案都是合理的。

在进行一致性的计算时到底将何种包含了房间反射的问题考虑其中了呢？是建模的准确度值得怀疑呢，还是其他什么问题呢？

需要考虑的问题如下：

- 如果扬声器数据的分辨率差，那么反射数据还能够有更好的表现吗？

- 如果组合到程序中的扬声器没有考虑相位因素，那么我们还会将其应用于实际情况中吗？

- 如果加上侧墙有挂帘座席区所要求的覆盖角度是 40°，那么当去掉挂帘后，所要求的覆盖角度是多少呢？

- 如果加上侧墙有挂帘座席区所要求的声压级是 132dB SPL，那么当去掉挂帘后，所要求的声压级是多少呢？

- 如果耦合点声源阵列是有挂帘时的最佳选择，那么去掉刮帘后，这还是最佳选择吗？

- 如果在大厅的后部有一块 10 m x 20 m 的玻璃幕墙，那么建模需要怎样的准确度才能让我们了解到所需要的声学处理呢？

- 在上面的情况下，难道精确的直达声描述不是对控制排除玻璃影响最有帮助的吗？

- 当我们看到表现出每一座位上一致 SPL 的预测图时，难道对这种在现实生活中我们从未听过的东西并不陌生吗？

- 如果希望的环境是湿热的，那么这是否意味着要改变扬声器的型号和聚焦角度呢？

- 知道房间的混响时间为 2.3s，它能告知我们该采用何种阵列，该放置在何处，聚焦的角度或型号等信息吗？

Trap 'n Zoid by 6o6

第四节　结论

在使用何种建模程序进行设计工作的问题上读者完全有自己的权利。由于我是作者，所以我不能将讨论的方向引向没有相位响应的设计和优化上。我不能推荐哪种方法成功的几率更高一些，也不能说明哪种方法更具有生命力。之所以这样说，是因为我们的视角总是关注优化处理的微观层面上的系统设计方法。这一视点始终是高分辨率，并且始终是包含有相位信息。我还从未测量过没有相位描述的系统特性，我曾在 MAPP Online 上看到过高分辨率且包含相位信息的特性说明十分准确的系统。

如果读者认为这是作者的偏见或视角的局限性，那么这足以说明我缺乏从低分辨率且无相位信息的数据中观察到声音特性的能力。如今高分辨率预测正朝着 3D 的方向发展（我正努力学会掌握它），我将会克服 2D 表现形式在误差和低分辨率无相位信息数据所带来的局限性。

接下去我们就将重点转移到为实现优化设计而进行的预测应用上。在第 6 章中，我们将引导读者了解所有可以在听音区提供最大一致性听音经验的扬声器系统设计。包含有相位信息的高分辨率预测模型将会引导我们朝着这一目标努力。

接下来的中心主题是：扬声器系统中的每个单元在系统的组合响应中都扮演着各自的角色。它们各自的特性在现实的世界中始终是维持着。优化过程就是逐个情况地分析和处理单元间的相互作用。如果预测程序没有足够的分辨率来表示出单元各自所产生的贡献，那么我们就不能将预期的房间响应与分析仪结合起来。不包含相位信息和分辨率低，都会导致组合响应的描述产生危机。双单元的引入和表现被转化成一个整体加以考虑。处在局部区域的传声器将要反映的是完全不同的情况。

本书的预测描述都是来自 MAPP Online。机敏的读者会意识到这种方法得到的所有预测描述都是针对 Meyer Sound

的扬声器。这可能会让那些打算以此来改进、诋毁或者模仿 Meyer 扬声器的人失望了。这些扬声器工作的物理原理对于市场部门是难以掌握的。这里所给出的解决方案的设计基础采用的都是普通的扬声器，这些扬声器都可以归类到第 2 章给出分类系统（1 ～ 3 阶）中，而针对功率的分类将在第 7 章中讨论。这里所描述的系统特性的准确程度主要是取决于与分类技术指标的一致性程度。每一型号的扬声器都具有独特的特性，本书中绝不会将一个特殊型号的扬声器作为标准使用。可以通过比较印刷出来的技术指标，其他制造商的产品型号也可以进行相应的归类。许多型号的分类是很容易看出来的，而其他一些型号则落入到两种分类间的灰色地带上。在每种情况下，设计和优化的原理还是适用的。不论何种情况，此处都没有给出改进的建议（积极的或消极的），读者应该将其视为是 Meyer 扬声器的专有的属性。对扬声器进行宣传的角色还是留给制造厂家来做吧！

第6章

变量

第一节 引言

开始之初一切都是寂静的, 之后出现了扬声器: 单只的扬声器, 音柱, 吸顶扬声器等等, 再后来又出现了高音号筒组合和低音扬声器。这时扬声器如同长出了双脚, 开始了行走。号筒、低音和重低音单元均安装在箱体内, 堆放在舞台上; 之后扬声器又长出了双翼, 学会了飞翔, 从此它们被悬吊在空中。在扬声器的变革历程中, 扬声器的演变一直朝着两个特定的方向进行: 提高功率和减小响应变化。从市场的自然选择规律来看, 具有以上特性之一的扬声器一直是市场的主体, 并且还会持续沿着着一方向发展, 其他的扬声器会逐渐地消亡。如果扬声器同时具备了以上两种特性的话, 那么它无疑将会成为人们的宠儿。对于大多数扬声器而言, 这两个重要的特性常常是彼此相互对立的, 不能兼备。一般功率的选择要优先于对最小响应变化的选择。这便提出了一个问题: 我们可以是否可以以牺牲掉一个特性为代价来获取另一个特性呢? 是否存在一个折中的方案呢?

如果问题只是局限在一只扬声器单元上, 那么答案就是肯定的。我们可以用另外一只具有类似参量, 但功率更高, 响应变化较大的扬声器来替换原来的扬声器。如果我们打算通过使用多只扬声器来获取更大的功率, 那么答案就是否定的。借助多只扬声器单元来提高功率而带来的总体响应变化增大并不明显的情况极少; 更多的情况是它们两者相互排斥, 但值得庆幸的是, 这里存在一个中间的地带。本章的目的就是要给出到达这一中间地带的路线图。只要我们掌握了这一路线图, 那么在遇到必须避开中间地带的情形时就可以权衡利弊, 选择更为有利的解决方案。

对于所给的多只扬声器, 我们可以选择最大功率或者最小变化的阵列组合。如果选择了最大功率, 我们就要使每个单元以同样的声级工作, 并将其对准同一个地方, 比如调音的位置。每个单元可以有选择地进行延时, 以取得最大程度上的同相单点叠加。将功率最大程度地集中在这一点上肯定会导致其他的点产生最大变化。如果我们将扬声器组成单元间最小重叠的阵列, 就会产生与上面相反的情况, 并且要调整相对的声级以便与房间的形状相吻合。在这种情况下, 虽然声音被均匀扩散到整个空间, 但所取得的功率叠加量最小。在所发现的中间地带, 我们可以进行建设性的功率叠加，同时取得变化的最小化。功率和一致性在一定的限定条件下可以结合在一起。虽然我们可以实现大功率辐射和大区域覆盖，但是这需要各方的认真合作才能取得。本章将对这一问题进行讨论。

现在让我们追溯回音响行业的洞穴时代。在那时，只有两个声频领域：固定安装领域和巡回演出领域。固定安装主要关心的是一致性，以及厂家所寻求的关注点。标准的固定安装就是点声源的号筒阵列，这一阵列的辐射特性要与所需的覆盖形状相吻合。虽然系统工作的很成功，但是缺少巡回演出所需要的功率。巡回演出的乡村音乐乐队需要的是功率、功率、还是功率。这些人带着可用的器材，将各种号筒和低音扬声器堆在舞台上。当时安装扬声器的后勤保障问题迫使人们发明了"一体化"的设备，人们最为熟悉的就算是 Clair Brothers 的 S-4 了。这样的尺寸符合所有巡回演出系统设计的要求，并且使事情变得简单了。小型的场地每边使用 8 个，大的场地每边使用 50 个，以此类推。另外一种方法就是我们可以在同一场地上使用大量的小箱子，或者是小量的大箱子。这就是所谓的"声墙"时代。扬声器基本上都是宽覆盖的单元，覆盖型重叠达到100%。这种最大程度叠加的代价就是最大的变化。通常少部分的扬声器的角度会稍微向外倾斜一点，照顾一下靠外侧的座位区，这样在水平面上就形成了字母"J"的形状。当吊装条件逐步完善之后，这些阵列就被吊在空中，第一排的听众再也不必忍受震耳欲聋的声音了，声级的一致性得到了改善。垂直方向上的校准也可以采用水平方向上的"J"形排列形式。

下面进入到梯形时代。在 20 世纪 80 年代初期，在一致性方面发生了根本性的变革：出现了梯形的扬声器箱，是 Meyer Sound 使其流行起来。箱体的后部较窄，这样可以让扬声器以一定的角度组合成阵列，同时还能保持驱动

单元的位移最小。虽然这与固定安装市场上的点声源号筒阵列有些类似，但是这是适合巡回演出的一体化扬声器形式。如今巡回演出领域有了点声源这一工具，可以取得尽可能大的一致性，而固定安装市场也有了能提供大功率的技术。这是向固定安装与巡回演出市场共同享有同一产品方面迈出的重要一步。

尽管声墙技术还远没达到完美的地步，但是单靠梯形箱体并不能创建出点声源阵列；它只是提供了一种物理辅助方法而已。在需要极大功率的应用场合，人们还是将大范围的重叠作为标准的方法来使用。虽然有些巡回演出系统使用最小覆盖的点声源技术，并取得最大的一致性，但是像 J 形这样配置的其他形式扬声器在商业中也很常见。最常见的形式就是在水平方向上采用点声源，在垂直方向上采用的是 J 形。

其间在中等大小的音乐剧场中，还出现了另一种解决方案。通过将点声源隔离成非耦合的形式可以将变化最小化。系统是由相连声源的小的专门覆盖区经过复杂组合而成的。通过保持扬声器靠近独立的观众区，并按照需要进行声级和延时设定可以取得一致性和功率两方面都让人满意的结果。

随着 20 世纪 90 年代 L'Acoustic 引入了 V-Dosc 线阵列，巡回演出行业正朝着其自己的方向发展。该系统具有非常窄的高频垂直覆盖和极宽的全音域水平覆盖。利用这一创新，单只扬声器可以满足大范围水平覆盖的需求，消除了因声墙或使用的重叠点声源而引发的梳状滤波响应。垂直平面上的窄条状覆盖型可使声音以平面波速直射到厅堂的后部。这里的关键性创新使得扬声器单元的对称属性与听音区形状很好地吻合了。观众通常是在水平方向上以对称的形状分布开来的，而垂直方向上体现出很窄的非对称性。这种类型的扬声器单元很适合在主观众区中采用。

声墙现已正式消亡了，取而代之的是"声线"，但数量因素还是存在。小的场地还是每侧8个单元，大的场地是每侧50个单元。另外相同的场地还是可采用小单元大数量，或大单元小数量的比例关系来工作。声线相对于声墙而言有非常出色的水平覆盖一致性。如今水平面逐步过渡到"无缝"覆盖，不存在声学交叠过渡产生的一致性下降的问题。它与优化的点声源相近的程度取决于房间的形状与单元的固定水平覆盖形状的吻合程度。

不幸的是，声墙的两个主要策略在声线中仍然在使用。第一个就是阵列中任意单元的声级下降将会对阵列的总体特性产生负面的影响。有证据表明，阵列中某一单元的声级下降会导致整个阵列的总体声级下降。如果功率被集中到错误的位置，那么要使用更大功率的阵列吗？如果打算在房间中建立起一致性的响应，SPL保护协会的美好愿望就必须放弃。总之，公众并不关心混音位置的声音有多响。他们所关心的是他们坐在哪儿。公众从现代扬声器阵列中得到的唯一好处就是一致性的声扩散，而非声级的集中。

当前所应用的标准声线有三种基本形式：垂直线，弧线（点声源）和两种形式的结合形式，即J形。本章将对每种形式进行详细的讨论，并从一致性和功率两个方面对其进行评估。最终我们将了解在使用最小变化的策略时，通过"线阵列"扬声器和"点声源阵列"扬声器获得的相当性能。我们将会看到并没有与"线阵列"扬声器一样的东西，它只是为阵列配置所取的名字而已，并不是各单元的自然属性。另外我们还会看到现代所谓的"线阵列"扬声器与过去流行的"点声源"扬声器都在向前发展，并且在实践中都还有应用。它们还将会在不同的环境下继续繁荣发展，这将使我们能有更多的选项供选用。我们的工作就是要确保将其用在合适的地方，并以正确的方式使用它。

我们的第一个任务就是找到通向最小变化的途径。这要比寻找功率的途径复杂得多，功率基本上只是个数量的问题。最小变化只能通过时刻注意保持扬声器覆盖的空间几何不变才能达到。房间的形状多种多样，而扬声器覆盖型是真实的，且形状的数目是有限的几种。我们所寻找的形状是最为罕见的形式：即它的形状确实能保持不随频率而变化。房间的尺寸或形状并不随频率变化。如果我们打算以全音域的声音均匀充满整个空间的话，那么就必须尽可能保持覆盖型是恒定不变的，尽管我们处理的波长范围达到600:1。虽然这是不可能完成的任务，但是还是要孜孜不倦地寻求并找到当前技术所能达到的最高实用境界。我25年的研究已经建立起能可靠应用的三种形状，并能在确定的空间里提供满意效果。虽然这一数目并不大，但是已经足够了。我们可以将任意房间的相应覆盖区分割成对应于这些形状，然后就可以通过空间交叠过渡将其拼接在一起。因为这些形状全都是可以按比例缩放的，所以它们既可以用于体育馆也可以用于家庭影院。它们与制造厂家无关，只要各个单元扬声器覆盖形状的条件满足即可。这些条件将在本章的结论部分给出。

第二节　最小变化理论

6.2.1　变化的定义

我们所最追求的是让所有的听众都有同样一种听音感受。这是对空间上的追求。每件事情都将按照声音在空间中的分布情况来确定。由于在这件事情上想做到完美是不可能，所以需要定义一个明确的描述词语，让它来描述我们能够与这种不可实现，但又是我们所希望达到的目标到底有多近。我们所要采用的这一词语就是变化，或变化量。我们的目标就是与之前讨论过的最小变化相关的。我们所寻求的最小化变化量主要有 4 个基本类型：声级的空间分布，频谱响应，频率响应的波纹变化量和声象位置。

变化的类型：

* 声级变化——声压级的变化。整个空间上总体声级的差异。它是以 dB 来度量，比如挑台下方与第 24 排低 6dB

* 频谱变化——两个位置间各个频率上的相对声级差异，比如挑台下方 8kHz 的声级比第 24 排的平坦响应时的低 6dB

* 波纹起伏变化——响应中与叠加相关的峰和谷之间的差异。这一问题已经在第 2 章叠加区中阐述过，比如挑台下方中频范围存在 12dB 的波纹起伏变化，而在第 24 排存在 3dB 的波纹起伏变化

* 声像变化——对空间内声源的感知位置的差异。正如第 3 章所讨论的那样这取决于声源之间的相对声级和相对时基。例如对于第 4 排的座席而言演员听上去好像是来自头顶，而对于第 15 排的座席而言则相对要低很多

根据上面的主要定义还有其他相关的子分类。虽然可懂度损失是与波纹起伏变化关系最密切的参量，但是高频的滚降衰减（频谱变化）和总体的声级衰减（声级变化）也会导致可懂度下降。因此我们可以断言针对主要分类的最小变化策略与高可懂度有很高的相关性。另一种相关的类型就是动态范围：听音位置上最大的声级能力与本地噪声间的差异。为了在系统工作时声级变化能保持最小，扬声器单元的最大能力必须与其对应的覆盖区匹配，比如挑台下的座位区要与主听音区的最大声级匹配。要想达到这样目标，我们必须确保安排用来覆盖不同区域的扬声器型号应具有与其工作范围相适应的最大能力。虽然挑台下扬

声器是比主系统功率低一些的系统，但是它还是要有能力在与主系统相汇的限定的覆盖范围内与主系统匹配。有关扬声器与覆盖范围间的比例关系将会在第 7 章中讨论，因此我们假定本章余下的章节中这一比例是合适的。在此我们还要做另一个假设：所的扬声器的轴上响应都是平坦的。因此，我们对不同位置或频率上变化量的讨论都源自同样的声源。

我们这一章关注的重点就是 4 个基本类型的在空间上的变化过程。本篇的后面 3 章将奠定这一基础并将这些基本原理应用到复杂的系统设计当中。这些机制的原因和影响是复杂且相互联系的，想揭示它们的秘密并不容易。尽管如此，对此所作的一切努力都是值得的。当覆盖形状与座位区匹配时，相对声级也匹配，并且最小波纹起伏变化时的频谱也平衡，我们就实现最小变化的目标了。

6.2.2　变化的原因和标准变化进程

既然我们要研究 4 种类型的变化，所以我们将讨论它们各自的代表性声源。例如：声级变化的原因是不同于导致波纹起伏变化的原因的。变化的每种形式都有影响的标准演变进程。对这些演变进程的了解，将会使我们能将其应用到设计之中，并且在优化过程中现场对其进行验证。这些知识也是通过开展一个进程，并抑制另一进程，从而降低变化的关键，以至于它们的综合影响到了各自的偏差。

6.2.2.1　声级变化

单只扬声器和一些有代表性的阵列的标准声级演变进程如图 6.1 所示。

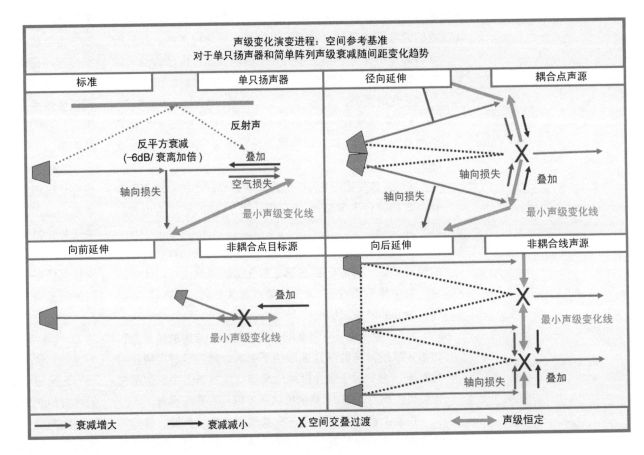

图 6.1　声级变化的空间演变进程

1．单只扬声器

　　声级变化的标准就是反平方定律：距离每增大 1 倍，直达声声级下降 6dB。诸如反射、空气损失和轴向损失可以加快或减慢频率响应部分的损失率。与距离有关的空气损失和偏离主轴将会加快 HF 范围的损失率。虽然这两个因素可能导致总体声级下降的程度高于单独由距离因素导致的下降量，但是也会建立起频谱变化，因为其影响的范围是有限的。反射所产生的影响正好与此相反，耦合区的

叠加会减小 LF 损失率。

　　最小声级变化线将主轴远处的位置与离轴附近的区域连在了一起。如果我们可以将观众沿着这条线就位的话，那么观众接收到的声级就是一样的。调整投射的角度，使扬声器指向最远距离的覆盖点。这补偿了两个声级变化因素：距离和轴向。远处座席处的声级会包含较大的辐射距离衰减，而较近距离的座席则会有较大的轴向衰减。

2. 多只扬声器

共有 3 个方向可将最小声级变化线扩展到单只扬声器单元的限定之外：前向、径向和侧向。

前向延伸是通过在原始声源的主轴平面内增加扬声器的方法来实现的。当然，这些增加的扬声器是要加延时的，只有这样才能使前向辐射同步。前向扬声器的声级可以设定成与主扬声器相联系，并建立起与声源间区域匹配的组合声级，因而临时阻止了距离带来的声级衰减。决定性的力量是距离衰减的偏差量和叠加增量。前向延伸的增加量是随增加的器件而定的，并且预算是唯一的限制因素。

第 2 种方法就是通过点声源阵列进行径向延伸。增设的声源是针对覆盖边缘的交叉处，并且融合在一起，建立起更宽的角度。决定性的因素就是轴向衰减的偏差量和叠加增量。显而易见的原因，径向延伸的上限是 360°。

第 3 个方向就是通过非耦合线声源阵列进行的侧向延伸。次级声源被添加到原始声源的两侧，并且建立起的等声级线，将声源连锁在一起。组合扬声器的等声级线是处在单位型交叠过渡点的距离位置上，即覆盖型边缘的 -6dB 点。决定性的因素还是轴向衰减的偏差量和叠加增量。侧向延伸的增加量是随增加的器件而定的，并且预算也是唯一的限制因素。

三种延伸机制既可以单独使用，也可以组合使用。在环形挑台之下的延时扬声器就是前向、径向和侧向延伸组合在一起工作的例子，它与主系统再进行组合，形成非耦合点声源阵列。交叉点是处于单元的前面，其位置是前向距离、侧向间距和倾角的函数。

6.2.2.2 频谱变化

我们刚刚讨论过的有关声级变化的每一内容都可应用于这一问题。其差异就在于我们必须对每个单独的频率范围展开应用。这不成为问题，只是复杂性增加了 600 层。由于没有哪一扬声器的覆盖形状不随频率而改变，所以我们不得不将工作做适当的消减。我们可以将其视为覆盖型形状随频率的变化（空间与频谱的关系），或者覆盖区域上频率响应的变化（频谱与空间的关系）。我们之所以使用频谱变化一词，是因为所有的变化形式都认为是"空间上"的。

对于单只扬声器，这一数值是直接与扬声器的阶次相关的。高阶扬声器所具有的频谱变化最大，因为其覆盖形状随频率变化最为明显。所以它们最不适合做单只扬声器应用。

单只全音域扬声器的频谱变化是个固定的参量。均衡、声级或延时将不改变覆盖型与频率的关系。但是对于阵列而言，所建立起的组合覆盖形状是不同于单只的单元。由高阶扬声器构成的耦合点声源阵列利用隔离的高频扩展和缩窄的低频重叠可以建立起频谱变化最小的组合形状。非常简单的例子就是以 40° 的单位倾角构成的一对 2 阶扬声器阵列。单只扬声器的低频覆盖角度远远宽过 40° 的倾角。最终的重叠在中央产生耦合，并缩窄了低频的覆盖。阵列的组合形状具有比单只单元低的频谱变化。

1. 频谱倾斜

上面引用的例子可让我们降低空间上的声级变化。与此同时我们也正在改变频谱响应。如何变化呢？当阵列建立起来时，虽然高频是通过单位倾角隔离的，但是低频是重叠的。最终的结果是：低频时的叠加增量并不与高频时的相匹配，频谱响应在低频会向上倾斜，而高频不变，这就是频谱倾斜。

例如：单只扬声器的轴上与轴外响应间的差异并不是简单的声级问题。实际上，只有在高频声级会因轴向衰减而有明显的下降。两个位置间的主要差异是频谱倾斜量。

两个位置间的频谱倾斜差异就是频谱变化。为了清楚起见，我们对这一问题进行归纳总结。

频谱倾斜与频谱变化的比较：

- 具有匹配平坦响应的两个位置：无频谱倾斜，也无频谱变化
- 具有匹配的 HF 滚降衰减的两个位置：有频谱倾斜，但无频谱变化
- 具有匹配的 LF 提升的两个位置：有频谱倾斜，但无频谱变化
- 一个位置有 HF 滚降衰减（频谱倾斜），另一位置的响应平坦（无倾斜）：有频谱变化
- 一个位置有 LF 提升（频谱倾斜），另一位置的响应平坦（无倾斜）：有频谱变化

我们的目标是使频谱变化最小化，不一定必须频谱倾斜。实际上，许多代理商相当喜欢大量的频谱倾斜。我们的目标就要确保在所有的听音区域上都有想要的倾斜，也就是最小的频谱变化。

导致频谱倾斜的原因中有两个与传输相关：轴向衰减和空气衰减。当我们偏离了中心的时候，轴向滤波器开始起作用，高频响应开始下降。第 2 个高频滤波器的作用是模拟传输中的空气衰减。其结果是即便是在轴上，也不能保持响应不随距离变化。对比单只扬声器的频谱变化，频谱倾斜并不是个固定不变的实体，它可以通过均衡加以改变。

导致频谱倾斜的原因中还有两个与叠加相关：反射和之前提到过的与其他扬声器的组合。当我们将房间反射也考虑到问题分析当中时，我们就引进叠加效应，这将导致一定频率上的声级按距离的衰减比率降低，这主要是指低频。我们看到频谱倾斜再次光顾了低频。

频谱倾斜效应的趋势演变进程基本一样，即低频成分的相对于高频成分的要大一些。正是这一共同的显著特点

竟被用来开发建立一致的频谱倾斜。由于所有的演变进程都趋于倾斜，所以频谱变化是通过匹配的倾斜而不是通过终止演变进程这种无用功来降低的。最后倾斜可以通过一定程度的均衡处理变平直。考虑最小频谱变化时，并不是必须要频率响应平坦。关键的因素是一致性。以类似的方式倾斜的响应只要是匹配的，就如同响应平直一样。

2. 引入的"粉红偏移"

在声学的初期，科学家所进行的大多数研究都是与天文学存在共性的问题。在此我们将天文学中的一些概念移植到有关变化的讨论当中来，对类似的特性进行分析。天文学中利用"红色偏移"这一概念来测量宇宙中遥远物体间的距离。红色偏移是对因多普勒效应产生的光谱变化的测量结果，多普勒效应改变了移动物体间光的感知频率。到物体的距离是与红色偏移量成比例关系。它们与声学的结合与声学上的多普勒效应并没有联系，我们也并不是要将扬声器安装在移动的火车上来办音乐会。这一概念是与对声源的距离感相联系的。我们对白噪声和粉红噪声都很熟悉了。粉红噪声是白噪声（每一频率的能量相等）滤波后产生的，每倍频程能量会下降 3dB。这样它在每倍频程内的能量是相等，对于我们的对数听音机制而言这时的噪声频谱是平衡的。频率响应倾斜与空气的传输衰减有关，并且频率响应的演变进程可以视为是加到响应上的"粉红偏移"。在自然情况下的声学传输中，这种粉红偏移是直接与到声源的距离相关的。我们距离声源越远，因空间中的 HF 空气衰减和 LF 叠加引起的偏移量越大。我们内部的声音定位系统是借助对"粉红偏移"的期望值来估计出声源的距离的。利用耳朵检测扬声器存在的方法之一就是通过虚拟的透视关系（之前在第 3 章中讨论过），当延伸 HF 响应到一定程度时，其透视会让人感觉声音更近了。"粉红偏

移"与我们的视觉期望并不匹配。当我们靠近轴外的扬声器时，会产生另一种虚假的透视。这时情况正好相反，粉红偏移要比所希望的来自近处声源的大。

叠加影响也是系统粉红偏移的主要原因之一。扬声器 / 扬声器叠加几乎总会使响应朝着粉红一侧偏移，因为低频的重叠比高频的大。扬声器 / 房间叠加也总是使偏移朝此方向移动，因为声吸收也是随着频率的提高变得更加明显。

在这一方法中，表示频谱倾斜的好处在于不论结果是由 LF 叠加、HF 衰减，或者两者共同作用引起的，都是用同样的频率响应形状来表示。图 6.2 示出了空间上的粉红偏移分布的主要变化趋势。当声级变化时，我们可以利用单只扬声器的前向、径向和侧向的延伸来扩展覆盖区域。

更为详细的研究如图 6.3 所示，其中我们看到了各个单元在创建组合的倾斜中所扮演的角色。不同的阵列配置将各个声级时的平坦响应和高的倾斜包含在一起，建立起多种组合的频谱倾斜。点声源阵列采用不同的组合来取得相同倾斜下的组合覆盖范围。相反，对称点目标源建立的是不均匀的频谱分布。

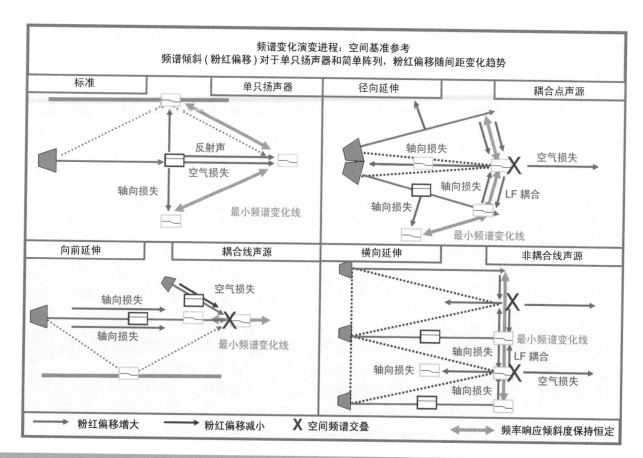

图 6.2 与叠加相关的频谱变化演变进程

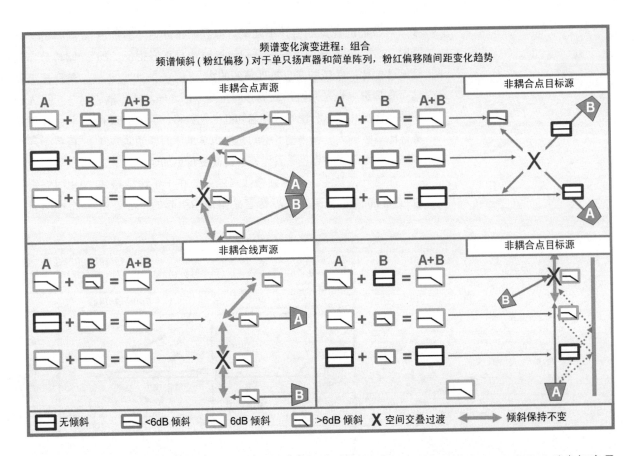

图 6.3 与扬声器组合相关的频谱变化演变进程。所示出各个扬声器响应具有典型的倾斜和声级度量。为了比较方便，示出了各个位置的组合情况

业界评论：在我们调谐音响系统时，或许我们应该尽可能尝试避免在处理阶段对 MF 和 LF 范围进行过量的均衡。那么缓慢向下弯曲的频率曲线（幅频响应）是推荐给测量采用的吗？关于向下弯曲的曲线问题具有一些不确定的因素。该曲线的弯曲程度取决于扩声系统与测量传声器的距离、覆盖区域的范围(包括混响、场地的形状和扩声系统的设定条件）等。

麻栖秋良（Akira Masu）

6.2.2.3 波纹起伏变化

有关频率响应波纹起伏变化的根源问题在第 2 章中已有过深入的探讨。叠加区在波纹起伏变化路线图中是个标志。图 6.4 示出了标准波纹起伏变化的演变进程。虽然对于多单元而言周期是可延长和可重复的，但是它还是要遵从熟悉的类型。演变进程的中心点还是相位对齐的空间叠加过渡点。在演变进程中这一点的变化最低，同时这一点也是波纹起伏变化的变化率最高的区域中心。耦合点可以比作飓风的最低风速位置：风眼位置。虽然刚好处在风眼

边上，但是其风速变化率是最高的，这也是这种空间交叠过渡区域的属性，我们希望通过尽快地对系统进行隔离，在这一区域之外的区域也是暴风雨的平静区。

波纹起伏变化演变进程在所有形式的扬声器阵列中都可能存在。房间中的任何两只扬声器不论它们之间的间距、相对声级或角度取向如何，发出的声波最终都是要相遇的，至少在低频是这样的。因为我们关注的是全音域的空间交叠过渡的转变，所以将讨论限制在单元的覆盖边缘之内。对于每种阵列配置而言，其转换过渡点是落在不同的区域

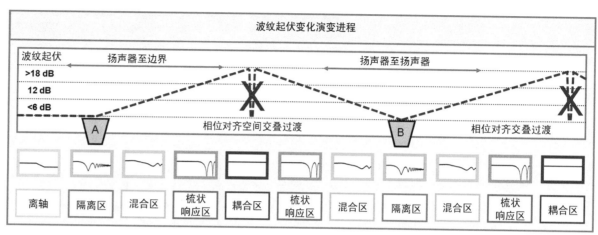

图 6.4 从离轴到轴上和通过交叠过渡时的标准波纹起伏变化演变进程

上的，在那里我们可以发现控制波纹起伏变化的关键因素。有些阵列配置将变化限制在其覆盖的很小百分比上。其他的则落入到梳状响应区，并且决不会再回来。

主要的指示标志是声源的位移和重叠。当这两个标志都低的时候，就达到最小变化了；而当这两个标志都高的时候，就达到最大变化。

波纹起伏变化演变进程：

* 频率响应波纹：随着对空间交叠过渡的接近，波纹起伏变化会逐渐增加。随着重叠的加大，波纹起伏变化也增加
* 从空间交叠过渡点看过去：依次是耦合区、梳状响应区、混合区和隔离区
* 从隔离区看过去：先是覆盖边缘，或者依次是混合区、梳状响应区、耦合区，再到下一个交叠过渡点

对于每只扬声器，其瞬态过渡的这一循环会一直重复下去，直到到达覆盖边缘为止。在发现的每个空间交叠过渡位置都必须是相位对齐。相位对齐的空间交叠过渡不能消除空间中的波纹起伏变化。它们只是包容它的简单最佳方法。

不同频率上的演变进程速率并不相同。每个区域演变进程先进来的（并且也是先出去的）都是高频，而最后的

都是低频。当低频还处在耦合区，而高频已从空间交叠过渡转变到隔离区的情况是很常见的。耦合点声源阵列就是个典型的例子。因此，演变进程路线图必须要考虑频率这一因素，因为瞬态过渡的里程碑并不是平坦的空间。

波纹起伏变化的几何学原理：变化比

作为空间叠加可视化方法的三角形概念在第 2 章中已经介绍过了。由于波纹叠加是变化的主要形式之一，所以在此再将这一概念介绍一下，并直接将其应用于变化趋势的可视化上。参见图 6.5。4 种三角形类型对波纹起伏变化的特性给出了很好的表示。这里给出的波纹起伏变化类型在空间上并不稳定。例如，并不存在在整个的空间内能够保持 4kHz 梳状频率不变的阵列配置。取而代之的是，我们主要是关心确定梳状响应最强（三角形方法）和变化最快速的区域。变化率取决于声源的间距和角度取向。当我们靠近一个声源的同时又远离另一个声源时，产生的变化率最高。当我们同时靠近或远离声源时，变化率会降低。作为叠加耦合区的代表，虽然等边三角形具有最低的波纹起伏变化，但是在直角和锐角三角形区域附近通常具有高的变化率。由于隔离的原

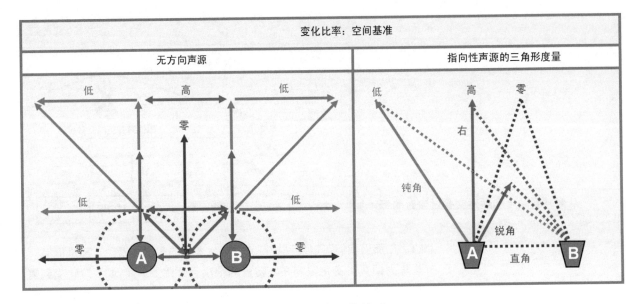

图 6.5 空间中两个声源之间空间分布的变化率

因，钝角三角形降低了波纹起伏变化，同时又享有地变化率的特点（远离两个声源）。这两种情形代表了空间中波纹起伏变化的极端情况。举例的阵列如图 6.6 所示。

6.2.2.4 声像的变化

在理想的世界中，声像表现为直接来自房间中个各个位置的表演者。这是容易实现的：关掉音响系统即可。除此之外的方法，我们就必须对其实现的可能性和代价做出考量。取得低变化声象的最好的办法就是通过分区覆盖，仔细地进行定位、声级和延时设定。风险高且昂贵的解决方案就是在覆盖区安装多个声源，希望通过时间和声级来进行声像控制。这种方法要花费很多的资金，而且最严重的是会产生大范围的波纹起伏变化。

在第 3 章中阐述了控制声源定位感知的机理，从中我们掌握了时间和声级这两个对定位起主要作用的参量。在垂直平面上，人们对声级敏感；而在水平面上，人们对时间和声级均敏感。

声像变化的说明：

• 舞台附近的区域是最临界的。配合低声级补声系统（正面补声，内补声和侧向补声）的覆盖区细分是成功的关键

• 如果舞台声源具有较强的辐射声级，那么覆盖近处坐席的扬声器要相对声源加一定的延时

• 如果舞台上声源的位置是变化的，那么要选择中心舞台的位置作为平均值

• 对于大功率的舞台声源，最好的办法是对最响的声源（鼓或吉他的打底乐器）进行时间上的处理

• 当采用的是吊装的主扩系统时，正面补声是必须的，以此来降低在前排产生的极端声像失真

• 通过精确地设定时间和声级，挑台下方的延时扬声器能够取得想要的声像位置（在第 12 章会介绍）

• 环绕声系统必须要定位的，以便它们要能够到达厅堂的中部，而不会对局部的侧向区域进行重点覆盖

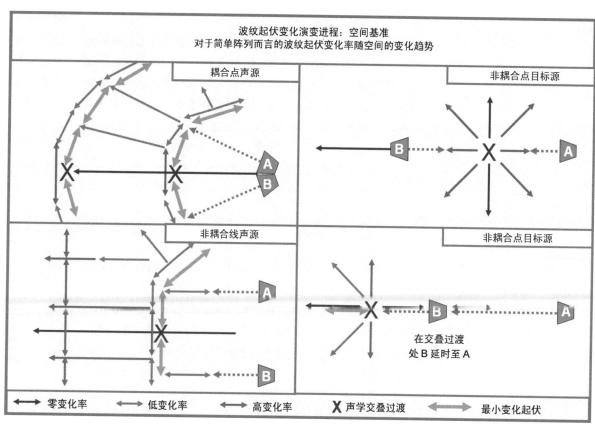

波纹起伏变化演变进程：空间基准
对于简单阵列而言的波纹起伏变化率随空间的变化趋势

耦合点声源

非耦合点目标源

非耦合线声源

非耦合点目标源

在交叠过渡
处 B 延时至 A

图 6.6　各种阵列配置的空间参考基准的变化率

◄──► 零变化率　　◄──► 低变化率　　◄──► 高变化率　　✗ 声学交叠过渡　　◄──► 最小变化起伏

6.2.3　最小变化与最大声压级的关系

　　本章的介绍为最小变化和最大声压级能力间折中问题的讨论搭建了平台。公式的 SPL 一侧只是简单的一个表达式，尤其是与非常复杂的变化因子相比较，它显得尤为简单。

　　为了提高单只扬声器自由场的 SPL 的能力，我们必须利用功率的叠加：扬声器 / 扬声器和 / 或扬声器 / 房间的相互作用。这两种形式的叠加产生类似的影响。目前我们先将关注的焦点放在直达声场的扬声器 / 扬声器叠加上面，假设我们工作是处在没有房间反射的条件下，以此来修正

设计方案中的缺陷。随着扬声器单元间重叠的加大，组合的最大 SPL 能力也将提高。如果我们想要的功率非常大，那么就必须使用大功率的单元和高度的重叠。最大的重叠量（100% 重叠）将使最大功率能力提高 6dB，但是也要冒产生最大波纹起伏变化的风险。重叠降低也使风险得以下降，但这也降低了功率增强的可能。

　　单个单元的功率能力将不会直接影响波纹起伏变化，即峰值达到 140dBSPL 的扬声器本身并不会产生比功率能力低 6dB 的扬声器大（或小）的波纹。假设这是一个合适的系统（这一问题将在第 7 章讨论），那么此时我们还是可

以不去理会这一问题。

　　如果我们冒险使用了重叠，那么就必须知道到底要冒多大的风险才能换来潜在的功率增益。奉劝读者还是把这一问题放一下，本章将不对每一时间重叠所引发的功率增益量问题展开讨论。只要我们知道有重叠，就可以肯定存在功率增益，同时也知道为此付出的代价。当看到了隔离，我们就知道功率既不会提高也不会减小。

　　接下来要讨论的就是寻找最小变化的细节问题。

第三节　扬声器／房间链路：透视比

　　房间是以一定的形状呈现的。扬声器的覆盖也是以形状来表示的。我们如何将两者联系在一起呢？这并不是件简单的问题。虽然房间的形状多种多样，但是它与频率没有关系，是不会随频率变化的。扬声器覆盖形状的种类尽管有限，但是它会随频率的变化产生很大的改变。

　　我们的目标就是要以一个随频率变化不大的一致覆盖形状来充满房间的形状。要想实现这一目标有两种方法：使用具有不随频率变化而变化的一致覆盖特性的单只扬声器来匹配房间的形状，或者是建立一只扬声器阵列，产生一个覆盖形状不随频率变化的特定组合覆盖形状。在这两种方法中，单只扬声器是分析问题的基础，我们就先从它开始讨论。

　　在第 1 章中我们就讨论过决定覆盖形状的各种方法。如今就是要用它来选择出能够建立最小响应变化的合适扬声器和取向。

6.3.1　量角器和比萨饼

　　决定覆盖型和单只扬声器指向点的标准方法就是"量

角器法"，它是沿着距离主轴点做等距的弧运动，直到到达 -6dB 点为止。覆盖型的形状就像是一牙比萨饼一样。将其与食物作一比较，如果我们想吃快餐，那么这种方法就不错，但是就不会去做正餐了。

　　图 6.7 示出了量角器法决定覆盖角度的方法。如果我们将反平方定律加入到这种情况的工作中，那么我们就可以看到形状会持续地朝外变化。距离加倍，产生的衰减影响如图中的暗阴影所示。

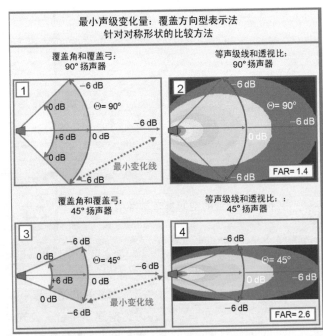

图 6.7　不同覆盖型表现和最小声级变化的关系。（1）针对 90°扬声器采用量角器方法确定覆盖角。此图中还显示了"覆盖弓"。轴上距离加倍后的声级相当于轴外单倍距离的声级。最小声级变化曲线将这些点连线起来。（2）等声压级线代表的是零变化的一组曲线。所示的透视比相当于矩形比例长宽比（3）45°扬声器的量角器和覆盖弓描述。（4）45°扬声器的等声级线和透视比

量角器法的局限性是：

- 缺少等声压级（最小声级变化）线表示
- 当观众区形状不在等弧上，即存在不对称时，这种方法就不够准确
- 缺少对 0dB ～ -6dB 衰减变化率的细节表示
- 缺少阵列单元间的相对声级的表示

6.3.2　最大可接受变化量

如果扬声器覆盖能相对于这一参量来表示，那么我们的最小变化目标就变得容易实现了。一牙比萨饼并不是单只扬声器的最小变化形状。量角器圆弧所包围的区域是最大可接受的变化量区域，即 +0dB ～ -6dB，这是可接受的最差情况，而不是最好的情况。量角器法在创建最小变化的覆盖型形状方面给我们留下一个盲区。如果我们用等距的量角器弧得到的覆盖形状来设计系统的话，则在开始之前就要留出 6dB 的声级变化量。

6.3.3　非对称覆盖的考虑

主轴上的点和两个等距的离轴点为我们提供了 3 个非常有意义的相关数据点。当这样的形状被用来进行覆盖的话，就可以描述成是对称覆盖。这种覆盖一般适合于水平覆盖，在这个平面上观众都是以弧形、方形或矩形均匀散开的。相对而言，由于我们并不会在天花板位置安放坐席，所以垂直面上的覆盖几乎都是不对称的，即垂直覆盖型的底部可能要比顶部窄很多。如果将原本是对称的量角器法用于非对称覆盖形状，则会导致垂直形状和聚焦角度的及其不准确。对于单只扬声器而言，距离衰减和轴向衰减的偏置都会产生最小声级变化。在靠近声源的同时偏离开主轴就会将我们置于增益 vs. 衰减的僵局之中，即最小声级变化线。

6.3.4　覆盖弓方法

量角器法和等声压级线法都是与形状相联系的，这种联系我们称其为"覆盖弓"，之所以这么称谓是因为它与弓箭有些相似。扬声器位于手握弓弦这一端。这里的弓就是我们熟悉的量角器的弧。箭头代表了主轴点的距离，它正好是弓长的两倍。由于距离加倍产生的衰减，我们将其称为 -6dB 点。拉弓的手的位置是主轴的基准点，这一点是 0dB。弓的两端代表的是标准距离点上离轴的声级。这些位置声级低 6dB，这是轴向衰减造成的。如果在箭的端点（-6dB）与弓的端点（-6dB）之间画一条曲线，那么就勾勒出最小声级变化的形状轮廓。覆盖弓是可缩放的。每次其大小加倍时，声级将降低 6dB，但仍维持原有比例。随着覆盖变窄，箭的长度增加，同时弓的弯曲张力使弓向后拉，宽度减小。这是个形象地比喻，因为增大的张力延伸了弓的范围，使得它成为一个"长投射的系统"。加强扬声器的指向性也有同样的效果。

覆盖弓将与声级和频谱变化最为密切的相关位置联系在一起：主轴的远端和离轴的近端。当我们沿着这两点间的等声级线移动时，我们将会获得声级和频率响应的匹配，显然这就是我们想给听众的东西。

覆盖弓被限制在已知点之间的连线内，这些点是插值估算出来的，而不是根据准确的数据得出的：沿着弓进行的实际测量。弓可以和等声级线组合在一起，给出关于空间中响应的角度和等声级。

覆盖弓法在分析非对称区域的覆盖要求时要比量角器法出色，因为在分析中它包含了距离和轴向衰减的因素。

等声级线使处理更进一步。图 6.8 示出了它应用于非对称覆盖区的两种情况。覆盖弓和等声级线跟踪想要的覆盖形状，并将相对距离考虑在内。其结果就是关于整个听音区域的最小声级变化。

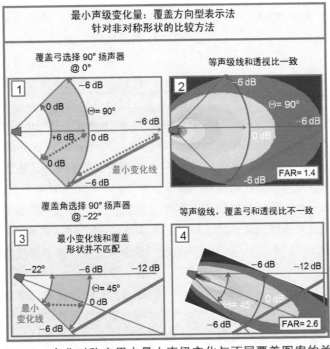

图 6.8　在非对称应用中最小声级变化与不同覆盖图案的关系。可以看出听音区（灰色线）接近扬声器的轴外边缘。量角器方法（下图）建议向下倾调整扬声器倾角并减小覆盖角，应注意的是，这时声级变化大于 10dB。最小变化法（上图）采用了对称方向校准（空间倾斜）来补偿扬声器对听音区的对称取向。最小变化方案中的声级变化小于 3dB。同样应该注意的是，这时的频谱变化较高。中间座位是在轴上和主轴附近（非常平坦），而最远距离的座位也就是离轴最远的（非常斜）。在最小变化情况下（上图）扬声器 / 房间叠加在主轴远处的响应与离轴近的响应类似，也会存在粉红偏移。这就是跟踪声级变化的例子。向下倾斜的将会使声音更有力，但是频谱变化更大

6.3.5　前向的透视比

一旦得到了等声级线，我们就可以将扬声器覆盖型的特性简化为其长宽比，这种表示方法常常用于房间形状的建筑特性表示中。由于优化扬声器覆盖型的选择是与房间的形状有关，透视比就是这一应用的逻辑选择。通过建立封闭 4 个点的矩形可以得到透视比：这 4 个点为扬声器，给定距离上的主轴点，以及一半距离处的离轴点。透视比表示出了给定的扬声器最小变化区域形状的轮廓。

从我们的目的来看，我们认为扬声器向前辐射，因此所关注的是扬声器前面的区域，透视比也改成前向透视比（FAR）。FAR 被定义为扬声器向前的一个等声级线的长度与其宽度之比，俗称为"投射"。长投射扬声器能到达大厅的后部，而短投射扬声器覆盖的是前面近处的区域。它是如何量化的呢？断点在哪里呢？扬声器到底投射多远呢？除非声音停止下来或者完全衰减于空气中，否则答案并不明确。透视比给我们提供了开展设计和比较工作的可缩放的形状。

180° 覆盖角的扬声器具有的 FAR 为 1。这将使传输给两侧的能量与前方的一样。其等声级线型是方形的。FAR 为 12 的 10° 扬声器的等声级线型是极窄的矩形。在设计系统时，FAR 将有助于我们在方形洞上放上一个方形栓，而矩形洞放上矩形栓。

第四节　距离比

如果每一座位距离声源等距，那么要想获得等声级是件非常简单的任务。而在所有其他的情况下，实现这一目标都必须采用另外的策略。这一策略是借助一个平面与另

一个平面的距离比来产生声级偏置效果。简单的例子就是吊装的中置扬声器组。当我们在水平方向上接近扬声器组时,在垂直方向上是在偏离它。结果就是偏置的声级效果帮助我们维持声级的恒定。如果我们将扬声器组设定向下朝着舞台地板,那么水平覆盖将不会有变化,这时垂直取向变得平坦,并且不再产生偏置的效果。从前到后声级的变化是按标准的反平方定律递减的。这些不同的方法可用距离比来说明,所谓的距离比就是指扬声器覆盖范围内最近处座位与最远处座位间的距离差异。如果所有的座位在平面内是等距的,则距离比就是 1。随着某一平面上数值的攀升,必须在另一平面上进行声级偏置。这里存在实用上的限制,并且还要进行诸如声像方面的考虑。最后,不论要维持什么样的距离差,由此所产生的不对称声级都是需要在声源上进行补偿的。这至少可用两种方法中的一种来实现:扬声器覆盖型必须要取向合适,以补偿不对称性,或者使用多只扬声器来建立起与听众区域成比例的非对称覆盖形状。

距离比可以用数值或 dB[20lg(距离比数值)]来表示;比如:比值为 2 说明存在 6dB 的不对称量需要补偿,才能达到零声级变化。

距离比也暗含着对频谱变化的控制。虽然用足够强的指向性控制来补偿 HF 范围上的高比值扬声器和阵列的设计比较容易,但是同样的任务在 LF 范围上就比较困难了。这可能会因为过量的粉色偏移导致在近处座位区产生大范围的频谱变化。

下面的问题就是如何能够确定一个最佳的方案,通过它来填补靠近扬声器声源的缝隙覆盖区。答案取决于我们是否在那个位置上去听音。如果听音区域延伸到靠近透视比矩形最近的角落,那么响应将会超出到粉色偏移限制之外,这时需要来自补声扬声器主轴的干净声音来反转粉色偏移。

距离比将帮助我们确定什么时候需要下补声、侧向补声、朝内补声等形式的扩声。如果距离比为 1,则很明显就不需要辅助的补声扬声器了。当距离比为 2(6dB)时,

Trap 'n Zoid by 6o6

我们希望通过加倍轴向距离在近场区域产生 6dB 的衰减来进行偏置，这就像我们在覆盖弓看到的一样。在离轴区附近由轴向衰减产生的粉红偏移可以和在远处区域中看到的 HF 空气衰减和房间反射相当。距离比为 4 时，将需要 12dB 的粉红偏移来对两个位置间的差异进行补偿，以获得频谱的最小变化，这需要在延伸的频率范围上有非常强的指向性控制才能实现，这对阵列是个挑战，单只扬声器是根本不可能实现的。随着距离比的提高，扬声器系统必须随之提高全频带上的指向性控制，只有这样才能使频谱变化最小化。

距离比是对覆盖形状的度量。要想解决扬声器系统不对称性产生的高距离比所引发的频谱变化，我们必须在较低平面上增加阵列的单元数量，从而使主轴声音覆盖到近场区。主轴声音的介入增加了近处区域声音混合中非粉红偏移信号的比例，同时阻止了这一区域内混合粉红偏移的

变化趋势。这种数量上的增加提高了局部区域的 HF 范围，同时使局部区域的 LF 影响最小化，并且可以忽略在远处座位产生的影响。最终的结果是降低了频谱变化。

距离比是 2 或更大的覆盖区可以通过增加补声系统来获得利益。辅助的补声系统是处在主系统之下的"分层"上。距离比上的每次整数变化都预示着可通过增加另一分层带来潜在利益。这是以非对称（投射距离上）应对不对称（覆盖形状上）争斗的又一次轮回。

第五节　最小声级变化

最小声级变化的最基本形状可以通过观察透视比矩形来看到。图 6.9 示出了两者的关系。随着覆盖角度的变窄，

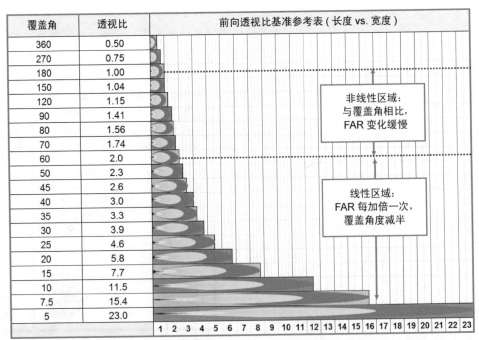

覆盖角	透视比	前向透视比基准参考表（长度 vs. 宽度）
360	0.50	
270	0.75	
180	1.00	
150	1.04	非线性区域：与覆盖角相比，FAR 变化缓慢
120	1.15	
90	1.41	
80	1.56	
70	1.74	
60	2.0	
50	2.3	
45	2.6	线性区域：FAR 每加倍一次，覆盖角度减半
40	3.0	
35	3.3	
30	3.9	
25	4.6	
20	5.8	
15	7.7	
10	11.5	
7.5	15.4	
5	23.0	

图 6.9　典型情况下覆盖角和透视比的关系

矩形被拉长了。假设扬声器的取向关于矩形是对称的，则透视比和覆盖角度就是一样的。可以发现最小变化区域是具体的形状和一条线。具体形状是对称应用的标准，这常常会在水平覆盖中见到，最小声级变化的最佳区域是在矩形的后半部，整体上的变化不能超过 6dB。矩形的前半部变化很大，这是主轴区域的高声级和前方角落的极低声级的结合。从实际应用的角度看，这些区域可以通过相对平面上的取向偏置来回避掉，即垂直方向上抬高扬声器，以便不会有人坐下时脸贴到音箱的正面（如果对此不是很清楚，建议回过头来参考一下第 5 章的 2D 到 3D 的转换部分）。

最小声级变化线的最典型应用就是非对称应用，比如典型的垂直覆盖，从主轴后面延伸到离轴的中点。当我们以最小变化线覆盖垂直平面的同时用最小变化立体形状覆盖水平面时，3D 就表现出最小变化。

单只扬声器

完全对称的形状

既然不是所有的听音区域都是矩形，所以有必要考虑图 6.10 所示的其他基本形状。图中我们可以看到各种左/右（垂直应用就是上/下）和前/后不对称形状，并且可以详细评估其对确定覆盖角度的影响。在每种情况下，中点的长度和宽度是一样的，这表现为相当于矩形的透视比。尽管每种形状的上溢和下溢量是变化的，但是取得最小声级变化的覆盖角度是保持恒定的。

前/后不对称形状

也有些形状是左/右（对于垂直应用就是上/下）对称但前后不对称的。图 6.10 以两个取向示出了这些形状中的三种情况。在所有情况中，我们都是保持轴上长度不

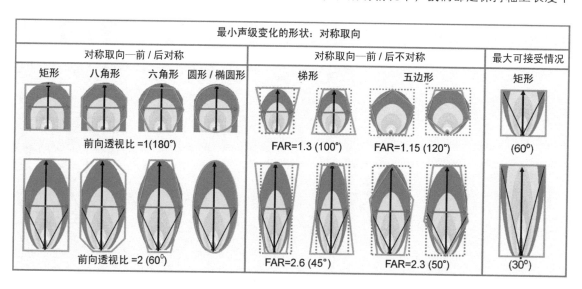

图 6.10　透视比的矩形形状与其他左/右对称形状的比较

业界评论：

1．让扬声器指向观众，墙壁上的辐射没有益处。

2．尝试让所有的频率成分具有同样的声级，并且能同时到达所有的观众。

3．审听——听到的不仅仅是扬声器发出的声音，而且还包括演出直接辐射的声音。

4．越小越好。尤其是当其中的一半是反相的时候。

5．不要在制作人和乐队管理者面前说"平坦"一词。

托马斯·苏黎世（Thomas Züllich）

变，只是每种形状的中点宽度变化。决定透视比的因素是轴上长度和中点的宽度，因此这种情况下的覆盖角度是变化的。形状的细节决定上溢和下溢量，它与长度和中点宽度之比成比例关系。不论形状是较宽的远场，或者反过来，透视比都是一样的。上溢的区域也是相对对称的，但是在此要特别说明的是：主轴取向和声源距离上的差异将意味着这些区域上的响应有很大的不同。在这些形状上部的下溢（或上溢）区域仍然处在覆盖角度之内。大多数情况下，与主轴响应相比大部分可能只有几个 dB 的差异。在底部对应的对称是离轴的，并且距离衰减迅速加倍。因此，对于

这种形状的覆盖不能选用单只扬声器的解决方案。下宽上窄的配置需要一个主系统（如图 6.10 所示）和填充余下的形状的两个侧补声系统。

左 / 右和前 / 后不对称

当形状与扬声器的左 / 右（垂直应用为上 / 下）有不同的取向时，就产生另一种形式的非对称。当声源偏离中心的原始点是对着对称的形状，或者中心原始点对着非对称形状时，就会出现这种形式的不对称。图 6.11 示出了这种情况。维持最小声级变化的关键是用对称来匹配对称，

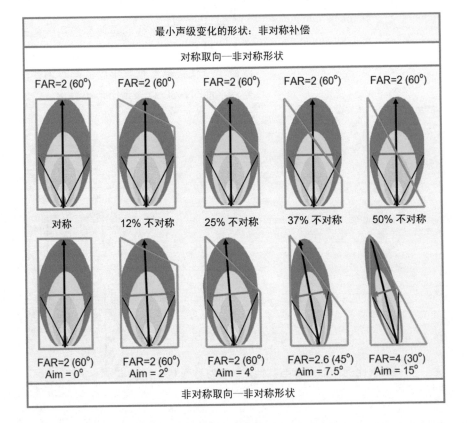

图 6.11　对称取向到非对称形状的补偿

或者利用互补的非对称来补偿非对称。处于矩形角落的扬声器必须对准对面的角落，只有这样才能维持对称的平衡。

最大可接受变化法

另一种决定覆盖角度的方法是最大可接受变化法，该方法力求找到听音区边缘的 -6dB 点对应的覆盖角度。将它与取决于覆盖区域形状的最小变化法进行比较。两种方法的差异程度从 2∶1 到根本没有。其中决定性的差异就是宽度。最大可接受变化法采用端点宽度作为对比的基准点，而最小变化法则是采用中点宽度作为基准点。在对称形状中，这一变化将覆盖角度降低了一半，如图 6.10 所示。这种角度降低的结果就是中点两侧区域存在 6dB 的变化。这与最小变化方法的 0dB 差形成对照。如果形状的侧面边缘刚好处在边界表面，那么通过降低反射的声级就考虑这一不利因素。因此我们要记住这两种方法，掌握它们所体现出的适合工作的最小覆盖角。虽然最小变化法是一种不错的方法，但是其由反射导致的波纹起伏变化一定会比由角度降低导致的声级变化严重。图 6.13 示出了在 4 种非对称样本中的方法对比。

在扬声器覆盖的水平面上，我们力图用声场去填满开放的空间。这些通过之前所示图形中的开放形状表示出来。在垂直面上，我们将声音线置于一固体表面上。其结果是垂直覆盖基本上都是非对称的，几乎没有例外的情况，我们可利用的扬声器覆盖型也不到一半。虽然透视比仍然是评估覆盖的关键参量，但是我们还是要变换方法以适应垂直面的主要几何表现：直角。由于三角形最适合我们的第二重要的感知器官：眼睛，所以它是用于垂直覆盖的基本形状。观众区域是处在直角三角形的斜边附近，这样可以看到演员的表演，为扬声器的覆盖透视提供了一个三角形的形状。对于那些观众从平地观看演出的应用场合，我们必须要牢记：扬声器要抬到足够的高度，只有这样才能产生同样的透视。读者要想再现这种平地的情形，可以将这本书逐渐倾斜，直到达到所要的效果为止。我们所关心的是什么时候落下的覆盖线在与边界表面（直角三角形的斜边）相接触点呈现出最小变化声级的形状。长宽比的长度可以通过将扬声器的取向对准最远点（如之前所作的那样）来确定；宽度可以用与之前同样的方法找到：从长度中间位置绘一条线至覆盖的底部，同时对称向上延伸。这里有三个基本变量在起作用，为了更好地说明问题，我们还是将其视为孤立的变量看待。首先就是长度和宽度，如图 6.12 所示。随着我们从覆盖形状的起点向前移动，对于给定高度下的长宽比将提高。到最后座位的长度和中间点的高度构成了长宽比。这并不意味着观众满场或只占据覆盖区一半的长度时是没有差异的。透视比是由到上部坐席与到下部坐席的距离差形成的。当观众坐满近处的区域时，透视比升高。对于 2∶1 以上的透视比而言，单只扬声器的解决方案就不再是最理想的了，这时需要采用向下补声的扬声器，但主扬声器的覆盖形状还是保持不变。

相对于形状的取向

第三个因素就是声源与边界表面的角度取向。在一定距离上对于给定形状的覆盖角度要求随着取向角度的变化，长宽比也要发生变化。图 6.12 和图 6.13 示出了这些典型的情况。

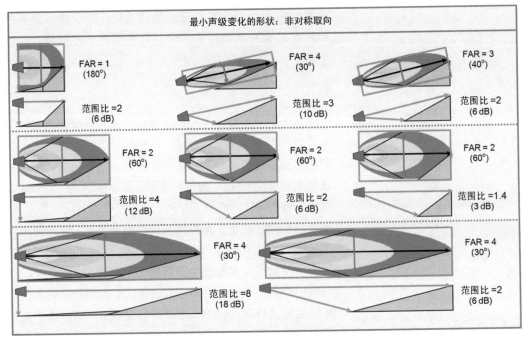

图 6.12　非对称取向到对称形状的补偿

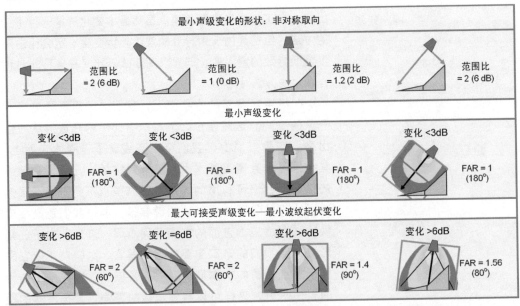

图 6.13　非对称取向到非对称形状的附加补偿

业界评论：如果我能在房间的每一个座位上获得平坦的幅频和相频响应，那么我就可以解甲归田了，因为已经实现我毕生追求的目标了。

佛瑞德·吉尔平（Fred Gilpin）

业界评论：对于调音的艺术家来说，能从一个空白的调色板开展工作真是个幸事（从本质上来看，这可以让你进行广泛意义下的优化），这可以让房间的声音清晰。

乔治·道格拉斯（George Douglas）

第六节　总结

- 我们已经对单只扬声器的响应作了特性化的描述，并且发现 FAR 的矩形形状是对最小变化的形状的最佳表达
- 对于对称应用而言，打算的覆盖形状和扬声器可以通过距离透视比匹配起来
- 随着 FAR 的提高，覆盖角度变窄

- 对于非对称应用而言，扬声器的取向必须进行非对称补偿
- 随着非对称（距离比）的增大，扬声器取向的不对称必须进一步增大。当距离比达到 2:1 时，扬声器将对准覆盖的最远点，并且只有一半的覆盖型落入覆盖区
- 当距离比超过 2:1 时，需要使用另外的补声扬声器

第 7 章

组合

combination 名 词: 1. 结合，联合；结合的状态；一些事情或人的结合。2. 联合作用。

摘自简明牛津词典

第一节 引言

在第 6 章中我们从最小变化的角度研究了单只扬声器的特性。矩形的透视比形状被作为最典型的情况加以描述，并且它是下一阶段基础：多只扬声器形成的阵列组合。在这一章当中，我们将最小变化特性的范围扩展到空间和频谱上，而不局限于单只扬声器的响应上。我们将会看到，组合的响应就是各个组成部分的响应的叠加，因此我们花费大量时间探讨的单只扬声器覆盖形状还是非常值得的。在开始之前，我们先考虑一个简单的问题：如果将两只扬声器组成一个阵列，那么其组合后的覆盖角是多大呢？这个问题的答案并不是非常简单，如图 7.1 所示。虽然组合的角度是由各个单独的辐射型开始的，但是最终的结果可能是只是原来一半的宽度，也可能是原来两倍的宽度。辐射型是由决定因素——重叠百分比来确定其到底是倍增还是倍减。重叠的控制主要有两种形式：角度形式和位移形式。当存在多个声源时，我们可以通过将其指向不同的方向（角度）来将其隔离开来，也可以通过拉开间距（位移）来产生隔离，或者同时采用两种方法进行隔离。当重叠程度低时，单元将更多地保持其各自的特性，即便是混合，其产生的覆盖形状也有别于通常的组合阵列；当重叠程度高时，各个单元的特点就消失了，而是混合成一种组合的覆盖形状，我们可以将其视为是一个新的且不同的单只扬声器。组合的阵列具有不同于组成阵列的各个单元各自特性的特点，这一特性会随空间和频率的变化而产生很大的变化。虽然覆盖形状是独特的，但是并不是随机的，而是可以了解、预测和优化的。重叠是构成覆盖形状的工具。我们可以通过倾角、间距和相对声级来控制组合后的覆盖形状。如果没有重叠，就不存在功率的叠加。没有重叠也就不存在组合的问题。这就是所谓的阴阳之道。我们就是要掌握和了解这种强大的力量。

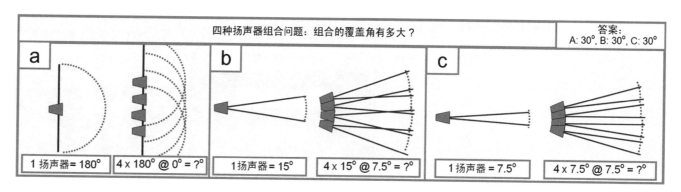

图 7.1　组合的问题

7.1.1　耦合的扬声器阵列

接下来我们将介绍一系列不同的阵列的情况。并以图示的方式表示各个扬声器覆盖形状是如何组合到各种阵列上的。在图形中，我们将以长宽比图标的形式对各个起作用的单元的特性进行直观的比较。这些图标都以匹配配置的形式安排在组合阵列的预测图形边上。通过比较可以直观地分解组合的预测响应，并且观察每个单元所扮演的角色。当隔离区叠加占主导时，图标与组合预测紧密地匹配。当发生耦合区叠加时，组合的覆盖形状将会以真实且一致的方式发生变化，图标将不能表示各个辐射瓣了，而只是表示出组合形状的主要轮廓。尽管存在着这些局限性，但我们还是可以从图标表现方式中获得很多的信息。最重要的是，我们从中会看到各个单元的覆盖形状、间距、相对声级和每个单元的倾角等因素在组合响应中所扮演的特殊角色。

7.1.1.1　耦合线阵列

我们将以两个耦合线声源阵列为例开始进行比较，如图 7.2 所示。由于不存在角度隔离且具有最小的间距，所以耦合线声源从本质上讲是 100% 的重叠。我们从 3 阶系

统开始讨论，它表现出的是耦合区叠加。长宽比图标是覆盖在垂直线上的，它在具有与单个的单元同样的组合覆盖角的基础上建立起声源被展宽了的视觉印象。如果单元近似被隔离，则会发生这种角度响应。100% 重叠的实际组合特性建立起比单个单元更窄的耦合波束。由于重叠型的连续还没有从顶部的单元到达底部单元，所以所示的组合响应并没有完全进入到覆盖角之内。在距离因素被跳过之前，覆盖范围还是用其宽度（米、英尺等单位）来定义的，而不是用角度来定义的。在这一领域中，覆盖的宽度近似等于线的长度。从这一点来看，我们可以看出距离比方法的局限性：我们的描述不能准确体现出耦合区叠加的重叠波束特性。

2 阶系统的组合响应的覆盖角度表示出它与各个单元的响应图标有很强的相关性。大波长间距和宽的单元覆盖型阻碍了耦合区的叠加。这种阵列并不是像 3 阶系统那样将高频会聚成集中的波束。因此导致在组合响应中存在高的波纹起伏变化（梳状响应区叠加），这在距离比图标中表现出来。过高的波纹起伏变化使得我们在此进行的有关最小声级和频谱变化的研究只是局限于理论层面。

在左边的图板中，距离比图标不能结合到重叠扬声器

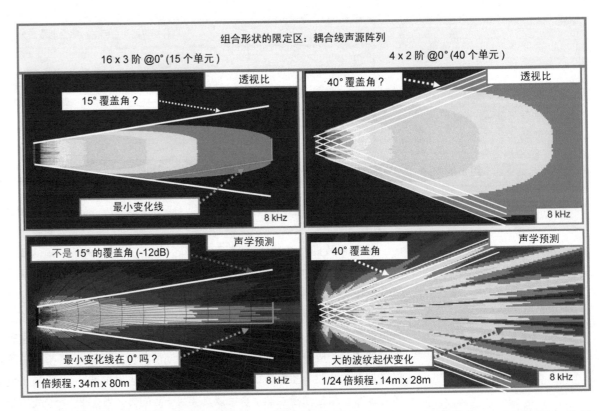

组合形状的限定区：耦合线声源阵列

16 x 3 阶 @0°（15 个单元）　　　　　　　4 x 2 阶 @0°（40 个单元）

透视比　　15° 覆盖角？　　最小变化线　　8 kHz

40° 覆盖角？　透视比　　8 kHz

声学预测　　不是 15° 的覆盖角 (-12dB)　　最小变化线在 0° 吗？　　1 倍频程，34m x 80m　　8 kHz

声学预测　　40° 覆盖角　　大的波纹起伏变化　　1/24 倍频程，14m x 28m　　8 kHz

图 7.2　对于对称耦合的线声源阵列的最小声级变化形状，它表示出了组合响应特点的局限性。波束集中和组合响应的波纹起伏变化并没有用简单的图标表示出来。左图：具有 0° 倾角和恒定声级的 16 个单元的 3 阶扬声器阵列。右图：具有 0° 倾角和恒定声级的 4 个单元的 2 阶扬声器阵列

的耦合特性当中。在右边的图板中，图标也不能用于分析重叠扬声器的梳状响应特性。在这两种情况中，图标中相位信息的缺失是罪魁祸首。梳状响应区相位相互作用的复杂性确定了图标决不会给出完全准确的评估。另一方面，耦合区中相位响应的简单特性则为我们给出了另外一个研究问题的角度。

人们常常声称扬声器阵列可以进行组合，使其就像一个扬声器一样。虽然这是可以实现的，但却要满足如下的条件：彼此靠近的耦合声源要 100% 的重叠。新得到的扬声器与构成它的单元不同。单元的数目每加倍一次，覆盖

的形状的宽度减小一半（2 x 单元数 = 2 x FAR）。增加的扬声器使得矩形 FAR 的形状变得更长，而不是更宽。

取而代之的是将长宽比图标并排地堆置在一起（像实际的扬声器那样），我们尝试将它们首尾相接地堆置在一起（像扬声器指向型形状那样）。完全耦合线声源的组合形状可以视为是利用 FAR 形状简单相加方法的前向延伸。这一关系如图 7.3 所示，其中连续的数量加倍使得 FAR 倍增。单一的 180°（FAR=1）单元提供了基本的形状。每次将一只扬声器增加到耦合线声源时，组合的形状都会而变窄，其数量相当于在扬声器的前方增加另一个 FAR 图标。每

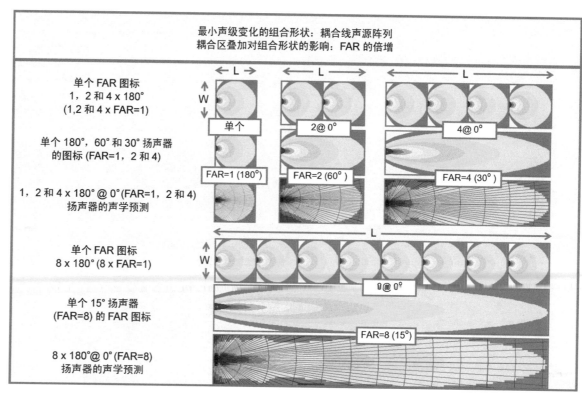

最小声级变化的组合形状：耦合线声源阵列
耦合区叠加对组合形状的影响：FAR 的倍增

单个 FAR 图标
1，2 和 4 x 180°
(1,2 和 4 x FAR=1)

单个 180°、60° 和 30° 扬声器
的图标 (FAR=1，2 和 4)

1，2 和 4 x 180° @ 0°(FAR=1，2 和 4)
扬声器的声学预测

单个 FAR 图标
8 x 180°(8 x FAR=1)

单个 15° 扬声器
(FAR=8) 的 FAR 图标

8 x 180° @ 0°(FAR=8)
扬声器的声学预测

单个
2@ 0°
4@ 0°
FAR=1 (180°)
FAR=2 (60°)
FAR=4 (30°)
8@ 0°
FAR=8 (15°)

图 7.3 数量对对称完全耦合线声源阵列综合距离比的影响，单元沿着宽度方向摆放。在本例中，每个单元均有 180° 指向性图形。数量的持续加倍导致长宽比也随之加倍。综合的距离比匹配前向线阵列中各个单元距离比的形状。这是一致的吗？

次单元数量加倍时，FAR 也加倍，并且轴上功率能力增大6dB。在每种情况（2、4 和 8 个箱体）中我们会看到 3 种描述形式：各个单元朝前放置，等效的单只扬声器的组合FAR 图标，以及对给定单元数量的组合声学预测。注：除非阵列是真正耦合的，否则不会发生这种影响；即所有单元的覆盖型都是重叠的。将多个单元整合处理成一个组合的"单只"扬声器的情形如图 7.4 所示。从该图中我们看到由一对扬声器到三只扬声器时的声级叠加。一旦所有单元都重叠，那么覆盖角就被确定，且它会以和相当的单只扬声器同样的覆盖形状向前持续延伸。达到真正耦合（和

恒定的角度形状）的组合步阶的数目会随着每次单元数的增加而增加。要牢记的是，耦合阵列中单元彼此都是处在一个波长之内的，而非耦合阵列则是相距多个波长。波长间距必须足够小才能产生 FAR 倍增情况下的波束集中。如果不是这样的话，我们将得到梳状响应。

7.1.1.2 耦合点声源

角度隔离的加大使得单一距离比与组合形状间的关系复杂化了。虽然叠加不再是专门的耦合区波束集中，而是还有隔离区波束的扩展。组合的形状表示为以度为单位的

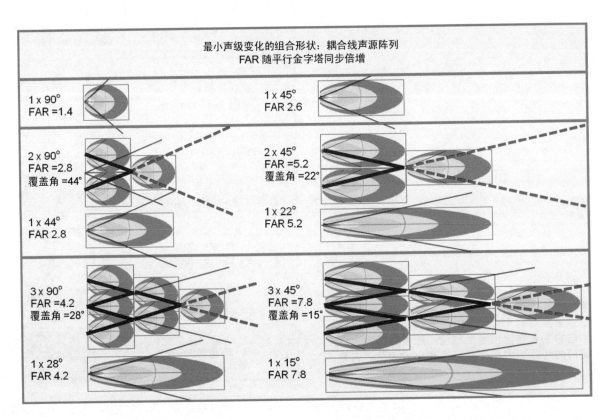

最小声级变化的组合形状：耦合线声源阵列
FAR 随平行金字塔同步倍增

1 x 90°
FAR =1.4

1 x 45°
FAR 2.6

2 x 90°
FAR =2.8
覆盖角 =44°

2 x 45°
FAR =5.2
覆盖角 =22°

1 x 44°
FAR 2.8

1 x 22°
FAR 5.2

3 x 90°
FAR =4.2
覆盖角 =28°

3 x 45°
FAR =7.8
覆盖角 =15°

1 x 28°
FAR 4.2

1 x 15°
FAR 7.8

图 7.4　耦合线声源的组合覆盖形状。只要在平行
金字塔的顶部形成真正的阵列，那么就能得到组
合的覆盖角度。

覆盖角度，而不是矩形的长宽比。现在最小声级变化形状
是个弧形。我们的匹萨终于取得了。

　　耦合点声源以辐射状进行能量扩散（如图 7.5 所示）。
单独的长宽比矩形沿弧线展开，就像扇形展开的扑克牌。
如果采用单位倾角，那么间隙将被共享的能量和所建立起
的最小声级变化辐射线填充。这条线与最外侧单元的主轴
中心连接。在最后一个单元之外，最大可接受变化线仍然
延续，直到到达 -6dB 点为止。对于给定的跨越最小变化角
度的阵列可以由少量的宽覆盖单元，或大量的窄覆盖单元

构成。与外侧边缘构成的最大可接受变化范围相比，后者
将会在最小变化线内建立起较高的覆盖比。

　　在上面的情况中（如图 7.5 所示），有许多值得关注的
问题并没有马上显现出来。第一个要关注的问题就是最小
变化线（0dB）与最大可接受变化线（0dB ～ 6dB）间的差异。
图中右上部分表示的是一个 180° 的扬声器，并且有一个
标准的正方形长宽比形状。最大可接受变化辐射线的跨度
为 180°，并且 0dB 的辐射线跨越 0°。为什么会这样呢？
因为在中心画出的辐射弧显示出了偏离主轴到 -6dB 点声

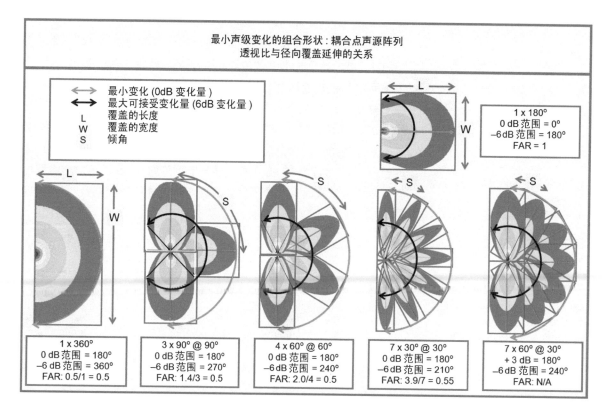

图 7.5　数量对对称耦合点声源阵列组合距离比的影响

级下降的情况。为了对比，我们考察一下在图的左下部显示的 360° 覆盖型。由于有一半的能量是向前辐射，同时前进到组合的两侧，所以这一覆盖型的前向长宽比为 0.5。这一扬声器在 0dB 线有 180° 的跨度，在 0dB ～ -6dB 线有 360° 的跨度。下面我们将考察组合的阵列，并将其与两个单独的扬声器进行比较和对比。在 4 种情况下的每一种，虽然组合的最小变化线的跨度都是 180°，但是最大可接受变化却因阵列的不同而有变化，最外面单元的朝外的一半将这条线延伸到 0dB 线之外，直至达到 -6dB 为止。两个跨度之间的差异就是一个单元的总的覆盖角度。这里要

掌握的内容就是大量的较窄单元构成的阵列较小量的较宽单元构成的阵列的边缘更加尖锐。边缘揭示了最小变化和最大可接受变化间的差异。如果我们想要 0dB 声级变化的 180° 的跨度，则我们必须建立起一个最外侧单元主轴点间有 180° 跨度的阵列。如果我们关心的是泄漏，那么就要找到保持单一单元窄覆盖的优点。对最后一种情况还要另加说明，这就是表现出来的单元重叠。虽然重叠将会增加阵列前方的功率能力，同时导致波纹起伏变化的增大，但是不会改变最小变化和最大可接受变化跨度的比值。

第二个值得注意的特性是单独的和组合的长宽比之间

的关系。共有两个因素使得组合 FAR 在这些阵列中表现的并不典型：朝后延伸的覆盖和重叠。

这里给出的 4 种阵列的组合长宽比都定在 0.5 左右，这是 360° 单一单元的 FAR 数值。这并不是同时发生的。多个单元的辐射扩散建立起一个等声级弧，这一弧和 360° 单一单元中看到的形状是一样的。对称耦合点声源本质上是 360° 形状得以重建的部分。虽然形状被填充的程度是基于单一的单元、倾角和数量，但是一旦我们超过了 0dB 覆盖的 180°，则 FAR 就不能够进一步下降到其 0.5 之下。当发生角度重叠时，组合形状的表现与耦合线声源和耦合

点声源间有些东西是一样的。当重叠超过 50% 时，覆盖型变窄，并向前延伸。当重叠小于 50% 时，覆盖型以弧形延伸。这一问题是这一章讨论的重要话题。

1. 对称耦合点声源

对称耦合点声源产生一个从虚拟点声源向外辐射的等声级曲线。这是阵列类型的最直观表现。只要梳状响应区相互作用的程度低，那么组合响应与单一单元的长宽比覆盖型径向扩展有很强的相似性（如图 7.6 所示）。虽然随着重叠百分比的提高，潜在的差异性会逐渐提高，但是如果

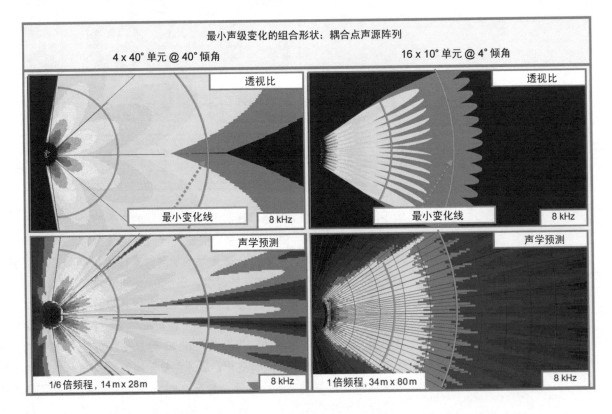

图 7.6　针对对称耦合点声源阵列的最小声级变化形状。左图：恒定的扬声器阶次、单位倾角和恒定的声级；右图：恒定的扬声器阶次、60% 交叠覆盖倾角和恒定声级

扬声器紧密耦合的话，这种差异还是会比较容易接受的。图中的左部示出了一个具有最小重叠的 2 阶阵列，描述的差异只是体现在靠近交叠过渡附近的梳状响应区。图的右半部示出的是一个重叠大于 50% 的大型 3 阶阵列。由于紧密耦合的扬声器具有最小的波纹起伏变化，所以描述还是非常一致的。

2. 非对称耦合点声源

非对称耦合点声源可以通过向不同的单元馈送不同的

电平的方法来实现。它能创建出椭圆或对角的等声级线，其倾斜的程度可以通过相对电平来调整。为了能通过长宽比图标来观察这种情形，我们将利用其可度量的特点。尽管扬声器的覆盖角并不随声级的下降而变化，但是其覆盖的形状确实会变得更小。其差异如图 7.7 所示，图中我们示出了覆盖角度和可度量图标。6dB 的衰减将图标的大小减小一半，同时保留其尺寸上的比例。这便允许我们观察到电平可调的扬声器在其中所扮演的角色。图 7.8 所示的是非对称点声源的一个例子。要注意的是，在 "b" 图中的

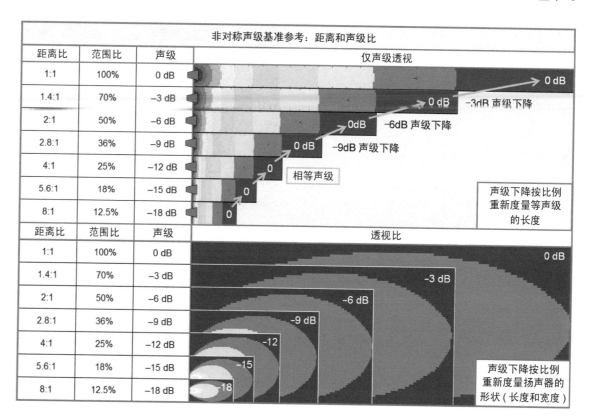

图 7.7　具有匹配的初始点的声源电平和间距，其中包括了长宽比的比例缩放

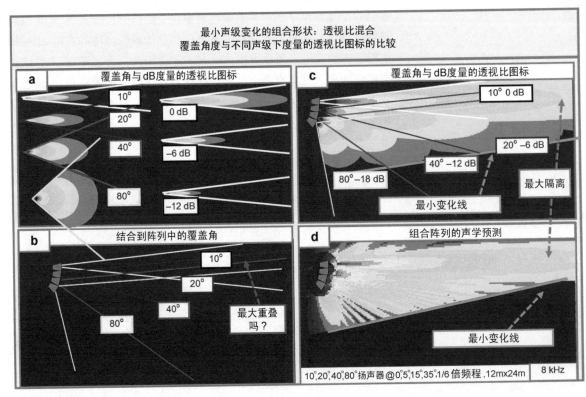

最小声级变化的组合形状：透视比混合
覆盖角度与不同声级下度量的透视比图标的比较

a 覆盖角与 dB 度量的透视比图标

10°
20°
40°
80°

0 dB
−6 dB
−12 dB

b 结合到阵列中的覆盖角

10°
20°
40°
80°

最大重叠吗？

c 覆盖角与 dB 度量的透视比图标

10° 0 dB
20° −6 dB
40° −12 dB
80° −18 dB

最小变化线
最大隔离

d 组合阵列的声学预测

最小变化线

10°,20°,40°,80°扬声器 @0°,5°,15°,35°,1/6 倍频程 ,12mx24m

8 kHz

图 7.8　在各自和组合的覆盖形状中，含有电平因素的长宽比图标缩放

10° 扬声器主轴上，阵列配置具有大的重叠覆盖角。只要电平是影响因素时，我们将看到相反的情况，结论也是建立的：这是实际是最大隔离区，通过比例缩放的 FAR 图标和组合的预测，可以清楚地这一点显现出来。

图 7.9 以两种情形示出了用来创建非对称点声源阵列方法。图的左侧部分表示的是匹配单元中对数电平递减和恒定倾角（50% 重叠）的情况。这种阵列是将每个后续单元的主轴点对准其之上单元的 −6dB 点。每一层递减 −6dB，使得（−6dB）+（−6dB）的交汇点处在每个下一层扬声器的前方。这种部分重叠混合配合声级递减的技术被我们称

之为"分层法"，它是针对最小变化的非对称耦合点声源阵列的基础构件模块。在这种情况下，采用的层间隔离最大量为 −6dB。结果是产生继续保持与距离不确定关系的最小变化弯曲部分。图的右半部分表示的是相同原理应用于非匹配单元的情况。在这种情况下，单元加倍每层单元的覆盖角。虽然再次使用了分层技术，但是每层采用更大的倾角隔离，以保持主轴目标点对准上面单元层的 −6dB 边缘。其结果就是等声级的斜线。这种差异是改变倾角和覆盖角的互补非对称的结果。

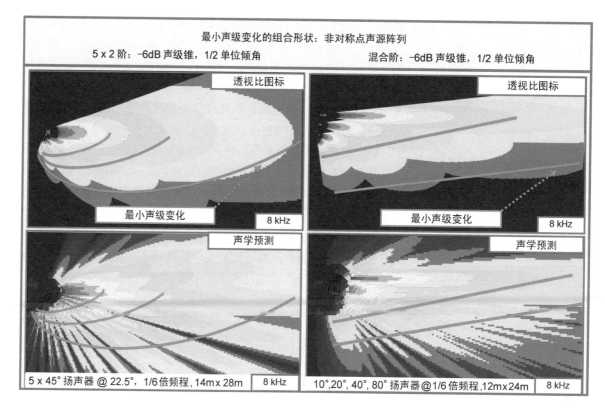

图 7.9 针对非对称耦合点声源阵列的最小声级变化形状。左图：恒定的扬声器阶次、单位倾角和逐渐减小的电平；右图：混合的扬声器阶次、倾角逐渐减小，以提供恒定的重叠比和递减的电平。

7.1.2 非耦合扬声器阵列

当考虑如何控制空间宽度而非深度时，前向长宽比方法对于设计方案的好处显得更为清晰。一旦越过前向覆盖的 180°，如果不向后移动，就不能再宽了。虽然 360°的覆盖确实让我们获得 2 倍于 180°的覆盖（由于有一半的能量向前辐射，所以 360°的 FAR 是 0.5），但是向后辐射的能量产生了严重的问题。如果形状的深度和宽度一样也是 2 倍多的话，那么会怎样呢？ 370°？ 720°？ 处理覆盖形状的最佳方法就是采用多个声源，即非耦合阵列，使宽度大于深度。

7.1.2.1 非耦合线声源

1. 对称非耦合线声源

可以看到，通过长宽比形状并排放置的方法非耦合线声源的组合覆盖形状向侧向扩展。当声源不再延长时，组合的长宽比会变得更宽，因此它具有较低的 FAR 数值。将单个单元的 FAR 除以单元的数目就可以得到组合的 FAR。图 7.10 所示的是单个 360°单元的例子，它具有基本的长宽比形状。其长宽比为 0.5，这是单个单元可能的最低值。从左至右依次进行的单元数量的加倍，每个合计结果具有近似一样的组合 FAR。在每种情况中，覆盖角度和间距随着数量的增加而成比例地减小，因此保持组合的形状不变。

在覆盖长度的中点，我们发现最小变化线通过相邻单元的空间交叠过渡连接起每个单元的主轴点。这条线延长了最外侧单元的主轴点，然后跌落到最大可接受变化点，−6dB。尽管非耦合阵列不能具备组合覆盖角的特点，但还是具备一个确定的空间覆盖性状。在我们所举的例子中，组合覆盖充满的形状是与单只的 360° 扬声器一样的，并且随着匹萨块的变小，它所填充的矩形块更大。相对的放射形阵列有 360° 的限定，非耦合线声源覆盖可以延伸至你所提供的最远距离。

很自然的是，在这个结合点上要考虑如何让耦合与非耦合线声源阵列提供这种不同的响应。在耦合的类型中，

透视比拓展了其长度，而非耦合的类型拓展的是其宽度。其差异归因于其在平行金字塔中的位置。完全耦合的响应是金字塔的顶部，而完全非耦合的响应是金字塔的底部。在现实中，非耦合阵列是等待发生的简化耦合阵列，只要我们靠得足够近，保持处在耦合区，同时对梳状响应区进行清晰的控制（回想图 7.2 所示的情况，其中 3 阶扬声器为耦合，而那时的 2 阶扬声器为梳状响应）。为了让所有的单元发生重叠，我们必须前移足够远，使阵列在那些点上为"耦合"，并能用覆盖角对其进行描述。相反，耦合阵列是已经被冻结了的非耦合阵列。即便是可实现的最小阵列在其近场区也存在有一些我们还没有发现的单位型交叠过渡点。在那些点上是非耦合的。关键因素是波长和距离。

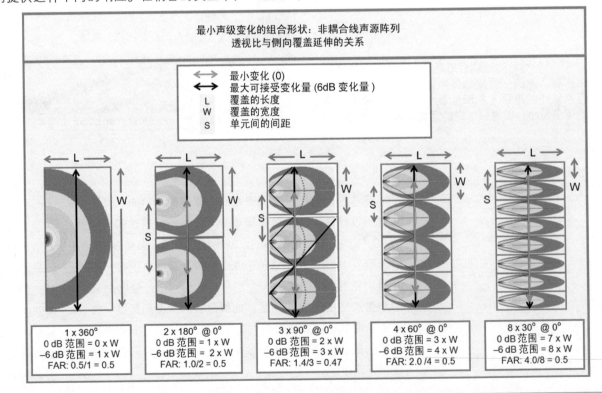

图 7.10 针对对称非耦合线声源阵列的最小声级变化形状。非耦合线声源的组合透视比与位于两侧线的单个单元的透视比的形状匹配。应注意的是，它与图 7.3 所示的耦合线声源的对比

由耦合到非耦合的转变点取决于波长（同样也是取决于频率的）。之所以要准确地进行区分有如下几个原因。第一，平行金字塔的底部两个非耦合层是处在我们设计要使用的最小变化形状当中的。第二，这两个领域间的过渡区是现代扬声器阵列设计中了解的是分不清楚的地方。长的、耦合线声源阵列和混合式的"J形"阵列一般是针对具有大听音区的空间设计的，这一听音区中的非耦合和耦合之间的区域具有不稳定和变化的空间特点。在隔离区扩散（在底部）和耦合区波束集中（在顶部）的反作用力之间转换过程中阵列的表现是非常具有挑战性的特点。在这一过渡区中，阵列不能通过恒定的宽度或角度来定义。如果一个阵列不能被定义，那么我们获得最小变化的校准方案的概

率就很小了。有关该区域具有困难的任何疑惑可以通过查阅各个线阵列系统的生产厂家公布的设计数据中得到一定的解释。那些期望得到有关"覆盖角度是多大？"问题的清晰且直观答案的想法是不太切合实际的。

在我们进行进一步讨论之前，先回过头来看一下图 7.2 中的左图。透视比与预测的响应不匹配是因为我们采用了非耦合的方法（展开图标），而不是采用了耦合的方法（堆叠图标）。同时，预测的响应是针对向金字塔上部前进的过程的。

确定这种阵列的最小变化限制是件简单的事情，因为它直接与透视比相关，如图 7.11 所示。最小变化覆盖区开始于长宽比长度（单位线，其中覆盖角交汇且缝隙封闭）

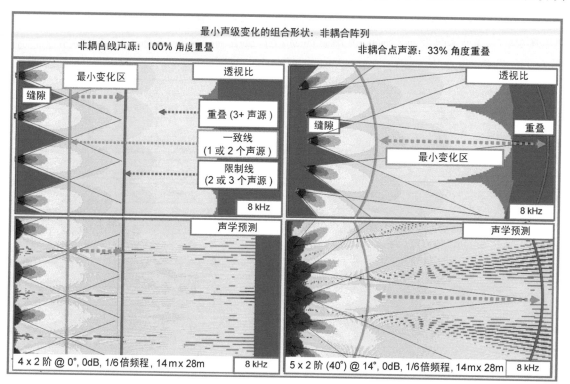

图 7.11　针对对称的非耦合线声源阵列和点声源阵列的最小声级变化形状。左图：4 个单元构成的 2 阶扬声器阵列，具有 0° 倾角，原始线匹配，恒定的侧向间距和电平。右图：5 个单元构成的 2 阶扬声器阵列，具有 14° 倾角，恒定的侧向间距和电平。应注意最小变化区的深度上的延伸

的 50% 点位置，其终点是 100% 点的位置（限制线，其中我们开始在听音者处得到三个到达者）。在限制线之外，听音者将会有三个或更多的声音到达，从而导致高的波纹起伏变化产生。有关的参考图表会在稍后的第 9 章给出。

2. 非对称非耦合线声源

如果声级、位置和取向经过仔细的调整，那么利用非耦合声源可以在有限的区域获得非对称的最小声级变化扩展。所采用的原理之一就是偏置效果，在这种情况下，就是相关的距离衰减和电子增益。考虑到其中的非平等竞争，如果它们共享同样的开始点，那么就可以确定结果。越快的一方将会领先并决不会放弃，在给定的时间里它们会按比例多走一定的距离。下面考虑如果开始点是摇摆变化的，并且使慢的一方按比例提前开始，看看到底会发生什么情况。可以肯定的是最终的胜利者应该是最快的选手，至少最终是这样的。在竞赛刚开始时，最慢的选手是领先的。在某一时刻每位选手并驾齐驱，之前的差距被补偿了。从这一刻比赛重新开始，最快的选手又开始跑在前头。

以不同的驱动电平驱动的声源也是如此相互作用的。较响的声源总是胜利者。如果我们打算让较响扬声器原点前方的任何位置以相等的电平驱动，那么必须将较弱扬声器向前移动声级差所对应的距离。声级和距离差的关系示于图 7.12 中。

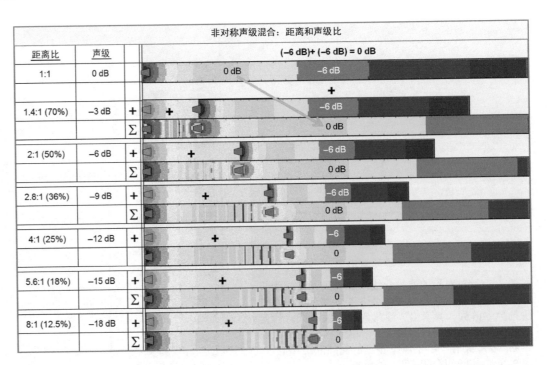

图 7.12　原始点不匹配，包含叠加声级的声源的声级和距离之比

　　图 7.13 示出了距离和声级差的两个例子。这些只是对这一处理的图示，而非特定的实际应用。源自这一系列的每幅图都包含了关于长宽比的各自响应，以及其组合的预测响应。这使我们可以从更深层次来研究每一单元在所建立的组合响应中扮演的角色。大部分最小变化区域中保持恒定的特征之一就是单元各自的响应形状仍然能够看出。这是该系列都遵循的原则。第 1 种情况显示的是对数间距扬声器系列，同时其声级也是对数递减的。其中的对数间距意味着到每一扬声器的距离，都是到相邻的前一扬声器距离的一半，当然声级也是一半（−6dB）。一旦到达并越过单位交叠过渡点，我们就能看到等声级线，并摆脱较响扬声器的控制。由于间距和声级递减是按照同一比率变化的，

所以角度维持恒定。如果声级递减率和间距并不是互补的，那么产生的等声级线就弯曲成曲线。我们之前已经看到是如何利用非耦合线声源阵列（如图 7.11 所示）建立直线形等声级线的。另外一种建立直线形等声级线的方法示于图 7.13 的另一种情况中。这种方法采用了参差阵列单元的原始点和递减声级的方案。这里我们再次采用了对数间距和对数声级递减的方法，只不过这次间距变化是向前的。在单位交叠过渡线（垂直线）上所有的声级都是匹配的。由于起点被参差处理了，所以每一声源加倍的距离都是不同的。随着扬声器快速地来到一起，等声级线成为了直线，之后等声级线开始向长距离投射扬声器一侧倾斜。与所有的非耦合阵列一样，这两种情形只能是在有限的区域内保

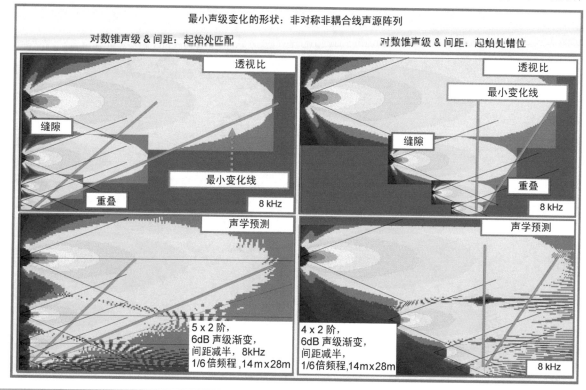

图 7.13　针对非对称非耦合线声源阵列的最小声级变化形状。左图：5 个单元的 2 阶扬声器阵列，0° 倾角、与原始线源匹配、对数侧间距和对数递减的声级；右图：4 个单元的 2 阶扬声器阵列，0° 倾角、对数变化原始线源、对数侧间距和对数递减的声级

持。响应包含了单位范围的缝隙区域，单位范围处在长距离投射的扬声器主宰的声场之外。

7.1.2.2 非耦合点声源

非耦合线声源在单位线和限制线深度之间存在 2:1 的比值。非耦合点声源增大了角度隔离，这样就有可能将可用范围扩展到更远的距离。虽然角度隔离可以将最小变化区域向外移动一些，但是它将限制线向外推得更多。这是由于限制线起于三个单元重叠之时，因此对于三个单元而言，每对单元之间每一度的角度隔离都会产生两倍的变化。基于这一原因，非耦合点声源常常是最好的选择。针

对非耦合线声源和点声源最小变化的起始和终止点的计算参考表可以参见第 9 章内容。

7.1.2.3 非耦合点目标源

最小声级变化给非耦合点目标源阵列带来的挑战相对而言是最大的。图 7.14 所示的是两种典型的应用。其中图的左部显示的是对称的形式，由于重叠和位置导致的高波纹起伏变化，所以它完全不能实现最小声级变化。因为角度偏差是降低而非提高了隔离，所以低变化范围是对称非耦合类型中最小的。大部分组合的区域是恒定声级的区域，在这一区域中，系统还没有发生组合：还是隔离区。简言

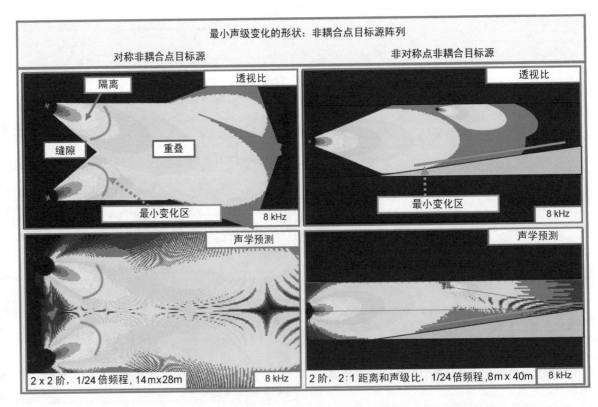

图 7.14 针对非耦合目标点声源阵列的最小声级变化形状。左图：对称方式；右图：非对称方式

之，虽然这种阵列不能当作阵列来使用，但是还是可以当成是两个单独的响应，其可利用的区域位于单一单元和重叠区之间。这种阵列类型在实际应用中被当作内补声阵列使用，早期被用来对中间座位区进行水平覆盖。

图的右部显示的是非对称的形式，它用于"延时扬声器"的垂直面覆盖。假设系统是同步的，那么我们可以观察到延时扬声器所带来的前向范围的延伸。组合声级降低了距离衰减的比率，因而建立起对应单元主轴的等声级线。这是不借助距离和轴向衰减率的偏差影响实现声级延伸的唯一方法。当将这些因素组合在一起，衰减率可以降低到实用的最小量。这里显示的就是这种情况，其中主轴响应相汇，声级提高了 6dB。在交汇点之前的位置是相对两个单元较近且离轴较远的点，因而会产生溢出。等声级线的范围与之前讨论的非对称非耦合线声源的距离 / 声级比有关。

第二节　组合系统的频谱变化

下面我们对混合 / 变化公式中第三个变化因素（频率）进行讨论。之前我们已经了解了空间中声级变化和最小化的问题。最后一片比萨饼就是扩展不同频率上的声级最小变化区域。由于前两个因素是随频率变化的，所以其影响将与和这第三个因素有着密切的关系。这使我们的工作复杂程度增加了 600 层。

7.2.1　透视比、波束宽度和扬声器阶次间的关系

所有关于覆盖的技术指标都必须限定频率范围。在第 1 章就介绍的波束宽度参量（覆盖角度与频率的关系）如

今就到了使用它的时候了。例如：双扬声器模型被指定为 30° 位置上。其中一只扬声器在 4kHz ～ 16kHz 的范围上保持 30° 恒定不变，另外一只可以从 60° 到 15° 间变化，但是在关注的 3 个倍频程上平均的角度还是 30° 。作为单一单元和阵列看待时，这两只 30° 的扬声器将给出完全不同的结果。透视比是由覆盖角度得来的，所以 FAR 与频率的关系可以从波束宽度得到。这一转换为我们提供了不同频率下的覆盖形状。由于房间的形状并不会随频率而变化，所以我们要让扬声器的测量符合于房间。我们可以看到扬声器在 10kHz 时与房间完美匹配，但是在 1kHz 时就宽了10 倍。

阵列可以用波束组合来特征化。当我们将两个单元组合在一起时，其结果可能会是以下结果中的一个或全部三个：波束集中（耦合区重叠），波束扩散（隔离区），或者简单的彼此经过（梳状响应区）。典型的阵列在不同的频率上一般会具有波束集中和波束扩散效果。波束集中源于耦合区和混合区的叠加。波束扩散需要伴随一定程度隔离的混合区和隔离区叠加。这两种波束效果可能同时发生，常常见到 HF 扩散而 LF 集中。当波长短且覆盖型重叠高时，就会发生梳状响应的情况。波束不能聚焦为相干的前向波束（耦合）或者以径向或侧向扩展形式联系在一起（隔离）。

7.2.1.1　单只扬声器

让我们观察一下图 7.15 示出的一些典型的单只扬声器单元的波束图。这些图表示出了所有单只扬声器在不同频率下波束宽度倾斜的自然属性。与单独的单元一样，它们的频谱变化也是简单的斜面形式。作为阵列的构建模块，波束宽度的形状将具有决定性意义。

对于构建阵列，适合的基本波束宽度形状主要有两种。第一个就是"高地"型，它在高频时变得平坦。在此高地

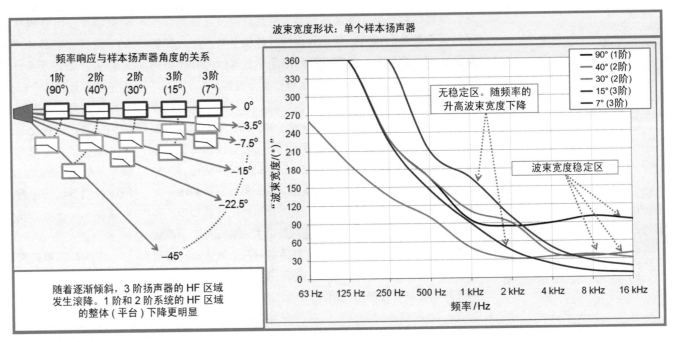

图 7.15 在这一部分中使用的 1 阶、2 阶和 3 阶单元的波束宽度与频率的关系图

型可以视为是 1 阶和 2 阶扬声器。平坦的波束宽度区域对单位倾角和恒定的透视比形状给出了清晰的界定。它将这些扬声器限定为单只扬声器应用和最小重叠阵列的最佳单元。由于高斜率的 3 阶单元不具备恒定的单位倾角，因此它只用于高度重叠的耦合阵列配置中。

90° 的 1 阶扬声器是小型的前加载箱体，并且它从低频到 1kHz 均表现出稳定的窄辐射特性。从这一点往上，覆盖角维持在几度之内。这种扬声器的单位倾角接近于 90° ，并且在之上 4 个倍频程都是保持这种特性。在单位倾角时构建的阵列的特性主要表现为高地范围上的波束扩散特征。

在此对两个 2 阶扬声器类型加以介绍。第一个是与 1 阶系统类似的 40° 单元，只不过配合了不同的 HF 号筒。由于这种情况下的波束宽度在 4kHz 以前都不平坦，所以具

有单位交叠过渡能力的频率范围减小到只有两个倍频程。波束集中的特性将成为以这种单元构建的整个阵列的较为重要的属性，其原因有两个：下降的角度隔离（由于较小的单元倾角）和下降的隔离频率范围将会增大重叠的百分比。30° 的 2 阶系统是大型号筒加载的箱体，并且能够扩展指向性控制的频率范围。在 2kHz 之前（3 个倍频程）维持着 30° 的单位倾角，波束宽度的上升斜率没有前加载系统那么剧烈。其结果是向波束集中的过渡比较缓慢，在较大的区域上强化彼此偏置的扩散和集中，以建立恒定的组合波束宽度。

下面讨论关于波束宽度平稳期的问题。从逻辑关系来看，似乎理所当然是要设计一个不同频率上具有恒定波束宽度的扬声器系统。有许多产品的商标名称就是据此而定的，比如用"恒定指向性"和"恒定 Q 值"来命名其产品

的情况不胜枚举。这样的扬声器可以让我们建立放射状阵列，这种阵列看上去就像一块比萨饼。如果我们能够这么做，那么就会得到在所有频率上均为单位倾角的阵列，并且不存在缝隙和重叠。虽然在有些情况下这是不错的，但是并非完全如此。缺少重叠意味着功率增加的下降。因此如果我们在所有的频率下均需要较大的功率，那么就必须减小倾角，这会使所有频率产生重叠并且引入波纹起伏变化。

实用的扬声器系统在其整个工作频率范围上实现恒定波束宽度确实有很大的难度。在需要管理的整个音域（60Hz ～ 18kHz）对应的 300∶1 波长范围上实现控制对我们是相当大的挑战。为了能在频率降低时仍维持恒定的波束宽度，我们必须要提高号筒的尺寸，以便控制波长。

平稳期的角度位置也很重要。即便用小的箱体，在宽角度时长的平稳期也可以管理，90°的 1 阶箱体就是这样的。当平稳期从窄角度开始时，要想维持平稳期就是件比较困难的管理工作。

简言之，波束宽度平稳期的频率范围直接与箱体的尺寸有关，尤其是深度。在此所示的两个 2 阶系统的尺寸完全不同。较大系统取得大波束宽度平稳期的能力与所有尺寸的箱体都一样，都是窄的 30°角。更深的 HF 号筒和号筒加载的 LF 驱动单元将平稳期延伸到 4 个倍频程，相当于 1 阶系统。

所面临的最终挑战是以一个非常窄的角度在这 4 个倍频程上实现恒定的波束宽度；这可以通过一个抛物面反射器型的扬声器设计来成功实现。这样的系统太大且不实用，只能是在很小的范围内应用。

在 3 阶系统中很难发现其他阶次扬声器系统中的平直波束宽度特性，它会急剧地减小到很小的程度。其主要的特性是窄而稳定的覆盖。在使用点声源阵列时它将单位倾角从隔离波束扩散特性中排除掉了。随着频率的降低，重

叠增大。其结果是波束的因数渐次混合。升高频率，波束趋于扩散；降低频率，波束趋于集中。

典型的 3 阶扬声器的物理尺寸会尽可能小。这种系统在工程上的驱动力是减小波长位移，并使波纹起伏变化最小化。折衷的参量是波束宽度的斜率，这在很小几何尺寸的箱体中是不能维持的。要想建立恒定波束宽就必须将多个单元组合在一起。

使组合的波束宽度平直的关键（最小频谱变化的另一种说法）是倾角和数量。1 阶系统是用最少的单元数量来进行平直处理的——即便是一个单元也相当平直。3 阶单元必须要一定的数量才能满足高频扩散，同时满足低频集中的要求。

扬声器阶次的分类也能够应用于长宽比上，这时长宽比反映出不同频率下覆盖型或"投射"的差异。它为我们提供了一幅关于每种扬声器类型在不同频率上建立起的覆盖形状照片。将扬声器阶次作为选择标准的适用性马上就转变为长宽比与频率的关系问题上。1 阶扬声器维持形状的高度一致。如果我们想要覆盖的长宽比为 1.4 的话，则整个的频率范围上只是在 LF 范围可能有很小的溢出。正是因为它具有这一品质，使得 1 阶系统成为单扬声器和小型阵列应用的最佳选择。其所具有的在频率范围上均匀填充简单对称形状的能力，使得 1 阶扬声器成为水平覆盖应用的首选。相反，适合于 3 阶扬声器 HF 范围的覆盖区域在低频范围上都存在大量的溢出。因此在大多数应用中都将单只的 3 阶扬声器排除于候选之外。随着单元数量的增加，3 阶扬声器的应用逐渐增多。最主要的应用体现在非对称阵列上，其特性使得它成为垂直覆盖应用中的首选。介于两者之间的就是 2 阶系统了，虽然它在水平和垂直面覆盖均有应用，但是数量有限。

下面将这些内容落实到扬声器阵列之中。

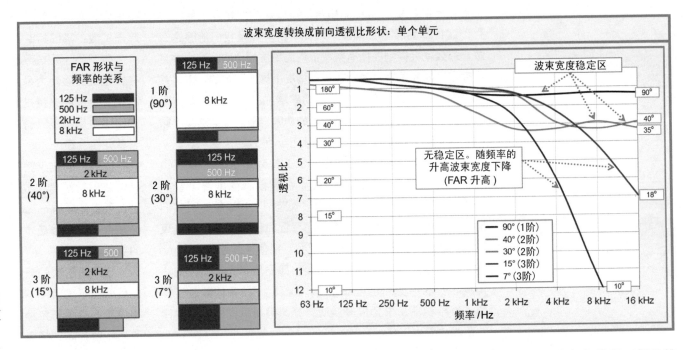

图 7.16 在这一部分中使用的 1 阶、2 阶和 3 阶单元的透视比与频率的关系图

7.2.1.2 耦合线声源阵列

耦合线声源常常选用 3 阶扬声器作为其基本单元。图 7.17 说明尝试降低耦合线声源中 3 阶扬声器的频谱变化是无益的。图中示出了数量连续加倍的情况，从中可以看到，随着数量的提高，在各个频率上的组合波束宽度越来越窄。这完全就是长宽比的军备竞赛，每次提高数量，都会将整体的响应向 0° 覆盖的方向推进。这一图表还给我们留下这样一个印象，就是随着数量的增加，波束宽度变得更加平坦，因为 16 只音箱的波束宽度看上去要比较少数量时更水平一些。这一点一定不要与之前介绍的波束宽度稳定响应相混淆。由于波束宽度图垂直测量的关系，所以这只能是去想象。在任何情况下，覆盖角度与频率的关系都是按比例等效的，即对于单只音箱而言，如果 1kHz 的响应比 8kHz 的响应宽 12 倍，那么这一关系在任何数量下都是维持不变的。

当我们用长宽比与频率的关系来重新衡量同一阵列的覆盖时，这一想象就不适用了，如图 7.18 所示。长宽比测量反映出的是平行金字塔的波束集中。随着数量的提高，波束会持续变窄，覆盖形状向前延伸至无限远。不论数量如何，耦合线声源的低频范围的形状也决不会接近中频和高频范围的形状。虽然 1° 的波束宽度变化看起来是个小问题，但是它被反映到波束宽的垂直测量上时，90° 到 91° 间的 1° 变化与 1° 到 2° 间的 1° 变化却是完全不同的一件事！透视比的测量就能反映出这一问题。

阵列产生完全耦合时扬声器前方的距离也是随频率的变化而变化的。随着频率的升高，单一的 FAR 形状变得更

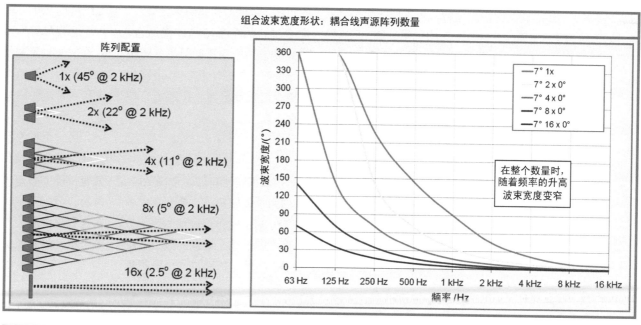

图 7.17　3 阶耦合线声源阵列的波束宽度与频率的关系图

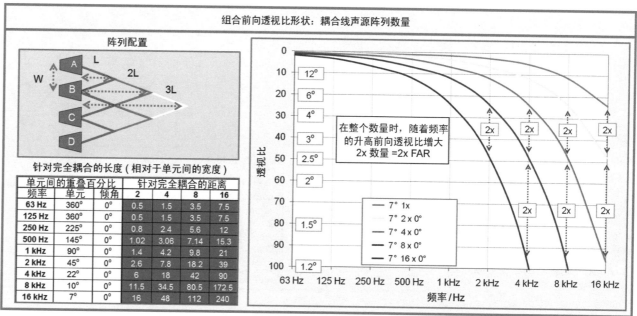

针对完全耦合的长度（相对于单元间的宽度）

单元间的重叠百分比			针对完全耦合的距离			
频率	单元	倾角	2	4	8	16
63 Hz	360°	0°	0.5	1.5	3.5	7.5
125 Hz	360°	0°	0.5	1.5	3.5	7.5
250 Hz	225°	0°	0.8	2.4	5.6	12
500 Hz	145°	0°	1.02	3.06	7.14	15.3
1 kHz	90°	0°	1.4	4.2	9.8	21
2 kHz	45°	0°	2.6	7.8	18.2	39
4 kHz	22°	0°	6	18	42	90
8 kHz	10°	0°	11.5	34.5	80.5	172.5
16 kHz	7°	0°	16	48	112	240

图 7.18　3 阶耦合线声源阵列的透视比与频率的关系图

窄，要延伸每个单元要求的距离，以便与相邻的单元交汇，以此类推。就 HF 范围时完全耦合的金字塔的高度而言，16kHz 时的高度是 125Hz 的 32 倍。由于频谱倾斜将会随距离而发生变化，所以附近区域的听众处在所有 LF 扬声器的覆盖之下，而 HF 驱动器则极少覆盖此区域。在远场区域的听众才会处在两者的覆盖之下。

7.2.1.3　耦合点声源阵列

1 阶对称耦合点声源阵列的波束宽度特性示于图 7.19。图中显示的是一个单元与近似为单位倾角的 2 个和 3 个单元的阵列相比较的结果。在 1kHz 以上的范围表现为因波束扩散所导致的典型覆盖角扩张。1kHz 以上组合的波束宽度简单就是单个单元的倍数关系。3 单元阵列在 6 个倍频程

上维持约 260° 的波束宽度。这是个最小频谱变化的阵列。

这些配置具有点声源阵列所共有的特性。特性可以视为沿 50% 的重叠线分离开。隔离区扩散是 50% 线右面的主力，耦合区波束集中将是左侧的主力（伴随可能的梳状响应和混合区叠加）。50% 线很容易发现：它是阵列的组合覆盖角等于单个单元覆盖角的点。

另一个特性示于图 7.19 的左图，其中多个阵列单元中重叠百分比连续变化。一旦我们超过简单对的话，我们将具有特殊的各单元间重叠百分比。对于 3 单元 1 阶阵列的情况，我们看到 250Hz 趋向于相邻单元（AB 和 BC）间的耦合和外侧单元（AC）间的隔离。随着数量的增加，这种多个单元间的推挽就变得非常重要。

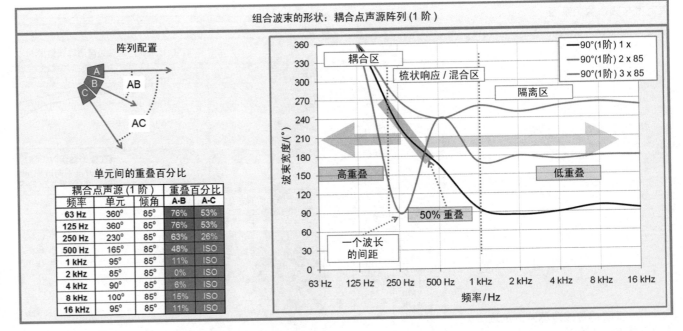

图 7.19　1 阶耦合点声源阵列波束宽度与频率的关系图。倾角为单位倾角，声级为匹配声级。LF 驱动是前方加载，扬声器的频谱分频点约为 1200Hz

注：在 1kHz 以下范围的特性有益于简单解释因 250Hz ～ 500Hz 的大变化产生的问题。1kHz 以上的范围存在做够大的角度隔离，其行为不需要进行物理上的度量，也就是说，单元的可大可小，只要其位移按照比例缩放就行。在 1kHz 以下的范围，由于角度重叠稳步增加，所以波长位移是个定量。这种 2 单元阵列的位移近似为一个波长，500Hz 时为 **λ**（0.69m）（250Hz 为 0.5 **λ**）。只要当频率下降到 1 **λ** 位移以下时就会发生所看到的波束宽度类型的变化，在 0.5 **λ** 时达到最窄点。（参见第 2 章的波长位移的讨论，及图 2.22 和图 2.23）。扬声器单元的度量将影响频率范围，越大的位移将会使受影响的范围朝上移动。随着越来越多的单元的加入，因为每一单元与另一其他单元的波长位置关系的原因，相互作用产生的影响就越发复杂。在隔离频率范围之下的相互作用将被视为是一种变化趋势，随着对作用影响的进一步了解，就会发现不同频率范围有个同的效果模型。简言之，我们在一定程度上可以肯定地说，2 个倾角为 90° 的耦合 1 阶扬声器将会变窄（在 0.5 **λ** 时），但不能说在一定会在 250Hz 处发生。

图 7.20 示出的是将相同的原理应用于 2 阶系统时的情况。物理尺寸和单元的驱动补偿与图 7.19 描述的 1 阶单元是一样的，因此两者的不同可以归结为 HF 号筒的差异和倾斜角度。在这种情况下。波束扩散范围被限制于 4kHz 以上。在隔离范围内，单位倾角（在此情况下为 40°）以及每一增加的单元都将导致波束扩散。在 4kHz 以下有几个值得关注的变化趋势，其中单元的数量对波束宽度变化有很大的影响。在 2 个单元的情形下首先看到的就是在 500Hz ～ 1kHz 间发生的大的波束宽度变化。这一特性标志是与 2 单元的 1 阶阵列（如图 6.32 所示）相一致，只不过它发生在高 1 个倍频程的范围上。频率的提高是源于较小倾角（在后方相同的间距，但在前方距离更近）带来的物理位移的减小。应注意的是，这一不稳定范围表示了各种

单元数量下扩散的波束区域的实质性变化。

下一个变化趋势就是关于相干波束集中的问题。63Hz ～ 125Hz 范围表现出来的是比 360° 单个单元更窄的恒定组合响应。随着数量的增加，波束变窄，这显然是波束集中机理的结果。

由于这不是耦合线声源，因此我们得不到 100% 重叠的波束集中平行金字塔顺序。取而代之的是存在不同频率的单元间不同重叠百分比的顺序。最外侧的单元是隔离最强的，减缓了波束的倍增，并且最终将一切朝扩散方向移动。这在 250Hz 的响应中表现得明显，大的单元数量（5 和 6 个单元）要比少的单元数量更宽一些。

200Hz ～ 4kHz 范围是 2 个竞争和偏置因素间争夺激烈的地带：这两个因素是指角度隔离和波长位移。随着单元数量的增加，多单元扬声器组的物理实体包括了分层的波长位移。虽然每个单元与相邻的单元的相对位置是相同的，但是相互作用并没有在此停止。其相互作用在相隔的单元上同样存在，尽管因角度隔离的原因影响被减弱了。相互作用的这种分层化导致出现了复杂的交叉作用的产生。以一个半波长位移的 5 单元的阵列为例，虽然中间的扬声器箱与相邻的扬声器箱的间距是半波长，但是它与靠外侧的扬声器箱的间距却是一个全波长。

最外侧单元间的间距是 2 个完整波长。如果单元在给定的频率范围上具有宽的覆盖型，那么将会产生复杂的交叉相互作用。

250Hz ～ 500Hz 范围对竞争因素有一定的影响。2 ～ 4 个单元的组合波束宽度要比单一单元的窄。波束集中是这时的主要因素。对于 5 个和 6 个单元的情况，角度扩散很宽（200° ～ 240°），以至于最外侧单元可以取得足够的隔离以应对其他单元的扩散在中间扬声器组上所引发的附加波束集中的影响。其结果是组合的响应比单只扬声器的还要宽。

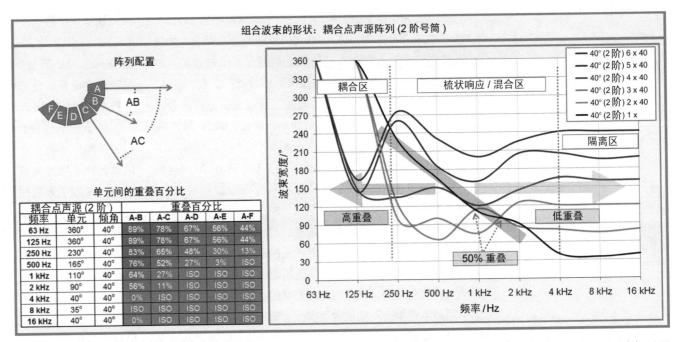

图 7.20　2 阶耦合点声源阵列波束宽度与频率的关系图。倾角为单位倾角，声级为匹配声级。LF 驱动是前方加载，扬声器的频谱分频点约为 1200Hz

图 7.21 示出的是另一个 2 阶系统。单元是大规格的号筒加载系统，其在 2kHz 以上的标称覆盖型为 30°。由于其频范围的号筒加载作用，故低频波束宽度的扩展比率明显低于前一个例子。对低频控制的提高为我们提供了比前加载号筒的 2 阶扬声器更大的隔离，只不过倾角降低了。其结果是不同数量时的波束宽度响应明显地平直了许多。随着数量的进一步增加，波束扩散和波束集中将响应向反方向推移。HF 响应持续变宽，同时 LF 响应变窄，这便使得组合的波束宽度比其中的一个单元的更加恒定。可以看到中频范围存在着集中（数量 <3）和扩散（数量 >3）。5 个单元的阵列是最小频谱变化的典型例子。偏置的阵列系数必须在整个的器件工作范围上满足在 160°的范围内的要求。

接下来我们将研究固定单元数量时角度重叠的影响，在这种情况下（如图 7.22 所示），我们将重新起用刚刚讨论过的 5 单元号筒加载 2 阶阵列。增加角度重叠的影响与采用 30°的单位倾角时的响应相比较。22.5°的单位倾角为我们带来 75% 的隔离和 25% 的重叠。组合的结果是在整个频率范围上波束宽度大约减小 25%。虽然这种重叠所伴随的影响在波束宽度中看不到，但是它导致波纹起伏变化的增加，相对而言这提高了功率的叠加。当重叠被提高到 50%（15°倾角）时，出现了我们不想见到的影响。角度隔离的下降使得在中低频率范围上多单元波束集中，而没有波束扩散的偏置影响。其结果是过度的波束集中（平行金字塔），导致 HF 响应比中低频响应还要窄的情况出现。在最外侧覆盖的 10°（每侧）都是 HF 响应的扩展，而中频范围和中低频范围将降低 6dB 以上。这导致我们最不希望出现的情况之一出现了，这就是很容易察觉到的音质响应——电话声音质。作为一般的原则，阵列（或单一单元）的波束宽度中绝不会出

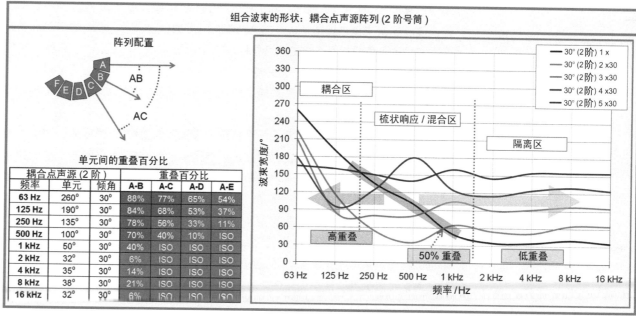

图 7.21　不同数量的号筒加载 2 阶耦合点声源阵列波束宽度与频率的关系图。倾角为单位倾角，所有的声级为匹配声级。扬声器的频谱分频点约为 900Hz

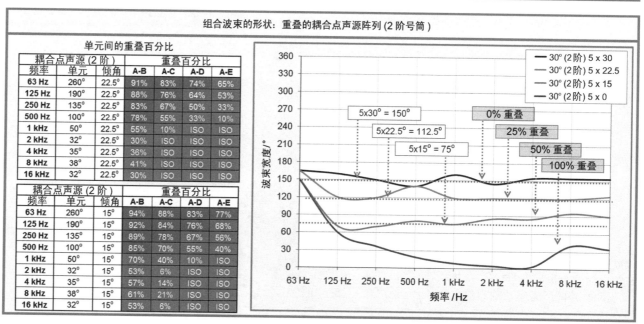

图 7.22　不同倾角的号筒加载 2 阶耦合点声源阵列波束宽度与频率的关系图。所有声级均为匹配声级

283

现中低频比 HF 范围窄的情况。除了阵列产生了电话音质之外，波纹起伏变化也提高了。虽然这种阵列响度的确很大，但是它足以让我们产生不能在房间中呆下去的想法。

最后我们到达了 100% 的重叠点，这时伴随的是 0° 倾角。当然这时已经从点声源阵列转变为耦合线声源了。波束宽度可以看成是朝内塌陷，就如同我们希望从平行金字塔看到的一样，并且这一现象会一直持续，直到波束集中终止为止。终止是由于波长位移太高，以至于单独的响应彼此通过，不构成单一的波束。对于这一频率范围，阵列的边线可能不再归类于耦合一类了，因而波束模型就不成立了。其结果就是组合的波束宽度又回到单一单元的情况了，但是存在大量的波纹起伏变化。在 4kHz ～ 8kHz 的这个倍频程内波束宽度按照 10：1 的因子变化，这样便彻底消除了对这种阵列具有最小变化性能的期望。值得一提的是，

解决方案中的这种阵列在 20 世纪 90 年代 3 阶扬声器未出现之前音乐厅常常采用的阵列类型。功率表现上是可以肯定的，而最小变化方面则不敢恭维。

下面就讨论 3 阶扬声器（如图 7.23 所示）。很自然，其倾角减小到只是之前采用的 1 阶和 2 阶系统的较小的一部分。在这种情况下，单位倾角的频率范围保持其曾经的最低值：实际上没有能如此的。单一单元的响应与持续加倍到 8 个单元的响应进行比较，从中可以发现几个重要的变化趋势。我们首先从 8kHz 时的波束扩散开始讨论。应注意的是，单个单元（15°）的响应要比两个单元（8°）的响应宽，与 4 个单元时的响应相当。所选择的角度（制造商给出的标准吊装件上的最大倾斜角度）要比单位倾角小一直是一贯的原则。随着数量的增加，最外侧单元重叠小于彼此间的重叠，波束开始扩散。当频率降低时，重叠

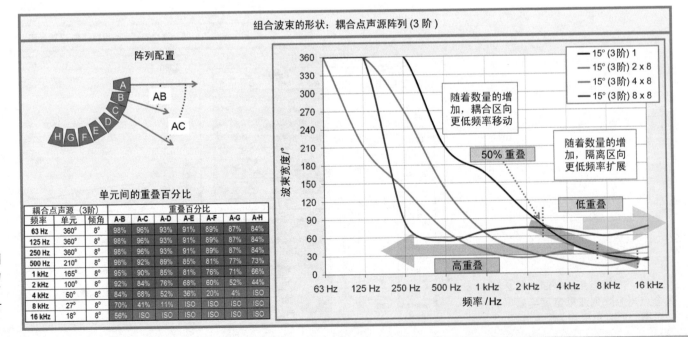

图 7.23　3 阶对称耦合点声源阵列波束宽度与频率的关系图。倾角为 50% 交叠，声级为匹配声级。除了 HF 驱动之外的所有驱动均为前方加载

组合波束的形状：耦合点声源阵列（3 阶）

阵列配置

AB
AC

单元间的重叠百分比

耦合点声源（3阶）			重叠百分比						
频率	单元	倾角	A-B	A-C	A-D	A-E	A-F	A-G	A-H
63 Hz	360°	8°	98%	96%	93%	91%	89%	87%	84%
125 Hz	360°	8°	98%	96%	93%	91%	89%	87%	84%
250 Hz	360°	8°	98%	96%	93%	91%	89%	87%	84%
500 Hz	210°	8°	96%	92%	89%	85%	81%	77%	73%
1 kHz	165°	8°	95%	90%	85%	81%	76%	71%	66%
2 kHz	100°	8°	92%	84%	76%	68%	60%	52%	44%
4 kHz	50°	8°	84%	68%	52%	36%	20%	4%	ISO
8 kHz	27°	8°	70%	41%	11%	ISO	ISO	ISO	ISO
16 kHz	18°	8°	56%	ISO	ISO	ISO	ISO	ISO	ISO

随着数量的增加，耦合区向更低频率移动

随着数量的增加，隔离区向更低频率扩展

50% 重叠

低重叠

高重叠

波束宽度/°

15° (3阶) 1
15° (3阶) 2 x 8
15° (3阶) 4 x 8
15° (3阶) 8 x 8

频率 /Hz

变得更强，同时波束集中渐渐占据主导地位。其结果是组合的波束宽度逐渐变得平坦，这与单一单元稳定向下的斜率形成鲜明的对比。这是 3 阶扬声器的关键设计特性。包含稳定地缩窄单元的点声源阵列将会导致在波束特性中产生稳定的偏置影响。对于给定的倾角，随着单一波束的变窄（频率升高），由于重叠的原因而使组合波束集中。因此，随着数量的增加，产生了使更宽频率范围上波束宽度平坦的推挽效果。通过观察数量与响应的关系，可以得出这样的结论，即数量每增加一倍，平坦区域也近似增大 1 倍。2 个单元产生的平坦区域可低至 2kHz，4 个单元可延伸到 1kHz，而 8 个单元的波束宽度保持平坦的频率可低至 500Hz。

7.2.2　扬声器阵列方法

我们的目的是找到一种具有最小频谱变化扬声器阵列的方法。我们寻求不同频率下彼此交叠的等声级线，就如同建筑物中的地板一样。当这种情形出现时，我们就达到目标了。如果响应是频谱倾斜的，那么在任何的地方都将是倾斜的。正如之前所言，虽然这是个"不可能实现的梦想"，但是我们还是看到有些解决方案要比其他的一些方案更接近我们最所追求的目标。

下面我们将再次研究使用所熟悉的隔离主要参量的覆盖型的情况，并且通过一系列的参量连续加倍方法来观察它们对总体响应的影响。连续地分析每一频带的情况，既不必要也不现实。当将 4 个频率范围（范围为125Hz ～ 8kHz，增量的步阶为 2 倍频程）复合在一起时，每种情形就会表现出来了。这一"4 路"解决方案提供了足够的声级细节，清楚地表示出变化的趋势，这就使我们这本书不必像托尔斯泰的"战争与和平"那样长篇巨著了。

7.2.2.1　耦合阵列

共要对 4 种耦合扬声器阵列类型的频谱变化特性进行分析。这 4 种阵列包括线声源、对称点声源、非对称点声源和线声源与点声源的混合型，也就是所谓的"J"形阵列。所有这种阵列都具有波束集中和波束扩散的特性，并且所有这种阵列的差异体现在如何应用上。其中的 2 种阵列通过了最小变化能力的检测，成为最佳优化设计的候选。

1. 耦合线声源

耦合线声源在最为有限的角度内包含有数量无限的扬声器：1。定义的因素有单一单元，间距和总体的线长度。我们将这些因素隔离开来，以观察其各自对总体响应特性的影响。耦合线声源有 3 个变量需要进行研究，观察其对频谱变化的影响：扬声器阶次、数量和声级的不对称。

（1）扬声器阶次的影响

在线声源中最常讨论的特性之一就是阵列的长度。低频指向性控制量和功率容量是与阵列长度紧密相关的。如果阵列的长度小于辐射声波波长的一半，那么控制的能力就很弱了。一旦半波长障碍被越过，则控制能力就变得较强了。如果我们打算将对低频的控制向下扩展 1 个倍频程，则必须将线长加倍。这一道理让扬声器的销售人员理解起来并不困难。工程师难道不想对系统工作的最低频率范围也进行控制吗？"如果想将控制的下限延伸 1 个倍频程，则必须将数量加倍。若真是打算在 125Hz 之下才失去控制，那厂家真是要感谢你了"。

销售人员忘记提醒的是：实现 125Hz 时控制所需的单元数量将一定会在 125Hz 以上的各个频率上有更强的控制。正如图 7.18 所示的那样，随着数量和线长的增加，一定会得到更强的控制能力。我们也看到，当增加线的长度时，

125Hz 时的控制量与 500Hz 时的控制量并不很接近。我们简单地缩窄这两个范围。

虽然线的长度决定了 LF 的控制下限，但是更确切地讲是有关。由 4 个单元构成的 0.5λ 的线阵列与 8 个相同单元构成的阵列的覆盖角度基本上是一样的（2 倍的 SPL dB）。只要是波长小于线长度，图片将会发生完全的变化。更为重要的性能参量是线阵列中单元间的距离。随着波长的降低，4 个单元与 8 个单元间的差异从无所谓变化为主要的因素。随着线长度的增加，我们扩大了平行金字塔的基础。单元的数量将决定金字塔堆的高度。一旦单元间的

位移达到 1λ，则平行金字塔就处在完全的控制之下了，同时线长仅仅是设定堆的起始宽度。

下面单独研究一下线长，同时也研究耦合线阵列中扬声器阶次的影响。图 7.24 包含了用来进行比较的 3 种情况。虽然所有情形下的线长近似相等，但是它们是由不同的单元和数量构成的。较少数量的 1 阶系统与依次与较大数量的 2 阶和 3 阶系统相比较。结果表明在 125Hz 和 500Hz 的范围上几乎完全一致。很显然，这时的线长度是主要的因素，而单一单元的属性并不是主因。由于单元的角度重叠十分常见，以至于金字塔结构的演变进程是以同样的比率

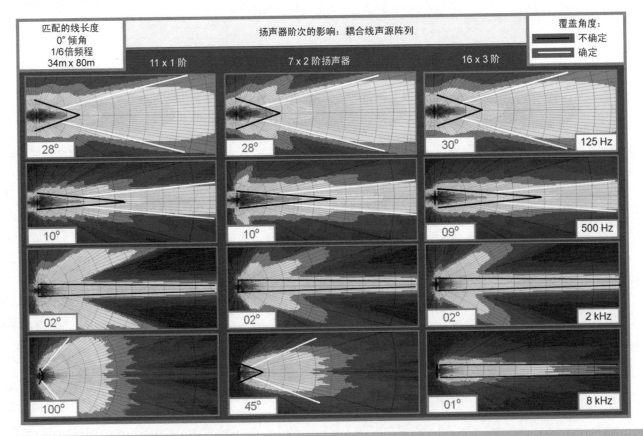

图 7.24　耦合线声源阵列扬声器阶次影响与频率的关系

进行的，所以金字塔地面（线长度）的整个空间是匹配的。当移进 2kHz 范围时，我们注意到前向的波束形状保持恒定，而旁瓣的声级变化很大。在这种情况下 1 阶扬声器在 2kHz 的响应最宽，同时显示出了摆脱前向波束控制的最强旁瓣。1 阶系统表现出了波束经过的特征。当达到 8kHz 时，可以看到系统表现出截然不同的响应。3 阶系统继续我们所熟悉的金字塔类型。在这种情况下，线长度仍然很重要，因为它影响着声波组合完成之前所传输的距离。1 阶扬声器 HF 响应并不受线长的控制。微小的高频波长，加上其 90° 覆盖型，使得它像非耦合声源一样彼此越过。组合的响应就如同被撕碎的 90° 覆盖，同时由于深度的梳状滤波

响应产生了波纹起伏变化的声级（由于该图采用的是 1 倍频程的分辨率，所以变化量被平滑掉了）。2 阶系统的行为与此类似，只是它被限制在 40° 的竞争区了。

我们现在可以得出如下的结论：在低频段耦合线声源的线长是波束集中的决定性因素。如果波束宽度按照单元的波长位移成比例下降，则波束集中只能在 HF 段延续。只有恒定窄波束宽度斜率的 3 阶系统满足这些条件。

（2）数量的影响

要研究的下一个因素是单元数量，首先从 2 个单元开始，然后依次加倍，加倍 4 次至 16 个单元。其结果如图 7.25（a）和（b）所示。图中可以看出有如下的变化趋势产生。

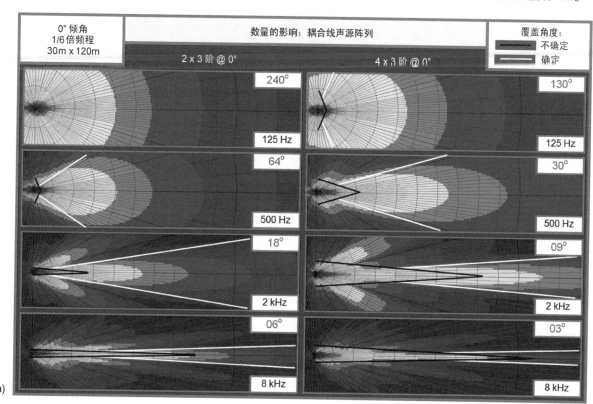

图 7.25 （a）耦合线声源阵列数量影响与频率的关系。（b）耦合线声源阵列数量影响与频率的关系

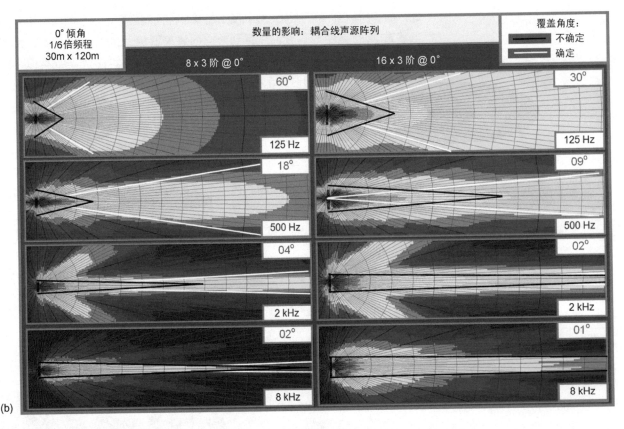

图 7.25 （a）耦合线声源阵列数量影响与频率的关系。（b）耦合线声源阵列数量影响与频率的关系（续）

① 随着数量的加大，覆盖型变窄。单元数量每增大 1 倍，覆盖型恒定减小 50%。

② 频谱变化的比值不随数量而变化。当数量增加时，所有频率覆盖型均变窄。4 个频率范围上的差异保持不变。

③ 波束集中（平行金字塔中 100% 的重叠）是相互作用中的主要力量。

④ 如果只有当可视范围延伸到足够远才能产生整个频率范围上的耦合的话，较大的单元数量会带来频谱变化降低的表现。这一结果的原因在于低频和中低频范围经历了金字塔变化的所有过程，而中高频和高频范围还没有达到其顶峰。

下面我们考察一下在我们的记分卡中这一塔堆的表现。如果取得了最小频谱变化，那么随着频率的升高，就会看到覆盖型形状相互叠置。显然现在不是这样。随着频率的升高，覆盖变窄。对于最小频谱变化线有两个候选对象。我们可以沿着阵列的宽度方向（高度）穿过单位交叠过渡线。所有阵列的各个频率都有这条线。线距离声源的距离随频率而变，这条线会逐渐地收缩，直至达到金字塔的顶峰。在最高频率时的最大数量将是最后到达顶峰的，阵列的特性具有单一单元的特点。虽然耦合线声源的这一特点成为它的一大买点，但人们对频率升高时在不同的距离上所发生的这种进入到覆盖角的过渡并不十分了解或承认。由此而引发的结果是，耦合线声源整体形态与频率的关系可能延展到很远的距离。在进程的起始处，我们得到一条平坦的最小变化线，向前延伸的"声墙"。在中间地带，系统随频率和距离变化产生了形态的变化。在远端，我们得到一个确定的覆盖角度，这意味着找到了第 2 种类型的最小变化线：覆盖弓。

如图 7.26 所示，随着频率的提升，覆盖弓拉得更紧，并且离轴的近点区连续地移动。其结果就是连接随频率而等量连续变化的各点的通路。在平行金字塔完全集合之前，高频范围不会达到最大量的延伸。由于所示的 8kHz 范围是指向性最强的，所以其到达顶峰所要走的距离最长。当到达了顶峰时，如果我们暂时忽略（或均衡）HF 的空气衰减，则金字塔顶峰的响应就是平坦的。在顶峰很孤单，除了下来之外没有其他的办法。

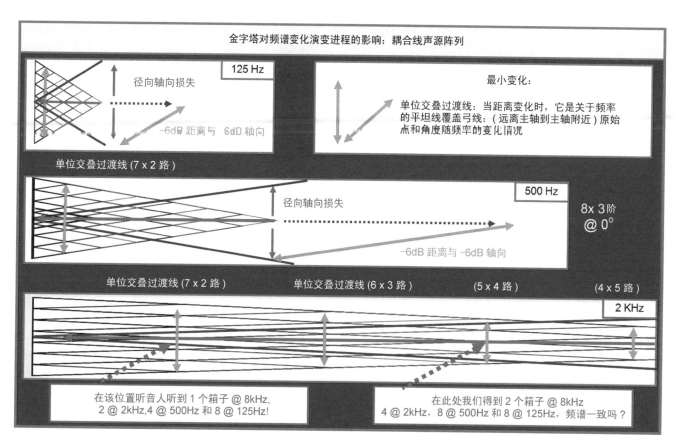

图 7.26　耦合线声源频谱变化的情况

我们可以寻三条道路而下：直接原路返回到声源，径向地离轴移动和最小变化的覆盖弓道路。向声源靠近的任何运动将从 HF 下降开始。返回到线声源中心的通路存在响应的稳定粉红偏移。其原因是，金字塔内部的移动导致我们落入到一些单元的离轴区。随着移到更近的位置，我们将移入 HF 单元的缝隙交叠过渡区，它们对叠加响应的贡献减小了。在较低的频率上，由于其较宽覆盖型的原因，故仍然是完全重叠的，其叠加还是最大。随着距离的变近，在演变进程中仍处在重叠模式下的 HF 单元会越来越少，其结果就是产生稳定的粉红偏移。

当将空气吸收的影响也考虑到这平衡体当中时，粉红偏移将提供改善环境的部分偏置效果。金字塔的顶峰，也就是最远距离点的 HF 衰减最大。当移近时，在空气衰减减小的同时轴向衰减增大（正如刚刚表述的那样）。这些因素如何进行彼此的补偿取决于应用和气候条件。

下面再回到顶峰和径向移动的问题上。首先到达最高频率的 −6dB 点，在这点上其他的频率均不到 −6dB，并且具有所希望的粉红偏移。额外的移动将会导致较低频率持续地跌落于 6dB 线之下。重要的是要记住，在金字塔经历了所有的过程之前，我们不能用一个角度来衡量覆盖型。由于除非参与贡献的所有单元均达到了单位或重叠交叠过渡状态，否则不同距离上的角度不能维持不变，所以未组合完成的金字塔只能用区域，而不能用角度来表达。未组合完成的金字塔的扩散 HF 响应常常与角度扩散相混淆，并导致我们认为当所用的单元数量足够多时线声源建立起一个一致的频率扩散。这一切可以参见图 7.25（a）、（b），其中 16 个单元的阵列所表现出的随频率变化而产生的变化要比单元数量少的阵列来得小。如果将视线限制在较短的距离内，则这种影响可能会提高。金字塔在各种情况下都完全组合完毕前，延伸透视距离会使随频率的连续变化突然变得明显起来。人们完全有理由发问，为什么这会与恒定的角度覆盖有关。如果我们建立起所需要的形状，那么波束的充分叠加是否会与声波穿过开凿孔洞的墙壁并越过街道有关呢？问题的原因是当我们处在金字塔的内部时，是位于波纹叠加的锐角区。我们所处的位置是在变化率最高区域内：即波纹起伏变化最大。被平滑的预测图掩盖了这一关键的因素。最小变化设计需要在三个基本分类上都取得成功：即声级、频率响应和波纹三个方面。

我们还有一条路可走：这就是覆盖弓之路。要想开始行程，我们必须向外走，使声源到金字塔顶峰的距离加倍。要记住的是：在顶峰处，线声源成为"单只扬声器"。除非扬声器被一元化，否则不能指望反平方定律成立。通过标准的方法，可以发现最小变化的覆盖弓曲线：到主轴的距离是到离轴某点距离（峰值距离）的两倍。我们发现：与原始单元相关的覆盖角度被数量除。

下面我们花一点时间讨论一下有关建立最小变化耦合线声源阵列所需的单元类型问题。我们已经看到波束宽度连续倾斜的类型（3 阶）通不过测试。我们也已看到宽角度稳定波束宽度单元构成的阵列（如图 7.23 所示）在 HF 范围内即将陷入波纹起伏变化的分化。位移太大且角度重叠太高。我们需要将为以最小化，同时使角度重叠稳定化。单元的物理尺寸尽可能小，并且以最小的位移堆砌起来才是最理想的情况。

我们可以向两个方向发展和考虑解决方案，一是考虑最小变化的"声墙"线，或者是考虑覆盖弓。两者都需要在不同的频率上保持恒定的波束宽度。如果波束宽度是恒定的，那么对于所有的频率覆盖弓在不同的角度和距离下具有同样的形状。我们到底如何选取角度呢？如果角度宽，则波束会被波纹起伏变化分散。如果角度窄，则需要大量的音箱来实施对中频和低频的控制。这种情况就如同为有效的耦合加上了太大的位移一样，这并不是令人失望的发展前景。

下面尝试一下建立"声线"，即存在一个由扬声器线匀声级辐射的平坦平面。这种情况下的角度到底如何呢？没有可实用的方案。覆盖必须要通过宽度来进行定义，宽度将等于线单元之间的位移。覆盖型将要向前移动，并保持覆盖宽度不变，在金字塔内部决不出现重叠。下面以一个无限大的 dB/ 倍频程来对频率响应进行划分，直观地模拟频谱交叠过渡的响应。在任何的频率下声辐射中对此的片刻忽略都是不可以的，在整个宽频带中存在很大变化。考虑到这种方案只是在声线上扩散声音，并不产生声学叠加，因而并不会有功率叠加。要想取得功率叠加，则必须进行重叠，所以我们要找到一个更好的办法。

现在使用的许多"线阵列"系统都号称能以各种方式将连续单元线的特性合并为一个器件的特性。这样的系统能够在有限距离的有限频率范围上建立起最小变化线。听音者和系统优化设计工程师将会发现自己处在所定义辐射的空间和角度间的质变过渡区之中。虽然听音者并不关心这些，但是对于优化工程师而言，这种差异是有关系的。优化方案需要具有可定义且稳定的覆盖型。处于过渡状态下的系统只能对空间中的一点进行调谐，这样的系统可以产生很大的响度和功率。由于现代的"声线"对早期原有的"声墙"进行了非常大的改进，干扰被限制在一个平面上，而其他平面上干扰被大大降低。尽管我们不必马上解决最小变化下的功率问题，但是现代的 3 阶扬声器还是能够满足所要求的一切，如下文所述。

下面我们将制定方案，以取代从我们已知使用的扬声器类型中寻找最小变化阵列的方法：低阶的波束宽度稳定的扬声器和连续倾斜型高阶扬声器。

（3）非对称声级的影响

在耦合线声源阵列中，对于非对称性只有一个选项方案：改变声级（如图 7.27 所示）。负责最近处覆盖的单元可以通过声级的递减来补偿近距离带来的问题。由于所有的扬声器的趋向都一样，所以远处和近处的覆盖不存在隔离。因此这种声级递减对于取得低变化目标并没有任何作用。单元的多余取向决定了覆盖将为重叠的，并且声级的降低简单地倾斜了金字塔叠加的几何形状。在缝隙交叠过渡区，声级递减导致响应的非对称重新定位，它更偏向于较向的单元。对于有限的距离上的 HF 响应表现出最小变化形状。在所有的交叠过渡都发生重叠之后，响应重新恢复为我们在所有的线阵列中都见到的波束集中的特性。声级的递减有效地降低了对金字塔有影响的单元数量，并使得特性与较短长度（较少单元数量）阵列更相像。随着频率的降低对称程度的加大，这种趋势表现的更为明显。一个值得关注的重要趋势是金字塔峰值的位置与频率的关系。注意随着频率的提高，主轴点向上移动。这是由于随着频率提高隔离增加的缘故，它导致由更少数量的重叠单元构成的波束中心的提高。由于参与作用的单元数量减少，从而导致金字塔中心升高。这是在探寻频率响应形状最小变化的过程中不可逾越的障碍。如果我们将高频主轴的远点作为起始位置，那么就必须面临在其他频率范围上响应偏离中心轴。在较低的频率上我们还必须跨越主轴波束才能到达近处的离轴关键位置。由于频率响应在整个过渡过程中始终是变化的，所以看不到我们所希望的平滑而稳定的粉红偏移的情形出现。

其他类型的变化恐怕也不会比对称类型的同伴有更好的表现。由于是在锐角三角形区域，因为重叠的原因，所以波纹还是很高。声级递减降低了阵列的总体功率能力，对变化的最小化性能没有明显的改善。这是种较差的折中方案。

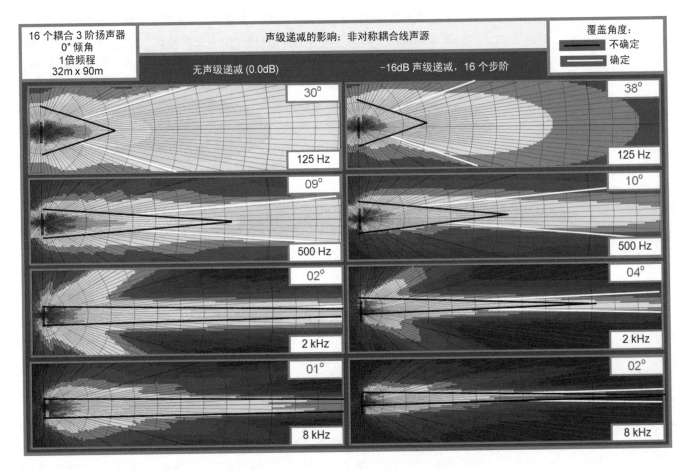

图 7.27　耦合线声源阵列扬声器不对称声级影响与频率的关系

2.　耦合点声源

　　耦合点声源的对称形式有两个变量对频谱变化有影响：倾角和单元数量。数量与扬声器阶次的关系将不能直接看到。非对称形式将不匹配的扬声器阶次、声级和倾角概括在两个独立的变量中，并进行组合。标量因数，即利用与非对称同样的原理在较小（或较大的）空间复制出同样的效果的能力，我们也将会看到。

（1）倾角的影响

　　要研究的第一个变量是倾角。我们从一个停止点开始，并逐步增加对所研究线声源的弯曲程度。由于角度的出现，哪怕是很小，也会产生在耦合线声源中见不到的减小频谱变化的机会。只要隔离或者至少有朝隔离变化的一定趋势被增加到叠加方程中，我们就有机会将变窄的覆盖型反转过来。图 7.28（a）示出了 4 种倾角依次加倍的不同情形。在所有情况下，我们都采用了 16 个 3 阶扬声器单元，并且驱动电平一样。这时所反映出来的情况是：逐渐从所熟悉的平行波束集中特性向新的主要因素演变：波束扩散。我们将看到这两种特性分别成为低频和高频范围的主宰，并且两者会在中间的某一点相汇。

我们先从较小的角度——单元间角度为 0.5° 开始进行分析。组合的角度扩散为 8°（16x0.5°）。低频响应（125Hz 和 500Hz）与耦合线声源并没有本质上的变化，参见图 7.25（a）至（b）。不能指望既不是 0.5° 的单一扩散，也不是 8° 的组合扩散具有与 360° 单一覆盖型一样的可评估效果。

高频响应（2kHz 和 8kHz）表现出了一些实质性的变化，分别从 2° 和 1° 扩展到 8°。通过引入允许波束扩展的倾角使得金字塔的收敛变慢，允许波束扩展到角度宽度，而不是线的宽度。应注意的是，角度形状并不随距离变化而改变，而线声源的覆盖型会随距离变化而变化。8° 倾角和覆盖角扩散匹配不是同时发生的。当隔离区叠加占主导时，这将是典型的响应。

随着角度加倍到 1°，隔离区叠加主导了 2kHz 和 8kHz 的响应。16° 的扩散被明确地定义成具有尖锐和清晰边界

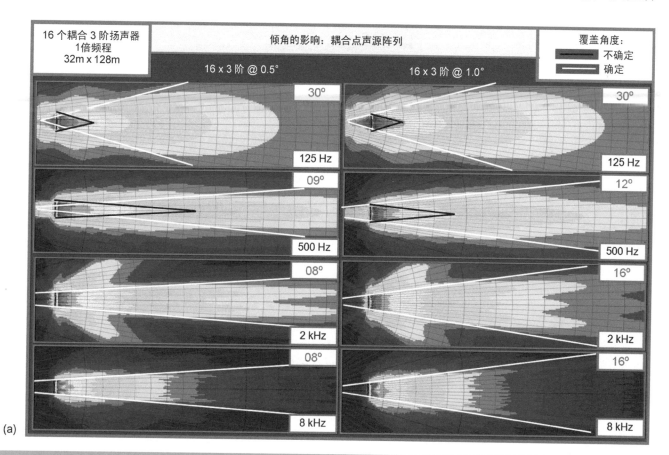

图 7.28 （a）耦合点声源阵列扬声器倾角影响与频率的关系。（b）耦合点声源阵列扬声器倾角影响与频率的关系

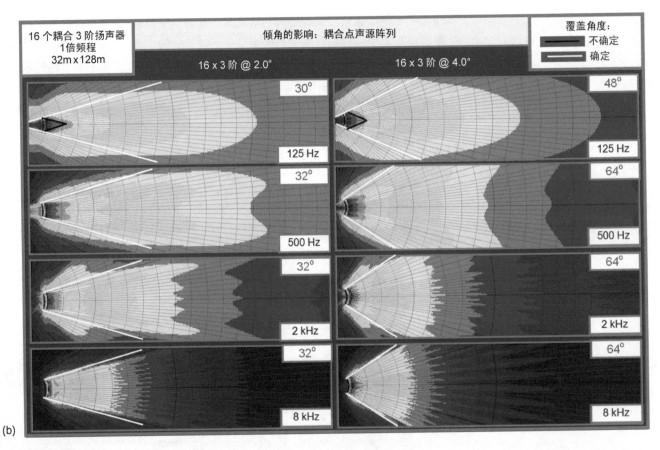

图 7.28 （a）耦合点声源阵列扬声器倾角影响与频率的关系。（b）耦合点声源阵列扬声器倾角影响与频率的关系（续）

的角度区域。尽管 500Hz 的响应开始稍微变宽了（从 9° 到 12°），但是却保持耦合波束的形状。

即便具有相同的覆盖角，波束扩散所建立起的覆盖形状与波束集中所建立起覆盖形状还是不同。由于覆盖角度是通过比较主轴与 -6dB 点来定义的，所以差异就表现不出来了。波束扩散形状在整个弓上保持其 0dB 值，然后快速下降到 -6dB 或更大。只要离开主轴点，波束集中的形式就开始倾斜。当比较覆盖型的形状时，只期望 0dB 和 -6dB 点能够匹配。

下面再次将角度加倍，这时 2° 的倾角将建立起 32° 的整体扩散，如图 7.28（b）所示。500Hz 响应就会在十字路口上发现，同时范围的上限表现出高的波束扩散。然而，我们已经到达到具有重要意义的里程碑位置：跨度为 8 个倍频程的覆盖型几乎是最完美的匹配。所有四种响应表现出的 -6dB 点相差将近 32°。最终的加倍（4°）使得只有 125Hz 的响应还保留在波束集中的模式下。在这种情况下，我们走得太远了。虽然 500Hz 范围及其之上通过扩散取得一致的 64° 倾角，但是 125° 范围只是刚刚开始反转波束。

其 48° 波束外侧的覆盖区域还是缺少低频，而中频和高频还是走强。那些不能取得足够线长的人们可能认为不可能好事情都让一个人占了。如果我们使用了重低音单元来覆盖，那么这可能只局限于理论上的解决方案。

现在可以采用最小变化标准来评估这四种阵列。它们所表现出的频谱变化都要比耦合线声源阵列的低。当所有的单元在任何频率下都处在 100% 重叠时，高扩散阻止了

之前所见到的无限变窄的趋势的发展。我们发现，32° 和 64° 的阵列具有最小的频谱变化。另外由于重叠降低的原因，所附带产生的波纹起伏变化也最低。现在我们找到了一个最小变化的阵列：对称点声源。

这种阵列类型的成功并不局限于 3 阶扬声器，而是可以应用于所有阶次。如图 7.29 所示。图中我们看到针对 90° 覆盖的四种不同的解决方案，范围从单一单元 1 阶扬

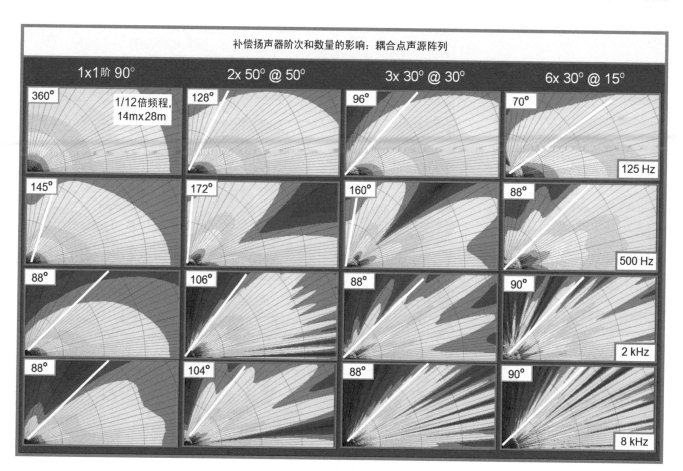

图 7.29 对称耦合点声源阵列偏移扬声器阶次和数量影响与频率的关系

声器到 6 个单元的耦合点声源 2 阶扬声器。在所有的情况下，HF 响应均落在 90°的范围内。随着覆盖角度的下降，填充区域所要求的单元数量将提高。随着数量的提高，低频响应变窄，同时梳状响应加强。通过提高波纹起伏变化可以实现频谱变化的降低。这就是我们将要面临的折中方案。

（2）非对称声级的影响

下面我们要研究声级不对称所产生的影响。如图 7.30 所示。这里给出的例子是倾角恒定为 1°的 32 单元阵列。其中声级连续递减，以便于每个音箱接受的是持续降低的电平驱动。注：虽然这种持续的递减并不是现场典型的实际应用情况，但是在此可用来清楚地说明变化的趋势。

非对称形状的特点给传统的思维提出了挑战。非对称覆盖型的"主轴"在何处呢？我们要对偏离中心一定角度/距离的离轴点做些什么呢？按照我们的目标，我们将中心

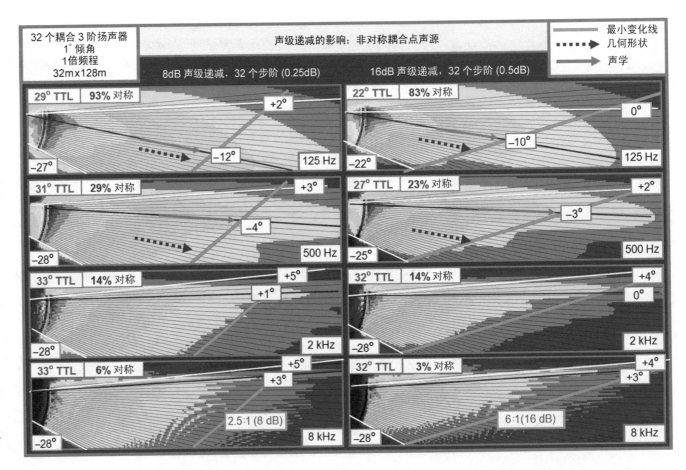

图 7.30　耦合点声源阵列中，声级不对称的影响与频率的关系

确定为声级的最高点。离轴的程度依次来进行计算，并且有两个单独的角度和一个组合角度。虽然这很简单，但是对于具有不同中心的不同频率范围要做些什么呢？

这里先用一点时间回顾一下对称形式的一些相关内容。虽然各个频率下的中心进行了匹配，但是边界还是不同的。从中我们会发现在隔离区存在一些纹理化的镜像边界，以及在耦合区的一个大的圆形波束。中间的地带会在两种形状之间渐变过渡。高频范围明确的边界起到主导的作用。由于它的可塑性最强，所以在匹配非对称的目标形状时也最为容易。一旦我们得到了高频范围的覆盖形状，则我们的目标就将以同样的形状将其向下延伸至更低的频率上。为了测量我们的进程，要对组合的形状进行监测。

非对称阵列的评估参数：

- 中心（主轴上）：阵列覆盖最远距离的取向角度
- 顶部／底部（离轴）：在中心轴上下的目标形状的 -6dB 点
- 总体（TTL）：由上至下扩散的组合角度
- 对称百分比：中心轴上和下角度覆盖的比值

如果低频和高频并不是指向同一个区域，那么说明要想简单地采用各个频率均为恒定的覆盖焦进行覆盖阵列的长度还不够长。我们必须掌握中心轴向在何处，以及如何将其与非对称的目标进行匹配。

我们的第一个阵列具有恒定的对称倾角和非对称的递减声级，其中的 8dB 递减是通过 31 步阶来完成的，每一步阶声级下降 0.25dB。高频范围在比例上被塑造成我们所期望的声级和距离的 38° 对角线（参见图 7.7）。在 8kHz 范围上的最远点（主轴）为 +3°。对于 33° 的总的组合角度，覆盖只在这一点向上扩展了 2°、向下扩展了 31°。最小变化线上，到顶部的距离是到底部距离的 2.5 倍（等效为 8dB）。很显然，这呈现出高度的不对称，产生的结果就是 6% 的对称百分比。虽然 2kHz 响应中的波束"中心"低了 2°，但是顶部和底部的角度维持不变。这是向着随频率降低而下降中心取向和提高对称性（14%）的开始。500Hz 的中心取向已经向下移至 -4°。阵列的几何中心（图中以蓝色的点状线表示的）位于 -12.5°（顶部的音箱指向 +4°）。几何中心告诉我们：如果阵列是对称的话，波束的中心处在何处。其作用是作为我们判断从对称趋向移动阵列多远阵的基准点。虽然 500Hz 的波束中心通过声级递减而抬高了 8°。但是还是下降至高频响应以下。虽然 125Hz 几乎保持与其他的频率范围近乎一致的覆盖角，但是其远端的指向降低了（-12°），并且对称百分比为 93%。所有这一切意味着什么呢？这里我们简单做一下总结：8kHz 的中心处在 500Hz 和 125Hz 的离轴方向上。虽然声级递减使高频响应发生弯曲，但是几乎并没有移动低频响应。这就是开始。

下面我们进一步研究声级递增至 16dB 的情况（如图 7.30 右侧图所示）。随着声级不对称的提高，所形成的 HF 进一步向外弯曲。最小变化线跌落至 15° 的倾斜状况。在截面图中，我们看到这更适合较低倾斜角度的观众座席。所表现出来的明确方向控制，使得我们能够以各种倾斜角度让响应与倾斜的表面相吻合。当具有角度隔离（HF）时，控制的效果明显；而当重叠百分比（LF）高时，控制效果不明显。虽然各个频率范围上的对称性降低了，但是这对于降低 LF 和 HF 覆盖图案之间的差异性的作用非常小。HF 覆盖的中心仍然处在 LF 覆盖的离轴方向上。

人们普遍反映：由于声级递减导致对低频范围的"控制"减弱了。这取决于你对所谓的"控制"的界定。利用匹配声级虽然波束取得了最大程度的对称，但是波束却出现了不必要的最窄化，从属性上讲，这与"控制"是典型同义词。如果不将"控制"作为衡量覆盖型与想要的覆盖形状适合好坏的标准的话，那么声级递减就会提高"控制"，如果我们取消用于该阵列的声级递减，那么"控制"的提高就要以 LF 波束中心进一步向下偏离几何中心（-12.5°）为代价。伴随"控制"的声级递减损失，同时也获得对最小变化频率响应形状的方向上波束控制的好处。

认真研究这一结合点的优先性问题还是值得的。假设并不能始终在整个的频率范围上取得最小频谱变化。关注的是哪一范围最佳，该朝那一方向努力呢？我们都知道高频范围是最容易易控制的，而低频范围通常存在重叠，所以挑战比较大。我们也已经知道通过波束集中来实现对 LF 范围控制的努力可能与较高频率范围的控制相悖。对优先的答案是针对空间而言的。相对 HF 而言，LF 范围时扬声器 / 房间叠加所占的地位更强（除非是在条件很差的房间）。因此我们不得不期望低端将受到很强的影响。如果低端的形状不匹配，那么还是有可能从扬声器 / 房间叠加中获取可以利用的能量。在低频频段之外，房间的贡献所产生的更大的、没有梳状响应的可用能量增加来得太晚了。因此我们必须优先考虑低端频率的情况。第一个优先要做的就是将中高频段与高频段匹配，然后再加入中低频。如果我们对低频采取了所有的方式，那么就能够开启这瓶"香槟"酒。

最后要考虑的问题就是这种阵列的波纹起伏变化。通过对叠加的深入研究我们得知：空间交叠过渡区的重叠区域上会表现出一定的波纹。在这种情况下，共有 31 个不对称的空间交叠过渡，每一空间交叠过渡将存在一定的不确定性。这一特例具有 1° 倾角的特性，所以重叠量是明确的。可以降低波纹的因素有两个。

① 倾角和声级递减降低了两倍、三倍和四倍等的重叠量，这就如同在对称线耦合声源阵列所见到的那样。我们

不再处于 100% 叠加模式下，并且隔离程度会随非相邻单元间间距的提高而增大。

② 由于重叠声源间的最小间距，所以时间差可能较低（提供小而紧凑配置的音箱）。

我们可以断定声级递减的非对称耦合点声源对于所有这三种类型（声级、频谱和波纹起伏变化）的最小变化性能有实质性的潜在影响。

（3）声级递增的影响

声级递减增量的数量到底对结果有多大的影响呢？如果我们具有 16dB 的声级递减总量，那么是采用 32 个步阶还是二个步阶呢？我们可能马上猜测这一定是有影响的，但是到底在特定的频率下影响有多大呢？答案与问题同步产生。响应被裁切的越细，则在边缘出现的零碎覆盖越小。图 7.31 所示的例子分别显示出了 32 个（左图）和 4 个（右图）增量所对应的响应。其差异几乎全都限于高频范围，该区域的单元间隔离最大。由于隔离和各自响应控制是联合进行的，所以出现这种结果并不意外。四个步阶的情况在 8kHz 响应中留下了痕迹。这里声级的增量变化是导致频谱变化的直接原因。HF 的形状变得与较低频率范围不匹配，较低频率范围的边界被较大的重叠百分比平滑掉了。

HF 响应形状的方形化将随着单元隔离的增大而提高。如果倾角是张开的，且隔离增大，那么就可以期望看到更加明显的突破点，并且在较低的频率上影响会更强。1 阶系统的阵列要求单元与增量的比值最低；而 3 阶系统最有可能将多个单元编组成一个通道来处理。在声级递增和频谱变化间有一个实用的折中方案。细小的裁切要承担信号处理和放大的代价，同时优化处理的步骤更多，接线错误的可能性更大。粗糙的解决方案使我们想通过递减阵列的声级在没有响应边缘方形化带来的频谱

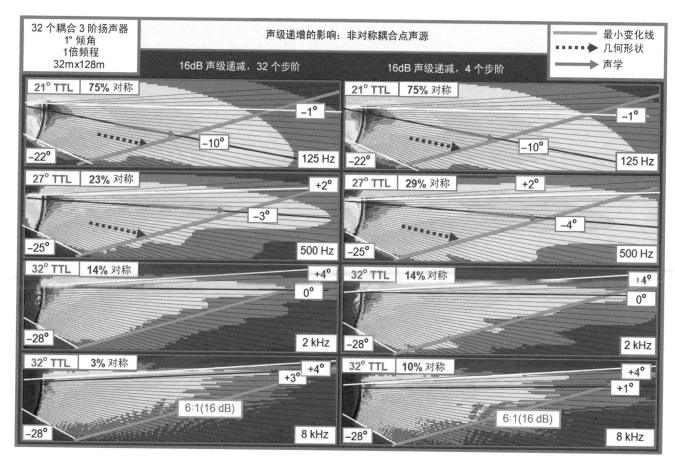

图 7.31 非对称耦合点声源阵列中，声级增量数目的影响与频率的关系

变化的同时获得想要的整体形状（最小声级变化）的做法受到了束缚。

从最小变化这一视点出发，我们给出一个简单的范例：在单元的角度和非对称覆盖距离固定的情况下，需要用非对称的驱动电平来获得匹配的声级。

（4）扬声器阶次的影响

之前我们已经观察过扬声器阶次对线声源阵列性能的影响（如图 7.24 所示），下面我们通过考察参量基本匹配的 2 阶和 3 阶阵列，简要地分析一下同一概念应用于非对称耦合点声源阵列时的情况（如图 7.32 所示）。阵列的总长度，总体的倾角和声级递减（总的声级变化量和递增步阶数）都是匹配的。各自的覆盖和单元数目是不同的，当然 3 阶单元使用的更多数量的窄覆盖单元。响应反映出实质性区域的相似性和一些重要的差异。相似性的程度强烈

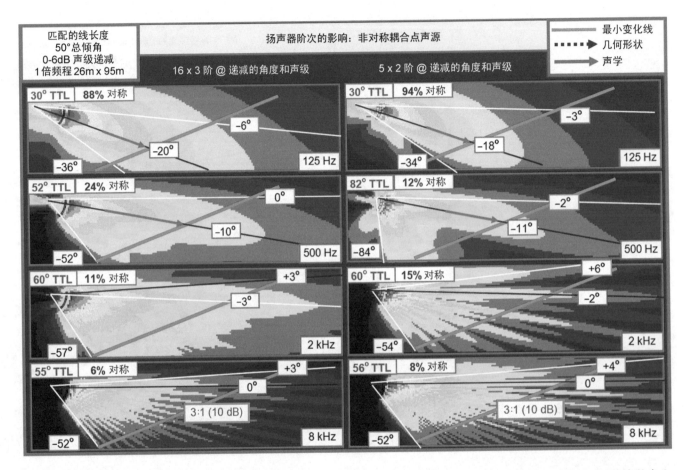

图 7.32 非对称耦合点声源阵列
中，扬声器阶次影响与频率的关系

地暗示出：阵列的配置是比各自单元的特性重要的多的决定性因素。不同单元构成的配置一致的阵列要比单元匹配配置不同的阵列的相似程度高。

四对频率范围表现出了同样的基本形状。中心，顶部和底部之间的差异在除了 500Hz 以外的所有频率范围上的统计意义并不重要，在 500Hz 频率范围上我们看到有一个很明显的延伸底部角度的向下辐射瓣。在 2kHz 的范围上存

在着两个明显的不同：阵列中顶部单元之上的覆盖溢出和波纹起伏变化。在阵列的顶部之上 2 阶系统有较大的泄漏（由于单元的辐射角度较宽），并且在覆盖区存在较大的波纹起伏变化（较宽的角度，较大的间距）。

我们能够由此得出什么结论呢？不论扬声器的阶次如何，对于所提供的偏置量，这种配置可以取得最小频谱变化的结果。随着扬声器阶次的提高，通过增加重叠单元的

数量，我们具有获得更大功率的潜在优势。

（5）组合的非对称倾角、声级和全通延时的影响

针对斜向最小变化线存在三种主要的非对称控制机制：声级、角度和延时。这三种作用可以组合使用，以产生组合的影响，这种影响的程度超出其各自的影响力。声级递减和角度递减的各自影响分别显示，其组合的影响也表示出来，如图 7.33（a）所示。在达到 125Hz 之前，中心、顶部和最小变化线都很好地匹配（底部并不匹配，因为角度扩散不同）。我们可以期望这些匹配的斜度的组合能产生

加倍的效果，其情形如图 7.33（b）所示。6dB 的声级不对称与 6∶1 的角度不对称的组合所产生的覆盖形状类似于图 7.30 所示的 16dB 声级递减的情况，但是它在 LF 形状上具有大得多的一致性。这种组合具有所见到的最低频谱变化，LF 响应只向下倾斜几度。

在这一系列的最终组合中包括有延时的不对称。这并不是传统意义的延时，而是控制 LF 范围向上，同时不影响 HF 范围的选频延时。延时量与频率成反比。最上面单元的 125Hz 范围具有最大的延时（3.2ms），而其 500Hz 区域的

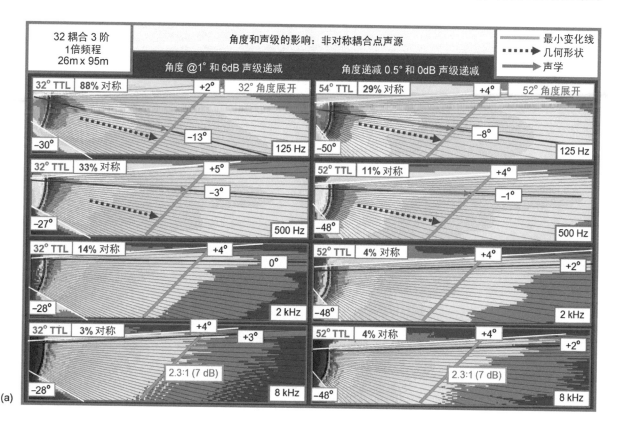

图 7.33　对于耦合点声源阵列，独立和组合的不对称声级和角度影响与频率的关系

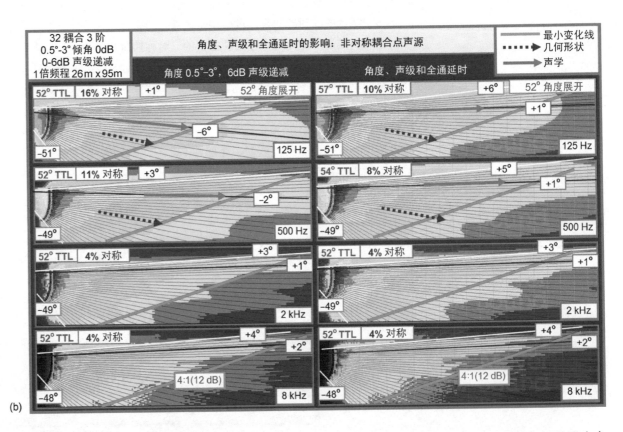

图 7.33　对于耦合点声源阵列，独立和组合的不对称声级和角度影响与频率的关系（续） (b)

延时量是前者的四分之一（0.8ms）。当我们向音箱阵的底部移动时，延时按比例减小。其结果就是阵列还是具有最低的频谱变化，在中心取向与频率的关系中，这一改变只有 1°。

（6）非对称扬声器阶次、倾角和声级的组合影响

非对称点声源的另一种形式就是非匹配单元特性。当然在这方面有无限的可能性。这里给出的典型例子（如图 7.34 所示）就是此前在图 7.9 中讨论过的"叠层"阵列，只不过它具有更大一些的层间重叠（采用的是小于 6dB 的

隔离）。其结果是产生熟知的非对称点声源中见到的最小变化曲线。该图示出了各种用来建立这一基本形状的可使用选项。正如之前注释中提到的，频率响应的隔离区是对非对称控制技术的最强反应。

（7）缩放比例的影响

下一个要研究的参量是我们可度量的非对称点声源阵列的范围。如果我们保持同样的总体角度和从上到下的声级关系，那么还会有同样的覆盖形状吗？形状与频率的关系还会保持吗？答案是肯定的，随着频率的升高，可以获

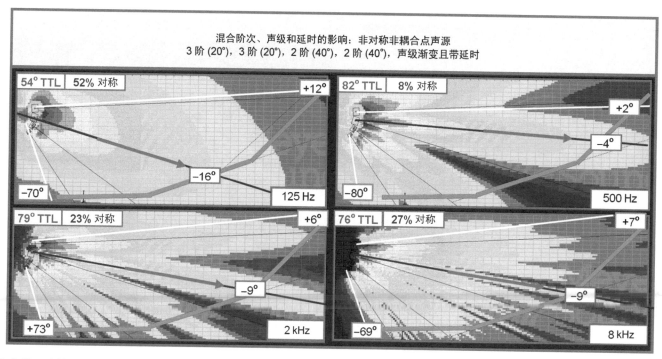

混合阶次、声级和延时的影响：非对称非耦合点声源
3 阶 (20°)，3 阶 (20°)，2 阶 (40°)，2 阶 (40°)，声级渐变且带延时

图 7.34 耦合点声源阵列中，不对称声级和角度的组合影响与频率的关系

得最高的比例相关。例如（如图 7.35 所示），我们还是采用熟悉的参量加倍技术，同时观察结果的变化趋势。在这种情况下，我们将根据要求同时加倍和减半参量值，以建立起比例条件。当数量减半时，倾角加倍，以便保持总体的角度扩散不变。随着数量的减半，模型空间也要随之减半，只有这样才能保证所有的尺寸比例关系保持不变。不变的参量包括有各个单元，以及从上到下的整体的连续声级递减。

应注意的是，虽然较小的阵列以图示尺寸的比例维持线长不变，但是这一较小的概念是绝对意义下的。由于频率（以及波长）并没有被按比例缩放，所以我们可以期待看到线长的相关变化。

第一个要说明的变化趋势发生在 2kHz 及其以上的频率

范围上。在三种情况下，总体的覆盖形状在功能上是一致的。我们马上就可以确认隔离的阵列单元的特性是可以按比例缩放的。所有三个阵列在 32° 的角度和 8dB 的声级递减情况下均表现出类似的波束扩散特性。

注：小规格的阵列在 8kHz 的响应上表现出波纹起伏变化的提高。这是预测程序分辨率重新缩放后产生的副产品，而不是孤立的声学响应。由于预测的大的阵列处在 4 倍大的空间中，故 8kHz 的波长是 1/4 比例。其结果是波纹起伏变化看上去是平滑的，其中不存在声学上的抵消。要记住的是，频谱变化是这部分主要关注的焦点，为此预测的分辨率只限于强调频谱变化趋势。

下面考虑 500Hz 的范围的情况。由于此处波束集中是主要的机制，因此覆盖的顶部和底部缉捕不改变，波束的

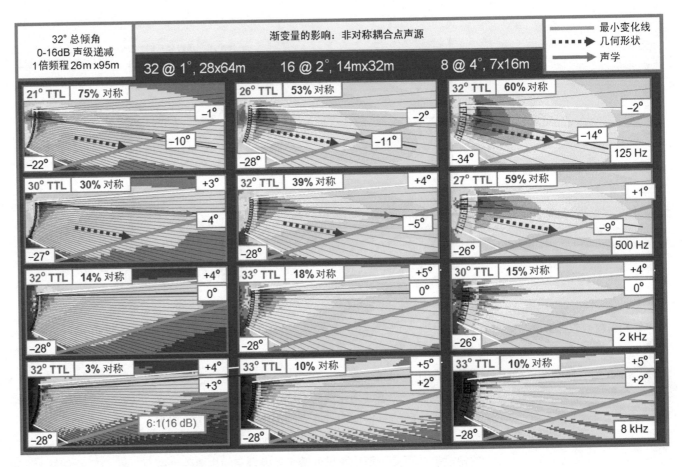

図 7.35　非对称耦合点声源中，阵列渐变影响与频率的关系

中心随着缩放比例的降低而下降。在 125Hz 范围上，波束的中心也以小的缩放比例向下移动。这是伴随总体覆盖的加宽产生的，它是缩短线长的结果。

我们可以推断出这样的结论：阶梯的数量主要是功率容量和低频控制的问题。随着数量的增加，功率容量也加大，但是要付出波纹起伏变化提高的代价。这是我们可以预料到的合理交换。当数量减少时，我们能够预料到频谱的变化会加大，因为 LF 形状的一致性要比 HF 形状的差。

3. 复合的线 / 点声源

多单元阵列可以配置成线声源和电声源系统的复合形式。这种形式在许多利用 3 阶扬声器构成的，被冠以"线阵列"的产品中应用得很普遍。最先进的系统设计并不是将所有的阵列单元以垂直直线型排列。大多数设计者都会主动地将阵列底部的 1 或 2 个箱体指向前排的座位区。这种形式的阵列就是上一章开始时提到的"J"形阵列。

复合阵列本身就是非对称的。阵列的上半部分相当于是对称的耦合线声源，而下半部分相当于是耦合点声源的形式。其中关键的参量就是两个阵列间的转换点，从本质上讲这就是非对称的空间交叠过渡。空间交叠的位置和不对称的程度是相对两种类型阵列中单元数量而言的。

与往常一样，我们还是通过一系列的参量加倍，来将影响隔离开来。在这种情况下，我们将更改部分线声源和点声源的组成部分。每种情况下总体的单元数量还是 16 个，并且顶部和底部的单元的取向维持固定值。线声源部分只是以对称的形式表现，因为之前已经表明这种类型的

阵列在声级递减上不具备优势（如图 7.27 所示）。出于简化的目的，点声源部分也以对称方式显示出来。

在不同的情形下，线声源分别由，单元总数为 16 个中的 2、4 和 8 个单元构成。其结果示于图 7.36。最明显的情况是各类型中 8 个单元的情况。在这种情况下，高频范围很清楚地表明：两种类型的阵列在各自的领域中共存。8 个线声源单元投射出完美的，可视为是标准波束集中特性的聚焦波束；而底部的 8 个点声源单元则提供出标准的 HF 波束扩散特性。如此严重的声级变化使得两个明显的底

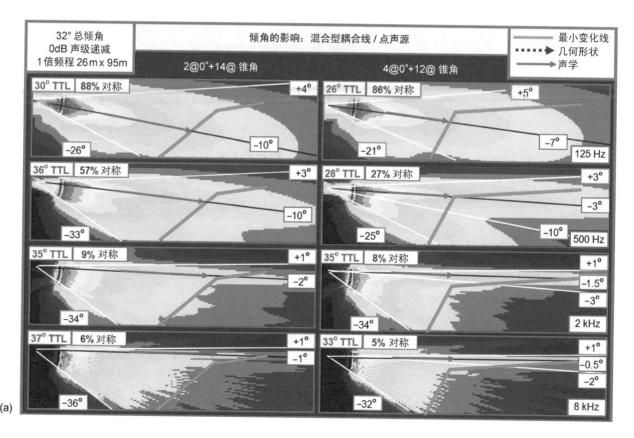

图 7.36　混合型耦合线 / 点声源阵列中，声级和角度不对称影响与频率的关系

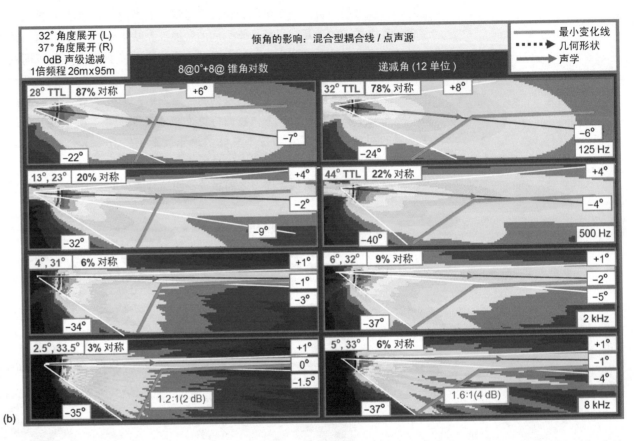

图 7.36 混合型耦合线 / 点声源阵列中，声级和角度不对称影响与频率的关系（续）

(b)

部覆盖角度很容易看到（一个是线声源的，一个是点声源的）。最终的覆盖形状在厅堂的后部呈现出射击似的点状（我们具有新的思维理念，用覆盖枪来取代覆盖弓）。我们不可能遇到观众沿着这一形状分散开来的空间。

　　这样两种类型阵列不混合的原因是：波束集中特性控制来自任何倾向于波束扩散方向的组成单元辐射出的能量。集中提高了主轴上的声级，缩窄了波束，使其不会到达扩散组成单元。来自扩散波束单元的能量不能与平行金字塔的斜面混合。当向下移动频率时，我们会发现增大的重叠

最终导致波束集中成为两种类型阵列的主宰力量。组合的响应演变成典型的非对称点声源的覆盖形状。

　　下面我们尝试将两个在远处、不太可能结合在一起的覆盖形状结合在一起：将变化的金字塔与固定的圆弧混合在一起（如图 7.37 所示）。首先从金字塔开始。在它构建完金字塔之前，线声源并不具备确定的覆盖角度，而只是具有确定的物理宽度。达到金字塔尖顶，覆盖角度的距离随频率有很大的变化。在金字塔内部给定宽度上的频谱变化量随距离而变化。它从来就不是恒定的，现在它呈现出

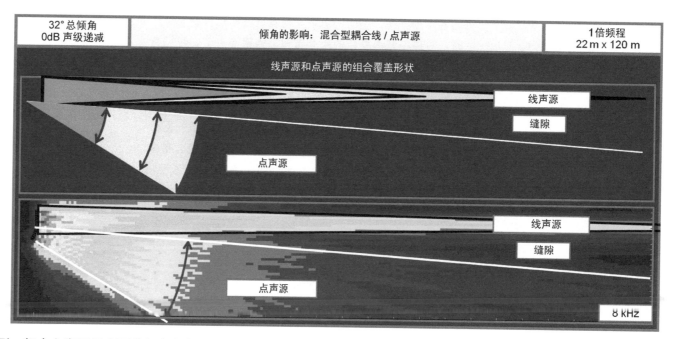

图 7.37 混合型耦合线 / 点声源阵列的各组成部分构成的覆盖形状

弧形。耦合点声源是由覆盖角度来定义的。我们根本就不必担心角度会成为距离上的一个障碍。在无限远的距离上角度是固定，如果设计良好的话，角度也不随频率变化。在整个覆盖角度上产生的频谱变化量将不随距离而变化。如今现实的问题是如何将这些事情放在一起，以建立起不随距离和频率的变化而变化的组和响应形状呢？对此我给不出答案。

接下来我们将线声源单元的数量减少。这样会降低主轴上的功率叠加，同时也阻碍线声源波束的变窄。这种影响非常小，可以忽略不计。HF 响应显示出在集中和扩散区之间的合成区域稍微变厚一些。我们还有一个对准观众的加载枪。即便将线声源比例减小到只有两个单元，枪的形状还是存在。0° 的两个单元产生的波束集中不会与邻近单元的波束扩散向交汇。

这里还显示了另外一种情形，它是"对数"形式的角度递减，这是其中一个"线阵列"扬声器厂商推荐的一种实用方法。实际上这是非对称点声源的一种形式，因为没有 0° 的角度。初始角度非常小（0.2°），可以忽略隔离，其结果相对于之前谈到的非对称点声源而言，更接近复合阵列。HF 响应看上去还是保持枪筒形状。

7.2.2.2 非耦合阵列

此前进行的有关耦合阵列的研究表明：建立起不随频率变化的恒定声级线是极具挑战性的任务。即便是在最好的条件下，我们也只能寄希望于合理地接近最大频率范围和听音区域，但这与所遇到的非耦合阵列的风险相比这只能算是"在公园里散步"。回顾本书的第 2 章，会让我们想起叠加的空间属性，随着位移成为主要的参量，这些属性将对各个频率产生不同的影响。当发现位移和重叠同时产生时，对最小频谱变化的所有希望都随风而去了。我们有机会对确定区域保持控制力的方向是有限的。在这部分内容中虽然不能反复讨论所有的可能，但是我们将会把关注的重点放在存在有限成功可能的方向上。

非耦合阵列可以在三个方向上建立起相当一致的覆盖形状：即侧向、径向和前向。应用的实例将会反映出在这三个方向上的变化趋势。

1. 非耦合线声源

我们先从非耦合线声源的对称形式展开讨论，如图 7.38 所示。根据之前讨论的的结果，最小变化区域涵盖 50% ～ 100% 透视比的区域。因为不存在角度隔离，所以覆盖范围的深度受到波纹起伏变化的限制。方案是否成功是由覆盖的起始点和终点的一致性来衡量的。因此，阵列覆盖形状的一致性需要原始单元形状的一致性来保证，其中优先选择的就是 1 阶扬声器。随着扬声器阶次的提高，

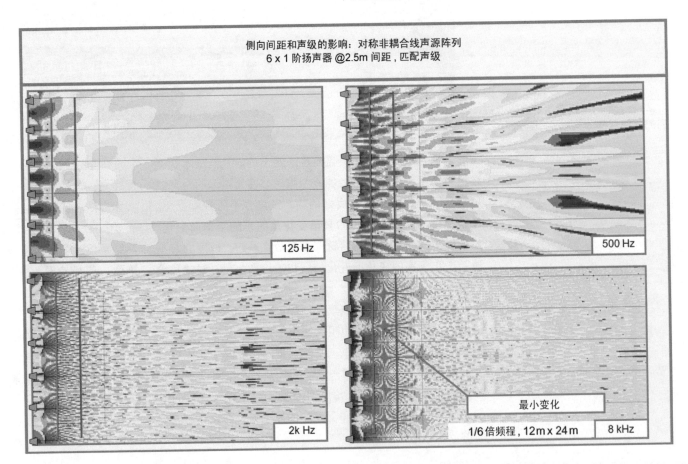

侧向间距和声级的影响：对称非耦合线声源阵列
6 x 1 阶扬声器 @2.5m 间距，匹配声级

125 Hz

500 Hz

2k Hz

最小变化

1/6 倍频程，12m x 24m 8 kHz

图 7.38 非耦合线声源阵列的覆盖形状与频率的关系

只有高频范围的开始和终止区域前移，而中频和低频范围则落在后面。当间距变宽时，开始和终止点按比例确定。由于频率并不按比例确定，所以波纹变化将因位移的不同而不同。这些变量的影响示于第 2 章的图例中，在此省略。

（1）声级、间距和扬声器阶次偏差的影响

下面我们以一个非耦合线声源覆盖形状偏移为例展开讨论。这里的变量为相对声级、间距和扬声器阶次。这三个变量的组合形式是无法穷尽的。为了讨论上的简化，我们以图形来说明。其中的图例将会显示出如何利用这些变量的偏差来建立起非对称的组合形状。这是之前我们应用于非对称耦合点声源的分层技术的一种变形。

下面我们从图 7.39 所示的非对称对数间距和声级的 1 阶单元开始分析。在这种情况下"对数间距"是每个连续单元间距的一半。偏差的对数声级变化为 6dB/ 单元。较低的单元被加入延时，以便建立起一系列用蓝色的圆形标注出来的相位对齐的空间交叠过渡。其结果是呈现一定角度的等声级线更倾向于较响的单元，这与非对称点声源类似。由于使用了低阶单元，所以形状在不同频率上相当一致。

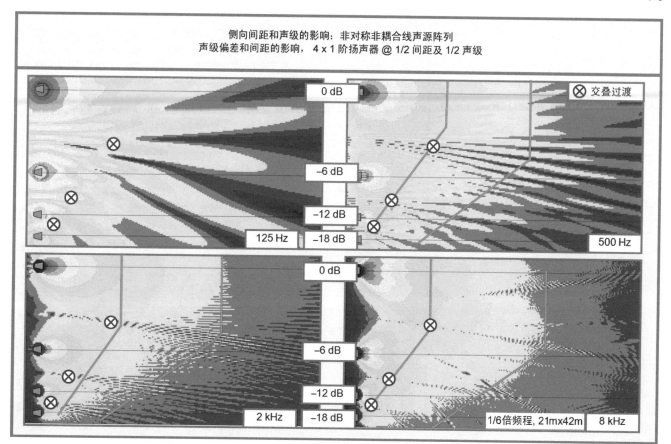

图 7.39　非耦合线声源阵列（1 阶扬声器）中，声级偏差和间隔角度不对称的影响与频率的关系

低频的波纹起伏变化是非耦合单元缺乏隔离所致。

类似的情况可以用 2 阶或 3 阶扬声器来构建。由于单元具有较高的透视比的缘故，故间距按比例减小。虽然间距和声级保持对数比例偏差，但是物理位移改变了。最终的形状显示：高频的覆盖虽然如我们期望的那样向前延伸了，但是麻烦也接踵而至了。随着频率的降低，产生有效耦合的单元分的太开了，但是它们是高度重叠的。在 1 阶的例子中的 125Hz 处看到的波纹起伏变化在 2 阶和 3 阶的时候会延伸至更高的频率范围上。

这里的主要概念是一种折中。虽然我们获得了有限的

形状扩展，但是付出的代价却是频谱的变化。如我们所预料的那样，3 阶系统（没有示出）的频率稳定性按比例下降。为了让这种类型在高阶系统时能有效地工作，就需要构建的单元保持其 LF 范围向下的指向性。虽然这在单独的单元中是十分罕见的，但是却可以通过耦合点声源阵列来取得，然后再演变成非耦和线声源的单元。

对数偏差的间距公式也可以应用于可变的原点上。我们将从 1 阶扬声器单元开始讨论，这些单元在侧向和前向是对数间距，声级也是常见的对数声级递减（如图 7.40 所示）。交叠过渡是相位对齐的，这将使得在阵列前部出现匹配声级

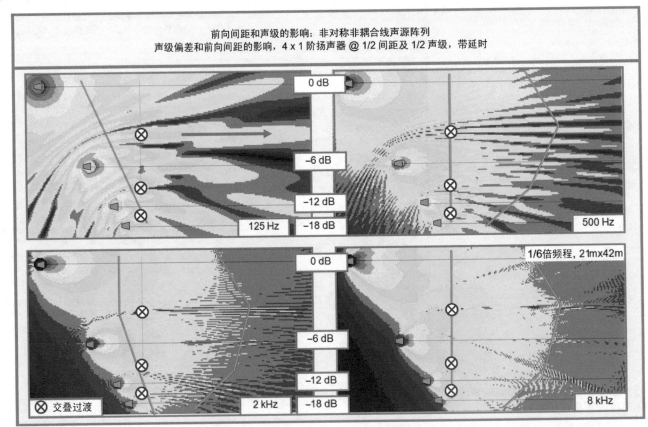

图 7.40 非耦合线声源阵列（1 阶扬声器）中。声级和原点偏差，以及间隔角度不对称的影响与频率的关系

的平坦直线。这是重要，却是虚假的关键点，它不能在不同的距离上保持不变，这是因为声源近处和远处的非对称距离加倍损失造成的（参见图 7.12）。转换过渡可以做得足够的缓，以便覆盖形状能提供可行的前向和侧向安装系统的合并。随着频率的降低，早期的等声级线朝着较响单元的内侧弯曲。

（2）原点、声级和间距偏差的影响

我们也可以尝试用 2 阶扬声器来分析同样类型的情况。与之前的变化趋势一样，我们发现可利用区域和频率范围是按比例减小的。

要想抓住这些情形的实际应用实例是困难的。设计这样具有顺序关系的系统将是十分不同寻常的。其目的就是显示出控制这些相互作用的机制，并且以被选工具的身份加以展示。通过使效果加倍和三倍的处理，就可以让变化趋势凸现出来。所得出的明显结论就是：任何的非耦合阵列形式都归结为两种范围受限的类型，这两个范围就是距离范围和频率范围。其中的距离将我们葬送于波纹起伏变化之中。随着频率的下降，隔离程度下降，即便是在近处也是如此，这时波纹再次加大。

这样的话，我们可以推断出这样的结论：这种阵列的使用将会使我们更倾向于放弃大功率、低变化的耦合阵列的应用。但事情并非如此，我们做不到。非对称非耦合线声源和点声源发挥作用的地方是那种特种宽银幕的情况。我们退后一步再看一下这些数据，并用各个单元来替换耦合阵列。在顶部是台口侧墙上部的主扬声器系统的上部，接下来的主扬声器系统下部距离台唇有 3m 高的距离。之后还有前方补声扬声器。这时这些耦合阵列的组合相当于是非对称非耦合阵列。

2. 非耦合对称点声源

我们已经从之前的第 2 章和本节关于声级变化的讨论

中对径向延伸方法十分了解了。非耦合点声源阵列存在一个最小声级变化的弧线，起开始点和终止点是由位移和角度重叠决定的。2 阶系统的响应如图 7.41 所示。虽然所包围的区域内表现出了很高程度的声级与频率关系的一致性，但还是不能消除波纹起伏变化的影响。低频范围的响应表现出了比之前情形更高的相关性，非耦合点声源可以由各种形式的非对称来产生：其中形式就有声级、角度和阶次。这些作用的变化趋势与我们刚刚研究过的那些趋势有很大的一致性。

3. 非耦合非对称点目标源

前移和以不同声级工作的声源间的相互作用深度是有限的。其中决定性的因素是距离和声级的比值。在沿着前移直线的一些点上，两个声源具有匹配的声级，这就是空间交叠过渡点。沿着前移方向继续远离两个声源，这时会导致每个声源的声级衰减。由于声级衰减是基于不同的距离加倍的，所以声级衰减比值将是非对称的。对于较远处的扬声器比值主要表现为声级随距离比值而增加。受影响的区域与声级比成反比。这两个因素的关系如此前的图 7.12 所示。

在所给出的例子中（如图 7.42 所示），所有情况下的空间交叠过渡点都处在同样的距离上。可变量、距离比和声级比匹配，以便在听音位置建立起匹配的组合响应。在这一位置的组合声级与由主声源覆盖深度的中点的声级匹配。

下面我们从 2:1 的距离比开始分析。它可以分别是 20m 和 10m，或者任何相当的比例。按照反平方定律，对于单一声源而言，这一距离比将产生 6dB 的声级差，对于前向的扬声器同样也会有 6dB 的衰减。因此当它们到达交汇点时的声级是相等的，组合后的声级有 6dB 的增量。我

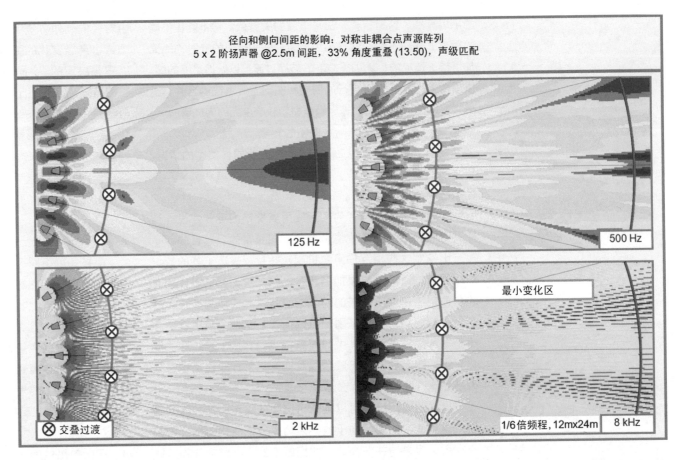

径向和侧向间距的影响：对称非耦合点声源阵列
5 x 2 阶扬声器 @2.5m 间距，33% 角度重叠 (13.50)，声级匹配

125 Hz

500 Hz

⊗ 交叠过渡

2 kHz

最小变化区

1/6 倍频程，12mx24m

8 kHz

图 7.41　非耦合点声源阵列的覆盖形状与频率的关系

们看到交汇点的前方距离产生的衰减率大于前向的扬声器，其结果是随着我们向前移动前向扬声器在组合方程中缓慢地下落。继续以加倍的距离比向前移动，还会产生 6dB 的声级下降。虽然这时在空间交叠过渡点上保持恒定的声级，但是在空间交叠过渡点前后相互作用的范围稳步地下降。虽然高比值降低了远处扬声器"反向辐射"的副作用，但是也减小了前方的功率叠加增量。

典型的延时扬声器情况是采用朝内倾斜一定角度的非耦合点目标源阵列。前向扬声器的作用就是改善直达声与

反射声的比值，并减小由反平方定律带来的辐射声级衰减。图 6.59 示出了三个不同情况的延时，其中距离和声级比值是变化的。这些情况较之前纯粹声级且不考虑角度分量或波纹起伏变化的讨论更富有实际意义。将这三种组合情形与未采用延时的扬声器响应相比较。在这三种组合情况下，扬声器在同一位置建立起相位对齐的交叠过渡。通过调整距离比、角度关系和相对声级来建立起匹配的交汇点。其中的主扬声器和延时扬声器都是 2 阶的。

我们从低频响应开始。在所有情况中，空间交叠过渡

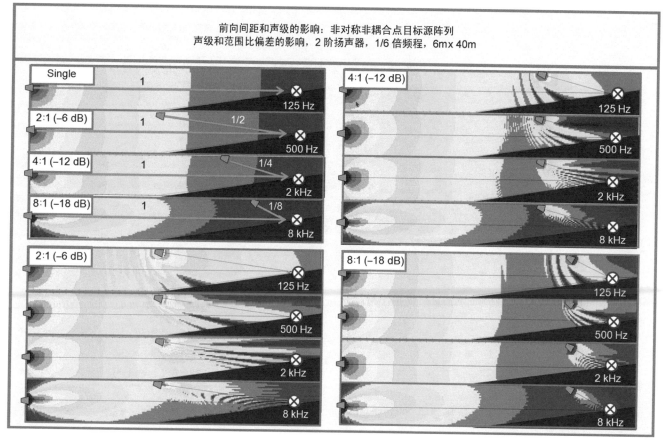

前向间距和声级的影响：非对称非耦合点目标源阵列
声级和范围比偏差的影响，2 阶扬声器，1/6 倍频程，6m x 40m

图 7.42 用于不对称非耦合点目标
阵列的声级和距离比

区域的声级被从基准线（上边一排）抬高了 6dB，这相当于将听众向前移动至房间的中央。2:1 的情况虽然能够充分地控制住厅堂后部的声级损失，但是它是以延时扬声器局部区域的波纹起伏变化为代价换来的。两个声源间的波纹最大，尤其是在延时扬声器后面附近的位置。这是由于声源间的时间差引起的，这一时间差是为了在空间交叠位置实现相位对齐而设定的。这一处在延时扬声器后面的"后向辐射"区域是三角形法则讨论中的可认识特性：这就是两声源间的最大波纹起伏变化的直线。4:1（−12dB）

和 8:1（−18dB）情况的前方叠加较小，同样后向辐射而按比例减小了。

第二个因素就是扬声器自身的角度取向。图 7.43 示出了同一距离比前提下各种角度取向所产生的影响。其中刚刚讨论过的声级比建立起了等声级区，而每一角度取向建立起不同的等时间线。假设延时在空间交叠过渡处已经同步了。图中等时间线用"同步"标记出来。这条线表示出在这一位置上，扬声器间保持瞬时的相等。另外我们还能看到表示 1ms 至 5ms 增量时间差的线。5ms 限制表示出了

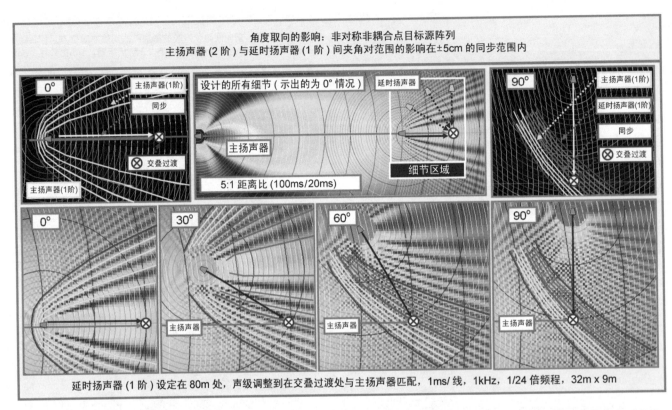

图 7.43　不对称非耦合点目标阵列角度取向的影响

梳状滤波影响的范围向下延伸，达到了 100Hz，这对于大部分延时扬声器的整体工作范围上的下降已经足够低了。

在有些情况下，延时扬声器领先于主扬声器，有时则相反。其中有几个重要的趋势需要注意。第一个就是：随着角度差的增加，可用区域的大小（5ms 限制之内）减小。第二个变化趋势线表示出了时间差和声级差的关系。应注意的是，在空间交叠过渡之后的区域（从主扬声器看过去）表明：延时扬声器领先主扬声器。回顾之前谈到的加倍距离比时非对称的概念，所以声级差更偏爱主扬声器。这里我们所谈及的差异因素是针对声像的（参见第 3 章）。随着我们朝向厅堂后面移动，因偏差因素使得声像保持不变。

随着我们将空间交叠过渡前移，就会发现主扬声器在时间上领先了，而延时扬声器（在偏离开主轴前）在声级上领先。这种偏差上的竞争导致声像固定住了。

中频范围图表明随着频率的提高方向性控制增强。随着波纹灵敏度（因为波长较短的原因）的提高，相互作用的范围同时减小。虽然最终的后向辐射波纹降低了，但是前向相互作用区域的波纹提高。

还有一个问题要提一下，随着距离比的改变，声源间角度关系变化的影响（如图 7.43 所示）。当延时扬声器向厅堂后部移动时，点目标阵列向内的取向角加大。这导致在点目标源叠加的角度影响恒定的空间中波纹起伏变化加大（参见图 2.66 ~ 图 2.69 ）。最后我们到达 8kHz 范围，这时方向隔离达到最大。向后辐射忽略不计，叠加的范围很小。如此小的叠加是朝着我们的目标进发。我们已经改善了前 / 后声级的一致性，同时减小了后部的直混比（降低波纹起伏变化的另一种形式 ）。尽管这里还是表现出了变化，但是后者的表述还是成立的。造成大厅后部波纹起伏变化的主要原因是房间的反射，以及再生的直达声，即便对所示的波纹，它对于整体的波纹下降也是有利的。最终由于我们降低了频率响应形状中的变化，所以可以希望主扬声器响应的 HF 空气衰减可以通过前向扬声器来恢复。

第三节　结论

在第 6 章的一开始我们就讨论过变化与功率的关系。至此我们已经全面地其进行了阐述，虽然还不够详尽，但是从中还是可以看出主要的机制在各种情形中所起到的作用。

7.3.1　扬声器阶次和波束宽度

关于扬声器的阶次，我们可以得出如下的结论：

1 阶扬声器：

- 最适合在低的透视比情况下使用 1 个单元来工作
- 角度重叠最不稳定
- 功率的组合最不稳定
- 随着频率的提高波束宽度的变化方向一定不反转。一旦波束宽度达到稳定的高地部分，则覆盖必须保持恒定（在较高的频率不变宽）
- 单位倾角或近似单位倾角应沿着波束宽度的稳定高地产生

2 阶扬声器：

- 最适合在中等透视比情况下使用 1 个单元来工作
- 适合在有限的条件下的功率组合
- 不存在波束宽度反转（与 1 阶一样）
- 单位倾角或近似单位倾角应沿着波束宽度的稳定高地产生

3 阶扬声器：

- 最不适合单一单元使用，除非存在严峻的透视比情况，而双单元又不可行
- 最适合的是角度交叠
- 适合于最大功率叠加的组合
- 恒定向下的波束宽度倾斜，并且当频率升高时并不反转
- 应该以大于 0° 的角度（相对）进行有角度的排列

7.3.2　最大功率与最小变化量的关系

关于功率能力问题我们可以得出如下结论：

- 耦合阵列能够将集中的功率能力提高到单一单元的能力之上，同时维持在远距离时的最小变化
- 耦合点声源在最宽的频率范围和空间区域上具有最高的功率增量与变化的比值
- 虽然耦合线声源能够提供的功率没有限制，但是它不能在空间上取得最小的频谱变化
- 虽然非对称声级递减将降低阵列几何中心处的总体功率能力，但是提供了在非对称空间上实现最小变化的机会
- 非耦合阵列能够将分布的功率能力提高到单一单元的能力之上，同时维持最小变化，但这只能在非常有限的距离上才能实现

7.3.3 最小变化量覆盖形状

之初的承诺也表现出有限数量的最小变化形状（独立于扬声器／房间的相互作用）。

其中的佼佼者是：

- 矩形（前向格式）：与在各自扬声器中看到的一样
- 弓形：就如在对称点声源所见到的那样。由于 HF 范围的空气吸收以及距离产生的功率损失的缘故，耦合的形式的作用范围只受到频谱变化的限制。非耦合形式的作用范围则受重叠引发的波纹起伏变化的限制
- 直角三角形：就如在非对称耦合点声源所见到的那样

竞争者包括在非对称非耦合系统交汇处的小区域上可以保持不变的各种不规则形状。这其中就有前向的延时系统。

最小变化菜单

这产生一系列的选项：系统和子系统的构成功能块。我们给出一个选择菜单。从中能够找到满足我们需求的填充空间的方法。第 1 个选择就是单只扬声器。

1. 单只扬声器

针对单只扬声器的最小变化原则：

- 采用最低的透视比来定位扬声器，使观众至少处在一个平面上。对此的限制就是声像，比如在高处吊置中间扬声器组的情况，或者实际应用中的视线安装。由于视线的原因，前方补声的情况属于高透视比的情形（该参量对于所有的阵列都是有效的，在此就不重复赘述了）
- 使用在频率上具有最小波束宽度比的扬声器（1 阶或 2 阶扬声器）
- 匹配对称的属性（对称形状采用对称取向，非对称形状采用非对称取向）
- 扬声器的宽高比与观众的覆盖形状匹配
- 如果扬声器的覆盖型在房间边界表面上重叠太强，则要采用阵列

2. 耦合阵列

菜单的下一部分就是主扬声器组：耦合阵列。该阵列将覆盖主要的空间。菜单如图 7.44（a）所示。

对于对称点声源阵列的最小变化原则是：

- 用所要求的弧形角度来覆盖相应形状的观众区域。所需要的单元数量取决于单元扬声器的阶次。低阶扬声器必须重叠最低，高阶扬声器能够以最大的功率叠加进行重叠
- 波束扩散将对高频覆盖进行整形
- 波束集中将对低频覆盖进行整形
- 应用以上的原则，直到形状符合中频范围的要求为止

3. 非耦合阵列

现在是最后一道菜了：非耦合阵列。只要我们保持其相对小的话，那么这些主要的内容都是遵守的。非耦合阵列可以由单只扬声器构成，或者由之前提及的组合阵列组合而成。非耦合阵列可以只在有限的范围上保持最小变化，所以一般都是由 1 阶或 2 阶单元组成的（或者与 1 阶或 2 阶单元相似的耦合阵列）。菜单如图 7.44（b）所示。

对于非耦合阵列的最小变化原则：

- 通过角度偏差，位移或两者来取得隔离
- 随着角度偏差的降低，可用的深度范围也随之下降
- 非耦合阵列深度是通过重叠来启动的，在重叠之前，响应就如同单个单元一样。在重叠之后，阵列的特性和波纹起伏变化开始出现了

● 非耦合阵列深度是由重叠来限定的。多重重叠提供了对深度终点的限定

● 非耦合阵列可以通过相对声级来按比例缩放，以适合深度要求

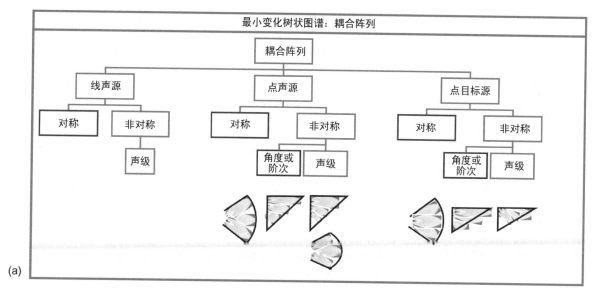

(a)

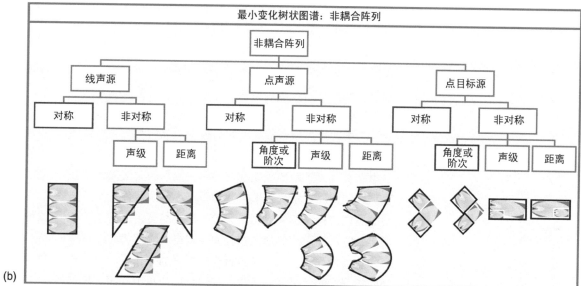

(b)

图 7.44 （a）耦合阵列的最小变化图谱菜单。（b）非耦合阵列的最小变化图谱

第 8 章

抵消

cancel　动词: 1. 删除，删去；取消；使无效；废除；撤销；中和剂。

摘自简明牛津词典

第一节　引言

　　东方人的哲学和宗教信仰强调的是万物间的平衡。在佛教中有阴阳之说，而在印度教中就是所谓的创生和毁灭。这就是明亮与黑暗间的平衡。所以如果将这一说法引入到扬声器的组合当中，我们刚刚所进行的研究是强调扬声器阵列的正向一面，那么接下来要探讨的就是其反向的一面：抵消。当某一地点发生组合叠加时，另一地点就可能发生抵消。如果我们掌握了如何控制和利用这一反向的力量，则我们就可以将弊转化为利，并将声音从一个区域转移到另一个区域。

　　本章的重点研究的是低频的控制。我们对此有何作为呢？此前，我们采用叠加来研究的前向的问题，而用隔离的思路来分析扩散的问题。这种解决问题的方法应用于低频范围的问题中会受到非常大的限制。低频器件近乎无方向的属性使得我们无论将单元的夹角倾斜得多么宽也不能取得大的角度隔离。通过拉开间距取得的隔离将会梳状响应区叠加的现象引入到了重低音扬声器的工作区。最为成功的控制机制就是取得增强和抵消之间的折中平衡。既然不能将空间分成独立的覆盖区来覆盖，那么我们就可以通过控制相位响应来对覆盖的形状进行整形处理，使其产生我们所要的增强和抵消。

第二节　抵消的定义

　　我们在第 2 章中曾见到过抵消区。这个区域是处在相位轮的背侧，这时两个声源间相位相差 120°到 180°之间。最常见的抵消形式是出现在阵列中的某一单元产生反相的情况。值得我们关注的是，这种情况并不一定会表现为空间中声压级的降低。极性的反转使得每一频率成分在另外的对称交叠过渡点上产生半波长的差异。波束从空间交叠过渡点开始向两侧分化。

　　然而其间的差异会与单元间分频点的延时差有联系。延时导致有些频率产生相加，有些频率产生相减。即便是被限制只有 3 个倍频程范围的中低音单元，也不可能找到用同一种方法来控制所有频率的延时解决方案。

　　首先来比较两个单元的重低音阵列中的极性和延时

（如图 8.1 所示）。从图中我们可以看到极性是如何反映出各个频率在分频区域的停顿。通过对比可以看出，一个 8ms 的延时会在频率上产生三种截然不同的影响。在 31Hz（延时的 1/4 波长），控制作用是建立在后发声的扬声器方向上的。在 63Hz（1/2 波长）时，响应与极性表现是一致的。在 125Hz（全波长）时，响应与原始的组合无法区分。这里我们遇到了三个作用因素：抵消、增强和方向性控制。下面我们就着手分析其在实际工作中的作用。

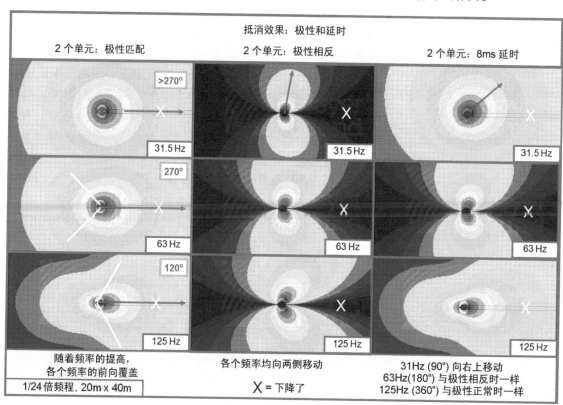

图 8.1　双单元重低音阵列在正常极性、极性反转和单元间存在 8ms 延时时的比较

第三节　重低音扬声器阵列

重低音扬声器为设计阵列提供了特有的机会，它可以突破为全音域扬声器设计所制定的规则。重低音扬声器阵列具有两个开放的特点：（1）重低音扬声器是只覆盖 3 个倍频程（近似值）的单独箱体；（2）重低音范围的长波长能够绕射过邻近的障碍物，最为明显的就是其他音箱箱体。我们将不考虑将一只全音域扬声器箱直接对着另一只音箱的后面放置的情况（DJ 的情况除外）。使用重低音扬声器只是个选择方案，在有些情形下它是非常有用和实用的方法。

经常使用的单只的重低音扬声器有两种基本形式，一种是全指向的，一种是心形的。全指向形式有点与全指向传声器相似，它并不真正是全指向的，尤其是在频率升高时。马上我们就会看到这一点的重要性。心形形式是由分别向前后向辐射的驱动器组成，它利用了相位差在正面建立起耦合区叠加，而在反面建立起抵消区叠加。这些都是工程化的产品，如果做得好的话，则可以在很宽的频率范围上完全抑制掉反面的辐射。心形控制形式的优点就是具有自主性。具体的细节可以咨询生产商。

在开始组合扬声器之前，我们一定会接触到单独的单元。图 8.2 示出了典型单元的覆盖型。如果用标准的覆盖角度（主轴与离轴轴向间 6dB 的差异）评估的话，单元在 31Hz ～ 125Hz 的范围上会呈现出 360° 范围上一致的波束宽度。虽然在后方 0dB 下方与 -5.9dB 下方之间存在大的差异，但是这两种情况的覆盖角度都是 360°。记得在高重叠的阵列中，其透视比形状是组合覆盖的基本累计因子。虽然透视比形状在 360° 覆盖角度之间的 5.9dB 差异并没有避开，但取而代之的是将其形状调整至 0dB 的轮廓线上。

在重低音音箱的情况下，扬声器后面的能量是真实存在的，所以这将有助于我们在评估扬声器时直观形象地定义整个比值（前 / 后 vs. 侧 / 侧）。

真正的全指向的 31Hz 响应与确定的非全指向的 125Hz 响应之间的差异只是在数值上有名不显著的反映。当系统被耦合（或抵消）时，这种差异会增加，并且随着重低音单元数量的增加而成为主要的影响因素。

指向性阵列可以通过组合各个无指向的单元来得到。通常有各种选择方案可供使用，一般我们将隔离它们的影响，查看其发展变化的趋势。在此我们将讨论的内容限制在耦合阵列上。更明确地说就是，对于明显例外的心形重低音扬声器，非耦合重低音扬声器阵列的特性不会通过最小变化的检测，其原因和简单：就是重叠太大了。下面看一看耦合的选择方案。

指向性重低音阵列的配置：

1. 侧向阵列：耦合线声源
2. 径向延伸：耦合点声源
3. 前向阵列：端射型阵列，直线排列的双单元

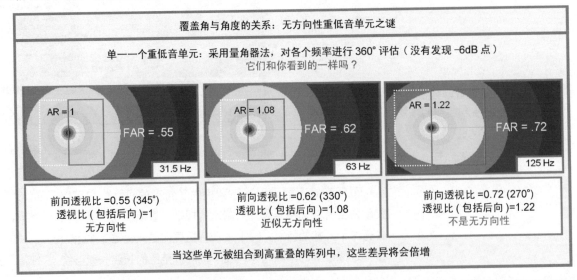

覆盖角与角度的关系：无方向性重低音单元之谜

单一——个重低音单元：采用量角器法，对各个频率进行 360° 评估（没有发现 -6dB 点）
它们和你看到的一样吗？

AR = 1	FAR = .55	31.5 Hz
AR = 1.08	FAR = .62	63 Hz
AR = 1.22	FAR = .72	125 Hz

前向透视比 =0.55 (345°)
透视比（包括后向）=1
无方向性

前向透视比 =0.62 (330°)
透视比（包括后向）=1.08
近似无方向性

前向透视比 =0.72 (270°)
透视比（包括后向）=1.22
不是无方向性

当这些单元被组合到高重叠的阵列中，这些差异将会倍增

图 8.2 "全指向"重低音音箱的指向特性

8.3.1　耦合和非耦合线声源

8.3.1.1　数量和间距的影响

　　我们首先研究一下作为耦合线声源形式出现的重低音阵列的组合覆盖的问题（如图 8.3 所示）。这里采用我们所熟悉的加倍技术来呈现其变化趋势。即便是数量不多，重低音频率范围的上下两端在覆盖上的差异还是表现的很明显的。随着频率的提高，指向性也增加；同样，如果增加单元数量，也会使指向性增强。由数量加倍而产生的让人感兴趣的收敛表现与频率减半时的覆盖是一样的。值得注意的是，我们在此再次遇到平行金字塔的问题。随着频率的提高，覆盖型收窄（通过累加），不管单元的数量如何，31Hz 时的覆盖都要比 125Hz 时的宽很多。

　　单元间的间距也有类似的影响，如图 8.4 所示。在每种情况中，阵列的长度是恒定的，只不过数量依次减少，但是还是分布在线上。由于波长是不能调节的，所以对此存在一定的限制。宽间距的情况（3.2m）显示出梳状响应区叠加的迹象，并且随着频率的提高和 / 或间距的增大，

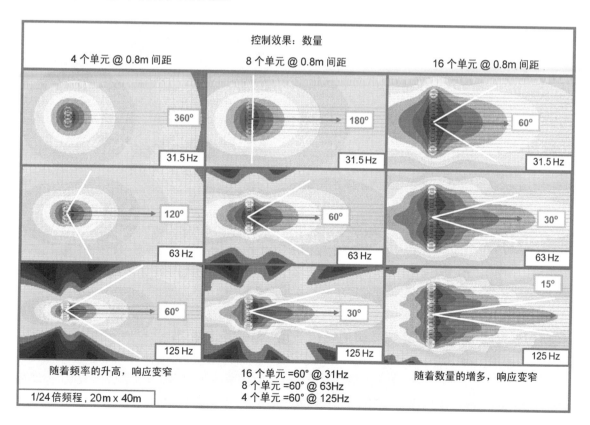

图 8.3　单元的数量对重低音耦合线声源阵列覆盖型的影响

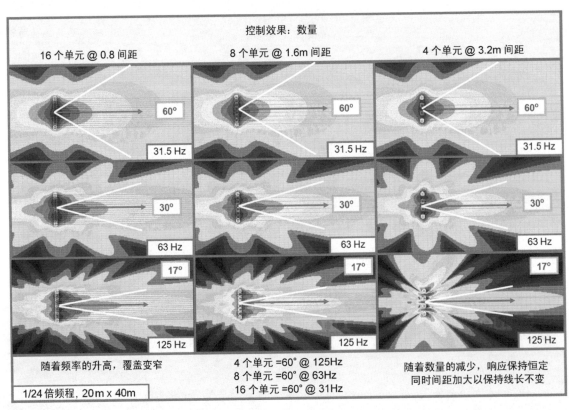

控制效果：数量

16 个单元 @ 0.8 间距　　　8 个单元 @ 1.6m 间距　　　4 个单元 @ 3.2m 间距

随着频率的升高，覆盖变窄

4 个单元 =60° @ 125Hz
8 个单元 =60° @ 63Hz
16 个单元 =60° @ 31Hz

随着数量的减少，响应保持恒定
同时间距加大以保持线长不变

1/24 倍频程，20m x 40m

图 8.4　单元的间距对重低音耦合线声源阵列覆盖型
的影响

情况会更加恶化。在平行金字塔的底座的扩散中我们见到了重要的变化趋势。随着间距的增大，由于要利用 4、8 和 16 单元数量这样的比例变化量来维持给定频率上的恒定覆盖角，所以它导致倍增量下降。然而要想降低任何阵列配置中的覆盖角与频率关系上的差异这都是无能为力的。

对于音乐厅扩声系统的永恒的话题就是在厅堂中央低频响应的峰值问题。这种情况会导致在偏离中央座位区时产生频谱变化。通常重低音扬声器都放置于舞台的侧面，将混音的位置置于左和右系统之间的空间交叠处或附近位置上。由于在典型的立体声混音信号中，多部分的极低频率的信号是处在中央位置，所以会产生稳定的叠加相互作用。这时会发现混音的位置处在两个堆砌起来的金字塔的中间，这是 LF 能量集中的特殊位置。我们位于两个重叠的重低音扬声器的重叠交叠过渡区中。对此我们能做些什么呢？我们有几种选项可以用来减小这种叠加。我们可以通过向外分离地斜向摆放左和右声道阵列的方式来控制阵列，这样就能阻止缝隙型交叠过渡的产生。此外我们还可以通过电子控制的方法来控制阵列的方向型。

8.3.1.2　通过延时实现波束控制

减小重低音的频率范围已经引发出了通过选择耦合线声源阵列中延时单元进行波束控制的方法。其目的就是提供对波束宽度进行非对称的修正，因此在此常常应用波束控制的方法，它可以肯定能实现这一目标。由于控制是基于时间进行的，所以其影响是随频率而变化的。我们针对重低音相互作用所做的一切而产生的影响在底部（30Hz）是顶部（125Hz）的四倍，这是机制的自然属性。下面研究是否能将其付诸实用。

首先要确定进行波束控制所要做的工作。第一个任务就是对重低音覆型的中心重新进行定位。第二个任务就

是建立最小频谱变化，即恒定的波束宽度。

下面先从对称耦合线声源重低音阵列开始分析，并能看得见标准的平行金字塔。虽然我们可以认为金字塔对于各个频率都是同样的高度，但是 125Hz 范围要比 30Hz 范围具有更大的指向性。虽然它们全部共有同一主轴取向，直接越过线的中心。尽管对金字塔的声级贡献不变，但瞬间的情况是不同的。移动的范围将与频率和时间差成比例。30Hz 的峰值偏离主轴的距离相当于 125Hz 范围时的 25%，打个比方：推动一条狗要比推动一头大象容易得多。对数延时递减（如图 8.5 所示）在维持恒定的角度变化上的效率更高。如果我们想通过巨大的努力来获得最低频率范围的移动，那么在较高的频率范围上就会出现非耦合，并且

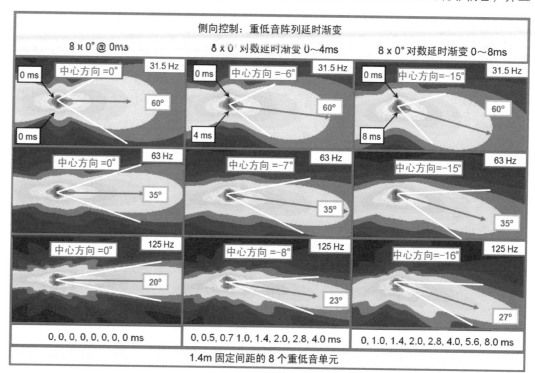

图 8.5　进行了延时递减处理的耦合线声源的侧向控制

台两侧的音柱处吊装了两个 *650R2* 作为补声之用，接下来又使用相位校正的参量均衡器，让补声的低频响应与存储的主系统响应准确匹配，在观察相位响应的同时，我们在补声扬声器中引入延时，直到相位响应曲线完全匹配位置，最后我们将补声扬声器的极性反转。问题终于解决了，舞台上次级声源的声级的问题没再出现。

这里要特别提一下的是：这只有当重低音扬声器工作在线性范围内才能实现。只要重低音扬声器被驱动至过载并产生失真，那么所有的控制理论就失效了，同时指向型控制能力也就失去了。另外要记住的是，有些牌子的重低音扬声器在还没工作在过载状态时就存在非线性失真，所以指向型控制也决不能实现。

唐 （唐博士）皮尔森（Don （Dr Don）Pearson）

波纹起伏变化也变得更严重。我们可以有选择地单独移动最低频率，其中所用的工具就是全通滤波器，它能够在有限的频带内产生相位延时，同时对其他方面不产生影响。这样就可以设定 30Hz 附近的延时，并考虑附加的延时不会对 125Hz 范围实施过度的控制。当 30Hz 的延时达到与 125Hz 延时相当的波长数值时，角度就匹配了。这时延时比例为 4：1（这与波长类似）。这样做实用吗？由于多个信号处理通道需要持续地递减延时，因此这样做要花费大量的时间和金钱。这需要加大跳线的工作量和设置时间才能确保信号被正确地馈送到扬声器。这里存在一个校准时间问题，这样做能够发挥作用吗？当然，还有另外一种方法可用来实现这一目标，这就是让重低音扬声器线与所要求的波束行进方向对准。

从本质上来看，通过引入延时来控制波束响应的方法就是有目的地使空间交叠过渡不对齐。声级差为 0dB 的位置不再是 0ms 时间差的位置。虽然这样移动了主波束的方向，但是并不会致使重低音扬声器的波束宽度朝向变平坦的方向演变。

8.3.1.3 通过声级递减的方法实现波束的控制

我们可以考虑声级递减的可能性。无角度隔离下的声级递减确实对减小功率和加宽覆盖型影响不大，并且使我们不能进一步朝向在整个范围上匹配 LF 波束宽度的方向前进。这可归结为"线阵列的缩短"。我们可以尝试声级和延时递减的组合运用。两个无效的机制组合会使其中一个有效吗？不幸的是，这并没有发生。如果是无角度隔离，那么就不存在用以改变组合波束宽度的有效方法。声级递减可能在享有因大的焦度偏差或物理间距产生的隔离的区域有效，比如舞台的两侧。

8.3.2 耦合和非耦合点声源

第二种选择方案就是通过引入单元间的倾角建立起耦合点声源（如图 8.6 所示）。我们已经对耦合点声源的特性十分了解了。我们可以将一个不同频率下波束宽度窄的单元组合到具有恒定波束宽度的阵列中，能够将其对准所需要的地方，并完成重低音扬声器的两项任务。

首先我们用一点时间考虑一下为什么这不能被普遍应用的问题。第一个答案就是很现实的问题，我们需要空间来使阵列弯曲，这样会占据宝贵的地面座位空间。如果我们拿出旁边的空间来做这件事，那么就必须为此作出牺牲。第二个答案就是存在的普遍信心问题，即重低音的响应实际上是"太宽了"，所以所做的所有努力都必须要使覆盖型缩窄。这只有对极少数的重低音扬声器才会如此。至此我们已经在两侧放下 4 或 5 个典型重低音扬声器，事情可能翻过来了，至少在重低音扬声器范围的顶部会是如此。较长的线长会使条件恶化。第三个因素来自 SPL 保护协会。任何使能量偏离开厅堂中央的控制手段都会降低 dB SPL（厅堂中间位置处）。如果我们将阵列朝外倾斜，则肯定会使中央的声级下降，这就是我们如何能够减小两个重低音扬声器在中间产生的叠加的原因。如果过分强调混音位置的 dB SPL，那么朝外的倾斜就得不到预期的效果，并且还必须与一些后果为伴：以频谱上非典型的金字塔峰值进行混音。

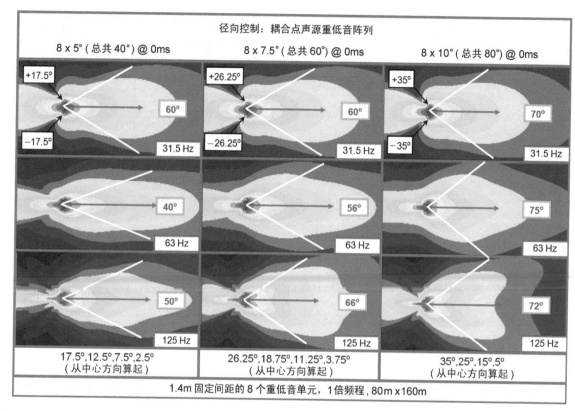

图 8.6　径向控制及其耦合点声源

8.3.3　端射型

多个重低音扬声器可以一种向前的直线形式放置，一只以预定的间距放置在另一只的后面。虽然所有的扬声器均加延时，但是时间序列上最后的扬声器要绕过前方扬声器保持波前同步。这是与将要在体育场的延时塔应用的时间是同一概念，只不过尺度减小了而已。小的尺度给出了足够的透视比，以提供在正面重复的耦合区叠加和反面的抵消。间距 / 延时关系必须相当准确地执行。最为普通的形式是采用固定的间距和延时系列。每一前向扬声器除了

有演变进程中的正面优点之外，还包含有附加的延时。

要想全面理解端射型的概念，重要的是要掌握来自重低音音箱背面的声辐射特性。我们可能认为来自箱体后面的声音的声压方向（极性）是与前方的声音的相反。虽然这个结论对于风扇是成立的（高压在前，低压在后），但是对于扬声器而言却并非如此。由后方辐射来的声波与前方的声波是一样的极性，只是在时间上稍微滞后了一点（假定驱动单元位于前方）。

因此现在我们可以通过源自每个单元的端射型阵列来研究其时基链路，并且以此为基准前后移动。图 8.7 所示

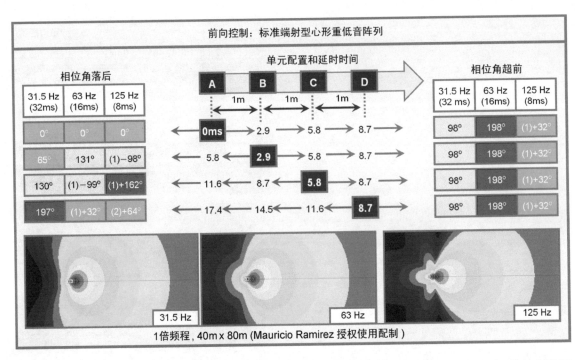

图 8.7　标准端射阵列及其物理模型、时基链路和覆盖型

的是标准的 4 单元端射型阵列，其中间距为 1m。应注意的是，声音传输 1m 所用的时间是 2.9ms，所以所选择的延时时间允许依次的各个单元彼此在相位上超前。每个单元的时基及其最终的相位位置沿着阵列的物理模型加以显示。我们可以看到：所有 4 个单元同时到达，因此它们在正前方具有相同的相对相位位置。这里的关键问题是 4 个值之间彼此的关系，而不是它们的绝对值。通过对比，在后方，所有单元到达的时刻都是不相同的，因此在整个频率范围上彼此的相位角都是反相的。前面看到的是耦合区叠加，后面看到的是推挽产生的抵消。

图 8.8 所示的是阶越形式的情况。在这种情况下，阶越意味着物理间距从小到大增加，并且通过调整时基来

降其反映出来。第三种形式（如图 8.9 所示）具有非常平坦的正面声级轮廓线，在前方有意进行少许的时基扩散。125Hz（45° @63Hz 等）时单元达到约 90° 的变化。这降低了阵列的正中心处的耦合，同时提高了前方两侧区域的耦合量，因此形状被平滑了。

端射型阵列并不是 100% 有效，也就是说标准形式中大量的重低音扬声器耦合在一起产生的最大 SPL 也是很不错的。这种效率上的成本可以被反面抑制这一巨大的潜在利益所加权：大大地改善了舞台低频时的隔离特性，并且降低了厅堂中扬声器／房间波纹起伏变化（如图 6.61 所示）。端射型阵列的成功要归功于哈里·奥尔森（Harry Olson）。

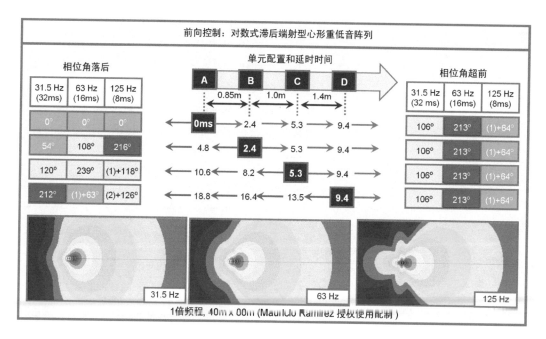

图 8.8　阶越形式的端射阵列及其物理模型、时基链路和覆盖型

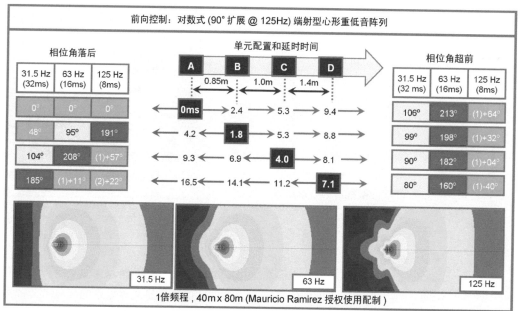

图 8.9　阶越形式的端射阵列及其在 125Hz 时的 90°相对相位扩散

8.3.4 双单元直线排列技术

在双单元直线排列技术中我们将发现较小尺度的阵列形式可以取得大尺度阵列所能达到的效果。这种阵列只是由2只1/4波长间距的扬声器沿前向直线排列而成，并加入了延时和极性取向，以产生前后28dB的声级比。这种方法要比需要深度延伸的端射型阵列更为实用，并且在操作空间工作安全。由于这种阵列配置在历史上应归结于

George Augsberger，是 Mauricio Ramirez 将这种配置介绍给我，并且在他的亲身倡导之下这种方案获得了广泛的应用。这种方法如图8.10所示。

关于前向延伸的重低音扬声器阵列有一个需要重点关注的问题。这些重低音阵列可以和直线形和弧形延伸相结合使用。当然重低音阵列可能看上去有点像自己挖掘的坟墓。

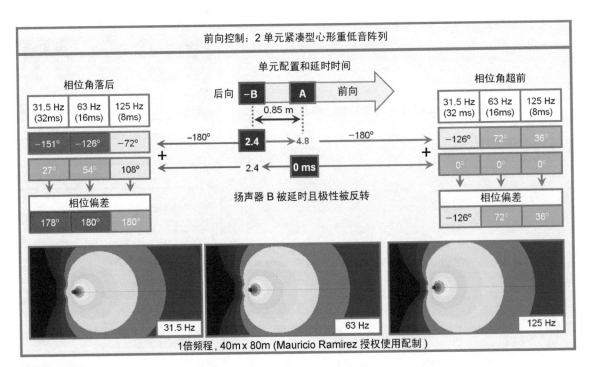

图 8.10　双单元直线排列心形配置

8.3.5 反转式扬声器组

心形系统可以通过将各只扬声器以类似于纯粹工程化模型的形式组合得到。重低音扬声器组中的有些单元的取

向和极性是反转的，在抵消了后方的声波的同时也加强了前方的声波。这并不是件简单的事情，朝向后面的单元的驱动电压电平必须按照朝前扬声器箱向后辐射声能的比例来进行调整。均衡和相位响应必须适合最大效果。朝向后

面单元的最大功率能力必须能维持与朝前单元的后瓣奇偶性，或者当朝后单元落后时，高声级时的心形指向型将向内爆破。

前方声波的轴向取向也出现在不希望出现的位置。图 8.11 示出的两单元形式提供了对来自面向前方的扬声器在斜向离轴45°方向的控制。由于声音到达不了人们想象的地方，所以如果您采用了这样的阵列，就期望人们认为您能解决其中的难题。

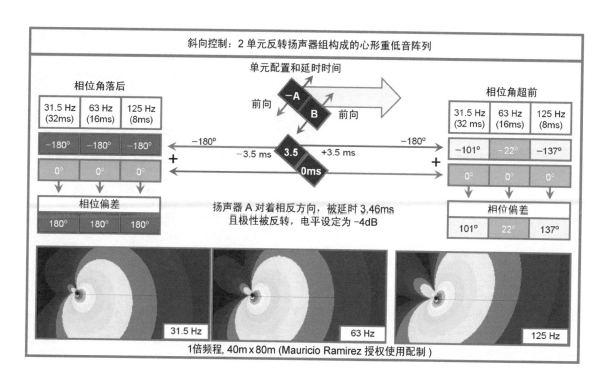

图 8.11　反转式扬声器组的双单元心型指向配置

第四节　结论

在本章的开始，我们讨论过变化与功率之间的关系。

尽管讨论的并不全面，但我们还是基本上做到了尽可能涵盖其中的各种情况，并将其主要的工作原理进行了阐述。

抵消波束控制：重低音控制
重低音阵列的现场应用

用延时波束控制来扩展覆盖宽度
的耦合线声源

2 单元高，4 单元端射型室内应用阵列

前面　　　　后面

2 单元宽，4 单元端射型室外应用阵列

后面　　　　前面

照片提供：Mauricio Ramirez

图 8.12　重低音配置的照片

第 9 章

技术指标

第一节　引言

现在就将音响系统集成在一起，使其重放的声音充满整个的声学空间。我们必须先将扬声器的阶次放到一边，更精确地确定扬声器的覆盖范围，以便系统重放的声音能够与声学空间的结构相吻合。音响系统就是一个由各个部件精密组装的系统，每个组成部分在系统中都扮演着各自的角色。对其角色的界定是现场分析和综合处理的核心内容，这种处理即系统的优化。

技术指标代表着设计过程的完成。此前我们已经考虑过可能遇到的传输通路和挑战。我们已经了解了从听众角度感知到的音响系统到底是怎样的，室内声学在此扮演的角色，也知道如何阅读针对空间的设计图，并利用预测能力来选择最佳的场地、阵列类型、扬声器单元和用来驱动扬声器的信号处理等问题。我们掌握了可以为我们进行最小变化设计所用的空间结构形状。简言之，这本书每一章所阐述的内容都为我们迈向成功解决方案的终点——获取技术指标，提供了所需的信息。

第二节　技术指标的原则

9.2.1　技术指标的定义

设计的最终结果就是形成以一系列用来获得和安装音响系统的文件。这其中包括扬声器安装就位后的房间建筑结构图纸、信号流程图、设备清单等。有潜在的各种文件提供用来帮助进行特定的安装。技术指标包括：线路沟槽的尺寸，接线端子的编号和标签等等。对于我们而言，我们会将技术指标的涵盖范围限制在与优化问题相关的条目上。这其中就包括对最小变化起主要作用的扬声器系统的主单元，而不去关心像电缆这样的细节问题。这并不是说这些细节问题不重要。只不过我们将这些系统安装的具体细节问题放到其他的文章中阐述。

技术指标是源于客户的一些具体要求。这些技术指标是对设计者和客户之间交流的一系列问题的最终答案。我们要找出客户想要的东西，以及他们所要达到的。我们需要从客户那里了解到他们的期望，同样他们也要从我们这里知道切实可行的优化设计方案。我们并不期望客户将它们的想法套用到实际可实现的方案中。他们可能特别想要某种特性，但这种特性有可能使优化不可能完成，这可能是导致有些区域声场一致性下降的建筑方面的特性，解决这样的问题一定会牵扯到成本问题。

9.2.2　折中的处理原则

尽管音响系统的设计过程始终是在做折中的处理，但是这并不意味着我们需要对原则问题也打折扣。对项目投资和摆位选择没有限制的工作根本就不存在。我们的工作就是告诉客户要将各种隐含的限制放到我们的设计之中。之后所有各方可以寻求一个合理的折中方案或者基于对各个因素的权衡而确定的创造性的解决方案。我们必须要花时间来判断所作的解决方案的利弊。我们如何才能做出这些抉择呢？我们还是以其他的事例作为参考。

9.2.2.1　TANSTAAFL

1966 年科幻小说作家 Robert Heinlein 在他的小说 *The Moon Is a Harsh Mistress* 中提出了 TANSTAAFL 原则。这个词（发音为"t-ahn-st-ah-ful"）是"There ain't no such thing as a free lunch"（世上没有免费的午餐）的字头缩略语。这一概念不仅告诉我们人生的一些哲理，而且也适用于我们确定系统的技术指标。我们所作的每项决定都与成本有关。这一主题是本章的中心，我们就是要保持对所进行的交换的平等性的关注。首先从简单的图例开始：点声源阵列中两只扬声器的重叠。增大重叠会导致更大的功率能力的产生，同时组合的覆盖角度变窄，变化加大。降低重叠会使功率的增加最小，但扩大了覆盖的角度，同时变化也最小化了。我们必须评估哪个更重要一些，但这通常是个困难的选择。

如果功率能力太低，则系统将会工作在严重的过载状态下。这种后果要比重叠导致的梳状滤波响应所引发的频率响应起伏变化更严重。

销售和市场部门不让我们考虑 TANSTAAFL 的方法。每天提出大量免费的建议给我们，所有的建议都排成串了。我们一定不要放弃这一指南性的原则，必须现实地考虑所作决定的因果关系。

9.2.2.2　声学上的排序筛选法

医学界已经开发出了一种应用于紧急救护状态下使用的资源分配和优先权的系统。这一系统被称之为"排序筛选法（triage）"，其资源分配是基于成功的概率组合和需求度。排序筛选法系统寻求一种可以避免莫名原因资源浪费的方法，以及将问题按轻重缓急进行列表排队。这样就不会出现血库里的血被用光和所有的急救设施都用于一个病人身上的问题出现，当其他问题出现时，我们仍然有足够的资源可以利用。另一方面，它对于那些轻微的脚趾擦伤只进行简单的事先处置；当出现严重的情况时，可以立刻恢复急救条件。

在声学的排序筛选法模型中，我们是要发现到底哪一区域需要特殊地关照。我们将寻求并创建一个在最大的区域上取得最大利益的方法，避免方案解决了一个区域的问题又导致其他区域又出现问题的情况发生。如果是这种情况，则我们就利用排序筛选法的原则来帮助我们做出决断。例如，一个并不太大的挑台区域，它可以用一个主扬声器组中朝上指向的扬声器来覆盖，这样可以使挑台座席位置有很好的声像，但是最高处座席后面的 10m 高的墙壁产生的镜面反射会对房间中其他的位置和舞台产生干扰。排序筛选法原则并不要求我们放弃那些座席，而要寻求另一种解决方案。利用挑台上方的辅助扬声器来覆盖这一区域，同时对周围区域的影响也最小。虽然这时可能会感觉声像在楼上，但这不失为一个合理的解决方案。

最小变化、TANSTAAFL 和排序筛选法原则是我们制定指标解决方案的哲学性指导。它们结合并创建了一种对大多数情况利益最大化的策略。这需要做出合理的取舍，将资源进行合理的分配，并确保实际的利益不受损失。

第三节　通道 / 系统类型

通道可能扮演几种角色。其中最为常见的就是像用于语言扩声的中置扬声器组这样的主系统角色。音乐厅设定中的立体声主系统也扮演着类似的角色，对于有些听众而言，它提高了声场的水平方向上的跨度。无论是哪种情况，这样的系统主要是负责大部分节目素材的覆盖任务。正因为如此我们将其称为主系统。

由环绕声道馈送信号的扬声器则扮演着非常不同的角色。它们可能只是起到增强空间感或重放特殊效果的作用，因此也就将其称为效果系统。这样的扬声器扮演着典型的配角角色，独立于主系统。不论何种情况，它与主系统之间的关系完全是由艺术创作人员所掌控。这里我们是假定效果系统与主系统（或其他效果系统）之间的关系不能满足第 2 章中阐述的稳定叠加的条件。因此，我们将这些类型的通道设计和优化成同处一个声学空间的不相关的"室友"。

每个通道的设计要求要单独进行确定。对左环绕扬声器的要求不同于对左主声道的要求，或者与其他声道的要求不同。专门传输特定通道的各个组成部分构成了一个系统。一个系统可以是简单的一只扬声器，或者是任意数量的扬声器组合。系统与子系统间存在着重要的不同点。一个系统可以由同一声源通道驱动的多个子系统构成。系统

的任务就是让声音充满整个空间。并不是所有的空间都需要用一只扬声器或者单独的完全对称阵列进行优化覆盖。这样的空间需要进行覆盖的细分，用参数可调的单独扬声器来覆盖细分后的空间。子系统共享所处空间，并且是特定声源通道的目标。

9.3.1　单声道

单声道系统是用主要的传输信号覆盖整个听音空间。这种系统直观且简单，它可以由无限多个相关的子系统构成。所有的子系统共有一样的所期望的声像定位和相对声级。

单声道系统（以及舞台声源）的基本设计原则为：

* 中置扬声器组（耦合点声源）是标准的设置。另一种设置方法是采用位于舞台两侧的双单声道系统
* 相关的子系统应服从近似点声源的扬声器组和 / 或演员
* 子系统的覆盖性能要与相应的投射距离相适应
* 针对不同距离进行声级补偿、反射最小化、改善声像或使声音到达其受阻碍区域要进行的适当细分

9.3.2　双声道立体声

立体声系统是两个独立通道和两个匹配通道的有机组合体。输入信号的隔离程度是由艺术表现控制下的开放变量。由于这种情况是不能满足稳定叠加的条件的，因此设计和优化必须将通道视为是非相关的才能进行。立体声系统的每一个通道可以由无限多个相关子系统构成。立体声的好处可以通过 TANSTAAFL 和排序筛选法原则来评估。立体声需要独立声源的重叠，这样肯定会加大变化。毕竟立体声是想要的变化形式，它给中央区域所带来的益处一定

会超过两侧。排序筛选法原则使我们可以在放弃两侧，并与一个清晰的声道结合的情况下进行系统评估。

立体声系统的一般设计原则：

- 在中央座席区需要水平方向上的重叠
- 在讨论立体声声像问题时，记住要考虑时间差的影响。尽可能将区域内立体声重叠的时间差控制在 10ms 之内
- 立体声辅助系统对相关度损失和成本等问题几乎没有价值。例如立体声形式的挑台下延时，以及环形的左 / 右方案等
- 如果立体声空间太窄，那么就不值得做这么麻烦的设置了。例如将中置扬声器组分割成立体声形式的（还真有人这么做过）

9.3.3 多声道环绕声

环绕声系统扮演的角色就是要提供环绕的信号源。左和右环绕声与其对应的左和右相对比的结果就如同耳机的立体声感觉与实际房间听感的不同。当在房间里欣赏立体声时，水平面上的声像始终处在我们的前方，即便信号被调整到一侧。像耳机那样，在环绕声中左侧的信号是真正来自那一方向。环绕声可以用来有目的地将我们的注意力移到四周的位置上，或者将听众包围在多维的声场中。

环绕声扬声器一般都是沿着侧墙和后墙间隔摆放，就像水平面上的非耦合线声源阵列一样。在那些多层观众席的音乐厅中，我们会在每层看到增设的一些环绕声扬声器，它们是覆盖过道阻碍的区域。

从设计的角度来看，这里存在几个很显著的问题。由于环绕声扬声器是位于侧墙和后墙处，所以可以肯定的是：近距离的座位区和那些处于中央和对面一侧位置间的透视

比非常高。在理想的情况下，我们可以到达大厅的深处，并在对附近座位不发生干扰和掩蔽的前提下提供大范围的声音定位。实践过程中尽可能提高扬声器的安装高度的优点就是降低透视比。这种做法是有限制的，有时其限制就是来自天花板和挑台。其他的限制包括垂直声像的提升和混响。在许多情况中我们要使用过量的粉红偏移。当实际条件限制我们只能用很高的透视比的时候，我们可以利用粉红偏移来引入"假的声音透视"，以便让我们和局部的听众能有更大的听音空间（参见第 3 章）。这种技术的目的就是要对准扬声器，以便靠近声源的座位区是处在覆盖型之外，也可以采用高指向扬声器的方法来达到这一目的，让扬声器处在大厅与座位区相对的一端。在这种应用中，3 阶扬声器能够很好地进行单独的覆盖。为什么呢？因为局部区域上的过量粉红偏移能够让听众感觉到与声源有更大的距离感。随着移动距离的增加，粉红偏移就越小，产生了效果的净偏差。如果某些区域的声音变得太响，则最好作一下 HF 滚降衰减。

要记住的重要一点就是：每一环绕声道是覆盖所有空间的，而不是像相关子系统那样进行细分覆盖。如果环绕扬声器对着对面远处的空间，那么可以产生最为一致的听音经验。左边的对着右部，后边的对着前部。最差的情况就是左环绕对着左面，有环绕对着右面。

按理说，典型的环绕声阵列应是沿着墙壁的非耦合线声源，因为侧向的听众有大的透视比，并且产生的声像也是沿着墙壁出现的。这时耦合点声源是较差的一种选择，因为这样会产生集中的单点声像，而不会让听众产生正常的方向感。非耦合点声源的限制因素促使我们考虑设计上的两分法问题。TANSTAAFL：如果单元的间距和数量足以覆盖最近处得座位区，那么肯定会在对面区产生大的重叠。如果按照对面区的最小重叠来进行设

计，则大厅的大部分区域会产生缝隙覆盖区。排序筛选法：将覆盖范围的终止点设计在听音区形状的中间点上（单位交叠过渡线处在该距离的一半的位置上）。中间区域之外的听众将会暴露于过量的重叠（波纹起伏变化）之下。越是靠近单位空间交叠过渡处的那些听众将会有过量的粉红偏移（频谱变化）。

每一座位上的声级都需要有局部环绕声源的贡献。环绕声的设计原则：

- 包含有 1 阶单元的非耦合线声源是标准的选择
- 为了对不同距离进行声级补偿，要进行相应的细分
- 实践中尽可能采用最小的垂直方向透视比
- 扬声器单元的间距（水平方向上）以半覆盖深度的透视比方法中的为准。期望远处区域产生重叠覆盖
- （最远的座位区）采用非对称方法的对准扬声器（垂直方向），以降低近处座位区的声级
- 对不同的座位（第 1 排，第 2 排等）声级进行细分覆盖
- 除非特殊情况，比如安装在挑台前方的扬声器与后面的环绕扬声器相关，一般不需要采用延时的方法

9.3.4 声源效果

有时人们希望将声源定位在房间的一个准确的位置上。这是剧场行业的标准做法，这些地方要求声源能提供更多的舞台上下的特定声音信息。达到此目的的最佳方法就是采用处在所要位置上的声源扬声器，通常它们是隐藏在组件当中的。这样的系统可以有任意的功率级和阵列类型，甚至可以有相关的子系统。从我们的观点来看，这样的系统被设计和优化为独立的实体来覆盖整个的听音区域。

第四节 系统的细分

这里的细分一词是指建立一个传输与共有的原始声源完全一样的的子系统。细分的目的就是要使响应能与特定的覆盖形状相一致。当所有的单元被一样的信号驱动时，如果扬声器系统与建立的形状匹配的话，就没有必要再使用细分了。如果阵列的覆盖形状与听音区的形状不吻合，则就要引入单独的声级控制了。

系统细分主要关注四种不同的参量：扬声器类型、声级、延时和均衡。如果使用不同的扬声器类型来覆盖同一频率范围，就要强制保持余下参量的独立性。如果匹配的扬声器被驱动产生不同的声级，那么延时和均衡也要独立。均衡是要独立的最后一个参量，在隔离中几乎看不到它。

系统细分要对非对称性和复杂性进行定量的测量。在细分之前需要多大程度的不对称呢？这要靠实践和应用 TANSTAAFL 得到。每个细分都要付出材料、安装、日常维护和时间等成本，同时也是人们犯错误的一个原因所在。良好的实践指南遵从 1.4 法则，也被称为 3dB 法则。如果两个同样型号的扬声器的投射距离的差异大于 1.4 这一比值，则细分的优点就表现出来了。例如：3 单元的扬声器组，其外侧单元的投射距离与中间的不同，这时就可以评估这种方法。

一旦引入了声级的不对称，延时和均衡也要与之配合。我们必须假定以不同的声级工作的扬声器的覆盖长度范围是不同的。为什么还要改变声级呢？这是因为声学条件不同。之所以要使用单独的均衡，是因为如果两个器件间存在电平差异，那么空间交叠过渡点就不在它们之间的等距点上。所指示的延时，是与单元间的声级差和物理位置成比例的量值。如果声级差小，并且扬声器箱体的几何尺寸要求放置位置极低，则这种方法可能就不实用了。在这种情况下，用来对齐不对称的空间交叠过渡所需要的延时及

其小，并且可能不太划算，有可能引发其他的问题和风险出现。人们常说的所谓"线阵列"扬声器并不需要延时渐次减小。要记住的是，单元本身并不能冠以"阵列"一词，除非它与其他的单元进行组合。由于我们已经将耦合线声源从最小变化的候选菜单中剔除了，所以那时就没有必要争论延时的问题了。可以说，不论是声级、均衡或者延时如何，缺少一定声学细分测量的耦合扬声器（角度隔离）不会从任何形式的电学细分中获取太多的好处。我们使用的"线阵列"产品是非对称耦合点声源的高度重叠形式。不管在什么地方，只要有非对称条件存在，就会产生非对称的空间交叠过渡。在大型的阵列中，无故的角度和声级不对称程度可能导致我们无法摆脱的复杂情况产生。有关大数量单元组成的阵列的实用处理策略将会在本章的后面再说明，其中将会描述渐次延时的作用。出于安全起见，如果发生了声级的问题，则就要采取均衡和延时的方法了。

第五节　子系统类型

扬声器系统是相关子系统的一个家族，反过来子系统也是相关扬声器的一个家族。主阵列可以是水平面对称的耦合点声源。覆盖主系统下方区域的子系统和下补声阵列，也是在水平面对称的耦合点声源。将其结合在一起，这样的两种阵列在垂直面上将是非对称的耦合点声源。通过增加侧向补声，朝内补声，前向补声，延时阵列，这样的列表还可以继续列下去。每一子系统既可以是单独的一只扬声器，也可以是一个阵列，并能够建立起前一章给出的最小变化形状。每一子系统依次与其邻近的系统结合并构成新的组合阵列。这些第二代的阵列还需要进行分类，并且可以建立起最小变化的新组合形状。这样的过程一直持续下去，直到所有子系统都结合在一起构成一个整体为止。图 9.1 ～图 9.3 示出了典型的子系统配置。

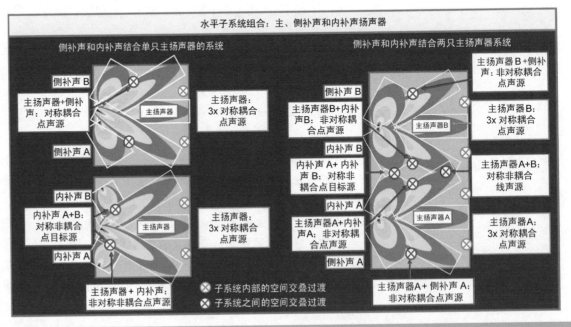

图 9.1　主系统、侧向补声和内向补声子系统之间的典型水平关系

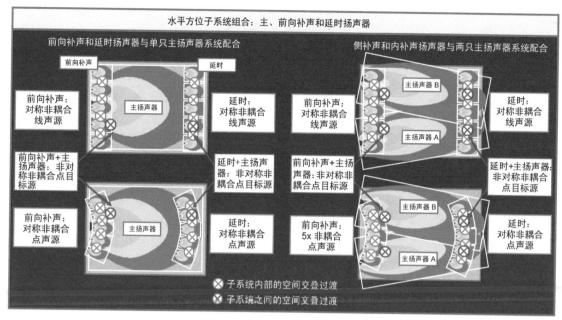

图 9.2　主系统、前向补声和延时子系统之间的典型水平关系

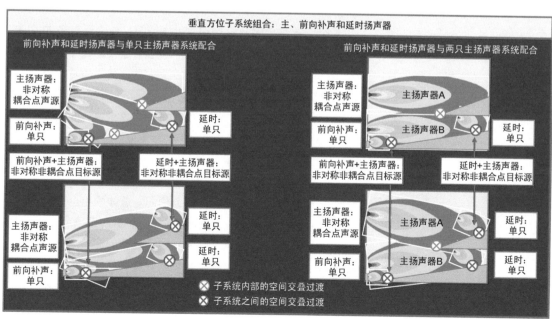

图 9.3　主系统、侧向补声和内向补声子系统之间的典型垂直关系

9.5.1　主系统

主系统是基本的建筑构件。它们将会占据房间形状的首要位置或最大的部分。补声系统的工作就是与其共有余下的地方。许多系统只包含一只主扬声器，或一个阵列。补声系统将结合主系统填补上覆盖的间隙。在有些形状中需要多个主系统，它们依次结合在一起构成非耦合阵列。

当房间的几何形状或其他物理因素导致倾向于不使用单点声源时，就会使用多个主系统方案。如果考虑是多个主系统而非主系统加辅助补声系统的情况，则阵列必须是由功率容量和投射距离大致相等的一类单元构成。其中最常见的是水平放置的双单声系统，这时主系统被安排在舞台的两侧。这种配置不同于立体声的情况，它是将同样的信号送到两个系统上。虽然它们可以组成一对耦合点声源阵列，但是这种完全的组合配置还是一种非耦合的线声源阵列。

多个主系统方案也常常用在垂直面上，其中上部和下部系统基本上覆盖相等的区域。这种配置在扩声场地中使用的相当普遍，这时挑台上下的座位区到扬声器的距离基本相等。还会见到将这两种系统结合在一起的情况，这样便构成了 4 单元的多主系统情形，其中水平垂直各 2 个单元。

另一种 4 单元（或更多单元）的多主系统会以"环形"的配置方式出现在水平面上（垂直面上的配置需要零重力的条件，所以极少应用）。听音区被划分成基本相等的覆盖部分，每个主系统投射长度基本上相同。总体的组合阵列是非耦合点声源。典型的例子就是场地的记分牌系统。

多主系统的数量并没有限制。如果场地的形状需要向两侧等距投射长度延伸，则主系统的数量会急剧提高。其中的一个例子就是检阅仪式的场地，这里观众的距离保持恒定。总体的配置是一个非耦合线声源（在直道区），以及非耦合点声源和点目标源（在弯道区）。另一个例子就是出现在田径比赛跑道和体育馆中，这里的系统都是位于建筑物四周屋顶的顶檐上。

9.5.2　侧向补声

侧补声系统提供对主系统的水平辐射延伸。侧补声系统可以与主系统或非耦合单一单元或阵列直接耦合。典型的侧补声系统是水平面内耦合点声源的非对称组成部分。它们共同的特点就是都具有比主系统明显短得多的投射距离，因此质量与子系统一样。侧补声系统假定与主系统是半隔离，其独立的程度与频率呈反比。

9.5.3　内补声

朝内补声系统也是提供对主系统的水平辐射延伸。它与侧补声系统的不同使它们的取向，朝内补声系统是指向中心，而不是只向外部。朝内补声系统构成了沿着房间中心线的对称点目标源。朝内补声系统的覆盖必须严格限制到其独立的局部区域内非常有限的区域。中心向下补声系统与一对朝内补声系统的结合构成了中心座位区的三维点目标源阵列。这种配置是一种错误，很少有设计者再犯同类的错误。

9.5.4　下补声

向下补声阵列的作用是提供对主系统的垂直方向上的辐射延伸。典型的向下辐射系统是耦合点声源的非对称组成部分。它可能与任何或所有类型的扬声器阶次、倾角和声级不匹配。

9.5.5 前区补声

前向补声系统的作用就是覆盖非常靠近舞台的区域。扬声器通常位于舞台的前沿，它既可以安装在舞台内也可以置于舞台上。根据舞台的几何形状，阵列的配置可为非耦合线或点声源。另外这些座位区可以由来自上方的向下补声扬声器或来自侧向的朝内补声扬声器的几个声源所覆盖。前向补声结合吊装的主系统在垂直面构成非耦合非对称的点目标源阵列。它们与内补声阵列相结合在水平面上构成了非耦合非对称点目标源。

前向补声阵列的优点：

1. 水平和垂直声像失真最小
2. 声级、频谱和波纹起伏变化最小
3. 反馈前的增益损失最小
4. 侵入到其他子系统的重叠最小

前向补声阵列的前方覆盖深度非常有限，论述可参见第 6 章的内容。

9.5.6 延时

延时系统是对主系统的前向辐射延伸。延时扬声器与主扬声器系统本来就是非耦合的，两者组合成为非对称点目标源阵列。延时扬声器可以独立工作，或者构成自己的阵列。最为有利的阵列配置是单元沿着与主扬声器等距离的弧线形式排列（非耦合点声源阵列）。由于使用上的限制，所以这种方法并不总是实用的。为左/右双单声或立体声系统配置延时扬声器会引发另外的问题。在这种情况下存在着两个冲突的双中心线，并且没有单一的解决方案。

第六节 挑台战争

虽然并不愿意承认失败，但是我相信一句老话："留得青山在，不怕没柴烧"。现实中并没有只靠单点解决方案就能解决问题的标准房间形状，而是 "W" 形。将 "W" 转动 90° 的形状就是系统看过去的挑台伸出来的形状。如果是从上看下来，较低的区域就会被挑台过道所阻碍。我们必须穿过挑台的前部，才能覆盖我们所看到的大部分地板后部区域。如果我们从下看上去，我们则必须穿过坐在挑台前部的观众的脸才能到达后面。如果我们从中间开始，我们看到的是一个几何上的难题，这或许要请 M. C. Escher 来帮助我们来制图才行。另外坐在挑台前部的观众受到全面的正面攻击。

毫不奇怪：这种几何形状无疑是耦合点声源的滑铁卢。形状是一对垂直堆叠起来的直角三角形。按照我们掌握的最小变化形状来看，没有一个人会允许声音投射得这么深，短距离前行并再次重复。这样的问题只能通过非耦合对的非对称耦合点声源来解决。

不可逾越的障碍并不是 HF 范围。即便提供了相对小量的角度隔离，还是需要通过波束控制来分离挑台前部上下的 HF。但是在中频及其以下范围，声波还是会投射到挑台的前部。

在挑台之战中共有三方参战：主系统、挑台上方延时系统和挑台下方延时系统。主系统可以是单点或多点主系统配置。摆在我们面前的问题是决定哪种组合是最有效的。第一个决定一般就是主系统，因为其他系统的角色就是对那些区域的补充，而非像主系统那样进行覆盖优化。正如我们将要看到的那样，补声系统在决定主系统的最佳工作条件时也扮演着配角的角色。两者是一种共生的关系。当面对的是实质性的挑台时，这就是典型的折中处理：

- **单一主系统**：最小波纹起伏变化最小，声级和频谱变化最差

- **多点主系统**：波纹起伏变化最差，声级和频谱变化最小

差异的程度可以由标称的挑台分贝数来评估。这要通过观察距离比来完成。首先要注意的是我们需要对两个距离比进行计算：楼上的前后比（挑台上方），以及挑台下面的前后比。这一对距离比是导致所有问题发生的根源，当然这还因为耦合阵列不能在整个频率范围上使响应加倍。我们远离，靠近，再远离，再靠近。这一评估的关键就是所需要的"复原"量，这一量将作为返回比。如果这一值太高，那么就会分裂开所显示的阵列。图 9.4 和图 9.5 示出了在这一决定中要考虑的一些问题。

返回比是挑台的前部到与其角度相邻的最远区域的近似分贝比值。当声音刚好从挑台上方或下方掠过，透射到挑台前部，接下来声音会是如何行进的呢？如果声音传输的距离是两倍远，那么我们要克服 1°或 2°的角度变化所带来的 6dB 挑战。主扬声器组的位置将改变给定形状的返回比。处在挑台上方的主扬声器位置将使用挑台前方和与主扬声器系统有视觉联系的最后地面水平面座席。处在挑台下方的主扬声器位置将使用挑台前方和与主扬声器系统有视觉联系的最高排座席。如果主扬声器系统处在挑台的中央，那么我们将使用挑台前方和最上或最低的座席，它是最远的。

多大的返回比是可接受的问题是个折中的问题。很显然，6dB 是我们可接受最大变化的极限。折中可能是受实践因素，以及声像和变化所左右。在任何情况下，最为重要的就是在耦合扬声器组上实现非常小的返回。对这一问

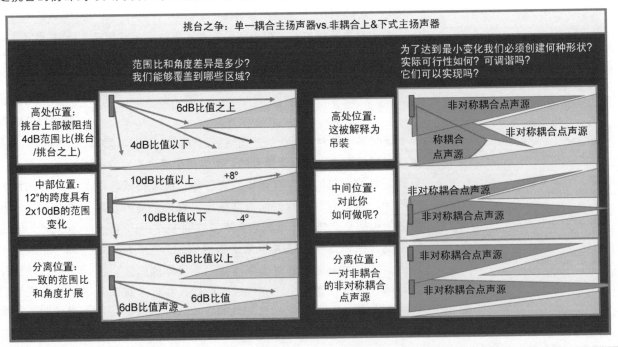

图 9.4　挑台战争。在采用单独或分离主扬声器时所面临的问题

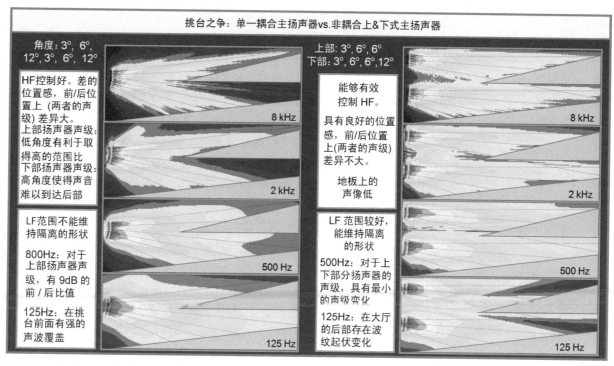

挑台之争：单一耦合主扬声器vs.非耦合上&下式主扬声器

角度：3°，6°，
12°，3°，6°，12°

HF控制好。差的
位置感，前/后位
置上（两者的声
级）差异大。
上部扬声器声级：
低角度有利于取
得高的范围比
下部扬声器声级：
高角度使得声音
难以到达后部

LF范围不能维
持隔离的形状

800Hz：对于
上部扬声器声
级，有9dB的
前／后比值

125Hz：在挑
台前面有强的
声波覆盖

8 kHz

2 kHz

500 Hz

125 Hz

上部：3°，6°，6°
下部：3°，6°，6°，12°

能够有效
控制 HF。

具有良好的位置
感，前/后位置
上（两者的声级）
差异不大。

地板上的
声像低

LF 范围较好，
能维持隔离
的形状

500Hz：对于上
下部分扬声器的
声级，具有最小
的声级变化

125Hz：在大厅
的后部存在波
纹起伏变化

8 kHz

2 kHz

500 Hz

125 Hz

图 9.5 挑台战争。采用单独或分离主扬声器的例子

题可以尝试的解决方法很多，比如"挑台杆"，它可以提供一定的附加空间或者去掉面向挑台前方阵列中的一些单元。人们大都认为如果其他的扬声器也能覆盖挑台的栏杆区，那么就可以将面向这一区域的扬声器关掉，然而在大多数情况下这是一种非常差的解决方案。另一种选择就是递减角度和声级，然后尝试利用关闭角度和提高声级来将妖魔放回到瓶子里。对于非常高的频率这种做法会起作用，但是在 MF 和 LF 范围上它的作用不大。

现在就是补声扬声器登场的时候了。首先我们必须评价什么时候补声扬声器是必须使用的。由于到扬声器的声音线在大多数情况时被截断了，所以这更像是单个主系统的情况。分立的主系统应该在所有位置都有清晰的声音线。补声扬声器有能力通过减小覆盖范围来拯救单个的主系统。

挑台上方的扬声器将减小上部的范围，这便可以采用具有较好返回比的较低主系统位置。同样，挑台下的扬声器可以处在中间位置，以便可以投射到远处的上部区域，而不需要返回来照顾远处下部的区域。两者的组合将会进一步减轻所承担的负担，提高单一耦合主系统成功的概率。然而它所付出的代价是：TANSTAAFL。

单一主系统低波纹起伏变化的优点必须要与可能源于挑台上或下的非耦合系统相互作用产生的高波纹起伏变化相权衡。分立主系统具有一个非耦合空间交叠过渡。如果维持一个主系统的代价相当于两个垂直非耦合交叠过渡和水平方向上的多个非耦合交叠过渡的话，那这样的方法看上去就不太美妙。

使用延时扬声器需要考虑的问题：

1. 我们确实需要延时补声扬声器吗？
2. 延时扬声器是改善了相关度，还是使其下降了呢？
3. 延时扬声器是改善了声像，还是使其恶化了呢？

所要回答的问题源于挑台上或下空间的形状。这并不是简单的深度问题。例如，我们不能简单地说：如果挑台下有 20m 深，则就要使用延时扬声器。如果它还有 20m 高的话，情形就不一样了！这里再次引入透视比的概念。深度与高度的比值将是一个关键的因素，但并不是唯一的因素。随着透视比的升高，需要使用延时扬声器的概率将会加大，但这里还有其他一些因素要考虑。

挑台战争的最大战役之一就是距离加倍。远处的声源（比如主扬声器系统）的反射表面与局部声源（挑台下的营救小组）的是一样的。差异就在于加倍的距离上。从后墙返回来构成的循环里程在主系统看来只是增加距离的一小部分。虽然是 ms 级的增加量，但是声级衰减是最小的，这是令人讨厌的组合。虽然延时扬声器的透视认为经过后墙形成的循环旅程所用的 ms 数一样的，但是声程比例却大得多。声级变化的比例与时间变化比例是不同的。最终的结果是：主系统的反射要比延时系统的强得多，即便它们投射到同一表面。因此需要两个透视比因数：主系统到后墙，挑台下扬声器到后墙。两者均使用同样的高度（挑台下的高度）。随着两个透视比差异的提高，所需要的延时加大。所以挑台下相同的形状对延时的需求也较高。这不是因为直达声的衰减，而是因为缺乏反射声的衰减。对挑台下区域常常存在错误的概念，认为存在 HF 滚降衰减。只要声音线是清楚的，就不是这种情况。因为反射声很强，第三个因素是挑台下边界表面的声吸收（或其中的缺失）。可以预测，随着声吸收的下降，对延时的需求也提高。

现在的问题是延时是否能够帮助解决问题。如果它们不能改善环境，那么叫来营救小组对我们也没什么好处。延时是非耦合阵列，并且并不保证它们的相互作用不会产生与打算要抑制的一样大的波纹起伏变化。当延时扬声器的位置比所需要的靠前很多、间距也太近时，或者靠近使信号质量下降的反射面时，这种可能性会加大。如果允许使用的位置太远，那么没有延时系统的帮助时主系统也将会做得很好。

第七节　缩尺设计

9.7.1　功率的缩放比例

这就是根据扬声器的灵敏度、最大声压级、耦合、数量等参量进行的一系列计算，然后将数值与节目素材的期望相比较，同时分配距离损失较小的扬声器 / 房间叠加一定的期望。但这并不是告诉我们或其他人如何去做。这其中有大量的原因。首先就是制造商给出的 SPL 指标具有很多的附加条件，以至于单根据技术指标列表来进行不同型号产品间的比较具有非常大的不确定性。另外就是阵列的特性非常复杂且相互关联，同时组合的声压级随频率有很大的变化。虽然标称的 dBSPL 给出了扬声器单元的分类标准，但是相应的组合阵列存在许多变化的条件，所以很少使用它。简单一点就是：将频率响应匹配的两个指标项的 dBSPL 进行比较，比如两个独立的单元，它能告诉我们一些具体的信息，不能对不匹配单元进行比较。例如：将 3 单元的点声源阵列与单独的中间扬声器进行比较。我们如何对三个组合单元的粉红偏移频谱平坦的原始情况相比较呢？虽然在中心轴上低频端提升了，但高频端并没有提升。在外侧单元的主轴区域低端和高端都提升了。如果阵列的 SPL 只是按照其主轴响应来描述，则数值似乎不能令人满意，同时边上的听音区域的声音也由暗淡转为明亮。

在我看来，大部分人在解决系统功率容量问题时都是依靠自己对设备的了解等经验来进行的，而不是根据技术指标。我们知道这样的场地会需要多少只扬声器单元。

我将这种做法称为是 "Goldilock" 音响设计法，并且我自己就是用它：我叫它们熊爸爸、熊妈妈和熊宝宝。音响设计首先是从定义最大功率和最远投射距离的熊爸爸开始。较小的系统将以此为基准，根据相对的距离进行推算。如果向下补声扬声器只需要覆盖主扬声器一半的距离，那么就可以将其降低 6dB。如果挑台下系统要覆盖的距离为主系统的 25%，则 dBSPL 低 25dB 会比较合适。

对我来说，向其他人谈论流行音乐或教堂所需的合适 dBSPL 等于浪费时间。有谁会按照这个去做呢？我们了解我们所知道的产品，接下去就可以进行我们的工作了。我知道这样的音响设计不够科学严谨，但是它具有现实的意义。没有哪个苛刻的专业人士会去挑选使用自己从来没有听过的单元，光是看看技术指标或只听制造商说说就将其定为主阵列使用。

虽然这是音响设计中最为重要的决定，但是在本书中却找不到答案。没有什么能够取代实际的现场工作经验。对声功率需求的经验源于个人的日常积累。虽然我们可以通过一纸文字就定下来用什么样的电缆，但是对于扬声器决不能这么做，必须去听。

评估比例度量的因素：

- 单元间最小重叠时所要求的功率缩放比例是多少？
- 单元间最大重叠时所要求的功率缩放比例是多少？

很显然，后者可以通过较小功率缩放比例的单元来实

业界评论：这并不是明亮的发光体，而是美妙的音乐。

马丁・卡利洛（Martin Carillo）

现，但是可能要付出变化的代价。在任何情况下，一旦主系统的功率缩放比例定下来之后，余下的就按照距离范围的缩放来推算。我们将要考虑的功率缩放度量问题，都是以相对的概念体现的。

9.7.2　功率的叠加

大部分功率叠加是以重叠型的形式应用的。通过 TANSTAAFL 法则，我们知道这样做必须付出变化的代价。有最佳的方法或这是 "无论如何都必须" 的情形吗？在此有非常清晰地选择。答案就出自波束宽度和扬声器阶次上。波束响应中强的稳定区域是最为重要的（在波纹起伏变化中）重叠形式。1 阶扬声器是重叠最差的候选对象。所做的每种努力都是为了重叠最小化。2 阶扬声器有较小的典型强稳定区，这给我们更大的空间，但付出的变化代价还是很高。3 阶扬声器是其中的佼佼者。实际上 3 阶扬声器需要重叠来扩展其最小的覆盖区域。由恒定斜率波束宽度单元重叠而成的耦合点声源具有固定的角度偏差，它能建立起随频率变化的重叠百分比。随着频率的下降，重叠百分比加大。升高的重叠是由扩展的波长产生的，这便保持波纹起伏变化始终是在控制之下。虽然这是难度很高的问题，但是只要保持位移很小，就会有机会随着频率的降低表现出大范围的功率叠加的升高。

9.7.3　形状的缩放比例

我们已经研究过了利用扬声器建立起充满覆盖最小变化空间的问题。覆盖的形状可以量化为场地的尺寸。如果覆盖形状要求使用非对称的点声源的话，那么阵列必须要具备应用所要求的相应功率。对于给定的节目素材，需要

的功率随场地的尺寸的增大而提高。如果必须建立起的覆盖形状是一样的，那么空间越大，所需的功率就越大，单元的阶次也越高，同时重叠量也要提高。要想建立起同样的基本形状，较小的低功率系统所使用的单元就较少，扬声器的阶次较低，重叠也较小。

缩尺设计常常用来提供相当的空间。我们可以利用单个的 1 阶扬声器或彼此倾角为 1° 的 9 个 3 阶扬声器来实现 90° 的对称覆盖。虽然形状上相当，但功率量可能会有数量级上的巨大差异，这将是预算、安装要求、纹起伏变化和其他多种因素折中的结果。最终的决定就会以最佳的折中结果来确定。

在最小变化菜单下所显示的所有阵列覆盖形状都是可量化的。耦合阵列可能充斥着变化的数量和重叠百分比。一个阵列与其他阵列的组合被简化成第二代阵列。不同位置上的耦合阵列将组合成大框架的非耦合阵列。这是众多的缩尺设计范例中的一个。

第八节　阵列设计程序

9.8.1　主系统设计

如果单扬声器就足够了，那么除了按照对称和非对称目标的单一单元指南工作就没什么可做的了。覆盖型是由透视比决定的。

如果不满意这样的方案，则会采用对称或非对称的耦合点声源。其中每种类型有两个形式要考虑：最小的变化（配合最大的功率）和最大的功率（配合最小的变化）。这两种方案的差异就体现在一个参量上：重叠角度。

选择耦合点声源的主要原因：

1. 具有单一单元达不到的辐射延伸。

2. 具有单一单元达不到的辐射边界确定性。

3. 通过辐射叠加的功率提升。

一旦我们跨越了耦合点声源这条线，就必须放弃针对辐射弓的透视比简化。要从耦合点声源开始，这里并没有"正确"的单元。我们必须从某一起点开始，然后再进行我们所看到的覆盖处理。在加入下一个单元后，我们要重新评估，直到充满整个形状。还可以重新开始处理过程，直到找到满意的组合为止。

下面先从对称点声源形式开始讨论。

9.8.2　对称耦合点声源

根据对称点声源与数量的特性关系我们将重叠分成两种模式（如图 9.6 所示）。当重叠达到 100% 时，可以通过乘上前向透视比（FAR）得到组合的覆盖角度。这同样能提供最大的轴上功率叠加。在与之相反的另一极端情况中，单位倾角（0% 重叠）是以倾角（或者是覆盖角，因为它们是同样的）乘积为特征的。虽然这时的轴上功率叠加是最小的，但是不要忘记要在整个辐射弓上都建立起功率叠加。中间地带的特性是部分的重叠配置，它是以倾角乘积来特性化的。同样这也是轴上功率的中间地带。

角度重叠是如何影响覆盖角的呢？

1. 0% 重叠：组合的覆盖 = 数量 x 倾角（或单元覆盖角度）

2. 5% ～ 95% 重叠：组合的覆盖 = 数量 x 单元间的夹角

3. 100% 重叠：组合的覆盖 = 数量 x 前向透视比

假定我们测量了覆盖区域，需要的覆盖角度为 40°。我们到底如何选择方案呢？有无数的办法可以用来创造

对称耦合点声源设计参考基准						
重叠角度 (%)	dB 增量			覆盖增量		
	数量 =2	数量 =4	数量 =8	数量 =2	数量 =4	数量 =8
100%	6	12	18	2 x FAR	4 x FAR	8 x FAR
75%	5	5.5	7.5	2 x 倾角	4 x 倾角	8 x 倾角
50%	4.5	4.5	4.5	2 x 倾角	4 x 倾角	8 x 倾角
25%	3	3	3	2 x 倾角	4 x 倾角	8 x 倾角
0%	0	0	0	2 x 覆盖角	4 x 覆盖角	8 x 覆盖角

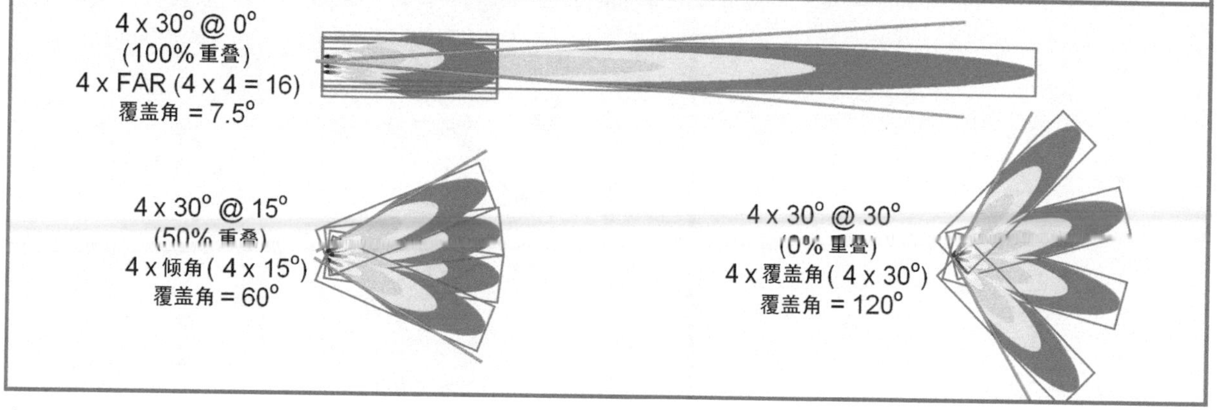

4 x 30° @ 0°
(100% 重叠)
4 x FAR (4 x 4 = 16)
覆盖角 = 7.5°

4 x 30° @ 15°
(50% 重叠)
4 x 倾角（4 x 15°）
覆盖角 = 60°

4 x 30° @ 30°
(0% 重叠)
4 x 覆盖角（4 x 30°）
覆盖角 = 120°

图 9.6　对称耦合点声源的设计参考基准

40°的覆盖型。下面的例子示出了在计算重叠覆盖角度时重叠的作用。

40°的组合覆盖角度：

- 1 x 40° 扬声器（FAR3）
- 2 x 20° 扬声器 @ 0% 重叠（20° x 2 = 40° 的覆盖）
- 2 x 27° 扬声器 @ 25% 重叠（20° x 2 = 40° 的倾角）
- 2 x 40° 扬声器 @ 50% 重叠（20° x 2 = 40° 的倾角）
- 4 x 40° 扬声器 @ 75% 重叠（10° x 4 = 40° 的倾角）
- 8 x 20° 扬声器 @ 75% 重叠（5° x 8 = 40° 的倾角）
- 2 x 80° 扬声器 @ 100% 重叠（FAR1.5 + FAR1.5 = 3）

以上所有这些情况都进行了折中考虑。重叠决不会与波纹起伏变化无关。功率和波纹起伏变化将总是存在的。

随着重叠的提高，波纹起伏变化最小化的关键就是小的位移。3 阶扬声器是高重叠设计时的最佳选择。低重叠设计偏爱采用 1 阶和 2 阶的波束稳定性，以及它的扩展隔离区。

对称耦合点声源的设计步骤：

1. 确定从扬声器阵列位置看过去的弓形覆盖形状。

2. 选择适合内部形状的透视比单元。

3. 以单位倾角放置添加的单元，提供辐射的延伸，直到形状被充满为止。组合的覆盖角等于单独的单元覆盖角乘上单元数量（如图 9.7 所示）。

如果需要功率叠加，那么将倾角减小到小于单位倾角，并增加单元直到形状充满为止。组合的覆盖角等于倾角乘上数量。

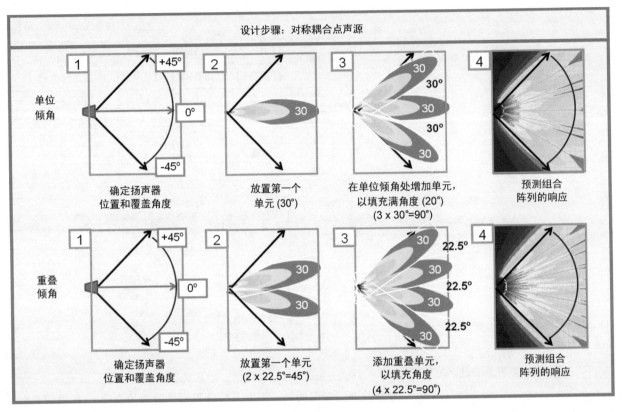

图 9.7　对称耦合点声源的设计步骤

9.8.3　非对称耦合点声源

选择非对称耦合点声源完全出于和对称点声源一样的原因，只是为了适合不同的形状。非对称点声源的功率叠加是自我定量化的，因为这种阵列的整体关系是与可变的距离形状相吻合。声级是渐减的，以适应量化的阵列与表现的距离。如果需要低的重叠，那么单位倾角必须进行补偿，以适应声级差因素。

首先从非耦合点声源开始，这里并没有"正确"的单元。我们必须从某一起点开始，然后再进行我们所看到的

覆盖处理。

在加入下一个单元后，我们要重新评估，直到充满整个形状。处理过程可以重新开始，直到找到满意的匹萨饼覆盖组合为止。

在对称阵列中找到单位倾角是件简单的事情。1 对 30° 的扬声器以 30° 倾角分开放置。下面的公式就是对称单位倾角的公式：

$$（覆盖^1 + 覆盖^2）/2 = 单位倾角^*$$

*当声级匹配时，公式变为：

$$（30° + 30°）/2 = 30°$$

空间的交叠过渡将位于几何形状和声级的中间点上：偏离两个单元主轴 15° 的地方。如果我们想混合一个 30° 和一个 60° 的扬声器的话，那又会怎样呢？只要声级匹配，则应用同样的公式。

$$（ 30° ＋60° ）/2＝45°$$

利用 45° 的倾角，单元将会交汇于同一空间交叠过渡点：偏离 30° 单元的主轴 15° 的位置。这一位置是较宽覆盖单元 -6dB 的边缘，偏离它的主轴 30° 的位置。空间交叠过渡是声级的中心，而非几何的中心。

如果两个单元间的声级存在差异，则必须要修改公式（如图 9.8 所示）。在我们掌握了距离 / 声级关系之前，两只扬声器间不存在最佳的倾角。如果我们拿来两只匹配的单元，并将其中之一衰减 6dB，假定的单位倾角将不会产生单位的结果。几何中心将会位于一个单元 -6dB，而另一单元 -12dB 的地方。那么单位倾角是多少呢？6dB 的变化是 50% 的声级差。倾角将需要通过相同的比值来调整，以找回空间交叠过渡的单位型属性。6dB 的下降量将会使扬声器的覆盖距离减小一半。这将是决定性的数值。

补偿单位倾角的公式：

$$（（ 覆盖^1 ＋ 覆盖^2 ）/2 ）\times（ 距离范围^2/ 距离范围^1 ）＝补偿的单位倾角^*$$

*假定声级按照距离的比例来设定

下面的例子是两个 30° 的扬声器，其中一个的覆盖距离是另一个的一半（-6dB）

$$[（ 30° ＋30° ）/2]\times（ 0.5/1 ）＝补偿的单位倾角$$
$$（ 60° /2 ）\times（ 0.5 ）＝补偿的单位倾角$$
$$30° \quad \times \quad 0.5＝\quad 15°$$

下面的例子是一个 30° 扬声器与另一个覆盖 70% 的范围的 60° 单元的结合（-3dB）。

$$[（ 30° ＋60° ）/2]\times（ 0.7/1 ）＝补偿的单位倾角$$
$$（ 90° /2 ）\times（ 0.7 ）＝补偿的单位倾角$$
$$45° \quad \times \quad 0.7＝31.5°$$

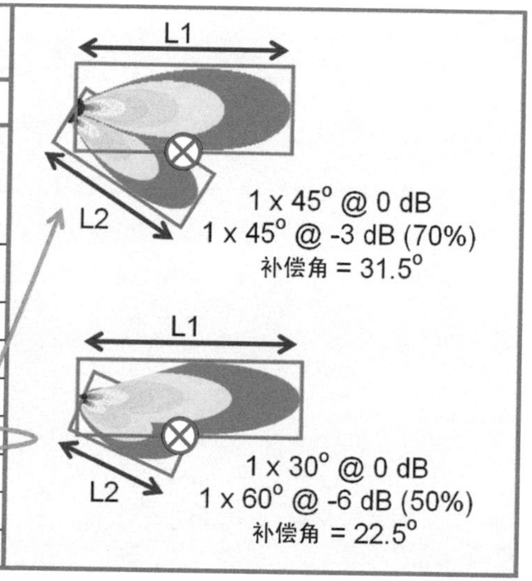

图 9.8　非对称耦合点声源的设计基准。图中所示的是针对 90° 组合覆盖角的计算。对于其他的角度可以替换并用同样百分比进行分配

非对称耦合点声源设计参考基准				
单元	单位倾角	补偿的单位倾角		
组合的覆盖角	对称交叠过渡	范围比 (L1/L2)	声级差	非对称交叠过渡
(°)	(°)	(%)	(dB)	(°)
90°	45°	100%	0 dB	—
90°	45°	90%	-1 dB	40.5°
90°	45°	80%	-2 dB	36°
90°	45°	70%	-3 dB	31.5°
90°	45°	63%	-4 dB	28.5°
90°	45°	56%	-5 dB	25°
90°	45°	50%	-6 dB	22.5°

L1
L2
1 x 45° @ 0 dB
1 x 45° @ -3 dB (70%)
补偿角 = 31.5°

L1
L2
1 x 30° @ 0 dB
1 x 60° @ -6 dB (50%)
补偿角 = 22.5°

非对称耦合点声源的设计步骤：

1. 确定覆盖形状和扬声器的位置（如图 9.9 所示）。

2. 选择第一个单元，并将其对准覆盖形状中最远距离的地方。单元将具有最窄的覆盖角度。

3. 下一步就是定义希望出现的下一个单元传输的距离（下一个单元的主轴位置）。例如第一个单元是 30°，在离轴 30°的方向上绘一条直线，并定义其范围。如果距离小于第一个单元，那么就要进行单位倾角的补偿。

4. 选择增加单元。两个单元组合的覆盖被用来计算对称单位倾角。声级差提供补偿的百分比。

5. 将第 2 只扬声器定位在补偿角度方向，并与度量的范围相适应。如果单元间的覆盖角度或范围差异非常大，则可能必须要对单元进行调整。这要通过对范围比进行再评估，并调整补偿来完成，直到找到最适合的方法为止。

6. 如果需要功率叠加，那么将倾角减小到小于单位倾角，并增加单元数量，直到充满整个覆盖形状为止。

7. 与第 2 个单元为基准，继续对第 3 个单元进行处理，依次进行下去。

回过头来分析一下图 6.10，从中我们看到了唯一对单一扬声器解决方案影响最小的建筑形状的细节。将扬声器升级为耦合阵列后，创造了多种可能，使阵列能够与房间的形状相配合（如图 9.10 ～图 9.14 所示）。

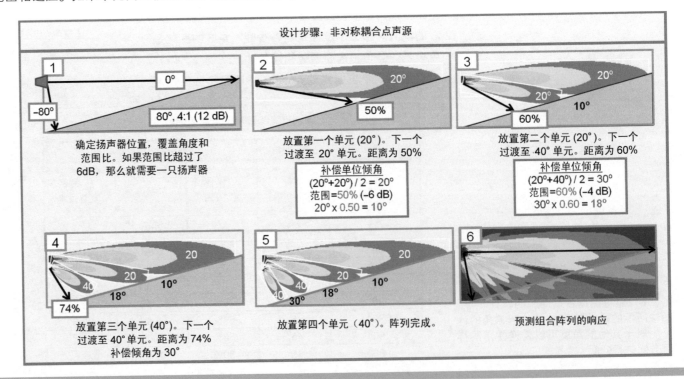

图 9.9　非对称耦合点声源的设计步骤

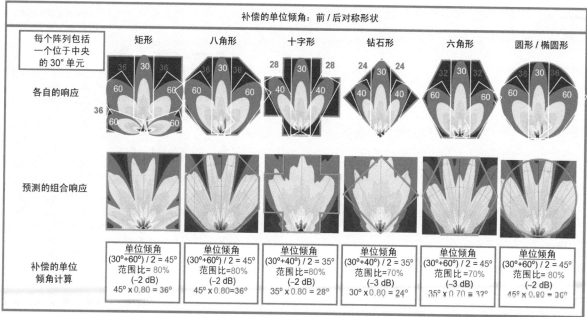

图 9.10　非对称耦合点声源的设计实例。在每种情况下，外侧的单元采用与听音区形状相一致的用户确定的组合形状的单位倾角来补偿

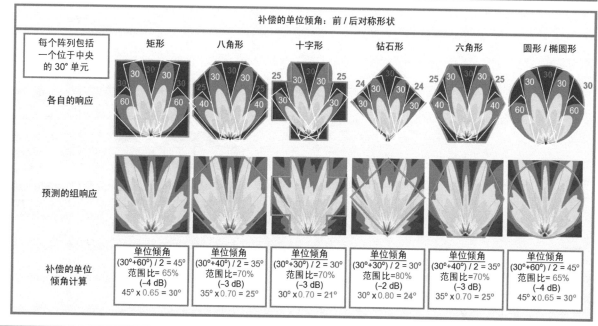

图 9.11　非对称耦合点声源的设计实例。在每种情况下，内侧的单元是对称单位倾角，而外侧单元采用与听音区形状相一致的用户确定的组合形状的单位倾角来补偿

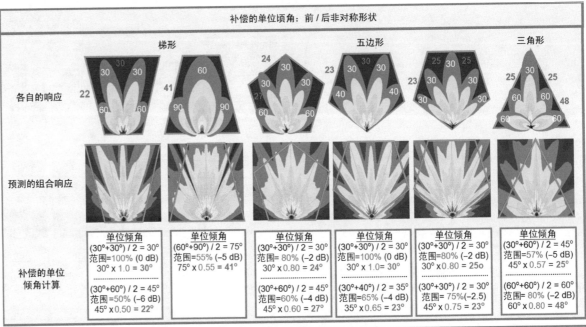

图 9.12 非对称耦合点声源的设计实例。在每种情况下，形状是前／后非对称的。外侧的单元采用与听音区形状相一致的用户确定的组合形状的单位倾角来补偿

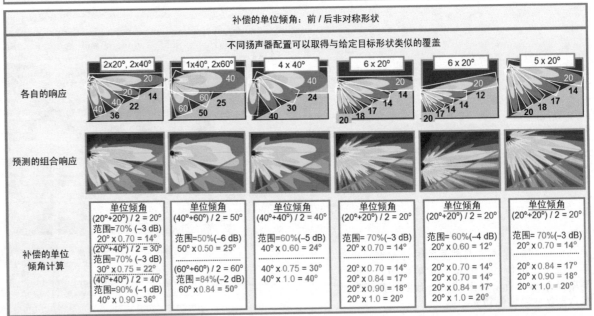

图 9.13 非对称耦合点声源的设计实例，垂直应用的典型情况。在每种情况下，对于覆盖呈现出同样的形状。单元的不同组合全都产生形状的最小变化覆盖

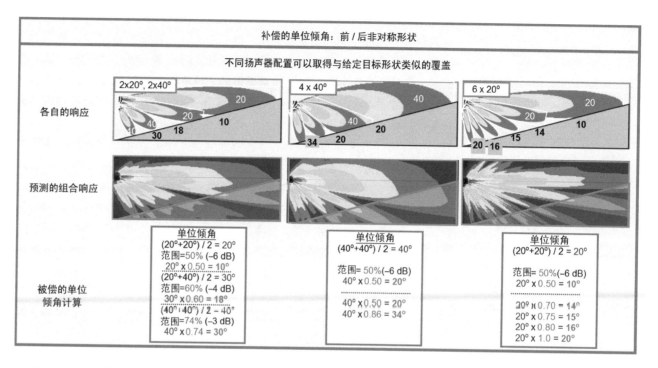

图 9.14 非对称耦合点声源的设计实例，垂直应用的典型情况。在每种情况下，对于覆盖呈现出同样的形状。单元和位置的不同组合全都产生形状的最小变化覆盖

9.8.4　非对称复合耦合点声源

从预组合的对称耦合点声源出发可以将非对称耦合点声源构建成一个模块形式。这就是说可以通过设计易控制且具有一定重叠的大功率阵列来解决问题。非对称耦合点声源的距离 / 声级分层法则给出了外部的结构，它组合了高度重叠的对称耦合子系统。在这种情况下，单元将为 3 阶系统，它能很好地完成这一任务。

复合阵列的实用和可定义的特点使得 16 单元、11 种不同角度和 3 种不同声级的"线阵列"成为当今行业的主流。在此我们有必要用少量的篇幅来分析一下这种在主系统阵列中使用最普遍的阵列形式。我们该如何调整这种阵列呢？如果我们发现一些地方的响应并不是想要的，那么我们是要调

整扬声器或通道吗？如需调整，该调那些参量呢？是角度、声级，还是 EQ 或延时呢？如果我们不能遴选出问题的原因，我们就只能假定一种解决方案了。在应标之前，设计必须自始至终将计划与最终的调校结合在一起。调校的过程取决于对覆盖房间每一区域的扬声器掌握程度。系统需要一个让我们将声音铺满整个大厅的"保管链路"。在那里藉希望调整子系统来满足对复杂目标形状覆盖的要求。如果第 14 排有问题的话，我们需要知道该如何处理。

在本章和之前的章节中我们已经建立起单个扬声器的覆盖形状，以及如何通过这些单元得到组合的覆盖形状。只要我们获得一定的隔离（角度或距离），我们就可以针对给定的的区域建立起一个主扬声器，并且在报关链路中定位交接点：交叠过渡。当重叠很强且重叠范围很宽时，

比如单位倾角 1 阶系统，这是个简单明了的问题。虽然这些系统会与大厅中的其他实际的扬声器共享 100Hz 的频率成分，但是我们还是能够从中分辨出频率升高响应逐渐降低。与之相对的极端情况是，过渡重叠的 3 阶系统中的每个频率都是共享的资源。这时还有希望从 16、24 或 32 个重叠的箱体当中分辨出某个箱体的作用吗？答案是肯定的。我们可以设计出这样的系统，并且能够像调整 3 或 4 个箱体组成的阵列那么容易。

为了证实这一结论，我们要考虑当今这些阵列设计上面临典型问题。

1. 根据功率分类和预算来选择单元。

2. 根据单元的数量进行预算分配。

3. 反复调整角度，直到找到最佳的方案。

如果你某一刻感到受到了侮辱，那请原谅我。这是截至目前我所发现的较为理想的方案设计步骤。我让传声器从这种类型的阵列上边到下边排成一条直线来工作，寻找对优化起作用的解决方案。如果没有确定的区域，那么在设计开始时的优化处理就同反复猜测差不多。即便具有上百次调整非对称耦合点声源阵列的经验，也不可能与这里提及的复杂重叠相提并论。行业中做得较多的是如何将这些"线阵列"以一只扬声器那样去工作。单只扬声器看上去会是怎样呢？如果你的单只扬声器 8kHz 时的中心位于 125Hz 时的中心之上 16° 的话，你会吃惊吗？8kHz 时的最响点怎么是处在 125Hz 的主轴之外呢？这真是只奇怪的扬声器！你会在之前的图 7.33（a）中发现这一问题。世界上不存在单只扬声器能够通过强烈的不对称性建立起每一频率有不同的轴上波束特性的情况。这就是相邻单元以不同的角度紧密耦合，并通过一个信号处理通道驱动的"线阵列"应用的原因。即使我们打算把它定义为单一的扬声器，也不能希望能把它调校成单一的扬声器。校准需要一个明确的覆盖型起始点，终点和（最重要的）中心点。多单元非对称阵列的中心本身就不是稳定的，而是随频率变化。由于一个单元的覆盖型是随频率变化的，所以重叠的百分比也是随频率而变化。隔离的高频可能沿对角线方向扩展，而低频则很明确地朝中间集中。中频则向两个方向拉伸。它们不会在中心取得一致。如果没有明确的中心，优化处理就失去了运作的最重要基础。如果我们找不到"主轴"，那又如何才能确定"离轴"呢？没有了中心，也就不能明确工作声级设定，或者覆盖分区中中间地带所体现的均衡。简言之，我们希望一个明确的对称中心点，如果没有，我们就根据强制设定的传声器位置来进行优化了。

单一处理通道的使用是有逻辑关系的，它会使通道上的所有单元形成对称的阵列。如果没有逻辑关系，那么借助信号处理器工作的对称解决方案将不会有期望的结果。

这是不是意味着驱动 16 个单元的阵列就需要 16 个不同的处理通道呢？这是不可能的。到底什么样形状的建筑可能要用到箱体间 15 个不同倾角和 / 或声级调整呢？我们如何使 16 个单元的扬声器组变成一个易于方便、可以预测的阵列呢？将它拆分成几个对称耦合点声源阵列。每组有上、中、下三个阵列，然后我们针对主轴中心区域进行位置调整，声级设定和均衡。我们具有定义了的空间交叠过渡，定义系统所需的每件事情都已就位。每个拆分出来的部分将被设计成具有单独扬声器的特性，由于它们的对称性，故可以与假定更接近。包含有非对称耦合点声源的"复合扬声器"将模拟单一单元的相当于阵列的特性：最长投射转变成最高驱动声级的最窄扬声器。到底分成多少个子系统合适呢？这同样是个建筑方面的问题。虽然所需要覆盖形状的非对称性将需要阵列上的互补不对称来弥补，但是我们不能指望系统能满足房间中微小的形状变化。在校准阶段，每个子部分都需要单独地进行对齐处理，然后再将其与其他子部分组合在一起。在大多数情况下，3 或 4 个子部分就可以了。

　　针对复合阵列的设计处理以我们之前在单个单元所作的努力相类似的形式向前推进。定义最长的部分并对余下的部分进行细分。最大的差异就是所分部分是弧形的（因为它们包含了重叠的单元）。弧形部分组合不同于单一单元的矩形组合。由于我们处于高重叠之下（不是从单位情况开始），所以不存在单位倾角补偿处理。空间交叠过渡高度重叠且间距被最小化，以至于不用努力进行交叠过渡区域的相位对齐处理。就像我们利用单个单元的主轴点进行声级设定一样，我们将对每一复合部分的中心点进行相同的处理。

　　在开始前，我们先来说明一下有关声级分割的问题。很多人都在谈论有关怎样的声级渐减对系统是无害或正确的，以及相邻音箱将到底该有多大的声级递增变化的问题。所有的扬声器都要升到"11 点"的争论由来已久。这要追溯到声墙时代，那一时代出品了不朽的影片 "This is Spinal Tap"。降低某些单元声级的思想将会使系统在混音位置的重要能量被取消，宣判其他的部分无声。现实的情况就是由于丧失了对系统的声级渐减，使得前区声级过强，且波束集中的控制过多，以至于处于上下两部分的人感觉声音缺少中低频成分，让人感到如图 7.33（a）右图那样的有较强的中高和高频成分。如果想要达到一致的听音经历，SPL 保护协会（SPL Preservation Society）就必须后退一步，让我们根据大厅的几何形状来递减声级。如果功率不够大，则要更大的系统才能使所有的观众共同享有它的作用。至于增量的递减程度，答案很简单。考虑一下上下的距离比，无论是什么情况我们都不需要重叠的功率集中，我们需要的是声级的递减。增量可小可大，或可多可少。唯一的原则就是一个通道所驱动的一定要是确定对称的子系统。

　　复合系统所要求的声级递减量要比我们用于隔离的单个扬声器来的小。其原因是每个复合单元内部的耦合累加存在差异。夹角为 1° 的 3 个单元就要比夹角为 2° 的 3 个单元产生的耦合强一些，以此类推。如果我们只是考虑位于地面的每个复合单元的距离的话，我们可能会得到必须有 6dB 的声级递减的结论。如果面对的是窄覆盖角单元的较大耦合累加的话，那么实际需要的声级偏差量就要小很多。这种折中在术语中被称为是补偿：由反平方定律得到的声级与不同的叠加耦合量情况下的声级之间的差异。图 9.15 ～图 9.18 示出了复合耦合点声源的各种配置。其中包括有透视比的补偿在其中，其中好的实例是图 9.16 中右侧图给出的，虽然期望的声级递减量是 12dB，但是在补偿之后的实际的量值只有 6dB。

　　非对称复合耦合点声源的原理：

　　1. 所设计的对称子系统要建立起明确的组合覆盖角。这是典型的高度重叠，故覆盖角度等于单元数量乘以倾角。

　　2. 每个对称子系统的中心线给出了用于声级设定的距离偏差参量。

　　3. 非对称层的数目和层间的分割可以改变，直到取得与形状最佳的配合为止。

　　非对称复合耦合点声源的设计步骤：

　　1. 确定覆盖形状和扬声器的位置（如图 9.15 ～图 9.18 所示）。

　　2. 选择最远的位置，将这一位置定义为覆盖的顶端（假定为垂直平面）。

　　3. 选择覆盖形状细分的下限。上下限间的角度将作为第 1 个对称子系统覆盖的区域。这一对称子系统具有最窄的覆盖角度，并且具有最高的单元间重叠百分比。从声源到这一覆盖弧中心的距离就是声级设定的距离。

　　4. 利用足够数目的重叠覆盖单元来充满所选择的弧形角度，重叠单元的组合倾角等于指定的弧形角度。

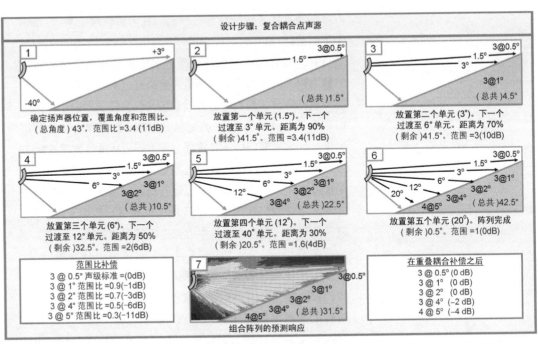

图 9.15　对称非耦合线声源的设计参考基准

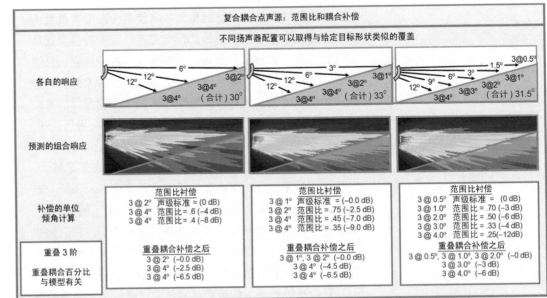

图 9.16　非对称复合耦合点声源的设计实例，典型的垂直应用。在每种情况下，表现出的覆盖是同样的形状。不同单元的组合建立起变化最小的覆盖形状

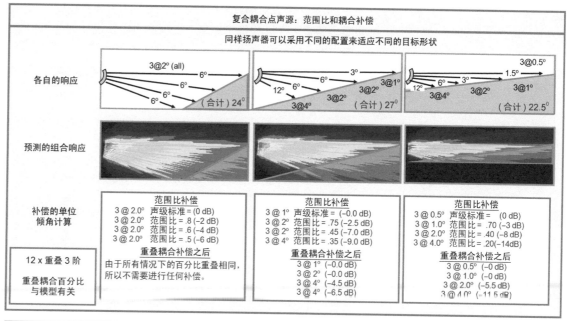

图 9.17 非对称复合耦合点声源的设计实例，典型的垂直应用。在每种情况下，表现出的覆盖是不同的形状。适应覆盖的不同单元组合给出了形状的最小覆盖变化

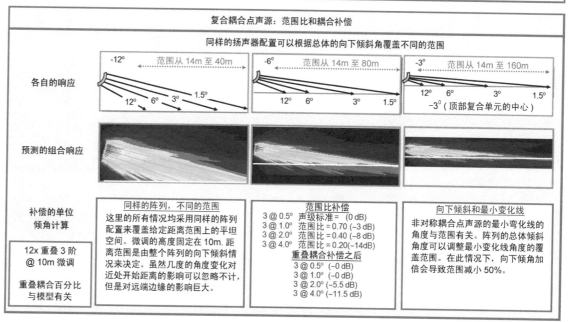

图 9.18 非对称复合耦合点声源的设计实例，典型的垂直应用。在每种情况下，表现出了针对覆盖的不同最大距离范围。在所有情形下均采用同一阵列设定，且全部下倾角以距离范围调整为依据，建立起形状的最小覆盖变化

5. 用第 2 个弧形部分来细分余下的空间，并重复以上的步骤。距离 / 声级数量可在每个弧形的中心发现。细分的数目可选。

6. 重复以上步骤，每次递减重叠的百分比，直到覆盖型被充满为止。

9.8.5 对称非耦合线声源

这被用于多个主系统，以及象前向补声，挑台下补声等各种辅助系统。这是个覆盖范围受限的系统。

对称非耦合线声源设计步骤：

1. 定义覆盖形状为从扬声器阵列位置的一条直线（如图 9.19 ～图 9.20 所示）。

2. 定义线的长度，以及希望的最小和最大距离。

3. 选择一个单元，将其置于线的中心区域。

4. 利用透视比的方法定义覆盖。最大的范围就是长度。

5. 通过沿着这条线堆叠的透视比矩形，找出单元与单元间的间距。

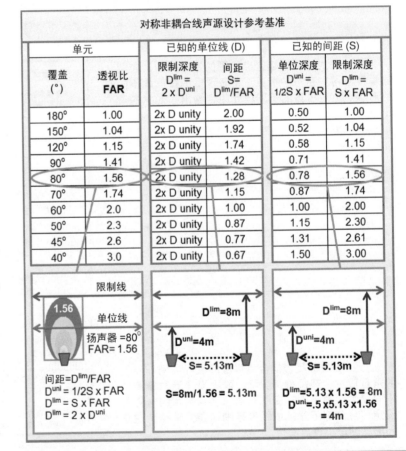

对称非耦合线声源设计参考基准						
单元		已知的单位线 (D)			已知的间距 (S)	
覆盖 (°)	透视比 FAR	限制深度 $D^{lim}=2 \times D^{uni}$	间距 $S=D^{lim}/FAR$		单位深度 $D^{uni}=1/2S \times FAR$	限制深度 $D^{lim}=S \times FAR$
180°	1.00	2x D unity	2.00		0.50	1.00
150°	1.04	2x D unity	1.92		0.52	1.04
120°	1.15	2x D unity	1.74		0.58	1.15
90°	1.41	2x D unity	1.42		0.71	1.41
80°	1.56	2x D unity	1.28		0.78	1.56
70°	1.74	2x D unity	1.15		0.87	1.74
60°	2.0	2x D unity	1.00		1.00	2.00
50°	2.3	2x D unity	0.87		1.15	2.30
45°	2.6	2x D unity	0.77		1.31	2.61
40°	3.0	2x D unity	0.67		1.50	3.00

限制线

1.56

单位线

扬声器 = 80°
FAR = 1.56

间距 = D^{lim}/FAR
$D^{uni} = 1/2S \times FAR$
$D^{lim} = S \times FAR$
$D^{lim} = 2 \times D^{uni}$

$D^{lim}=8m$
$D^{uni}=4m$
$S= 5.13m$
$S=8m/1.56 = 5.13m$

$D^{lim}=8m$
$D^{uni}=4m$
$S= 5.13m$
$D^{lim}=5.13 \times 1.56 = 8m$
$D^{uni}=.5 \times 5.13 \times 1.56 = 4m$

图 9.19　对称非耦合线声源的设计基准

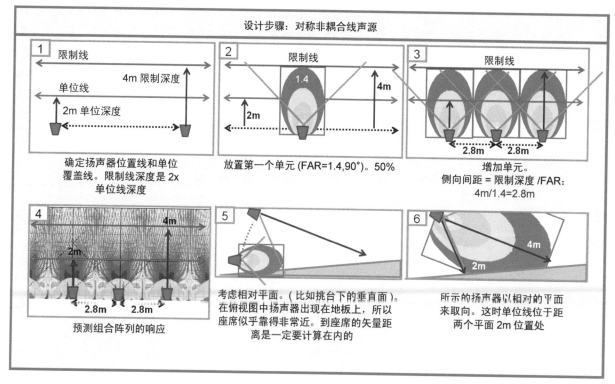

设计步骤：对称非耦合线声源

1　限制线　4m 限制深度　单位线　2m 单位深度
确定扬声器位置线和单位覆盖线。限制线深度是 2x 单位线深度

2　限制线　1.4　4m　2m
放置第一个单元 (FAR=1.4,90°)。50%

3　限制线　2.8m　2.8m
增加单元。
侧向间距 = 限制深度 /FAR：
4m/1.4=2.8m

4　4m　2m　2.8m　2.8m
预测组合阵列的响应

5
考虑相对平面。（比如挑台下的垂直面）。在俯视图中扬声器出现在地板上，所以座席似乎靠得非常近。到座席的矢量距离是一定要计算在内的

6　4m　2m
所示的扬声器以相对的平面来取向。这时单位线位于距两个平面 2m 位置处

图 9.20　对称非耦合线声源的设计步骤

6. 再放置一个单元，直到线长度被占满为止。

7. 针对缝隙，评价最小覆盖范围。如果缝隙太大，则需要减小最大范围和单元的间距。另一种选择就是使用更宽的单元（这减小了最大范围）。

8. 最大覆盖范围是受 3 个单元重叠点的限制，它是透视比和间距的函数。应用的数值参考非耦合阵列间距基准表（如图 9.19 所示）

9.8.6　非对称非耦合线声源

这被用于多个主系统，以及象前向补声，挑台下补声等各种辅助系统。这是个覆盖范围受限的系统。

非对称非耦合线声源设计步骤：

1. 定义覆盖形状为一条曲线。

2. 针对最长投射距离的单元来定义最大范围。如果使用了不同型号的扬声器，则就应是最高阶单元。

3. 选择一个单元，将其放置就位，使其度量的透视比与投射距离吻合。

4. 放置下一个单元，并度量适合给定距离的长度。相对间距和扬声器阶次将决定重叠量。单位型空间交叠过渡需要补偿间距 / 声级 / 扬声器阶次关系。

5. 决定第 2 个单元需要的相对距离（与第 1 个相比较），并度量出相应的功率容量。

6. 继续对每个增设的单元进行处理，以补偿与相邻单

元的空间交叠过渡，直到取得想要的形状。较短范围的单元可能要进行适当的功率度量。

9.8.7　对称非耦合点声源

对称非耦合点声源的设计步骤：

1. 定义覆盖角度，将其当作受限范围的弧（如图 9.21 和图 9.22 所示）。

2. 定义弧半径、长度，以及希望的最小和最大范围。

3. 选择一个单元，并将其置于弧的中心区域。

4. 最大覆盖范围是受 3 个单元重叠点的限制，它是透视比、角度差和间距的函数。应用的数值参考非耦合阵列间距基准表（如图 9.21 所示）

5. 放置增加的单元，直到弧被填满为止。

对称非耦合点声源设计参考基准

单元		已知的单位线 (D)		已知的间距 (S)	
覆盖 °(FAR)	倾角 (°)	重叠 % = 覆盖倾角 / 覆盖	间距 S	单位深度乘数 (M)	限制深度乘数 M x S x FAR
90° (1.4)	0°	100%	S = 4m	50%	100%
90° (1.4)	9°	90%	S = 4m	57%	114%
90° (1.4)	18°	80%	S = 4m	60%	157%
90° (1.4)	27°	70%	S = 4m	70%	214%
90° (1.4)	36°	60%	S = 4m	80%	400%
90° (1.4)	45°	50%	S = 4m	90%	无限
90° (1.4)	54°	40%	S = 4m	115%	无限
90° (1.4)	63°	30%	S = 4m	150%	无限
90° (1.4)	72°	20%	S = 4m	225%	无限
90° (1.4)	81°	10%	S = 4m	450%	无限

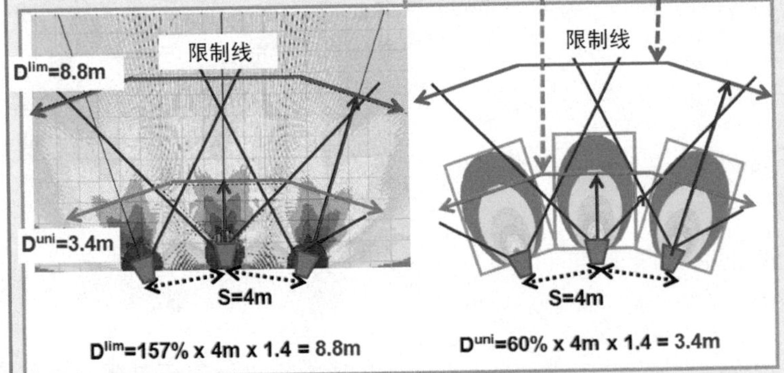

$D^{lim}=8.8m$　限制线　限制线

$D^{uni}=3.4m$

S=4m　S=4m

$D^{lim}=157\% \times 4m \times 1.4 = 8.8m$　　$D^{uni}=60\% \times 4m \times 1.4 = 3.4m$

图 9.21　对称非耦合点声源的设计参考基准

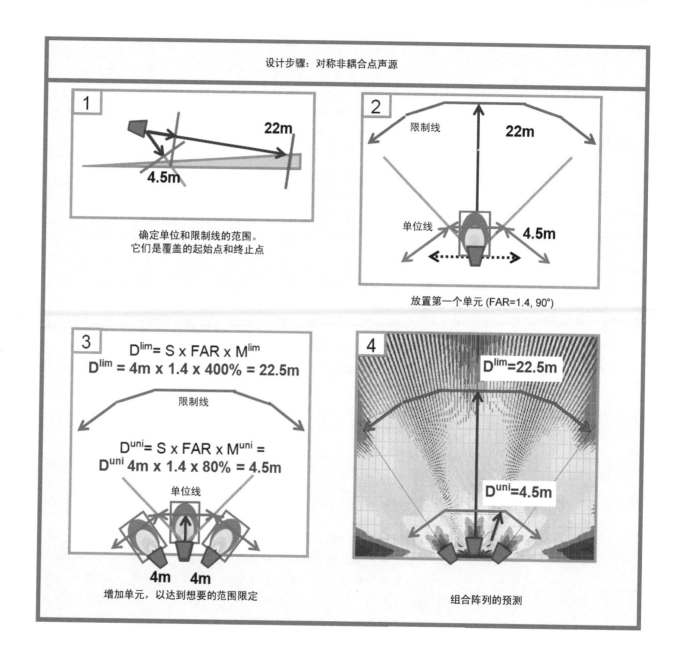

设计步骤：对称非耦合点声源

1

22m

4.5m

确定单位和限制线的范围。
它们是覆盖的起始点和终止点

2

限制线

22m

单位线

4.5m

放置第一个单元 (FAR=1.4, 90°)

3

$$D^{lim} = S \times FAR \times M^{lim}$$
$$D^{lim} = 4m \times 1.4 \times 400\% = 22.5m$$

限制线

$$D^{uni} = S \times FAR \times M^{uni} =$$
$$D^{uni}\ 4m \times 1.4 \times 80\% = 4.5m$$

单位线

4m   4m

增加单元，以达到想要的范围限定

4

$$D^{lim}=22.5m$$

$$D^{uni}=4.5m$$

组合阵列的预测

图 9.22　对称非耦合点声源的设计步骤

业界评论：了解你的客户。我曾经花了一天半的时间来摆放和调校大型复杂演播室中控制室里的主监听和近场监听。演播室中放了架昂贵的三角钢琴，同时还隔出了一间很大的鼓室和数间人声录制小室，整个空间足以容纳下 60 人的管弦乐队。我将周边设备重新装到了低的机架中，并重新进行了接线，这样做是为了避免调音位置附近的反射，让近场监听和主监听有一致的声程（时间对齐），这样就可以让调音师从一个位置到另一位置的渐变天衣无缝。

虽然客户十分友好，但还是从侧面提醒我：如果事情并不完美，千万别为此烦恼。他用非常不以为然的态度表达了对我花大量的投入用在了演播室的调校上的意见。我按照通常的实践惯例，将监听调成具有宽的"最佳监听区域"的情况，同时用我熟悉的 CD 进行了审听。满意了之后，我着手对客户选择的另一个母带设备进行仔细的调整，以使能满足客户的特殊要求。

9.8.8　非对称非耦合点声源

非对称非耦合点声源的设计步骤：

1. 定义覆盖角度，将其当作非对称弧（椭圆部分，而非圆的部分）。

2. 针对最长投射距离的单元来定义最大范围。如果使用了不同型号的扬声器，则就应是最高阶单元。

3. 选择一个单元，将其放置就位，使其度量的透视比与投射距离吻合。

4. 放置下一个单元，并度量适合给定距离的长度。相对间距、扬声器阶次和角度差将决定重叠量。单位型空间交叠过渡需要补偿间距 / 声级 / 扬声器阶次关系。

5. 决定第 2 个单元需要的相对距离（与第 1 个相比较），并度量出相应的功率容量。

6. 继续对每个增设的单元进行处理，以补偿与相邻单元的空间交叠过渡，直到取得想要的形状。较短范围的单元可能要进行适当的功率度量。

9.8.9　对称非耦合点目标源

假定这是与之前定义的主系统配合的补声系统（比如朝内补声系统）。这种系统的应用范围极其有限，并且必须要与具有出色的最小变化覆盖的系统相邻。

注意：这不要与包含独立信息通道的立体声混淆，但立体声系统中声像位于中间的信号作用相当于是对称非耦合点目标源。

对称非耦合点目标源的设计步骤：

1. 确定补声系统将要给出的覆盖延伸的目标范围。

2. 调整补声扬声器的取向，使之在目标区域的覆盖变化最小。

3. 单元主轴线的交叉部分给出前向透视比的度量长度。由于波纹起伏变化的原因，故阵列可用范围被限制在 FAR 长度的 50%。

确定补声系统所要求的相对距离范围（与主系统相比较），并进行适当的功率容量度量。

9.8.10　非对称非耦合点目标源

非对称非耦合点目标源的设计步骤：

1. 假定这是与之前定义的主系统组合的补声系统。

2. 确定补声系统将要给出的覆盖延伸的目标范围。

3. 调整补声扬声器的取向，使之在目标区域的覆盖变化最小。

确定补声系统所要求的相对距离范围（与主系统相比较），并进行适当的功率容量度量。

第九节　多声道环绕声

在此已经针对能量集中和变化最小化间的平衡作了许多工作。只要我们继续以同样的基本假设进行工作，似乎唯一能提高改进可能性的方法就是找到更大强有力方法使位移最小化。但是我们还有另一种方法可以采用，这种方法是在很久之前有人用过，现在大多数人已经忘记它了。

通常的大功率扩声系统是将很多不同的输入通道混

合成只有两个通道：左通道和右通道。音响系统必须重放整个信号，并使用大量的声学重叠来取得所需要的声压级。由于信号被预先进行了电混合，所以扬声器必须能够在所有的通道，所有的时间里都满足功率的要求。这要求有很大的动态余量，这是通过声学重叠取得的，付出的代价就是变化。这里要再次使用 TANSTAAFL 和排序筛选法。

但谁说所有的混合要强制以电信号形式进行呢？正如我们所知道的那样，立体声在声学空间中组合，就像自然声的所有形式一样。为什么我们要将自己限制在两个声道呢？为什么没有用于歌唱声、吉他声或者其他什么声源的单独通道呢？

这一概念就是将功率和覆盖的要求分离成真正的多声道系统，它是另一种隔离形式。我们可以取出舞台上声源的 4 个声道，并将其以电的形式组合成高度重叠的 4 个扬声器阵列。信号以电的形式混合，以声学的形式叠加。我们还可以另外选择将 4 个通道隔离，然后分别将其送至每只扬声器。信号进行声学上的混合，并产生不稳定的叠加。两者有什么不同吗？有相同点也有不同点。总的可用声功率是相同的（热力学定律）。虽然每个输入通道的可用功率减少了，但是感觉到的音乐内容上的损失却远远小于人们所假定的。你曾考虑过一个 50W 的 Marshall 扬声器能比得上 10kW 的扩声系统吗？扩声系统必须要满足吉他和每个人对整个混合波形的功率要求。如果我们哑掉了除吉他之外的每个声道，那么 PA 就能够将 Marshall 扬声器盖掉，这不是问题。

如今在电影中多声道声音已经是司空见惯了。中间的声道被用于对白，以及立体声的音乐和效果。这样可以使人声的通道波纹起伏变化最小化，同时也降低了可懂度。

我们在音乐厅的音响系统中通过左、中、右的配置也能做到这样。每个通道必须覆盖其所需要的区域，而中间的系统要覆盖所有的空间。

我们可以超出 3 个通道。实际上，通道是没有限制的。我们可以给舞台上的每件乐器一个完整的音响系统，然后在空间中完成信号混合，最相似的配置可能就算是自然声的传输了。这种设想在很久之前已经实现过，这就是 1974 年在 Des Moines 举办的 Grateful Dead 音乐会。这在前言的露天音乐会中提到过。这种音响系统为弦乐器，打击乐器组合和演唱声都使用了单独的扬声器。声音是以声学的形式混合的。虽然他们的应用存在着致命的缺陷，其中之一就是所有的扬声器都是直接对着人声传声器的，但是多声道分离的基本概念还是可以利用的。

自从 1974 年以来，这一问题的研究已经有了很大的发展，人们给多声道的混合创建了更为有利的环境。

现代的多声道系统的考虑：

1. 价格适宜，使用灵活的多声道调音台和信号设备。

2. 舞台声源隔离程度的巨大提高，使得我们能够完全不必考虑来自其他舞台声源的串音而任意地访问某一个声源通道。

3. 无线个人监听的应用，减小了舞台对听音区的声音泄漏。

4. 扬声器系统具有极为平滑，宽广的水平覆盖和可以控制的非对称垂直覆盖，并且可以方便地进行单点或双点吊装。

如果根据预算可以使用 48 只 3 阶扬声器，那么就可以事先有一些备选的方案。我们可以采用有大量重叠的立体声形式（2 x 24）；更大隔离和更小重叠的 L/C/R（3 x 16），或者采用细分的方法，只要我们能够满足覆盖，以及各个通道的功率要求就可以。

如果只是随便才参与一下，这并没有什么问题。事先要认真考虑一下声道是进行电的混合，还是声的混合呢？成功使用多声道的关键是声源通道的电隔离，并省去了针对声学媒质的组合。如果没有取得隔离，那么将会出现意想不到的相关通道间的叠加相互作用，这些相关信号来自不同的扬声器。如果取得了声源隔离，那么可能性就没有限制了。我们不仅仅可以在最小变化的前提下对功率没有限制，而且可以在空间中到处移动演出。这只是开个玩笑而已！

对于多声道例子，最后要考虑的一个问题是：采用多声道混合可以使我们不必在演出过程中获取准确稳定的声学分析数据。如果我们采用的是声学形式的混合，我们将不能对组合信号与电形式的基准进行比较，因而就不能在演出期间利用分析仪执行优化处理工作了。

如今测量音响系统的工作就成为我们研究的中心问题了。

第 3 篇
优化

第 10 章

检验

第一节　检验的定义

到目前为止，安装的声频系统还没做好工作的准备。我们不能假定每件设备的运作都正常，也不能期望系统无需微调就能工作。我们必须对系统设计背后的理论进行检验，对安装是否符合既定指标的要求进行核实。这种对安装系统查找问题的处理需要检验，而检验处理要借助于测量工具来完成。这些工具不同于我们要在下一章节要讨论的预测工具。测量工具检验的是被测对象的被测参量目前的情况，而不是这一参量将要如何变化。被测的设备一定是具体的物理设备，检验的工具不是虚拟的，并且不能是强制性的，对这些工具的选取不能偏爱特定的厂家的产品或设计解决方案。它们是证明我们是出色的设计师，并且是认真的系统安装者、或者是帮助实现梦想的人的关键因素。

没有检验，迷信与科学就没有什么差别了。如果我们改变了某些东西或者想要查明产生问题的原因时，检验就是对不断深入的讨论作出的一个结论。通过实践检验理论正确与否，解决问题并从中掌握一些分析问题的新方法。

检验工具有多种形式。它可以是简单的用来测量扬声器角度的物理工具，也可以是复杂的声频分析仪器。其中的每一种工具在进行系统检验中都有其用武之地。对于我们来说，所面临的最大挑战就是声频分析仪器。这种诊断工具用来监测声音传输到听众通路中电信号和声信号的变化情况，监听信号传输的质量。分析仪器的重要作用就是帮助我们了解所听到声音的客观属性。这些工具为设计师和优化工程师提供有关电平、频谱和空间声级起伏变化等信息，告知我们如何保真地传输信号。

值得庆幸的是：我们已经掌握了一套将来自调音台的信号保真地传输给听众的衡量标准，同时它也为声频测量系统提供了一个目标。测量系统监测音响系统给原始信号带来的任何变化，并将这些变化告知操作人员。但是这和任何的诊断工具一样，它的角色仅仅将所表现出来的现象反映给受过训练的观测者，并不是解决问题。这就像体温计、先进的 X 光或核磁共振成像（MRI）并不能医治病情一样，音响系统对于声音传输过程中产生的声音畸变同样也不能通过分析仪器来解决。尽管温度计是易于使用的一种诊断工具，但是有非常大的局限性。MRI 的功能十分强大，具有极高的分辨率，能够生成我们的感官不能直接感知到的数据。要想使用这样的系统，则对使用者要进行特殊的技术培训，并且借助先进的知识结构将得到的数据正确地解读出来，帮助我们做出正确的诊断。尽管人员受到了先进的医学培训，但要给出成功的治疗方案还是要靠医生（当然也缺不了保险代理）。

我们都希望测量音响系统的工具能像温度计那样易于使用，同时又具有 MRI 那样的强大功能，但天下并没有这样的好事。现代声频系统的操作人员所面临的挑战是：这种一维的诊断工具并不能提供足够的，让我们从中发现问题原因的数据，因此人们也就不可能对产生的声音畸变问题提出正确的解决方案。我们需要的是像 MRI 那种功能强大的测量工具来对音响系统进行测量，因此也就需要对操作人员进行培训，使之能从所得到的数据中发现问题的症结所在，并提出解决问题的方法。利用这些工具，我们能够以令人惊叹的直观清晰度研究不为人所见的声音特性。这些特性常常可以通过完美的图片形式表现出来，尽管不能总是这样。

这部分的重点是讨论有关音响系统检验所采用的工具方面的问题。其中的工具包括有折纸工具，以及复杂的声频分析仪器。我们可以将所使用的工具分成三类：物理工具、电信号测量工具和声信号测量工具。有些仪器可以用于多种目的的测量。每种工具都其各自的使用环境，同时也都具有局限性和优缺点。

第二节　物理测量工具

10.2.1　倾角罗盘

这种仪器用来测量设备或表面的垂直角度。这是种很

简单的机械式小型测量工具，它利用地球引力来定位可转动的指针，以此来表示出被测物体的倾斜角度。如图 10.1 所示。

倾角罗盘在此的作用是测量扬声器的倾角。尽管最终倾斜角度的确定是要通过声学测量给出，但是决不能忽略倾角罗盘的作用。用它测得的最初设计图角度是非常有用的。它的另外一个应用就是"拷贝和粘贴"：在测量和优化完扬声器之后，倾角罗盘可以确保选用的角度被重复应用到对称的相应扬声器上。

图 10.1　用于扬声器垂直角度调整和检验的倾角罗盘

10.2.2　量角器

由于倾角罗盘并不能用来解决水平角度的问题，所以水平角度的确定就是个挑战。量角器能够测量不同表面间的相对角度，其局限性就是它的物理尺寸。如果它太小，它的精度就较差；如果它太大，则很难在空间狭小的扬声

器阵列中进行测量。如图 10.2 所示。

22.5°和11.25°的角度。那种折三折形成的60°、30°和15°在实际中很少使用。使用中只要将折纸放在扬声器的两侧边缘之间就能找出想要的角度。如果纸片最初剪成正方形，那么就很容易折，并最终形成更加对称的形状。这并不是玩笑，往往在这种场合，这是测量角度的唯一方法。当我们倚靠着升降梯，一直手抓着装配索具机构想将扬声器用 U 型环固定在一起时，同时用另一个工具进行工作往往不切实际。这时在工作现场有人给你递上这种工具那将是绝对正确的选择，如图 10.3 所示。

图 10.2　用于扬声器水平角度调整和检验的量角器（Starrett Corporation，Althol MA 授权使用）

图 10.3　定角卡片

10.2.3　定角卡片

在测量工具箱中，这是唯一一种可任意使用和反复利用的工具，当然这不过就是折纸卡片，它用来测量两侧面的倾角，或者倾斜扬声器的中心间的夹角。纸片被裁成十分准确地直角，它可以方便地重复对折，形成45°、

10.2.4　激光笔

可靠而准确的激光笔可以用来将扬声器准确地进行方向校准。针对观测或建筑专业而制造的激光笔用在我们这种场合绰绰有余，甚至有一些激光笔还是专门为声频测量而设计制造的。手持式激光笔一般是用来讲演的，其精度

对于我们这样的应用不适合。这里介绍的是一种展示类型的激光笔：将它放在扬声器上，延着箱体的上表面滚动。如果目标是准确的，那么激光点将会在水平线上移动；如果不是这样，设备就不应使用，如图 10.4 所示。

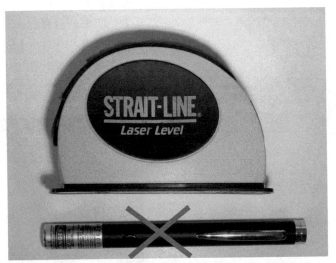

图 10.4　激光笔。图中上面工具的制造精度适合用来优化。用来演示的工具不适合此用途

　　激光笔以与轴向取向一致的方式放在扬声器上。由于常常不能将激光笔放在箱体的正中心，所以允许有小量的位移。值得注意的是位移并没有具体的数字范围和角度。如果激光处在箱体中心上方 0.5m，那么主轴上的点就在现场看到的激光点只下 0.5m，之后扬声器就可以安装在那一位置上，得到我们所需要的焦点。与倾角罗盘一样，激光对于"拷贝和粘贴"对称的相对位置上的扬声器位置设定非常有用。激光还可以用来观察诸如轴外扬声器响应中其他点的位置，这对评估扬声器的聚焦角度是有帮助的。

　　另外一种以激光为测量基础的仪器就是激光测距仪。如果这种仪器发现待测目标表面的反射的话，则它就可以确定距离。这可以给出房间中观察点与另一目标物体间的近似距离。像黑色封装的扬声器这样的深色物体，其反射光非常微弱，这会使得读取的数据的可靠性下降。利用象测距仪 / 延时测量仪这样的激光仪器进行近似测量效果非常不错，但是决不能因此而取代延时时间的声学测量。在下面的章节中还会介绍用于此类测量的更好的测量工具。

10.2.5　温度计

　　由于声音的速度是受温度影响的，所以在确定声速时要用温度计测量出相关的温度信息。一般的温度计的精度等级对于我们这样的应用场合是足够的了。几乎没有哪一个优化方案是根据温度的读数来确定的。对于固定安装，需要注意的是初始优化时的温度，尤其是当它并不处在所希望的日常工作温度范围时。对于流动演出系统的优化，温度以现场监测到的为准，并以此对声速的变化进行补偿。

10.2.6　湿度计

　　由于湿度会影响到声音信号高频成分的传输，所以也要对其进行监测。湿度计用来测量空气的湿度，从中获取湿度信息，我们据此来对高频响应的变化进行补偿。

第三节　简单的声频测量工具

　　对于声频工程师而言，可供使用的电子测量仪器的种类很多。其中的大部分仪器主要是测量电压和电阻，以及小的电流。由于模拟声频信号传输的是变化的电压，所以我们将研究的重点也放在这一参量上。

10.3.1 伏特 / 欧姆表（VOM）

伏特 / 欧姆表（VOM）对于安装和维修的声频工程师来说是必不可少的。VOM 能够测量 AC 和 DC 电压，并能判断电路是否连通或是否出现短路问题。对于 AC 电压和电流，测量的是平均值，因为其中仪器的检波器是按照准 RMS，或真正的 RMS（均方根）校准的。对于正弦波，这两者的测量结果并没有区别，但对音乐和噪声信号就不同了，它们的读数存在差异。VOM 主要是在系统的预检阶段使用。

10.3.2 极性测量仪

极性测量仪就是人们俗称的"相位表"，它是由脉冲发生器和相应的接收设备构成。发生器用来驱动线路，而接收设备则对另一端接收到的电信号（声信号）进行解码。如果被测量系统的响应在整个频段上是平坦的，那么其电读数就是可靠的；如果不是这样，则电路产生的相移就可能导致接收设备对脉冲产生不正确的解码，从而产生虚假的读数。当接收器是声学器件的话，这种潜在的误差会急剧提高。所有的扬声器都是有限带宽的器件，即便全音域扬声器也是如此，因此必然会出现随频率而变化的相位延时。在多分频系统中的每只扬声器必须单独进行检测，其中电子分频的潜在相移增量也包含在读数中。如果将轴向响应和室内声学因素也考虑在内，我们就会发现极性测量仪的简单红 / 绿指示反映出的内容太多了。极性测量仪对于线路极性检测是非常不错的工具，但是只能用在扬声器检验的预检阶段，在下面的章节中还会介绍关于此类测量更好的测量工具。

10.3.3 监听小盒

这是一种用来进行监听的检测仪器。这种监听小盒包括一个电池供电的小型放大器和可以对通路上任何一点信号进行监听的扬声器。它的高输入阻抗将线路的负载影响减到最小。这种技术源于电话线路故障查询系统。电话系统设备采用电感线圈来对线路进行监听，即便线路是完全绝缘的。虽然电感线圈的频率范围有限，但对于电话监听已经足够，然而对于全音域的专业声频应用却满足不了要求。因此监听小盒至少需要具备非平衡连接的功能。监听小盒是一种极其便捷而有效的信号检测工具，它在预检阶段是成本低廉且最为有用的工具。一台高阻耳机放大器和一副耳机也可以达到同样的目的（如图 10.5 所示）。

图 10.5　监听小盒。耳机或扬声器可以插到其输出上。信号通路任何点的信号均可以监听（Whirlwind，Rochester，NY，USA 授权使用）

10.3.4 阻抗测量仪

在测量声频线路时，阻抗测量仪不同于 VOM。之前讨论过的 VOM 可以测量电路的 DC 电阻。声频信号是 AC，它在电路中会建立起不同类型的负载，即所谓的电抗性负载，我们将其组合称之为阻抗。针对扬声器给出的阻抗是标称值，比如 8Ω，但是如果用欧姆表来测量，其读数可能只有 6Ω（直流电阻）。阻抗检测仪将能更精确地反映出驱动信号源的负载。这种检测可以反映出阻抗随频率的变化情况。出于这种原因，所有阻抗检测结果必须要指明测量频率。在大多数情况下，欧姆表足以应对电路是否短路或连通这样的检查。如果在信号通路中存在变压器，那么在直流情况下欧姆表会显示为短路。阻抗检测仪会指示出变压器阻抗，并能给出准确读数。用来保护 HF 驱动单元的隔直电容会使 VOM 显示为开路，而阻抗检测仪则会透过隔直电容反映出驱动单元的阻抗。对于 70V 系统（中国是 100V 系统，译注）我们极力推荐使用阻抗检测仪。

业界评论：对于有些人，技术很容易让他们将一些听上去不错东西搞砸了。这看上去会节省一些时间，但是在有多种选择方案可用的情况下，这样做会让我们更加难以决断最佳方案。

马丁·卡利洛（Martin Carillo）

10.3.5 示波器

示波器是一种波形分析仪器，它可以显示电信号的电压与时间的关系。两个轴可以独立地调整，以监看任何的电信号。DC 电压、线路电压和声频信号都可以监看。示波器跟踪信号的波形，所以显示 AC 信号时，电压电平是峰峰值（参见第 1 章）。示波器能够监视放大器的削波、振荡等情况。虽然示波器通常并不用来进行系统校准，但是它是十分有用的故障诊断和检验工具。在当前，这一功能是通过数字信息网络来实现的，它能同时监测多台放大器的输出。

在过去，示波器在系统校准中的作用非常大。它所具

有的测量幅度与时间关系的能力可以用来分析频率对相位关系的影响。延时设定，甚至回声判定都可以通过观察示波器显示的传声器拾取的激励系统脉冲信号来实现。值得庆幸的是当今已经有了更容易的方法来进行波形分析，具体内容会在下面的章节中介绍。

10.3.6 声级计

声级计可以给出关于某一位置上的单一声压级数值，dB SPL。读数能够涵盖特定的频率范围和时间范围。给出的 SPL 读数是特定的单位标称值，它对应用户设定的频率加权和时间常数，这些单位已经在第 9 章介绍过了。声级计是一种操作型工具，而不是优化工具。声级计不是那种需要另外对输出进行处理的仪器，它不存在校准参量，它只有简单的无需优化的参量，这些参量只需一个表示整个可闻声频谱的数字读数就能说明问题，这已经是声级计的一种典型显示了。在设定对称匹配系统时，声级计是唯一适合的工具，然而对于调音工程师而言，声级计是从事室外扩声工作时最为有利的工具。

10.3.7 实时分析仪（RAT）

实时分析仪的应用十分广泛，它是系统优化（调零）的最佳工具。分立的 RAT 能够完成其他仪器不能很好完成的任务。信号通路、本底噪声、嗡嗡声、THD、极性、容限，以及频响分析都是验证阶段主要的工作。均衡、延时设定、电平设定、扬声器的焦点，以及室内声学属性的分析则是校准阶段的主要任务。RTA 是所有这些较为先进的工具中较差的一种。

这并不是说 RTA 的功能不能满足应用的要求，它完全

可以作为耳 / 眼训练的入门工具来使用。我们可以听音乐，并将所听到的与所看到的对应起来。通过感应和确认反馈，以训练我们在它失去控制之前能听到它。尽管 RTA 的这种功能不错，但还是被现代的快速傅里叶变换（FFT）分析仪所取代，FFT 分析仪在具有 RTA 全部功能的同时，摒弃了 RTA 自身固有限制给测量带来的障碍。就象其他许多东西一样，RTA 已经被计算机所取代了。

在过去，RTA 是绝大多数扩声应用中唯一能进行频谱分析的仪器，它便宜、小巧、易于操作，然而如今它已经被双通道 FFT 所取代。双通道 FFT 也不算昂贵，体积也不大，但需要进行培训之后才能使用，它之所以能够取代 RTA 工作的原因是：工程师已经知道要想解决问题并操作系统需要有高精度的数据支持。那到底是什么原因使得 RTA 的表现如此逊色呢？

实时分析仪是一组并联的带通滤波器，其中心频率间隔是以对数刻度的（典型情况是倍频程或 1/3 倍频程），其中心频率是按标准频率划分确定的。每个滤波器的输出送至全波整流电路，得到其绝对值，然后再进行积分，最终得到其 DC 分量。积分时间常数是由阻容（RC）电路确定的，它可以设定为快速（250ms）或慢速（1s）。最终的结果是产生 31 个 1/3 倍频程带宽，其中的每一个频段都有一个能体现所在频率范围上平均值的积分值，它是实时的电流强度。"实时"一词的言外之意是指所显示的数值代表了在时间上连续的波形，其间并没有因采样时间所引发的缝隙产生。除非 RTA 被暂停，否则数据总是在时间上连续的数据流。

当用在 1/3 倍频程包含相等能量的信号源（比如，粉红噪声）激励时，RTA 被设计成表现出平坦的响应。由于粉红噪声是随机信号，RTA 需要进行平均才能得到平坦的响应。虽然 RTA 能够对系统响应进行低频率分辨率的评估，

但是 1/3 倍频程的分辨率远远低于下文要讨论的均衡应用的要求。低分辨率的数据只能供测量设备的本底噪声使用，或者研究象城市交通噪声的频谱分布问题时使用。

RTA 的局限性是其名字中"时间"一词的体现。由于 RTA 并不是测量时间，所以它对于设定延时或者识别反射是没有用的。另外由于它并没有相位响应，因此我们不能掌握扬声器叠加的特性，对此我们还是一无所知。它不能分辨出在其积分时间内到达的各个信号，因此也就不能分辨出哪些信号的先到的，哪些是后到的。RTA 检测到的是空间内的所有能量，与时间无关，其低频能量的增加相对于人耳的感知被大大地夸大了。房间的混响时间越长，RTA 低频响应上翘的越严重。如果混响空间的响应被均衡成平坦的，那么系统听起来就好像低频严重不足。RTA 的使用者在犯了一次错误之后，就不再相信 RTA 了。不幸的是，RTA 的不足导致许多工程师将所有的声频分析仪一概否定。实际上我们不必在意在 FOH 调音台前摆个分析仪。

RTA 将音响系统响应中的复杂问题以一个 1 维数据表示出来，这就导致使用者假定 1 维的解决方案是适用的，问题可以通过改变幅频特性，即均衡来解决，这恰恰是 RTA 特性中最薄弱的。将均衡的思维理念作为主要的或唯一的解决问题方法会导致无休止地犯同样的错误。由于问题的真实原因并没有反映出来，所以也不能找到解决方案。RAT 不能将所需的数据提供给解决方案的制定者，让其了解音响系统自身，以及房间的对声音的影响。产生声音变化的原因没有找到，也就不能应用最小变化原则解决问题。在许多应用中，对系统的考核只是在一个位置（调音的位置）上进行，空间中的声级、频谱，以及不平坦度都没有放到系统均衡方案的考虑因素中，因此人们不断地重复犯同样的错误。

正如我们所了解的，相位就如同牵线木偶的操作者那

样控制着音响系统的性能。如果对相位知识了解不多，那么我们注定会在每轮检测中遇到令人意想不到的结果。对于 RTA，信号极性的特征被整流器反转了，同时又被积分器去掉了。这些信息一旦丢失是不能恢复的。这种信息的丢失是我们丧失了发现系统变化原因的最佳途径。

以上这些并不是说 RTA 一无是处，它在对诸如城市或工业噪声这样的随机，不相关声源进行低分辨率分析时还是有用武之地的。让人不解的是至今在这些研究领域中还没有比 RTA 更为出色的分析仪问世。在我们所从事的音响系统优化领域中，即便 RTA 易于使用，它也绝不是一个合适的工具。总而言之，先进的分析仪能够实现 RTA 所有的计算和显示功能，RTA 辉煌的日子不会重现了。

第四节　复杂的声频测量工具

声频信号是复杂的，这里所言的复杂具有特定的含义，它是指声频信号包含有三个明确的参量：频率、振幅和相位。前面所讨论的简单声频测量工具相应的局限性就是不能同时对这三个参量进行特性描述。复杂的分析仪让我们看到简单的分析仪不可能观测到的声频信号特性。但是分析仪的这种复杂性要求我们能从它所给出的数据中分析出问题，这一工作是要花费一定的时间和精力的。

关于这方面的问题比较深奥，因此要花费大量的篇幅进行专门的探讨。这种分析探讨充斥着积分学、微积分学和微分方程等内容，因此它是复杂的信号分析语言。在此我们并不想尝试引入这些理论分析，这样会将我们从数学功底不足的窘境中解脱出来，也不会陷入到试图理解那些分析仪内部我们根本看不到的方程式运算之中。我们还是拿医学诊断作比喻，MRI 设备的设计、制造和使用是电磁

方面专家的事情，而不是医生的事情。医生只是解读 MRI 图像，帮助其对病情做出诊断。医生只需知道 MRI 的数据捕获进程，确保他能正确解读数据就足够了，其中的重点是要能看到他们所期望看到的数据，以便最好地服务于患者。我们与复杂声频分析仪之间的关系也是如此，在本章中我们努力的目标就是要能够正确解读诊断数据，而在接下去的两章中再讨论治疗方案。

这里介绍的方法是应用数学知识最少的一种，并且非常公平地应用了类推法。熟悉傅里叶变换方法的读者在此恕我能进行适当的简化，只是进行一些概述，尽可能少地强调个别制造商的产品及其任何特性。

作者侧重点的说明：出于对美好事物的兴趣，自 1984 年 Meyer Sound Laboratories（Meyer 音响实验室）的 Source Independent Measurement（SIM™）分析系统问世以来，我一直参与其间的设计工作。我在此的目标是尽可能以最通用的术语来介绍分析仪，而不去涉猎特殊产品的文件和议题。

有几种不同的方法都可以用来捕获复杂的数据，处理捕获数据的方法也多种多样，而显示这些数据处理结果的方式更是不胜枚举。各种商业化的产品也都有一定的应用针对性和市场定位，比如噪声控制、科研、产品开发和振动等。这些市场要比专业声频大得多，因此将满足我们这种特殊要求的复杂声频分析仪作为主流市场开发出来的测试工具非常少。针对专业声频领域的测量，我们自己设计出一些测量工具，以便能与行业中的其他方面同步发展。

复杂的分析仪采集数据的方式不同于 RTA 和其他简单的分析仪。RTA 识别的是输入信号的连续流（因此它是"实时监测"），然后在滤波分成各个频带。每一频带被积分得到等效的直流值，最后将其实时显示出来。相对而言，复杂的分析仪首先是以时间记录的形式对波形进行有限时间内的捕获。虽然这一波形并不是像 RTA 那样通过阻容电路

进行滤波，但是还是要进行十进制的算术运算处理。波形被分解为各个成分参量：随频率变化的振幅和相位值，这些参量值可以显示或用于进一步的计算。这种方法的一个重要特点就是这些参量成分可以重新进行合成，并以各种方法再次进行处理，为日后对数据进行进一步研究留有空间。

10.4.1　傅里叶变换

18 世纪法国的数学家 Jean Baptist Fourier（傅里叶）提出了解释波形复杂属性的方法。傅里叶定律是将声频波形用其基频来表示，即用频率、振幅和相位等参量来描述。其最简单的形式就是，将任何复杂的波形信号用有明确定义的振幅和相位的多个正弦波分量的组合来表示。

傅里叶定理通过傅里叶变换，即此前提及的参量分离的算术处理使其得以在现实中应用。我们之所以这里将其称为"变换"，是因为它将波形由幅度与时间关系（示波器所观察到的形式）表示形式转换成了用幅频（RTA 上看到的）和相频关系的表示形式。这可以简单说是将"时域"数据转换成"频域"数据，这一信号处理过程是可逆的，即频域的数据也可以再转变成时域数据。

10.4.2　分析仪基础

从本质上讲，傅里叶变换并不是为实际应用而提出的。完整地公式包括从负无穷到正无穷的时间周期。我们在下午 7 点（7：00pm）有场演出，所以我们必须采用运算的表达形式来表示它，这就是所谓的 FFT，或离散傅里叶变换（DFT）。虽然 FFT 的时间样本的减少会带来潜在的误差，但是这些误差可以小到我们可接受的程度，使其成为我们可使用的功能强大的工具。它是我们用来进行扩声系统优

化的复杂声频分析仪的核心。十分庆幸的是，声频工程师不必为了使用傅里叶变换而去进行 FFT 方程的计算。我们唯一需要充分掌握的就是所得数据代表的含义，以及它的作用。

FFT 分析仪的一些重要名词术语：

- FFT：它是 Fast Fourier Transform 的缩写，所描述的是将时间记录数据转换成频率响应数据的处理过程
- 采样率（Sampling rate）：它是指模数转换器使用的时钟频率
- 奈奎斯特频率（Nyquist frequency）：它是指在给定的采样频率之下，能够捕捉到的最高频率。其频率是采样频率的一半
- 时间记录（Time record）：它也称为时间窗，是指被采样波形的时间周期，用 ms 为单位表示
- FFT 线（FFT lines）：它也被称为 FFT 箱，是指时间记录的样本数（除运算）
- 时间带宽成分（Time bandwidth product）：它标示的是时间记录长度与带宽的关系，两者互为倒数关系，所以相乘的数值总是 1。短的时间记录建立起一个宽的带宽，而长的时间记录建立的是窄的带宽
- 分辨率（Resolution）：它是指每个均匀间隔的 FFT 频率"线"或"箱"的宽度，它等于采样率除以时间窗内的样本数。在 FFT 时间窗中的样本数始终是 2 的倍数关系（128，256，512，1024 等）。例如，1024 点的 FFT，在 44.1kHz 的采样率下的分辨率接近 43Hz
- 带宽（Bandwidth）：它用来描述滤波器起作用的频率范围，单位是 Hz
- 恒定带宽（Constant bandwidth）：对带宽的线性表示，以 Hz 为单位，这时每个滤波器（或频率间隔）具有同样的带宽。FFT 计算滤波器采用的就是恒定带宽

- 百分比带宽（Percentage bandwidth）：它用来描述滤波器起作用的频率范围，单位是倍频程（倍频程：倍频程 ave）

- 恒定百分比带宽（Constant percentage bandwidth）：对带宽的对数表示，以倍频程为单位，如 1/3 倍频程。这时每个滤波器（或频率间隔）具有同样的百分比带宽。RTA 滤波器采用的就是恒定百分比带宽

- 每倍频程固定点数，也称为"恒定 Q 值"（Fixed points per 倍频程 ave，PPO；或者称为 Constant Q）：它是对分率分辨率的准对数表示。PPO 是指单位倍频程内的频率分配数，而不管每个单独的带宽或百分比带宽如何，比如：每倍频程 24 点。它是由不同时间记录的多个 FFT 单位倍频程宽度部分选择产生的。每个单独的倍频程是线性的，但整个的 FFT 组合在一起是对数关系，故称之为"准对数"形式

10.4.2.1 时间记录

我们首先从一段时间的采样波形开始分析。这一时间段称之为时间记录，它相当于照相机快门的速度（如图 10.6 所示）。时间记录就是我们的声频快门开启的持续时间，时间

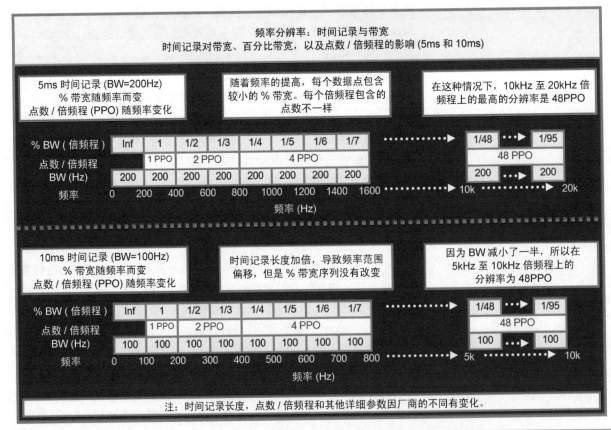

图 10.6　FFT 分析仪中频率分辨率与时间记录样本长度的关系

记录长度是开放的变量，它是我们进行分析的第一个关键参数，因为要通过它来确定可测量的最低频率。要想对波形进行全面地描述，波形必须在采样时间内具有完整的一个周期。因此，对应于较长周期（低频）的频率信号所需要的时间记录更长。

一旦完成数据捕捉，那么 FFT 就可以将波形表示为频率成分。这一处理是对一系列有关所需长度（只要不是无限长）的问题回答。处理量如下：

问题 1：时间记录所描述的波形部分是完整的一个周期。

幅度值：……　　　　　相位值：……

问题 2：时间记录所描述的波形部分是完整的二个周期。

幅度值：……　　　　　相位值：……

这一过程持续下去，直到达到我们所需要的高度（只是不能超过数字采样率的一半）。

每次提出问题，要求报告个同频率的数据，不断地向上递进，频率的增量（Hz）就是带宽（频率分辨率）。带宽与时间记录呈倒数关系，它是我们熟悉的 $T=1/F$ 公式的另外一种应用。应特别注意的是，这里的带宽是用 Hz 来表示的，而不是用大多数声频工程师所期望的倍频程百分比表示。其原因是频率间隔是由时间周期的连续分割得来的，而时间是线性的。因此频率分辨率就是线性的（恒定的）。这与基于模拟（或者模拟的数字拷贝）滤波器的 RTA 不同，RTA 生成的是百分比带宽（对数）间隔。

10.4.2.2　线性与对数

人耳听音机制的频率分辨系统基本上是对数形式的，也就是说，对频率加倍的感觉是等间隔的变化。在以对数轴显示时，数据是按照等间隔的百分比带宽均匀划分的（如图 10.7 所示），而在线性表达中，频率轴是以恒定带宽划分的。在线性显示中，高倍频程的显示具有一定的优势，

它占据屏幕的实际情况与听觉感知的比例有较大偏离。最高端的倍频程占据了屏显的右半部，每下降一个倍频程将会再占据余下屏显的一半；在低频段倍频程被压缩到屏显的左边。由于对数显示明显与我们感知声音的方式更吻合，所以放弃线性刻度似乎更符合逻辑。然而有一些不可抗拒的原因迫使我们必须对线性频率轴有所了解。影响测量时间参量的最重要因素也是以线性的形式影响频率参量。没有对数的时间，只有线性的。起伏变化的频率响应效应会引发时间偏差，由此导致线性频率轴的合并效应（梳状滤波器响应）。我们必须要对对数和线性两种形式都要了解，以便识别对数显示中的线性相互作用（参见第 2 章）。

虽然线性不是我们的首选，但是它也有自己的定位，不存在任何不适用的危险。例如谐波分析是语音和乐器研究的主要内容，采用线性表示就是首选。谐波与基频呈线性的关系，这种关系在线性刻度的显示中很容易识别。

10.4.2.3　频率分辨率

频率分辨率的可能值并没有限制。我们可以有 1Hz 的分辨率和 20000 个数据一同使用。为什么不是 0.1Hz 的分辨率？1/3 倍频程的分辨率够吗？

到底用什么样的分辨率合适呢？这要取决于测量的实际需求和我们打算利用这些数据做什么。由于我们并不是整天闲着无事，所以必须要求分析仪有合适的处理速度和响应。有些工作仅需要宽带的结果；而有些则关心细节。如果我们使用了过大的分辨率，那么就可以减小它，所以我们是依照工作需要的最高要求来确定分辨率的。回想一下在第 3 章中讨论的有关人耳听觉系统分辨率的问题，其中的人耳分辨率就是一个决定因素，其中将 1/6 倍频程的分辨率作为感知音调变化的"临界带宽"看待，另外 1/24 倍频程分辨率（24 个波长之后）之上的频率响应波动变化

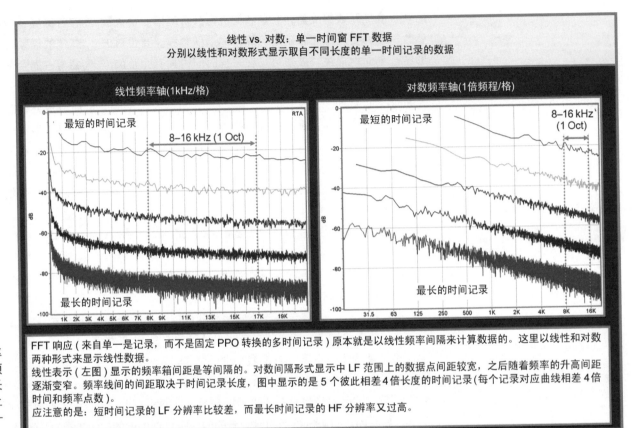

图 10.7 采用各种时间记录样本长度、频率分辨率进行的频率响应测量。（左图）线性频率轴，（右图）对数频率轴。随着时间记录长度的增加，数据点数也随之增加（图中越靠上的曲线对应的时间记录样本长度越短）（SIA-SMAART，Whitinsville，MA 授权使用）

已经让我们处在回声感知的门限之上了，而不是空间感和音调变化感知。因此 1/24 倍频程左右的分辨率足以满足我们在频域上的工作要求。

在有些工作中，采用较低的分辨率就可以了，没有人需要采用 1/24 倍频程以上的分辨率作为做出关键决定的依据。尽管进一步提高分辨率（比如 1/48 倍频程）并没有什么害处，但是这并不需要。

针对特定的工作任务所需要的频率分辨率：

- 本底噪声分析：采用低分辨率，通常情况下 1/3 倍频程就足够了。更高的分辨率能够检测到低分辨率可能发现不了的低电平振荡

- 离轴响应：通常情况下采用中等的分辨率（1/6 倍频程）就足够了，这一分辨率适合描述频谱的变化（粉红偏移）。更高的分辨率能够检测到低分辨率可能发现不了的起伏变化

- 起伏变化：采用高分辨率（1/24 倍频程）

- 嗡嗡声：需要使用高分辨率，因为嗡声中的小尖峰是线性间隔分布的多个线状频谱，如果采用低的分辨率，

则会使较高的嘶声尖峰的电平因平滑处理被降低了

- 轴上频率响应：采用高分辨率（1/24 倍频程）。选择的分辨率必须适合描述电平、起伏变化和频谱变化。更高的分辨率能够检测到低分辨率可能发现不了的起伏变化

- 空间交叠过渡的频率响应：采用高分辨率（1/24 倍频程），其原因同轴上频率响应

要想监测叠加的起伏变化，需要使用非常高的分辨率，这是决定性的问题。对于频响上比分辨率宽的峰谷，其带宽要比分析仪的带宽宽，因而能够清晰地看到。如果分辨率低，则看得就不是十分清晰了。

到底我们需要看些什么呢？要想全面地描述峰谷必须至少确定以下三个特性参量：中心频率、最大偏移（提升或衰减）和百分比带宽。要完成以上的工作至少要得到三个频点：中心频率，以及响应回到单位值前后的两个频点。如果我们提高了分辨率，则在用曲线连接这三个点时，会形成平滑的连接曲线。要记住的是，我们要根据所需要的精度来确定到底该用多高的分辨率。

分析仪将频谱分成了我们称之为"箱"的数据点，每个箱都有中心频率，并且会与相邻的箱交汇，所以任何处在两个箱之间的数据会共享它们的数据。测量到的峰谷中心频率可能与箱的中心频率匹配，也可能处于两箱之间的某一频率上。我们的讨论将关注两种可能：中心频率处于某一个箱的中心，或者是处于两个箱的中心。峰的带宽（BW）可能与箱的带宽匹配，也可能比箱的带宽宽或窄。

不同的情况下，频率分辨率与测量带宽的比值是变化的，如图 10.8 所示。随着这一比值的增加，分析仪对落在箱中心和边沿的峰的影响明显变小。

当带宽比达到 4 的时候，不论是否处在中心，其峰的形状和电平就能清晰地识别出来。由于不能保证处在这一区域的峰和谷会与测量箱的中心一致，所以重要的是要

维持一个合适的对箱中心准确度的不敏感性。在 4：1 比值的情况下，这可以通过"过采样"来实现。因此如果想要连续地用 1/6 倍频程临界带宽进行均衡的话，就必须使用 1/24 倍频程的分析仪才能保证精度。

回想此前讨论过的有关 1/3 倍频程 RTA 以及匹配的 1/3 倍频程图示均衡器（参见第 1 章）的问题，现在就可以清楚地理解那种看起来合适的匹配实际上这时表现的非常差。

10.4.2.4 每倍频程固定点（恒定 Q 值变换）

虽然最终的测量工具是形式复杂的高分辨率设备，但是显示的形式应该是能直接反映人耳感受的。另外它是基于数据的线性形式，这里的数据包括振幅和相位值，同时在每个倍频程具有恒定的高频率分辨率。即便 RTA 有 1/24 倍频程的窄带滤波器，它也不能应用于这种测量，因为它丢失了相位数据，与带有对数显示的一台 FFT 分析仪一起工作也不能实现这种测量，因为频率分辨率还是线性的。但是如果采用多个并行的 FFT 测量，则可以拼接成一个"准对数"显示。利用每个倍频程上的单独时间记录并只能利用捕捉数据的一个倍频程就可以完成这一任务。

处理从高频开始，这时采用的时间记录最短（如图 10.9 所示）。执行 FFT，对向上一个倍频程捕捉固定点数的数据，并以此这作为基础分辨率，并以"每倍频程点数"（PPO）来表示。我们之所以不使用向下一个倍频程，是因为它所包含的数据点数只有一半，这是线性数据的恒定带宽所致，这将使得频率分辨率下降一半，并且再向下一个倍频程分辨率还会下降一半。

对数分辨率下降带来的挑战只能通过保持最高的倍频程数据而舍去其他数据来解决，然后我们对长度加倍的时间记录再次进行 FFT，这样我们就可以获得与之前倍频程 FFT 一样的频率分辨率。每个连续的时间记录长度都是之

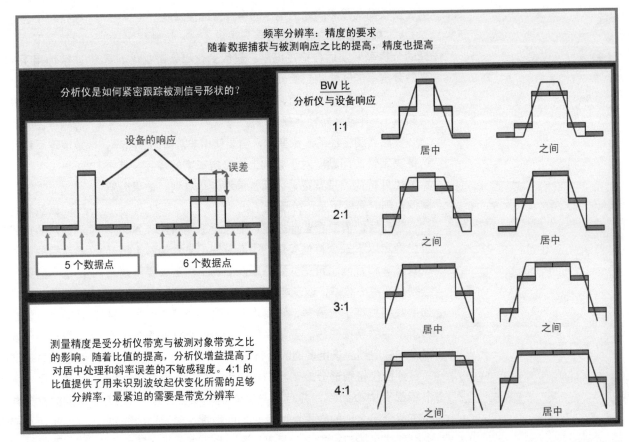

图 10.8　频率箱 / 精确度问题

前的两倍，这将优化分析仪，使其对于较先前向下一个倍频程的处理能获得相同的 PPO。这种处理一直进行下去，直至达到想要测量的最低频率为止。应注意的是，在扩展的时间记录长度达到实用限制值之前，处理可以无限制地进行下去。再回到照相机的类比的例子中，我们可以形象地将其想象成单次触发下以不同快门速度工作的一组照相机。

虽然序列的时间记录在每个倍频程上建立起固定的数据点数，但是不要将其与真正的对数计算相混淆。例如，每倍频程 24 点 FFT 的恒定带宽会在此倍频程上均匀分布的。

真正的对数带宽 24 倍频程表示形式对于倍频程内的每个片断均为恒定百分比带宽。在一个倍频程内最低至最高频率箱的最大差异（百分比带宽）接近 2∶1。如果显示以对数形式给出，那么数据点会被压扩并非常均匀地填充到倍频程宽度内。这很方便地将对数显示与线性计算的 FFT 的功能结合在一起。

固定 PPO 计算在测量窗口内波长数与频率有高度一致性。24PPO 的基础分辨率对应于直达信号和接下去的 24 个波长持续时间到达的信号。反射或其他的在此持续时间之

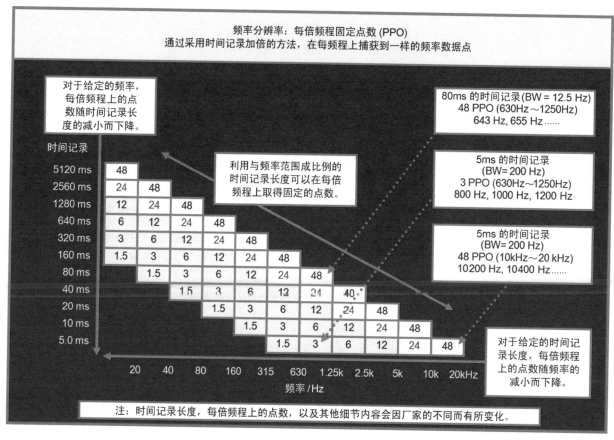

频率分辨率：每倍频程固定点数 (PPO)
通过采用时间记录加倍的方法，在每频程上捕获到一样的频率数据点

对于给定的频率，每倍频程上的点数随时间记录长度的减小而下降。

利用与频率范围成比例的时间记录长度可以在每倍频程上取得固定的点数。

80ms 的时间记录 (BW = 12.5 Hz)
48 PPO (630Hz～1250Hz)
643 Hz, 655 Hz......

5ms 的时间记录
(BW= 200 Hz)
3 PPO (630Hz～1250Hz)
800 Hz, 1000 Hz, 1200 Hz

5ms 的时间记录
(BW= 200 Hz)
48 PPO (10kHz～20 kHz)
10200 Hz, 10400 Hz......

时间记录

	20	40	80	160	315	630	1.25k	2.5k	5k	10k	20kHz
5120 ms	48										
2560 ms	24	48									
1280 ms	12	24	48								
640 ms	6	12	24	48							
320 ms	3	6	12	24	48						
160 ms	1.5	3	6	12	24	48					
80 ms		1.5	3	6	12	24	48				
40 ms			1.5	3	6	12	24	48			
20 ms				1.5	3	6	12	24	48		
10 ms					1.5	3	6	12	24	48	
5.0 ms						1.5	3	6	12	24	48

频率/Hz

对于给定的时间记录长度，每倍频程上的点数随频率的减小而下降。

注：时间记录长度，每倍频程上的点数，以及其他细节内容会因厂家的不同而有所变化。

图 10.9　固定 PPO（恒定 Q 值）转换

后到达的叠加将被视为与原始信号不相关，因为它们到达的时刻处在捕捉时间记录之外。因此我们可以认为在整个频率上具有相同的直达与早期反射之比。将其与任何信号的固定时间记录相对比，我们可以看到对于每一频率有不同的波长数（高频端要比低频端多）。例如，我们假定分析仪具有 24ms 的时间记录长度，则我们会看到分析仪在 1kHz 时直达信号和它的复制信号（回声或扬声器相互作用）会落在 24 个波长持续的时间内。时间记录长度对应于音调空间感与回声感间的边缘。对于同样的时间记录，可以看

到 10kHz 时是 240 个波长（有回声感），而 80Hz 时只有 2 个波长（强烈的空间感变化）。我们的目标是让不同频率上的音调阈、空间和回声感以相似的视觉形式表现。这要求固定 PPO 转换的多个时间记录。

10.4.2.5　窗函数

只要频率内容是由完全一样的多个带宽成分所构成的，那么从时间记录到频率描述的处理过程就会很准确，但是如果频率与频率分辨率呈非整数关系，那么情况又会如何

呢？如果不对这些频率成分做处理的话，则它们会伪装成突发噪声，并对频率响应产生实质性的误差影响。利用所谓的窗函数这样的数学工具可以纠正这种误差，由小数（非整数）频率关系所导致的这种误差可以通过应用这种函数来减小。

之所以产生了小数这种问题，是因为我们假定 FFT 分析仪处理的采样波形是可以无限重复的。这是允许我们进行较少而不是无限次测量的 FFT 的折中问题。考虑到下面的问题：如果数字序列每秒钟重复，那么我们只需要 1 秒的样本来对其进行特征化表达。由于它是每秒钟重复的，所以不论我们从何处开始和结束序列的计数都可以。数字的连续序列将保持不变。反过来我们可以说：如果我们能够以不变的顺序采集数据的话（不管我们从何处开始），则我们可以假定序列是无限重复的。这是从 FFT 的角度来看问题。时间记录被当成如同是一个无限重复序列的样本进行处理。为了让这一假定成立，我们必须让时间记录的终点与起点的连接是连续的。时间记录必须是具有循环性。由于我们不能控制声源，所以我们必须强制时间记录的起点和终点为同一值：0。这就是窗函数。当时间记录开始时，窗口开启，强制为零值。随着时间的推移，窗口一直保持完全开启，样本的波形以原有的形状被采集。当到达时间记录的终点时，窗口再次关闭。声频工作人员可以将窗函数想象成一个可变增益控制，它在样本的起点和终点具有无限大的衰减。窗函数产生的最终效果就相当于我们是在对无限长的序列进行计算一样。很显然，波形已经失真了。正如我们所想象的那样，它会对响应造成误差。我们的选择会与这些误差共存，我们要接受这些误差。值得庆幸的是，如果我们能很好地控制它，使这些误差的影响比较小。

开关窗口的方法很多：快速、慢速、圆形、三角形等。

窗以这些速率开启，并达到峰值，产生特有的形状。人们以其形状或者其发明者的名字来命名这些函数，并用其来优化特定类型的测量。有关窗函数以及它的潜在优点和误差在有关数字信号处理和 FFT 测量的文献中都有非常详细的论述。从系统优化的实用角度出发，我们将讨论的重点限制在与我们确定目标最适合的窗函数类型上。

推荐的窗函数：

- 对于单通道频谱 THD 测量，推荐使用平顶窗，它对正弦波的处理结果非常理想

- 对于单声道频谱嗡声测量，推荐使用平顶窗，它对正弦波的处理结果非常理想

- 对于单声道频谱噪声测量，推荐使用汉宁（Hann，有时也称为 Hanning）窗，它对随机信号的处理结果非常理想

- 对于双通道测量，推荐使用汉宁窗，它对随机信号的处理结果非常理想

对于大多数情况而言，缺省的窗函数适合于分析仪制造商预选，而不是留给用户选择。用户选择特殊窗函数可能与缺省设定有出入。对于我们的需求而言，大多数标准设定就足够了。

10.4.3 信号的平均

声学环境对测量是一种挑战，有许多因素会对传输的信号产生干扰，比如环境噪声、混响和天气变化等。任何单——次声学测量都存在由这些或其他因素引发的误差。我们能做的最佳工作就是在实际条件下取得最大的测量准确度，实现这一目标的最强有力工具之一就是平均。当我们考察全部的一组测量结果，并从中发现它的变化趋势的时候，为什么会相信一个测量结果呢？如果我们进行第二组测量，有些信息可能就发现不了了。我们不仅是进行两

次结果的算术平均，而是要得到它们彼此之间的差异范围：偏离度。我们不仅加倍了所作统计的可靠性，而且使测量结果更稳定，这有助于增加我们对数据的可信程度。如果我们在进行更多次平均，则会进一步提高统计的可靠性，同时也进一步明确偏差的范围。

这些因素为什么会产生这样的影响呢？提高统计的可靠性就是想方设法让信号免受噪声引起的误差的影响。噪声会与输入信号叠加并在输出表现出来。可以肯定的是，信号与噪声的关系会将我们在第 2 章中推导出的稳定叠加条件被破坏，两个信号不再是相关的。这将导致输出信号的不稳定，并且输出与原始的输入信号呈非线性关系。由于噪声是随机的，信号与噪声的相位关系是随机的，所以噪声的叠加影响最终被完全平均掉了。因此如果对信号进行足够的平均，则响应叠加中的噪声变为零，同时任意时刻噪声对信号的叠加影响将消失。

偏差量的大小是我们第二个要考虑的问题。如果噪声比信号强，那么偏差将会很大，因为噪声值在响应中占主导地位。需要通过更多次的平均，产生可以与低噪声时相比拟的可靠性。随着信噪比的下降，获得稳定响应所需的平均次数会增加；虽然噪声的叠加效应通过统计处理减低了，但是噪声对信号的干扰依然存在，这是两者非常重要的区别。我们对含有噪声的信号听感不同于无噪声干扰信号的听感。信噪比和平均后的信号特性都是与我们的经验有一定关系。因此，我们使用平均来确定经过统计消除了噪声的信号，而利用信噪比计算来跟踪偏差量。偏差的测量是一致的，对此这里不再赘述。

10.4.3.1　平均的类型

对信号进行平均有各种各样的数学实现方法，在此我们不一一介绍，只是对优化比较有利的平均方案进行介绍

（如图 10.10 所示）。有关这些数学理论和其他方案的细节可以在厂商公布的文献和科技文献中查阅到。这些方案可以分成几大主要类型：算术平均、不同样本的加权处理，以及如何维持当前的数据。

这里主要有两个基本的数学选项：RMS 和矢量平均。RMS（均方根）型平均用于单通道频谱 RTA 类型的仿真和冲击响应平均。RMS 平均适合于平均随机信号，不适合于从相关信号中识别出随机信号，这就是说它不是转移函数测量的首选。相对而言，矢量平均对幅度和相位变化十分敏感，所谓矢量是指这种平均方案是以信号的幅度和相位（实部和虚部）间的矢量值为基础的。

加权平均方案一般分成两种类型：加权型和非加权型。权重是指每个样本对最终平均结果的贡献如何。如果样本被平等地对待，那么这种平均就是非加权型的，通常如果没有说明的话，一般就是采用这种形式的平均。如果有些样本被给与额外的关照的话，那么这种平均就是加权型平均。加权平均的最常用形式就是指数平均，这种平均处理是对新的样本赋予比旧的样本更大的权重。指数平均对于系统动态变化的反应比较快，这是因为它始终是给新的样本更大的统计权重。非加权平均的速度比较慢，因为它分配给新旧数据的权重是相等的。虽然指数平均对给定数目样本的处理相对于非加权平均而言不够稳定，但是速度比较快。

提供旧样本的方式是将其作为最后的参数，它共有三种方案。第一种是累加器方案，它是将每个新的样本相加，组合平均。第一个样本进入到累加器，它的值被当成初始值，当下一个样本到来时，新的值与初始值相加除以 2，这便产生双值平均；当第三个样本到来时，它的值加到之前的组合平均值之上，并被 3 除，此方法不断重复下去。累加平均的优点就是其长期工作的稳定性最高，因为它可

业界评论：如今任何人都买得起合格的测量系统。当 SIASMART 初次被引入到现场演出中时，误用是非常常见的现象。我相信这种情况现在还存在。所以我现在还常常看到有人依据错误的数据作出错误的决定，或者由于对相关基础知识的缺乏而作出错误的决定。在我看来现在这一领域所面临的最大挑战还是如何进行有价值的测量，并知道如何解释测量的结果。我们看到还有相当多的人陶醉于所显示的曲线，而不管测量是否有效。有效性的检验可能还是我们应关注的重点："我们测量的是正确的东西吗？我们的测量方法是正确的吗？"

福勒（Doug Fowler）

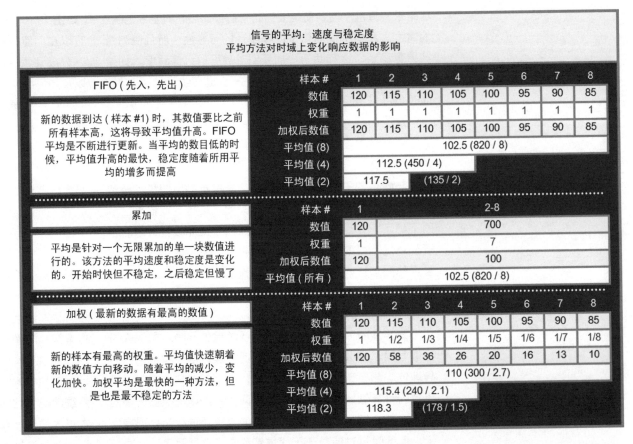

| 信号的平均：速度与稳定度 平均方法对时域上变化响应数据的影响 | | | | | | | | |

FIFO（先入，先出）

新的数据到达（样本 #1）时，其数值要比之前所有样本高，这将导致平均值升高。FIFO 平均是不断进行更新。当平均的数目低的时候，平均值升高的最快，稳定度随着所用平均的增多而提高

样本 #	1	2	3	4	5	6	7	8
数值	120	115	110	105	100	95	90	85
权重	1	1	1	1	1	1	1	1
加权后数值	120	115	110	105	100	95	90	85
平均值 (8)	102.5 (820 / 8)							
平均值 (4)	112.5 (450 / 4)							
平均值 (2)	117.5	(135 / 2)						

累加

平均是针对一个无限累加的单一块数值进行的。该方法的平均速度和稳定度是变化的。开始时快但不稳定，之后稳定但慢了

样本 #	1	2-8
数值	120	700
权重	1	7
加权后数值	120	100
平均值（所有）	102.5 (820 / 8)	

加权（最新的数据有最高的数值）

新的样本有最高的权重。平均值快速朝着新的数值方向移动。随着平均的减少，变化加快。加权平均是最快的一种方法，但是也是最不稳定的方法

样本 #	1	2	3	4	5	6	7	8
数值	120	115	110	105	100	95	90	85
权重	1	1/2	1/3	1/4	1/5	1/6	1/7	1/8
加权后数值	120	58	36	26	20	16	13	10
平均值 (8)	110 (300 / 2.7)							
平均值 (4)	115.4 (240 / 2.1)							
平均值 (2)	118.3	(178 / 1.5)						

图 10.10　平均的类型

以有无限多个样本。虽然系统响应会发生变化，但是累加器决不充分地更新响应，因为它不会将其累加的样本中用过的数值删掉。例如，单位增益的一个系统利用 16 个累加的样本来度量。其平均值显然是 0dB。如果增益被提升 6dB，并且另一组 16 个样本被累加，则平均值将为 +3dB。虽然它逼近了，但决不会达到 +6dB。这种种情况下，必须重新启动累加器，用新的数据基础来刷新响应。累加器的这种表现类似于制作石膏模具，最初石膏非常软，然后逐渐稳定成固态，并且外力变化对它影响越来越小。

第二种方案是固定样本数，并且自动刷新的处理方法。这种方法类似于缓慢运动的汽车雨刷器。针对固定样本数建立响应，然后不断刷新、重新启动。当被测系统发生了所期望的变化（比如加入了均衡器或延时线）时，就要进行刷新。对于稳定的系统测量而言，重新启动是件烦人的事情。

第三种方案是"先进先出"（FIFO）的形式。这种方案中，数据流通过一个固定长度的管道，新的数据不断地刷新平均值。由于新的数据会不断将旧的数据推出管道，所

以它就不用重新启动了，数据始终是当前最新的。

10.4.3.2　速度与稳定度的关系

测量的最大稳定度源于最大数目数据的平均。最快的速度则源于最少数目数据的平均。相对于嘈杂的声环境来说，电信号一般都具有很高的信噪比。因此电信号的测量可以采用较少数目数据的平均，这样可以在稳定度损失并不明显的前提下提高速度；相反，声学测量必须牺牲一定的速度，通过使用更多数据的平均来达到最大的稳定度。

10.4.3.3　门限

让我们感兴趣的另外一点就是电平随频率和时间变化的信号属性，这种信号就如同音乐信号一样。如果我们打算维持统计不变，则相对较安静的信号，必须用较少的数据平均来测量响的信号。如果音乐停顿了，哪会怎么样呢？要想解决这一问题，需使用门限器，它是一种监测输入信号和检查信号强度的器件。只有足够多的频率数据送至输入才能在输出上准确地描述信号特性。如果我们知道不会得到准确的数据，那么为什么费者这么大精力去测量它呢？如果当前的信号是长笛独奏，那么花精力去了解重低音响应又有什么意义呢？

实现这一功能的器件被称之为幅度门限器。门限器的作用类似于噪声门。每个频率箱都要通过门限器的检测。如果信号幅度在门限之上，则信号被送去进行变换函数分析，并进入到平均处理器，否则分析仪就简单地忽略这一数据，等待下一个样本的到来。当音乐停止时，分析仪处于空闲状态。由于这时没有任何信号送至系统，所以就没有任何必要来测量它了。

由于并不是所有双通道 FFT 分析仪都具备这一功能，所以那些具有这一功能的分析仪在进行变化过程中对噪声并不敏感，稳定性也较高。

10.4.4　单通道频谱的应用

现在分析仪该派上用了（如图 10.11 所示）。我们能用单通道分析仪做些什么呢？虽然有许多不同的应用，但是它们全都要做同一件事情：与固定的标准进行比较。一个未知量（我们测量的结果）与一个已知量（一些标准数值）进行比对。单通道测量要求有一个未知量：输出响应，它诸如电压或 dB SPL 这样的内部参考标准进行比较。

我们下面给出的是频谱形式的单通道响应。

用于优化的单通道测量应用：

1. 监视信号源的频率成分、电平和动态范围
2. 总谐波失真（THD）
3. 最大输入和输出能力
4. 嘶声和本底噪声

这些功能几乎就是专门为优化处理的检验而开发的，有关的细节会在第 11 章详细阐述。

单通道 FFT 的局限性

单通道测量存在的固有局限性限制了它的应用（如图 10.12 所示）。单通道频谱测量必须已知源信号，才能断定被测设备的响应。重放的音乐信号经过均衡器会表现出音乐和均衡器的综合响应。到底哪一部分是音乐的，哪一部分又是均衡器的呢？在这个方程式中我们有两个未知量：未知输入（音乐）与未知输出（音乐和均衡器）。

单声道频率响应测量必须使用粉红噪声或者其他已知频率响应的信号，之后这种信号源被假定为"已知"用在被测设备频率响应的计算，以及在输出上表现的与"已知"响应的偏差。THD 测量要求使用低失真的正弦波，而本底

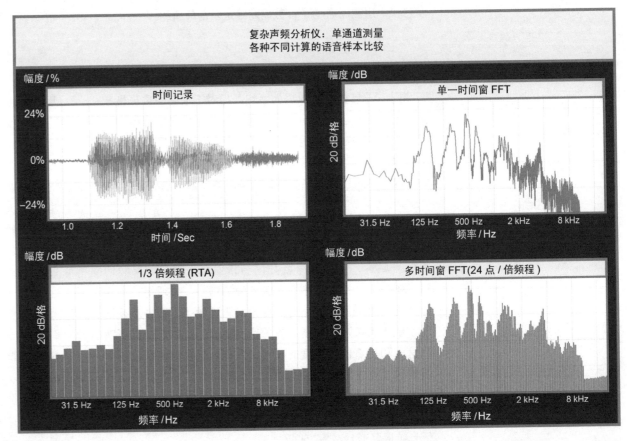

复杂声频分析仪：单通道测量
各种不同计算的语音样本比较

幅度 /%

时间记录

24%

0%

-24%

1.0　1.2　1.4　1.6　1.8
时间 /Sec

幅度 /dB

单一时间窗 FFT

20 dB/格

31.5 Hz　125 Hz　500 Hz　2 kHz　8 kHz
频率 /Hz

幅度 /dB

1/3 倍频程 (RTA)

20 dB/格

31.5 Hz　125 Hz　500 Hz　2 kHz　8 kHz
频率 /Hz

幅度 /dB

多时间窗 FFT(24 点 / 倍频程)

20 dB/格

31.5 Hz　125 Hz　500 Hz　2 kHz　8 kHz
频率 /Hz

图 10.11　使用每倍频程固定点（24PPO）FFT 分析仪对语音进行多种时间窗处理所得到的单通道频谱（SIA-SMAART 授权使用）

噪声测量则根本不需要使用源信号。

　　单通道测量的第二个局限性体现在对串联的多个组成部分的系统检测。这包括对最简单的音响系统的测量。如果多台设备以串联的形式连接，用已知信号源驱动第一台设备，然后测量最后一台设备的输出，那么得到的是综合的响应。虽然采用了单点测量系统，但是如果不断开信号链路或做一定的假设的话，是不可能判断其中某一台设备的影响的。由于只有第一台设备是有已知的信号源驱动的，其他所有的设备都是由前一台设备驱动的，驱动信

号都包含有之前设备的影响因素。这样当到达第二台设备的输出时，就又产生了两个未知量：未知的输入与未知的输出。

　　从优化需要的角度出发，单单知道频谱响应还不够，因为它缺少相对相位数据这一我们作决定的关键依据。相对相位源于两个相位响应的比较结果：输入和输出相位响应。相对相频响应的获得可以通过双通道分析系统或者利用用于比较的专门非随机激励信号源的单通道系统来实现。

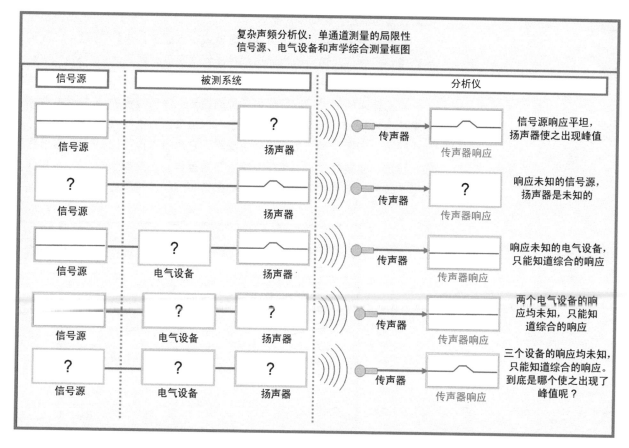

图 10.12　单点声频测量的局限

10.4.5　转移函数的测量

器件从输入到输出的响应被称为是转移函数。器件可以是无源的，比如电缆、衰减器或滤波器，也可以是有源的模拟或数字电路。器件的转移函数是通过比较其输入和输出信号获得的（如图 10.13 所示）。

假定完美的传输系统的转移函数为零。电平变化为零，零延时，并且在所有频率上零噪声。传输信号的任何器件都将产生转移电平和转移时间的偏差，也会增加一定的噪声。转移函数测量能够检测这些变化，并且有多种方法显示分析的结果。虽然频谱响应测量的相对于固定标准的输出，但转移函数分析则是相对于可变标准（输入信号）的测量，并且采用的是相对意义的术语：相对幅度，相对相位，相对时间和信噪比。

转移函数分析的基本原理是双通道测量，其中的一个通道设计成"已知"，另一个通道是"未知的"。已知的通道作为标准，两个通道的差异就是对设备这两点间的属性描述。通常这两点是指设备的输入和输出，也可以是两台不同设备的输出，比如传声器。

已知的通道也可以指定为基准通道或输入通道，未知的通道则是测量通道或输出通道。在任何情况下，两者之间的差异都是指其中关键点的差异。

驱动输入的信号可以是任何类型的信号。该信号作为测量的参考标准，称其为信号源，它可以是音乐、语言或随机噪声。即便这种信号源是随机噪声，它也可以用作比较的标准，重要的是产生关于"噪声"的差异。如果噪声被送至输入，那么它就是源信号；如果有不相关的信号在输出中出现，那么这种信号就是"噪声"。在转移函数的测量中，我们将喜欢采用的测试信号更准确地称为"粉色信号源"。

如果我们要做出结论性的决定，那么信号源必须包含特殊的频率成分，因此需要全音域的信号，这并不是必须突然发生的。由于数据可以进行时间上的平均，所以可以采用较低密度的输入信号。

要想获得有效的转移函数测量，必须满足一定的条件。这些条件可能是基本满足，但绝不可能完全满足；因此实

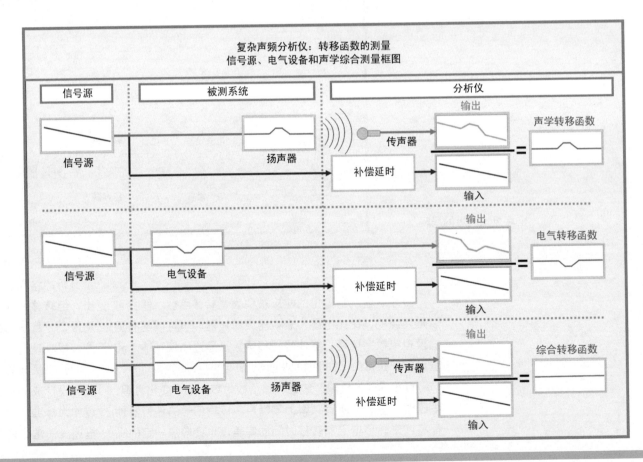

图 10.13　双点转换函数测量的流程图。从两个测量观测点的测量结果可以找出声学、电气或两者组合的响应

际的情况将会限制我们得到这些条件。

1. 稳定性: 设备的转移函数响应在时间记录的周期内是稳定的。在采样周期内被测设备的转换电平或转换时间不能改变。如果它们发生了变化, 则信号源与输出的比较就不稳定。打一个形象地比喻: 想测量快速移动地扬声器的转移函数是不可能的 (Herlufsen, 1984, p.25)。

2. 时不变性: 被测设备的时间响应一定不能改变。从实际应用的角度来说, 这是指周期时间要长于测量的捕捉时间, 其中要将平均处理所用的时间包括在内。扬声器的响应可以用 16s 的周期来平均, 该响应会随温度而改变。如果温度在这 16s 内是稳定的, 则测量在该时间周期内就是正确的 (Herlufsen, 1984, p.25)。

3. 线性: 设备必须是线性的, 也就是说其输出必须是与输入成比例, 并且相对不受失真和噪声的影响。虽然它可以在任何给定的频率上存在增益、衰减或延时, 但是不论输入信号的特性如何, 这些属性都必须保持恒定。例如, 放大器在出现削波现象之前对所有的信号都具有一样的电压增益。在削波前放大器是工作在线性区; 在削波之后, 输出就不再跟踪输入信号了, 而是存在增益的变化, 并增加了新的频率成分。削波的放大器就是非线性的 (Herlufsen, 1984, p.25)。

实际上我们得不到完全正确的转移函数, 尽管如此, 我们在现实的专业音响领域还是大量使用这一数据。当我们在荆棘丛生的野外使用扬声器的时候, 转移函数的测量被证明是获得响应并控制它的最佳工具。这种环境给我们带来的不利因素各式各样, 比如噪声, 非常大的噪声, 还有非线性和天气变化等, 然而遇到的最大的问题是要对粉红噪声或正弦波扫频信号进行主观评价。

双通道 FFT 的主要特性:

1. 信源独立性: 能够利用节目素材作为信号源进行测量, 也就是说分析仪可以为系统提供连续准确且有内容的数据流, 即便有听众在现场也可以进行测量。这种类型数据的数值本身就具有直观的特性。

2. 无损访问: 两个测量点 (输入和输出) 可以选择系统的任意两点, 不必中断信号通路。

3. 复杂的频响: 双通道方法可以提供相对电平、相对相位、相对时间和信噪比数据。这些测量的结果都是我们制定决策的重要依据。

4. 与非线性数据完美配合: 由于分析仪可以将原始的响应拿来与输出进行比较, 所以它可以检测非线性因素。分析仪能够指示出测量中非线性数据存在的频率点。

5. 不受噪声影响: 双通道方法能够象识别非线性数据那样识别出噪声; 还可以利用对响应进行平均的方法将噪声给输出响应带来的误差最小化。由于噪声被最小化了, 所以对一组响应进行平均会导致变化的产生。

下面我们将讨论分析仪在优化中的应用。

10.4.5.1 频率响应

有多种方法可以用来描述频率响应, 在此我们只讨论三种主要的频响形式: 相对幅度、相对相位和相关性与频率的关系。

1. 相对幅度

转移函数幅度是对两个通道间相对电平与频率关系的测量结果。由于这是一种相对测量, 所以最为常用的表示方法是采用 dB 为单位。单位增益是 0dB, 正的数值代表的是增益, 负的数值代表的是衰减。转移函数幅度可以简单地下面的公式表示:

$$输出 / 输入 = 转移函数幅度$$

如果输入提高了, 则输出也随之提高, 我们将看不出变化。如果其中的一个变化了，而另一个没有变化，则我们就能发现。转移函数幅度是与信号源无关的，只要信号源的电平相对于本底噪声足够高且处在削波电平之下，则信号源的驱动电平或者频率成分将不会影响测量的结果。这样我们就可以用节目信号来测量相对幅度了。

2. 相对相位

转移函数相位是对两个通道间相对相位与频率关系的测量结果。由于我们并不关心某一通道的绝对相位，所以所有的参考相位都是相对相位。简言之，此后我们再提及相位都是指相对相位。相对相位要比相对幅度复杂一些，目前几乎还没有人能够不加限定和例外条件就能说清楚相对相位问题。

首先我们从最简单的情况开始：0°。我们先假定 0° 的读数对应的是单位时间（输入与输出间没有时间差）。如果被测量通道的极性被反转了，那么单位时间也可能对应 180°。0° 也可能代表一个完整波长的延时，它们在相位时钟的表面上对应的是同一个点，或者是两个波长的延时（720°）也是如此，以此类推。这并不是全部，0° 还可能是输出信号超前输入信号一个波长，即被测的输出先于输入到达；也可能是极性反转之后再延时（超前）半个波长，或 1.5 个波长、2.5 个波长，以此类推。

所有这些情况均可能出现。只知道一个相位响应的度数值远远不够，我们还是不知道实际发生的是上述哪一种情况，但我们必须知道到底发生了什么。提供给我们的相位值除了告诉我们其在相位轮上的位置外就没有其他信息了。这就如同收到一个关于"现在几点了？"的问题答案是"22s"一样，我们需要的不只是秒针的读数，而是需要将秒放到有分钟、小时、日期等时间信息的描述中。

（1）极性和相对相位

首先我们对容易引起混淆，并使问题复杂化的两个概念加以界定，这两个概念就是极性和相对相位。极性是方向的指示器，它与频率无关。正极性意味输入和输出信号的变化轨迹是同步的，比如，正向变化的输入波形产生一个正向变化的输出。极性本身就具有相对的概念，"反转"极性表示这些参量的反向。对于特定的传输媒质，这很容易理解，但是当信号在两个媒质间转换时，则需要注意标准，比如由电能转变成磁能或机械能。在这种情况下，如果变化遵循当前的标准，那么相对极性被认为是"正常的"。

对于极性而言，只有相位概念而没有延时的概念，要么是每个频率上都存在 180° 的相移，要么根本没有相移。我们可以开着跑车绕着赛道顺时针和逆时针比赛，这并不能改变比赛的结果，这并不是说极性是不相关的。扬声器和赛车手都必须沿着同一个方向运行，否则会发生撞车的危险。

相对相位是与频率有关的；如果只是说 90° 的相对相位，而不指明所对应的频率的话，就没有意义。

相位的表述要体现的三个因素：

- 频率：它告知我们特定范围上的时间周期
- 相位斜率：在给定的频率范围上相位角的变化速率
- 相位斜率方向：它告知我们输入和输出到来的先后次序

对于这三个参量，我们都可以将其转变成相位的延时，对感兴趣频率范围上的信号测量其延时（ms）。由于相位角一定是处在 360° 圆周上的某一位置，所以是不可能丢失的。找一个感兴趣的频率，得到其相位度数。这时问题就来了，将其与钟表做对比这个数据的固有缺陷就表现出来了。如果我们只是看秒针，那么就只能得知它相对于当前分钟的时间，可当前的分钟是未知的。只有知道了分钟、小时、天和年，将秒针的运动与更大的时间值结合起来，我们才能得知最终的时间。相频响应显示的是由低到高的各个单一频率的相位角对应点连接起来的一条曲线。这条线的连续性为我们提供了各个频率点之间的关系。连接任何两个对应频率的相位数据点的连线情况被称之为相位斜率。线的倾斜度表示出在该频率范围上输入和输出通道间是否存在延时（时间差）。如果线是水平的，则表明这两点间没有时间差；如果线是倾斜的，则说明输入和输出间有延时。倾斜度越大，就说明相位延时越大。垂直线则表明存在无限大的延时。

倾斜的方向（向上或向下）表示出到底是哪一通道在时间上是超前的。从左至右观察频率轴，向下倾斜表明输出在输入数据之后到达；向上倾斜则表明输出超前于输入数据到达。你可能觉得是不是书印错了，或者认为我有点神经错乱，但是这在转移函数中是完全正常的情形。要想把这个问题搞清楚，我么必须调整对转移函数的审视角度，要记住我们的审视角度是相对的。举一个日常的例子：传声器在它被进行了延时补偿设定之后被移动了。如果它现在更靠近扬声器，那么斜率就是上升的，因为输出是在过度的延时输入之前到达的。

（2）螺旋包裹图

相频响应的显示包含有一个需要进行解释的无法预料并存在潜在混淆的视在特性。垂直轴是表示圆（0°～360°）函数的直线。到底如何显示出大于 360°的相移呢？当曲线变化到显示的边缘时，它又如何走向呢？其中的一个选择方案就是简单地切割图像，不再看下面的相位响应了，这是不必要的，或者是没有益处的。取而代之的是，当曲线到达边缘（360°）时，我们将画一条线（包裹着）到相对的另一边缘（0°），曲线继续下去。

造成混乱的根源是在没有前后关系的前提下观看时，0°和 360°出现在同一个点上。我们再回到钟表的比喻中，这就相当于秒针在同一位值，然而 360°的读数代表

的是落后或超前一个波长。我们在第 2 章研究叠加时就已经了解了一个波长的偏差与同步之间的差异。螺旋包裹线表明了同一相位角位置的不同，比如 10°和 370°。螺旋包裹图给出了辐射角之间的前后关系。没有包裹起来的相频响应被认为所有的频率都在一个波长范围内。存在多个螺旋包裹线的响应表示的是之后若干个波长范围内的情况。由相位圆上的相位转换成相频特性如图 10.14 所示。

最常用的相频特性显示方式是 0°处于中央，而 ±180°分别在两个边缘上。当响应曲线到达 −180°时，螺旋包裹线向上跳并连接到下一个点，+179°，在相位圆上它与 −181°是同一个点。虽然螺旋包裹垂直线看起来是人为形成的，但是并不代表被测设备的相位响应是不连续的。我们还是再次回到钟表的类比的例子中（这次是数字读取），当显示从 59 转到 00 时，它只是延后了 1 秒。这就是螺旋包裹线。

相位响应表示是一种介于线性和对数频率之间的混合形式。它是以时间为基础工作的，故它是线性的，而它的可闻效果却是对数的。对于我们而言这种将两者结合起来的表示形式是非常有益的。频率范围上固定延时的线性在螺旋包裹图中以非常均匀的间隔表现出来，如图 10.14 所示，这是因为完整的一个螺旋线是对应于每个基频（$F = 1 / T$）的倍数，即相移又产生了 360°的变化之后。线性显示的优点在于它能清晰地表现出不同频率上与时间相关的相互作用情况。由于延时是恒定的，所以相位斜率保持绝对的恒定，向下的趋势与我们听到的不一样。

相对而言，对数形式的相频响应表现在每个螺旋线之间具有不同的间隔。相位斜率随着频率的提高变得更陡峭，另外还可以看出随着频率的提高螺旋线被压缩的更严重。虽然对数形式的表示是两种表示法中较难理解的，但由于我们的听音机制呈对数形式，所以我们必须掌握对数形式表现的相位斜率的含义。

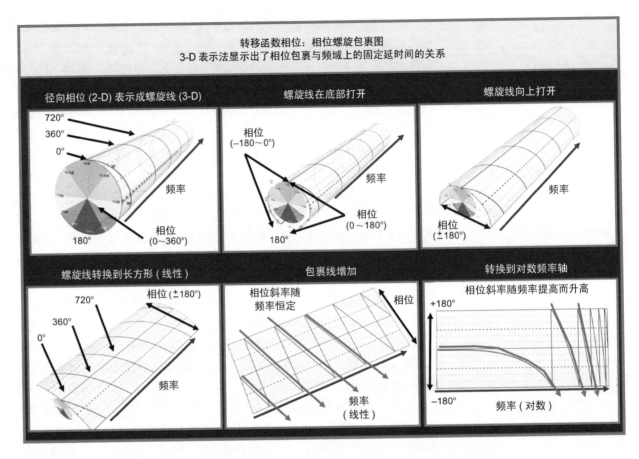

转移函数相位：相位螺旋包裹图
3-D 表示法显示出了相位包裹与频域上的固定延时间的关系

径向相位 (2-D) 表示成螺旋线 (3-D)　　螺旋线在底部打开　　螺旋线向上打开

720°
360°
0°
频率
相位
(0～360°)
180°

相位
(−180～0°)
频率
相位
(0～180°)
180°

频率
相位
(±180°)

螺旋线转换到长方形（线性）　　包裹线增加　　转换到对数频率轴

720°
360°
0°
相位（±180°）
频率

相位斜率随
频率恒定
相位
频率
（线性）

相位斜率随频率提高而升高
+180°
−180°
频率（对数）

图 10.14　相位响应"展开图"（Greg Linhares 提供 3D 图，Meyer Sound，Berkeley，CA 授权使用）

10.4.5.2　相位延时

平坦的相频响应有两种基本形式：0° 和 180°。不论哪一种方法，都具有零相位延时的频率特性，180° 形式是极性反转的。一旦我们将相位斜率引入到这种情形中，就需要应用公式将相位斜率解码成时间，该公式是之前我们提到过的公式 $T = 1/F$ 的变形。

相位延时的公式为：

$$T = \frac{\dfrac{\varphi_{HF} - \varphi_{LF}}{360}}{F_{HF} - F_{LF}}$$

这里 T 表示的是相位延时（s），φ_{HF} 表示的是最高频率时的相位角，φ_{LF} 表示的是最低频率时的相位角，F_{HF} 为最高频率，F_{LF} 为最低频率。

该公式可以应用于任何的频率范围，并得到关于该选择范围的平均相位延时量。它也可以采用相位变化量与频率范围之比的简化形式表示：

$$T = \dfrac{\dfrac{\Delta\varphi}{360}}{\Delta F}$$

（$\Delta\varphi$ 为相位变化量，ΔF 为频率变化量）

我们将该公式应用到转移函数的相位曲线中，如图 10.15 所示。上面的公式将计算各个频率在 1ms 时的相位延时。

（1）相位斜率

对于对应频率的固定相位延时，相位斜率将会随频率提高而恒定增加（从现在开始我们假定使用对数显示）。每

提高一个倍频程，该倍频程内的螺旋包裹线的数量较前一个倍频程加倍，因为频率的范围加倍了。之下的每个螺旋包裹线也会比前一个螺旋包裹线更陡。例如，如果第一个螺旋包裹线是 $x°$，则接下去的包裹线就依次是 $2x°$，$3x°$，$4x°$ 等。

不幸的是，我们不能将它与特定的角度联系起来，因为曲线图中的垂直与水平之比是可变的。曲线图可以是短而宽，高而窄，或者是方形的。对于同一延时，即便在所有情况下相位变化与频率的比值相同，每种曲线图也会产

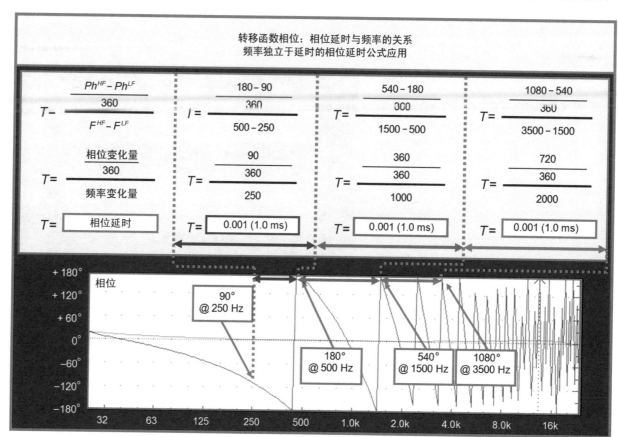

图 10.15　电气设备采用对所有频率均为固定的 1ms 延时进行相位延时的应用实例

生不同的倾斜角。虽然并不存在像 1ms 延时这样的魔幻数字能在给定的频率上产生 45° 的倾斜，但是并不能因此说它无用。采用对数频率刻度来显示倾斜角，它指示的是延时的波长数，而不是时间。不同频率时相同的倾斜角表明波长数相同。

相位斜率特性总结：

- 对于给定的频率：倾斜角正比于延时的波长数
- 对于给定的倾斜角：相位延时量与频率成反比
- 对于给定的相位延时：倾斜角与频率成正比

延时的波长的数与频率成正比。

从实际应用的角度来看，相位斜率会为我们提供有关设备响应的变化趋势的信息，如图 10.16 所示。这对于我们继续对所有的频率上没有相同量相位延时的设备进行相位分析是有帮助的。目前我们掌握了用以表示任何频率相位延时的所有内容，下一步就是将这些概念应用到对并不理想的实际声频系统的相位延时确定上。

（2）与频率相关的延时

在许多情况下，声频系统中的设备在其工作频率范围

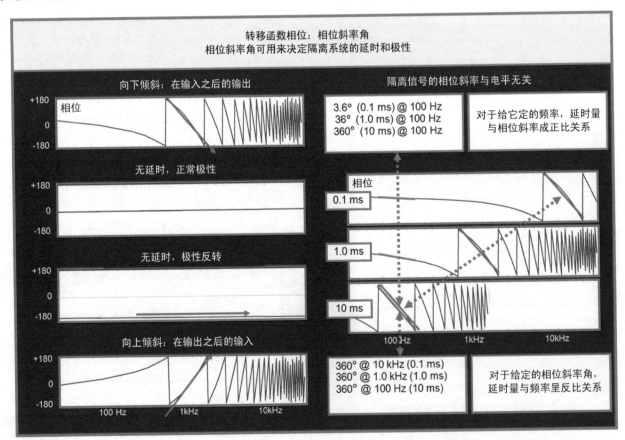

图 10.16　相位斜率的解读

上具有不同的相位延时。例如：传输电缆因其分布电容、电感和电缆长度所产生的相位延时。值得庆幸的是，相位延时量还比较小，可以忽略。作为一种实际应用的规定，我们假定任何在可闻声频率范围上频率响应并不平坦的设备其相位延时在不同频率上也不同。另外带外滤波器也会产生相位延时的影响；工作于可闻频率以下的 AC 耦合电路产生的相位延时也能够进入到可闻声频范围内。模拟电路的瞬态互调失真（TIM）和数字电路的 20kHz 以下的抗混叠滤波器同样也会产生达到可闻声频率范围的相位延时。不论是模拟还是数字的分频器、均衡的提升和衰减，也都能产生与频率相关的相位延时。然而最为奇妙的还是扬声器，一只扬声器在其整个的工作频率范围上的相位延时并不相同，设计优良的"相位校正"系统可以将最小相移的范围扩展，而"销售校正"型的最小相移范围则很窄且相移变化很大。许多的产品销售部门一直认为我们的用户缺乏研究他们声称相位特性完美的产品的检测工具，实际并非如此，一台价格适中的普通双通道 FFT 分析仪就足以完成这种工作，用户完全可以掌握扬声器的相位响应。

虽然相位延时是变化的目标，但它却是我们必须能确定并控制的变量。由于在露天环境下确定扬声器的相位延时是件复杂的工作，所以要花一定的时间来培养对简单固定延时的确定能力。虽然我们几乎做到了这一点，但是还是要通过研究电子电路产生的与频率相关的延时来继续对其复杂性的探索。

（3）均衡滤波器

第 1 章中已经介绍过了均衡滤波器，在此我们对滤波器参数的相位影响进行进一步研究。中心频率、滤波器拓扑和滤波器形状，以及衰减和提升量都会对相位响应有影响。

均衡滤波器中的相位延时：

① 相位延时量与中心频率成反比，即中心频率为 1kHz 的滤波器所产生的相位延时是中心频率为 2kHz 滤波器的两倍。

② 对于每种模式滤波器而言，相位延时都具有其各自的特性。

③ 相位延时量与带宽成反比，即窄带滤波器的延时较高。

最为普遍的关系是，相位响应斜率是幅度响应的 1 阶导数。导数是关于斜率（变化率）函数或曲线的微积分术语描述。1 阶导数可以通过幅度曲线轨迹的切线获得，并产生相位曲线轨迹。平直（平坦的幅度）的切线是水平线。下面以一个特定频率下的衰减均衡滤波器为例来说明问题。当幅度曲线轨迹向下弯曲时，切线角同样也向下；随着幅度斜率的增加，切线向下弯曲，相位斜率提高。当滤波器接近底部时，幅度衰减率降低，切线倾斜速度慢下来了。幅度衰减开始减慢的那一点对应于相位响应的转折点。当幅度曲线达到最低点时，切线再次变成水平，可以看到相位响应过零点。随着幅度上升回单位值，切线向上弯曲，相位响应向上升至 0° 线之上。图 10.17 所示的就是相应的例子。

（4）分频器

第 1 章介绍过分频器，现在进一步探讨滤波器参数对相频特性的影响。转折频率，滤波器拓扑结构和滤波器斜率（阶次）都会对相位响应有影响，如图 10.18 所示。

低通和高通分频器对相位延时的影响：

① 相位延时量与转折频率成正比，即转折频率为 1kHz 的滤波器所产生的相位延时转折频率为 2kHz 滤波器的两倍。

② 对于每种模式滤波器而言，相位延时都具有其各自

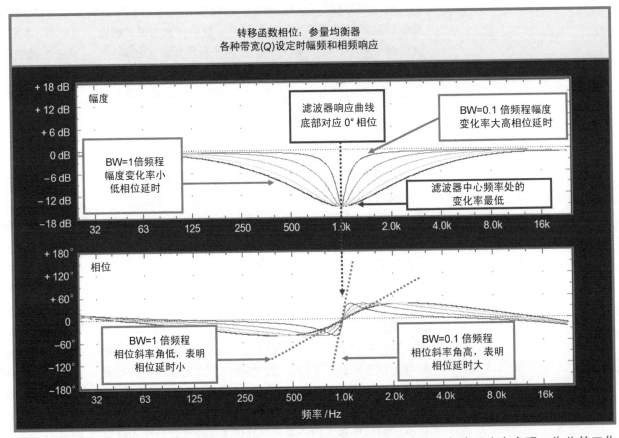

图 10.17　用于参量均衡器中滤波器的相位斜率角

的特性。如上所述，最为普遍的关系是，相位响应斜率是幅度响应的 1 阶导数。

③ 相位延时量与滤波器阶次成正比，即滤波器阶次越高产生的延时较大。

（5）扬声器

扬声器给我们带来的挑战最大，它是一种试图产生波长比高于 600：1 以上的机械器件。要想让同一只扬声器在相同的电平和时间作用下产生所有的频率成分几乎是件不可能完成的任务。如果要满足我们大功率、指向性控制和低失真的要求，就需要使用多路系统来实现，为此其工作的机制将更为复杂。

作为一种由此产生的必然结果，扬声器响应将在不同的频率上表现出不同的相位延时量。

扬声器中影响相位延时与频率的关系的主要原因：

① 对于不同的扬声器，其在不同的频率上具有不同的辐射模式。

② 多路系统的机械位移。

③ 多路系统分频器的不规律性。

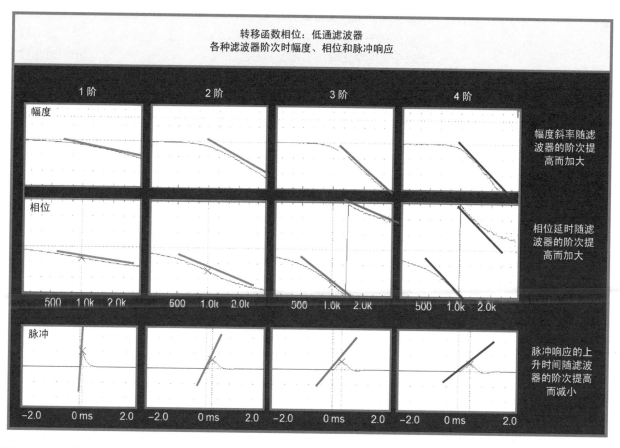

转移函数相位：低通滤波器
各种滤波器阶次时幅度、相位和脉冲响应

1 阶　　2 阶　　3 阶　　4 阶

幅度

相位

脉冲

幅度斜率随滤波器的阶次提高而加大

相位延时随滤波器的阶次提高而加大

脉冲响应的上升时间随滤波器的阶次提高而减小

图 10.18　用于分频器中的低通滤波器例子的相位斜率角

　　如果测量一只全音域扬声器，则会发现其高频响应将会有下降的趋势，这是由于扬声器辐射的不同模式特性造成的。当波长大于（译注，原文为小于，有误，故更改）扬声器的直径时，扬声器的声辐射相当于是活塞运动。对于一些设计优良的扬声器，它们在这一范围上能表现出平滑的相频响应。当波长小于（译注，原文为大于）活塞的直径时，辐射的特性会发生变化。其中的变化之一就是相位延时降低了。与扬声器的尺寸相比，相位延时随着波长的降低而提高。这一关系是递进的，所以平坦的中频范围，

比如 1kHz，它的尺寸也要大于 HF 驱动器的一倍以上。对于重低音扬声器，其整个的工作范围所对应的波长都要比辐射器件的尺寸大得多，故重低音单元的相位响应将表现为随着频率的降低，相位延时稳定的增加。

　　在多路系统中，对相位响应有影响的三个因素是：两个驱动单元的物理位移，不同的驱动器单元直径的差异所导致振动模式的不同，以及电气特性。相位响应的这些特性将会影响扬声器组合之后的声学交叠过渡性能。对于我们的目标而言，不必进一步深究产生这一问题的原因，了

395

解这些对于观察相位延时已经足够了。所举例子的多路扬声器系统的相位响应如图 10.19 和图 10.20 所示。利用相位延时公式图示出与频率相关的延时。

（6）相位斜率的叠加效应

被隔离扬声器的响应中的螺旋包裹图（表示相位延时）与叠加频响的包裹图（表示到达时间的偏差）之间一定要有非常大的不同。虽然我们用了很多的篇幅详细地阐述了叠加是如何改变幅频响应的，但是我们还没有考虑过其对

相频响应的影响。尽管叠加的相位响应必须是有一个数值，但是这个数值是多少呢？依照与叠加的幅度将会影响声级和相对相位相同的思路，叠加的相位也会有同样的变化。如果相位响应是匹配的，那么叠加后的数值将不会改变，而不管相对相位如何。如果各个相位值之间存在偏差，那么组合后的数值将更加接近主声源的相位值。当彼此相位响应下降到 180° 时，叠加的相位响应间的差异最大。虽然这样会产生与螺旋包裹类似的响应，但是这种情况下的

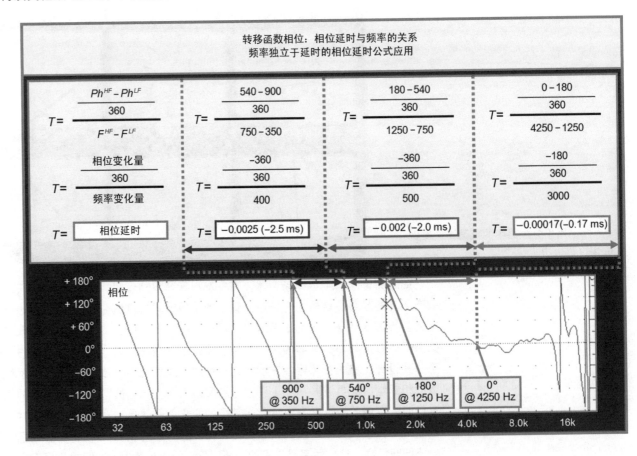

图 10.19 具有变化的相位延时与频率关系的举例扬声器的相位响应

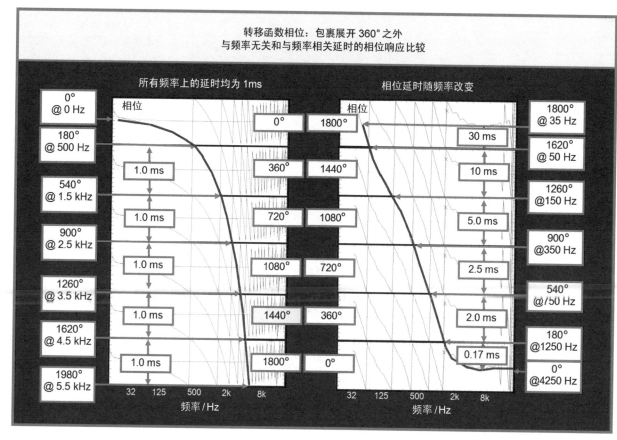

转移函数相位：包裹展开 360° 之外
与频率无关和与频率相关延时的相位响应比较

所有频率上的延时均为 1ms

相位延时随频率改变

0° @ 0 Hz					1800° @ 35 Hz
180° @ 500 Hz	相位	0°	1800°	相位	
				30 ms	1620° @ 50 Hz
	1.0 ms	360°	1440°	10 ms	
540° @ 1.5 kHz					1260° @150 Hz
	1.0 ms	720°	1080°	5.0 ms	
900° @ 2.5 kHz					900° @350 Hz
	1.0 ms	1080°	720°	2.5 ms	
1260° @ 3.5 kHz					540° @750 Hz
	1.0 ms	1440°	360°	2.0 ms	
1620° @ 4.5 kHz					180° @1250 Hz
	1.0 ms	1800°	0°	0.17 ms	
1980° @ 5.5 kHz					0° @4250 Hz

32　125　500　2k　8k
频率 /Hz

32　125　500　2k　8k
频率 /Hz

图 10.20　图 10.15 所示的电子设备和图 10.19 所示的举例扬声器的相频响应的展开图。相位响应展开图表现形式给出了比直接看相位斜率与频率的关系图更丰富的内容，从中可以清楚地看出固定延时与随频率而变延时间的不同。显示的所有这些各个面的相位响应是一样的。它们集中在一起，并且曲线通过将第一个"包裹线"的顶部与第二个"包裹线"的底部连接的形式展开

表现却是实际的声学结果，而不是分析仪的视在结果。螺旋包裹图和叠加相位的干扰情况如图 10.21 所示。

　　叠加相位斜率是两个（或多个）相对立方之间的折衷值。虽然第一眼看上去这似乎很简单，但却是很重要的，并且还存在着潜在的使人产生理解错误的可能。降低相位斜率可能被曲解为降低相位延时，实际上同时存在冲突值。冲突以梳状滤波的幅度响应和边缘粗糙的相位响应的形式表现出来，此时的相位响应的冲突最严重。因此当出现了实质性的叠加时，我们就不能再将相位斜率角作为相位延

时的准确指示了，组合的相位斜率反映出了各部分成分的存在，这也就是文中关于叠加相位时间基准的文字表述总是包括不同的各个时间分量的原因（参见图 2.13 和图 2.14）。如果声级是不匹配的，那么折中值向电平值较高的那一边的相位方向偏移。这里再次出现了尺寸大小的问题。较低声级信号导致的斜率变化在各个频率（梳齿频率）上都是一样的比率，因为它是由时间差决定的。组合的斜率角表明了低声级信号的相位响应对主要信号相位曲线中的起伏变化的影响比较小。

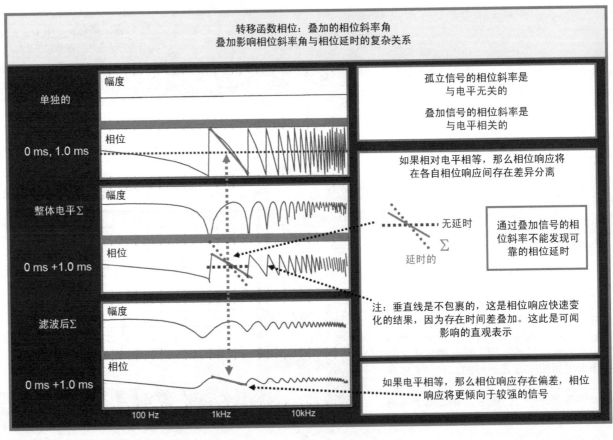

图 10.21　叠加对相位斜率角的影响

有些复杂分析仪的制造商通过将垂直的刻度范围扩展到几千度，以至于螺旋包裹消失了，得到类似图 10.20 所示的响应。如果我们将其作为误差的结果来看，则要十分慎重，因为这时未包裹的相位响应包含有来自次级声源的叠加，比如扬声器或反射的叠加。区分包裹与叠加相位冲突的能力是要通过实践来认真培养的。

（7）相干性

如果分析仪让我们了解了是否所显示的曲线是基于可靠的信息，还是只是些假象，这会是美妙的事情吗？当然，这是个好消息！

在数据的可靠性指示当中，相干性是频响曲线簇的最终成分。如果包含有平均值在内的不同样本的数值是恒定的，那么数据的可信度就会提高。不稳定的结果就值得怀疑，结果的可信度也不高，它提供给我们的只是响应的粗略近似。

导致低可信度的不稳定数据的产生是多种因素造成的，我们将这些因素分成两类：测量过程中产生的误差和被测设备系统响应的不稳定。很显然，我们在做出关于音响系统存在问题的结论之前，一定要确保测量的有效性。

即便是久经沙场的音响高手，有时也会忘记了设定声学辐射补偿延时，以至于在信号间所执行的转移函数是时间匹配的。这时显示屏上就会出现提示文字，诸如"嗨！你忘了设定延时了"的字样，如图 10.22 所示。

相干度的定义。相干度是一个统计意义的数值，它是由包含了平均幅度和相位数值的样本间的偏差得来的。如果我们的数据样本含有外来的噪声，那么偏差会大且相干度低。计算得出的相干度数值范围为 0 ～ 1（或者 0% ～ 100%），1 为最高的数值。相干度是对每个频率箱进

行评估。如果输入和输出（包含相位）之间没有差异，那么相干性最好（1）。假如输出信号流与输入间存在线性关系，则即便两者间可能会存在差异，也不会导致相干度下降。例如，6dB 的电压增益将会使输出信号关于输入信号进行线性地改变，但是相干度并不改变。相对而言，输入与输出通道之间的延时导致两个测量时间记录采集自不同的波形。因为两个信号包含了不匹配的数据，所以其关系是不稳定的。这件导致相干度数值小于 1。第三种可能就是两个测量通道之间的关系完全不相干，这将使相干度数

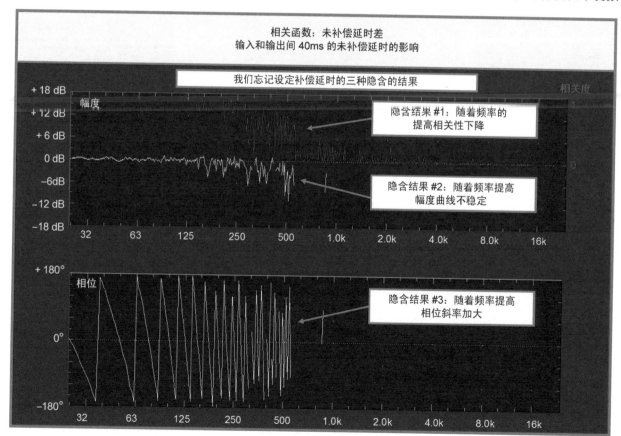

图 10.22　未补偿延时对相干性、幅度和相位的影响

399

值降至 0。当输出与输入被锁定为线性时，其关系被称之为因果关系，即输出响应是由输入导致的。当输出信号与输入为锁定时，其关系则被称为是非因果关系。

综上所述，相关性也可以说是因果关系的输出信号相对于非因果关系输出噪声成分的测量。假定我们补偿了此前讨论过的被测信号间的任何时间差，那么就可以将相关性的下降归属为由被测设备引起的，而非测量误差。如果信号和噪声是相等的，则相关度为 0.5；如果输出全部是噪声，没有信号成分，则相关度为 0（如图 10.23 所示）。

下面我们以音乐为例来说明上面的问题。如果开始听的乐句比较响，然后将其减弱一些来听，这时我们感觉有所不同，但还是相关的，相关度为 1；接下来听歌曲开始的 10s，然后从开始 5s 之后的位置再听 10s，音乐段落只有一半的相关性，相关度为 0.5；最后先听一段优美的音乐，然后听肯尼 .G（Kenny G）的乐曲，这是两种不同形式的音乐，是 100% 的不相关，其相关度为 0.0。

相关性的类比描述：

- 数据品质指数

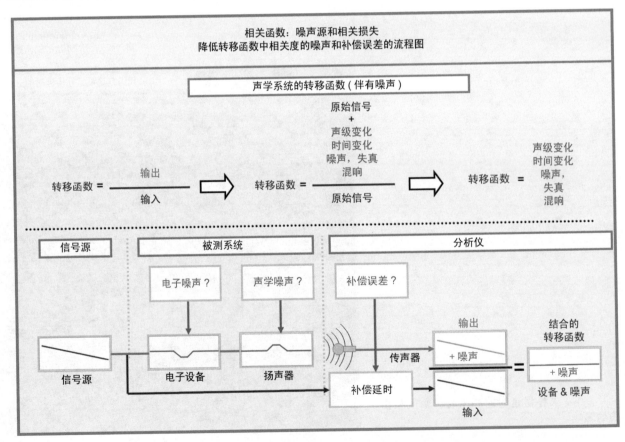

图 10.23　存在噪声源时转移函数的流程图

- 可靠性指示器。它是分析仪对给出数据可信度的表达方法

- 信噪比。任何对信号造成影响的噪声都会使得相关性数值下降

- 测量稳定性的指示器

测量中增加相关性与频率关系的项目为我们提供了观察问题的另一个全新角度。现在我们可以研究频率响应，并且评价两个层面上的质量：测量的质量和被测系统的质量。如果相关性较低，则说明要么是测量出现了错误，要么是有些因素导致结果的不稳定。相关性需要平均才能得到，找出要进行平均的各个响应间的不同。如果各个响应都具有相同的幅度和相位数值，那么就说明相关性非常好。如果新的响应与之前的数值有偏离，则分析仪就能表现出不稳定的现象，同时相关性下降。相关性着眼于平均数据，其工作性质类似于对犯罪现场的勘查，如果叙述故事的细节反复多次都是完全的一样，那么它就有较高的可信度，我们可以相信它是个真实的故事；如果细节总是在改变，则人们对我们的信任程度就降低，这时我们要谨慎地采用这些数据，甚至考虑舍弃不用。相关性就是要在响应的每个频率箱执行这种检测工作。在声学测量的现实世界里，我们几乎找不到所有数据始终不变的测量。

影响相干性的因素。我们测量过程中遇到的噪声源到底有哪些呢？又如何检测这时的相关函数呢？从分析仪的角度来看这一问题，我们可以将输出的信号分成两类：一类是与输入相关的因果信号，另一类是与输入不相关的信号，这就相当于一些是受邀请参加晚宴的人，另一些则是不速之客。因为我们有完整的嘉宾名单，所以知道哪些人是受邀请的，这就相当于输入时间记录。如果输出的波形显示它在我们的受邀名单之内，那么就能够识别它们；否则的话就将其认定为不速之客。不幸的是，我们并没有强壮的保安将这些不速之客拒之门外。我们能做得最好的办法就是识别并监视它们动作。

下面我们讨论房间中扬声器的测量。输入是原始信号（如图 10.24 所示）。

输出的因果信号包括：

- 原始信号

- 来自其他扬声器的原始信号拷贝

- 拷贝原始信号的反射信号

我们将在输出对原始输入信号进行识别，判定其与输入的电平和相位关系。原始信号的拷贝包括象反射和由同一信号驱动的辅助扬声器这样的次级声源产生的信号。因为每一种优化方案都有明显的不同，所以重要的是我们要能够发现因果信号和非因果信号间的差异。在进行了一系列的平均处理之后因果信号的相关系数将保持恒定，幅度和相位关系也是如此，这能够表征输出和输入信号间具有稳定关系，以及稳定的信噪比。稳定的相关系数数值可高可低。由梳状滤波器叠加产生的强烈抵消现象将会产生对应峰谷的一组高低不等的相关度数值。峰值对应的相关度高且稳定，谷值对应的相关度低且稳定。相关度的稳定性消除了关于峰谷是与叠加相关的任何疑问，并且从中可以找出解决相互作用的控制方案。均衡是稳定数据的唯一一种可应用的选择，因此我们要将这一参量牢记在心。

非因果关系的相互作用造成相关度的不稳定，同时伴随频率响应数据的变化。在这种情况下，必须要对数据多次进行平均，这有助于让数据尽快稳定下来。设计的优化方案一般是通过对稳定剩余信号均衡前的非因果关系信号量最小化来实现。图 10.24 示出的是扬声器的聚焦角度和声学处理的实例。我们可以通过优化聚焦角度和声吸收来提高信号和降低噪声。相关度数值给出了在对稳定的剩余信号进行均衡处理前优化这些参数的相应信息。

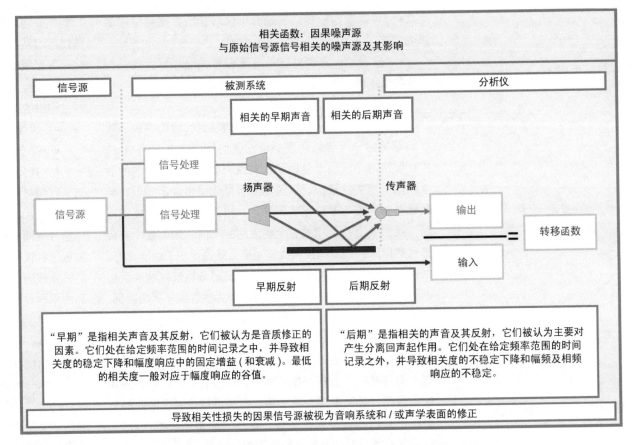

图 10.24　相干函数和因果噪声

最终的结果是得到包含因果和非因果信号影响的频率响应。相关度数值反映了这两种信号的混合比例，稳定的数值表明强相关关系的存在。如果不相关的信号太强，那么就得不到获得明确系统响应所必需的数据稳定性。它给出了均衡前我们必须做的绝大部分工作的清晰信息。

对于非因果数据源而言，存在无限多的可能性。非因果关系信源包括有（但不是全部）：

- 失真
- 嗡声
- 噪声
- 现场的观众
- HVAC 系统
- 升降机械
- 移动的舞台灯光
- 手提钻
- 后至回声（由固定点 PPO 分析仪的角度来看）
- 来自其他扬声器的后至声音（由固定点 PPO 分析仪的角度来看）

上面提及的前八项在同一议题中全部都是变化的，并且与原始的信号间没有关系，我们不能将其完全去掉，但可以检测它。如果它们是连续存在的，我们还可以对其进行时间上的平均处理，它们给由相关数据得来的稳定频响所带来起伏变化。由于信号是对原始信号的后期复制，所以最后两项是特殊的情况。这里所谓的后期的准确含义是什么呢？要想回答这一问题需要复习一下固定点 PPO（恒定 Q 值）转换。

直达声信号、早期信号和后期信号。复合的固定 PPO 响应是由从几 ms 到 0.5s 的多个时间记录构成的。在最终的响应中，厅堂的声学特性对其进行选择滤波，并按照直达声与延时声的波长比来划分信号，早到的认为是因果信号，后来的认为是噪声。每倍频程固定点数定义为时间窗口所允许的后到来的固定波长数。回想固定 PPO 变换的根源就是音调、空间和回声感知域。直达声和稳定的早期因果关系信号的叠加是均衡的主要对象，并且它们是音调感的根源。被认定为回声的信号并不表现为稳定的频响偏离，而是表现为不相关的非稳态变化。如果稳定度太低，则可以充分证明均衡解决方案是失败的，因为这时发现不到稳定的目标曲线。这将有助于引导我们寻求针对这些问题的出色解决方案，比如声学处理、扬声器聚焦和相位校准（延时设定）等。这些考虑问题的方法同样也可以应用到对由同一信号源驱动的其他扬声器传来的信号处理上。我们可以研究一下房间的特性，并考虑针对各种相互作用所采用的处理选项。对于耦合阵列中的扬声器和邻近的反射，所有的选择方案都是开放的。来自相距一定距离扬声器或者反射面的后到来信号就不再是在极低频率范围之上采用的实际均衡处理的关注对象。高分辨率的频率响应显示出固定的 PPO 分析仪强调实际均衡的区域。

稳定的响应表明整个系统的优化选择对我们是开放的：均衡、相对电平、延时设定、扬声器聚焦和声学处理。虽然由后来反射和其他扬声器信号产生的不稳定响应处在均衡水平线之外，但是所有其他的选择还是可以采用的。完全不相关的非因果关系噪声源需要在扬声器系统和电子链路之外寻求解决方法。例如对外部声源进行声隔离，或者采用将其移开的办法。

下面我们将进行更深层次的分析：认识落在时间记录内的因果关系数据与落在时间记录之外因果关系数据间的区别。直达声是前者，反射声可能会落在时间窗口内，也可能落在窗口外，或者介于两者之间。为了保证单位倍频程上 PPO 点数恒定，LF 范围上对应的时间记录要长，而 HF 范围上的则要短。如果反射声和直达声均处在同一时间记录中，那么反射声就认为是因果相关的。一旦完成了时间记录的捕捉，并将其送去平均，则分析仪就开始进行数据分析处理，这时处理的数据并没有之前时间记录的背景。之前到来的信号还会在房间中继续进行碰撞反射，这些反射对于分析仪来说就是位不速之客。当采样完成时，由之前的样本产生的反射就被视为噪声（如图 10.25 所示）。

到底以多少 ms 的延时作为一个门限呢？这要取决于频率。例如，100ms 的反射会远远地落在 HF 范围的短时间记录之外，但会落在 LF 范围的长时间记录之内。由于反射信号是输入信号的产物，所以我们不能否认它与源信号间的主次关系。这种情况下的差异就体现在分析仪将 HF 部分视为非因果关系（时间窗之外），而将 LF 部分视为因果关系（时间窗之内）。

因果信号中的不稳定性。我们并不能保证因果关系信号不发生变化。例如：在测量过程中调整均衡器。输出信号能够被识别，但是其输入的幅度和相位关系却发生了变化。即便设备工作正常，声音质量也没有劣化，但还是会

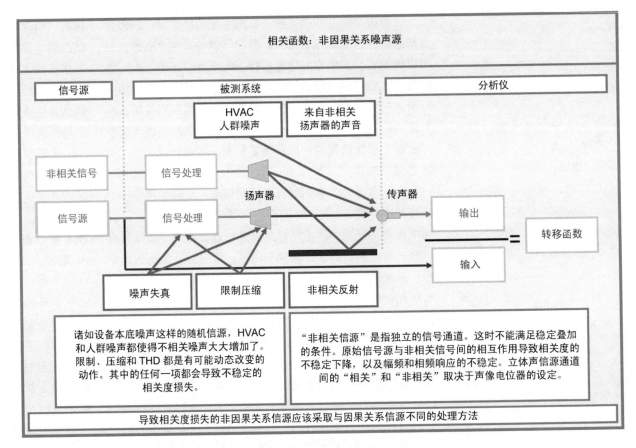

相关函数：非因果关系噪声源

| 信号源 | 被测系统 | 分析仪 |

HVAC
人群噪声

来自非相关
扬声器的声音

非相关信号 — 信号处理

信号源 — 信号处理

扬声器

传声器

输出

转移函数

输入

噪声失真　　限制压缩　　非相关反射

诸如设备本底噪声这样的随机信源，HVAC 和人群噪声都使得不相关噪声大大增加了。限制、压缩和 THD 都是有可能动态改变的动作。其中的任何一项都会导致不稳定的相关度损失。

"非相关信源"是指独立的信号通道。这时不能满足稳定叠加的条件。原始信号源与非相关信号间的相互作用导致相关度的不稳定下降，以及幅频和相频响应的不稳定。立体声信源通道间的"相关"和"非相关"取决于声像电位器的设定。

导致相关度损失的非因果关系信源应该采取与因果关系信源不同的处理方法

图 10.25　相干函数和非因果噪声

出现一致性读数下降的结果。一致性始终是以平均值为基础的。最新的频率响应数据与已经存在于平均器里的数据相比较，如果数值不同，那么一致性就会下降，即便这种不同是由设备内部的变化引起的，而不是由测量噪声引起的。一旦变化停止，响应就稳定下来，则一致性就会重新提高。简言之，不论差异是来自何处，一致性与不稳定性始终是一对矛盾。

相干性曲线的三种基本变化趋势：

① 当被测系统的响应发生变化时，一致性会产生临时

性的下降。

② 当延时的因果关系信号与直达声相加时，一致性具有稳定的响应（高的和低的）。

③ 当非因果关系信号加到输出上时，一致性会产生不稳定的下降。

图 10.26 所示的是相干性响应的一个例子。

10.4.5.3　脉冲响应

脉冲响应是考察系统响应的另外一种视角。只要脉冲响应与转移函数频率响应是基于同一时间记录，则它们所

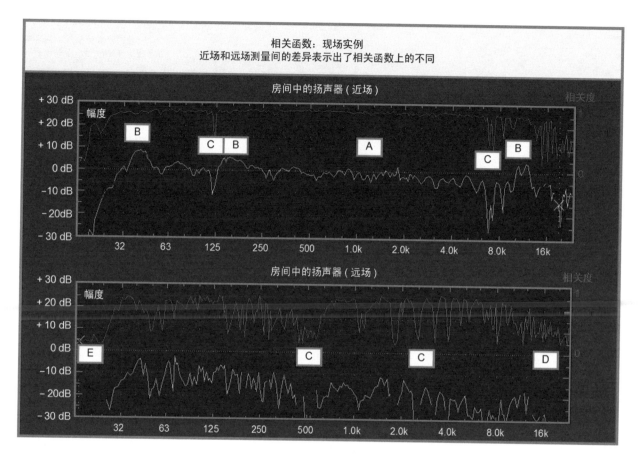

图 10.26　相干函数的声场实例

包含的信息就是一样的。虽然关于系统的这种相同信息可以被测量，但是脉冲响应要比频率响应提供更多看问题的视角。脉冲响应为我们提供了一种研究被测系统时域特性的直观方法，以及频域特性的非直接方法。虽然脉冲响应不具有频率轴，但是曲线中包含有频率信息。这一结论反过来也是成立的，即频率响应可以对提供包含于相位曲线当中的时域信息的非直接观测。

何谓脉冲响应呢？脉冲响应能够给我们带来的第一个好处就是脉冲响应的计算更为准确。所显示的响应是计算出的系统在真正单一脉冲激励下的时域响应。这与测量不同的是，输入信号不必一定是脉冲信号，也可以是粉红噪声或音乐信号（如图 10.27 所示）。

就像频域对应的表示一样，脉冲响应能提供扬声器系统和房间的属性。脉冲的时域表示大大简化了区分扬声器直达声和各个房间反射的处理过程。尽管频率响应包含了叠加到直达声响应之上反射声的影响，但是脉冲响应显示出了接收到的信号的到达先后。这些时间上的信息让我们了解并通过其相对辐射时间确认它们的传输通路。每一到

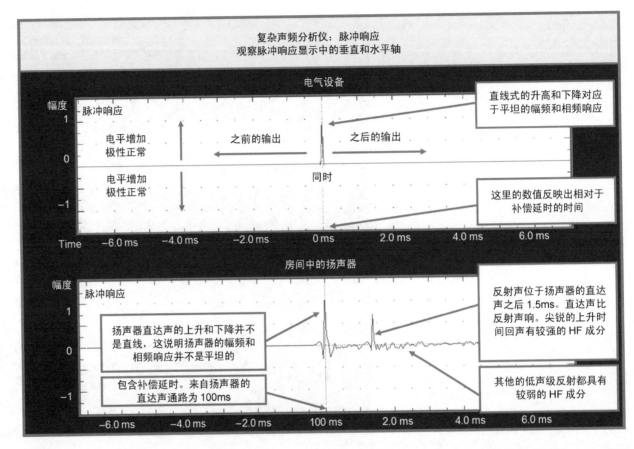

图 10.27　脉冲响应

达信号的时间顺序、强度和极性都可以从中看出。这将反映出扬声器系统的极性和直达声声级，以及它关于反射声的时间关系。在进行进一步的研究之前，我们需要明确关于转移函数频率响应与脉冲响应之间等效关系的差异。频率响应测量是由多个时间记录（固定点／倍频程 FFT）复合而成的，响应中各个成分中所包含的每一个频域信息与对应时间上的脉冲响应是一样的，但是脉冲响应不是同时有多个时间窗口。多个时间记录产生频域上的准对数响应，随着频率的提高，选择的时间记录变短。脉冲响应的时间

取决于测量长度。由于它是基于单个时间窗的 FFT，故脉冲响应的频域特性表现为线性形式。

如何将脉冲响应应用于系统优化呢？多窗口 FFT 所表现出的频域特性描述的是对"音调和空间感"区域的感知。强 HF 成分的后期反射远远处于音调感知窗口之外，同时其影响也处在 HF 范围的窗口宽度之外。虽然在分析仪上这些仅表现为相关性的下降，或者是微小的波动变化，但是这种反射听起来却是分离的回声。如果打算对其进行处理，则需要将其识别出来。由于脉冲响应的窗口开启时间

可以根据我们的需要来定，所以我们能从中看到这种反射。很显然，通过脉冲响应来观测时域上回声表现就如同我们通过固定 PPO 观测频域表现一样。存在于脉冲响应中的孤立尖峰是确定分离回声的重要依据。脉冲响应为我们做出声学处理和扬声器摆放解决方案提供了线索，同时提高了成功的概率。

　　声学专家始终都热衷于脉冲响应的测量，测量采用的是实际的脉冲声源，比如火花塞或气球，如今更多地是采用全指向扬声器声源或其他指向性已知或可控的声源，并配合脉冲分析仪来完成测量任务。不论是采用旧的还是新的方法获得的脉冲响应，都能显示出初始到达的直达声和随后的系列反射声。每一反射的声级均能通过其时间线分布观察到。这其中包含了大量关于房间声学特性和声能衰减速率等信息，如图 8.27 所示。声学专家将把利用类似形式激励所获取的信息应用到大型厅堂的声学特性分析上。

　　对于扩声应用而言，脉冲响应只能通过分析仪观察到，不用火花塞或气球。脉冲响应最重要的作用就是用来设定延时时间，以及确定声学处理给反射带来的有益变化，在绝大多数情况下我们并不利用它来准确确定混响时间和声能衰减特性。其原因我们已经在第 4 章有关自然声音和扩声声音间的机制对比中讨论过。扩声模型将整个的空间分割成不同的多个子空间，很少将空间作为一个同质的整体看待。扬声器的指向性在房间中建立起不同的子空间分区。如果我们想评估房间的衰减和混响特性，则需要按分区进行，而不是整个的空间区域。影响脉冲响应实用性的另外一个因素是舞台上声源的相互作用。当信号泄漏到多个传声器或者存在来自舞台监听的信号时，针对那件乐器的脉冲响应密度有效提高。调音台每个通道包含有不同程度的泄漏，其泄漏被反射信号加强了。随着调音台处混响量的提高增大，这一过程还会继续下去。回想一下，转移函数

测量开始于调音台的输出（艺术／科学意义层面），因此所测量到的脉冲响应（科学的层面上）并不能反映出反射密度的提高（艺术层面上）。脉冲响应可以表明厅堂在结构上呈现出干的特性，同时艺术家们也会沉浸在混响的环境当中。

　　这并不是说这些因素在频域分析中不重要，它们还是具有相同的地位，只不过我们已经将频域的目标表述得很清楚了：最小的变化、最小的波纹起伏和最大的相干性。我们寻求的只是最小的房间相互作用，还没有遇到研究没有足够波纹变化的频率响应的情况。脉冲响应分析的常规看问题的方式是不真实的。实际中存在着以上这种情况，以至于没有足够的混响或太快的衰减斜率变化等。对脉冲相关参量的评价标准的信任是基于声学专家以扬声器系统取代激励声源来分析其自然声音传输。扩声系统中与之最接近的设置构成这种分析模型，这就是直接用线路输入驱动、不使用周边混响设备处理的单声道中置扬声器组。现实中普遍存在的立体声扬声器组、分布式子系统、开启的传声器和电子混响都表明基于以上假定的模型在实际的演出现场是不存在的。

　　这并不是说声学专家不应该用脉冲响应来评价房间的特性，而只能说是标准中理想的数值所给出的混响可能要比我们所需的大。我们在进行音响系统的优化过程中几乎利用不上脉冲响应，它不能为我们提供准确解决问题的方法。对于延时设定，脉冲分析具有明显的优势，但对于我们的需要而言，它却很难给出准确的直达声特性。声学处理的相关数据是被时域和频域所共享。扬声器的定位主要是在频域上考虑，而脉冲响应在确定反射的位置时会有一定的优势。均衡和声级设定将严格限制在频域内考虑。

　　因此我们需要借助脉冲响应给出有关直达声和强反射声的清晰解读。其他的都是可选项，其实际应用性能取决于在室内声学方面所作工作的深度。

通过脉冲响应分辨如下六个主要特性：

1. 相对的到达时间

2. 相对的声级

3. 极性

4. 相位延时与频率的关系

5. HF 滚降

6. 针对任何次级声源（回声，来自其他扬声器的声音）的以上 5 个特性

这些特性中的每一个在脉冲响应中均有几种可能的结果出现。

相对的到达时间有三种可能：

1. 输入和输出信号时同步的，则脉冲处在分析仪同步设计的水平位置上，这一位置点可能处在中心，也可能偏离中心，偏移量是我们通过内部补偿延时产生同步的重要依据。

2. 如果输出是落后的，那么脉冲向右偏移一定的时间量。

3. 如果输出是超前的，那么脉冲相左偏移一定的时间量。

相对于直达声而言，回声或次级声源到达的时间是通过其相对于直达声的水平位置表示的。

相对声级有三种可能：

1. 如果设备是单位增益，那么脉冲的幅度为 1 或 -1。

2. 如果设备呈现幅度衰减特性，则脉冲的幅度处于 1 与 -1 之间。

3. 如果设备呈现幅度提升的特性，则脉冲的幅度将大于 1 或者小于 -1。

这里所表现出的复杂性是源于垂直刻度值极性的存在。如果极性是正常的，则为单位增益；如果极性被反转了，则增益为 -1。具体情况如下。

极性存在两种可能：

1. 如果极性是正常的，垂直线向上。

2. 如果极性是反转的，垂直线向下。

极性会对幅度的垂直度量产生明显的消极影响。为了说明这一问题，我们以增益和极性同时变化时所发生的情况为例，处于可视性简洁的缘故，我们假定增益为 6dB，极性正常，这时给出的线性增益值为 2；如果增益仍然为 6dB，但是极性反转了，当然这时的线性增益值为 -2，这可能会与 -6dB 增益相混淆。我们这里所谈的方向性参量（极性）是独立于声级的，这就是为什么垂直刻度是线性的原因。

对于相位延时：

1. 如果所有频率上的相位延时都是相同的，那么脉冲将是在某一方向上的垂直线。

2. 如果相频响应是不平坦的，那么脉冲将在水平方向上延伸。其延伸的长短和形状。

将随频率、带宽，以及受影响区域的相位延时时间改变。

3. 如果脉冲响应表现出周期性"振铃"，则它表明在有限的频率范围内存在相位延时。

比如：1ms 的间隔则预示在 1kHz 处存在一个滤波器。振铃的幅度会随着提升／衰减

和滤波器 Q 值的增大而提高。

HF 滚降有两种可能：

1. 如果在分析仪的整个频率范围上设备是无衰减地工作，那么脉冲是直线上升的。

2. 如果设备存在 HF 滚降，则脉冲上升的斜率将会按比例减小。

到达的反射和次级声源的表现如下：

1. 响应中存在反射或其他次级声源将表现为增加的脉冲。

2. 以上的所有特性也适用于回声和到达的其他信号的声级、时间、极性、HF 滚降和相位延时分析。

大多数脉冲响应形式都具有同样的特性。如果要想建立制造厂家特有的脉冲响应形式，则需增加一定的计算量。对标准脉冲响应的最苛刻限制就是线性垂直刻度的幅度响

应，它不是特别适合判定回声及其特性。声学专家喜欢通过采用希尔伯特（Hilbert）转换处理将垂直刻度提高，形成对数刻度显示，这将使得对线性脉冲响应的绝对值的描述，以及将其转换成垂直对数刻度表示非常简单。脉冲负向变化被向上折叠，并与正向变化相加，使得噪声之上回声峰值更加容易识别。这种计算提供了更直观的回声表现，并显示出它与直达声的 dB 关系。然而我们在使用这种显示时要格外小心，采用绝对值处理模糊了对声学专家并不关注，但对声频领域却是十分重要的参量：这就是信号的极

性（如图 10.28 所示）。

10.4.5.4 转移函数应用

转移函数分析是优化过程中验证和校准阶段许多步骤的基础。转移函数所具备的能力使我们可以十分方便地研究系统中的各个组成部分和子系统，以及捕捉必要的数据和验证最终解决方案的正确性。

转移函数的应用包括：

1. 利用脉冲响应和频率响应进行建筑声学分析。

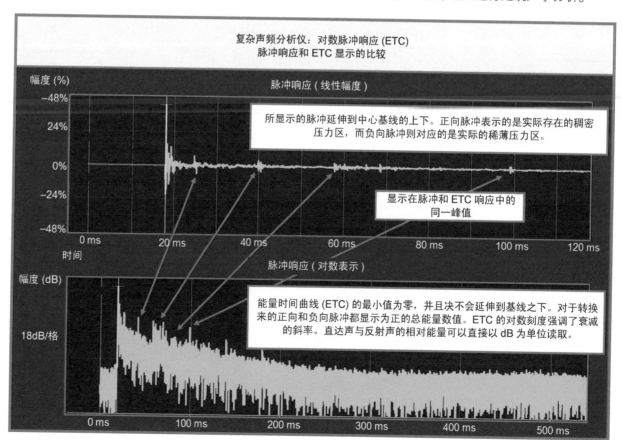

图 10.28　对数和线性脉冲响应的比较（SIA-SMAART 授权使用）

2. 利用频率响应进行扬声器的定位。

3. 利用频率响应进行声级的设定。

4. 利用脉冲和频率响应设定延时。

5. 利用频率响应设定均衡。

6. 利用脉冲和 / 或频率响应进行极性的确认。

这些技术的细节会在随后的两章中详细介绍。

10.4.5.5　其他特性

这里所描述的双通道 FFT 性能仅触及到计算数学的皮毛，它只是现代声学分析仪中很小的分支。奈奎斯特图、cepstrum 响应、维格纳分布、时间声谱仪、调制转换函数、强度计算、RASTI、STI II 等分析方法不断涌现。其中的每种计算方法都包含有关于音响系统的信息，并将结果以特殊的形式表现出来。将这些计算方法排除于讨论之外并不是因为技术上的原因。其最简单的原因就是：作为已经从事系统优化工作二十多年的实践者，我还没有发现这些变换的哪一个可以将其结果直接转化为优化处理，或者以某一种方式告知我们不该做些什么。相反，之前描述的一些基本函数可以提供解决问题的答案，告诉我们如何设置均衡器、延时、电平、扬声器聚焦等。我们走的是实践的路子，并不是进行研究和建立学科的理论基础。因此整个优化过程是靠这些基本的 FFT 分析仪功能——单通道频谱、转移函数的幅度、相位、相关性和脉冲响应来完成的。

第五节　其他复杂的信号分析仪

之前描述的固定 PPO（恒定 Q 值）双通道 FFT 分析仪并不是复杂信号分析仪的唯一形式，目前还有许多其他的类型的分析仪，同时还在不断开发出新类型的分析仪。标准的线性频率刻度的 FFT 分析仪有很多，特殊类型激励响应系统也有一些。在此我们不对这些系统进行广泛的讨论，只是对在音响系统优化过程中扮演重要角色的那些分析系统进行研究。

另外一种重要类型的分析仪就是"计算的准自由场响应"分析仪。这种分析仪力图捕捉系统在无反射或很少量反射情况下的响应。相对于固定点 PPO 的 FFT 分析仪而言，这种分析仪对噪声非常不敏感，也就是说它捕捉单独直达声的能力是不同的，其响应与混响响应的相关程度取决于测量窗口关闭的速度，这一参量是可以由用户设定的。因此，用户可以选择考察只包含有直达声或者一定直达声和混响声组合情况下的系统表现。目前这样的系统都是基于 FFT 的，并且是采用线性频率分辨率计算的。这种系统的原始概念是由理查德 . 海泽尔（Richard Heyser）建立起来的，这就是时延谱（TDS）技术，后来以此制造了 TEF 系统。系统的基本构架如下：将在时间上以恒定速率线性频率升高的正弦波扫频信号馈入到系统，跟踪型带通滤波器以与信号源相同的速率扫频变化，滤波器要根据声音到达测量传声器的过渡时间进行延时，以匹配此时到达的来自扬声器的正弦波频率。信号扫频和滤波器同时向上移动，当低频反射到达传声器时，LF 数据已经被采集，并且滤波器已经移到了较高的频率。滤波器抑制了低频反射对频率响应的影响。任何比扫频速率慢的反射都将被抑制。扫频越快，起作用的空间表面就越少，频率分辨率也按比例下降。随着分辨率的下降，我们失去的只是由反射导致的更多的峰和谷。我们降低了对直达声中峰和谷的直观可视性，并且可能平滑掉一些由均衡器新增加的峰和谷。如果分辨率下降的足够大，则我们就会得到平坦的响应。另外一种上世纪八十年代开发出的系统就是最大长度序列声音分析仪（MLSSA，Maximum Length Sequence Sound Analyzer）。 该系统是通过频域的方法来获取响应的，MLSSA 解决方案是时域采集（时间滤波的脉冲响应）一起开始的。FFT 的可逆性可以让我们进行时域到频域的相互转换。在 MLSSA 系统中，响应是通过已知的周期性信号源获取的，信号源包含了非重复类型数学计算（最大长度序列）的所有频率成分，并且得到计算的脉冲响应。之后通过将所选择的过去时间内的所有数值设定为零，对脉冲响应进行修改。这种处理称之为截取，它是通过采用之前在 FFT 时间窗口中讨论的方式将给定时间内的所有反射（或其他信号）数据强制为零来实现的。回想频域和时域的交互属性。如果在时域上能看到回声的话，则再频域中就能看到梳状响应。如果我们降低了梳状响应程度，则我们也将会在时域中看到反射的大小在下降。同样，如果我们更改了脉冲响应数据，并强制反射为零，那么源自该脉冲响应的频率响应就不再显示出梳状响应了。随着强制更多的数值为零，我们就有效地降低了时间记录的长度，因此也降低了频率分辨率。虽然可以通过计算与固定点 PPO 双通道 FFT 平台相匹配的准消声室系统得到响应，但是结果并不可靠。到底哪一个是"真正的"响应呢？它们都不是。它们全都是有限长度的时间记录，而不具备人耳听音机制的连续的"实时"属性。那么哪一种对音响系统的优化更为有利呢？这是人们广泛的讨论问题。

　　如果应用的是同样的技术和方法，那么不同测量平台的操作者有可能同时得到音响系统优化的五种主要类型中的三个：声级设定、延时设定和扬声器定位。做出这些决定主要取决于不同测量结果的比较。比较处理意在使每个平台上的结果差异尽可能不那么明显。虽然两个测量系统就可以看出所给定位置的不同，但是多个系统更有可能从中发现各个点之间的关系。均衡和建声处理的方式是产生差异的原因。人们对房间中扬声器相互作用产生的波纹起

伏变化十分敏感，数据上的差异会让人作出不同解决方案。由于被计算的自由场系统对于每个数据读数均采用固定的时间记录，所以频率分辨率是线性的。对所有的频率均采用短时间窗来消除房间的影响的代价就是丢失了低频的直达声和反射声细节。如果扬声器处于房间中相对较远的位置上，那么所计算的自由场系统所表现出来的低频内容要比固定 PPO FFT 的少。如上所述，如果频率分辨率太低，则会产生很大的数据误差。虽然短的时间记录消除了早期反射声成分，更适合高频端的短波长表现，但是却使低频端的细节被过分平滑掉了。即使有些可闻的响应变化，比如 0.1 倍频程参量滤波器在 40Hz 提升 15dB，也会被短的时间记录平滑掉。那么 0.1 倍频程 @40Hz 到底需要多长的时间记录呢？40Hz（25ms）时十个波长将需要 250ms 长的时间记录。

　　要想让分析仪在 50Hz 具有每倍频程 1 点的可笑的低分辨率，需要的时间记录长度是 20ms，而这 20ms 的时间记录（1kHz 时有 200 个波长）很可能存在有高频的反射。如果我们将时间记录缩短至 2ms，以便将反射从数据中排除掉，那么在 500Hz 以下就连一个点都得不到了。为此实际的使用者提倡这些系统依一定的比例来选择一组不同速度的扫频信号，或者改变时间记录长度，以便从不同的频率范围上得到所需的数据。听上去耳熟吗？这就是我在"前言"中所描述过的无固定 PPO 转换的 FFT。为了得到完整的高分辨率响应，分析仪必须针对每一频率范围进行一次次优化设定的测量。总之，像早期的 FFT 那样，这些系统使用起来很麻烦，所以其实际应用的范围并不广。

　　尽管如此，本书中描述的大部分技术都能够应用于所计算的自由场测量中，这或许让这一技术的倡导者不那么失望。延时的设定，优化扬声器角度的过程等在功能上是相当的，将系统均衡作为主要的处理手段受到质疑。从作

者的角度上看，希望扬声器 / 房间叠加存在可通过均衡调整的部分，并且必须是可检测和控制的。如果将均衡处理排除掉，则会剥夺我们对解决方案的选择权。固定 PPO FFT 分析仪提供了出色的均衡处理可视性功能，因此它也成为本书描述的基础测量工具。

第六节　分析系统

完美的分析仪并不能作为音响系统优化的工具。功能齐全的分析仪系统是专门为完成特定的任务而制造的，即为完成系统调试之用。虽然它会附带上其他一些功能，但是其核心应用还是优化。在测试和测量领域中大部分的仪器还是通用的研发工具。目前还没有哪一个工具是专门为优化需求而开发的，我们需要对零配件进行编译，或者自己制造工具。

专用的优化系统包含有我们了解音响系统，以及确定解决方案所需的所有功能。对系统的访问必须是在系统不中断信号流，或者在加入噪声的情况下进行。我们必须能

业界评论：对 Yogi Berra 的解释“测量的 90% 是获取良好的数据，剩下的一半就是对数据的解释”。

保罗 · 图奇（Paul Tucci）

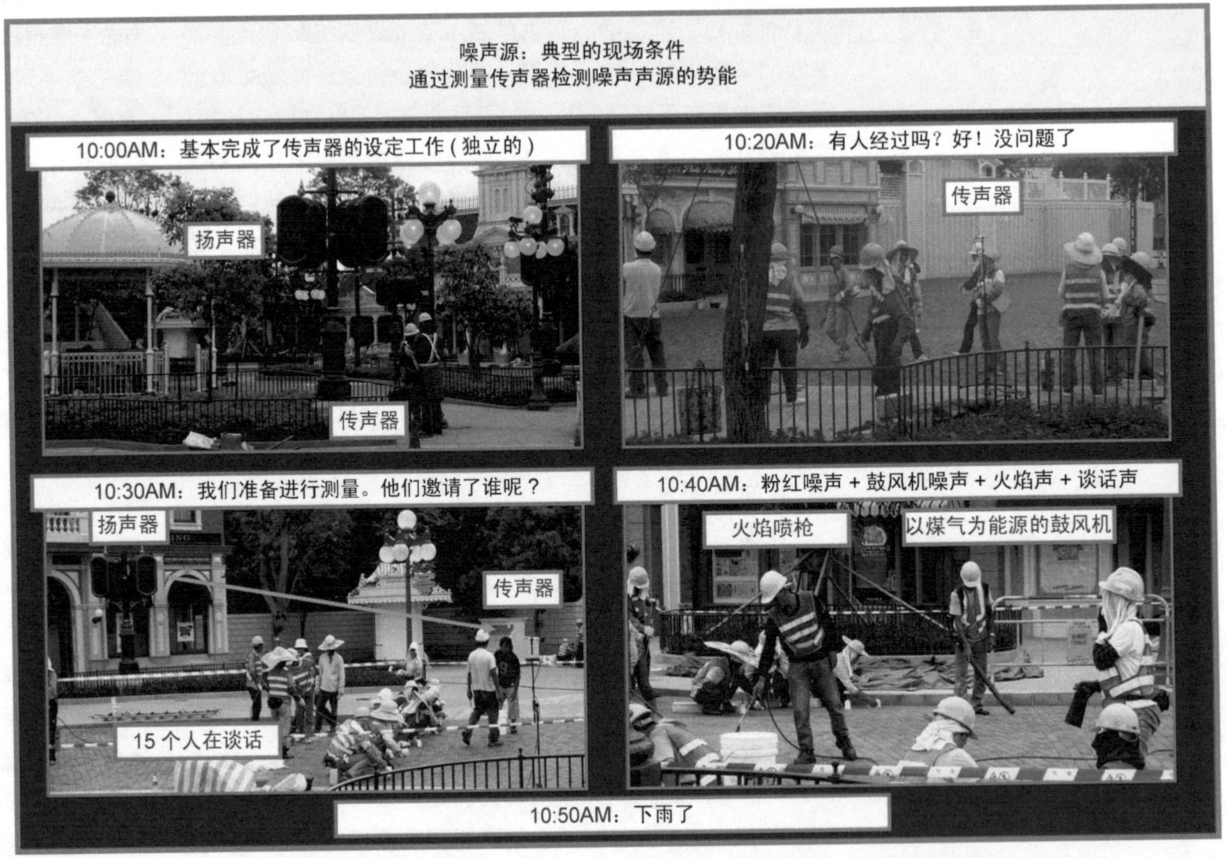

图 10.29　我们开始工作时，现场看不到一个人，十分安静。但到了准备首次测量时，我们十余名工作人员有的灌浆，有的运送预热的砖块，有的用液化气作为能源的鼓风机来吹净灰尘，有的用砖切割工具工作，协同开展测量工作。这幅照片显示的就是造成“非因果”相干度下降的实例

够将线路电平信号和传声器电平信号接入到系统中，以进行比较，同时必须对反应时间进行延时补偿，以及进行声传输延时。

在我写这本书的时候，能满足我们要求的分析系统都具备多时窗双通路、每倍频程固定点 FFT 变换的功能。这些分析系统是针对音调和空间感知区的转移函数频率响应进行优化的。它们必须显示相对幅度，相对相位，以及频率相关性，并且至少要是 24 点 PPO。我们需要脉冲响应来帮助我们确定扬声器和反射声间的时间差，确定反射声和处在多时窗频率响应之外的分立回声。目前符合这些要求并广泛应用的系统有两个，在此我以其问世的先后和字母排序将其列出。其中的每个系统均具有特殊的性能和优势，以及硬件处理方法。至于哪个处理平台更适合特定应用的问题还是留给读者和厂家判断吧！两者所共有的主要特性只是概述一下，这就是都有一个带字母 "S" 的参量。

双通道 FFT 优化系统：

- Meyer Sound 推出的 SIM™（独立于声源的测量系统，Source Indepandent Measurement）

- SIA Software 推出的 SMAART（声音测量的声学实时分析工具，Sound Measurment Acoustical Analysis Real-time Tool）

- Menlo Scientific 推出的 Spectrafoo

- Systune（Renkus-Heinz）

检测是我们了解系统的关键，我们必须牢记的是：系统没有发生过被处理的故障。如果系统发生了需要解决的故障问题，那么是一定要处理的。一旦处理方案实施了，我们就可以用检测的结果来进行核实，其作用仅仅是确认我们的故障诊断正确与否。针对音响系统的处理方案和效果的检验将会在本书余下的章节中论述。

参考文献

Herlufsen，H.（1984），*Dual Channel FFT Analysis*（*Part I*）. Denmark：Bruel&Kjaer.

验证

第一节　引言

优化设计的最终成果就是将扬声器安装就位，声学处理完毕，同时完成了对信号处理器的均衡器、延时和电平的设定。做出这些设定和决定是要在非常认真地考察了多种声学和电子条件下的系统响应结果后才能做出。由于复杂系统是由各种不同的器件有机地组合在一起构成的，所以一个决定的做出会引发一系列的连锁反应。

知道已经均衡处理过的扬声器存在连线导致的极性反转，非平衡电缆引发的信号衰减，或者存在大量的失真和其他各种不希望出现的问题并不是件令人沮丧和难堪的事情。或许整体的解决方案就决定了扬声器的响应，这就如同将一块空画板留给创作风景作品的画家一样（实际上也确实如此）。如果我们在项目一开始就发现了以上这些问题，则在进行处理的时候就要将其考虑在内。如果在临近作决定的时候才发现这些问题，则让人十分地难堪，这时我们已经浪费了大量的时间。如果我们在结束这个项目之后才发现这些问题，那么我们马上就会扣心自问"你难道胜任这样的工作吗？"整个系统的校准就是针对在设备连接就位或调整数据植入到处理器之前发现的问题所作的种种假定进行实践。

验证阶段的任务就是要在系统调校和运行之前确保对这些问题进行分类解决。这 1 阶段的工作包括对各个系统组成单元，以及之间互联的检查。大部分验证工作是一系列例行检验，以确保检查结果没有问题。这是一个简单的经验之谈：如果我们按照规定的步骤进行了所有的验证工作，那么就可以放心地将系统交付使用了；但是如果我们中间跳过了一些验证环节，认为这部分没有问题，那么这有可能给日后留下重大的问题隐患。我认为宁愿系统验证而不调校，也不要调校而不验证。

本章概述了验证的步骤，验证预期的结果，以及如何判断问题等内容。

第二节　测试工作的构成

在此我先重复一下，这是测试，而且只是测试而已。测试是为了寻求问题的答案。所作的测试不是无限制的，或哲学意义上的。它们是针对非常具体的问题需求给出非常具体的答案。要想获得可靠的答案，我们必须非常认真地结构要研究的问题。问题的组织和结构是测试的其中一个环节。

测试流程要回答如下的问题：

- 我们想了解什么
- 我们如何才能了解这些问题
- 我们如何才能对其进行量化
- 什么才是我们所期望得到的结果，或者是可接受的测量或量化结果
- 结论是什么

首先我们必须定义问题的主题，我们到底要了解什么？是处理器的极性，还是扬声器的最大声压级？这个问题有两个部分含义：一个是属性，一个是对象。极性和最大声压级是要探寻的未知属性，处理器和扬声器是研究的对象。

结论是关于问题的某种单位或量化形式的答案。如果以上面的问题为例，则答案可以是极性反转了，或者最大声压级为 112dB SPL。

接下来我们要设计探寻问题的程序。这里的程序是指为得到可重复的可靠结果而设定的一组测试。我们可以对程序的结论进行比较观察，从中发现期望或可接受的结果。还是用上面提及的例子，我们不希望处理器出现反相的情况，在 1m 处 112dB SPL 的读数对于给定型号的扬声器是可以接受的，因为它是处在厂家给出的指标范围之内的。

我们研究的具体对象就是被测的设备（Device Under Test，DUT）。这就是指我们要测量的对象，它是一条电缆、扬声器、电子器件，还是整个的传输链。测试信号是指测量信号源，很多的验证测试采用的是特定的已知信号，有些测试根本就不需要信号源。

我们已经建立起测试的理论结构，系统也已搭建起来，这时我们就可以开始我们的测试工作了。

11.2.1 测试阶段

对所搭建系统的验证分成三个不同的阶段来进行，每个阶段包含了各自的测试程序：

- 自检：测试分析系统，以确保它能准确地对音响系统进行测量
- 预检：对系统进行调校前的检查
- 后检：对系统进行调校后的检查

之所以要对分析仪自检，是为了能确保它所发现的音响系统问题确实是实际的音响系统本身造成的，分析仪不是诊断工具。测试信号需要进行检验，单通道测试要求高质量的纯粹的正弦波；转换测量则需要宽带的（不必是平坦的）信号源。

由于声学信号要经过换能器（测量传声器）转换成电信号再输入到分析仪输入端，因此声学方面的测试要复杂一些。必须提供校准参量，以便将数值转换成 dB SPL。常规的做法是将传声器校准到已知的声压，由测量到的电信号电平得到传声器的灵敏度。对于多传声器的使用者，一定要将灵敏度的相对值和频率响应考虑在内。

系统预检的重点是要保证系统安装是按照系统的设计要求进行的。这其中包括接线和电气检验，以及象扬声器定位和初始聚焦角度等其他细节的检验。之后的阶段还要进行被校准系统的对称性检验。例如，简单的立体声系统首先要进行全面的预检，然后再对个体进行校准，之后进行后检以确保与第一个对象保持对称性匹配。后检的持续时间具有不确定性。对固定安装系统要进行不断地检验，以保证它能维持初始校准的响应。

用于检验环节的工具有很多。图 11.1 列出了一系列此前章节讨论过的工具。从图表中我们可以看出这些工具的各种应用，在此对其中的大多数没有必要作进一步的解释，只是在本章用一定的篇幅中对表中底部所列出的复杂工具做一说明。

从我们的角度来看，由于校准处理涵盖了调音台输出到扬声器间的每一环节，所以对通路上这一部分器件的检验是强制性的。另外我们还可以选择对之前的上游设备实施检验，比如调音台或传输系统之外设备（周边设备，传声器等）。

检验测试参考表		
	检测工具	校准扮演的角色
物理工具	倾角罗盘	决定扬声器的垂直聚焦角度和 / 或扬声器间的垂直倾角
	量角器	决定扬声器间或扬声器与安装表面间的倾角
	定角卡片	同上
	激光笔	决定扬声器的聚焦角度
	温度计	对于温度变化的环境建立起环境基线
	湿度计	同上
简单的声频工具	VOM	连通检查。诸如放大器输出和供电线路电压这样的高电压检查。基本目的检查工具
	极性测量仪	电缆检查
	监听小盒	连通检查。信号跳线。嗡声和失真检测
	阻抗测量仪	校验扬声器线路的接线和线路上扬声器的存在
	示波器	各种信号检测。放大器输出和其他高电压检测。除了声频信号之外的振荡信号和直流检测
	声级计	全音域或部分带宽的 SPL 校验。传声器校准。一般的加权 SPL 测量
	传声器读取准器	传声器灵敏度的 SPL 校准
	RTA	啸叫检查
复杂的工具	耳朵	高级故障诊断和排除。信号跳线，连通情况。THD，噪声和频响。基本目的的检查工具
	眼睛	高级故障诊断和排除。通路阻断检查。对称误差检测。噪声源检测。烟雾检测。
	双通道 FFT 分析仪	电信号和声信号检测，细节如下。

图 11.1　检验测试参考表

业界评论：对固定安装的一个重要要求就是可维护性。一旦系统调谐完毕，就需要按照此状态运行。如果要必要的话，可以采用调谐时拍摄的图片来验证和纠正任何的偏差。这种方法对因故障更换了设备之后的调整特别有用。

鲍勃 马斯克， 迪斯尼乐园（Bob Maske， Disneyland Resort）

11.2.2　测试观测点

图 11.2 示出了基本的模拟信号通路流程图。其中的每一个器件都需要以各种方法进行检验，以确保为系统校准做好准备。器件的测量需要在其输入和输出有用于测试观测信号的接入点。如果没有调线盘等这样的设备用以提供信号接入点，那么对器件的观测就需要脱机进行。每个设备需要检验的参量要以参考表的形式显示出来。数字系统也需要测试观察点。这可能需要一些富有创造性的解决方案，因为这样的系统通常并没有为分析仪装配相应的跳线点。从我们的目的来看，其重点还是放在模拟信号通路，它很容易访问。不论提供的访问点如何，数字系统的检验可以由这种解决方案推导出来（图 12.4 给出了一个解决方案实例）。

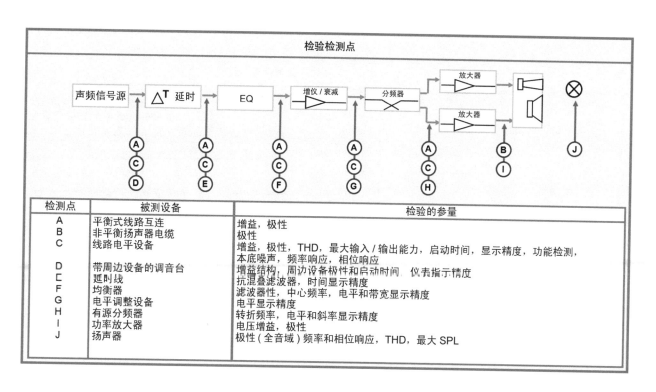

图 11.2　检验观测点和待测试的参量

11.2.3　测量的设置

我们进行的检验工作主要有两个基本目的设定：单通道和双通道。每种配置是针对特定的测试来优化的。这些测试的每一轮要进行电气和声学的改变，所给定的四种基本设定如图 11.3 和图 11.4 所示。测试设置 1 提供的是用已知信号源进行单通道设备（或设备组）测量；测试设置 2 提供的是两个测量访问点间任意数量的设备的转移函数测量。另外还有两种特殊转移函数设定可以提供对传声器的检验（如图 11.5 和图 11.6 所示）。这些测试程序的流程图

会在本章中进行概述。

验证工作可以是针对某一个组成器件，也可以是整个系统。虽然器件的测试可以为我们提供设定设备内部的增益结构和其他性能信息，但是它不能提供有关设备互连时其输入和输出上的信息。毕竟我们考虑的是整个互连的系统，该系统要保留足够的峰值储备，避免出现过载的同时驱动放大器满负荷工作，整个安装系统的整合是我们最终的目标。

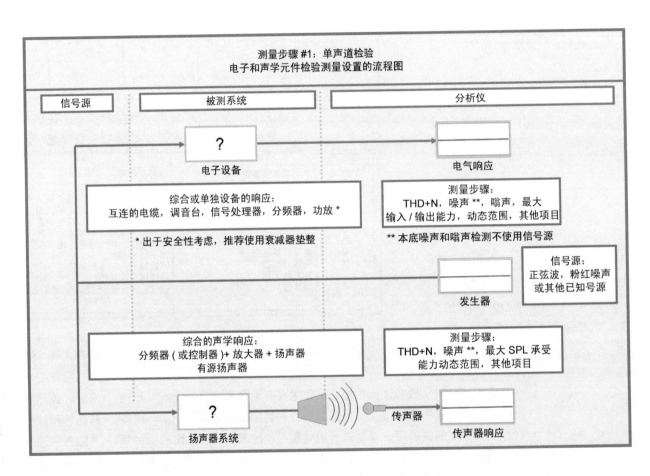

图 11.3　检验测试设置 1：单声道检验程序的测试设置流程图

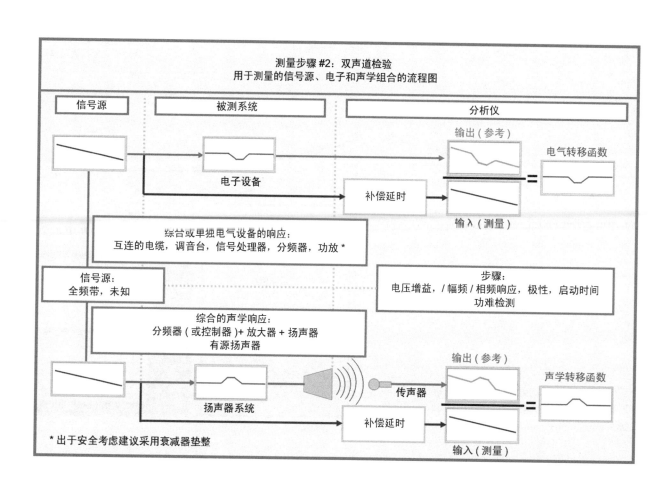

图 11.4　检验测试 2：双声道（转移函数）
检验程序的测试设置流程图

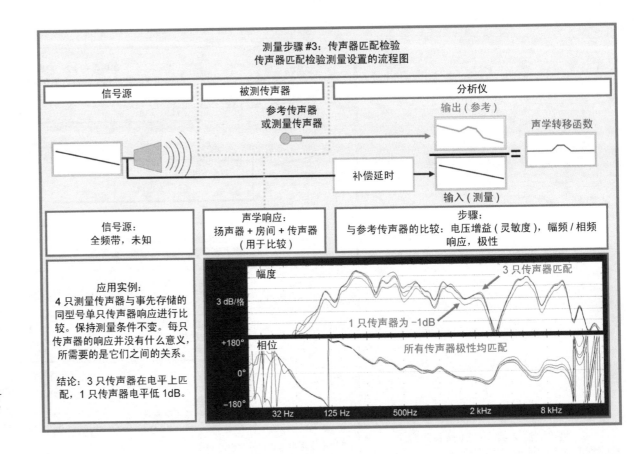

图 11.5　检验测试设置 3：设置流程图，针对传声器电平和频响匹配的应用实例。为了保证结果的准确性，应确保传声器位置不变

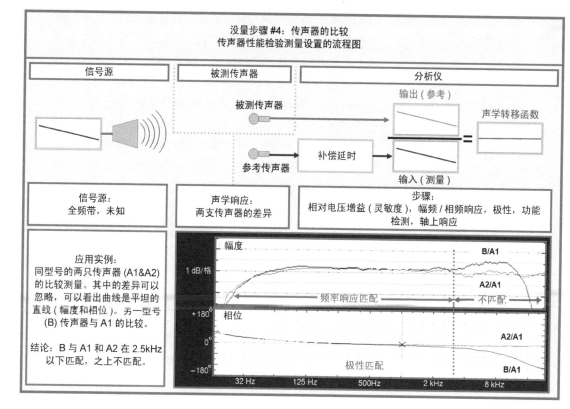

图 11.6　检验测试设置 4：设置流程图，针对传声器响应比较的应用实例

第三节　程序

　　测试程序有两种基本形式：直接法和比较法。直接法程序探寻的是绝对的结果。比如设备的最大输出能力是 +24dBV；而比较法程序评估的是直接法程序发现的结果，对其间的差异进行量化表示。还是以之前的问题为例，比如两个器件间的最大输出能力的差异是 6dB。执行任何直接法程序，是为了能进行与给定标准或先前执行的测量结果的比较处理。因此，我们将关注重点放在直接法程序上，同时了解根据现场需要制定的比较法程序。

11.3.1　噪声与频率的关系

　　除了摇滚音乐会或体育赛事之外几乎不会遇到有人在现场高喊"让我们制造出一些噪声吧！"之类的话。音响系统可不需要这样的鼓动。动态范围的上限就是表演者发出的噪声。我们所关注的是构成动态范围下限的噪声。我们可以保持这两者分开。所有的设备都存在一定的噪声，我们所要测试的就是要决定这一本底噪声与频率的关系。

　　虽然对"被测设备"噪声量的测量是无需接入信号源的，但还是要考虑一些其他因素的影响。DUT 的电平控制可能就是要考虑的影响结果的因素之一。如果 DUT 的输入和输出具有电平控制，那么其相对位置肯定会对这一结果产生影响。设备内部的增益结构情况到底对噪声产生怎样的影响，我们会在以下的程序中详细说明。

电器设备中的噪声有两种类型：一种称为"嗡声"，另一种称为"噪声"。嗡声是一串稳定的正弦波音调音，它存在线状频率成分的倍频谐波成分。任何设备都存在由其电源引起的内部嗡声。虽然采用输入短路，或者使用低阻端接器的方法可以解决这一问题，但是嗡声还是会因设备的互连而不断累加。接线的方法将会在很大程度上影响嗡声的大小及其谐波结构。接线嗡声是因不同的地电流差异（我们将其称为"地环路"，Ground Loop），或者电磁感应（EMI，Electromagnetic Interference）引入的。

噪声是指有源的电子电路内部产生的随机噪声成分。这是"白噪声"，即相同频率范围上能量相等的噪声。可闻白噪声一半的能量存在于 10kHz ～ 20kHz 的带宽上。因此我们首先产生的是对极高频随机噪声的"咝声"感。虽然咝声可以通过适当的增益结构控制而最小化，但是我们还必须意识到减小咝声的方案也会导致最大输出能力的下降。我们必须确保有足够的动态范围，以便能满负荷工作。

在现实声学世界里噪声源无处不在。传声器的单通道响应将会表现出系统未加入信号时的声学响应。如果噪声信号来自电子元器件，那么刚刚讨论过所有因素都适用。如果噪声不是来自电子器件，那么我们就可以利用最重要的检验工具——眼睛和耳朵来分析噪声。

注：当将一些器件插入到设备的输入时，对于电子设备所引发的嗡声和噪声没有定论。在这种情况下，输出上的噪声可能包含输入上出现的噪声，或者由互连引入的噪声。许多厂家公布的噪声指标是在输入短路的前提下得到的。最低的噪声读数是通过输入短路或者采用低阻输入端接器来获得（如图 11.7 所示）。

测量项目：噪声与频率的关系

- 测量目的：决定 DUT 嗡声和本底噪声的电平
- 信号源：无
- DUT：电子设备、扬声器、整个信号链路或整个网络
- 单位：电子设备采用伏（dBV）为单位，声学器件采用 dB SPL 为单位
- 设置：#1（单通道）。将设备输入断开或短路。设备输出接分析仪
- 程序步骤：

1. 断开 DUT 输入的信号源，排除引入嗡声和噪声的可能因素。

2. 优化分析仪的增益，以便最大电平时不会过载。

3. 用单通道 FFT 高分辨频谱显示对输出的测量结果进行显示。对于嗡声测量的最佳 FFT 窗口是平顶窗，对于随机噪声是汉宁窗。

4. 由于被测量的随机噪声成分是时变的，所以要进行信号平均处理。

5. 以伏特（V）、dBV 或 dB SPL 为单位读取在感兴趣的频率范围上的测量结果（这时必须已知传声器的灵敏度），并将其与厂家给出的指标值或其他可接受的阈值相比较。

11.3.2 总谐波失真 + 噪声（THD+N）

谐波失真增加了原始信号倍频频率（基频整数倍的频率）上的能量。谐波失真可能是偶发的，也可能是持续存在的。总谐波失真（THD）的检测一般都是单独进行的。具体做法是：将指定电平的单频信号加至被测设备的检测点。由于真正的正弦波不含有谐波成分，所以谐波成分的出现就是 THD 产生的证据。

下面我们暂且回顾一下以前的知识，将 THD 一词分

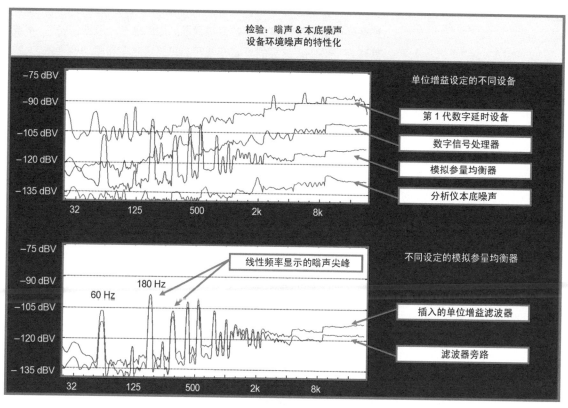

检验：嗡声 & 本底噪声
设备环境噪声的特性化

单位增益设定的不同设备

第 1 代数字延时设备

数字信号处理器

模拟参量均衡器

分析仪本底噪声

不同设定的模拟参量均衡器

线性频率显示的嗡声尖峰

180 Hz

60 Hz

插入的单位增益滤波器

滤波器旁路

图 11.7　嗡声和噪声检验程序的应用
实例

解开来进行说明：失真（Distortion，波形的改变），谐波（Harmonic，与基频呈线性频率关系的失真分量，比如 2 倍，3 倍等），而总体（Total，是将所有的谐波成分电平积分成单独一个数值）。THD 是按照百分比来度量的，它是相对基波而言的。100% 的 THD 数值表明谐波的混合电平与基波电平相等。10% 表示谐波电平是基波电平的十分之一。例如，基波电平为 1V（0dBV）@1kHz，则 2kHz、3kHz、4kHz 等谐波序列的混合电平等于 0.1V（-20dBV）。混合叠加是通过求"平方和的平方根"的方法得到的：

$$THD = SqR(A^2 + B^2 + C^2 + \cdots\cdots)$$

值得庆幸的是，我们可以让分析仪为我们完成这一计算，因此我们不需要使用手机的计算器功能来得到均方根函数数值。如果分析仪没有直接计算出 THD，那么数值为基波与 2 次谐波的比值。每 20dB 的电平差对应于失真百分数的小数点变化一位。下面的一些关系等式可以作为我们快速计算的参考：

-20dB = 10%

-40dB = 1%

-60dB = 0.1%

-80dB = 0.01%

如果谐波频率处的本底噪声高于实际的谐波失真电平，那么噪声电平将作为 THD 数值被读取。因此这时一般我们将其称为 THD+N，这里的 N 是指噪声。在给定频率和驱动电平情况下，THD 测量才是有效的。对于大多数模拟电子和现代数字设备而言，THD 电平在一定的条件下会保持相对的恒定，并不随频率和电平而改变。THD 测量是一种与信号源关系很密切的测量。下面我们再次简单地谈一下分辨率的问题，这时我们所关心的是作为信号源的正弦波纯度，该信号本身也会存在失真，它构成了所进行的测量下限。在确定被测设备的 THD 之前，我们期望直接测试一下信号发生器的 THD，这

是分析仪自检内容的一部分。大多数廉价的正弦波振荡器并不适合用来进行 THD 测量，因为它们所发生出的正弦波有很大的失真，其中许多振荡器的失真高达 0.5% 以上。

注：采用 FFT 分析仪进行 THD+N 的测量可能会产生数据的读取错误。这主要有三个原因：第一，我们必须要优化分析仪的增益结构，以保证我们不会测量到分析仪的本底噪声；第二，就是我们在上文中讨论的正弦波的纯度问题；最后一个就是我们必须优化针对正弦波输入的 FFT 窗函数，以便 FFT 计算时能量的泄漏最小。有关的详细内容参见分析仪厂家的操作手册（如图 11.8 所示）。

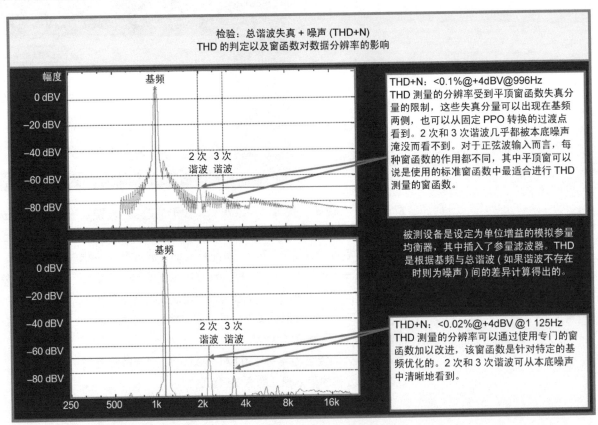

图 11.8　检验程序中有关 THD+N 的应用实例

测量项目：总谐波失真 + 噪声

- 测量目的：决定 DUT THD+N 的百分比读数
- 信号源：正弦波
- DUT：电子设备，扬声器或整个信号链路
- 单位：在特定电平和频率下的 THD 百分比
- 设置：#1（单通道）。信号发生器接至设备输入，设备输出接分析仪
- 程序步骤：

1. 用指定电平和频率的正弦波信号源驱动 DUT。1v（0dB）@1kHz 是典型的情况。

2. 将指针放在基频频率上。

3. 优化分析仪输入增益，使测量的噪声最小化。

4. 用单通道 FFT 高分辨频谱分析来测量输出。FFT 窗应采用平顶窗或其他适合正弦波分析的窗。

5. 以 %THD 为单位读取结果数值，将其与厂家给出的指标值或其他可接受的阈值相比较。

11.3.3　最大输入 / 输出能力与频率的关系

最大输入 / 输出（I/O）能力是对动态范围上限的测量，而此前所讨论的本底噪声测量是对其下限的测量。当典型的电子设备被以低于最大输入电平信号驱动时，设备工作于线性工作区，相对不会产生失真和压缩。如果产生了失真或发现信号被压缩了，则就说明设备达到了最大输入 / 输出电平。假定有这样一个设备，其频响平坦、最大输入 / 输出能力不随频率有较大的变化。这时对电子设备的这种测量是非常直观的测量。

对于扬声器而言，就不是这么简单的了。对于扬声器，失真是一种渐变的过程，它是逐渐升高到最大输入 / 输出能力值上的。所发现的扬声器最高 SPL 只是对某一频率而言的。更进一步而言，给定频率下的 dB SPL 读数不可能对应于厂家给出的指标值。厂家给出的指标一般都是指在全频带激励信号源激励下，覆盖整个设备工作频率范围的数值。如果发生了标称 130dB SPL 的器件，在用正弦波驱动时只能达到 110dB SPL，那也没什么可大惊小怪的。另外在对扬声器进行这种高 SPL 类型的测量时，要格外小心，它会对听音者和扬声器造成危险，应该对耳朵和扬声器采取保护措施。

下面我们再回到有关电子设备的主题上来。我们已经弄清了如何判定小量谐波失真的问题。由于设备在达到削波点的时候 THD 电平会突然升高，所以我们很容易发现过载点。测量时要将电平逐步加大到削波点，其中要格外注意一些问题。其中的一个就是 DUT 的电平控制会对输出有影响。如果 DUT 具有输入和输出电平控制功能，那么其相对位置一定会对结果有影响。这种情况下，我们从中能够更多地了解设备内部的增益结构。

准单位增益

玫瑰是玫瑰是玫瑰是玫瑰。

格特鲁德 斯坦，1913

单位增益不是单位增益不是单位增益。

606 麦卡锡，2006

如果我们测量设备时输出电平等于输入电平，则可以断定设备是单位增益。但是并不是所有的单位增益都能产生相对于输入的输出。设备的总增益是与其中的所有增益级相关的。这些增益级可能存在提升或衰减，其大小可能是设计造成的，也可能是由使用者调整输入和输出电平控

制产生的。不论有没有仪表准确指示内部电平，这种情况都会发生。只要达到单位增益就是这种情况吗？可以肯定的是，它能改变最大 I/O 能力，以及输出的本底噪声电平。设备的内部增益结构将决定如何能方便地让信号在输入和输出间具有高的动态范围，而且不产生削波和过大的噪声，为下一级处理提供驱动信号。

系统的动态范围是由其中的最薄弱环节决定的。如果小动态范围的设备输出到宽动态范围的设备上，则后面的设备将不会出现什么麻烦，信号能顺利地通过。反之，如果宽动态范围的信号被馈送到动态受限的设备上，则必须要采取一定的措施。除非采取一定形式的压扩（类似于 Dolby™），否则我们不能将 120dB 动态范围的信号直接送至只有 100dB 动态的设备上，这时我们要么损失 20dB 的峰值储备，要么让噪声电平提高 20dB，要么峰值储备和噪声电平同时改变。我们是不能将 6 公升的水装到 5 公升的瓶子里的。历史上存在着模拟域和数字域间动态范围不匹配的情况，虽然现在两者间的空隙已经闭合了，但是模拟域还是倾向于宽的动态范围。尽管如此，我们还是要时刻警惕信号在模拟和数字域间传输时的增益结构改变。

设备单位增益的三种表现形式：

1. 输入是单位增益，输出也是单位增益：高动态范围设备设定标准，这时对最大输入 / 输出能力和噪声的影响最小。

2. 输入有 20dB 的增益，输出有 20dB 的衰减：低动态范围设定情况，有时会遇到这样的情况。这时最大输入 / 输出能力下降 20dB，而噪声的增加最小。

3. 输入有 20dB 的衰减，输出有 20dB 的增益：在大多数情况下并不推荐这么使用。

这时的最大输入 / 输出能力没有变化，但噪声增加了 20dB。

这三种形式的第一种是单位增益，第二和第三种形式是

准单位增益。输入提升的方法在 16 和 18 比特数字设备时期使用的很普遍。模拟和数字设备间动态范围的差异常常超过 20dB。由于数字设备不能涵盖整个信号的动态范围，所以要去掉模拟域动态上限的 20dB 以适应数字域的动态。这种方法可以保持在周围环境条件下噪声电平的相对恒定。在设备工作期间，如果整个系统不再能驱动放大器满负荷工作，那么损失掉的峰值储备造成的影响可能会变得比较严重。

增益结构控制方法有很多。我们能够通过掌握每个互连设备的上下限来辅助进行这种控制。这样就可以尽可能地保证信号以最宽的动态范围从起始点传输到终点。

内部增益结构的升降并不是针对设备的某种特定形式。不论是模拟还是数字，也不论是新型还旧型的设备，只要设备有输入和输出控制，随时都会出现上面提及的问题。调音台内部有许多机会可以对增益进行升降调整，并取得输入到输出的单位增益。我们的最终目标就是要保留下系统的动态性能，我们可以通过将内部和互连增益结构中的增益升降最小化来实现这一目标，从而将电平恢复到开始时的情况。我们可以通过检测不同配置时的动态范围来弄清所有这一切。到底能取得多大的电平呢？噪声又有多大呢？可以再尝试在某处提高电平，在另一处在降低电平的方法，这到底是有好处呢还是不利呢？

以某一单元为基础进行的这种检测已经说明过了。另外一个要考虑的问题就是对整个信号链到放大系统进行这一检测的数值结果。最终我们是要为放大器提供一个动态信号。我们能给放大器带来足够的峰值储备，使其满负荷工作吗？噪声很大吗？

注：这里正弦音的纯度并不是像之前在 THD 显示中的地位那么关键。当系统到达削波点时，THD 的上升是很显然的（如图 11.9 所示）。

测量项目：最大 I/O 能力与频率的关系

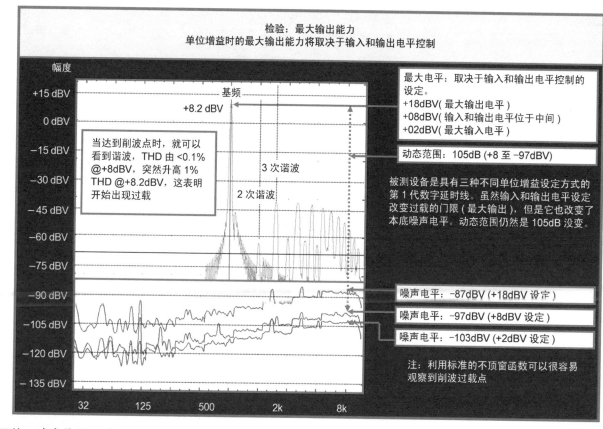

业界评论：动态余量或峰值储备可一成就或削弱系统的性能。当你按照草图安装系统或者进行全部的系统检测和优化时，其中处理的一部分就是使动态余量最大化。当你进行巡回演出、使用安装好的系统，或者使用并不了解经销商那里租赁来的系统时，一定要保证系统对于所进行的工作提供足够的动态余量。如果不这样处理的话，则系统在未开始峰值削波之前声音会不错，但它很容易发生削波。一般我会将 15dB（平均值到峰值）作为最小可接受的动态余量值。

亚历山大·尤尔－桑顿二世（桑尼）（Alexander Yuill-Thornton II（Thorny））

图 11.9　验收程序中有关最大输入/输出能力的应用实例

- 测量目的：决定信号通过 DUT 的最大传输电平
- 信号源：正弦波
- DUT：电子设备、扬声器或整个信号链路、或者整个网络
- 单位：电子设备采用伏（dBV）为单位，声学器件采用 dB SPL 为单位
- 设置：#1（单通道）。信号发生器接至设备输入，设备输出接分析仪
- 程序步骤：

1. 用指定频率的正弦波信号源驱动 DUT。

2. 将指针放在驱动频率上。

3. 优化分析仪输入增益，以避免测量时过载。

4. 用单通道 FFT 高分辨频谱分析来测量输出。FFT 窗应采用平顶窗或其他适合正弦波分析的窗

5. 提高驱动电平，直至失真达到不可接受的程度，或者压缩钳制住了输出电平。

6. 以伏特或 dB SPL 为单位读取结果数值，并将其与厂家给出的指标值或其他可接受的阈值相比较。

图 11.9 所示的就是验收程序中有关最大输入/输出能力的应用实例。

测量项目：动态范围

- 测量目的：决定 DUT 的动态范围

- 程序步骤：执行本底噪声和最大 I/O 能力的测量程序，两者的差异值（dB）就是动态范围。如图 11.10 所示。

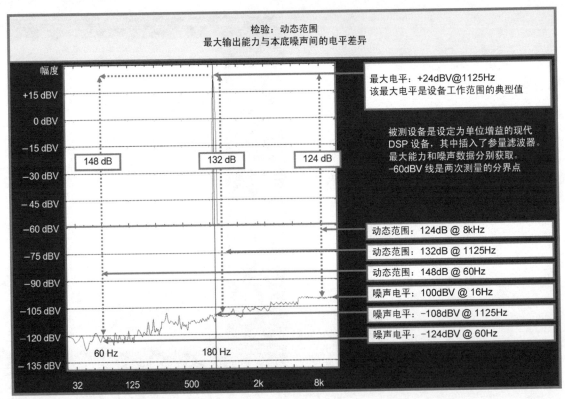

图 11.10　验收程序中有关动态范围的应用实例

11.3.4　反应时间

在第 1 章中我们讨论了数字设备中未标明反应时间的问题。当然它们中没有一个真正是零，因为 A/D 转换器存在反应时间延时，并且内部处理或网络接口还会产生进一步的延时。针对这样的设备，标注的标准是为了告知用户他们所选用的延时是要与反应时间相加。这有些与我们销售门票的方法类似。一张 $40 的门票并不真正是 $40.00，其价格是 $40.00+ 服务费 + 手续费 + 税。我们不能购买不含各种费用的门票，同样我们也得不到没有反应时间的延时。之所以我们要掌握底线数字，是有几个原因的：要知道在信号离开扬声器之前我们必须等待多长的时间；要考虑不同反应时间的相关信号叠加的可能。

数字声频设备被分成两类：单元型的和复合型。前者是完成单一任务的设备，比如延时、均衡或分频设定，而后者是完成以上所有或更多任务的设备。这些设备可以采用模拟串联或并联的方式工作，或者保持数字域形式通过网络连接。单元型设备倾向于比较恒定的反应时间，即它们采用一个反应时间并保持其不变；复合型设备，尤其是那些开放性拓扑（比如，用户可更改的 DSP 单元可以配置成任何虚拟的形式）设备，具有无法预知的变化。

数字声频设备中 "0ms" 延时的实例：

1. 具有不同反应时间的同一公司的单元型或复合型设备。

2. 具有不同反应时间的不同公司的单元型或复合型设备。

3. 每一通道具有相同反应时间的复合型设备

4. 每一通道具有不同反应时间的完全一样的设备（除非知道软件中何处采用了补偿功能，否则要用缺省设定）。

5. 每次进行设备编译时产生不同反应时间的复合型设备（每个通道可以单独改变，或者所有通道一起改变）。

6. 当使用确定的 "零相移" 分频器时，反应时间变化的复合型设备。

7. 在相同的单元里，对借助网络传输的信号具有不同反应时间的网络化复合型设备。

8. 在串联的多个设备中的信号通路（0ms+0ms ≠ 0ms）。

我们必须对所发生的任何事情做好准备，必须确保测量的是整个信号通路。在将要进行的相位校准过程中观察的相对延时设定必须是所有反应时间的累计（如图 11.11 所示）。

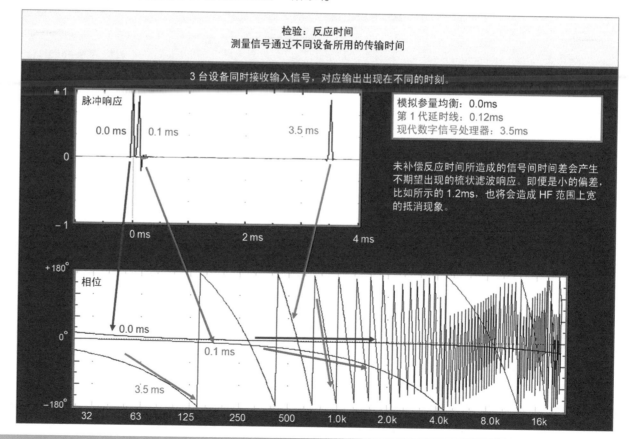

图 11.11　检验程序中有关反应时间的应用实例

测量项目：反应时间

- 测量目的：决定通过 DUT 的传输时间

- 信号源：独立信号源（噪声或音乐）

- DUT：电子设备、扬声器或整个信号链路、或者整个网络

- 单位：ms

- 可接受的量级：关注的重点是所有的设备的匹配情况，或者知之甚少的设备

- 设置：#2，转移函数。信号源接至设备输入和分析仪（相当于输入通道），设备输出接分析仪（相当于输出通道）

- 程序步骤：

1. 信号源以任意的电平驱动 DUT。

2. 测量脉冲响应。

3. 反应时间就是 DUT 的延时量。

4. 按照要求记录或归一化反应时间值，以建立起零时间基准线。

11.3.5 极性

参见 图 11.12

测量项目：极性

业界评论：利用像 SIM 和 SMAART 这样的技术，我可以测量安装的各种性能，其中也包括接线，这比单独使用万用表工作要快捷和准确得多。

鲍勃·马斯克（Bob Maske）

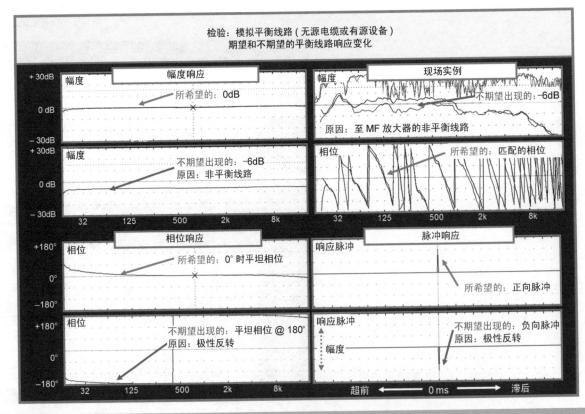

图 11.12 验收程序中有关电子设备极性和电平的应用实例

- 测量目的：决定 DUT 的极性
- 信号源：独立信号源（噪声或音乐）
- DUT：电子设备、扬声器或整个信号链路
- 单位：正常（未反相），或极性反转（反相）
- 可接受的结果：除非特殊情况，否则为正常相位
- 设置：#2，转移函数。信号源接至设备输入和分析仪（相当于输入通道），设备输出

接分析仪（相当于输出通道）

- 程序步骤：

1. 信号源以任意的电平驱动 DUT。

2. 测量脉冲响应（线性形式）。

3. 如果脉冲的峰为正向，则设备为正常极性；如果峰为负向，则设备为反相。

- 另一种程序（相位法）：

1. 信号源以任意的电平驱动 DUT。

2. 排列好内部的针对反应时间（电学）或传输延时（声学）的补偿延时。

3. 测量频响相位。

4. 观察相位曲线的位置。如果相位曲线处在 0° 附近，那么设备为正常极性；如果处在 180° 附近，那么设备为反相。

11.3.6 频率响应

该检测实验的电子形式具有非常直观的特点，我们尽可能多地将其移植到声学形式的检测中。除非有消声室可供使用，否则想要进行有关扬声器系统的任何定量检测都将是十分困难的。由于造成响应起伏变化的因素有很多，所以在做出定量表述时要格外小心。即便是极其精密的测量也会对数据有争议。

我们能检验什么呢？首先所决定的设备动态范围要相当可靠。即便存在本机的波纹起伏变化，我们还是可以观察到 HF 和 LF 滚降的变化趋势。尽管在控制消声条件下看的不是很清晰，但是还是能够观察到频谱分频的情况。运行的 TANSTAAFL 是频谱分频优化的很好例证。我们离扬声器越近，波纹起伏变化的影响就越小。同时对频谱分频透视的近视程度会提高，并且我们可以对远场表现并不好的推荐分频进行校准。

最为有效的工作体现在比较的形式上。只要我们将问题化减为相对差值，而不是绝对数值，就可以使检验工作变为坦途（如图 11.13～图 11.15 所示）。

比较检验测量的例子：

- 对每个单元型驱动器而言，同型号扬声器的极性和驱动电平匹配吗？
- 对称匹配的扬声器具备对称匹配的响应吗？
- 两个型号的扬声器在其交叠范围上相位是兼容的吗？
- 在频谱分频点上两只扬声器的相位兼容吗？

测量项目：幅频响应

- 测量目的：决定 DUT 的电平随频率的变化关系和频率范围容限。
- 信号源：独立信号源（噪声或音乐）。
- DUT：电子设备、扬声器或整个信号链路。
- 单位：dB，频率。
- 设置：#2，转移函数。信号源接至设备输入和分析仪（相当于输入通道），设备输出

接分析仪（相当于输出通道）。

- 程序步骤（范围容限）：

1. 信号源以任意的电平驱动 DUT。

2. 测量转移函数频率响应幅度。

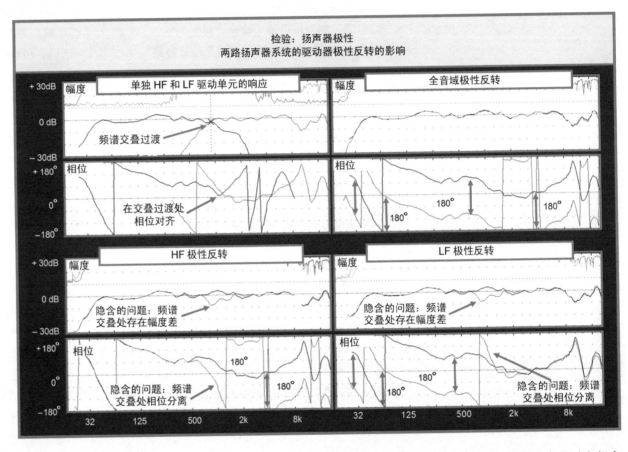

图 11.13 验收程序中有关扬声器极性的应用实例

3. 将曲线定位于参考的标称电平。

4. 将游标放到 −3dB（电信号形式），−6dB（声信号形式）的频率点上。

5. 这就是 DUT 的频率范围容限。

● 程序步骤（电平变化）：

1. 信号源以任意的电平驱动 DUT。

2. 测量转移函数频率响应幅度。

3. 将曲线定位于参考的标称电平。

4. 将游标放到通带内与标称电平偏离最大的对应频率点上。

5. 这就是 DUT 的电平变化（-/+）。

注：对于扬声器测量，这样的数据包括了来自扬声器 / 房间，以及扬声器 / 扬声器的波纹起伏变化。关于单独扬声器系统的结论就受此限制。尽管这样的工作一般是调校范畴的事情，但是还是可以由此得出有关房间中系统性能的结论。

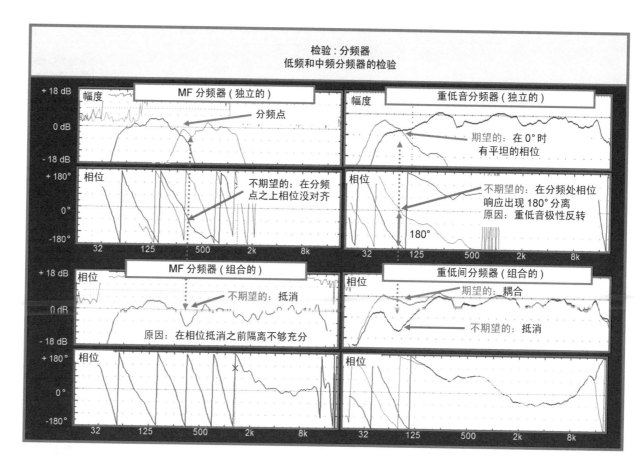

检验：分频器
低频和中频分频器的检验

图 11.14　检验收程序中有关评价频谱分频器幅度和相位响应的应用实例

11.3.7　相频响应

这里要再次强调对采用的声学测量要格外小心的问题。关于电子设备还有另外一个细微点：如果 DUT 的反应时间在补偿延时增量间下降了，那么测量将会出现相位延时余量。这是时间分辨率问题，它与第 10 章讨论的带宽分辨率的情况类似（参见图 10.8）。例如，如果分析仪补偿延时限制采用 20μs（0.2ms）的增量，那么当 DUT 的反应时间落

入增量间的中点，比如 10μs，又会发生什么情况呢？分析仪掌握了 10ms 的相位延时，并据此绘出响应图表。由于这对应 20kHz 时的 72°相位延时，所以不能被忽略。对此我们能做些什么呢？有些分析仪要求进行辅助的增量校正，有些则不需要。最为重要的是，我们可以不必刻意判断 DUT 相位延时量是否小于时间分辨率窗口（如图 11.16所示）。

对于给定的时间补偿的相移分辨率为：

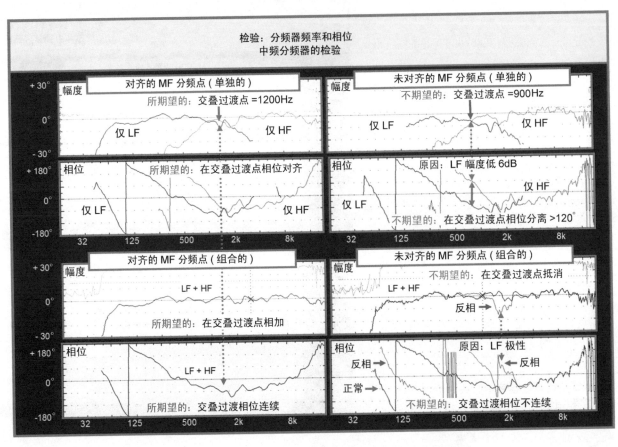

图 11.15　检验收程序中有关评价频谱分频器幅度和相位响应的应用实例

- 20μs：±36°　@10kHz，±72°　@20kHz
- 10μs：±18°　@10kHz，±36°　@20kHz

测量项目：相频响应

- 测量目的：决定 DUT 的相位变化与频率的关系
- 信号源：独立信号源（噪声或音乐）
- DUT：电子设备、扬声器或整个信号链路
- 单位：度
- 设置：#2，转移函数。信号源接至设备输入和分析

仪（相当于输入通道），设备输出
接分析仪（相当于输出通道）。

- 程序步骤（变化量）：

1. 信号源以任意的电平驱动 DUT。
2. 测量转移函数频率响应幅度。
3. 将曲线定位于参考的标称电平。
4. 将游标放到通带内与标称电平偏离最大的对应频率点上。

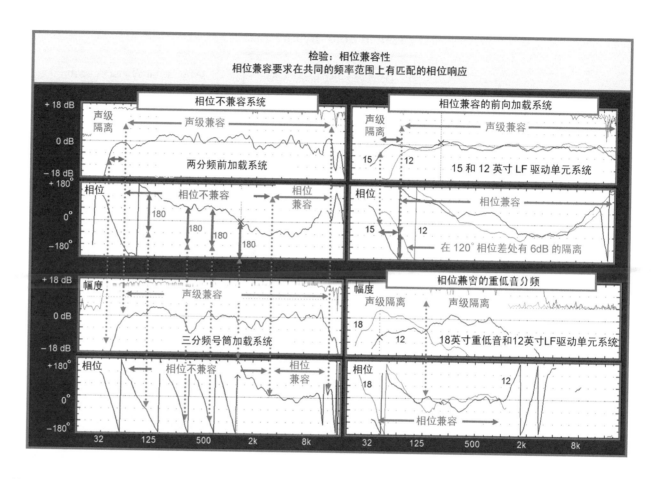

图 11.16　验收程序中有关评价扬声器系统频率范围和兼容性的幅度和相位响应的应用实例

5. 这就是 DUT 的相位变化量（-/+ ）。

6. 利用第 10 章所示的公式和技术可将给定的变化范围转化成相位延时。

注：对扬声器测量，这样的数据包含有扬声器 / 房间叠加。有关单独的扬声器系统中相位延时严格受此限制。

11.3.8　压缩

测量项目：压缩（电压增益与频率的关系）

- 测量目的：决定 DUT 的压缩门限
- 信号源：独立信号源（噪声或音乐）
- DUT：电子设备、扬声器或整个信号链路

Trap 'n Zoid by 6o6

（漫画对白）
- Don't you just hate it when they start examining us with those test probes?
- Analyzers? We don't need no steenking analyzers!
- Why can't they just let us run free? We're artists you know!
- Yeah! We should just tell them to use their ears
- OK guys. Bend over. This won't hurt a bit.
- Uh oh. My crossover just went passive!
- That tone generator really Hz!

- 单位：期望的（满足指标要求或显示参量要求）或不期望的

- 设置：#2，转移函数。信号源接至设备输入和分析仪（相当于输入通道），设备输出

接分析仪（相当于输出通道）。

- 程序步骤：

1. 信号源以任意的电平驱动 DUT。

2. 优化分析仪输入增益，以免测量时出现过载。

3. 测量转移函数电平。

4. 提高驱动电平，直至压缩钳制住了输出电平。这时会看到转移函数响应的电压增益发生变化。

5. 读取电压增益变化的结果数值，并将其与 DUT 显示的读数比较。

注：信源信号也可以采用正弦波（这时要采用测试设置 1）。如果 DUT 是频带限制器（广播型）或语音处理器，那么正弦波是最适宜观察独立门限作用的信号源。

第四节　传声器检验

有时我们不得不建立特殊的设置配置以完成寻求答案的工作，这种情况就是要得到传声器的响应。为了得到传声器的响应特性，我们需要一个已知的响应平坦的声学信号源，这要通过已知响应平坦的传声器来加以验证。对于我们依靠标准署来给出最终解释的问题一直存有争议。基于这样的原因，测量传声器的选购一定要十分谨慎，一定要选用信誉度高的生产厂家的产品。

从实践应用的角度来看，重要的是要有彼此匹配的传声器，并且传声器的响应不随时间改变。这是两个验证问

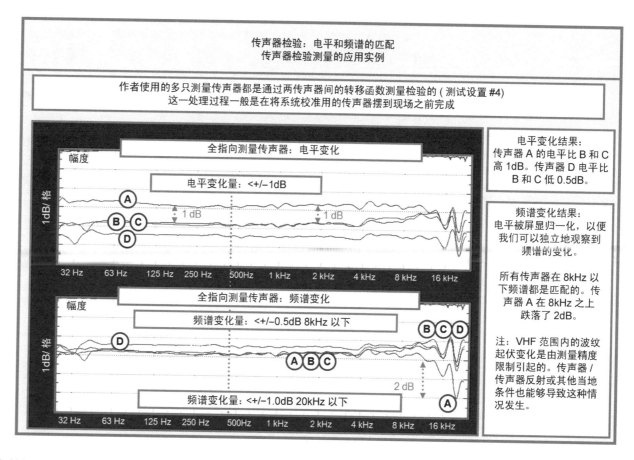

图 11.17 传声器匹配转移函数的声场测试实例

题。恒不变特性的检验需要条件有可再现性。例如每月将传声器置于同样的条件下进行测量，并将结果与之前的测量结果进行比较。为了能充分认识系统响应的变化情况，使用的多只用于校准测量的传声器组件必须匹配。检验可以通过对传声器测量结果进行相互比较来实现，双通道的声学转移函数如图 11.5 所示，实例的数据示于图 11.17。

11.4.1 传声器的匹配

测量项目：检验传声器的匹配情况

- 测量目的：确定 DUT(传声器) 与另一只 "基准参考" 传声器间存在的电平、极性和频响上的差异

- 信号源：独立信号源 (噪声或音乐)

- DUT：传声器
- 单位：期望的（满足指标要求）或不期望的
- 可接受的结果：特定的设备
- 设置：测试设置 #3，转移函数。信号源送至扬声器和分析仪（相当于输入通道）。被测传声器（DUT）接至分析仪（相当于输出通道）。这是串行检验。保存的响应作为参考基准，然后用另外一只传声器取代之前的传声器进行检测

- 程序步骤：

1. 信号源以任意的电平驱动 DUT。
2. 优化分析仪输入增益，以免测量时出现过载。
3. 测量转移函数电平。
4. 对不同信号达到的时间差进行补偿
5. 存储和调用数据。
6. 小心地用第二只传声器取代第一只传声器（尽可能置于同一位置），测得新的响应，这只传声器就是新的 DUT。
7. 与所存储曲线间的电平、极性和频响偏差就是传声器间的差异。

11.4.2　传声器响应

测量项目：传声器响应检验
- 测量目的：确定 DUT（传声器）与标准的基准传声器间存在的电平、极性、频响和轴向响应差异
- 信号源：独立信号源（噪声或音乐）
- DUT：传声器

- 单位：期望的（满足指标要求）或不期望的
- 可接受的结果：特定的设备
- 设置：测试设置 #4，双通道传声器转移函数。信号源送至扬声器。传声器置于和扬声器匹配的声学取向上。基准传声器接至分析仪（相当于输入通道），被测传声器（DUT）接分析仪（相当于输出通道）

- 程序步骤：

1. 信号源以任意的电平驱动 DUT。
2. 优化分析仪输入增益，以免测量时出现过载。
3. 测量转移函数电平。
4. 对不同信号达到的时间差进行补偿。
5. 电平、极性和频响偏差就是传声器间的差异。

注：最好选用宽覆盖角度（1 阶）的声源扬声器，以降低被测传声器处于不同声场的概率。应尽可能将传声器靠近扬声器放置，降低房间/扬声器叠加作用。如果声源扬声器是两分频的，那么传声器一定不要正对两个驱动器之间。为了获取轴上的特性，两只传声器要放置在扬声器轴上。要想描述传声器的轴上响应，被测的传声器要做适当的旋转，保持其近似在同一平面上。虽然这并不能取代消声室研究设施，但是它还是具有实际应用价值。这种处理的精度受到传声器间反射，以及局部反射路程微小差异的限制，以上两个因素都会导致频率响应产生起伏变化。通过诸如无指向传声器离轴响应的总体频谱倾斜测量能很清楚地反映出轴上响应的变化趋势。心形传声器的轴向特性分析结果常常用来寻找对舞台监听形成最大抑制的最佳放置角度（如图 11.18 所示）。

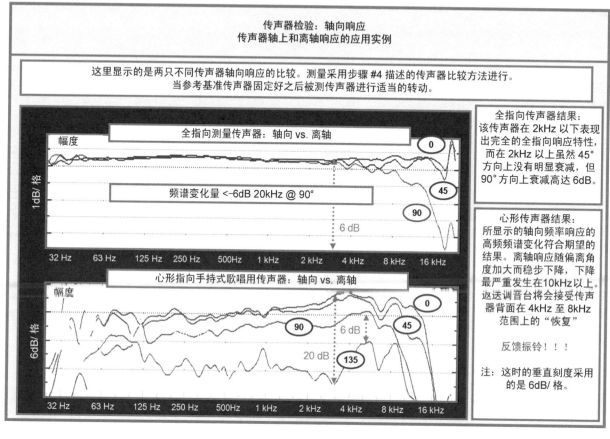

传声器检验：轴向响应
传声器轴上和离轴响应的应用实例

这里显示的是两只不同传声器轴向响应的比较。测量采用步骤 #4 描述的传声器比较方法进行。
当参考基准传声器固定好之后被测传声器进行适当的转动。

全指向测量传声器：轴向 vs. 离轴

幅度

频谱变化量 <-6dB 20kHz @ 90°

6 dB

全指向传声器结果：
该传声器在 2kHz 以下表现出完全的全指向响应特性，而在 2kHz 以上虽然 45° 方向上没有明显衰减，但 90° 方向上衰减高达 6dB。

心形传声器结果：
所显示的轴向频率响应的高频频谱变化符合期望的结果。离轴响应随偏离角度加大而稳步下降，下降最严重发生在10kHz以上。返送调音台将会接受传声器背面在 4kHz 至 8kHz 范围上的"恢复"

反馈振铃！！！

注：这时的垂直刻度采用的是 6dB/ 格。

心形指向手持式歌唱用传声器：轴向 vs. 离轴

幅度

6 dB

20 dB

图 11.18　传声器轴向和离轴响应的声场测试实例

第五节　后期校准的检验

最终的检验是要在校准处理完毕之后进行。这一检验过程是所进行的维护工作的一部分，或是核实"拷贝和粘贴"的校准设定和扬声器的对称性等。

后期校准检验测量的实例有：

- 对称匹配的扬声器具有对称匹配的响应吗？

- 拷贝到处理器的参量输入正确吗？处理器能够正确地对此响应吗？

- 该扬声器或传声器在巡回演出过程中有损坏吗？

- 系统的响应与半年前一样吗？

当我们经过 16 个环绕声扬声器时，后期校准的大部分工作都是由"OK，下一项！"构成的，但是如果我们发现一个与习惯相偏离时，这一工作就有回报了（如图 11.19～图 11.21 所示）。

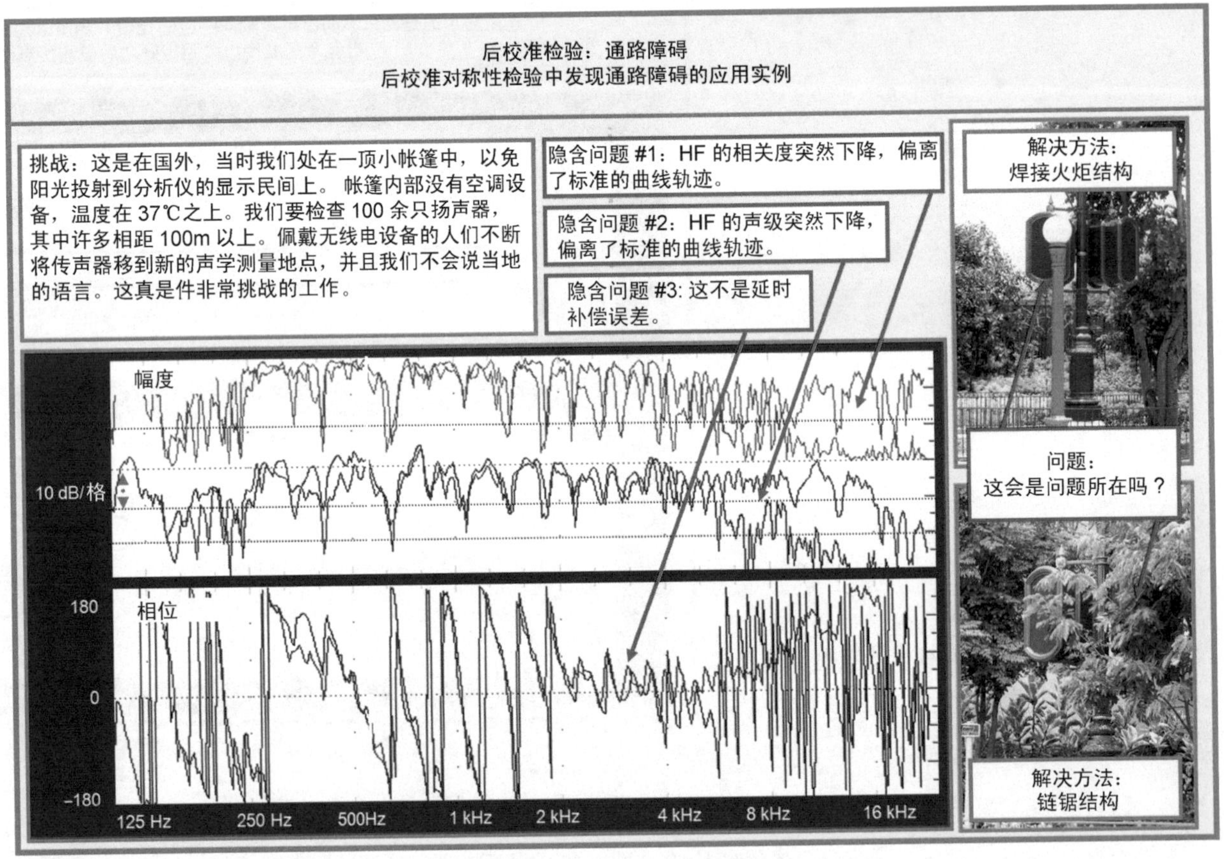

图 11.19　后期校准检验的实例

后校准检验：通路障碍
后校准对称性检验中发现通路障碍的应用实例

挑战：这是在国外，当时我们处在一顶小帐篷中，以免阳光投射到分析仪的显示民间上。帐篷内部没有空调设备，温度在 37℃ 之上。我们要检查 100 余只扬声器，其中许多相距 100m 以上。佩戴无线电设备的人们不断将传声器移到新的声学测量地点，并且我们不会说当地的语言。这真是件非常挑战的工作。

隐含问题 #1: HF 的相关度突然下降，偏离了标准的曲线轨迹。

隐含问题 #2: HF 的声级突然下降，偏离了标准的曲线轨迹。

隐含问题 #3: 这不是延时补偿误差。

解决方法：
焊接火炬结构

问题：
这会是问题所在吗？

解决方法：
链锯结构

幅度

10 dB/格

相位

180

0

−180

125 Hz　250 Hz　500Hz　1 kHz　2 kHz　4 kHz　8 kHz　16 kHz

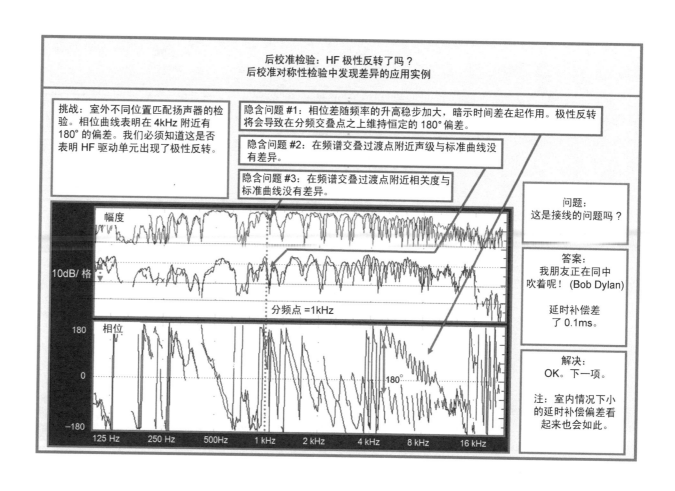

图 11.20　后期校准检验的实例

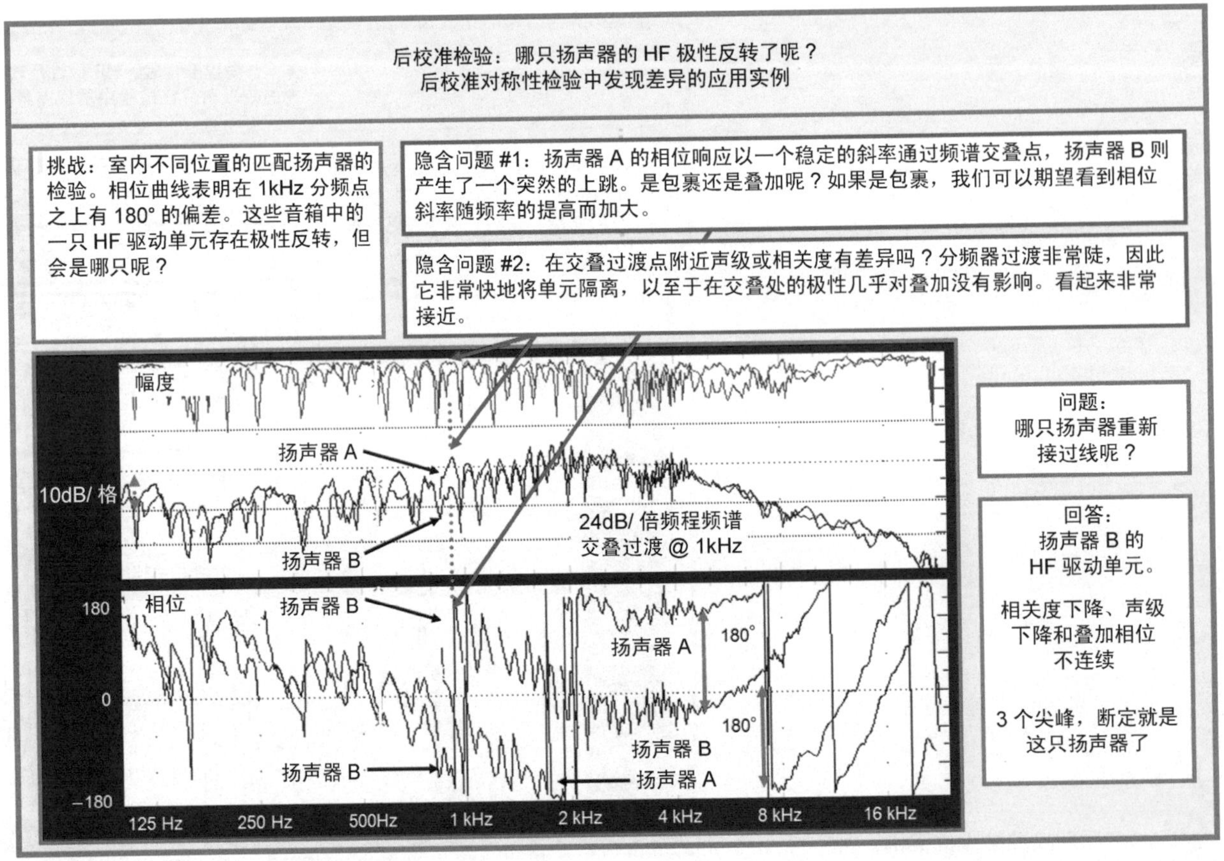

图 11.21　后期校准检验的实例

第六节　其他考虑的因素

对系统所执行的校准数量并没有一个限制。任何设备或设备组合的输出都可以进行分析。充分发挥个人或集体的聪明才智，任意两个设备间的差异都是可以找到的。

对于像巡回演出系统的操作，每天晚上都进行全面的完整检验既不实用也没必要。可以推断出的是，标准的巡回演出系统中开放的变量减少了。如果是演出的最有一站，那么系统只是进行一下互连，而不是完全重新进行连接，我们都会顺利地完成任务。如果在校准阶段发现了未曾预见到的结果，那么可能就必须重新审视检验程序，发现存在问题的原因。

检验系统是工作前准备工作的最后环节。整个的检验阶段为包含校准处理在内的关键性设计提供了坚实的基础。在有限的时间内最好将我们的重点放在校准阶段而不是检验阶段，否则会将自己置于绝境当中。

最后，我们可以坦然地进入到检验环节，检验环节是与应用相关的，固定安装系统的检验级别最高，这也是一种透视关系。与新客户一起所进行的任何工作都必须按照最好标准来进行，有经验的客户会事先做一个完整的预检，以使检验工作顺利进行。即便如此，检验的任何环节都是不能跳过的。

在涉足专业声频领域的第一天，我就被告之，有些事情是绝对不能遗忘的：

"一定要事先认真做好案头工作，它是我们成功的保证"
托尼 格里芬（Tony Griffin），1976

校准

这一阶段是整个优化处理的最后一个环节。系统已经经过了验证，所有的组成部分都各就各位了，扬声器也已初装到位，准备设定信号处理器的参数。

校准处理从简单入手，逐渐复杂。每个验证过的扬声器辅助系统都要进行初始校正设定，然后再将这些辅助系统组合到更大的辅助系统中，同时进行再次的调整，补偿叠加所带来的影响。当所有的辅助系统被编组到系统后，同时在整个的听音区域上获得最小的响应波动时，这一环节就结束了。

与刚刚结束的验证环节一样，校准处理也要执行一系列的控制检测程序，每个程序都设计成具有明确结论的形式，比如扬声器的位置、延时时间、均衡和电平设定等。这些调整结论并不像在验证环节那样是固定的，而是要尝试建立起一套缜密的、逐步深入的流程，该流程对于所有系统设计都是琐碎的。每个音响设计都是一种特殊的扬声器、信号处理和室内声学组合。对于调整环节，工程师必须有书面的流程安排，以应对现场偶然发生的各种情况，这些特殊情况会带来一些预想不到的工作。

这并不意味着可以任意地选择如何应用校准设定。实际上，情况正好相反。本章所给出的解决方案并不只局限于作者所验证过的一系列流程。每个流程背后都反映出一些基本原理，所以即便系统的特性并不完全匹配时，我们仍然可以执行校准的法则。这些就是我们所需要的方针灵活性。

第一节　校准的定义

校准是针对特定参量所进行的系统微调过程。校准有时也称为调校，它所关注的是对那些远远超出目前预测能力的参量进行补偿。这一切一定要在现场进行测量，并根据需要采取措施，以图形的方式表现出了校准前后的差异：验证过程揭示了均衡器接线的正确性。虽然这对于期望而言并不合理，但是针对这一场所的优化均衡曲线已经被编程到需要的均衡器中，这些是在校准过程中要做的事情。这里的灰色地带位于扬声器的位置。设计和安装处理就是将扬声器就位。虽然检验阶段确认的是安装问题，但它是下定论的校准过程。校准过程将决定目前的情况是否是最佳的位置和聚焦角度。因此，聚焦角度上具有一定的灵活性是进行校准处理的基础。

12.1.1　目标

系统校准的目标贯穿于本书通篇的论述中。它们既没有什么特殊之处，也没有什么新的创新技术，而只是采用了双通道FFT分析技术实现了这一目标。这一技术具有相当的通用性。

系统校准的目标：

- 在整个听音区实现最小的声压级、频谱和波纹起伏变化（各处的声音是一样的）
- 最大的相关性（可懂度、直混比、清晰度）
- 最大的功率输出能力（声音足够响）
- 声像控制（声音出现在我们期望它出现的地方）

12.1.2　挑战

系统校准所带来的挑战也具有普遍性。我们必须在整个空间上均匀分布直达声，寻求将叠加副作用最小化的方法，同时尽可能将功率叠加的优势发挥到极致。比如天气变化这样的动态条件，以及听众的人数变化都要进行监测，同时对系统进行主动地校准，以便保证系统性能是时不变的。

系统校准面临的挑战：

- 直达声传输的控制
- 扬声器 / 扬声器的叠加
- 扬声器 / 房间的叠加
- 动态条件
- 湿度
- 温度
- 听众

12.1.3　策略

校准的策略是围绕着几个因素建立的。首先一个因素就是哲学意义上的研究方向。当我们面临必须作出一个对任何一方均没有利益倾向性的抉择时，它是帮助我们做出决定的指导性原则。这是我们向之前从未达到过的目标迈进的重要一步。我们必须保持清醒地头脑，充分掌握事情的发展进程，达到双赢的目标。

接下来的一步就是要获取信息。虽然见识多广的人的决定不一定就比随便的选择正确，但是当获取了尽可能多的信息就会使成功的概率大大提高。我们的校准策略的确立至少要获取到传输链路上三点的信息：调音台的输出、信号处理器的输出和扬声器系统的空间声学响应。如果不能充分地获取到系统中每只扬声器以上三个方面的信息，那么将会给我们的成功信心打个折扣。

第三点是我们曾经在第 8 章中详细讨论的分析工具套件。分析工具为我们提供了系统当前条件下的工作状态报告，以及对工作的影响情况报告。这种反馈信息所提供的问题答案，可以让我们向既定的目标进一步接近。

第四个因素就是细分。如果我们不能发现并解决问题，那么细分对我们诊断问题并没有什么帮助。作用的关键是提高设计的灵活性，以便能够独立地设定均衡、电平和延时参数。

第五个因素是方法：即一系列的调试技巧、调试程序和路线图等。实现目标的方法可以简化为寻找相关问题答案的一组特定实验。

最后一个因素就是用以分析因果关系的数据。针对任一给定点的数据从其自身的角度看既不好也不坏。这些因果数据带给我们的是期望，即用以判断结果的可调标准。这是这种条件下所期待的响应吗？这一问题此前提出过。

某些情况下，10dB 的波纹起伏变化是可以接受的，但在有些情况下确实一个很大的问题。对于远距离的轴外区域，我们期望得到的响应是有大的粉红频谱能量偏移，但同样的响应在轴向上大厅的中部却是我们不希望看到的。

12.1.4　技术

最后所有的问题都归结为一系列的决定和信号处理设定。对此不需要绝对的能力，只是将扬声器安装就位，处理一下墙壁，调整一下控制部件而已。但是要想达到最小起伏变化的目标则要很强的能力和严格的训练。如果在设计和检验阶段我们坚持最小起伏变化的原则，那么工作的 90% 就将完成了。最后 10% 的工作也就是整个工作中最令人感兴趣和有收益的一部分，这时理论要通过实践来检验。

在校准阶段必须要做如下的五个主要的决定。

系统的校准技术：

* 优化扬声器的位置、聚焦角度和倾角
* 优化房间的声学环境
* 电平设定
* 延时设定
* 均衡设定

有关这些设定的确定将通过本章讨论的一些检测实验来实现。

第二节　校准的方案

下面可能会出现令读者不解的现象，这就是我们以意识形态的讨论来中断之前一直展开的对客观事物和科学理论的探讨。实际上将要展开的系统校准讨论需要一些纲领

性的指引。之前谈到的处理和检验是一系列具有明确答案的检测。如果我们发现扬声器反相、或者出现了 10% 的总谐波失真，那么我们很清楚解决这些问题的方法是会对处在扬声器覆盖听音区的所有听众产生益处。而系统校准则与这一模式完全不同，因为校准可能会改善某一区域的响应，同时也会使另一区域的响应恶化。令人郁闷的是，这一结果实际上是均衡、电平和延时设定的理论前提，是校准的基础。这些设定实现的综合影响将我们置于尴尬的境地：我们如何确定到底谁从中得到好处，而谁又受到不利的影响呢？如果我们现在能够权衡的话，那是最好的了。实际上并没有哪一个解决方案能够完全没有负面的影响，我们只能是朝着这一方向去努力，但负面的影响是避免不了的，探寻任何双赢选项的努力都是徒劳的，我们只能是从中选择赢面占主要地位的方案。要想找到问题的答案，我们暂且借鉴已经谙熟的社会系统中意识形态观念的分析模式，从中找到确定决策方向的最佳办法。

12.2.1　校准的"无政府状态"性

这一政治模式是基于结构和秩序的完全缺失。它不在政府部门的行政管辖之下，取而代之的是各自为战，与本部门之外的系统没有任何联系。这让我们联想起在第 6 章中描述的"声墙"，这时扬声器间的交叠很高，以至于两个座位不可能有同样的频率响应。在这种情况下，不存在对多个位置都能够起作用的校准设定，人们只能对其所在的位置进行系统校准，当然这一位置就是调音师所在的位置。在其他听音区域的听众就不能享有针对调音师位置校准的益处。由于对其他的位置而言，音质不具有连续性，所以也就没有必要用声学分析仪对其进行客观的分析。系统的操作者只能根据其所听到的声音进行调音。如果每一个座位都是不同的，那

么对此调音台是无能为力了。这就是"人人为己"的表现。如果没有发生任何的情况，那倒是件奇怪的事情。

12.2.2 校准的"君主制度"权威性

在这一模式中，决策是由一个团体做出的，其间很少或根本不考虑皇室之外的其他利益。在声频模型中，皇室的城堡就是调音师的混音位置，以及音响工程师、乐团经理、制作人等所处的最佳听音位置。这时调音区域的音质要通过最精密的分析仪来进行检测，并进行校准，以确保该区域具有最集中的能量和最完美的声音传输，没有其他的干扰。这就如同皇室颁布的法令，房间中的其他座位会间接地受益于这种单点的校准。

12.2.3 校准的"资本主义"性

这种模式的核心思想就是：音质的好坏是与座位的价位相对应的。在这种模式下，我们会将资源合理地向前排附近区域倾斜，而在一定程度上忽略了"低价位"座席的音质。因为现实的自然属性就是这样的，所以这一哲学理念非常容易实现。价位高的座位具有与声源距离较近的优势，所以他们能欣赏到高声级和让人满意的直混比声音。价位低一些的座位就不具备上面座位的优势，相对高价位座位而言，它们所占的座位比例数非常高。如果不尽全力的话，座位间的音质差异的鸿沟是很难填平的，在绝大多数远距离座位上听到的声音音质要远远逊色于高价位座位的音质。即便是在最好的声学条件下，这种情况也是不可避免的，较远处座位的视听效果都不是很好。"资本主义"式解决方案的另一个变型就是乐透彩模型。在这种模型中，我们会将益处保留下来，让它有令人满意的赢面：让满意

的调谐产生全面收益。很遗憾，你又输了。

12.2.4 "民主制度"的校准

在民主制度的模型中，对每个座位的重视程度是一样的，并且所有的努力都是按照所有团体的需要平等付出的。调音工程师是乐团的艺术代表，系统优化工程师的职责就是将艺术家传达出的艺术神韵均匀地传递到所有区域。当必须要做出一个区域要优于另一区域的决定时，则效果的评估要以大多数座位区域为基础。在这种情况下，需要权衡的因素主要有两个：受到积极和消极影响的各自人数，以及影响的对称情况。如果影响的强度是对称的，即积极一侧和消极一侧的均等的，那么很容易按照简单多数的原则行事。如果影响是不对称的，那么我们必须采用"排序排序筛选"法来进行评价。假如只是少数受到了消极的影响，而大多数受到的是积极的影响，则决策应该倾向于大多数。假如影响存在很强的不对称性，但是影响的量是类似的话，则这种加权是按特定的策略来进行。如果我们以极端的情况来分析，那么就很容易说明了：我们可以借助系统均衡在单一位置上获得平坦的频响，其代价就是加大了其他位置的波纹起伏变化。从客观的角度来看，很难从伦理上证明这种策略要强于此前讨论过的君主制度模式。相比之下，如果主系统覆盖区域上大多数区域存在 200Hz 峰值，虽然利用补偿滤波器不会对所有座位带来好处，但是可以证明它对大多数区域还是有帮助的。

将民主理念作为我们设计和优化策略的模式似乎是很显然的。这种策略需要我们在实施过程中付出非同寻常的努力。实施对大多数有利的策略是我们的愿望，这要求我们进行多点的测量。我们必须掌握观众进场后每一部分座席区里所发生的情况，这是件令人胆寒的任务。难道我们

要测量演出现场 12000 个座位的情况吗？这显然是不现实的。因此一定要选出一定的座席作为某一座席区的代表，这种选择并不是随机抽取样本，而是要经过认真的考虑之后作出的决定。针对这一位置而确定的方案是系统优化唯一重要的因素。根据从该点获取的信息来制定实施的优化方案，并证明其方案的合理性。所有其他的选择都是以这一策略为基础做出的。

12.2.5　TANSTAAFL 和排序筛选

TANSTAAFL（"There ain't no such thing as a free lunch"，世上没有免费午餐这种便宜事）评价的原理，以及声学排序排序筛选的决策结构在本书的第 9 章中已经介绍过了。它们在校准阶段的应用地位是相同的。

TANSTAAFL 原理将会渗透到校准设定的每一环节。凡事都具有两面性，一个位置上的响应改善了，同时也会引起另外位置响应的变化。我们在为得到空间一点的解决方案而激动的同时一定不要忘记它会给其他区域带来不同程度的影响。TANSTAAFL 原理是强调我们应该监测给定变化给大范围区域带来的影响。系统校准时最常见的问题就是夸大单点解决方案给整体利益带来的好处。我们必须牢记：如果有些事情出奇的好，那么可能就要怀疑其真实性了。

针对一个区域的解决方案给其他的区域带来不利的影响是非常常见的现象。我们可能简单地将问题转移到了新的位置上去了。初听起来这好像是个折中的方案，但事实未必是这样。这就像我们倒垃圾，实际上我们并没有将垃圾销毁，只是将它们送到了垃圾填埋场而已。如果我们发现解决方案对大部分观众区起作用，那么就可以断定其副作用只是存在于小部分区域。空间交叠过渡附近区域的叠加区的起伏变化肯定是最高的。如果我们可以将空间交叠过渡分割成小段，那么我们就可以将问题转移到人们察觉不到的位置上。TANSTAAFL 让我们始终关注副作用，声学排序排序筛选帮助我们决定副作用的影响程度如何。

第三节　信息的获取

校准设定应该基于决定进行，我们必须要获取三种基本形式的信息：物理、电子和声学形式的信息。任务的复杂性可以通过将系统划分成不同的独立部分，使分析得以简化。

12.3.1　校准的细分

信号的传输要依次经过三个无完全不同的部分才得以完成：即声源、信号处理和房间的扬声器系统，最终到达听众。我们的任务就是将声源信号传输出去。针对声源部分所做得任何检测只是检验工作的一部分，而不是校准，因为调音台的操作是由调音师专门承担的。艺术上的表现体现在调音台的输出上，对于声源而言，这是一个交接点，我们就是负责将其传输出去。关于声源的接收有一些特别的方针，我们会在稍后加以详细地分析。在此我们认为信号是通过"艺术 / 科学"这样一个路线来传输的。

"艺术 / 科学"路线是操作和优化间的过渡点。让声音动听并不是优化工程师的工作，我们没有这样的能力。我们的工作是搭建一个系统，通过它尽可能地将声音完美地传递给广大的听众。虽然调音师的目标是获得主观意义上好的声音，而我们的目标则是要得到客观上好的声音，但是我们是可以达成一致的。一般而言，当我们实现了自己的系统优化目标后，调音师会相对容易达到他们的目的。

艺术家更愿意在一张白纸上进行创作。

　　声源/信号处理间的过渡是必须的观测点，因为我们一定要准确地掌握所接收到的情况，以便我们了解传输和叠加所冒的风险。这是判断我们工作的电气基准点。最后的监测点就是对听音机制的模拟器件：测量传声器。转移函数测量会表示出基准信号（信号源）和传声器测量到的信号间的差异。如果转移数据表现出了我们不期望的响应，那么就要采取物理或电子方面的措施，直到取得想要的结果为止。中间的测量点选在矫正信号处理和扬声器单元之间，如图 12.1 所示。它可以将整个的响应分成两个主要的

部分：信号处理的电子响应和房间内扬声器系统的响应。换言之，这可以让我们看到针对声学异常所采取的电子补偿措施的矫正效果。

　　为达到最小波纹起伏变化响应所作的努力主要体现在两个方面：信号处理和扬声器/房间部分。诸如扬声器的定位和声学处理这样的物理解决方案完全属于扬声器/房间的范畴；信号处理参量的设定则属于基于扬声器/房间部分所得数据进行的信号处理范畴。观察信号处理和扬声器/房间部分的综合响应可以检验系统的性能表现。

　　三个观测点（调音台输出、信号处理器输出和传声器）

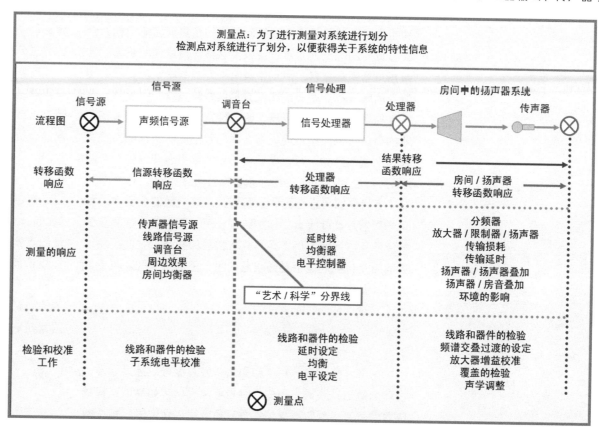

图 12.1　电子和声学测量检测点的流程图（调音台、处理器和传声器），以及三个转移函数响应（房间/处理器/结果）

引出了三种截然不同的转移函数测量：处理器的响应，扬声器 / 房间响应和总体响应。

调音台信号源与信号处理之间的转换是十分清楚的。第二个转换，即信号处理到扬声器系统的转换，存在需要澄清的几个重要性能。扬声器 / 房间系统中不单单只有扬声器驱动单元。由图 12.1 可以看到，进入到分频器和专门的扬声器控制器之前的信号是全频带的线路电平信号。之所以如此主要有以下几个原因，第一是作为电气标准的分频器之后的转移函数测量结果不能提供准确的声学响应。由于转移函数将衰减分配了，所以低通的电气标准保证重低音扬声器在 10kHz 之前具有平坦的响应。第二就是均衡和相位校准参量，它主要针对特定的扬声器箱体模型，使其与针对房间安装系统设定校准参量保持最佳的隔离。如果扬声器系统在自由声场中具有平坦的频率响应，那么测量到的响应存在明显的粉红频谱偏移和波纹起伏变化，这是扬声器 / 房间和扬声器 / 扬声器叠加的结果。如果扬声器的自由场响应不平坦，那么我们就不能对房间响应报有任何期望，例如，可以希望 4 单元的点声源阵列由扬声器 / 扬声器叠加所产生的粉红频谱偏移可达 12dB。当将扬声器 / 房间叠加考虑在内时，我们认为这一数值会更大。如果扬声器最初就没有平坦的响应，那么要想搞清楚测量的响应所反映的问题确实是件具有挑战的事情。我们所发现的响应变化到底是由叠加引起的呢？还是由空气衰减或其他因素引起的呢？

业界评论：当你所喜爱的扬声器被置于"孤岛"之上时，是选择 EQ 呢？还是时间延时呢？如果选择了 EQ，那么意味着你选择了离开孤岛……，延时是系统调谐游戏的代名词，至少是游戏的第一步。

弗朗索瓦（François Bergeron）

12.3.2　物理信息的获取

扬声器的位置、倾角和聚焦角度数据可以通过标准的物理测量工具获得。用皮尺测量可以确认诸如高度这样的位置信息，用倾角罗盘测量垂直角度可以获取聚焦角度数据，而倾斜角度则可以用定角卡片来核准和调整。扬声器所处的精确位置可以用激光测距仪来确定。在大多数情况下，最终的聚焦位置要由声学性能来确定，这是校准处理的重要一环。对于一侧已经校准完毕之后的另一侧的对称确认工作，物理工具就可以派上用场了（如图 12.2 所示）。

12.3.3　电信息的获取

12.3.3.1　调音台 / 处理器 / 传声器

由于演出是不能中断的，所以对三个测量检测点的访问必须是在不中断信号的前提下进行。这可以通过电信号的并联分配或利用信号送出 / 返回环路来实现。

有些分析系统除了能够进行简单的监测之外还可以对扬声器进行哑音控制，以避免校准过程中出现无法预知的情况造成的损害。这样的系统要求将信号处理器的输出分配给分析仪，而不是进行简单的并行连接。

1.　实用角度的问题考虑

在最好的情况下，我们可以直接访问信号处理设备的输入和输出连接。有时这种方法不能实现，尤其是在永久性固定安装或者使用非标准多芯接口的信号处理设备时。直接访问可以确保结果能准确反映设备的情况。随着我们对实际设备输入和输出研究的越发深入，我们对测量的信心就越不足，这要归责于信号处理器本身。最关键的因素是在断开测量设备时避免出现导致响应变化的插接错误。

2.　跳线盘和信号断点

一个常常碰到的情况就是如何使用耳机型插接形式的

校准测试参考表	
检测工具	校准扮演的角色
物理工具	
倾角罗盘	扬声器聚焦微调
量角器	扬声器聚焦微调
定角卡片	扬声器聚焦微调
激光笔	扬声器聚焦微调
温度计	对于温度变化的环境建立起环境基线
湿度计	同上
带绳测量，直尺	重低音间距、扬声器组高度微调等
简单的声频工具	
VOM	校准期间故障的脱机发现和排除
极性测理仪	校准期间故障的脱机发现和排除
监听小盒	校准期间故障的在线发现和排除
阻抗测量仪	校准期间故障的脱机发现和排除
示波器	校准期间故障的在线发现和排除
声级计	最小化应用
RTA	调音台上附属设备
复杂的工具	
耳朵	校准期间故障的在线发现和排除，空间平均
眼睛	校准期间故障的在线发现和排除
双通道 FFT 分析仪	电气和声信号的检测。细节如下文

图 12.2　校准测试参考表

跳线盘。跳线盘提供了信号插接和中断的能力。跳线盘的形式多种多样，要想全面详细地介绍跳线盘已超出了本书的研究范围。最为普通的跳线形式是采用所谓"半标准"的跳线。在这种跳线方式中，上排的插接端子提供的是"听音"插接点，以便监听前级设备输入给信号链下一级设备信号。由于这种监听方式并不中断信号流，所以我们可以监听两点的信号：即调音台输出 / 处理器输入和处理器 / 扬声器系统输入。

如果我们需要更进一步的监听能力，以及分析系统的扬声器哑音控制功能，则必须通过跳线盘下一排的插接端子将信号返回。下一排端子是中断型的插接，它可以中断信号，不让其进入到串行连接的下一级设备。

12.3.3.2　房间 / 处理器 / 结果(房间 / 均衡结果)

三个信号访问点产生三种结果完全不同的两点间转移函数。这三种响应是校准处理的核心。其在检验和校准中所扮演的角色如图 12.3 所示。

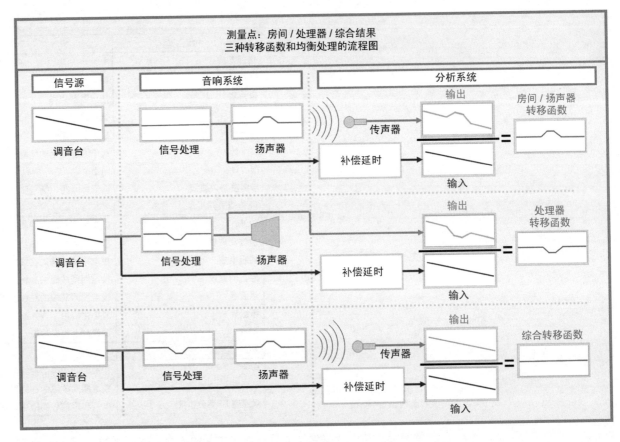

图 12.3　三种转移函数的测量检测点流程图，以及其在均衡处理中的作用

三个转移函数：

1. 房间 / 扬声器：处理器输出（扬声器系统输入）与传声器（扬声器系统输出）间。

2. 处理器（EQ）：信号源（处理器输入）与处理器输出间。

3. 结果：信号源与传声器（扬声器系统输出）间。

许多的现代信号处理器都具备可由用户设定配置的能力，并且可以将实际任何类型的处理加以存储。这其中可能就包括并不打算包含在信号处理器测量环路之中的实际设备组合。有些设备可能属于艺术加工的范畴，或者可能是有源的分频设备。在这种情况下，实际的访问界面可以从设备内部创建，以便可以对校准时使用的处理器部分进行测量。实现的方法有很多，图 12.4 示出了其中的一种选择方案。

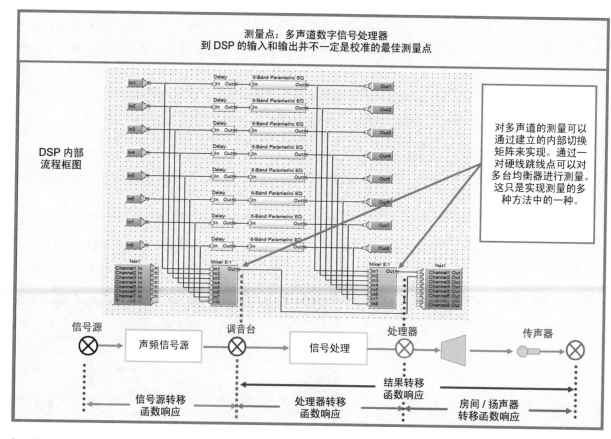

图 12.4　在用户可配置的 DSP 上创建测量观测点

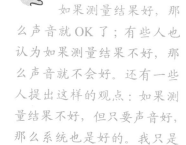

12.3.4　声学信息的获取

声学信息的获取来自接收设设备：测量传声器。有关的细节已经在第 3 章中讨论过了。简言之，如果打算用传声器进行音响系统的检测，那么该传声器必须要具备平坦的频率响应。如果使用了多只传声器，那么还必须对它们进行电平匹配（灵敏度）。这时传声器放置的位置很重要。调音工程师是根据其所处的位置来评价声音，我们的工作也是如此展开的。我们只能评价传声器所处位置上的系统表现。关于到底什么样的响应能代表扬声器系统响应问题的讨论由来已久。我们知道空间各处的声音并不相同。对此我们能做些什么吗？主要的技术有多种，已知的使用方法就是空间平均。

12.3.4.1　空间平均

有些声学测量形式试图找到特定区域的平均响应。如果分析某一区域的声压级分布情况而不考虑该区域的变化程度，那么这种方式是普遍适用的。其中的一个例子就是观众座席区的 HVAC 噪声平均，而不是逐个座位进行测量。由于 HVAC 噪声具有随机性，所以它与我们在扬声器系统中见到的变化类型不同。来自不同 HVAC 管道的噪声和伴随信号由扬声器传来的噪声间并不存在固定的叠加关系。

空间平均的基本原则是要提供多个位置的平均响应。这种平均响应代表的是大部分区域的声音情况。其目的就是要得到一个结论，同时降低它所代表的轮流投票方法的影响。

空间平均可以采用多种形式进行。这些形式包括最简单的叠加传声器法，移动传声器法，传声器复用法，单独响应的算术平均法，以及显示多条响应曲线的变化趋势等方法（如图 12.5 所示）。

空间平均方法：

1. 传声器叠加
2. 移动传声器
3. 传声器复用
4. 算术平均
5. 可视平均

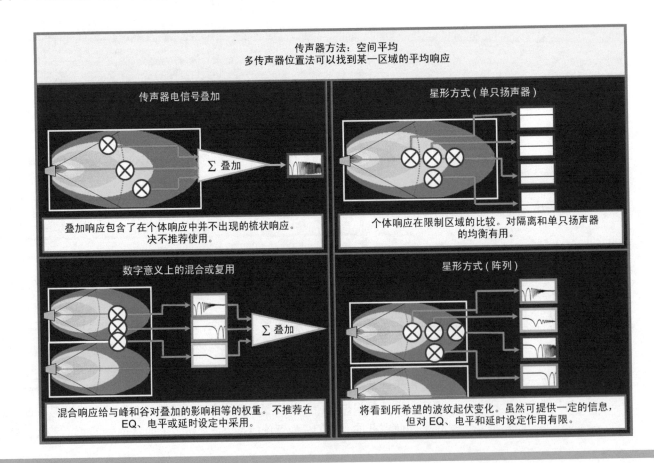

图 12.5　空间平均方法

1. 叠加的传声器

日常中我们几乎每天都要在舞台的不同的地方架设传声器，并将其拾取的声音进行混合。当我们面对的是一组测量传声器阵列时，就要假定这种方法可以提供有价值的区域平均响应，然而实际并非如此。实际上，这是我们优化工作中少有的几个并不明智的做法之一。其原因是发生于线路（或传声器混音器）上的传声器信号叠加是受到不同传声器间时间差和电平差的制约。因不同到达时间而具有同样响应的两个传声器位置将会产生严重的梳状滤波响应。这种梳状滤波响应发生于电信号当中，而并不是发生在房间中的声学信号中。如果我们对基于此的系统进行改变，那么我们期望马上能有机会看到这一变化的效果。

2. 移动的传声器

单只传声器可以在空间中移动，它捕捉的是某一时间段内的响应。如今就有为此设计的具有"时间捕捉"功能的分析仪。具有极长平均周期的 RTA 仪器就可以在其时间周期内对一定距离上的响应进行连续的捕捉。虽然这种叠加方法具有一定的优势，但是对于我们而言并不适用。我们必须牢记：要想使频率响应数据有应用价值，就必须要有其相对复杂的形式，即幅度和相位的响应。由于 RAT 抛弃了相位响应，所以在早期我们将其舍去了。如果我们移动了与双通道 FFT 分析仪配合使用的传声器，那么会发生什么情况呢？这里又会产生相位方面的问题。如果传声器移动了，那么就会改变相位关系，同时由于新的数据与旧的数据的平均值并不一样，所以相关性也会下降。连续的变化与所建起的平均产生了冲突。随着频率的提高，相关性损失也增大，因为相位的变化表现为更大比例上的时间记录。回想 FFT 分析仪与一组照相机间的类比，这就如同照相机以不同的快门速度来拍静止的图片。移动的传声器将会导致声频图片的模糊，这就如同照相机的抖动拍出的照片模糊一样。

移动传声器引发的第二个问题就是叠加的问题。两个或多个声源间的相对位置也会因传声器的移动而变化。正如之前讨论的那样，其结果就是引发了叠加形式的改变。我们虽然可以认为叠加形式的平均就是所有点上的空间平均，但是这并不是一件简单的工作。叠加不是随机的，它不是对称的，并且我们马上就会看到它并不能很好地适应平均。

3. 传声器的复用

如果我们采用多只传声器，并且分别顺序地获取其信号，那么我们就是进行信号的复用。由于一次只使用一只传声器，所以传声器／传声器的叠加不会导致数据无效。传声器将顺序送出同样输入，以及来自那些传声器的连续数据流。这就如同变戏法一样，我们总是尽可能保持在空间中有多只传声器，之后计算出其响应，就好像数据流是来自一只传声器一样。这一空间响应本身是通过保证数据流能包含每一位置上的典型值的方法进行空间平均的。很显然，这对于来自不同距离，不同声级的不同声源而言利用转移函数进行数据流分析是不实用的。它将相位和相关度排除于要考虑的因素之外，而只是将结果减少到声级一个因素。因此这种技术的优点就是使用了以粉红噪声为声源的 RTA 分析。多只传声器技术的倡导者在现场场地中就是以此来工作的。

4. 星形法

星形法是 20 世纪 90 年代初期 Roger Gans 最先开发出来的一种传声器摆位技术。它是一种对扬声器中心覆盖区的五个位置视觉平均的概念（在本章稍候会说明）。每个位置被记忆下来，然后进行单独或整体的观测。"平均"是通过眼睛来实现的，从中找出响应包络的变化趋势。虽然彼此上面的多条曲线将变成包含狭窄谷的曲线簇形式，但包络还是能清晰的显现出变化的趋势。之后利用均衡来匹配眼睛看到的复合包络。算术平均和视觉平均法的区别就在于人眼通过训练可以将那些深且窄的谷去掉，而只是关注那些可闻的包络。

要想使星形技术获得成功，作用半径一定要限制在隔离区。水平中心 / 垂直中点应该是系统所有覆盖点的最大隔离处。这一位置上的扬声器受到其他扬声器作用是最小的，同时也希望受到的房间作用也最小。随着扬声器位置朝外移动，进入到相互作用的区域，这时的变化肯定也会提高。由于均衡作用会影响到系统的所有区域，所以对均衡最为敏感的地方就是隔离最强的区域。

5. 数学意义上的曲线轨迹平均

空间平均最为稳妥的方法似乎就是获得一组复杂的曲线，并对响应曲线进行算术平均。如果三个响应分别表现出了 2dB、4dB 和 6dB 的峰值，那么平均的峰值就是 4dB，对其防御性的策略似乎就是在指定的频率上采用 4dB 的衰减滤波器。在这种情况下，这样的处理也存在一定的问题。问题的原因在于叠加机制的固有不对称性。峰值的高度总是要比谷的深度小一些，有时小一点，有时则小很多。如果导致响应向上的所有数据来自叠加方程的正的一边，那么算术上的平均响应只是种听觉上的表现。如果数据是来自叠加方程负的一边，则数据要比正的叠加强很多。因此，对于响应中的任何叠加，对被平均的信号表示都要做一定的偏置处理。平均曲线对于耦合区和隔离区的结论是可靠的，但对梳状响应区和混合区就无效了。

这到底是如何发生的呢？我们还是以实例来说明。我们对相对于双扬声器阵列的三个不同位置上的三条响应曲线进行平均。这三条曲线中的每一条都表现出有 5 至 6dB 的峰值，这说明在 1dB 且 45°的窗口宽度内两个声源叠加是正向的，得出的平均结果是 5.5dB，或者（5+5.5+6）/3=5.5。现在我们再增加第四条曲线，它也是 1dB 相对声级叠加的结果，只是存在 180°的反相情况，这条曲线最终达到 -19dB。现在计算出的平均值就是（5+5.5+6-19.2）/4=-0.4。一个抵消就抹去了三个完全的能量叠加！也就是说即便 75% 的位置存在大的峰值，但平均读数还是 0dB。这种方法所反映出的问题现在就很清楚了，当我们在某一传声器位置听不到声音，其数学意义上的能量为零，而在另外三个位置我们可以听到清晰且响亮的声音。

任何采用多条曲线并简单应用的方案都会遭遇到这种不对称性的问题。由于这是保守数学计算，所以与我们的感知并不能类比。

对曲线进行算术平均的这种方法存在的另外一个限制就是缺乏因果关系上的提示信息。不论这些曲线是否具有相等的作用或期望，在数学上对曲线均给予相等的权重。主轴（0dB）和离轴（-6dB）曲线的平均是 -3dB。我们能从中获取到什么信息呢？单独的数据告诉我们覆盖区域的边界在那里。将数据放在一起，我们从中可以得知需要进行 3dB 的均衡处理。

我们的听觉系统能够较好地感知到我们听到的信息，而对听不到的信息则感知不到。这是很明显的问题，可能并不是暗含的不对称问题造成的。重要的是我们提高了对频率范围最低端频率的最高声级的听音灵敏度。如果某一频率从众多的频率成分中突出出来，那么所听到的就是这一频率。有两种方法可以让频率成分突出出来。一种就是响应中的峰值，一种是在其周围存在许多抵消使这一频率保留下来。不论在那种情况下，我们的听觉会从已经去掉的成分中听到想听到的东西。这与算术曲线平均是不同的，算术平均是将峰和谷同样对待，并且可以让深的谷占据响应的主导。为了使算术曲线平均对应用进行优化，就需要对包络的上部更偏爱，而将曲线谷区域视为不想要的部分。

6. 视觉曲线平均

频率响应曲线的上半部，即峰值和保留下来的内容，建立起人们对响应和包络（参见第 3 章）的听感特性。我们将采用针对位置、声级和均衡调整的包络。对峰和谷的处理方法就是与它们一样使用不对称性。峰值和保留下来的内容将视为是可闻响应特性的代表，而谷值和抵消的内容被视为是系统响应损失的证明。要想使损失最小化就要将关注的重点放在位置、声级、声学和延时调整上。均衡对于抵消的恢复几乎没有什么作用。

对于发现包络的有效方法就是"视觉平均"。进行多次测量，比如采用星形技术进行测量，得到的曲线同时覆盖在同一窗口屏幕上。我们可以凭肉眼就能从中看到包络总的演变趋势。较深的谷结构在瞬间可有选择地忽略，而将关注点放在最容易听到的可闻特性：高点的频谱轮廓与频率的关系。

7. 空间平均的局限性

所有这一切都归结到一个问题上：到底多大的空间平均是可取的或合适的。首先我们从统计的角度来看这一问题。我们有足够的位置来提供关于总体响应的样本吗？每个传声器位置只能代表传声器振膜大小的区域。从统计的角度来看，这很可能还不到所代表的听音区域的 0.1%。如果我们将传声器移动到 1000 个不同的位置上，并且对其进

行总体的平均，那么可以得到统计意义下的结果。假定我们通过空间平均知道了在 2kHz 处有 6dB 的峰值，那么是否我们就能由此推断阵列单元间的倾角是错误的呢？这是不可能的。我们从大量的空间平均能推论出的全部结论就是均衡，它是能用于整个优化图片的唯一技术。我们需要传声器的位置对应于所进行优化的特殊操作：扬声器的位置、声学评估、相对声级、延时设定和均衡等。驱动这些程序的数据是从特定位置上发现的，而不是广义或平均意义下的数据。

空间平均的一个固有局限性就是：将多次测量的结果用单一数据数值来代表的任何方法都不能告知我们样本位置之间的偏差量。可以对数据应用标准方差公式进行数学计算，并得到这样的数值。那么这又有什么用途呢？虽然知道平均的数值在 2kHz 处存在 10dB 的偏差，但这并不能帮助我们确定在什么频率上设置滤波器，或者是否需要对扬声器的位置进行调整。由于视觉平均给我们留下的只是每个位置上的原始数据，所以揭示的是每个位置上的个体情况。这里主要的问题是：我们到底想让空间平均告诉我们什么信息呢？如果我们打算通过找到"平均"响应，以便对特定区域应用"平均"的均衡的话，则必须非常认真地对待样本所包含的信息。如果它们所处的位置是靠近与另一扬声器的空间交叠过渡区，或者存在强烈反射的话，那么即便是移动了一个座位宽度距离也会有很大的影响。如果我们对这样的几个位置进行平均，那么这是无意义的平均，因为每个位置将会有不同频率间隔的梳状滤波响应。这是基于叠加的原则希望得到的响应，并且是通过单一的响应反映出来的。观察空间平均会为我们提供有利于作出合适选择的曲线。通过观察每个响应，将会清楚地看到没有比单点响应更适合均衡设定的了。图 12.6 和图 12.7 示出了实例。

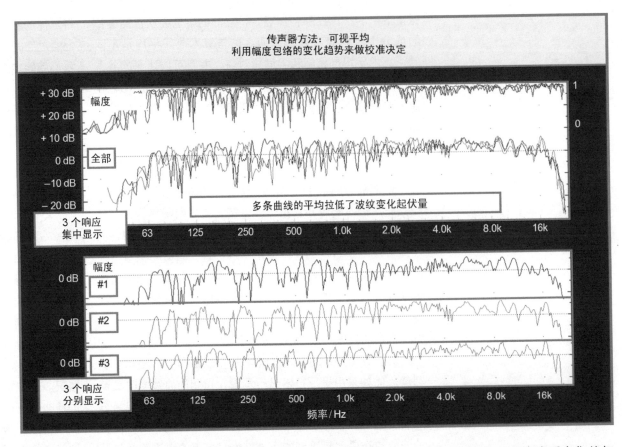

传声器方法：可视平均
利用幅度包络的变化趋势来做校准决定

图 12.6　可视平均窗口的包络显示。如果这些曲线是经数学叠加和平均过的，那么频响范围内会存在明显的波纹变化，并且会在此范围外有跌落。这种情况下，500Hz ～ 2kHz 会比 4kHz ～ 16kHz 范围低。可视合成会表示出整个声音音质的发展趋势，这种方法是利用均衡进行音质调整的最佳解决方案

我们所进行的叠加研究反应出波纹变化的进程，并且各自的响应将与进程中我们的位置相一致。我们是要处在隔离区，使其关于各个位置上的 EQ 最稳定的，还是处在不稳定的梳状响应区，通过小的移动建立大的变化呢？在我们进行 EQ 的抉择时，这两个响应的权重并不相等。将其放在一起进行平均是适宜的做法。

空间平均的应用就是在对称阵列的多只扬声器由一台均衡器控制的场合。在此情况下，每个阵列单元的响应被视为是轴上（最大隔离区域）响应并被存储起来。由于每

个主轴区域的大小相当，所以从听众的角度来看它们的权重是一样的。视觉平均方法可以用来考察包络的变化趋势，以及认识适合于整个区域的最佳均衡。

总之，用来拟合曲线的任何形式的响应平均在主观上都是基于对响应谷值进行非对称的权重处理。这导致该平均响应不能为均衡所采用。拟合的曲线也掩盖了通常扬声器覆盖区域上的变化进程。由于缺少因果关系这样的提示信息，所以导致这种曲线不能帮助进行扬声器的定位处理。如果传声器是基于策略摆放的，并且进行逐个的观察和比

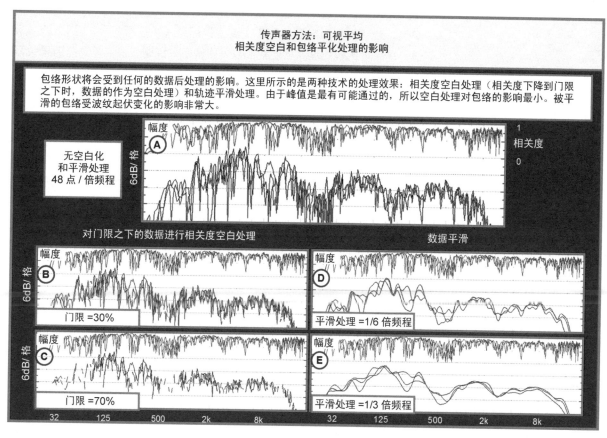

图 12.7　扬声器覆盖区内的四个位置。利用可视平均法可以显示出同样的基本包络变化趋势

较，那么响应的变化进程就会反映出来。这种策略上的位置将会为我们提供关于声学、定位、声级、延时和均衡器调整的答案。

12.3.4.2　有因果关系的传声器摆放

在第 11 章中我们讨论了检验过程是如何构成并为特定的问题给出答案的。它给出测量数据的因果关系，从中我们可以认识这一数据是所希望得到的还是不希望得到的。其结果是产生起作用的计划。除了在远场声学测量的不利条件下对期望进行量化比较困难之外，校准的过程并不困难。虽然我们已经知道声音经过混响房间中的多只扬声器的复杂相互作用才到达传声器。那么到底那种假定会有什么样的结果呢？有一件事情是可以肯定的，那就是它与从销售手册中看到的并不一样。

学会阅读文章中的数据是要求具有一定的能力。虽然这里给出的例子会对人们了解这一过程有所帮助，但是这决不能替代实际工作。要想全面地领会这一概念需要丰富的经验。二十多年之后，我仍然会致力于这一工作。

文章的前后因果关系给我们以期待，这一期待可能被满足，也可能超出或者实现不了。这种因果关系信息的大部分是来自比较处理。下面我们以一些例子来说明。

主要的期望：

1. 主轴区域：我们期望该区域成为扬声器的最佳工作区域。如果这一区域看上去不如其他的区域，那么因果关系可能会提示我们：我们并没有处在实际的主轴上，或者我们是按照我们所考虑的那样去测量扬声器。主轴应该总是响应最佳的方位。如果不是这样，则要立即进行调查。

2. 距离：我们距离声源有多远呢？50m 距离处的 HF 损失是我们预料到的。如果 10m 处有同样的响应，我们就会怀疑是否在主轴区域。为了在 50m 的地方仍能有好的相关我们应该先把握好 10m 处的情况。

3. 室内声学：我们是处在针对交响乐进行了声学优化的音乐厅呢？还是处在玻璃和水泥构成的室内冰球馆呢？还是身在微风习习的室外呢？所有这些条件都会使我们的期望降低。

4. 局部的条件：我们附近的物体会带来强烈的声反射吗？扬声器是处在视线之下吗？在传声器摆放位置的前一排是否坐着一位秃头的家伙，他会成为一个反射声源吗？先别笑，确实是这样，1989 年在日本的大阪就出现过这样的问题。在对扩声系统采取措施之前，为了搞清因果关系提示信息需要考察一下局部的条件。别为那个秃头的家伙去动均衡设定。

5. 阵列类型：希望 12 单元的耦合阵列产生大量的粉红偏移。低频的重叠将会导致频谱产生充分的倾斜。如果我们打算看到平坦的响应，而不是吹嘘不用均衡就能达到，那么对因果关系的预料将引导我们开始找寻阵列中的 LF 驱动单元的极性反转。

6. 反平方定律：尽管市场声称与其矛盾，但是要废止它是不可能的。我们先在主轴 10m 处进行测量，然后退后到 20m 再测量，如果响应并没有下降 6dB，那么就必须检查因果关系提示的情形。我们后移时移到轴外了吗？我们处在平行金字塔的下层吗？这些因果关系因素引导我们重新定义我们的期望，以便我们下次测量将它们的这些影响考虑其中，将反平方定律的距离损失结合在其中。

7. 离轴：在主轴上测量扬声器是件简单的事情，并且宣称它的位置是最佳位置。这有些像政客面对其拥护者讲演一样，拿着传声器寻找轴向的边缘。如果没有在期望的地方找到边缘，那么就需要采取行动。通过观察在轴上因果关系中的离轴响应来找到边缘。

8. 空间交叠过渡区：5kHz 时存在 20dB/ 倍频程的谷会是问题吗？这要取决于因果关系。如果它出现在隔离最大的主轴区域的中心，那么我们有充分的证据证明事情的严重性。如果发现它处在空间交叠过渡几英寸的地方，则它是理应出现的。

9. 立体声对称性：我们测量左侧。不论所发现的响应如何，我们都有一个期望：在右侧对称的相对位置处有同样的响应。

10. 听众满场：在听众进入场地之前我们对系统进行测量，并将响应存储起来。当乐队出现在舞台上时，温度会上升，响应会变化。在物理框架内我们看到了有意义的变化了吗？在找到问题的症结前要对这一问题进行认真的考虑。

正如上面所言，对因果关系数据的解读是件需毕生致力的事情。同时这也是我们可以摆到桌面上讨论的问题：听觉线索、视觉线索、此前关于构成成分、承包商或大厅等因素的经验。

图 12.8～图 12.11 给出了对因果关系数据分析的现场实例。

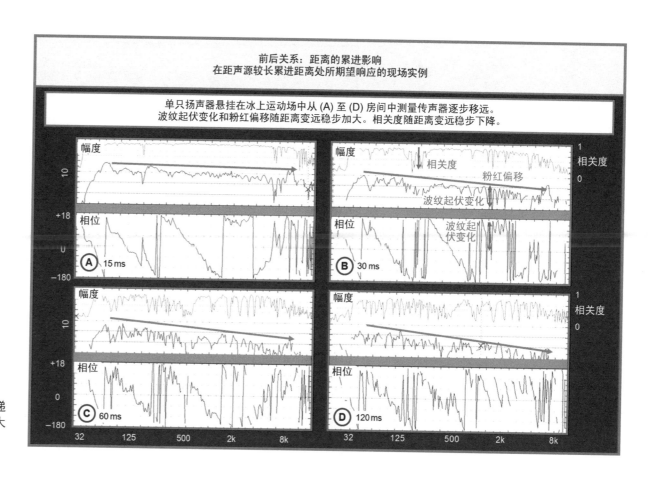

前后关系：距离的累进影响
在距声源较长累进距离处所期望响应的现场实例

单只扬声器悬挂在冰上运动场中从 (A) 至 (D) 房间中测量传声器逐步移远。
波纹起伏变化和粉红偏移随距离变远稳步加大。相关度随距离变远稳步下降。

图 12.8　四个测量的因果关系评估。距离递增对幅度、相位和相关性的影响。当距离变大时，数据量将下降，这是所期望的

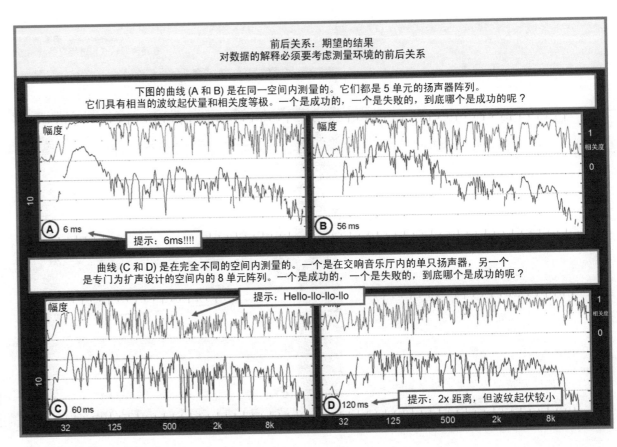

图 12.9　不同期望下的类似响应。短期测量的期望值高，长期测量的期望值低。短期测量表现出非耦合线声源阵列存在过大的交叠

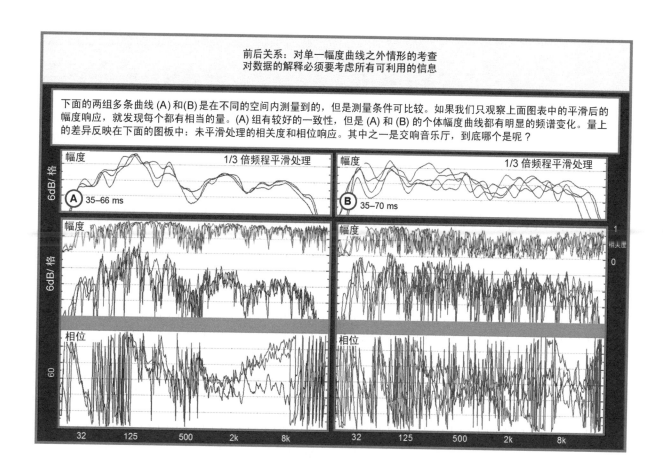

图 12.10　如何观察只有数据而在其他测量中也没有提供线索时的幅度信息

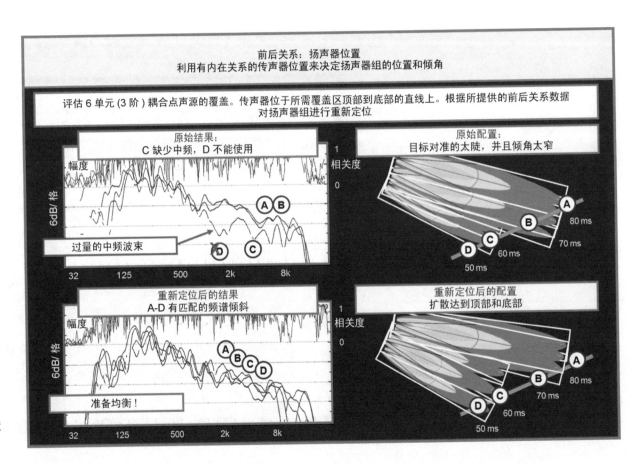

图 12.11　使用因果关系传声器位置法来决定扬声器的位置

12.3.4.3　传声器摆放的细节

1. 传声器摆放的分类

通过研究空间平均反映出了一个问题：任何将不同位置上得到的数据拟合为单一响应的方法都存在不足。这种"听觉汤"的方法剥夺了其因果关系基准的各个响应，对其作用并没给出清晰的解释。在此提出了不同的方案，这些方案完全都是依据各个单一的响应做出的，它们对因果关系进行了清晰地预定义。它并不是寻求一个共同的平均响应，而是要找到反映系统特性的各个关键位置上响应的差异。我们已经研究过了标准变化和叠加演变进程，以及处在这些演变过程中关键里程碑处的传声器位置。如果我们掌握了关键位置处的响应，就可以根据已知的演变进程在它们中间插入响应。

从统计的观点来看，确实存在一个对位置选择起决定性作用的因素：房间中每一位置上的频率响应都是唯一的（除非是理想的对称空间中相对的位置）。因此，对某一位置的完美均衡解决方案对于所有其他的位置就不是完美的了。我们对叠加进行过广泛的研究，并没有简单地否定这种实际问题。既然并不存在单一的解决方案，我们就必须转移到下一个问题上：有没有一个统计意义上的保守位置可以成为其中的代表，还是可以简单地任意选择一个位置呢？答案是否定的，也就是说并不存在最佳的单一位置，但是确实存在并不唯一的最佳位置，即存在均衡意义下的最佳位置，存在扬声器定位意义上的最佳位置，存在延时设定意义上的最佳位置，但是这些位置并不是同一个位置。

对于某一个位置上的理想均衡并不能肯定空间上的小量移动会产生质变。均衡对空间的适应性可能是渐变的过程（最佳情况），也可能是在经过了几个台阶后就不再适应了。最佳的均衡应该是在尽可能大的范围上起作用，其适应性具有最大程度上的渐变。我们发现这样的位置就存在于主轴上。

为什么是这样的呢？决定性的因素是变化比，它可以从波纹和频谱变化进程中发现到。最低的波纹起伏变化率是在扬声器的主轴上，因为在这一方位上存在最大量的隔离。同时这也是频谱变化进程中的最平滑点，随着偏离开主轴，粉红偏移会提高。如果均衡是在主轴区域实施，那么有两个有利的参量同时起作用：均衡将保持在大的范围上起作用（由于隔离），同时反方向粉红偏移的风险最低（中频和高频要比低频响，声音听起来像电话声）。在这两个最重要的均衡类型中，任何其他位置上成功的概率比较低。

由于这一位置代表的是最小声级变化线的锚定点，所以声级设定也对轴上定位有约束作用。因为对最小声级变化的希望首先是体现在子系统相对声级的设定上，所以它们能够将其各自的主轴区域设定为相同的声级，这时它们是最主要的控制。

要想对扬声器进行定位至少需要选择两个传声器位置。如何告知扬声器的位置正确与否呢？又如何只获得主轴上的数据呢？这里就表现为离轴和轴上数据的关系问题。因此我们必须在已知轴上响应的相对因果关系的基础上考察离轴响应。

另外一个关键的传声器位置处在与任何相连接系统的空间交叠过渡上。在那里我们能获得什么信息吗？由于这是一个交汇点，所以空间的交叠过渡会告知我们有关扬声器的位置信息。我们将各自主轴位置上的声级与空间交叠过渡处的声级相比较，并调整扬声器的角度以取得从第一个主轴位置，穿过过渡区到达第二个主轴位置的最佳最小声级变化线。

幅度响应在整个空间的变化确定是通过相位响应中同样的变化确定匹配在一起的。任何两只扬声器只能在非常有限的最小瞬时变化线上取得暂时的相对时间（相位）匹配。延时对齐设定与存在空间误差的均衡设定很接近。何处才是延时设定的最佳位置呢？对！就是在空间交叠过渡上（等声级的点）。

为什么如此呢？我们知道交叠过渡区的波纹起伏变化率最高。即便是微小的移动都可能对频率响应产生 20dB 以上的影响，对于均衡设定来说这可能是最差的位置。但对于延时设定而言，这一位置却是明智的选择，其原因完全是一样的：这里的波纹起伏变化率最高。将波纹变化损失限定在最小区域的关键是空间交叠过渡的相位对齐。如果空间交叠过渡处的相位对齐了，则最深的波纹将被限制在最小的频率范围内。当从交叠过渡区离开时，延时偏差开始缓慢地变化，使得波纹起伏变化逐渐向下移动，进入到频率响应的低频范围。相位对齐的交叠过渡在隔离作用参与进来之前会使空间交叠过渡波纹起伏一直侵入并限制在最小频率范围的主轴区域。通过空间交叠过渡区延时设定的优化可使主轴区域的均衡适应性最大化。

对于校准处理而言，传声器的位置有四种分类（如图 12.12 所示）。这些位置有特定的地点并扮演特定的角色，同时为所有校准程序提供所需的数据。

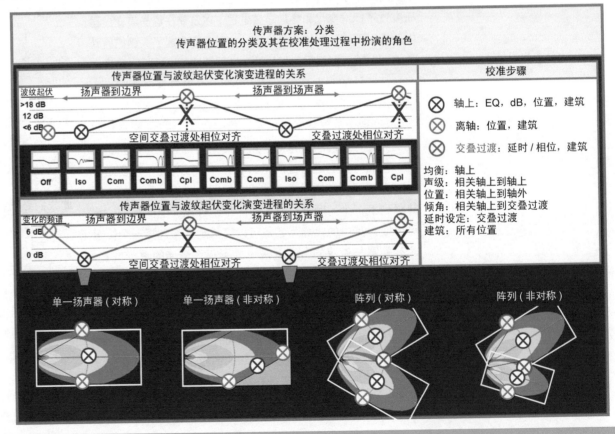

图 12.12　测量传声器的位置考虑

校准传声器分类：

- ONAX：这是指处在"主轴上（on-axis）"的传声器位置。ONAX 位置为均衡、声级设定、建筑声学性能的修正和扬声器的定位提供数据。ONAX 位置是处在与邻近扬声器单元的最大隔离点上。假定扬声器的空间取向是对称的，那么这一位置将真正处在该扬声器的主轴上。如果扬声器是非对称取向的，ONAX 传声器将处在两覆盖边界间的中点上，而不是处在特定扬声器的主轴焦点上。ONAX 位置以每个单元为基础找出的。对于单只扬声器，这个问题很简单，多单元阵列将会包含针对每只扬声器的 ONAX 传声器位置，可以将象星形平均这样的空间平均技术应用于 ONAX 区域内多个位置，或者对称阵列中多个 ONAX 位置的处理上。在每个传声器位置上，给定扬声器与阵列中其他单元的隔离程度必须相同，这要在 ONAX 分类时加以考虑

- OFFAX："离轴（oтt-axis）"传声器位置代表着覆盖的边缘。该位置是由听音空间的形状，而不是扬声器来定义的。这些位置可能在也可能不在被测扬声器覆盖型的边缘。上排、下排和侧墙过道之前的最后座位都是 OFFAX 的典型位置。分析这些位置上的数据与 ONAX 位置数据的关系。我们的目标是它们之间要尽可能靠近，与 ONAX 响应相差不要超出 6dB（最大可接受变化）

- XOVR：这一传声器位置是指两只或多只扬声器单元间的空间交叠过渡点。空间交叠过渡是由系统间等声级点构成的，因此一定要找到其准确的位置，而不能草草宣布一个。对于工作于等声级下的两个单元，空间交叠过渡点与我们所预想的完全一样：它位于几何中心线上。当使用的声级不相等时，空间交叠过渡点将会朝较低声级的单元一侧偏移。其准确的位置可以通过寻找单元间的等声级点的方法找到。XOVR 的位置将是系统间进行空间交叠过渡相位对齐的地方。有关"交叠过渡的搜索"将在本节的后面加以讨论

- SYM：该传声器位置类型是指系统中对称位置单元所处的位置。对于对称位置上的讨论要比原始位置的讨论简单一些，这样可以节省宝贵的时间。原始位置是以上讨论的三种类型之一，并且可以得到其任何一种的对称形式。对称的 ONAX 位置很少用来校验类比单元的正常工作。对称的 OFFAX 位置几乎不需要。做个简化的假设，如果匹配的扬声器具有匹配的 ONAX 响应和匹配的焦点，那么 OFFAX 响应是最有可能跟随的。最后的类型是对称传声器位置的 XOVR 形式，基于同样的原因，它也是很少出现。如果在物理上匹配成分的 ONAX 响应已经被验证是匹配的，那么 XOVR 响应也将跟随

2. 传声器的取向角

传声器的准确角度并不是临界参量，工作中常常有 ±30° 的一个模糊系数。传声器只是简单地将其工作范围对着扬声器即可。当使用的是全指向型传声器，则可以不这样了（参见第 3 章）。放置在声学交叠（频谱或空间）过渡点上的传声器可以指向两只扬声器之间的位置（如图 12.13 所示）。

3. 听音位置的高度

我们已经开发出了针对传声器摆放的基本方法。诸如准确的传声器位置和高度这样的细节和实际的问题到底如何呢？最为直观的假设就是将传声器摆放在坐在座位上听众人头的高度，因为这时的位置与人耳最为接近。不幸的是，在演出期间几乎是不存在与听众响应最接近的位置。座席空着与同一位置区域坐满听众时周围的声学环境条件是有相当大的区别的。演出期间空着的座位会对已订出的前后座位产生强烈的局部声反射。当面对这样会引起实质性变化的局部变化时，最好的办法就是尽可能离这一地方

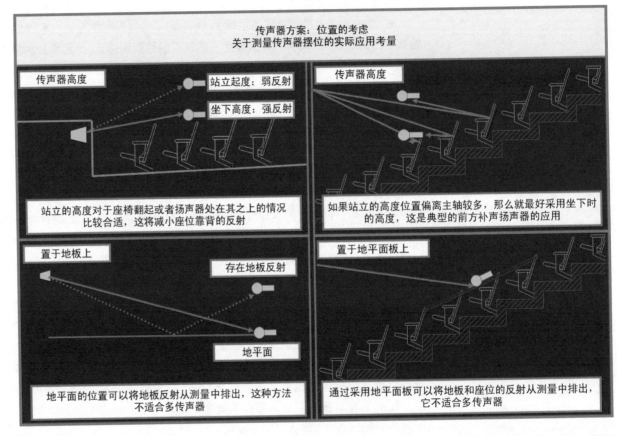

图 12.13　校准工作中，传声器位置的划分和作用

远一些，使其产生的影响最小。座席靠背反射在座席坡度大且座椅是高的硬靠背的大厅里表现出的问题最为严重。如果扬声器的辐射角度比较低的话，那么传声器后面一排的座椅靠背会产生强烈的声反射。我们是在假定演出时座位是满座的条件下工作的，所以考虑座席靠背的反射响应并不适合我们的校准方案。

如果传声器被升至站立的人头部的高度，则附近座席靠背反射就大为减少了。这时听音位置比低处更加接近"自由场"。虽然响应中还存在着大量的房间相互作用，但是现在局部的影响降低了，对数据的影响更多是来自大面积的边界表面。传声器在一定程度上改变了它与扬声器垂直轴的取向。在远处这种角度上的差异是可以忽略的，但是近距离应用时它就产生实质性的影响。例如，传声器的位置在前方补声扬声器附近。这种情况下有两个因素决定低位置工作更适合。第一，地板的斜度较低，以至于座席靠背后面的直达声很少；第二，垂直角度的变化对高位置的影响太大。从我们的角度来讲，所谓的"低的"传声器位置是指人坐着时头部的高度，而"高的"传声器位置是指人站着时头部的高度。

高和低两个位置上都包含有地面的反射。有关地面反射的问题是永无休止的争论话题，即便是需要，也要采取措施减小它对数据的影响。采取的方法可以是与它并存、从其产生的根源来消除它，或者从数据中消除它的影响。

并存是地面反射包含在数据中，因为房间被占用时地面反射会一直存在下去。地板表面产生的声学变化的程度将取决于房间的特殊性。一种极端的情况是：古典音乐厅的座席是专门设计的，不论是空场还是满场其座席的吸声系数都是一样的；另一种极端的情况是冰球比赛场地的地面，在我们设置期间甚至没有将折叠椅放下来，以便获得相当平坦的水泥地面（或者覆盖了多层板的冰面）。我们可以接受前者，但是当演出开始时后者的响应就发生变化了。大部分的场地是介于两者之间的。

4. 置于地面的传声器

在地板表面放置传声器的技术可以将来自地板的声反射从数据中消除掉。顾名思义，这一技术就是直接将传声器置于地面上。另外一种选择方案就是人为建造一个地平面，即可以放置在任何地方的平坦反射面。其目的就是要将传声器放置在扬声器与地面的空间交叠过渡处，这样便为我们提供了一个 0dB 和 0ms 偏差的耦合区叠加响应。实际上我们并不是要消除反射，我们是要在相位对齐的交叠过渡处进行测量。正因为如此，所以要记住一件事，这一位置处的相对声级要提高 6dB。在与高或低传声器位置进行声级比较时要将这一因素考虑在内。构建地平面的方法有很多。快速但脏乱的方法就是将传声器放置在地板上，并要时刻有人看护，以免被叉车碰到。较为文雅一点的方法是使用一块带夹子的多层板，夹子可以用来固定传声器，板的尺寸将决定测量的低频下限。这一技术的主要局限性

就是其实用性。校准操作需要在很多位置上设置传声器，或者设置多只传声器。不论是何种情况，在挑台处悬挂多层板，并要获取数据读数，总不是一件方便的事情。

选择地平面的指南：

（1）从扬声器到传声器通路的角度进行场地评估。

（2）如果当前条件与演出条件间通路存在小量的变化，那么就不需要采取特殊的措施。

（3）如果通道存在局部的特殊条件，比如传声器正好处在过道上，那么要将传声器移动到使局部影响减小所需的最短距离。

（4）如果地面的变化非常大，那么就要放弃高或低位置传声器设置，而采用地面技术。

5. 悬吊传声器

有时必须使用悬吊传声器进行校准，比如实况演出的过程中。由于传声器并不是完全的无指向性，所以重要的是要保持它与扬声器的取向。另外，传声器安装位置的稳定性也是很重要的。移动的传声器将导致相位响应不稳定，即便扬声器系统可能非常完美，获得的数据也会很差。我们在行业中采用管绳的解决方案，并且在实践中会发现很多富有创造性的固定传声器的方法。

最简单的物理解决方案（在声学上最不令人满意的）就是将传声器垂直悬吊下来。最好的方法是从传声器指向性方向上接收实际 HF 轴向损失数据。

当然通过悬吊管绳悬吊传声器的解决方案可以给出关于扬声器的轴向取向。这种情况下，可能需要固定绳来固定传声器，避免传声器产生水平转动。

6. 传声器定位的原则

判断出每个听音点的特殊性并不要很长的时间，同样

这些听音点都很重要。针对某一个听音点所作的调整将会影响到一些或所有其他的位置。同样我们也很清楚决不会有时间测量所有点，即便我们能够做到，我们又能利用矛盾的结果做些什么呢？我们如何决定呢？

根据我们的最小变化目标，以及实现此目标的策略，我们对传声器的位置进行优先排队。针对特定的检验和校准程序来摆放传声器。对于每只扬声器，或者扬声器子系统都必须掌握 5 个位置上的情况。

描述单只扬声器特性的 5 个传声器位置：

（1）ONAX：覆盖的中心点（水平和垂直方向）

（2）OFFAX：水平方向左侧边缘

（3）OFFAX：水平方向右侧边缘

（4）OFFAX：垂直方向顶部

（5）OFFAX：垂直方向底部

12.3.4.4　单只扬声器

1.　对称取向

相对空间的扬声器对称取向的典型情况就是水平方向的应用，如图 12.14 所示。ONAX 位置是位于覆盖型宽度和长度方向的中心上。OFFAX 位置可以在适当距离处覆盖形状的边缘找到。出于实用的原因，可取的方法是保持

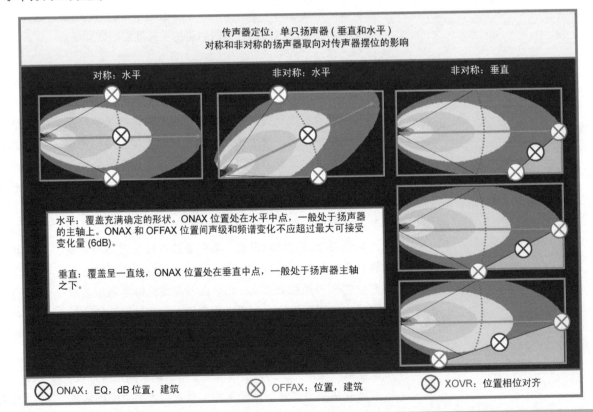

传声器定位：单只扬声器（垂直和水平）
对称和非对称的扬声器取向对传声器摆位的影响

对称：水平　　　非对称：水平　　　非对称：垂直

水平：覆盖充满确定的形状。ONAX 位置处在水平中点，一般处于扬声器的主轴上。ONAX 和 OFFAX 位置间声级和频谱变化不应超过最大可接受变化量 (6dB)。

垂直：覆盖呈一直线，ONAX 位置处在垂直中点，一般处于扬声器主轴之下。

ONAX：EQ, dB 位置，建筑　　　OFFAX：位置，建筑　　　XOVR：位置相位对齐

图 12.14　单只扬声器时的传声器位置方案。注：在同时看到水平和垂直平面之前，覆盖型的实际长度（开始与终止点的深度）是未知的

OFFAX 位置与 ONAX 位置等距离。对于相等的距离，声级差只用轴向损失就能描述了。等距离的取向定位很容易通过比较两点之间的传输延时时间来完成，它应该是大致相等。根据系统设计中采用的重叠量，OFFAX 响应声级可以是偏离中心声级低 0 至 6dB 的任何地方，这取决于系统设计中的重叠量。一般不必测量对称情况下的两个离轴边缘。

2. 不对称取向

非对称取向的典型情况就是垂直方向上的应用（同样如 12.14 所示）。ONAX 位置是位于覆盖区的中点，而不是在扬声器主轴的焦点上。OFFAX 位置呈现在覆盖形状的顶部和底部。上面的位置实际上是对着扬声器的"主轴"，但是主要角色是由 OFFAX 传声器扮演的。形状的长度影响传声器的位置。随着形状的拉伸，传声器位置也会相应地展开，直到达到扬声器覆盖型的下限为止。扬声器和形状间的距离将决定最佳的扬声器型号，但是传声器的位置是受听音区形状控制的。传声器位置限定了听音区形状的边缘，使我们可以确保从上到下的一致性，如图 12.15 所示。

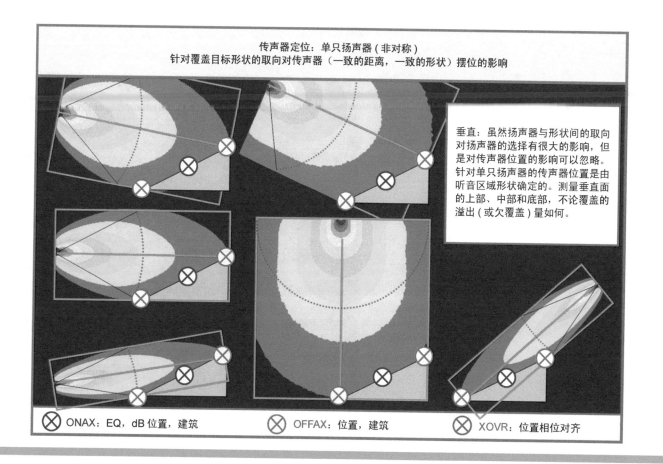

传声器定位：单只扬声器（非对称）
针对覆盖目标形状的取向对传声器（一致的距离，一致的形状）摆位的影响

垂直：虽然扬声器与形状间的取向对扬声器的选择有很大的影响，但是对传声器位置的影响可以忽略。针对单只扬声器的传声器位置是由听音区域形状确定的。测量垂直面的上部、中部和底部，不论覆盖的溢出（或欠覆盖）量如何。

ONAX：EQ，dB 位置，建筑　　　OFFAX：位置，建筑　　　XOVR：位置相位对齐

图 12.15　空间不对称取向时单只扬声器的传声器位置

471

12.3.4.5　耦合阵列

1. 线声源

传声器位置确立的策略是受耦合线声源的固有重叠条件限制的，如图 12.16 所示。只有具有充分隔离的极端近场区才能让传声器位置满足 ONAX 条件。这些位置对于实用的校准目的都显得太近了。一旦到达平行金字塔的第二层，重叠将占据主要的地位。没有哪个位置能具有与可察觉的最小变化区域相同的隔离响应。所产生的问题就是空间交叠过渡位置数量的递减、复杂性递增。多点重叠的交叠过渡不能进行相位对齐的数量要多于空间的单点重叠情况。

2. 点声源

点声源阵列中传声器位置的分类有明确的差别，如图 12.17 所示，其中所示的是两个（AA）、三个（AAA）和四个单元（AAAA）的阵列情况。所有的单元都指定为"A"，因为它们都是由同一处理来驱动的。我们首先从两单元的 AA 配置开始。对于 AA 阵列，只存在一个 ONAX A 和 ONAX

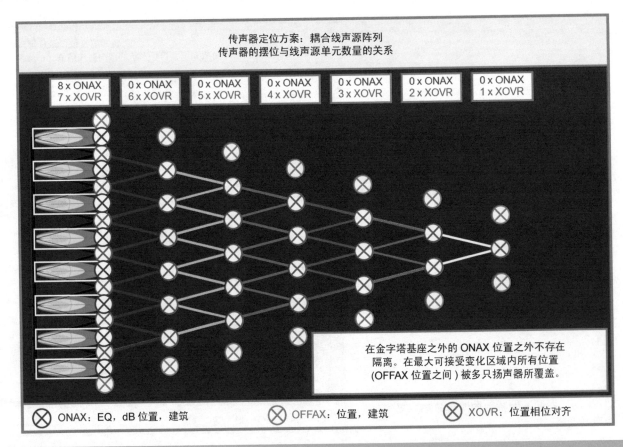

传声器定位方案：耦合线声源阵列
传声器的摆位与线声源单元数量的关系

| 8 x ONAX | 0 x ONAX | 0 x ONAX | 0 x ONAX | 0 x ONAX | 0 x ONAX | 0 x ONAX |
| 7 x XOVR | 6 x XOVR | 5 x XOVR | 4 x XOVR | 3 x XOVR | 2 x XOVR | 1 x XOVR |

在金字塔基座之外的 ONAX 位置之外不存在隔离。在最大可接受变化区域内所有位置（OFFAX 位置之间）被多只扬声器所覆盖。

⊗ ONAX：EQ，dB 位置，建筑　　⊗ OFFAX：位置，建筑　　⊗ XOVR：位置相位对齐

图 12.16　**耦合线声源的传声器位置**

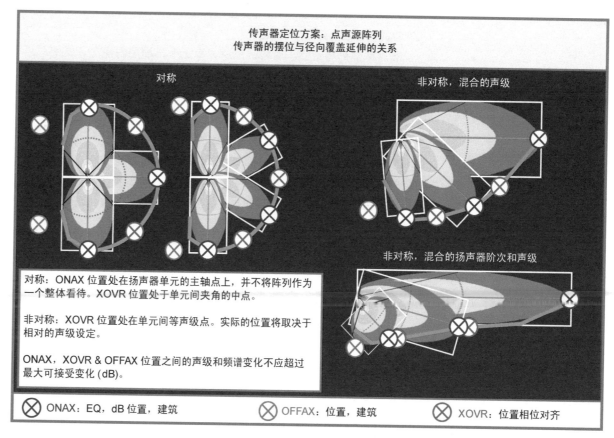

传声器定位方案：点声源阵列
传声器的摆位与径向覆盖延伸的关系

对称

非对称，混合的声级

非对称，混合的扬声器阶次和声级

对称：ONAX 位置处在扬声器单元的主轴点上，并不将阵列作为一个整体看待。XOVR 位置处于单元间夹角的中点。

非对称：XOVR 位置处在单元间等声级点。实际的位置将取决于相对的声级设定。

ONAX，XOVR & OFFAX 位置之间的声级和频谱变化不应超过最大可接受变化 (dB)。

图 12.17　耦合点声源阵列的传声器位置。对称形式一般在水平应用时采用；不对称形式一般在垂直应用时采用

ONAX：EQ，dB 位置，建筑　　OFFAX：位置，建筑　　XOVR：位置相位对齐

A 位置，并且是处在相对的对称位置。XOVR AA 完成设定。均衡将在 ONAX A 位置处进行，同时进行声级和建筑方面的评估，并且 OFFAX A 将与 ONAX A 相比较，以便通过期望的小于 6dB 的变化量来决定扬声器的位置。如果 OFFAX A 位置低了 6dB 以上，那么需要改变扬声器的位置，以便将我们移入最大可接受变化量之内。如果 OFFAX A 的数值接近相对于 ONAX A 的单位声级，那么我们可能要对扬声器重新进行定位，以降低 OFFAX A 处的声级。这时必须做的唯一事情就是让附近的边界表面在听音区建立起强反射。

XOVR AA 将要与具有 0dB 变化量期望值的 ONAX A 相比较（假定想要单位交叠过渡）。处在 ONAX A 基准参考数据之上或之下的 XOVR AA 处声级表明它们分别为重叠型或缝隙型交叠过渡。

下面讨论 3 个单元的 AAA 配置。对于 AAA 阵列，存在两个 ONAX A（A1 和 A2）和两个 XOVR AA 位置，一个 OFFAX A 位置和两个 SYM 传声器。均衡可以从两个 ONAX A 位置的空间平均获得。位置和倾角采用与之前在 AA 配置相同的方法来确定。增加第四个单元会增加另一个 XOVR 位置，并得

到更大的对称性。至此，我们可以看到演变进程是如何随着每次单元的增加而延续下去的。

非对称阵列将建立于对称的解决方案之上，增加的操作需要针对单元进行独立的调谐。我们要考虑两个（AB）和三个单元（ABC）的情况。这时的 ONAX 位置提供给不同处理驱动的不同的扬声器。

XOVR 传声器位置不再出现在单元间的几何中心位置上。单元间的声级差致使我们会发现 XOVR 更加靠近较低声级的扬声器。

下面讨论两个单元 AB 配置的情况。对于 AB 阵列，我们将使用两个完全不同的 ONAX 传声器（A 和 B）。XOVR A 将按照通常的角色工作，而 XOVR B 将设定声级和 EQ，以匹配 XOVR A 基准参考数据。对于倾角分析和延时设定，将采用 XOVR AB，以便对交叠过渡进行相位对齐处理。OFFAX 传声器所扮演的角色与之前一样。

三个单元的 ABC 配置是以上进程的继续。每增加一层需要一个专门的 ONAX 和 XOVR 传声器位置。随后的每一层要进行调整，以便与 ONAX A 基准参考数据尽可能紧密匹配，直到到达底部为止。

回顾之前讨论过的有关单一的非对称取向扬声器的内容。在这种情况下，ONAX 传声器位置是处在顶部和底部位置之间。针对非对称点声源阵列（AB，ABC 等）的 ONAX A 位置稍微有些不同，它朝上指向扬声器 A 的目标点。其原因是：主（A）系统的较低覆盖区域将接受来自阵列（B）中下一个阵列的帮助，而高处则不是这样。这一位置也有助于保持 ONAX A 传声器处在隔离区，因此这一区域的均衡是稳定的。

3. 点目标源

传声器位置策略与耦合点声源的情况一样。

12.3.4.6 非耦合阵列

1. 线声源

正如扬声器被排列成一条直线那样，传声器的位置也是如此，如图 12.18 所示。ONAX 位置处与文献宣称的扬声器主轴，覆盖深度的 50% 点上。该位置会为我们提供有用的操作数据，比如均衡，声级设定和建筑方面的信息，另外也会为我们提供用于其他位置的参考声级。每个单元将需要一个 ONAX 传声器。对于完全对称系统（匹配的型号，声级和间隔），需要增设 ONAX 位置只是为了实现空间平均和检验的目的。

XOVR 位置处在单元间的等声级点上。在声级对称系统中，这一位置就是几何中点。由于在这样的系统中系统已经被同步了，所以在空间交叠过渡处不需要进行进一步的相位对齐处理。

XOVR 位置将会反映出单元间的重叠量。如果我们的深度实际是沿着单位线的话，那么在 XOVR 处的混合声级将匹配 ONAX 位置。处在 ONAX 基准之上或之下的混合声级分别表明了重叠（扬声器太过靠近或传声器太远）或缝隙间隔（扬声器太宽或传声器太近）的交叠类型。ONAX 和 XOVR 传声器的混合数据将决定阵列单元的位置（这种情况下的间距）。OFFAX 位置可被用来检验阵列的外边界已经达到了其向达到的目标。

2. 点声源

非耦合点声源是耦合点声源和非耦合线声源的逻辑组合。增大前者的间距，或者增大后者角度，将到达同样的结果。传声器位置及其在对称形式中的角色与耦合点声源的角度有关，同时与非耦合线声源的声场深度也有关，即

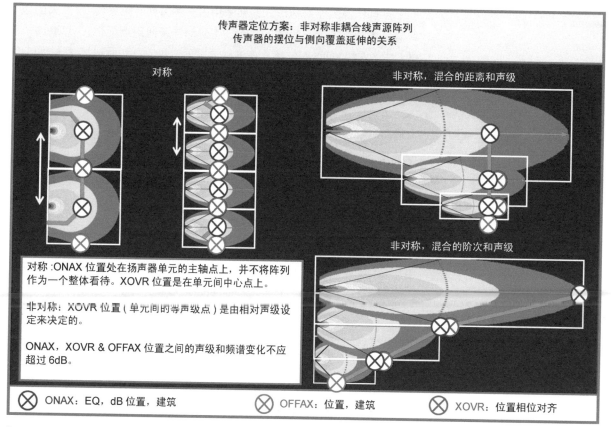

传声器定位方案：非对称非耦合线声源阵列
传声器的摆位与侧向覆盖延伸的关系

对称

非对称，混合的距离和声级

非对称，混合的阶次和声级

对称：ONAX 位置处在扬声器单元的主轴点上，并不将阵列作为一个整体看待。XOVR 位置是在单元间中心点上。

非对称：XOVR 位置（单元间的等声级点）是由相对声级设定来决定的。

ONAX，XOVR & OFFAX 位置之间的声级和频谱变化不应超过 6dB。

⊗ ONAX：EQ，dB 位置，建筑　　　⊗ OFFAX：位置，建筑　　　⊗ XOVR：位置相位对齐

图 12.18　非耦合线声源阵列的传声器位置。对称形式一般在水平应用时采用，但在少量的垂直应用中也使用；不对称形式在垂直和水平应用中均有采用

50% 的覆盖深度。

　　非对称形式也存在紧密的联系。传声器位置及其角色与耦合情况时一样，只是加大了覆盖的深度。

3. 点目标源

　　对称形式常常会出现在从侧向位置覆盖中央听音区的朝内补声阵列中（如图 12.19 所示）。很明显，合适的传声器位置将位于扬声器覆盖型的中间交汇点上。虽然对处于两只扬声器主轴上的这一位置的文字说明并无疑义，但是我们不能将其用作一个 ONAX 位置，因为其隔离度为 0%。

这样的传声器位置具有多重个性的特殊属性。同时这还是 ONAX A1、ONAX A2 和 XOVR AA 位置！虽然这个准确的中心点是没有波纹起伏变化的，但是从这一点向任意方向移动都存在波纹变化，使其成为 EQ 的最差选择。隔离只能在某一单元的附近发现。ONAX A 位置将处在角度轴上，到单元的交叉点距离的一半。这时的均衡和声级将按常规设定。对于 XOVR AA 传声器几乎没有应用。我们不需要分析仪来告知我们那里是重叠的。我们最好将精力放在检验扬声器的目标及其 OFFAX 传声器，以在近场区域达到最大程度的一致。

点目标源的非对称形式需要采用另一种方案。相关传声器又是具有多个一致性。ONAX B（延时扬声器附近）也是 ONAX A 和 XOVR A 位置。在这种情况下，我们将利用这个传声器进行其 ONAX 和 XOVE 的操作。均衡和空间交叠过渡的相位对齐都是在同一位置上进行的，这一位置就是延时系统覆盖深度的中点。

另一个有代表性的现场应用实例就是占主要地位的主扩向下补声系统与前补声的混合。前补声的目的是仅覆盖座席的前几排，以免使多个空间交叠过渡的重叠产生过大的波纹起伏变化。向下补声的焦点在空间中呈非对称取向，因此有可能处在所需的前补声覆盖边界之外，尽管如此，向下补声占统治地位的声级可使其主管覆盖。XOVR 传声器位置应处在想要的前补声覆盖的最后一排位置上。这一位置就是对空间交叠过渡进行相位对齐处理的位置。

12.3.4.7　细分策略

我们刚刚讨论过针对单只扬声器和每种标准阵列配置

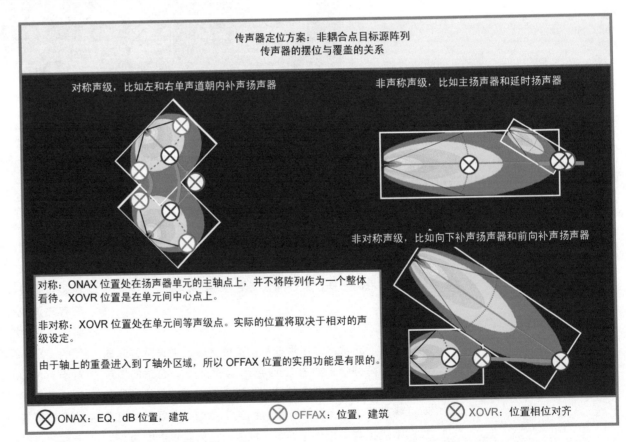

传声器定位方案：非耦合点目标源阵列
传声器的摆位与覆盖的关系

对称声级，比如左和右单声道朝内补声扬声器

非声称声级，比如主扬声器和延时扬声器

非对称声级，比如向下补声扬声器和前向补声扬声器

对称：ONAX 位置处在扬声器单元的主轴点上，并不将阵列作为一个整体看待。XOVR 位置是在单元间中心点上。

非对称：XOVR 位置处在单元间等声级点。实际的位置将取决于相对的声级设定。

由于轴上的重叠进入到了轴外区域，所以 OFFAX 位置的实用功能是有限的。

ⓧ ONAX：EQ，dB 位置，建筑　　　ⓧ OFFAX：位置，建筑　　　ⓧ XOVR：位置相位对齐

图 12.19　非耦合点声源目标阵列的传声器位置。对称形式一般在水平应用时采用，但在少量的垂直应用中也使用；不对称形式在垂直和水平应用中均有采用

的传声器摆位方法。其中并没有对单只扬声器组中单元的数量或需要组织到单一结构的子系统中单元的数量进行限制。如何才能保证我们已经覆盖了为进行完整校准和检验程序所需的所有位置呢？值得庆幸的是，我们将不必再检查所有的阵列类型了。这种情况下，不论阵列的类型如何，只使用一套逻辑上的细分方法就行。

图 12.20 示出了针对细分编组的标准。标准非常直观：

单元匹配的被编成一组，不匹配单元的为第二组，以此类推。这一图形表示出了在声级方面的匹配情况（以透视比图标的大小表示）。其他形式的不对称，比如扬声器阶次和倾角对校准细分编组的影响是一样的。它使用起来非常简单：如果存在不同，那么就针对不同进行处理；不论在什么地方产生了特殊的过渡，我们都必须提供专门的优化校准方法。

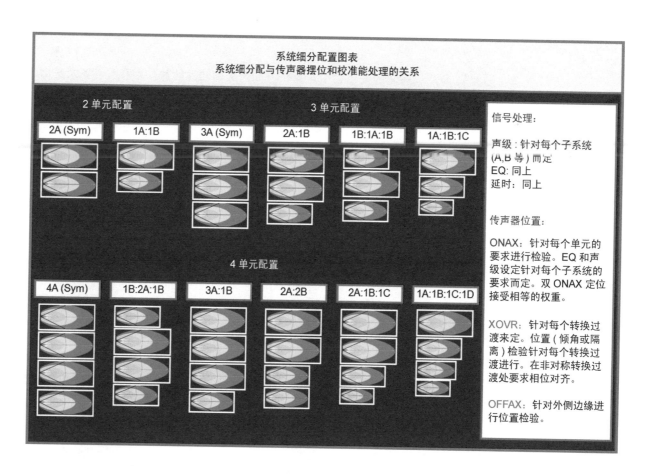

图 12.20　关于传声器位置和系统细分法的指南

第四节　程序

最后我们就准备执行校准程序了。充分的准备工作回报给我们的是这些优良简洁的程序。在以此进行的整体操作过程中，传声器位置将起到指南的作用，直到将所有的子系统结合成一个整体为止。我们会逐通道地进行反复校准，直到全部完成。

12.4.1　声学评估

房间的反射会引起整个空间的频谱和波纹起伏变化，将这些影响最小化的最重要方法就是要避免其出现。由于这存在着实用性上的限制，所以必须事先将这些反射所导致的问题找出来（如图 12.21 所示）。一旦问题找出来之后，就有很多种可能的解决方案供选用，比如声学处理、扬声器重新摆位、相对声级调整、增加补声扬声器或放弃。虽然处理选择方案是最为有效的，而放弃听上去有些让人沮丧，但是这总比打一场赢不了的战争要好。吸声处理对所有类型的变化几乎都可以有效地降低，并且在听音区域的大部分都会采取这样的处理。这是种双赢的解决方案。在这种情况下，基本上就不再需要考虑在每一位置上发生了多大变化这样准确的细节问题了。如果波纹起伏变化减少

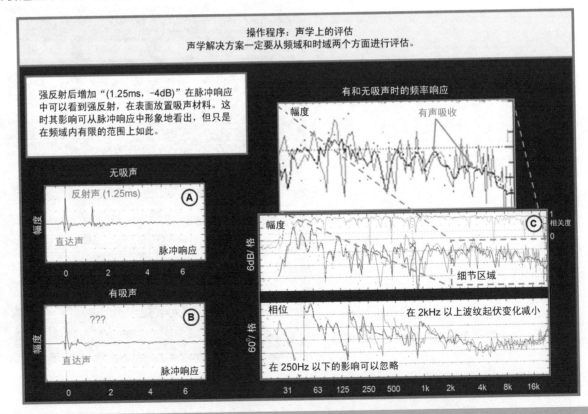

图 12.21　声学评估考虑

了，那么相关度就会上升，同时指示出来的均衡量将减小。所有这一切都是好消息。

另一个可选用的方法就不那么明确了。为了减小声反射而进行的扬声器重新定位，最有可能采用的方法就是 TANSTAAFL 和排序排序筛选法。其中的一个实例就是：对准大厅后部靠上座席的扬声器。如果我们优化扬声器的聚焦角度，以便大厅的后部产生最小的声级变化，则会导致强烈的屋顶反射，这使我们处于两难的窘境。如果我们减小垂直面上聚焦角度，则可以降低上部区域的反射，但直达声也降低了。直混比净损失的可能性与上部区域改善的可能性相当。其间降低到地板位置，虽然角度变化对直达声没有可察觉的影响（由于这种影响是离轴的），但是反射的降低却很明显。地面上的位置将会受益于屋顶反射的减小。实际上，对地面位置所带来的好处是得益于上部扬声器的完全偏离！在此最为简单的解决方法就是进行重新设计，增强对上部主扩扬声器的方向性控制，同时增添辅助的延时扬声器。

吸声方案之外的声学评估将需要对多个位置进行效果监看。对于新手，那些位置是 ONAX 的里程碑，因为它会提供有关系统的最清晰的视点。如果我们想尝试用最大程度隔离的方法来评估声学反面的性能，就要在扬声器单元间波纹起伏变化的最低点进行。那一点就是 ONAX 位置。

12.4.2　声级设定

之前已经建立的增益结构足以上我们以最大的声级来驱动系统进行检验程序。校准过程中声级设定的角色就是要设定子系统间的相对声级。相对声级设定的主要概念之一就是进行顺性处理，而非反作用处理。要使扬

声器的声级顺应听音区，而非相反关系。通过调整系统中隔离单元相对声级，以便在其各自听音空间上建立起相同的声级。每个单元的 ONAX 位置都提供这样一个参考基准点。通过声级设定让每个 ONAX 位置匹配。最小声级变化线将会把 ONAX 位置连接起来，如果采用的是单位型空间交叠过渡，那么这条线将穿过 XOVR 位置，并使 ONAX 位置匹配。

12.4.2.1　针对空间交叠过渡对齐的声级设定

1. 只开启主单元（A）。
2. ONAX A 位置的声级就是参考声级标准。
3. 只开启第二个系统（B）。
4. 设定 B 在 ONAX B 的声级，使它与标准声级匹配。
5. 继续对各子系统在其 ONAX 位置上的声级进行设定，使它们与标准声级匹配（如图 12.22 所示）。

如果 XOVR AB 位置的混合声级与 ONAX A 位置的混合声级不匹配，则要查验扬声器定位调整程序。注：非对称组合可能需要相位对齐。参见"延时设定程序 AB"章节。

12.4.2.2　针对频谱交叠过渡对齐的声级设定

LF 和 HF 系统的相对声级将按满足特定频谱交叠过渡频率的前提来设定（如图 12.23 所示）。向上（或向下）转动单元，以及首先测量哪个的问题则留给读者来判定。一旦设定好声级，我们就可以根据需要增加延时，以便完成交叠过渡的相位对齐工作（参见本章的延时设定程序部分）。

1. 对于测量参考点，两个系统必须具有匹配的驱动声级。
2. 只开启 HF。存储频率响应，并调用其曲线。将指

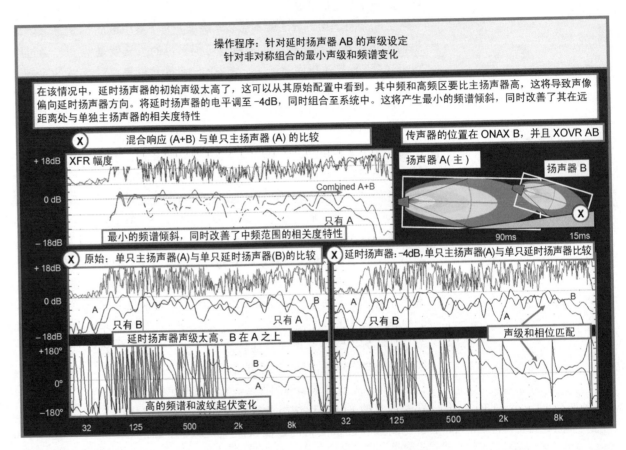

图 12.22　不对称组合（A+B）

针放置在想要的频谱交叠频率处。

3．只开启 LF。在不改变分析仪补偿延时的前提下，调整 LF 系统的声级控制，直到满足幅度响应要求，并找到想要的频谱交叠过渡频率为止。存储响应并调用曲线。

4．可以观察相对相位响应。如果它们在过渡频率附近的相位不匹配，则需要进行相位调整（参见本章的延时设定程序部分）。

5．LF 和 HF 区域的混合。所希望的结果是：混合响应是在各自单独声级之上叠加。

重要的提示：转移函数响应的相对声级取决于两个重要的已知量：子系统的匹配声源声级和接收端匹配的传声器。这些参数的检验程序可以参见第 9 章。

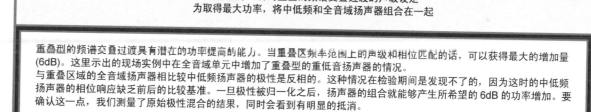

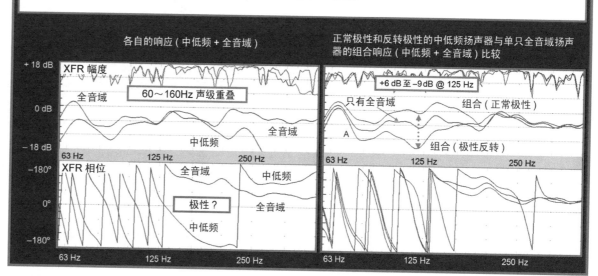

图 12.23　中低频的分频

12.4.3 扬声器位置调整

扬声器位置调整寻求的是扬声器和房间关键关系中声级、频谱和波纹起伏变化的最小化。调整过程先从单一的单元开始，然后增加各层的复杂程度，最后将整个的阵列和房间也包括进来。通过传声器位置策略可以让我们察觉到每层的作用。通过比较 ONAX、OFFAX 和 XOVR 位置，覆盖型就表现出来了。当它们之间的关系满足最小变化要求时，扬声器位置的调整就完成了。

扬声器位置层：

1. 房间中的一个单元
2. 阵列内部的单元与单元
3. 阵列与房间
4. 阵列与阵列
5. 混合的多个阵列与房间

12.4.3.1 位置调整程序 A：单一单元

房间中只有一个单元时，为了取得最小声级和频谱变化所作的位置调整（如图 12.24 所示）。

1. ONAX 位置是声级和频谱的参考标准。

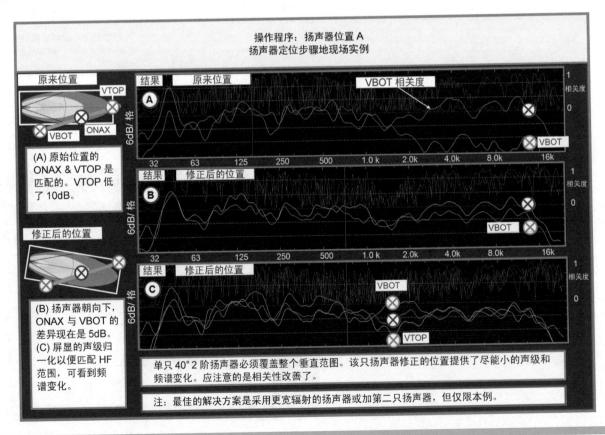

图 12.24 对于单只扬声器位置的程序实例

2. 将OFFAX位置的频率响应和声级与ONAX标准相比较。

3. 调整扬声器的位置，直到声级和频谱变化最小为止。

4. 如果对应最小声级变化的最佳位置导致波纹起伏变化升高（由于房间反射），那么就要应用声学上的排序排序筛选原则。为了减小波纹起伏变化，最终位置上的声级和频谱变化可能必须折衷选定。

12.4.3.2　位置调整程序 AA

对于阵列中的对称单元（或者阵列的对称组合）（如图12.25 所示）:

1. 某一单元的 ONAX A 位置是声级和频谱的参考基准。

2. 将 OFFAX AA 位置的频率响应和声级与 ONAX A 标准相比较。在单元的隔离区频率范围上（单位型空间交叠过渡），每个单独的响应应该是 −6dB。XOVR AA 处的综合响应应该与隔离区频率范围上的隔离 ONAX A 标准相匹配。

3. ONAX A 位置处的综合响应在非隔离范围上会表现为声级的提高。综合的 ONAX A 响应可以当作新的标准来使用，并将其与综合的 XOVR AA 响应相比较。

4. 可以用均衡来减小因 LF 范围上的重叠产生的频谱倾斜。

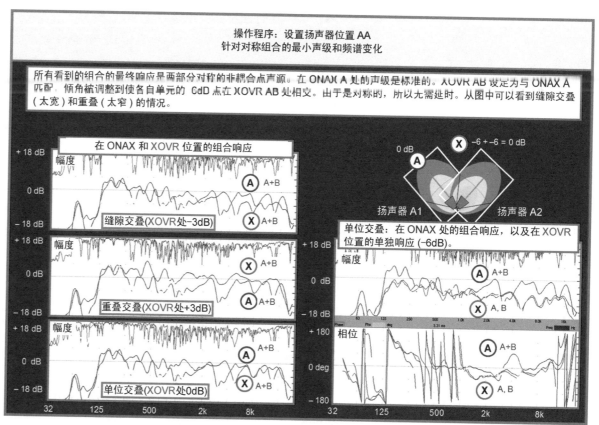

图 12.25　对于两部分对称的非耦合点声源的程序实例

12.4.3.3　位置调整程序 AB

对于阵列中的非对称单元（或者阵列的非对称组合）（如图 12.26 所示）：

1. 主单元（A）的 ONAX A 位置是声级和频谱的参考基准。

2. 针对第二个系统（B）的声级和均衡已经在其 ONAX B 位置被设定成与声级和频谱标准相匹配。

3. 搜索并找出 XOVR AB 位置。虽然在单元的隔离频率范围上单独的响应将匹配，但它们的声级相对于 ONAX A 标准不一定低 6dB。这取决于重叠。来自主要单元的非隔离频率范围（大概为 LF 范围）将弱一些。隔离与共同响应范围的比例将取决于子系统间的不对称量。

4. 将系统综合，并存储和调用新的响应。

5. 由于综合将会影响所有的位置（至少低频是如此），所以现在新的响应必须从 ONAX 位置获得。

6. 将综合的 XOVR 频率响应和声级与新的综合 ONAX A 标准和 ONAX B 响应作比较。XOVR AB 的综合响应将与两个 ONAX 位置的综合响应匹配。

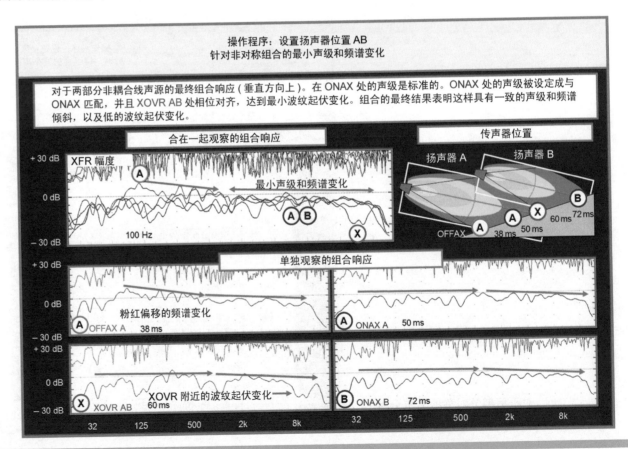

图 12.26　不对称组合扬声器位置的实例

7. 对均衡的运用要保守一些，以便减小因 LF 范围的重叠所导致的频谱倾斜。由于声级关系是不对称的，所以频谱是倾斜的。虽然均衡对主系统（A）是最有效的，但是该系统对增加均衡的要求也是最低的（由于其声级处于统治地位）。如果单元的声级已经是占统治地位的，那么第二只扬声器中应用的衰减均衡的效率就很低。

12.4.3.4　实例

其他扬声器位置的声级调整就是对以上三种情况的简单比例缩放。

下面考虑一下中间扬声器组和前方补声系统的例子。扬声器组在垂直平面上是三个部分不对称的耦合点声源，而在水平面上是双单元的对称点声源。首先就是调整对房间最远投射部分（顶部）的位置。

垂直平面：

1. 使用程序 A 将顶部调整到房间。
2. 使用程序 AB 将中间部分调整到顶部。
3. 再次使用程序 AB 将较低的部分调整到顶部和中间部分的综合。

水平面：

1. 利用程序 AA 来调整单元间的倾角。
2. 利用程序 A 来检查最靠外单元对房间的覆盖。

前方补声扬声器是一个 8 个单元对称非耦合线声源。

1. 利用程序 AA 来调整单元间的间距。
2. 利用程序 A 来检查最靠外单元对房间的覆盖。

到底如何对主阵列和前方补声扬声器进行综合呢？现在组合在一起的主阵列单元变成了一个单元。前方补声扬声器也是这种情况。可以将程序 AB 应用于这个双单元的非对称组合上。

12.4.4　均衡

均衡是一种简单的处理过程。只需转动均衡器上的旋钮，工作就完成了。实际上，均衡有时不用接触均衡器就能完成。所需要的一切就是被告知系统已经被均衡了。

均衡在校准处理当中具有独特的情感上的地位。由于均衡为感知系统的音质响应提供了关键性的因素，这在主观上与调音工程师有着极密切的联系。在实际情形下，在混音位置上所有其他的校准参量将对音质也有重要的影响，只不过不像均衡那样起着主导的作用。

对均衡的真实性有着很好的口号性的说明：

- "最佳的均衡就是不用均衡"
- "均衡使用的越少越好"

对于均衡的贬义评论大家可能认为我们是在为"这个系统不允许用均衡器"寻求特定技术上的帮助，但并非如此。均衡器无处不在地发挥着作用，它们是我们所必需的工具。均衡器常常被错误地应用，并因此招来许许多多抱怨声。虽然均衡并不能使间每一处的声音听上去都很好，但是它却有可能使声音变差。我们的期望就是将其作为工作中的工具进行我们的设计：获得一致的声音。

12.4.4.1　均衡的角色

我们期望均衡器完成的工作：

1. 系统总体频谱倾斜的控制：对由叠加和空气损失影响导致的粉红偏移进行全面地控制。从主观上讲，这是操作者艺术素质决定的。随着频谱倾斜的加大，听音者的声音透视感更远。这是针对整个系统的参量。

2. 频谱变化的控制：为了使整个听音空间中的倾斜差异最小化，对每个子系统频谱倾斜的控制。为了顺应艺术要求的频谱倾斜，每个子系统需要采用不同的均衡曲线。这需要根据具体的子系统情况逐个完成，以便建立起总体统一的效果。

3. 通过特定的均衡器，可以将子系统内扬声器 / 扬声器的波纹起伏变化降低。这需要根据具体的子系统情况逐个完成，以便建立起总体统一的效果。

4. 通过特定的均衡器，可以将子系统内扬声器 / 房间的波纹起伏变化降低。这需要根据具体的子系统情况逐个完成，以便建立起总体统一的效果。

12.4.4.2　均衡的局限性

均衡会以同样的方式影响着扬声器系统的所有覆盖区，当我们面临的挑战并不太大的时候，它是最有效的处理方法；而当面临的是局部大范围的差异时，它的作用就很有限了。频谱倾斜是对频率响应修正最常用的手段，同时局部波纹起伏变化也是最常见的。

均衡的应用范围：

1. 均衡滤波器可以在一定的范围内有效地减小频谱倾斜。

2. 均衡滤波器不能降低单一设备的频谱变化。它是受扬声器的波束宽度和其在空间中的位置来支配的。简言之，均衡不能改变扬声器的覆盖型。

3. 均衡滤波器可以通过采用匹配频谱倾斜的单独滤波器来减小两个设备间的频谱差异变化。

4. 在均衡器可以发挥作用的空间区域内，均衡器可以有效地减小波纹起伏变化，其减小量与频率呈反比。

5. 在均衡器可以发挥作用的空间区域内，均衡器可以有效地减小波纹起伏变化，其减小量与带宽呈反比。

通过系统实例将有助于让我们理解这些限制所隐含的信息。系统有 8 只扬声器，以及与其对应使用的 8 台 5 段

参量均衡器。我们可以对一个输入提供全部 40 个参量滤波器的处理，进行系统均衡。我们将有能力利用这 40 个精确频率定位的滤波器将几乎所有的波纹起伏变化从系统中均衡掉。唯一要记住的是：这样的调整将只对空间一点有效（会是调音位置吗？）。对于这一点我们已经取得了解决波纹起伏变化的完美解决方案。对于所有其他的区域，还没有获得这样的解决方案。所确立的混音位置解决方案增大了其他各处的波纹起伏变化，它只是个局部问题的解决方案。TANSTAAFL：针对混音的解决方案是以牺牲其他个位置性能为代价的。声学排序排序筛选：我们使用血库中所有的血液储备来挽救一位患者。总之，我们所有的努力产生的效果非常小。由于混音位置是由艺术家自己进行校准的。总体的系统均衡主要是通过减小每一通道的均衡量来为调音师提供工作方便。问题根源的重要性，以及混音区与其他区域座席的差异问题一直都被忽视。如果将均衡器旁路，那么差异还会保留下来。减小那些差异的关键点就是所寻找的解决问题的钥匙。

下面的工作就是重新对系统和独立均衡器进行连线，以便每只扬声器都有自己专用的 5 段均衡处理单元。虽然每个均衡滤波器可以使用相同的均衡量，但是在这种情况下它们就专门用来解决系统差异上的问题。那些是局部的处理，利用每台均衡器来处理局部区域上由房间 / 扬声器叠加产生的最主要频谱变化趋势。一旦在局部控制住了每个系统的问题恶化，则残留下来的波纹起伏变化量就是重叠的扬声器叠加（现在它可以被均衡）和残留的房间 / 扬声器效应的产物。如果已经设计好了阵列，那么最好的解决方案还是走使变化最小化的路子。

只有一台均衡器（或立体声均衡器）的系统必须采用通过扬声器摆位和相对声级调整的方法来抑制所有的频谱和波纹起伏变化。只有一台均衡器和一个声级控制的系统

（比如声墙和现代声音线路）必须通过扬声器的摆位来完成所有这一切。如果这些工作完成不了，那么君主制式的校准就必须放弃，只能采用王室法令来抑制变化（如图 12.27 所示）。

12.4.4.3 均衡的步骤

均衡有两种基本形式：单一系统和组合系统。在例子中，我们用术语均衡 A，均衡 B 和均衡 AB 来称呼。单一系统均衡是在任何的组合发生之前对每一子系统进行的均衡

处理，其均衡的目的就是使局部子系统内的扬声器 / 扬声器叠加和局部区域的扬声器 / 房间叠加对称。由 HF 传输损失导致的频谱倾斜也可以补偿（如图 12.28 和图 12.29 所示）。

1. 均衡程序 A

对于每个单一系统（A，B，C……）

（1）对 ONAX 位置的房间 / 扬声器系统的转移函数进行测量，并将结果作为基准使用。

（2）测量均衡器转移函数，并调整均衡器，建立一个

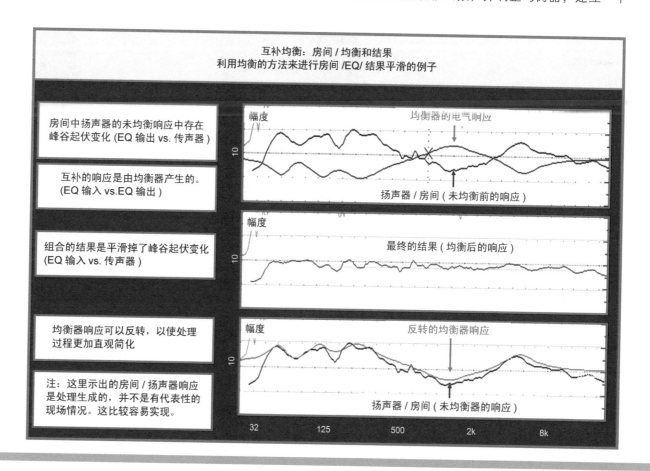

图 12.27　互补均衡的例子

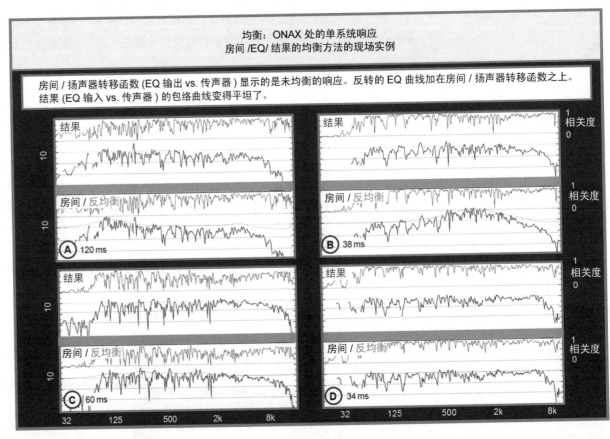

均衡：ONAX 处的单系统响应
房间 /EQ/ 结果的均衡方法的现场实例

房间 / 扬声器转移函数 (EQ 输出 vs. 传声器) 显示的是未均衡的响应。反转的 EQ 曲线加在房间 / 扬声器转移函数之上。
结果 (EQ 输入 vs. 传声器) 的包络曲线变得平坦了。

图 12.28　源自现场数据的均衡例子

反向互补的响应。

（3）测量最终的转移函数，并检验响应。

组合系统均衡比较复杂一些。两个子系统之间的扬声器 / 扬声器叠加是要重点关注的问题。由每台均衡器产生的复杂结果仅影响对组合响应有贡献的两个（或多个）子系统中的一个。均衡仍然是在各自 ONAX 位置上进行的。在低频范围上，两个系统可能会在彼此的 ONAX 位置产生强烈的重叠。这种对其他系统覆盖的侵入致使它们自身不能独立进

行均衡控制。一台均衡器上 6dB 的衰减对组合响应的影响不会大于 3dB。增加 6dB 衰减根本不会有影响。为什么呢？答案就含在非相等声级的单元组合叠加性质当中（如图 2.4 所示）。如果其中一个单元增益占主导地位，则增加量将降低。我们用于降低其中一个扬声器声级的滤波器将使另一个扬声器成为主导。如果降低的越多，则其对组合响应的影响越小。在这种情况下，我们将一个扬声器降低了 12dB，那么就会将其推入隔离区。针对公共响应区域的均衡必须在两

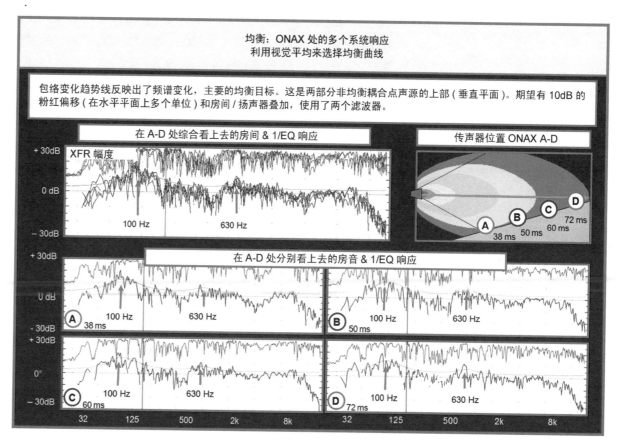

图 12.29　源自现场数据的均衡例子

个电子贡献者上进行（均衡器），以建立起想要的声学结果。因为现在一只扬声器比另一只低 12dB，这样它便进入隔离区。对公共响应区的均衡需要在两个电子贡献者（均衡器）上进行，以建立所期望的声学结果。

与之前一样，组合的形式也有两种：对称和非对称。对于对称形式，对两个均衡器的设定一般都是一样的。

在非对称应用中，系统对组合的贡献并不相同。在低频范围上，两个系统中较响的一个系统（A）在两个 ONAX 位置上很可能处于统治地位。ONAX A 处的组合响应受重叠的影响要比 ONAX B 处的小。差异的范围将取决于声级的不对称量和系统间的隔离。声级不对称致使第二个系统（B）对主要系统的贡献基本不进行防御，除非我们首先对响应平坦采取行动。处理分成两个阶段：在感兴趣的频率范围上建立对称，然后实施对称均衡。下面的例子是对此进行的直观说明。两个单元（AB）组合中，在 100Hz 处存在 6dB 的峰值。B 扬声器调降 3dB。第一步是对扬声器 A

的输出在 100Hz 衰减 3dB。如今两个扬声器对 100Hz 的贡献相等。这将降低组合声级大约 2dB，留下 4dB 要进行下一步处理。第二步：分别将 A 和 B 在 100Hz 处降低 4dB。这将产生 4dB 的作用（因为是对称的），并且我们已经这样做了。这种解决方案对于耦合区相互作用占主导地位的低频范围很有效。随着频率的升高，相互作用变得随位置的变化而变化，并且较难控制。非对称情况下的最佳解决方案就是探查并留意影响。如果我们可以观察到对均衡变化的实质影响，那么我们还是在赌博中。如果均衡器旋钮调整了，但却什么都没发生，那么明智的做法就是将它放在那儿不管。

在单一系统均衡完成之后，我们可以通过下面的步骤进行组合系统的均衡调整。

2. 均衡程序 AA

对于每只扬声器系统（对称）组合：

（1）将两个 ONAX A 位置的组合结果与组合前所记录的各自结果相比较。大部分情况下，由于重叠的原因 LF 范围上的频谱倾斜都会加大。

（2）调整两个均衡器，让需要的变化起作用，将频谱倾斜重新存储到之前的声级（如果需要的话）。

注：相关的对称子系统并不需要独立的均衡器。对称系统的分离是过分细分的情况，在有些情况下，系统是具有双重作用，并包含从不同的矩阵输出来的相关和非相关信号的混合。这样的子系统要按照 AA 关系来排列。

3. 均衡程序 AB

对于每只扬声器系统（非对称）组合：

万一增加量已经对 ONAX A，XOVR AB 和 ONAX B 位置产生相当对称的影响，则应用如下的步骤：

（1）在峰值所处的频率范围上在均衡器中插入一个滤波器。其中的衰减量应等于两个扬声器之间的声级不对称量。如果扬声器 B 被调下 4dB，那么就先对扬声器 A 衰减 4dB。这将在关注的频率上建立起对称的响应。

（2）在等电平的 A 和 B 处理器上实施进一步的衰减，直至达到想要的衰减为止。

万一增加量已经对 ONAX A，XOVR AB 和 ONAX B 位置产生相当不对称的影响，则应用如下的步骤：

（1）确定峰值的空间取向。A、AB 或 B 那个较强？只在具有较大峰值的通道上实施均衡。观察效果的比值，即对于 3dB 等的衰减获得的组合衰减有多大。这里可以实施的衰减，直至组合变化很小。

（2）在等电平的 A 和 B 处理器上实施进一步的衰减，直至达到想要的衰减为止。这种解决方案的效果有限。不建议插入对组合衰减没有贡献的滤波器（如图 12.30 所示）。

12.4.5　延时设定

虽然延时设定并不像均衡那样带有情感上的色彩，但是它也有自己的特点。对于大部分情况，延时设定非常直观。测量主扬声器与延时扬声器之间的时间差，并将数字置入延时线即可。操作虽然非常简单，但是隐含在设定背后的方案却较复杂。

延时设定的情形有两种。第一种，也是最常见的一种就是针对两个位置与固定声源间的同步。这是相位对齐的空间交叠过渡，也是本书的主题。设定将与最小变化策略的整体处理完全吻合。其程序很简单。

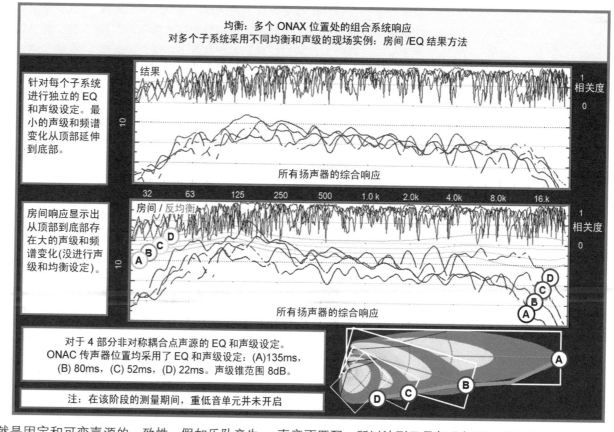

均衡：多个 ONAX 位置处的组合系统响应
对多个子系统采用不同均衡和声级的现场实例：房间 /EQ 结果方法

针对每个子系统进行独立的 EQ 和声级设定。最小的声级和频谱变化从顶部延伸到底部。

结果

所有扬声器的综合响应

房间响应显示出从顶部到底部存在大的声级和频谱变化(没进行声级和均衡设定)。

房间 / 反均衡

所有扬声器的综合响应

对于 4 部分非对称耦合点声源的 EQ 和声级设定。ONAC 传声器位置均采用了 EQ 和声级设定：(A)135ms，(B) 80ms，(C) 52ms，(D) 22ms。声级锥范围 8dB。

注：在该阶段的测量期间，重低音单元并未开启

图 12.30　源自现场数据的均衡例子

第二种就是固定和可变声源的一致性。假如乐队产生过高的舞台声级，那么选择与后排演员同步的方法就是退而求其次的方法。较好的做法是顺从舞台的声级（同时减小波纹变化和回声感知），而不是在时间上领先。这可以是扬声器系统与伴音吉他、侧向补声舞台监听或舞台演员的延时。这第二种延时是一种近似的处理过程，它在最小变化处理中所起的作用是有限的。它在此的目的可能就是改善声像控制。

这些舞台声源与扩声系统的关系不能满足第 2 章描述的稳定叠加的标准。由于来自舞台的声音与扬声器辐射的声音不匹配，所以波形只是部分相关。声级关系是随混音的变化而改变，同时时间基准也随演员在舞台上的移动而变化。

与舞台声源的同步应该小心地进行。仅有绝对少数的子系统（那些最靠近舞台的子系统）应采用"对齐"这种方法。所有剩下的系统将采用最小变化法与这些系统同步（如图 12.31 所示）。

12.4.5.1　领先效应

事实上可以肯定的是在进行延时设定的时候将会被问

及领先效应（也称为哈斯效应）的问题。对于缘于领先效应的出色声像而进行的延时设定是较为普遍的做法。这种方案就是：得到延时时间，然后在此基准上在增加一定量的延时（5ms，10ms，15ms，20ms）。其目的就是让领先效应帮助我们将声音感知为是来自主声源。由于这种方法使用普遍，所以需要对由此带来的一些问题进行讨论。

需要考虑的问题有：

我们都知道领先效应是双耳函数，它只适用于水平面。x ms 的差异一定会给两个系统的叠加响应带来波纹起伏变化。如果使用了 10 ms 的时间差，那么梳状滤波响应会一直持续到 50Hz。波纹起伏变化降低了相关度，并且让人感觉到反射提高了。延时扬声器的工作是降低波纹起伏变化，而不是加大它。

主张以这种方式来设定延时的人曾不止一次地对我提及主扬声器和延时扬声器之间的相对声级问题，似乎这是唯一要考虑的问题。选择位置、设定延时（以及之后的时间差）和后来的延时扬声器声级的调整都是要尝试进行的工作，而并不像他们只是通过调高声级来提高可懂度，调

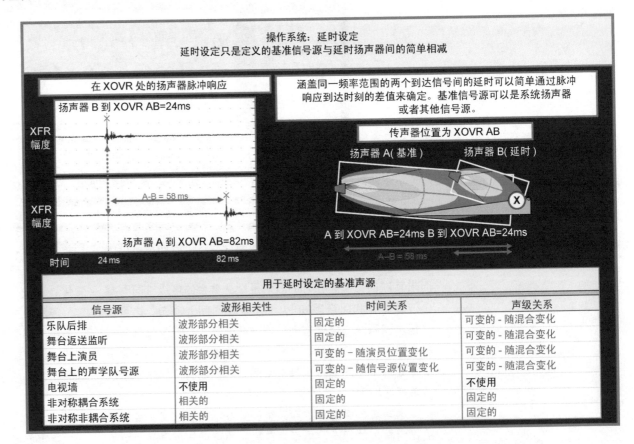

图 12.31　关于延时设定和基准扬声器的考虑

操作系统：延时设定
延时设定只是定义的基准信号源与延时扬声器间的简单相减

在 XOVR 处的扬声器脉冲响应

扬声器 B 到 XOVR AB=24ms

XFR 幅度

A-B = 58 ms

XFR 幅度

扬声器 A 到 XOVR AB=82ms

时间　24 ms　82 ms

涵盖同一频率范围的两个到达信号间的延时可以简单通过脉冲响应到达时刻的差值来确定。基准信号源可以是系统扬声器或者其他信号源。

传声器位置为 XOVR AB

扬声器 A(基准)　　扬声器 B(延时)

A 到 XOVR AB=24ms　B 到 XOVR AB=24ms

A-B = 58 ms

用于延时设定的基准声源

信号源	波形相关性	时间关系	声级关系
乐队后排	波形部分相关	固定的	可变的 - 随混合变化
舞台返送监听	波形部分相关	固定的	可变的 - 随混合变化
舞台上演员	波形部分相关	可变的 - 随演员位置变化	可变的 - 随混合变化
舞台上的声学队号源	波形部分相关	可变的 - 随信号源位置变化	可变的 - 随混合变化
电视墙	不使用	固定的	不使用
非对称耦合系统	相关的	固定的	固定的
非对称非耦合系统	相关的	固定的	固定的

低声级解决延时未对齐的问题。

在一些未知位置上的相位对齐和其他未知位置上的空间交叠过渡就是要使延时错开。这听上去像是一个好的方案吗？

延时未对齐比相位对齐的延时时的相关度低。到底该用哪一种方案来提高声音的响度，让挑台下面的人听懂声音的字句呢？

相位对齐的空间交叠过渡是基于 0 声级差和 0 时间差的。在这种情况下，领先效应将声像定位于两个声源间的中心点上。为争取最大的可懂度和最小的波纹起伏变化而付出的高代价就是这样的吗？

在结束这一问题的讨论之前，我们分析一下典型的挑台下方情况下的声像问题。在之前的领先效应的讨论中，可以看到时间和声级都起部分作用。相等的声级和时间或者声级和时间的非对称偏置都会得到居中的声像。在挑台下方，如果以挑台下方扬声器覆盖深度的中点开始对交叠过渡进行相位对齐处理的话，那么我们将看到所有三种居中情况。在中间深度处，主扬声器和延时扬声器的时间和声级是一致的。随着我们向后移动，延时在时间上超前，在声级上降低。随着我们向前移动，所发生情况正好相反。在所有三种情况中，声像都是处于两个扬声器之间的中心位置。

多年前当我面对客户提出了领先效应增强的问题时，我总是采取如下的做法：首先我让他们先听一听根据相位对齐的交叠过渡进行的延时设定情况，如果他们不喜欢我可以按他们意思再增加延时。不过在这二十年里我还从未做过第二步工作。

延时设定程序 AB

脉冲响应法。第二系统（B）要进行延时，以便与主系统（A）同步（如图 12.32 所示）。

（1）得到从扬声器 A 到 XOVR AB 的传输延时。

（2）得到从扬声器 B 到 XOVR AB 的传输延时。

（3）一定要将这两个读数的差值加到（或减）延时线中，以便同步响应。

（4）将两个系统合在一起。脉冲响应应该就是两个系统单独脉冲响应的组合。

12.4.5.2　用于空间交叠过渡的相位响应法

低频系统（LF）要进行延时，以便与高频系统（HF）同步。这里假定频谱交叠声级已经按照各自的相对声级设定步骤设定好了（如图 12.33 所示）。

（1）只开启 HF 系统，得到从系统 A（HF）到 ONAX 的传输延时。

（2）只开启 LF 系统，不改变分析仪中的补偿延时，调整延时线来控制 LF 系统，直到相位响应产在交叠过渡范围匹配为止。

（3）加开 HF 系统，并观察相加的情况。

12.4.5.3　延时的两分法

延时设定间的竞争关系多种多样。我们可以对扬声器进行延时，以便其与一个或另外一个声源同步，但不能同时同步两个声源。其中的一个例子就是对前方补声阵列延时，在中央舞台产生一个虚声源。除非有一个环形的舞台，否则不会存在"普遍适用"的解决方案。对朝内的前方补声扬声器（朝向声源）所设定的延时要短于给朝外补声扬声器加的延时。如果我们给朝内和朝外补声扬声器加的延时一样，那么与声源就会存在不同的关系。如果将其设定成不同的值，那么它们彼此之间又有不同的关系。在朝内和朝外系统之间交叠过渡处的座席将会受到声音到达时间

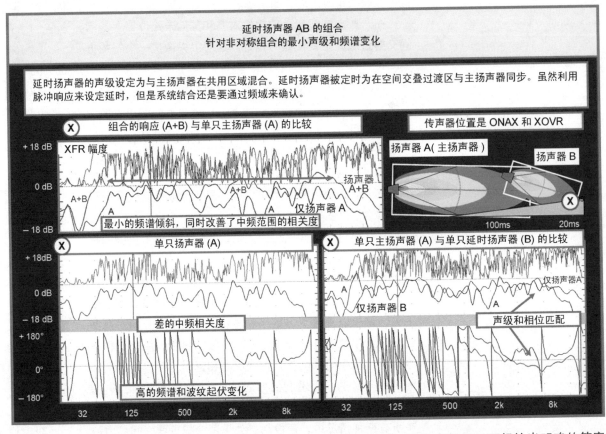

延时扬声器 AB 的组合
针对非对称组合的最小声级和频谱变化

延时扬声器的声级设定为与主扬声器在共用区域混合。延时扬声器被定时为在空间交叠过渡区与主扬声器同步。虽然利用脉冲响应来设定延时，但是系统结合还是要通过频域来确认。

Ⓧ 组合的响应 (A+B) 与单只主扬声器 (A) 的比较　　传声器位置是 ONAX 和 XOVR

+ 18 dB　XFR 幅度　　　　　　　　　　　　　　　　　扬声器 A(主扬声器)　　扬声器 B

0 dB　　A+B　　　　　　A+B　　　A+B

A　　　　　　　　　　　　仅扬声器 A

− 18 dB　最小的频谱倾斜，同时改善了中频范围的相关度　　100ms　20ms

Ⓧ 单只扬声器 (A)　　　　Ⓧ 单只主扬声器 (A) 与单只延时扬声器 (B) 的比较

+ 18dB　　　　　　　　　　　　　　　　　　　　　　　　　　仅扬声器A

0 dB　　　　　　　　　　　　　　A

−18 dB　差的中频相关度　　　仅扬声器 B　　A　　声级和相位匹配

+ 180°

0°

− 180°　高的频谱和波纹起伏变化

32　125　500　2k　8k　　32　125　500　2k　8k

图 12.32　用于不对称组合的延时设定程序——AB 延时工具

不同的影响。这就是 TANSTAAFL 的另一种情况。我们该如何选择呢？像往常一样，采用医疗类选法（即根据事情的轻重缓急来进行处置）。

　　在此什么是赌注呢？哪些是变量呢？如果我们针对舞台上的某一声源进行延时，那么就要在我们无法控制的区域上冒险了。对于我们采用的音响系统而言，声级与时间的关系就如同是"恕不事先通知的项目修改"。我们必须始终牢记：声像取决于声级和延时关系。声源与扬声器间的差异不只是时间，声级也存在着差异。我们要给朝内和朝外补声扬声器设定成不同的声级吗？要想给出明确的答案可能有一定的困难，除非舞台声源是稳定的。如果是这样的话，则要保证有不同的延声声级和延时时间。否则最好是确保朝内和朝外补声系统间过渡处的交叠过渡是相位对齐的。如果只有一个延时时间可利用，那又该如何呢？用其来处理朝外的系统。为什么要这样呢？因为与声源相比（可能）它们是两个系统中较响和较早到达的。因此，它们所需的处理要大一些。如果时间是基于朝外系统设定，那么朝内系统的延时会过大，这将会导致更大的声像误差。

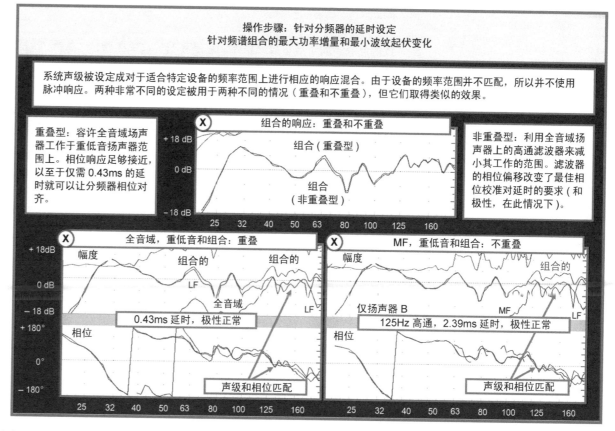

操作步骤：针对分频器的延时设定
针对频谱组合的最大功率增量和最小波纹起伏变化

系统声级被设定成对于适合特定设备的频率范围上进行相应的响应混合。由于设备的频率范围并不匹配，所以并不使用脉冲响应。两种非常不同的设定被用于两种不同的情况（重叠和不重叠），但它们取得类似的效果。

重叠型：容许全音域场声器工作于重低音扬声器范围上。相位响应足够接近，以至于仅需 0.43ms 的延时就可以让分频器相位对齐。

组合的响应：重叠和不重叠
组合（重叠型）
组合（非重叠型）

非重叠型：利用全音域扬声器上的高通滤波器来减小其工作的范围。滤波器的相位偏移改变了最佳相位校准对延时的要求（和极性，在此情况下）。

全音域，重低音和组合：重叠
幅度
组合的
组合的
LF
全音域
LF
0.43ms 延时，极性正常
相位
声级和相位匹配

MF，重低音和组合：不重叠
幅度
组合的
仅扬声器 B
MF
LF
125Hz 高通，2.39ms 延时，极性正常
相位
声级和相位匹配

图 12.33　用于相位校准分频（相位频谱 XOVR）的延时设定程序——延时工具

　　另外一种常见的延时方法是用于挑台下阵列的处理方法，它是相对侧面的主扬声器进行延时。中心的延时与侧面的延时相差很大，因为朝外的系统更近一些。在这种情形下，差异是固定的，通常也确实是存在的。如果场地中有过道的话，那选择就会容易一些，可以沿着这条线来分离延时时间。如果不是这样的话，那最好还是按大多数情况来分割延时。空间交叠过渡的相位对齐问题就是一种折中。对于一个延时设定，主扬声器与延时扬声器间的交叠过渡实际上是对整个延时覆盖区的时间滞后。在多个延时

的情形下，主扬声器和延时扬声器间的主要关系被优化，并且延时间局部水平过渡的折中较小。几乎没有人受到负面的影响。考虑到这种实验：主扬声器和延时扬声器间的空间交叠过渡必须是高度重叠。多个挑台下扬声器间的空间交叠过渡应重叠的低一些。对高度重叠的交叠过渡应优先进行相位对齐处理。

　　还有许多其他类型的延时两分法。这些方法的原理也可以帮助我们确定处理方法。

第五节　操作步骤

我们已经了解了各自校准程序。它是我们的攻关秘籍，现在我们必须将它们组织到游戏的计划当中。这一计划就是操作步骤的具体化，即从每一系统中的每个单元开始，直到所有的系统单元都组合到一起为止。系统校准的操作步骤按照民主制度的原则进行：假定最长的声投射系统覆盖的听众人数最多，并且制定为字母 A；第二高声级的系统指定为 B，依次进行下去。

一旦我们对各个子系统进行完基本的初始校准，就可以开始执行将它们组合在一起的处理。我们的希望就像填字游戏那样将它们组合在一起。如果不能实现组合，则要回过头来重新对子系统进行校准工作。

在组合工作开始之前，对所有子系统的如下这些操作必须完成：

1. 通过 ONAX、OFFAX 和 XOVR 位置找到扬声器的焦点。

2. 对 ONAX 位置进行初始声级和均衡设定。

3. 针对局部区域进行声学处理（任意传声器位置）。

组合的步骤包括：

1. XOVR 位置的延时设定。

2. 针对 ONAX 和 XOVR 位置间的最小变化进行声级或扬声器位置的调整（如果需要的话）。

3. ONAX 位置的组合均衡调整（如果需要的话）。组合的方法所遵从的操作步骤与数学处理类似。这里给出一个公式的例子：

$$(((A_1+A_2) + (B_1+B_2)) + (C_1+C_2))$$

第一个操作就是对 1 和 2 进行组合，比如（A_1+A_2），接下来对 A 和 B 进行组合，最后在加进来 C，直到完成所有组合。

校准操作步骤的优先次序为：

1. 耦合子系统：在与其他子系统组合之前必须先将耦合阵列的对称子系统联系起来，比如主扬声器组的水平对称耦合点声源必须在加进侧向补声系统之前完成组合。

2. 耦合子系统：在与其他子系统组合之前必须先将耦合阵列的非对称子系统联系起来，比如主扬声器组的向下补声系统对称耦合点声源必须在完成与非耦合前向补声系统组合之前与主扬声器联系在一起。

3. 最长投射：必须覆盖最远距离的系统要先于覆盖较近区域的系统进行组合。

4. 最近的系统

例如：

(((（主系统上部朝内单元 + 主系统上部朝外单元）
+（主系统下部朝内单元 + 主系统下部朝外单元））
+（前方补声朝内单元 + 朝外单元）))

图 12.34 示出了要遵守的基准参考图表（如图 12.35 ～图 12.41 所示）。每一图表给出了大量的扬声器单元、传声器位置的分类、校准中信号处理的功能和扮演的角色。这一系列图表示出了扬声器型号、想要的投射距离和间距的典型变化。根据阵列的类型，间距可以是角度、侧距和两者兼有。虽然系列图表并不打算涵盖每一种可能状况，但是从中还是可以看到足够多数量上的逻辑关系和变化趋势，使读者可以将这些方法应用于场地中所见阵列的组合上。对称阵列需要的传声器位置和处理通道最少。它们具有最大数量的 SYM 传声器位置，这是最简单的处理。通过对比非对称的所有形式（型号、距离或间距），必须全面描述专门的传声器位置和独立信号处理通道控制的非对称性。这些图表的目的就是要显示校准处理的系统解决方案。

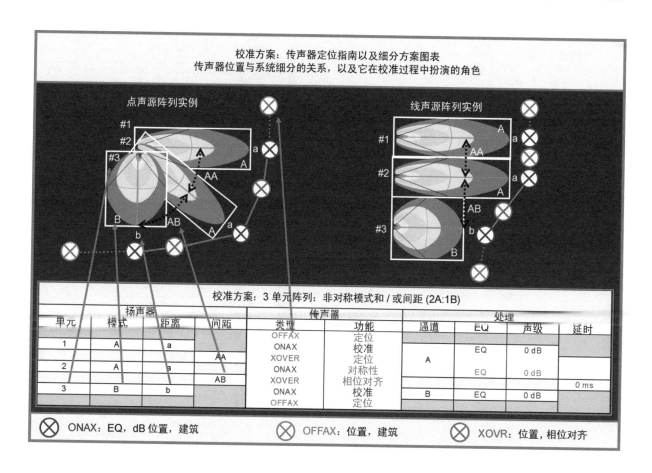

校准方案：传声器定位指南以及细分方案图表
传声器位置与系统细分的关系，以及它在校准过程中扮演的角色

点声源阵列实例 　　　　　线声源阵列实例

校准方案：3 单元阵列：非对称模式和 / 或间距 (2A:1B)

单元	扬声器 模式	距离	间距	传声器 类型	功能	处理 通道	EQ	声级	延时
1	A	a		OFFAX	定位				
				ONAX	校准	A	EQ	0 dB	
			AA	XOVER	定位				
2	A	a		ONAX	对称性		EQ	0 dB	
			AB	XOVER	相位对齐				0 ms
3	B	b		ONAX	校准	B	EQ	0 dB	
				OFFAX	定位				

⊗ ONAX：EQ，dB 位置，建筑　　　⊗ OFFAX：位置，建筑　　　⊗ XOVR：位置，相位对齐

图 12.34　用于不同阵列数量和配置的传声器位置和校准细分方法指南。图中所示的是三个单元的例子

校准的方案：1个单元

设计图案	单元	传声器 型号	范围	间隔	模式 类型	功能	处理 通道	EQ	声级	延时
	1	A	a		OFFAX A1	定位				
					ONAX A	校准	A	EQ	0 dB	
					OFFAX A2	定位				

步骤	传声器 扬声器	模式	传声器 类型	功能	操作程序
1	A	单一系统	ONAX A	定位	设定黄金基准参考声级
2	A	单一系统	OFFAX A1 & A2	定位	针对 OFFAX & ONAX 间的最小变化进行调整
3	A	单一系统	ONAX A	校准	初始 EQ

图 12.35　单个单元的校准方法。图中所示的是不对称取向。对称形式只需进行单次 OFFAX 测量

校准的方案：2 个单元阵列：对称 (2A)

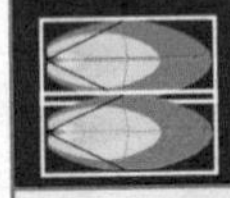

设计图案	单元	型号	范围	间隔	类型	功能	通道	EQ	声级	延时
					OFFAX A	定位				
	1	A	a		ONAX A1	校准		EQ	0 dB	
				AA	XOVER AA	定位	A			
					ONAX A2	对称性		EQ		
	2	A	a		OFFAX A	对称性			0 dB	

校准的方案：2 个单元阵列：对称 (3A)

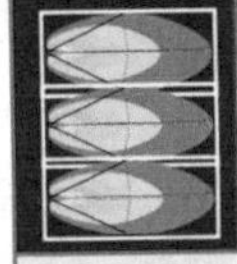

设计图案	单元	型号	范围	间隔	类型	功能	通道	EQ	声级	延时
					OFFAX A	定位				
	1	A	a		ONAX A2	校准		EQ	0 dB	
				AA	XOVER AA	定位	A			
	2	A	a		ONAX A1	校准		EQ	0 dB	
				AA	XOVER AA	对称性				
	3	A	a		ONAX A2	对称性		EQ	0 dB	
					OFFAX A	对称性				

校准的方案：4 个单元阵列：对称 (4A)

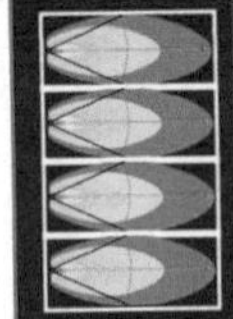

设计图案	单元	型号	范围	间隔	类型	功能	通道	EQ	声级	延时
					OFFAX A	定位				
	1	A	a		ONAX A2	校准		EQ	0 dB	
				AA	XOVER AA	定位	A			
	2	A	a		ONAX A1	校准		EQ	0 dB	
				AA	XOVER AA	对称性				
	3	A	a		ONAX A1	对称性		EQ	0 dB	
				AA	XOVER AA	对称性				
	4	A	a		ONAX A2	对称性		EQ	0 dB	
					OFFAX A	对称性				

操作步骤

步骤	扬声器 (s)	模式	类型	功能	操作程序
1	A	单一系统	ONAX A1	定位	设定黄金基准参考声级
2	A	单一系统	XOVER AA	定位	针对ONAX A1,XOVR AA,ONAX A2处最小变化进行设定
3	A	单一系统	OFFAX A	定位	针对OFFAX A & ONAX A1间最小变化进行设定
4	A	单一系统	ONAX A1 & A2	校准	基于两个ONAX定位进行初始均衡

图 12.36　完全对称系统的校准方法。对于较多数量单元的校准可以根据这里所示的趋势用内插的方法来实现

校准的方案：2 个单元阵列：非对称型号和 / 或范围 (1A:1B)

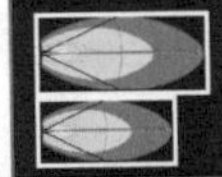

设计图案	单元	型号	范围	间隔	类型	功能	通道	EQ	声级	延时
					OFFAX A	定位				
	1	A	a		ONAX A	校准	A	EQ	0 dB	
				AB	XOVER AB	相位对齐				0 ms
	2	B	b		ONAX B	校准	B	EQ	0 dB	
					OFFAX B	定位				

操作步骤

步骤	扬声器	模式	类型	功能	操作程序
1	A	单一系统	ONAX A	定位	设定黄金基准参考声级
2	A	单一系统	OFFAX A	定位	针对 OFFAX A & ONAX A 间最小变化进行设定
3	A	单一系统	ONAX A	校准	通道 A 的初始均衡
4	B	单一系统	ONAX B	校准	针对声级 B 与黄金基准参考 A 的匹配进行设定
5	B	单一系统	ONAX B	校准	通道 B 的初始均衡
6	A+B	组合系统	XOVER AB	定位	针对ONAX A,XOVR AB,ONAX B处的最小变化进行设定
7	A+B	组合系统	XOVER AB	定位	设定通道 B 的延时
8	A+B	组合系统	ONAX A & ONAX B	校准	对 A+B 进行综合均衡
9	A+B	组合系统	OFFAX B	定位	校验覆盖边缘 B 外部

图 12.37　两个单元的不对称系统校准方法。该方法可以用于阵列中单只扬声器或者之前校准的阵列中的组合扬声器

校准的方案：3 个单元阵列：非对称型号和 / 或范围 (2A:1B)

设计图案	单元	型号	范围	间隔	类型	功能	通道	EQ	声级	延时
					扬声器			**传声器**		**处理**
	1	A	a		OFFAX A	定位		EQ	0 dB	
					ONAX A2	校准	A			
				AA	XOVER AA	定位				
	2	A	a		ONAX A1	校准		EQ	0 dB	
				AB	XOVER AB	相位对齐				0 ms
	3	B	b		ONAX B	校准	B	EQ	0 dB	
					OFFAX B	定位				

操作步骤					
步骤	扬声器 (s)	模式	类型	功能	操作程序
1	A	单一系统	ONAX A1	相位	设定黄金基准参考声级
2	A	单一系统	XOVER AA	相位	针对ONAX A1,XOVR AA,ONAX A2处的最小变化进行设定
3	A	单一系统	OFFAX A	相位	针对OFFAX A & ONAX A1间的最小变化进行调整
4	A	单一系统	ONAX A1	校准	通道A的初始均衡
5	B	单一系统	ONAX B	校准	针对声级B与黄金基准参考A的匹配进行设定
6	B	单一系统	ONAX B	校准	通道 B 的初始均衡
7	A+B	组合系统	XOVER AB	相位	针对ONAX A1,XOVR AB,ONAX B处的最小变化进行设定
8	A+B	组合系统	XOVER AB	相位对齐	设定通道 B 的延时
9	A+B	组合系统	ONAX A & ONAX B	校准	对 A+B 进行综合均衡
10	A+B	组合系统	OFFAX B	相位	检验覆盖边缘 B 外部

图 12.38　2A：1B 配置中三个单元的校准细分法

校准的方案：3 个单元阵阵：非对称型号，范围和间隔混合 (1A:1B:1C)

设计图案	单元	型号	范围	间隔	类型	功能	通道	EQ	声级	延时
					扬声器			**传声器**		**处理**
	1	A	a		OFFAX A	定位				
					ONAX A	校准	A	EQ	0 dB	
				AB	XOVER AB	相位对齐				0 ms
	2	A (or B)	b		ONAX B	校准	B	EQ	0 dB	
				BC	XOVER BC	相位对齐				0 ms
	3	B (or C)	c		ONAX C	校准	C	EQ	0 dB	
					OFFAX C	定位				

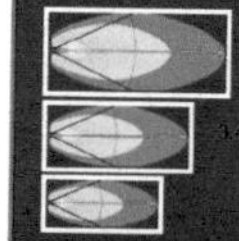

操作步骤					
步骤	扬声器 (s)	模式	类型	功能	操作程序
1	A	单一系统	ONAX A	定位	设定黄金基准参考声级
2	A	单一系统	OFFAX A	定位	针对 OFFAX & ONAX A 间最小变化进行调整
3	A	单一系统	ONAX A	校准	通道 A 的初始均衡
4	B	单一系统	ONAX B	校准	针对声级 B 与黄金基准参考 A 的匹配进行设定
5	B	单一系统	ONAX B	校准	通道 B 的初始均衡
6	A+B	组合系统	XOVER AB	定位	针对ONAX A,XOVR AB,ONAX B处的最小变化进行设定
7	A+B	组合系统	XOVER AB	相位对齐	设定通道 B 的延时
8	A+B	组合系统	ONAX A & ONAX B	校准	对 A+B 进行综合均衡
9	C	单一系统	ONAX C	校准	针对声级 C 与黄金基准参考 A 的匹配进行设定
10	C	单一系统	ONAX C	校准	通道 C 的初始均衡
11	(A+B)+C	组合系统	XOVER BC	定位	针对ONAX B, XOVR BC, ONAX C处的最小变化进行设定
12	(A+B)+C	组合系统	XOVER BC	相位对齐	设定通道 C 的延时
13	(A+B)+C	组合系统	ONAX A, B, C	校准	对 (A+B)+C 进行综合均衡
14	(A+B)+C	组合系统	OFFAX C	定位	检验覆盖边缘 C 外部

图 12.39　1A：1B：1C 配置中三个单元的校准细分法。对于增加不对称程度所示程序可能存在持续的不确定性

业界评论：关于小房间系统优化的一些要点：

1. 我发现听上去声音不错的小房间中的 80% 只需将扬声器摆放在合适的位置，并在合适的位置听音就能实现。虽然要做到这一点需要进行一些试验来平衡扬声器的边界反射，但是一旦找到正确的比例关系，所需要的室内声学处理就会最小，而均衡就成为蛋糕上的糖衣而已。当然，如果房间的振动模式确实很糟的话，那么就会让你头痛不已了。

2. 还记得 Dustin Hoffman 在影片"毕业生"中学院毕业庆典中的场景吧，其中一位商人对他说："我只有一句话对你说，孩子：去做一下整形手术"。在此我也只对你说一句话：让一切对称起来。如果你只能做对一件事，那就应该是让你的控制室尽可能对称。这是什么意思和为什么呢？如果扬声器不能在房间中对称摆放，那么它们将会有不同的频率响应。这便意味着左和右扬声器重放出的音乐听上去不一样，原本在中间的声像会偏离中央，音乐也会偏向不正确的单声道。

图 12.40 1B：2A：1B 配置中四个单元的校准法

校准的方案：4 个单元阵列：非对称型号和 / 或距离 (1B:2A:1B)

单元	扬声器 型号	扬声器 范围	扬声器 间隔	传声器 类型	传声器 功能	处理 通道	处理 EQ	处理 声级	延时
1	B	b		OFFAX B	定位				
				ONAX B1	校准	B	EQ	0 dB	
			BA	XOVER AB	相位对齐				0 ms
2	A	a		ONAX A1	校准	A	EQ	0 dB	
			AA	XOVER AA	定位				
3	A	a		ONAX A2	对称性		EQ	0 dB	
			AB	XOVER AB	对称性				0 ms
4	B	b		ONAX B2	对称性	B	EQ	0 dB	
				OFFAX B	对称性				

操作步骤

步骤	扬声器 (s)	模式	传声器 类型	传声器 功能	操作程序
1	A	单一系统	ONAX A1	定位	设定黄金基准参考声级
2	A	单一系统	XOVER AA	定位	针对 ONAX A1,XOVR AA,ONAX A2 处的最小变化进行设定
3	A	单一系统	ONAX A1	校准	通道 A 的初始均衡
4	B	单一系统	ONAX B	校准	针对声级 B 与黄金基准参考 A 的匹配进行设定
5	B	单一系统	ONAX B	校准	通道 B 的初始均衡
6	A+B	组合系统	XOVER AB	定位	针对 ONAX A1,XOVR AB,ONAX B 处的最小变化进行设定
7	A+B	组合系统	XOVER AB	相位对齐	设定通道 B 的延时
8	A+B	组合系统	ONAX A & ONAX B	校准	对 A+B 进行综合均衡
9	A+B	组合系统	OFFAX B	定位	检验覆盖边缘 B 外部

图 12.41 3A：1B 配置中四个单元的校准法

校准的方案：4 个单元阵列：非对称型号和 / 或距离 + 间隔 (3A:1B)

单元	扬声器 型号	扬声器 范围	扬声器 间隔	传声器 类型	传声器 功能	处理 通道	处理 EQ	处理 声级	延时
1	A	a		OFFAX A	定位		EQ	0 dB	
				ONAX A3	校准				
			AA	XOVER AA	相位对齐	A	EQ	0 dB	
2	A	a		ONAX A1	校准				
			AA	XOVER AA	定位		EQ	0 dB	
3	A	a		ONAX A2	对称性				0 ms
			AB	XOVER AB	对称性				
4	B	b		ONAX B	对称性	B	EQ	0 dB	
				OFFAX B	对称性				

操作步骤

步骤	扬声器 (s)	模式	传声器 类型	传声器 功能	操作程序
1	A	单一系统	ONAX A1	定位	设定黄金基准参考声级
2	A	单一系统	XOVER AA	定位	针对 ONAX A1,XOVR AA,ONAX A2 处的最小变化进行设定
3	A	单一系统	OFFAX A2	定位	在 OFFAXA & ONAX A1 间设定为最小变化量
4	A	单一系统	ONAX A1 & A2	校准	基于两个 ONAX 定位进行初始均衡
5	B	单一系统	ONAX B	校准	针对声级 B 与黄金基准参考 A 的匹配进行设定
6	B	单一系统	XOVER BB	定位	针对 ONAX B1,XOVR BB,ONAX B2 处的最小变化进行设定
7	B	单一系统	ONAX B	校准	通道 B 的初始均衡
8	A+B	组合系统	XOVER AB	定位	针对 ONAX A1,XOVR AB,ONAX B 处的最小变化进行设定
9	A+B	组合系统	XOVER AB	相位对齐	设定通道 B 的延时
10	A+B	组合系统	ONAX A & ONAX B	校准	对 A+B 进行综合均衡
11	A+B	组合系统	OFFAX B	定位	检验覆盖边缘 B 外部

3. 录音工程师似乎还在遵循原有的习惯，就是在讨论房间的特性调整时，许多人还是相信 1/3 倍频程均衡器的作用。在过去分析仪只有 1/3 倍频程形式的，这样的处理是唯一的选择；而如今，只有利用高分辨率分析仪才能参量均衡器的作用做出判断，因为这时可以准确地判断出现有问题对应的中心频率，并且调整适合现有均衡曲线的带宽。使用 1/3 倍频程均衡器工作，会存在固定的 Q 值和中心频率的限制。这就像用涂了黄油的手术刀做脑部外科手术一样。

4. 在处理像人声小室，小型控制室或家庭影院这样情况时，人们常犯的错误就是将 1 英寸（0.0254m）厚的压缩玻璃纤维材料布满所有的墙壁。虽然这样做可以消除颤动回声，但是却改变了房间的声学响应。所有的高频端能量都被吸收掉了，只留下了不确定的低频。吸声处理只应该在需要的地方进行，不适于整体处理，它应该对高频和低频的能量进行很好的平衡才对。

第六节　实际应用

即便是最复杂的扩声系统设计的校准也可以分解成系列程序和操作步骤。一个步骤一个步骤、一个子系统一个子系统地进行，将每一部分拼接在一起，就像缝被子一样。图 12.42 ～图 12.44 示出了处理的典型例子。

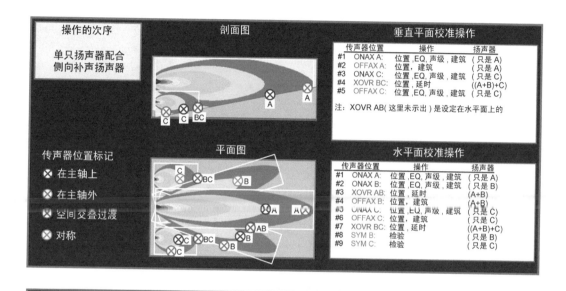

图 12.42　应用于一个实例中的操作步骤

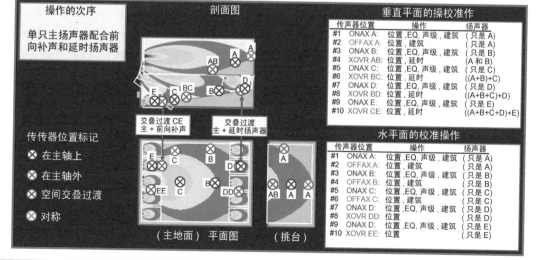

图 12.43　应用于一个实例中的操作步骤

501

5. 不要相信老妇人的故事：近场不受房间声学因素的影响。将物理上的定律应用于房间中的扬声器上面，因为大多数演播室监听在 200Hz 以下都具有不错的全指向特性，所以这样的物理边界肯定会对声音产生影响。另外，设定在调音台表桥上的近场监听会因为调音台表面产生的 1 次反射导致严重的梳状滤波问题出现。

鲍勃·霍达斯（Bob Hodas）

业界评论：在绝对必须做一件事情的时候，我好像相当擅长做其中的某一件事。虽然我们在安装和优化系统时都想将要做的每一件事都列在清单上，但是这需要时间，尤其是在巡回演出的时候，我们没有充足的时间将这些问题梳理清楚。这就是必须开始编辑清单和重新设定优先权的时候。有时人们必须果断一点，因为你在浪费时间，而其他的部门可能已经就位了。你所在做的编辑和优先权排队是整体的事情，而不只是你一个部门的事情。

亚历山大·尤尔－桑顿二世
（桑尼）（Alexander Yuill-
Thornton II（Thorny））

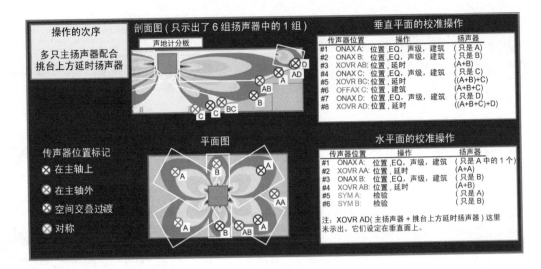

图 12.44 应用于一个实例中的操作步骤

操作的次序

多只主扬声器配合挑台上方延时扬声器

剖面图（只示出了 6 组扬声器中的 1 组）

声地计分板

垂直平面的校准操作

	传声器位置	操作	扬声器
#1	ONAX A:	位置,EQ,声级,建筑	(只是 A)
#2	ONAX B:	位置,EQ,声级,建筑	(只是 B)
#3	XOVR AB:	位置,延时	(A+B)
#4	ONAX C:	位置,EQ,声级,建筑	(只是 C)
#5	XOVR BC:	位置,延时	((A+B)+C)
#6	OFFAX C:	位置,建筑	(A+B+C)
#7	ONAX D:	位置,EQ,声级,建筑	(只是 D)
#8	XOVR AD:	位置,延时	((A+B+C)+D)

传声器位置标记

⊗ 在主轴上
⊗ 在主轴外
⊗ 空间交叠过渡
⊗ 对称

平面图

水平面的校准操作

	传声器位置	操作	扬声器
#1	ONAX A:	位置,EQ,声级,建筑	(只是 A 中的 1 个)
#2	XOVR AA:	位置,延时	(A+A)
#3	ONAX B:	位置,EQ,声级,建筑	(只是 B)
#4	XOVR AB:	位置,延时	(A+B)
#5	SYM A:	检验	(只是 A)
#6	SYM B:	检验	(只是 B)

注：XOVR AD（主扬声器＋挑台上方延时扬声器）这里未示出。它们设定在垂直平面上。

第七节　最后的处理

人们必然会问起这样的问题：我们如何才能结束这种只能接近，但绝不会达到完美结果而反反复复进行的处理过程呢？尽管我们知道绝不可能在每一座席达到完美的匹配，但是充分组合的系统可以尽可能靠近我们的目标。如果这是不可接受的结果，那么就需要再拆解成部分，对这些部分进行调整，然后再进行组合。有些场合还会有另外一种方案能表现出相同的优点。这时我们可以先尝试空间分割，并组合系统这种方法，然后再尝试另一种方法。讨论到底哪种方法好，还不如"两种方法都尝试一下"。

要想结束这种接近，我们要耗费一定时间。严格地讲，只要有时间，我们就会从中学到更多的东西。我们眼下所掌握的知识，一定会在日后有用武之地的。

审听

人耳是训练过的专业声频工具。每只耳朵（和听觉系

统）本身就有固有生理上的差异。它们在不同的时间或人生的不同阶段所表现出的特性都不相同。如果我们深入研究就会发现：人耳有时还会有调整局部环境声压的处理能力。如果暴露于舞台上的高声级下，我们的动态门限会发生临时性偏移。如果长时间地暴露于高声级之下，则有可能导致我们的动态和频谱响应产生永久性的偏移。我们这些人十分幸运地成长，感知动态和频谱范围的下降都在正常人的衰老范围内。这些和其他的因素使得耳朵成为优化处理过程中的主观评价的工具。

耳朵是与大脑相连的，大脑中包含有供比较的基准数据库。每个人的数据库会随着听音经验的增加而扩大，并且每个人的数据库都是唯一的。通过数据库客观的测量可以引入固有的主观偏差。这可以让两个人听音经验的质量达到一致。我们是如何知道声音听起来像小提琴呢？这一知识是来源于我们听音数据库中数千次对小提琴的听音经验产生的基准。随着时间的流逝，我们逐渐积累产生了对小提琴、小提琴组和用琴弓打弦时声音细节期望响应的信

业界评论：当调音工程师第一次利用经过 SIM 调谐过的扬声器系统工作时，他们都感觉似乎低频能量有些缺乏。作为多年来一直使用 SIM 的工程师，每当出现这样的情况时我都常常被问到这样的问题。仔细观察一下调音台面板上每一通道的设置就会发现高通滤波器使用的太过了。这样的调音方法将会导致过多的噪声能量集中在高音区。

这时我会告诉调音师："就按我说的话去做，……"例如，我可能会说："取消掉高通滤波器，并将推子（声级）拉低一些！如果不这么做，就只有重新再来了。此外，这是彩排，不能做任何无益的事情。我们因此丢失了一些内容了吗？"

调音工程师只要肯按我说的去做，他就会能在创建出色的音响效果工作中取得最大概率的成功！

麻栖秋良（Akira Masu）

业界评论：在很多的场合，当彩排开始时我发现自己使用的是没有优化过的系统。如果没有基于转移

息图。这就是听耳训练，通过训练使其担任评价扩声系统性能的任务。我们进行不同瞬间的听音比较，这是内部的"转移函数"，与记忆的信息图像对照并得出结论，之后的问题就是与期望响应的匹配程度。

耳朵／大脑系统也将前后的因果关系引入到这一平衡体中。当聆听声音时，我们连带环境一同进行评价。它听上去像这一距离听到的声音吗？空间大小与其混响量成比例吗？训练过的耳朵／大脑系统知道必须要使用的评价标准，标准中包含有因果关系的判断，比如"篮球场后排可接受效果"的信息。

对于音响工程师而言，最后的记忆信息图是其个人的节目"喜好"。我们对基准节目都存在喜恶关系。我们在不同的地方通过不同的扩声系统多次听过这个节目，它已经永久地留在我们的脑海中了。新的系统必须要满足这样的标准。

耳朵／大脑训练的过程是贯穿一生的。对这一过程的帮助莫过于复杂的声频分析仪。我们在屏幕上所见到的与对已知声源（比如 CD）感知间的联系构成了训练过程的闭合环路。如果我们在分析仪上看见的一些事情确实很陌生，那么我们可以回到传声器位置再听听。如果我们在房间中走动时听到一些陌生的东西，那么可以将传声器移到那里并研究其声音特性。这将有助于我们观察有前后因果关系的曲线，并认识房间的过渡趋势。在优化过程结束时，我们常常一边走动一边听我们熟悉的基准乐曲，根据听音的效果来调整音响系统。在大多数情况下，调整是微小的，但在所有的情况下我尝试了解在数据翻译转换中丢失的信息。如果需要进行优化后的调整，那么我知道这一答案可以从数据中发现。这成为开展下一步工作所做功课的一部分。

行业中有一个长期存在的问题：分析仪和耳朵哪一个

更好一些呢？我们用下面的事例来说明这一问题。你想把钉子钉到木头中，是选择用手还是用锤子呢？答案是两者都用。只用手，又慢手又痛；没有手，锤子就没有用途，只用将两者结合起来才是构成强有力的组合。最后，如果没有大脑指挥我们进行这一操作，那么任何的工具都是没有用途的，所以分析仪和耳朵两者要紧密结合，才能完成工作。

第八节　优化

12.8.1　利用节目素材做声源

双通道 FFT 分析仪的强大功能之一就是能够利用未知的声源素材进行准确地转移函数测量。我们是"独立于声源"的（这是 SIM™ 缩略语的原意）。声源独立意味着我们可以在演出进行的过程中，以节目素材作为基准声源继续分析音乐厅满场的响应。这里的独立是有限制的，我们最终所需要的是可激励出所有频率成分的声源。我们不止关心步骤。如果声源的频谱密度低的话，要想得到数据则必须长时间等待。如果数据是高密度的（比如粉红噪声），那么我们可以很快完成工作。

结果就是能连续客观地对系统响应进行监听的优化处理过程。一旦音响系统处在工作状态，则控制就掌握在艺术部门的手中：调音师的手中。要提的是，这是一个潜在高度紧张的工作环境。大量的决定必须实时地做出，并且必须要执行。所进行的优化在客观上允许停留在适当的位置上，以协助进行领航处理。

有许多可持续优化的方法能够帮助进行声学处理。第

函数的测量系统的话，我就好像置身于没有划桨的小船上。利用转移函数测量，我可以在不干扰除调音工程师以外的任何人的情况下开展工作，调音工程师必须等我调整好主系统情况下，才能开展他的重要工作。利用转移函数测量系统，我们可以很方便地在节目进行过程中的任何时候对延时设定进行设定和检查。

亚历山大·尤尔–桑顿二世（桑尼）（Alexander Yuill-Thornton II（Thorny））

业界评论：在调谐系统之后，下午交响乐开始彩排，之后不久 Ray Charles 就来了。接下来整个一下午我都在摆弄分析仪。虽然主阵列使用的滤波器很少，但是大约在 200Hz 处还是采用了典型的切除滤波进行了非常大的衰减。随着彩排的进行，我明显地感觉到房间响应的变化，这时需要减小 200Hz 滤波器产生的衰减，之后我进行了轻微的调整，并与调音师进行了沟通。刚过不久，变化又发生了，我再次将衰减减小了一些，同时还必须对所使用的

一个方法就是响应变化的检测，并共享该信息。在有些情况下恢复响应要采取一些行动，这样可以让调音师在演出进行过程中不必进行大量的重新调音工作。在调整选项受限时，它有助于调音师方便地得到差异，并在调音时对此加以考虑。

系统搭建和演出时的情况存在着许多变化，甚至在演出的不同阶段也有变化。只有用分析仪将这些变化部分检测出来，才能进行优化处理。

针对单个节目通道从系统搭建到演出的变化：

1. 室内声学条件的动态变化（由于存在观众的原因）
2. 传输和叠加环境条件的动态变化（因温度和湿度带来的变化）
3. 舞台辐射声源（乐队等）的声泄漏
4. 舞台声源传输（舞台监听等）的泄漏
5. 从扩声系统到舞台传声器的再输入叠加
6. 舞台传声器之间产生的复制输入叠加（泄漏）

12.8.2　有观众的情形

几乎可以肯定的是：观众的存在会提高整个大厅的吸声能力，但影响并不是均匀分布的。地面反射导致的变化最大，而天花板导致的变化则最小。变化的程度在很大程度上将取决于座席区的声学特性，它的影响要比观众有无更重要。最极端的情况就是从没有装饰处理的硬地面到挤满站立观众的这种过渡。我们发现，在有软靠垫座席的大厅里演出，观众对变化的影响最小。在任何情况下，最强的局部影响是早期反射声的变化，这将导致局部区域波纹起伏变化的改变，这要通过均衡调整来加以处理，来自其他边界表面的次级反射同样也被减小。这些后来的反射也会对局部的波纹起伏变化结构产生影响。随着时间差的提

高，虽然实用的均衡频率范围会减小，但是频率范围的上限同样会受影响。随着频率的提高，吸声能力会加大，这样便降低了细小的波纹起伏变化，改善了相关度。处于 FFT 时间窗口之外的，被视为噪声的反射被减小，使得信噪比（相关度）提高。

另外一个因素就是由于观众的存在导致的噪声声级的提高。乐迷的尖叫，人群的跟唱，以及安静乐段人们发出的干咳声音都会导致数据质量的下降。一般而言，观众发出的声音越响，分析仪给出的信息的信度就会下降越多。如果观众是朝着乐队发出尖叫，则还好办；如果是冲着我们的，则再用分析仪进行分析就不是一个明智的选择了。

12.8.3　温度与湿度

温度和湿度都会改变直达声和反射声通路。温度升高会改变反射声的结构，就好像房间减小了一样，直达声会更快地到达听众处，反射声同样如此（如图 2.81 所示）。虽然温度变化可能导致声速均等变化 1%，但是它会在每一通路产生不同时间量的变化结果。因此基于波纹起伏变化的所有反射都要重新排列，它们所依据的是绝对数值表示的时间差，而不是百分比。主扬声器和延时扬声器间的关系会因传输速度的变化而发生改变。关于这一点我们都十分了解，有些延时线的制造商甚至将温度传感器也做在设备中，以便跟踪变化并进行自动地补偿。尽管两者的机制是一样的，但相对于反射变化而言，因温度变化导致的扬声器延时偏差比较容易观察。延时系统的变化从同步到超前（或滞后）。反射变化从滞后或更加滞后。考虑这种情况，这种方法会如此：如果忘记为挑台下扬声器设定延时，那么当温度变化时，这还将改变它们与主扬声器间的关系。我们可以期望分析仪能在屏幕上显示出如下的响应变化：

一部分高频衰减进行了小的修正。这时我开始问我自己：为什么会发生变化呢？是因为场地中没有观众吗？我抬起紧盯着计算机屏幕的双眼，环顾一下四周，这时我发现场地的工作人员正在悄悄地安装舞台前部的座位。

另外场地的工作人员还悄无声息地拉下了窗帘。这就是那一天所发生的令人惊讶的现实变化。这下我完全明白了为什么这种工具对于现场演出的声音是如此重要，由于现实环境的各种变化都会对扬声器系统的表现产生影响。

约翰·蒙托（John Monitto）

业界评论：有些房间在观众进入之后并没有太大的变化，而有些房间则会变化很大。这些变化中有些是由座位区的反射导致的，而另一些则是由空间建筑特性映射的能量导致的。在这两种情况下，观众可以改变所发生的现象。首先可以将舞台的环境变得更好，同时还可以使有些低频调整变得不必要了。第一个原因

波纹结构的中心频率的重新分布，波纹起伏变化中某些部分的幅度范围的变化，相关度的改变，以及需要进行一定微调的延时系统响应。

湿度变化作用相当于 HF 范围上的一个移动的滤波器，其影响再次发生于局部。在这种情况下，变化量与传输的距离有关。投射距离越长，空气吸收影响就会按比例增强，因此变化的影响对于长距离的声传输影响较严重。即便是大范围的相对湿度变化，对于短距离投射的扬声器产生的差异变化也很小；对于长距离投射系统而言，则会导致 HF 响应的移动。这会妨碍用于补偿整个系统的总体主滤波器的选择。任何校正测量都要将相对距离考虑进去。我们期望分析仪在其屏幕上看到如下的响应差异：HF 响应的变化。

12.8.4　舞台的声泄漏

现场舞台上的演出者的表演声音会泄露到扩声系统的覆盖区，这一问题在第 4 章中已经进行了一定深度的讨论。来自舞台的泄漏量每一时刻都会发生变化。听众可能难以区分他们所听到的声音是来自舞台泄漏还是来自扩声系统，这或许也是非常想要的效果。另外，不受控制的乐队调整和舞台监听是调音工程师的梦魇，因为缺少隔离，他们不能维持对调音的控制。

从测量点角度来看，即便是艺术上让人愉悦的舞台声源混合和少量的扩声设备对数据的获取都会有所削弱。泄漏是对数据的干扰，它降低了数据的可靠性，同时也限制了对处理方案的选择。如果当演出开始时某些频率范围上的波峰表现于扩声系统转移函数响应中，那么我们就会被叫去解决问题了。如果波峰是由舞台声源的泄漏造成的，则我们就是虚惊一场。如果信号并没有通过均衡器，那么

置于波峰频率处的反向滤波器就不会将其去掉。舞台泄漏将扩声系统短路了，我们不能通过调音台来进行控制。如果情况进一步恶化，多踪波形检测器（相关度响应）就会被泄漏所欺骗。包含在泄漏声信号中的波形就表现在调音台的电子响应中。它们是如何混进来的呢？当然是通过所有的传声器。由于波形被识别出来，相关度还能维持很高，所以波峰就表现为响应上的可处理修正，除非并不打算去掉它，否则不论多大的均衡都要用。

检测舞台泄漏的方法并不唯一。人们要不断尝试，并对其均衡处理。如果有作用，那则是再好不过了。如果无作用，则问题可能就是泄漏造成的。虽然这有点像钓鱼探险，但是调音师并不欣赏这么做，最终的手段就是测量。首先要考虑的问题很明显：我们的耳朵和眼睛能告诉我们什么呢？我们在一个小俱乐部中，其中的吉他手有四个 Marshall 音箱组。这里边就存在着泄漏的问题。接下去要考虑的问题也就顺理成章。是什么机制导致在系统设置与和演出之间产生了 10dB 波峰的呢？如果这是因为有观众进场所引发的，那么为什么波峰的形状会一直变化呢？在调整均衡器的旋钮或动延时之前，我们必须考虑如何才能看到由于观众进场和环境条件的原因给声传输和叠加所带来的变化。大范围的变化和歌曲与歌曲的不稳定是针对乐队的；小量的变化和较为稳定的变化是针对房间的扩声系统的。这些都是值得冒险尝试的。

12.8.5　舞台传声器的叠加

在利用调谐好的系统播放标准的参考 CD 时，在每一位置听，我们会感觉效果不错，而当乐队登台演出时感觉，系统会有完全不同的特性。除了刚刚讨论过的舞台声源泄漏到听众区的问题之外，还有更危险和麻烦的问题：传声

是渗透到测量中的，但却常常被忽略掉；而第二个原因则使声音的低频听上去有很大的变化。如果打算纠正座位区的反射，则可能会在观众就座的演出开始之后再去打扰观众。

亚历山大·尤尔－桑顿二世（桑尼）（Alexander Yuill-Thornton II（Thorny））

业界评论：如果音乐会期间发现频率响应发生突然的变化，那么不要匆忙进行校正，而是首先要找出问题的原因。这将减轻你的工作强度和减少对校准的阻碍因素，有时问题就是由风和其他天气因素带来的，这些是不能由 EQ 解决的。虽然这样会慢一些，但我们可以做到胸有成竹。

Miguel Lourtie

器/传声器叠加（这在第4章中讨论过）。来自舞台声源或者扩声系统的泄漏回传声器，成为扩声系统声信号的一部分。通过舞台传声器将大量的梳状滤波响应引入到混合的调音信号中。虽然我们能听到所有这一切，但是分析仪看不到它。为什么呢？因为这发生在调音台中。我们的基准参考点是调音台的输出，这时损失已经发生了。最容易的方法是利用反向逻辑来检测它：问题的关键是我们能听到，但分析仪却看不到。我们已经充分掌握了扩声系统波纹起伏变化的标准演变过程。有一件事是可以肯定的：如果我们停下来不动，那么波纹也就停住不动；而我们移动，波纹也随着移动。其相反的一面可能就是真正的传声器/传声器叠加。这里的波纹演变进程受舞台关系的控制。如果舞台声源移动，波纹也移动；如果我们坐下来不动，同时波纹移动，则在接触扩声系统之前要改变叠加进程（除非有风吹来，才会导致类似的效果）。隔离这一效果的最有效方法就是保留良好的记录。在演出（乃至声音检查）前存储给定位置的数据。如果转移函数响应在面对我们耳朵所听到的大范围时，变化保持相对的稳定，那么我们就有确凿的证据证明解决方案是取决于艺术/科学的边界的另一侧。这一信息可以拿来使用，要让调音师知道我们解决不了这一问题，他们必须自己处理，这给调音带来巨大的利益。在一个传声器通道中的混合能够使整个 PA 听上去像是在水池的水下，问题必须在调音台中解决。如果我们尝试在扩声系统上解决那就大错特错了。首先，由于在分析仪中看不到它，所以必须用耳朵来听。除非我们现在就针对舞台传声器，而不是房间来调谐 PA，否则这并不成为问题。现在其他的每个声源就会失谐。如果打算用耳朵来确认分析仪不能指示的变化，那么就必须要与艺术家们沟通。我们将通知调音工程师我们正在与其一起对演出进行混音，这可能转换的并不好。虽然我们始终使用耳朵来工作，但

是我们必须学习的、最重要的听耳能力训练之一就是分辨出我们正在聆听的问题是处在艺术/科学分界线的哪一侧。我们这一侧所关注的重点就是房间几何空间中的可闻声变化。如果有些地方的声音听上去不好，那么就要对其处理。如果每一处的声音听上去都不好，就不用处理它了，直接告诉调音师让他来处理就行了。

12.8.6　反馈

进入传声器的再输入叠加的最差情况就是反馈。反馈在转移函数测量中是很难检测的。为什么呢？因为它同时存在于电参考基准和声学信号中。唯一的线索就是被怀疑的频率可能突然有完美的相关性，这对我们并没有什么帮助。反馈的检测可以用单通道模式的 FFT 分析仪来完成，从中我们能看到频谱的绝对值。反馈频率将会从频谱中突出出来，并将其识别出来，但这已经太晚了（如图 12.45 所示）。

12.8.7　多声道节目素材

我们刚刚讨论的内容都是针对单声道节目的。似乎在立体声和其他多声道格式在声学空间中进行声音的混合的情况下得到清晰和稳定的数据并不十分困难，但现在我们加大了扩声系统通道间的泄漏复杂性。电学的观点总是一些特定的通道，而声学的观点则是种共享的观点，其中包括了来自其他通道的相关和非相关素材。例如立体声就是相关和非相关信号的变化混合。在某一时刻主要的信号是系统间所共享的，而下一个时刻所感兴趣的通道声音在被控制之下保持不变，并且之后相对立的一方泄漏到空间中。立体声是种让人感觉非常美妙的听音经验。不幸的是，要

业界评论：设定延时时间的低成本的方法是使用一对对讲机。将其中一个对讲机的耳机输出作为分析仪的传声器输入，将另一单元的输出送至需要进行延时的大部分听众区域，并将传声器打开。现在打开主扬声器，并记下延时时间。将延时插入到延时扬声器上，直到它与几下的主扬声器延时一致。再次在两个系统上使用延时检测，并检验校正的一致性。这是用于延时设定的唯一可用的方法。

唐皮尔森（唐博士）（Don（Dr Don）Pearson）

业界评论：在优化音响系统犯过多次错误的人给出的建议。

● 决不要将传声器任意放在某一位置上进行优化。

● 优化工程师的工作不是追求音质，而是追求声音的一致性。

● 始终考虑声音形式的复杂性：声级、频率、时间（相位）和波长（第 1 章）。

● 如果你想在叠加上赌博的话，那么你一定要知道取胜之道才行（第 2 章）。

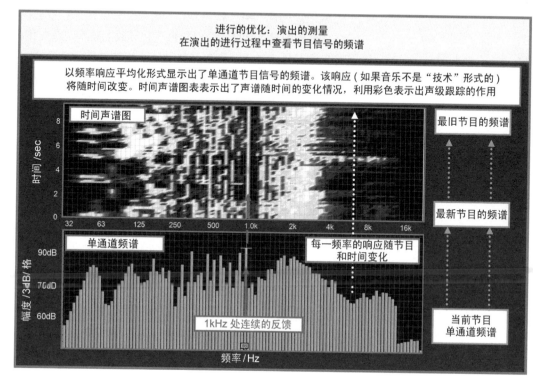

进行的优化：演出的测量
在演出的进行过程中查看节目信号的频谱

以频率响应平均化形式显示出了单通道节目信号的频谱。该响应（如果音乐不是“技术”形式的）将随时间改变。时间声谱图表示出了声谱随时间的变化情况，利用彩色表示出声级跟踪的作用

时间声谱图　　最旧节目的频谱

最新节目的频谱

单通道频谱　　每一频率的响应随节目和时间变化

90dB

70dB

60dB

1kHz 处连续的反馈　　当前节目单通道频谱

频率 /Hz

图 12.45　显示出反馈的直方图

想优化环境所面临的挑战非常大。准确匹配的立体声系统的中心位置是唯一的，即两个系统重叠后无波纹变化的位置。然而它在混音时的电平变化最高。被声像电位器调整到相对通道上的信号所具有的电基准电平相对于到来的声信号而言很小，并且通过对转移函数响应进行增益调整才可观察。如果信号声像并不是完全调整到一边，调音台基准信号将认为数据有效，这将混淆相关度响应，相关度将会下降，因为混音中的变化导致响应的改变。这种不稳定性降低了相关度。相关的问题是：我们能用这种数据做什么呢？它并不稳定。我们是要调整均衡器和电平控制使其稳定吗？当然不是。因为它是立体声节目。这是预想中的

变化。所以如果我们不能得到稳定的响应，则要限制传声器的使用。有人可能要说：我们需要传声器来确保混音位置的响应不发生变化，如果是立体声节目，则所有的传声器都能证明混音位置响应是变化的。

12.8.8　演出时传声器的位置

有关测量传声器定位的问题已经强调过多次了。不幸的是，当听众进场之后这些位置几乎都不可能再使用了。绝大多数情况下，我们可选择的十分有限，这样便大大降低了演出过程中可用数据的质量和数量。演出中传声器的

● 知道什么时候保持不变（耦合区）。知道什么时候是混叠（隔离区）。

● 无限范围要求采用具有一定角度隔离测量的耦合阵列（第2、第7章）。

● 非耦合阵列的范围必须是有限的（第2、第7和第9章）。

● 在两个声源等声级交汇时，它们一定要等时间交汇（相位对齐的分频器）（第2章）。

● 充分了解系统中的每一种声学交叠过渡，频谱上和空间上的（第2章）。

● 将立体声覆盖限定在可能感知立体声的区域（第3章）。

● 别指望通过房间的处理来修正音响系统的问题（第4章）。

● 决不要相信没考虑相位参量的声学预测程序的结果（第5章）。

● 在耦合阵列中不谈0°的问题（第7章）。

● 只要按照点声源的方式使用，"线阵列"扬声器就会有非常大应用潜力（第7章）。

● 耦合点声源中的最小变化是通过高频的波束扩散和低频的波束集中来取得的（第7章）。

角色不同于之前的角色。现在我不再需要建立扬声器位置的倾角。因此ONAX和XOVR位置直接就放弃了。首要的任务是监视动态环境和声学特性变化导致的频率响应变化。如果主系统上ONAX位置与其他子系统和其他声音通道的隔离程度很大，那么就可以享用高度相关的数据了。在这种情况下，将获得的演出响应与演出前获得数据进行比较，并根据要求进行变化，以建立起之间的连续性。如果隔离的ONAX位置不能应用，则放弃这一位置。首先要确定的是隔离较弱的位置，在那里受相关系统的影响比较明显。例如，长距离投射的主阵列覆盖区内的位置，附近的空间交叠过渡区进入了中距离投射的系统中。由于附近系统强度的关系，这时的调整只会对组合响应有较小的影响。由于演出过程中，将XOVR位置作为均衡作用，其响应太不稳定，所以该位置基本不能使用，这就如同在系统搭建时不能将其用来均衡一样。

这就是演出。我们不能有选择地哑掉部分系统，以便能清楚地观察特定子系统的特性。每一系统始终都是开着的，即便子系统的最佳ONAX位置的使用范围也十分有限。只有系统主要的频率范围将对独立的调整产生响应。如果进一步降低对子系统的控制，那么在演出中我们可做的事情就更少了。低频范围是最有可能被局部地区中的主系统所控制。我们不能期望子系统均衡器中LF滤波器的设定变化对组合响应有太多的控制。

为了在环境条件变化时保持同步，在演出过程中要观察延时系统。这要求将传声器定位于延时和主系统的空间XOVR处。这一位置上的传声器只可用在时间的调整上。在现场，这样的实践操作是十分困难的，因为与主扬声器混和的延时扬声器被设置在较低的位置上，可能不容易找到这样的位置。在许多情况下，如果脉冲响应能够反映两个声信号的到达情况，那么它就能让我们建立起一定的信心。

对于延时区不适于设置传声器的情形，我们可采用另外一种方法：演出开始前记录下各个不同位置上的辐射延时。将这些延时与当前的辐射延时相比较，计算出时间变化的百分比，然后按照百分比变化来修改延时线。

对于演出时访问概率最高的位置，即调音的位置，也是我们面临的最大挑战之一。在立体声系统中，由于调音位置缺乏通道间的隔离，因此要强制建立起稳定的响应。在混音位置水平最外侧的定位能够找到较大隔离响应，并提供更清晰的"前与后"响应的图片。这些侧向位置将具有相对的侧向到达声，但是如果系统的立体声重叠有限，则可以建立起一定程度的控制。这些位置没有一个是完美的，并且通常我们可以做的最佳工作就是监测相对意义下的独立响应（空场，满场）。

具有高度重叠的多声道相互作用的系统是不能够在演出时进行测量的。音乐厅一般都用独立的音乐和演唱系统来为例行的演出服务。在声学空间中是没有办法将它们分开的。

12.8.9　作为节目声道的重低音

当采用辅助通道来驱动重低音单元时，低频范围我们就可以不去考虑。与刚刚讨论的音乐/人声系统类似，重低音范围并不能从其他信号中分开。采用主扬声器作为声源的转移函数，将重低音视为不稳定和不受控制的干扰源。如果重低音被当作声源，则会发生相反的情况。不论是哪一种情况，由于电信号的基准扩展到整个声频范围，所以没有办法将声学响应分离开来。

12.8.10　结语

最后，我们可以看出舞台上有乐队的音乐厅对于系统

- 要记住：单只扬声器箱的覆盖不是快餐比萨——要考虑透视比（第 6 章）。
- 非对称的问题不能用对称的解决方案来解决，反之亦然（第 6、第 7 和第 9 章）。
- 非对称一定要满足相等和相反的非对称（第 6、第 7 和第 9 章）。
- 不论是大还是小，每只扬声器单元都扮演各自角色，并且其固有的特点也决不会丢失（第 2、第 6～第 9 章）。
- 线阵列是一种扬声器配置的类型，而不是一种扬声器（第 2、第 7 和第 9 章）。
- 对于均衡和包络集中处理，总要尽可能使用最高分辨率（第 10 章）。
- 我宁愿对系统进行检验而不去校准，也不会校准系统而不去检验（第 11 章）。
- 每个传声器位置都有一个明确的校准目的，而且每一个校准操作需要一个定义的传声器位置（第 12 章）。
- 调音的位置是大厅中唯一一个需要自校准的座位（第 12 章）。
- 调音工程师将乐队分派给了你，你再将乐队分派给观众（第 12 章）。
- 通盘考虑，在局部采取措施。最佳的总体解决方案是最佳的局部解决方案的综合。优化的解决方案全都是针对局部制定的（第 12 章）。
- 一定要对领先效应进行延时调整（第 12 章）。
- 不要嘲笑你的客户。即便问题源自客户的设计，重要的还是找到解决问题的方法，给客户留面子。
- 始终要让你的客户了解你的建议和想法、采取的措施，以及背后的一些原因。
- 不要让自己的想法影响对数据的解释或决断。
- 耳朵、分析仪和富有经验的开放思维就是最佳的分析系统。

606

优化并不理想。我们最好是在入场开始之前进行系统优化，以便尽可能将演出时的需求加以限制。利用节目素材进行测量的能力让我们可以继续进行优化工作，然而这并不意味着我们要等到乐队登台才能开始工作。我们仍然需要拿出一定的时间来将各个功能块组合成一个完整的系统。只有组合完整的系统才能用于演出。

application 名词: 1. 将一件事物安置于另一事物上。2. 方法的运用。

apply 动词: 使用，利用；运用于实际当中。

摘自简明牛津词典

第13章

音响系统应用案例

第一节 引言

现在，我们用前面讲到的一些方法与实际案例结合。在本书的最后一章把系统设计优化的理论应用到几种典型的场所中。首先，介绍一类剧场，这类剧场可容纳大约 1500 人，适合音乐演出或者音乐会。接下来，介绍一类更大型的音乐厅或者歌剧院。最后，介绍体育馆类扩声设计。体育馆类场所通常有三种不同的应用：分别可以作为音乐演出，体育场馆，或者划出一部分作为教堂使用。针对每个场所，我们将使用不同的设计方法设计出满意的扩声系统。根据经验和前面提到的方法针对不同大小、功率、预算的场地进行设计。扩声方案会有相似的扬声器摆放位置和限制，而空间划分也会有因地制宜的方式。

第二节 剧场

13.2.1 简介

剧场通常以长方形为主，带有舞台（15m 高 x 24m 宽 x

29m 深）和有较大的挑台区。剧场经常举办音乐演出，音乐会以及其他类型的演出。我们摆放主扬声器有两种不同的位置：舞台台口上方中央，和舞台台口两侧。当然，在舞台上方中央摆放扬声器位置会比较高，而两侧摆放扬声器位置有可能高，也有可能低。两侧摆放扬声器还有可能把阵列分开使用。在垂直平面上，我们针对扬声器的每个摆放位置都用六种扬声器组合进行分析，水平面的覆盖用两种摆位进行分析。前区补声，朝内补声，挑台上补声、挑台下补声以及与主阵列一起工作时覆盖全场。此外，还分析了独立的环绕声系统，画出了它没有与主阵列一起工作时的覆盖范围。

所有的设计都能通过前面几章讲述的系统调试方法得到优化。测试话筒应该摆在垂直面和水平面的 ONAX、OFFAX 和 XOVR 位置上，图中用符号标出来了。图是最具说明力的，每个步骤都有详细的说明，让我们开始逐个分析吧。

13.2.2 舞台中央位置扬声器的垂直覆盖区域

从舞台中央扬声器的视角看，几乎所有座位都在扬声器以下。整体覆盖角度达 83°，透视比大约是 7dB。这明显表明我们需要一个至少由两只单元组成的非对称点声源。由于扬声器的位置很高，在挑台下方没有声线，因此需要增加挑台下补声。而挑台上方的扩声方式没有一定规则，有些设计需要补声，而有些却不需要。朝内补声可以增加前场中央区域观众的声音，对这些座位的观众来说，减小图像失真比增加声音的覆盖更重要。由于我们在整个剧场内中央扬声器覆盖的范围足够大，前场中央区域的补声覆盖范围就不需要太大。我们从实际应用中：一个主系统开始讨论。

目前在市场中，一只扬声器的垂直覆盖角度最大是 90°，我们以此为例进行分析，如图 13.1 所示。90° 的扬声器垂直覆盖范围足够大，由于透视比的原因，地面声音过大。我们可以把扬声器瞄准的位置抬高一些，但是这又会损失与前区补声的衔接。而我们是不可能通过抬高前区补声扬声器来扩大覆盖范围的。前区补声扬声器位置比较低，声音达不到第三排观众的头部。所以单一主系统

需要其他很多系统的帮助：挑台下方，前区补声和挑台上方补声。

一对非对称点声源的二阶单元提供了改进的方法（如图 13.2 所示）。由第二个单元与第一个单元的修正一致性夹角很好地解决了透视比问题，最小变化曲线扩展到了房间的大部分区域。挑台上方大约低 3dB，我们还可以增加挑台上方的延时。此时，主系统可以视为 A-B 阵列进行调试。

接下来，我们研究一对三只单元的情况。首先（如图 13.3 所示），使用垂直覆盖范围是 45° 的扬声器，如果不考虑覆盖挑台上方的话，它能够覆盖到最高的观众区域。第二张图（如图 13.4 所示）使用了角度更窄的扬声器，上层扬声器的垂直覆盖范围不够宽，不能覆盖整个挑台区域，因此，增加了挑台上方补声，成为非耦合不对称点目标阵列。第二种设计方案更适合混响长的大厅，因为它减小了吸顶反射的影响。这两种系统都可以作为 A-B-C 阵列进行调试。

图 13.1 剧场：扬声器位于中央，垂直面，一只一阶扬声器。（a）考虑扬声器的瞄准角度和需要覆盖的区域。（b）与挑台上方、挑台下方和前区补声结合的整体响应，测量话筒位置以及最小变化曲线

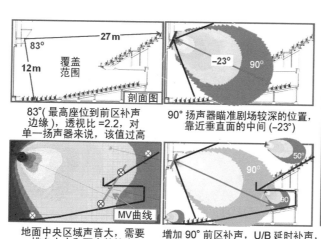

83°（最高座位到前区补声边缘），透视比 =2.2，对单一扬声器来说，该值过高

90° 扬声器瞄准剧场较深的位置，靠近垂直面的中间（-23°）

地面中央区域声音大，需要挑台上方和下方的补声

增加 90° 前区补声，U/B 延时补声，50° 挑台上方补声，都指向最远座位

(a)

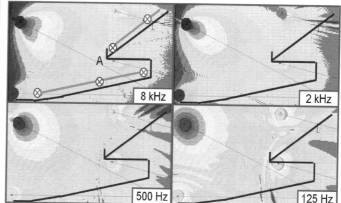

(b)

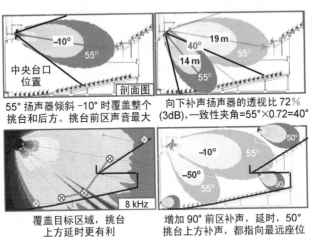
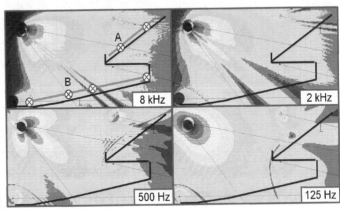

55° 扬声器倾斜 -10° 时覆盖整个
挑台和后方。挑台前区声音最大

向下补声扬声器的透视比 72%
（3dB），一致性夹角=55°×0.72=40°

覆盖目标区域，挑台
上方延时更有利

增加 90° 前区补声，延时，50°
挑台上方补声，都指向最远座位

(a)　　　　　　　　　　　　(b)

图 13.2　剧场：扬声器位于中央，垂直面，两只二阶扬声器。（a）扬声器瞄准上面一层观众席，下层声声器与上层扬声器的夹角由修正一致性夹角公式推算。（b）与挑台上方、挑台下方和前区补声结合的整体响应，测量话筒位置以及最小变化曲线

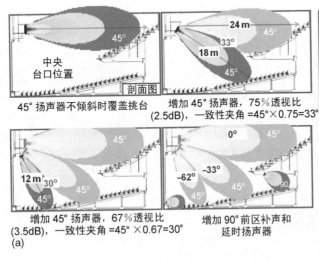
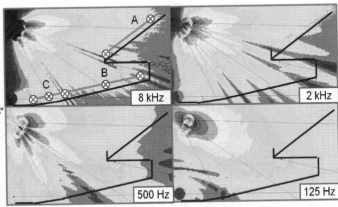

45° 扬声器不倾斜时覆盖挑台

增加 45° 扬声器，75% 透视比
（2.5dB），一致性夹角 =45°×0.75=33°

增加 45° 扬声器，67% 透视比
（3.5dB），一致性夹角 =45°×0.67=30°

增加 90° 前区补声和
延时扬声器

(a)　　　　　　　　　　　　(b)

图 13.3　剧场：扬声器位于中央，垂直面，三只两阶单元。（a）扬声器瞄准上面一层。下层扬声器与上层扬声器的夹角由修正一致性夹角公式推算。（b）与挑台上方、挑台下方和前区补声结合的整体响应，测量话筒位置以及最小变化曲线

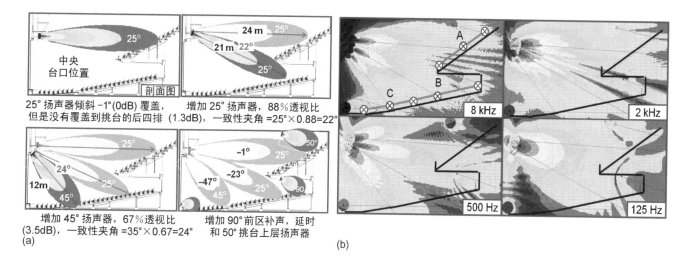

图 13.4 剧场：扬声器位于中央，垂直面，另外一种三只两阶单元的情况。（a）扬声器瞄准上面一层。下层扬声器与上层扬声器的夹角由修正一致性夹角公式推算。（b）与挑台上方、挑台下方和前区补声结合的整体响应，测量话筒位置以及最小变化曲线

25° 扬声器倾斜 −1°(0dB) 覆盖，但是没有覆盖到挑台的后四排 (1.3dB)
增加 25° 扬声器，88% 透视比，一致性夹角 =25°×0.88=22°
增加 45° 扬声器，67% 透视比 (3.5dB)，一致性夹角 =35°×0.67=24°
增加 90° 前区补声，延时和 50° 挑台上层扬声器
(a)
(b)

对于一对三阶复合阵列扬声器来说，还有另一种尝试，如图 13.5 和图 13.6 所示，这就是阵列中用一个间隙把挑台前沿避开。这种思路的成功点在于对高频有利，对挑台前部反射严重和把声音聚焦反射回舞台的情况特别有用。每个主系统都可以分为 A-B-C 阵列进行调试。

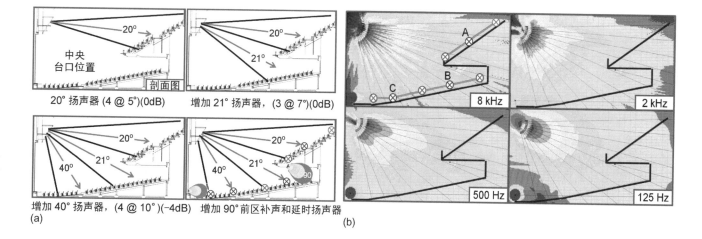

图 13.5 剧场：扬声器位于中央，垂直面，十四只三阶单元。（a）根据不对称耦合点声源，把扬声器分成 A-B-C 阵列（b）与挑台下方和前区补声结合的整体响应，测量话筒位置以及最小变化曲线

20° 扬声器 (4 @ 5°)(0dB)
增加 21° 扬声器，(3 @ 7°)(0dB)
增加 40° 扬声器，(4 @ 10°)(−4dB)
增加 90° 前区补声和延时扬声器
(a)
(b)

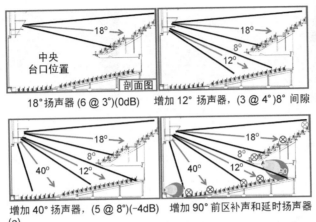

18° 扬声器 (6 @ 3°)(0dB) 　　增加 12° 扬声器，(3 @ 4°)8° 间隙

增加 40° 扬声器，(5 @ 8°)(-4dB) 　增加 90° 前区补声和延时扬声器

(a)

(b)

图 13.6　剧场：扬声器位于中央，垂直面，另外一种十四只三阶单元的情况。（a）根据不对称耦合点声源，把扬声器分成 A-B-C 阵列。注意 A、B 子系统的间隙要避开挑台前沿。（b）与挑台下方和前区补声结合的整体响应，测量话筒位置以及最小变化曲线

13.2.3　两侧扬声器的垂直覆盖

两侧摆放扬声器的位置更为灵活，高度、位置多样。

我们先以一只 90° 扬声器为例。结果稍好于扬声器摆放在舞台上方中央。如图 13.7 所示。扬声器的高度接近于剧场高度的一半，看起来很对称。因此，扬声器的覆盖角度就能全部利用起来，而且，在挑台下方也有声线。地面声音同样较大，但是，由于现在扬声器离地面更近，我们需要在挑台上增加补声扬声器。

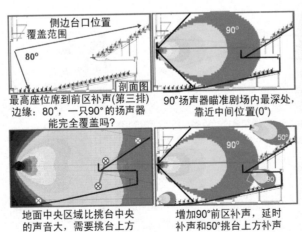

最高座位席到前区补声(第三排)
边缘：80°，一只 90° 的扬声器
能完全覆盖吗？

90° 扬声器瞄准剧场内最深处，
靠近中间位置(0°)

地面中央区域比挑台中央
的声音大，需要挑台上方
和下方补声

增加 90° 前区补声，延时
补声和 50° 挑台上方补声

(a)

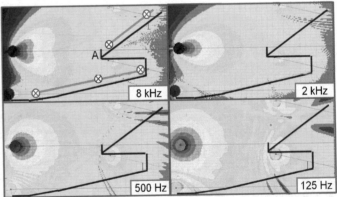

(b)

图 13.7　剧场：侧边扬声器，垂直面，一只一阶扬声器。（a）考虑扬声器的瞄准角度和需要覆盖的区域。（b）与挑台上方、挑台下方和前区补声结合的整体响应，测量话筒位置以及最小变化曲线

接下来我们讨论非耦合的两组单元，这两组单元利用了窄角度扬声器的特点，如图 13.8 所示。这种配置经常在流动音乐演出的扬声器吊挂塔上看到，它还能与场地内罗列的和吊挂扬声器一起使用。也就是表明（稍低的）侧边和（稍高的）中央扬声器组合成左 / 中 / 右（LCR）扩声。这种阵列重叠区域大，并且是非耦合的，波纹变化具有不

确定性。该系统可以被看作 A-B 阵列进行调试。

接下来讨论三组扬声器的情况，如图 13.9 所示。其中两排使用二阶号角扬声器做主扩声，还有一组做向下补声。这种扩声方式在非对称形的剧院中很常见，频率覆盖图与剧院的形状有很好地一致性。计算两次修正一致性夹角，得出电平值。该系统可以作为 A-B-C 阵列进行调试。

图 13.8　剧场：侧边扬声器，垂直面，两只二阶扬声器。(a) 采用两只 40° 非耦合扬声器，这种配置在流动音乐演出的扬声器吊挂塔上能看到，还可能与场地内罗列的和吊挂的扬声器一起使用。同时表明这是（稍低的）侧边与（稍高的）中央方式扩声的组合。(b) 与挑台上方、挑台下方和前区补声结合的整体响应，测量话筒位置以及最小变化曲线

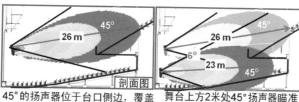
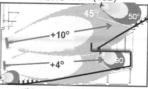
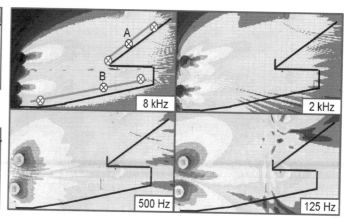

图 13.9　剧场：侧边扬声器，垂直面，三只二阶扬声器。(a) 考虑扬声器瞄准上层观众席的角度。与下层扬声器之间的夹角由修正一致性夹角公式推算。(b) 与挑台上方、挑台下方和前区补声结合的整体响应，测量话筒位置以及最小变化曲线

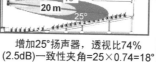
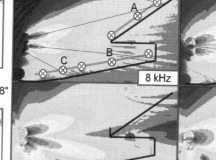
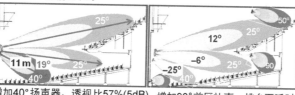

最后，在垂直面上吊挂扬声器的三种方式，如图 13.10～图 13.12 所示，它们采用三阶扬声器，耦合成点声源。不再需要挑台上方的补声。在每种吊挂方式中，我们最后都采用一对非耦合的耦合组合阵列。这三种方式扬声器的摆放位置不同，上阵列和下阵列中扬声器的上下张开角度也不同。

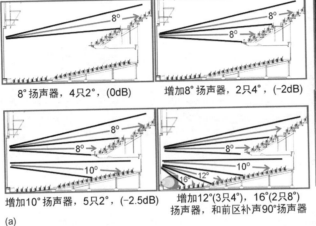

8°扬声器，4只2°，(0dB)　　增加8°扬声器，2只4°，(-2dB)

增加10°扬声器，5只2°，(-2.5dB)　　增加12°(3只4°)，16°(2只8°)扬声器，和前区补声90°扬声器

(a)

图 13.10　剧场：侧边扬声器，垂直面，十八只三阶扬声器。(a) 上 / 下非耦合点声源阵列。上方子系统是 A-B 型，下方是 A-B-C 阵列，它们利用了非对称组合的耦合点声源。(b) 与前区补声结合的整体响应，测量话筒位置以及最小变化曲线

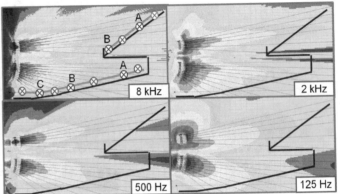

(b)

8°扬声器(4只2°)，以及12°(3只4°)，(0dB)　　增加3°扬声器，3只1°，(-2dB)

增加8°扬声器，4只2°，(-2.5dB)　　单独下方子系统8kHz时的响应

(a)

图 13.11　剧场：侧边扬声器，垂直面，十四只三阶扬声器。(a) 上 / 下非耦合点目标阵列。上方和下方子系统都是 A-B 型，它们利用了非对称组合的耦合点声源。(b) 与前区补声结合的整体响应，测量话筒位置以及最小变化曲线

(b)

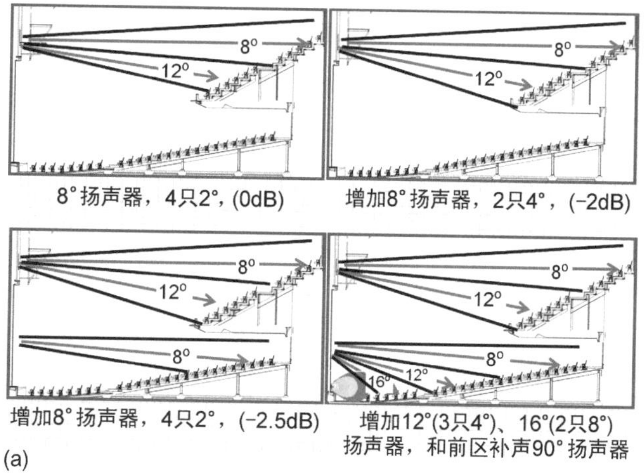

图 13.12　剧场：侧边扬声器，垂直面，十六只三阶扬声器。（a）上/下非耦合线阵列。上方子系统是 A-B 型，下方是 A-B-C 阵列，它们利用了非对称组合的耦合点声源。（b）与前区补声结合的整体响应，测量话筒位置以及最小变化曲线

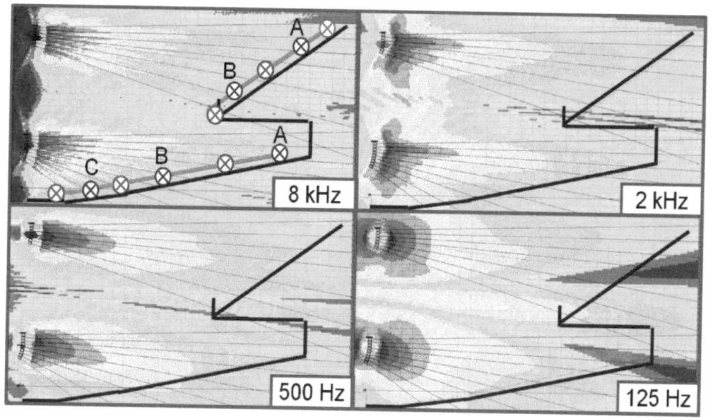

从效果上讲，主扩声系统分为非耦合点声源，点目标，线声源。对低频波纹不一致的声像问题，它们都有不同的折衷解决方案。比如，增加挑台下补声，它吊挂方便。如图 13.10 所示，该方案还可以摆放几只重低音扬声器，能有效地把阵列变为耦合点声源。

13.2.4　补声系统

一套标准的补声系统是与主扩声系统一起工作的。本节讲述补声系统。从垂直面上，我们已经看到补声扬声器了，它们与主系统结合，形成不对称非耦合点目标。现在我们观察它们的水平特性。补声扬声器的数量和空间位置主要取决于我们所需补声覆盖区域的起点和终点：一致性和有限性。这个过程在下面介绍厅堂扩声时会在图中做详细描述。

主要的补声系统（前区补声、挑台上方和挑台下方补声）是非耦合的线和点声源。厅堂的几何形状和现实情况决定了扬声器间的夹角，实际应用中无一例外。直线型舞台或直线型挑台通常需要将补声扬声器排成一条直线，而曲线型表面需要扬声器间有夹角。间隔距离由非耦合的线和点声源决定。如图 13.13 ～图 13.16 所示。

在水平面，朝内补声系统是对称的非耦合点目标。我们把朝内补声看作是两侧独立的两只扬声器，而不是组合的阵列。我们关注一侧扬声器之间的组合效果，关注于它是如何与其他阵列（主扩声、补声）组合的，而不是它镜像相反的地方如何。

环绕系统在图 13.17 和图 13.18 中做了介绍，虽然它没有与主扩声结合，但是，它们自己组合在了一起，图中也做了描述。在垂直面，后环绕与挑台面上的扬声器组合，形成非对称点目标，因此，需要延时。而两侧和后侧扬声器都是混合体（部分是线声源，部分是点声源）。如果在覆盖边缘上画出一条界限，环绕系统中这个参数是 2。对于后环绕，有限距离则是这条界线距离的两倍。侧环绕把厅堂切分成两份（房间中线是每侧扬声器覆盖的边线），两倍有限距离的线就在房间中央。

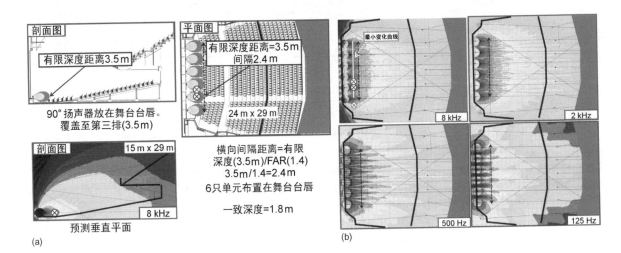

图 13.13 剧场：前区补声，六只扬声器。(a) 扬声器的数量和间距取决于非耦合线声源的推算，有限距离线在第三排。(b) 水平面六只扬声器阵列的整体响应

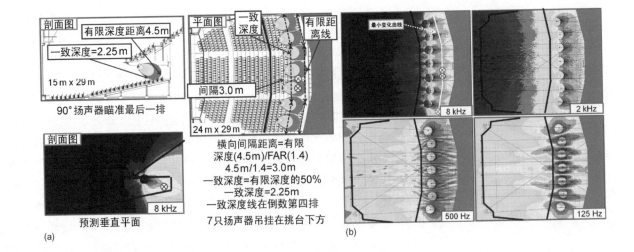

图 13.14 剧场：挑台下方，七只扬声器。(a) 扬声器的数量和间距取决于非耦合线声源的推算，有限距离线在最后一排。(b) 水平面七只扬声器阵列的整体响应

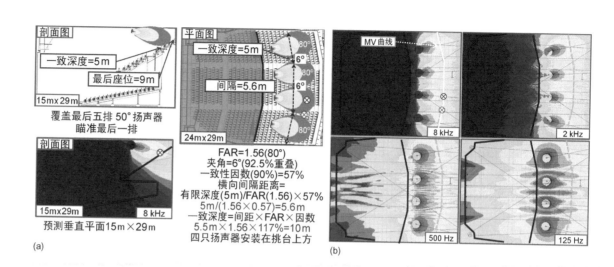

图 13.15　剧场：挑台上方，四只扬声器。（a）扬声器的数量和间距取决于非耦合点声源的推算，有限距离线在最后一排。（b）水平面四只扬声器阵列的整体响应

剖面图

一致深度=5m

最后座位=9m

15m×29m

覆盖最后五排 50° 扬声器
瞄准最后一排

剖面图

15m×29m　8 kHz

预测垂直平面15m×29m

平面图

一致深度=5m

间隔=5.6m

24m×29m

80°　6°
80°　6°
80°

FAR=1.56(80°)
夹角=6°(92.5%重叠)
一致性因数(90%)=57%
横向间隔距离=
有限深度(5m)/FAR(1.56)×57%
5m/(1.56×0.57)=5.6m
一致深度=间距×FAR×因数
5.5m×1.56×117%=10m
四只扬声器安装在挑台上方

MV 曲线

8 kHz　2 kHz

500 Hz　125 Hz

(a)　(b)

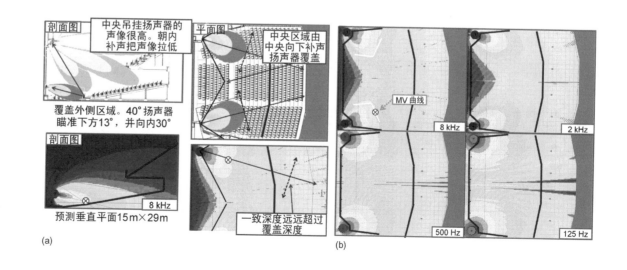

图 13.16　剧场：朝内补声，两只扬声器。（a）单独一只扬声器覆盖外侧的区域。（b）两只扬声器的整体响应

剖面图

中央吊挂扬声器的声像很高。朝内补声把声像拉低

覆盖外侧区域。40° 扬声器瞄准下方13°，并向内30°

剖面图

8 kHz

预测垂直平面15m×29m

平面图

中央区域由中央向下补声扬声器覆盖

一致深度远远超过覆盖深度

MV 曲线

8 kHz　2 kHz

500 Hz　125 Hz

(a)　(b)

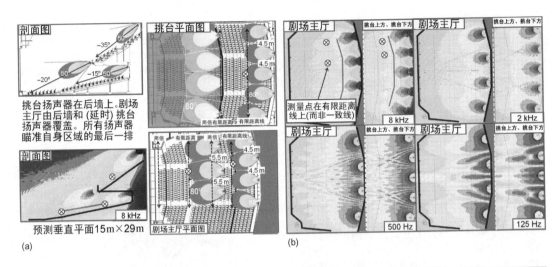

图 13.17　剧场 : 后环绕，十四只扬声器。(a) 挑台上方、挑台下方和挑台前方环绕扬声器的间距是非耦合线声源的两倍 (b)。阵列 (挑台前方、挑台后方、挑台下方后侧) 在水平面的整体响应

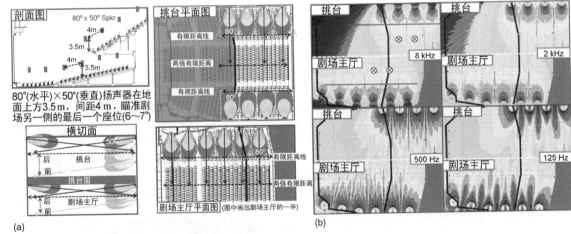

图 13.18　剧场 : 侧环绕，二十只扬声器。(a) 环绕扬声器的间距是非耦合点声源有限距离的两倍。(b) 阵列 (左侧和右侧) 在剧场上层和下层的整体响应

13.2.5　中央位置扬声器的水平覆盖

现在，我们开始讨论扬声器的水平覆盖范围。我们以垂直面是 A-B-C 型的主阵列为例，研究它的水平面特性。我们的水平视角是对称的，因此，我们先把扬声器直接指向中央。可问题是 : 这么高的中央位置的扬声器怎么从上到下覆盖整个空间呢？

我们从上看起，如图 13.19 所示。上层主扩声扬声器是从挑台上方一直覆盖到后墙。宽度可以通过一致性夹角公式计算出来。在该剧场中，中央比两侧深 10%（从中央视角看）。我们调整外侧扬声器的电平，使它低 1dB。由于我们使用的是 30° 扬声器，扬声器间夹角调整到 26°。通

过减小到达侧墙的声音电平，减小剧场在宽度上的电平变化，减少低频波纹变化。

接下来，我们讨论下面一层的主扩声扬声器，如图 13.20 所示。覆盖范围的起止点近了一些。这一层的中央主扬声器

在挑台下方出现阴影区。而该剧场的实际宽度与我们在上面一层看到的是一样的，这就需要扬声器的水平覆盖范围更大（因为距离更近）。30° 的一致性夹角够用了，由此，这三只扬声器的电平一致，它们可以共用处理器的一个通道。

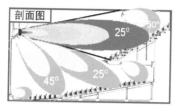

25° 上层主系统覆盖挑台上层，但除了挑台上方后四排以外

15 m x 29 m　8 kHz

垂直倾斜 -1°

(a)

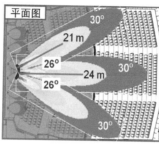

距离比=21/24m=0.87(1.2dB)

修正一致性夹角=
(30°+30°)/2×0.87=
30°×0.87=26°

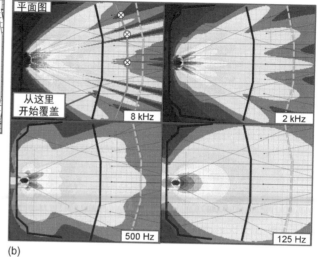

从这里开始覆盖　8 kHz　2 kHz

500 Hz　125 Hz

(b)

图 13.19　剧场：中央位置上层主系统的水平覆盖——三只两阶单元。（a）扬声器间的夹角由修正一致性夹角公式推算。（b）主系统在挑台区域水平面上的整体响应

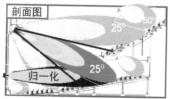

归一化

垂直25°扬声器覆盖观众大厅的中间区域

归一化　15 mx 29 m

8 kHz

垂直倾斜 -23°
标准化后的位置在实际位置1.5 m之后

(a)

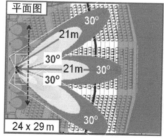

24 x 29 m

距离比=21/21m=1(0dB)

一致性夹角=(30°+30°)/2×1
=30°×1=30°

中间层的扬声器间夹角(30°)比上层(26°)宽。标准化的影响不重要了，也就不需要了

图 13.20　剧场：中央位置下面一层主系统的水平覆盖——三只两阶单元。（a）扬声器间的夹角由修正一致性夹角公式推算。（b）主系统在下面一层观众大厅水平面上的整体响应

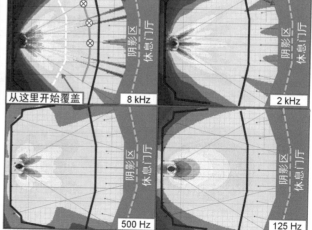

覆盖结束

从这里开始覆盖　8 kHz　2 kHz

阴影区　休息门厅　阴影区　休息门厅

500 Hz　125 Hz

阴影区　休息门厅　阴影区　休息门厅

(b)

最后讨论向下补声阵列，如图 13.21 所示。覆盖范围从前区补声的第四排到上面一层扬声器覆盖区域的中间。这样，就要求扬声器的水平覆盖宽度更大。因此，为了观察实际覆盖宽度，我们把预测位置标准化。一只 90° 的扬声器尚不足以覆盖，所以，我们用两只。标准化（将扬声器后移至预测位置，以补偿斜线距离）让我们能够从始至终地观察水平覆盖的宽度。最大宽度（一致性夹角最大）大约是 12m（前区补声）和 17m（上一层主扬声器）。

接着，我们再花点时间讨论一下多只扬声器做向下补声时的覆盖宽度问题。有种情况是两侧扬声器覆盖得过多而不是覆盖不够。中央向下补声扬声器本身就靠近中央区域观众席：理所应当这些区域会被覆盖到。但问题是，覆盖在衰减前，偏离中央区有多远。点声源的重叠覆盖集中在中央区域（不好的方面）而一致性（即使有一个小缝隙）确保了覆盖范围的扩展。由于墙面反射或者其他子系

统带来的波纹变化风险相对小，向下补声的电平是按比例的。所以，如果要选择：单支扬声器（太窄），一个重叠的点声音（中央区域太强）和一个一致点声源（太宽），最保险的做法可能是选择一对一致的点声源。接下来的图 13.22 ～图 13.24 着重描述主系统与补声系统组合后的效果。在每个例子中系统都组合成 A-B 非对称非耦合点目标阵列。

再重复一次三层扬声器的情况。上层主系统与挑台上方的四只单元组合，下面一层的主系统与挑台下方七只单元组合。向下补声（如图 13.24 所示）的作用是特有的，它起到双重作用，因为我们把向下补声与（中央）前区补声组合了，同时向下补声又与两侧的朝内补声结合了。计算挑台上方和挑台下方的延时非常简单，如图 13.22 和图 13.23 所示，中央主系统与挑台补声的变化率低，所以这类剧场只需要几个通道的处理器即可，将挑台补声延时同步到主系统上。

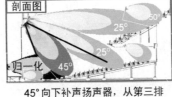

45° 向下补声扬声器，从第三排（3.5m）覆盖到第十二排

标准化将扬声器的位置后移6m，有重要作用

图 13.21　剧场：中央位置向下补声的水平覆盖——两只一阶单元。（a）斜线的平面需要我们将扬声器位置标准化，以观察观众区域的覆盖宽度。（b）标准化后的覆盖图。覆盖范围的宽度足以与朝内补声扬声器衔接

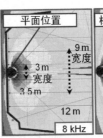

距离比=1(0dB)
一致性夹角=
(90°+90°)/2×1
=90°×1=90°

下面一层的扬声器覆盖范围（180°）比上一层（90°）宽。标准化带来的影响很重要，所以需要进行标准化

(a)

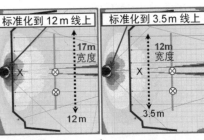

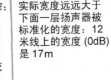

170° 阵列看起来窄：3m 宽 (0dB)，在 3.5m 线上（前区补声有限距离线）11m 宽 (−6dB)，过渡到中间主系统 12m 时是 9m 宽 (0dB)

实际宽度远远大于下面一层扬声器被标准化的宽度：12 米线上的宽度 (0dB) 是 17m

底线上 (3.5m) 区别最大，标准化响应显示在 3.5m 线上 (0dB) 宽度是 12m

(b)

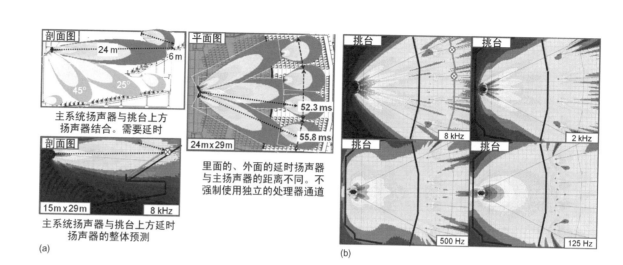

图 13.22　剧场：中央位置上层主系统与挑台上方补声的水平覆盖。（a）主系统与挑台上方扬声器间的延时关系。（b）主系统与挑台上方补声扬声器的整体响应，测量话筒位置以及最小变化曲线

主系统扬声器与挑台上方扬声器结合。需要延时

主系统扬声器与挑台上方延时扬声器的整体预测

里面的、外面的延时扬声器与主扬声器的距离不同。不强制使用独立的处理器通道

(a)

(b)

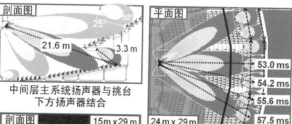

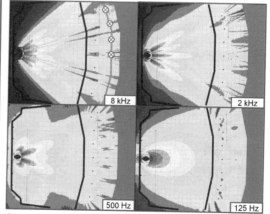

图 13.23　剧场：中央位置中间层主系统与挑台下方补声的水平覆盖。（a）中间层主系统与挑台下方扬声器间的延时关系。（b）主系统与挑台下方补声扬声器的整体响应，测量话筒位置以及最小变化曲线

中间层主系统扬声器与挑台下方扬声器结合

中间层主系统扬声器与挑台下方延时扬声器的整体预测

每只延时扬声器与主扬声器的距离都不同。所以不同位置需要不同的延时。最多相差 4.5 毫秒。现实中，通常使用 2～3 个处理器通道

(a)

(b)

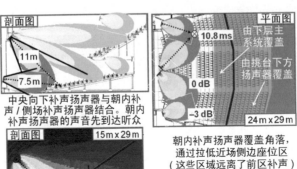

图 13.24　剧场：中央位置向下补声与朝内补声的水平覆盖。（a）向下补声与朝内补声扬声器间的电平关系。（b）向下补声与朝内补声扬声器的整体响应，测量话筒位置以及最小变化曲线

中央向下补声扬声器与朝内补声／侧场补声扬声器结合。朝内补声扬声器的声音先到达听众

向下补声主系统与朝内补声扬声器的整体覆盖预测

朝内补声扬声器覆盖角落，通过拉低近场侧边座位区（这些区域远离了前区补声）的声像以减小声像失真。将朝内补声扬声器的电平减小 3dB，使它们的覆盖范围变小

13.2.6　两侧扬声器的水平覆盖

把主系统扬声器位置降低，拉到两侧，就与侧边位置扬声器很相似了。由于左、右扩声系统只分别覆盖半个厅，它们各自在上层和下层的水平覆盖就需要减小到 60%。如

图 13.25 和图 13.26 所示。在厅堂中央依旧有很大的重叠部分，成为立体声。如图 13.27 所示，侧场向下补声可以被认为是我们前面使用过的 90° 朝内补声扬声器，这是因为侧场向下补声与朝内补声几乎摆放在同一位置上了。

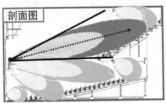

上层主系统扬声器覆盖大部分挑台区域

上层主系统的覆盖预测

一致性夹角 30°。虽然到中间的距离长，但是体现的效果是两只扬声器的总和，所以里面和外面的扬声器电平一致

图 13.25　剧场：侧边位置上层主系统的水平覆盖——两个两只二阶单元。（a）夹角由修正一致性夹角公式推算。（b）主系统在挑台平面的整体响应

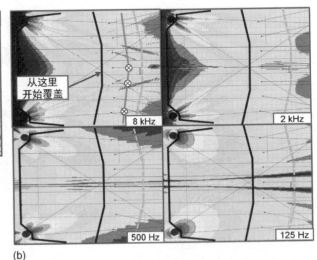

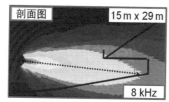

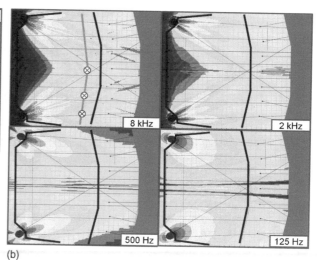

图 13.26 剧场：侧边位置中间层主系统的水平覆盖——两个两只二阶单元。（a）夹角由修正一致性夹角公式推算。（b）主系统在下面观众大厅平面的整体响应

中间层主系统扬声器覆盖观众大厅的中部到后部

中间层主系统的覆盖预测

一致性夹角 30°。虽然到中间的距离长，但是体现的效果是两只扬声器的总和，所以里面和外面的扬声器电平一致

(a)

(b)

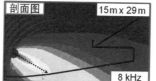

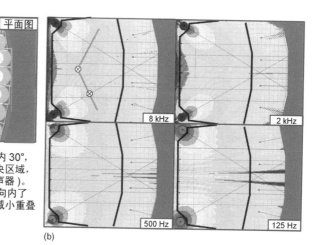

图 13.27 剧场：侧边位置向下补声的水平覆盖——两个一只一阶单元。（a）两侧的向下补声扬声器位置与前面提到的朝内补声扬声器位置相似。（b）单独扬声器的响应

向下补声扬声器覆盖观众大厅的前部到中部

向下补声扬声器的覆盖预测

向下补声扬声器瞄准向内 30°，以超过前区补声到达中央区域，（因为这里没有中央扬声器）。它们比上层扬声器更加向内了 18°，以保证覆盖宽度，减小重叠

(a)

(b)

接下来关注主系统与补声系统的结合，如图 13.28 ～图 13.30 所示。每种情况系统都结合成为了一个 A-B 非对称非耦合点目标阵列。

我们再讨论一个三层扬声器的实例。上层主扬声器系统同样与挑台上方四只扬声器组合，下一层的主系统与挑台下方七只扬声器组合。侧边的向下补声与前区补声结合。扬声器在中央或者两侧位置计算延时的方法稍有不同。在主系统和挑台补声间，两侧位置的变化率稍高。因此两侧需要更多的处理器通道，以把它们同步延时到主系统上。

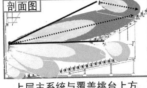
上层主系统与覆盖挑台上方后四排补声的扬声器

上层主系统与挑台上方补声结合的覆盖预测

两侧扬声器作为主系统时，声音到达主系统和延时系统的分界线，在时间上有很大区别。每个延时时间都变得十分重要，偏移时间变化很快，延时相差 4.1 毫秒

(a)

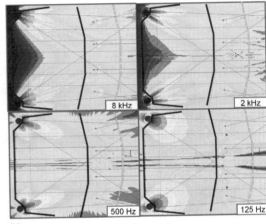
(b)

图 13.28　剧场：侧边位置上层主系统与挑台上方补声系统的水平覆盖。（a）主系统与挑台上方扬声器间的延时关系。（b）主系统与挑台上方补声扬声器的整体响应，测量话筒位置以及最小变化曲线

下一层主系统与挑台下方补声扬声器

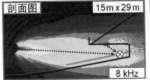
下一层主系统与挑台下方补声结合的覆盖预测

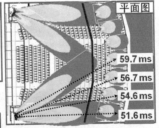

两侧扬声器作为主系统时，声音到达主系统和延时系统的分界线，在时间上有很大区别。每个延时时间都变得十分重要，偏移时间变化很快，延时相差 8.1 毫秒。现实中，通常使用 2～4 个处理器通道

图 13.29　剧场：侧边位置下一层主系统与挑台下方补声系统的水平覆盖。（a）下一层主系统与挑台下方扬声器间的延时关系。（b）主系统与挑台下方补声扬声器的整体响应，测量话筒位置以及最小变化曲线

(a)

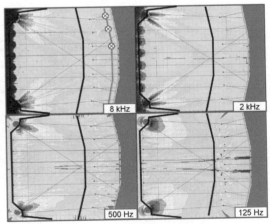
(b)

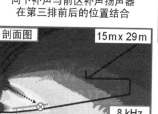

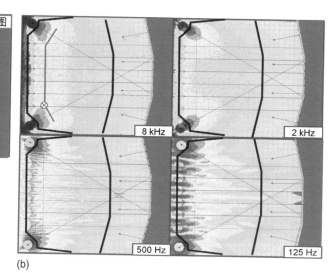

图 13.30　剧场：侧边位置向下补声与前区补声结合的水平覆盖。（a）向下补声与前区补声扬声器间的电平关系。（b）向下补声与前区补声扬声器的整体响应，测量话筒位置以及最小变化曲线

对于这种简单的剧院，可供选择的方案为数不多。最终系统还是会根据扬声器的不同位置和客户的不同需求对这些方案进行轻微的扩充或者简化，量身定做。

第三节　音乐厅

13.3.1　简介

本节分析的是一个古典音乐厅，该厅采用了石膏装饰物，声场十分活跃。扩声系统的声音覆盖范围应该与厅堂的形状一致，这样反射声最小。我们在该厅内采用三阶组合点声源进行扩声。这时，声音的覆盖范围与音乐厅的形状最匹配。因为挑台非常深，所以需要一串独立出来的阵列覆盖此区域：他们是，一个吊挂在上层的系统和一个放在舞台上的下层系统。接下来，我们讲讲垂直面扩声的三

个主要方法：一，主扬声器只覆盖整个大厅；二，主扬声器与一级挑台上方补声和挑台下方补声一起工作；三，主扬声器和两级挑台补声一起工作。第三种方法能减小主系统的覆盖范围。这也是一种平衡波纹变化曲线的方法。主系统在直达声场中的波纹变化最小，但是加上房间和其他扬声器的因素后，波纹变化最大。主扬声器与两级延时扬声器一起工作时，波纹变化特性则相反。

垂直面扩声需要考虑的内容，如图 13.31 所示。图中已经标出来了摆放扬声器的位置，用于吊挂扬声器，或者舞台台面上摆放扬声器。

我们先看看 12 只扬声器组成耦合点声源的两种情况，如图 13.32 所示。上层系统可以看作是 A-B-C 组合方式。下层系统的投射角度很小，很难再把他们看作是子系统的组合。前区的声压级肯定过高，所以我们将尽力让扬声器的投射方向高于听众头部，指向后方。两个版本的不同在于扬声器型号不同。请大家注意，组合扬声器系统无论采用哪种型号，它们的覆盖范围是保持一致的。

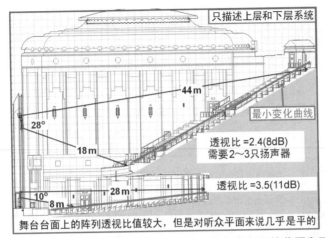

图 13.31　音乐厅：概述。设计垂直覆盖应考虑覆盖范围和覆盖角度

如图 13.33 所示，使用了 24 只扬声器。扬声器单元的数量是上个例子的两倍，而单元之间的夹角是以前的一半，因此诞生了产生同样覆盖范围的另一种扬声器组合方式。在此也使用了两种型号的扬声器，四种方法一起组成了同样的覆盖范围——但是功率电平相差很多。测试过程可以分成 A-B-C 组合点声源（上层系统）和对称组合（下层系统）做 A-B 非耦合线声源（两个主系统一起）。前区补声与下层主系统可以看作是 A-B 点目标。

在与建筑保护委员会沟通协商后，我们成功得到了一些能够安装延时扬声器的位置。如图 13.34 和图 13.35 所示。在图 13.34 中，减小了上层主系统的覆盖范围，虽然使用了同样数量的扬声器，但是扬声器间的夹角减小了，由于重叠而增加了能量。上层主系统与挑台上方补声组合成 A-B 非耦合点目标阵列。在第二张图，即图 13.35 中，使用了两组挑台上方和两组挑台下方阵列。降低了对主系统远距离垂直覆盖的要求，允许增加了重叠的覆盖。

下层主系统与挑台下方补声系统以相同的方式组合。

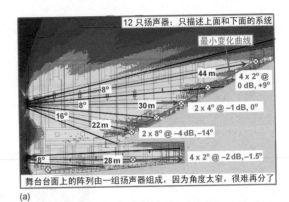

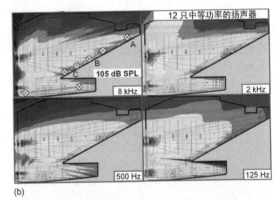

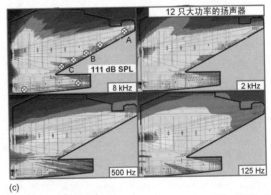

图 13.32　音乐厅：垂直面 左 / 右 十二只三阶扬声器。（a）在垂直面上，对上层和下层主系统的设计方法。（b）中等功率时的覆盖范围和声压级。（c）大功率时系统的覆盖范围和声压级

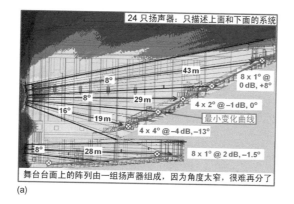

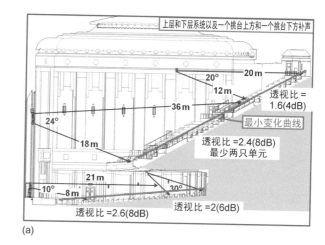

(a)

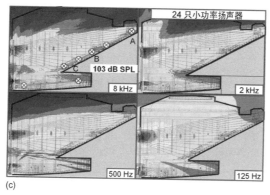

(b)

(c)

图 13.33　音乐厅：垂直面 左 / 右 二十四只三阶扬声器。(a)
在垂直面上，对上层和下层主系统的设计方法。(b) 中等功率
时的覆盖范围和声压级。(c) 小功率时系统的覆盖范围和声压级

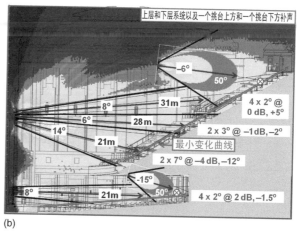

(b)

图 13.34　音乐厅：垂直面 主扬声器加上一个挑台上方和一个
挑台下方补声。(a)垂直面上的设计考虑覆盖范围和覆盖角度。
(b) 在垂直面上，对上层和下层主系统以及单个挑台上方和
挑台下方系统的设计。(c) 不同频率的整体覆盖情况，测量
话筒位置以及最小变化曲线

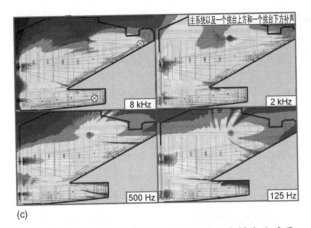

(c)

图 13.34　音乐厅：垂直面主扬声器加上一个挑台上方和一个挑台下方补声。（a）垂直面上的设计考虑覆盖范围和覆盖角度。（b）在垂直面上，对上层和下层主系统以及单个挑台上方和挑台下方系统的设计。（c）不同频率的整体覆盖情况，测量话筒位置以及最小变化曲线（续）

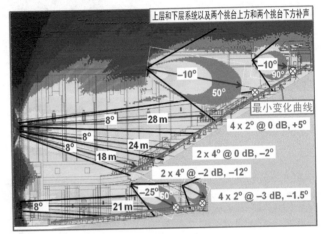

(b)

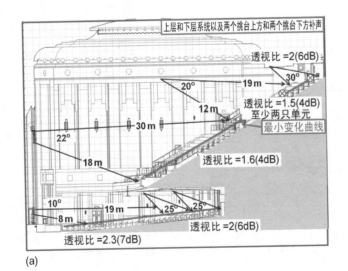

(a)

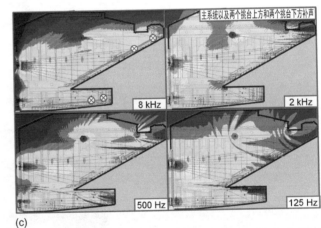

(c)

图 13.35　音乐厅：垂直面 主扬声器加上两个挑台上方和两个挑台下方补声。（a）垂直面上的设计考虑覆盖范围和覆盖角度。（b）在垂直面上，对上层和下层主系统以及两个挑台上方和挑台下方系统的设计。（c）不同频率的整体覆盖情况，测量话筒位置以及最小变化曲线

13.3.2　水平覆盖

主系统的左右水平覆盖由一个两组单元的点目标组成，如图 13.36 所示。上层主系统的一致性曲线位于挑台前沿，整个覆盖区域在重叠范围之内。决定这些宽角度的一阶扬声器的覆盖范围，我们有两种选择：中央区域（扬声器 – 扬声器）重叠，或者旁边（扬声器 – 房间）区域重叠。很显然，中央的听众喜欢由重叠制造出的立体声效果。而旁边的观众既感受不到立体声，又不喜欢墙面带来的反射。下层的覆盖图形看起来与预测图很相似，但是我们需要提醒的是斜平面的作用。若阵列从上到下使用同样的单元，当我们靠近扬声器时，覆盖宽度会减小。前区补声覆盖不到的中央后区座位通常是覆盖的弱点，因为它已经超越了

前区补声的覆盖范围，用前面介绍过的中央向下补声或者朝内补声阵列，能对该区域进行补偿。

延时扬声器同样是非耦合点声源阵列，如图 13.37 和图 13.38 所示。角度符合房间的几何形状，扬声器间距根据非耦合点声源计算。第一排延时扬声器与主系统一起组成 A-B 点目标。第二排扬声器以同样的方法与第一排组合。由于主扬声器是在舞台两侧，简单的一个延时时间不足以把延时扬声器和主扬声器同步（到中央的距离基本相等，但是到两边的距离相差很多）。用信号处理器的三个通道处理延时扬声器就够用了，镜像对称的扬声器采用同样的信号。如果主系统是立体声的，延时扬声器就用立体声叠加的单声道信号。固执地对挑台补声系统采用立体声信号是对系统性能有害的（增加了波纹变化）。

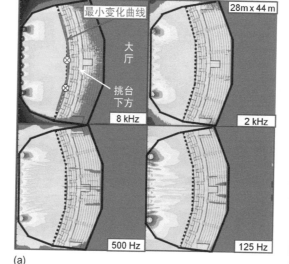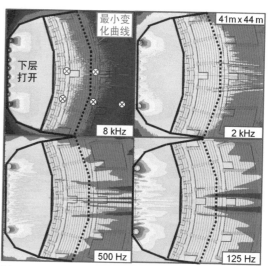

图 13.36　音乐厅：水平面 左 / 右主系统。（a）单独打开上层主系统，不同频率的覆盖情况。（b）单独打开下层主系统，不同频率的覆盖情况

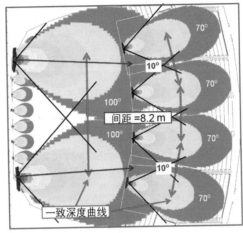

(a)

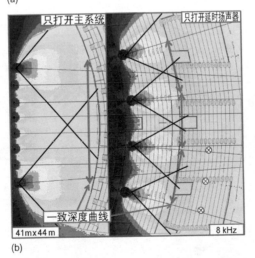

(b)

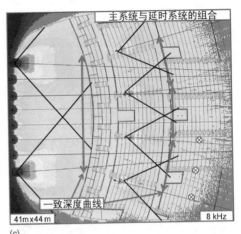

(c)

图 13.37　音乐厅：水平面上层主系统与单个挑台上方阵列。（a）水平面上的设计考虑覆盖范围和覆盖角度。（b）上层主系统，单个挑台上方系统的独立响应。（c）不同频率的整体覆盖情况，测量话筒位置以及最小变化曲线。注意：下层主系统与挑台下方系统的设计过程与上述方法相同

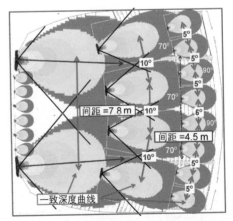

(a)

图 13.38　音乐厅：水平面上层主系统与两个挑台上方阵列。（a）水平面上的设计考虑覆盖范围和覆盖角度。（b）上层主系统，两个挑台上方系统的独立响应。（c）不同频率的整体覆盖情况，测量话筒位置以及最小变化曲线。注意：下层主系统与挑台下方系统的设计过程与上述方法相同

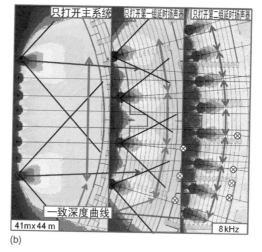

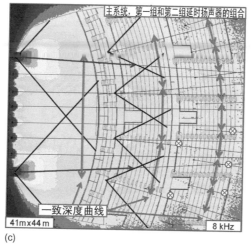

图 13.38　音乐厅：水平面上层主系统与两个挑台上方阵列。（a）水平面上的设计考虑覆盖范围和覆盖角度。（b）上层主系统，两个挑台上方系统的独立响应。（c）不同频率的整体覆盖情况，测量话筒位置以及最小变化曲线。注意：下层主系统与挑台下方系统的设计过程与上述方法相同（续）

第四节　在体育馆内有舞台的演出

13.4.1　简介

本节我们介绍体育馆的常见应用：演出扩声。在体育馆内举办演出无疑是很好地选择。我们以演出场景为例，通常舞台与观众席形成马蹄形，如图 13.39 所示。从垂直面上看，前面是平的地面，后面是固定倾斜向上的观众席，没有挑台。

13.4.2　垂直覆盖

垂直面的设计同样采用三阶非对称组合耦合点声源，如图 13.40 和图 13.41 所示。做 A-B-C 常规结构，大家现在对它的使用已经轻车熟路了吧。正面区域和内侧区域具有相同的倾斜角度，在座位区倾斜之前，平坦地面的长度不同。下面两种设计根据这个距离，采用了一定的缩放比例，配置了相应数量的扬声器。正面主系统的投射距离基本上是两侧系统的两倍。正面系统采用 17 只大扬声器，而两侧系统使用了 12 只相对小一些的单元。由于侧面系统的前方不是平直的空间，因此侧面扬声器需要的覆盖角度比正面系统更大。这样就限制了两侧系统的垂直覆盖响应与体育馆形状的完美吻合。侧面系统内侧的覆盖距离（与正面主系统结合）比它镜像外侧（与侧补声结合）的覆盖距离远很多。图里面画出来的垂直面是沿着水平轴线画出的透视图，它把可容忍误差平均分配到两侧了。

在这里值得一提的是一种特殊的调试方法。我们在低频上加上全通滤波器，目的是提高波束的投射位置，如图 13.40 所示。这样，低频的覆盖图形就与中频和高频的覆盖图形非常相似了。

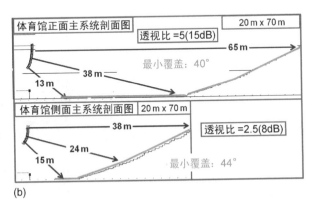

图 13.39　带有舞台的体育馆：概述。（a）水平面上的设计考虑覆盖范围和覆盖角度。（b）垂直面上的设计考虑

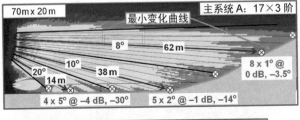

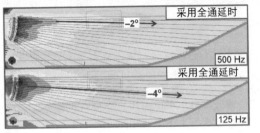

(a)

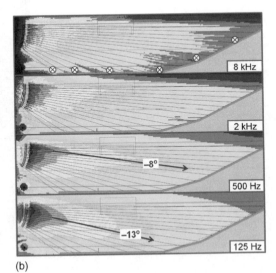

(b)

图 13.40　带有舞台的体育馆：垂直面上的正面主系统。（a）垂直面上的设计考虑，采用了全通滤波器的低频响应。（b）频率响应

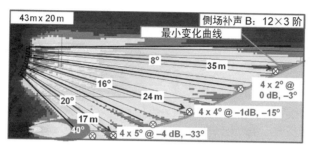

图 13.41 带有舞台的体育馆：垂直面上的侧面主系统。（a）垂直面上 8kHz 的响应。（b）对比有 / 无全通滤波器的频率响应

13.4.3 水平覆盖

在水平面上，设计使用三只一阶扬声器形成 A-B-C 非对称点声源，正面主系统，侧面系统和侧场补声，如图 13.42～图 13.44 所示。这种三部分组合的扬声器有利于我们调整修正一致性夹角获得最小变化曲线，并且最小变化曲线与观众席的形状一致。正面和侧面区域的距离比两侧的距离远很多。下面三步设计能提供足够的覆盖，用来补偿减小的电平。

说句题外话，在设计体育馆演出时有一个常见错误：只用两串 90° 的扬声器覆盖正面区域，用张开的覆盖范围是 90° 的扬声器覆盖拐弯的地方。量角器或许可以说明这

个设计的合理性，但是最小变化曲线却证明它是错误的。如果一致性夹角是 90°，我们应该保持电平一致，即在交叉点上电平衰减，也就是我们在量角器上看到的。这样的设计带来的结果是两侧的声音很大（弊处），侧墙产生强反射（又一弊处）。如果降低侧面系统的电平（但保持未修正一致性夹角不变），在票价最贵的观众席区就会有声音覆盖不好的区域（严重弊处）。

回到我们的设计中。如图 13.42～图 13.44 所示，展示了最小变化曲线是怎样一步步扩展到我们希望的图形。每一步增加的修正一致性夹角都扩展了最小变化曲线，直到该线覆盖整个观众区。

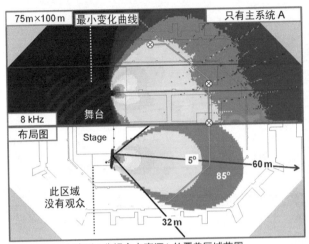

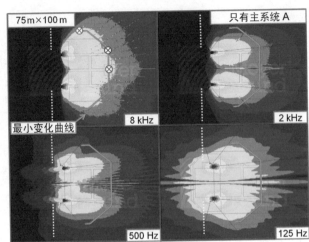

图 13.42　带有舞台的体育馆：水平面上的正面主系统。（a）布局图显示了单组扬声器的响应和 8kHz 时的整体响应。（b）不同频率的整体覆盖情况

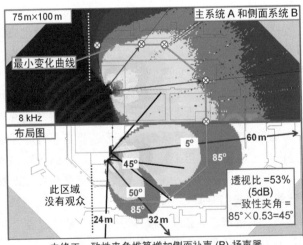

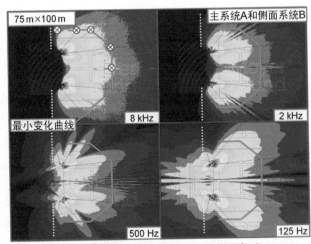

图 13.43　带有舞台的体育馆：水平面上的侧面系统。（a）布局图显示了单组扬声器的响应和 8kHz 时的整体响应。（b）不同频率的整体覆盖情况

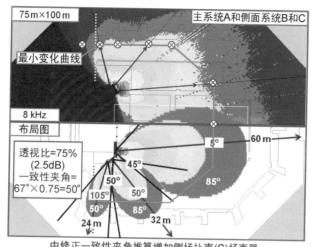

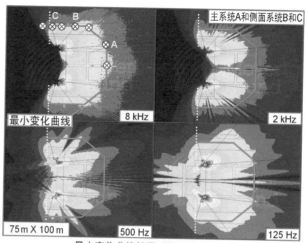

图 13.44　带有舞台的体育馆：水平面上的侧场补声。（a）布局图显示了单组扬声器的响应和 8kHz 时的整体响应。（b）不同频率的整体覆盖情况

13.4.4　重低音

在这一节，我们有机会丰富一下第 8 章提到过的重低音指向技术。目的是调整重低音的覆盖形状，使它与前面讲到的主系统水平面最小变化曲线的形状一致。先讲讲基本的立体声方式（每侧四只），如图 13.45（a）所示。我们可以得到这样的结果：场地内有很多波纹，中央有一个大声压级的热点耦合区，该结果并不理想。另一种方法是把扬声器沿着一条直线摆放，如图 13.45（b）所示。两只单元的信号总和（在中央区耦合，偏离中央时有梳状滤波）被多只单元组合而成的并排金字塔图形取代。扬声器间距 2.4m，声音在 125Hz 时会有明显的波纹效应。由于重低音里的较高频率被滤波器滤掉了，我们就能在下面的分析图中清晰地看到波纹。结果表明 31Hz 时有并排的金字塔形波束，而在 125Hz 时波纹互相干扰。集中向前的金字塔形波束并没有覆盖到侧边区域。这两种重低音扬声器的摆放方

式都不能与最小变化曲线匹配。

下面我们探究其他的方法，比如逐级调整重低音的延时，调整角度。在下面的三个例子中我们把扬声器的数量加倍，即总共 16 只扬声器。在接下来的例子中，采用一个混合型阵列，将外侧重低音扬声器向外指向 45° 和 90° 。如图 13.45（c）所示，两侧区域的覆盖情况有很大改善。再下一个例子中，着重观察所有扬声器间的角度：回到我们熟悉、信赖的方式——点声源。由于一直以来中央区域倍受关照，现在我们转移一下注意力，尝试减小中央区的金字塔，如图 13.45（d）所示。结果成效显著，31Hz 和 63Hz 与最小变化曲线很接近了。125Hz 仍然指向前方，有波纹。下一步，我们给波束加延时，如图 13.45（e）所示，从中央向外侧每个单元均多加 1ms 延时。得到的效果是在 31Hz 和 63Hz 时，覆盖图形与最小变化曲线十分符合。我们的工作很有成效。但是等一下，此时乐手们抱怨舞台上的低音太多了。最终的方法是采用两只单元的心形指向性技术

（间距 0.85m，延时 2.5ms，极性相反）。这下，乐手们又说舞台上的低音不足了！如图 13.45（f）所示。

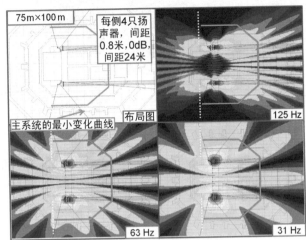

（a）

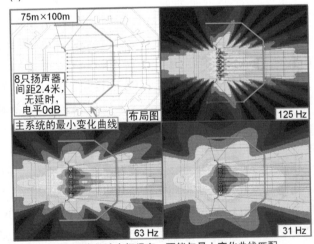

（b）

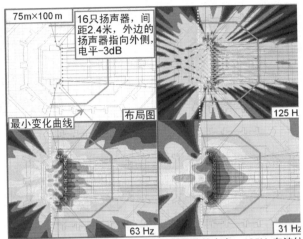

混合型(线/点声源)改善了覆盖图，但是依然太窄。125Hz有波纹

（c）

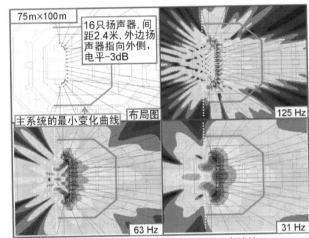

与最小变化曲线相似了。125Hz有波纹

（d）

图 13.45　带有舞台的体育馆：水平面上的重低音。（a）左右各四只扬声器。（b）舞台前方八只扬声器摆放成一条直线。（c）16 只扬声器，外边的扬声器指向外侧，电平低 3dB。（d）16 只扬声器以点声源方式工作，扬声器之间有张开角度，电平逐级变化。（e）与（d）相似，又逐级增加了延时。（f）与（e）相似，增加了 16 只扬声器，采用两只单元的心形指向性技术

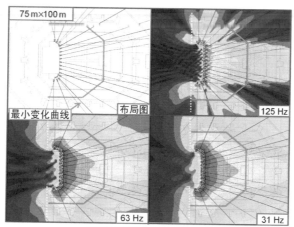

图 13.45 带有舞台的体育馆：水平面上的重低音。（a）左右各四只扬声器。（b）舞台前方八只扬声器摆放成一条直线。（c）16 只扬声器，外边的扬声器指向外侧，电平低 3dB。（d）16 只扬声器以点声源方式工作，扬声器之间有张开角度，电平逐级变化。（e）与（d）相似，又逐级增加了延时。（f）与（e）相似，增加了 16 只扬声器，采用两只单元的心形指向性技术（续）

第五节 带有中央记分板的体育馆

13.5.1 简介

在现代体育馆中，音频、视频系统在现场体育赛事中扮演着重要角色。音视频系统的作用是让观众们感觉他们犹如在电视机上观看赛事。响亮、吸引注意力的声音与在家中看电视是一样的。在带有中央记分板的体育馆里，视频系统或者记分板的位置通常优于扬声器的位置。我们摆放扬声器的位置可能是在角落或者侧边上，有时上有时下的位置，唯一有一件事情是肯定的：记分板不会因为我们的音频系统而移动位置。因此我们提供两种解决方案：第一，四组单元的系统，靠近记分板的拐角；第二，六组单元，沿着体育馆场地的形状摆放，如图 13.46 所示。在这两种方案中，由于覆盖角度的需要，要求垂直面上的响应在下部是不同的。采用六组扬声器时，由于它们远离了中心，尽管透视比更小，却需要有更大的张角。向外的移动同样增加了对水平面覆盖的需要，因此增加到六组单元（总共600° 的覆盖角度仅仅覆盖了 360° 的图形）。

13.5.2 垂直覆盖

垂直面同样采用 A-B-C 非对称组合耦合点声源，如图 13.47 所示。只简单标明了四组单元（靠近记分板）的位置。我们也采用全通滤波器方法调试。

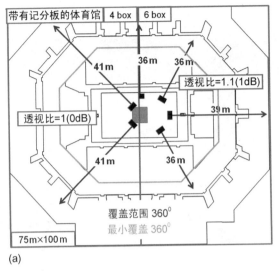

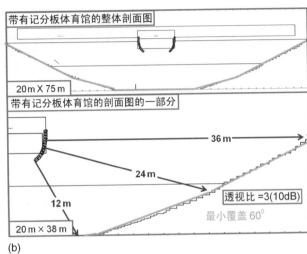

图 13.46　带有记分板的体育馆：概述。(a)
水平面上的设计考虑四组单元和六组单元的
情况。(b) 垂直面上的设计考虑组合的耦合
点声源

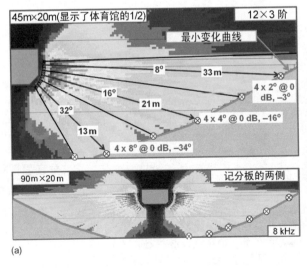

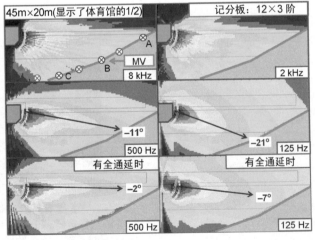

图 13.47　带有记分板的体育馆：垂直
面 12 只单元组合。(a) 设计方法和
8kHz 时的响应。(b) 有无全通滤波器
时的频率响应

13.5.3 水平覆盖

在拐角处四组单元的水平面响应很简单，只需要提醒：扬声器的角度均为 90°，如图 13.48 所示。在这个特殊的例子中，2kHz 的响应图形比 8kHz 的图形窄，在交叉区域，

能看到覆盖出现间隙。

有多种方法可以把这个非对称的图形分成六块，如图 13.49 所示，就是其中一种。随着空间的改变，扬声器间的角度和电平需要随之调整。

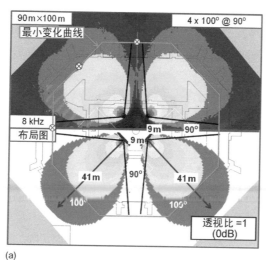

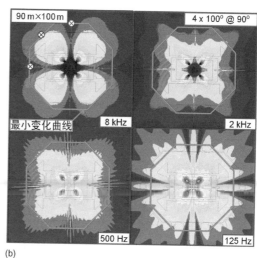

图 13.48 带有记分板的体育馆：水平面四组单元。（a）布局图显示了单组扬声器的响应和 8kHz 时的整体响应。（b）不同频率的整体响应

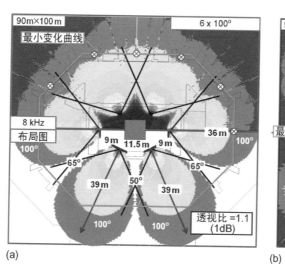

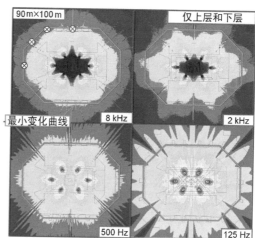

图 13.49 带有记分板的体育馆：水平面六组单元。（a）布局图显示了单组扬声器的响应和 8kHz 时的整体响应。（b）不同频率的整体响应

第六节　教堂

13.6.1　简介

很多现代教堂的形状与体育馆很像。教堂的形状就像在体育馆的后半部分做一个扇形的水平座位区。我们用体育馆的平面，把它演变成两种不同形状的教堂：一种教堂的宽度等于体育馆，而深度是体育馆的一半；另一种教堂的宽度比体育馆宽度小，如图 13.50 所示。分别采用单声道和立体声方式扩声。扇形的厅堂本身不适合做立体声扩声，但是用立体声方式扩声也并不让人觉得不好。扩声方法是：减小中央区域交叠的覆盖范围，但只有这部分重叠覆盖的区域是立体声的。单声道扩声则把水平面分为两部分，三部分或者四部分。半圆的扇形面由于其几何形状倾向于用非耦合点声源扩声，扩声方法会在下面做介绍。

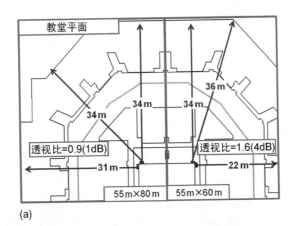
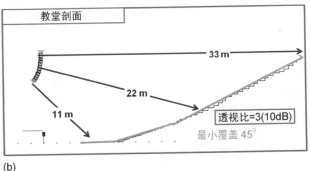

图 13.50　教堂：概述。（a）水平面上的设计考虑 2×2 单元以及另外一种场地的 2×2 单元方式。（b）组合的耦合点声源

13.6.2　水平覆盖

我们讨论在宽度较大的教堂中使用两组宽角度的扬声器做左 / 右扩声，如图 13.51 所示。在这个例子中，扬声器到侧边的距离几乎等于到前方的距离，因此一致性夹角是 90°，对所有扬声器的驱动电平相等。在最小变化曲线上，形成对称的弧形。在场地中间，重叠区域很小，而只有这小部分有立体声效果。

第二种左 / 右扩声系统是针对那些宽度减小的教堂，如图 13.52 所示。主系统与侧场补声扬声器到观众的距离相差很大，透视比是 4dB。根据长方形平滑的最小变化曲线，计算出扬声器间的张角，使覆盖曲线尽量与最小变化曲线一致。

三组一阶单元阵列也可以达到同样的覆盖效果。三组单元的方式考虑到了扬声器在近场由远到更远区域的覆盖间隙，减小了对近场补声的需要，如图 13.53 所示。三组单元的覆盖方式在舞台上也获得了更高的稳定性，换句话说就是在反馈之前获得了更高增益，这是因为能量没有集

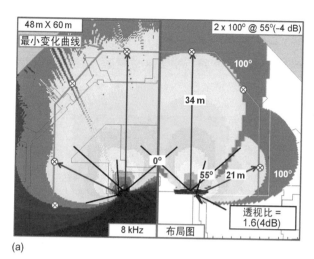

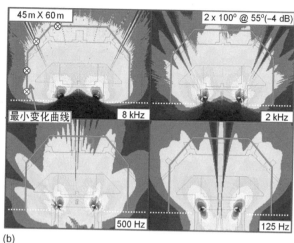

图 13.51　教堂：水平面，2× 两只一阶单元。（a）布局图显示单组扬声器的响应和 8kHz 时的整体响应。（b）不同频率的整体响应

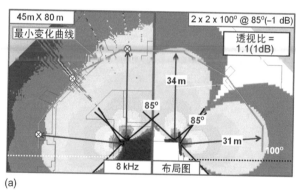

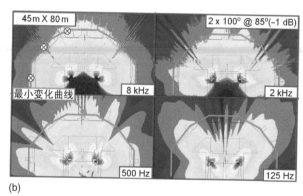

图 13.52　教堂：水平面，另外一种方式的 2× 两只一阶单元。（a）布局图显示单组扬声器的响应和 8kHz 时的整体响应。（b）不同频率的整体响应

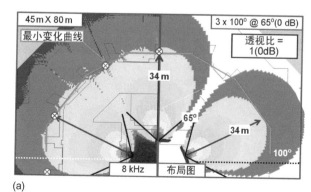

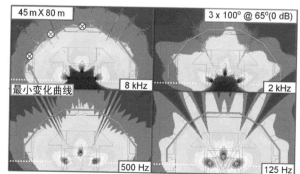

图 13.53　教堂：水平面，三只一阶单元。（a）布局图显示单组扬声器的响应和 8kHz 时的整体响应。（b）不同频率的整体响应

中在舞台的两个角上。最后，我们尝试一种在宽扇形场地内用四个非耦合点声源进行扩声的方法，如图 13.54 所示。它的覆盖趋势线比三组单元更远：更接近交叉区域图形，反馈前增益更高。以上的例子仅仅是很多扩声系统优化方法中的一小部分，我们可以把这些系统优化的原则应用到我们的实际系统中。非常希望上述文章能对大家未来的系统设计和系统调试提供一些帮助。

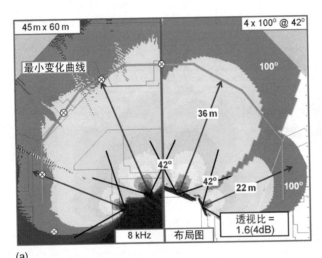

图 13.54　教堂：水平面，四只一阶单元。(ａ) 布局图显示单组扬声器的响应和 8kHz 时的整体响应。(ｂ) 不同频率的整体响应

后记

至此我的声音传输历程告一段落，然而对设计和优化的循环过程的深入理解仍然有待于我们今后进一步的学习和加强，这一行业仍然是具有巨大生长潜力的朝阳产业。就我个人而言，每一天都有一些新的发现等待着我，对这些潜在目标的追求是不会终止的。在二十多年之后，我们仍然要孜孜不倦地学习。现在我理解了为什么医生总是将自己称为是"见习的"药剂师了。

在这一行业中工作了这么多年，最常被问到的问题就是："与你不一样，我碰不到资金雄厚，各种测试工具应有尽有，工期没有限制，全力支持进行系统调谐的情况。如果我们不能做到这些，那么我们该做些什么呢？"

总之，虽然我是没有遇到过这样的客户，但是我还是希望能有这样的好事降临在我的头上。现实中发生的每一件事和每一项工作都要求我们进行优先排序和进行排序筛选。到目前我还没有碰到这样的机会：就是在一项工作中，使用本书中所提及的所有设计和优化的方法。然而所有这些方法我都在工作中使用过。这些方法都在我的方案书中，我会在适当的时候使用它们。虽然一位教练员并不需要将手下的所有队员都投入到比赛场上，但是他们必须时刻观察比赛场上的形势变化，时刻准备迎接突发事件的产生。本书力图将这种对对手实力的分析和关注引入到我们所从事的扩声领域中。这方面的知识本身就是一个强大的联盟体，即便没有分析仪的加入。

最终我们是要提供给客户一套完整的组合系统。如果我们在时间允许的条件下必须让整个的调整和优化过程顺畅，则一定要有意识这么做。跳过某些步骤的做法都是信心的升华和计算的博弈。我们需要保持对那些跳过的步骤有清醒的认识，只有这样才能避免出现秋后算账的问题出现。

到底什么才是最重要的问题呢？实际上这是个观念的问题。在我看来，这就如同是食物。我们需要各种各样的高品质的营养成分——好的扬声器和好的信号处理。那么接下来最为重要的又是什么呢？这还是一个观念性的问题。在我眼中，这就像实际的财产。排在最前面的是：场地，场地，还是场地。良好位置、角度和室内声学条件。至于声级、延时和均衡设定则是最后要完成的处理工作。

更为重要的是要摆正我们在工作中的位置，明确所扮演的角色。我们是这一由各方面人士构成的小组中的一员，我们要为客户提供多层次的服务。不能夸大个人关系的重要性。在有些情况下，我们自己就是客户，这时我们就要脱掉实验室的工作服，戴上艺术家的贝雷帽进行演出的混音工作。

科学和艺术的交汇点就是我们进行的优化设计。

参考文献

Beranek, L. L. (1962), *Music, Acoustics & Architecture*, Wiley.

Beranek, L. L. (2004), *Concert Halls and Opera Houses : Music, Acoustics, and Architecture*, Springer.

Cantu, L. (1999), Monaural Hearing and Sound Localization, Austin State University, http : //hubel.sfasu.edu/ courseinfo/SL99/monaural.html.

Cavanaugh, W. J. and Wilkes, J. A. (1999), *Architectural Acoustics Principles and Practice*, Wiley.

Duda, R. O. (1998), Sound Localization Research, San Jose State University, http : //www-engr.sjsu.edu/ ～ duda/Duda.html.

Everest, F. A. (1994), *The Master Handbook of Acoustics*, TAB Books (a division of McGraw-Hill).

Giddings, P. (1990), *Audio System : Design and Installation*, Sams.

Herlufsen, H. (1984), *Dual Channel FFT Analysis (Part 1)*, Technical Review, advanced techniques in acoustical, electrical and mechanical measurement, No. 1, Bruel & Kjaer.

Martin, K. D. (1994), A Computational Model of Spatial Hearing, Massachusetts Institute of Technology, http : //xenia.media.mit.edu/ ～ kdm/proposal/ chapter2_1.html.

McCarthy, B. (1998), *Meyer Sound Design Reference for Sound Reinforcement*, Meyer Sound Laboratories.

Tremaine, H. (1979), *Audio Cyclopedia*; Sams.

词汇表

Absorption coefficient 吸声系数：该参数表示的是声波在传输的过程中，遇到壁面边界时声能的损失量。吸声系数的范围为 1.00 ～ 0.00，最大值为 1.00（打开的窗户），最小值为 0.00（100% 的声反射）。

Active balanced interconnection 有源平衡式连接：有源的输入或者输出设备间的平衡式线路电平连接。

Active electronic device 有源电子设备：本书是指那些为了能实现信号处理功能而要由外接电源（或电池）提供电能的声频设备。有源设备具有信号放大能力。

Air absorption loss 空气吸收损失：声波在空气中传播过程中，由空气所引发的高频衰减现象。空气的湿度、环境的温度，以及大气压等因素都会对空气的这种类似的滤波作用产生影响。

Amplifier（power）放大器（功率）：具有线路电平输入和扬声器电平输出的有源电子传输设备。功率放大器具有足够大的电压和电流增益来驱动扬声器工作。

Amplitude 振幅：声波的幅度分量。振幅可以采用绝对和相对的度量单位来表示。

Amplitude threshold 幅度门限：传输过程中，数字信号处理器中的一个特性参数，当输入数据信号不够时，此处理器暂停工作。

Apparement Source width 视在声源宽度：感知到的声象宽度和 / 或高度，这一声象是由多个声源（声反射或来自其他扬声器的相干声音）共同作用产生的。

Array 阵列：通过将确定的多个声源按照一定的间距和取向角度配置在一起的组合。

Aspect ratio 宽高比：通常它是指建筑结构中某一截面的长度与宽度（或者高度）的比值。在此它也可以用来描述扬声器箱的声覆盖形状（在此它可以和术语前向透视比（forward aspect ratio）互换）。

Asymmetric 非对称的：对于给定的中心线，其两侧具有不同的响应特性。

Averaging（optical）平均（视觉）：通过观察分析来自各个不同位置上的信号在某一区域上产生的单独响应情况，从而发现某一区域典型响应的方法。

Averaging（signal）平均（信号）：复杂声频分析仪的数学处理方法，它是通过抽取多个数据样本，进行复杂的排序筛选以获取统计意义上的更为准确的响应计算。

Averaging（spatial）平均（空间）：通过对来自各个不同位置上的信号在某一区域上产生的单独响应进行平均，从而得出某一区域典型响应的方法。

Balanced 平衡式传输：标准的双导线声频信号传输方式，它可以抑制噪声干扰，适合于长距离传输。

Bandwidth 带宽：描述滤波器函数响应频率范围的参量，单位为 Hz。

Beam concentration 波束集中：扬声器阵列单元覆盖区域高度重叠的声辐射现象。波束集中通过覆盖区域变窄而最大限度地增加能量来实现。

Beam spreading 波束扩展：扬声器阵列单元间具有高隔离度的声辐射现象。波束扩展通过扩大覆盖区域而最小限度地增加能量来实现。

Beam steering 波束控制：为了达到控制声覆盖图形的目的，在重低音扬声器阵列中采用的非对称延时衰减技术。

Beamwidth 波束宽度：表征扬声器的指向性与频率关系的特征参量。波束宽度图案表示出了 –6dB 覆盖角对应的频率。

Binaural localization 双耳定位：声波到达两耳时，在两耳间所表现出的差异，并以此进行声源水平定位的机理。

Calibration 校准：针对音响系统所进行的诸如均衡、相对电平、延时等参量，以及声学评价和扬声器箱摆位调整等最终检测和测量的过程。该调整工作应该在首次舞台安装优化（检验）之后进行。

Cancellation zone 抵消区：与耦合区相对应。它只产生负向的混合。为了避免正向的增加，相位偏差必须在 $120° \sim 180°$ 之间。

Cardioid（microphone）心形指向性（传声器）：通常用于舞台演出的单方向传声器。心形指向的产生源于传声器后部产生一个声能叠加抵消区，它是通过将前后进声孔

耦合进来的声能在传声器振膜处叠加实现的。

Cardioid（subwoofer arrays）心形指向性（重低音扬声器阵列）：一组标准重低音扬声器的组合，而通过该组合方式可以产生心形图案的指向性。

Cardioid（subwoofers）心形指向性（重低音扬声器）：一个具有多只单元的低频系统，而且该系统具有单方向性的频率响应。通过在扬声器后部产生叠加抵消区而实现心形指向性，这是多只单元前后声能叠加的结果。

Channel 通道：特指声频信号的信号源，比如左和右声音信号，环绕声声信号，或者特殊效果声信号。每个通道必须单独进行优化处理。

Clipping 削波：当信号工作于器件的线性工作区之外时，所引发的声频信号波形失真现象。

Coherence 相干性：在 FFT 转移函数测量中，信噪比的测量。

Combing zone 梳状响应区：小于 4dB 的隔离，且无确定相位偏差的叠加区。在梳状响应区声波相互作用产生最大的声压起伏变化。

Combining zone 混合区：$4 \sim 10dB$ 的隔离，且无确定相位偏差的叠加区。在混合区声波相互作用产生的声压起伏变化小于 $\pm 6dB$。

Compensated unity splay angle 修正一致性夹角：具有非对称相对声级的阵列单元间的一致性夹角。

Complementary phase equalization 互补相位均衡：采用互补的幅度和相位响应进行处理的过程。

Complex audio analyzer 复杂声频分析仪：一种可以实现对声频系统的幅度和相位数据进行复杂数学计算的设备。

Composite point source 复合点声源：将多个阵列单元组合成一个虚拟的对称阵列单元。用来组合复合点声源的

各个单元必须在声级和倾角上匹配。

Compression 压缩：对声频信号的动态范围进行缓慢减小的处理动作。这样可以避免出现削波或对驱动单元进行保护。

Constant bandwidth 恒定带宽：带宽的线性表示，每个滤波器（或者频率间隔）具有相等的带宽（以 Hz 表示）。FFT 计算滤波器具有恒定的带宽。

Constant percentage bandwidth 恒定百分比带宽：带宽的对数表示，每个滤波器（或者频率间隔）具有相等百分比带宽（以倍频程表示，如 1/3 倍频程）。RTA 滤波器就具有恒定百分比带宽。

Coupled（arrays）耦合（阵列）：阵列的单元彼此间隔很近，即单元在大部分频率范围上对应的波长都在一个波长以内的阵列。

Coupling zone 耦合区：叠加区的混合信号只是产生相加的叠加作用。相位偏差必须在 0° ~ 120° 之间才能避免出现相减的叠加。

Coverage angle 覆盖角：相对于轴上 0dB，两侧 -6dB 衰减的两点之间的夹角。

Coverage bow 覆盖弓：采用等压线方法评价扬声器覆盖特性的方法。轴上远端（-6dB）点与轴外近端（-6dB）点的弓形连线，称为覆盖弓。

Coverage pattern 覆盖的指向图案：在指定的辐射面上，声源周围相对声级相等的形状。

Crest factor 波形因数：信号波形的峰值与均方根值之比。

Critical bandwidth 临界带宽：人耳可以听出音调变化的最小频率间隔（分辨率）。通常文献给出的数值是 1/6 倍频程。

Crossover（acoustic）分频点（声学）：相互叠加混合

的两个独立声源等声压级的空间交汇点。

Crossover（asymmetric）分频（非对称）：以不同属性的单元组成的声学分频器。对于频谱分频器而言，其属性是指声级，滤波器类型和扬声器参数；对于空间分频器而言，是指声级、角度和扬声器类型。

Crossover（class）分频器（分类）：在相对独立区域，在分频点上电平叠加的一种分频器分类方法。它将其划分为单位（0dB），间隙（小于 0dB）和交叠区（大于 0dB）。

Crossover（order）分频器（阶次）：组成分频器的单元的斜率。随着斜率的提高，分频器的阶次增加。分频器可以由非对称的、具有不同斜率阶次的单元组合而成。

Crossover（phase-aligned）分频（相位对齐）：声级和相位均匹配的声学分频。

Crossover（spatial）分频（空间）：空间平面内的声学分频。空间分频点是指两个声源以同等声压级进行叠加的位置。

Crossover（spectral）分频（频谱）：频域内的声学分频。频谱分频点是指工作于等声压级的高音和低音驱动器的频率。

Crossover hunting 分频搜索：在校准音响系统时，寻找非对称空间分频点的过程。

Cycles per second 每秒周期数：所测量的声频信号的频率，单位为 Hz。

dB SPL（sound pressure lever）dB SPL（声压级）：相对于人耳的可闻阈而言的声压级。

dBV：以 1V RMS 作为基准，度量电压相对值的单位。

Decibel（dB）分贝：声测量中描述参量两个测量值间比值的单位。分贝通常是在描述具有非常大变化范围的参量比值时采用的对数度量关系系统。

Dedicated speaker controller 专用扬声器控制器：被制

造用来对特定型号扬声器进行优化设定的有源信号处理设备。

Delay line 延时线：用来将信号延时所选时间周期的一种有源电子传输设备（通常为数字式）。

Diffraction 声衍射：声音绕过障碍物或通过开孔的能力。

Diffusion 声扩散：声音的一种反射形式，声音根据频率的不同向不同的方向上散射的现象。

Digital signal processor（DSP）数字信号处理器：具有很强信号处理能力的信号处理器件，它可以完成电平调整、均衡、延时、限制、压缩和信号分频等处理任务。

Directivity factor（Q）指向性因数：指向性指数的线性形式。DI 数值等于 10lgQ。这两个数值（DI 和 Q）可以用同一曲线以不同的纵轴数值刻度来图示。

Directivity index（DI）指向性指数：扬声器前向辐射的声能与假定的该种扬声器无指向辐射声能之比。

Displacement（source）位移（声源）：两个声源间的物理间距。这种固定的距离将会在给定的方向上对固定时间偏移引起的相互作用产生影响。

Displacement（wavelength）位移（波长）：将两个声源间的距离表示为不同频率下成比例的位移函数。固定的声源位移将通过不同频率下的不同波长位移量影响给定方向上的所有相互作用。

Driver 扬声器驱动单元：仅覆盖有限频率范围的单只扬声器单元。扬声器箱可能包括具有可覆盖不同频率范围的几只扬声器驱动单元组成，构成所谓的扬声器系统。

Dynamic range 动态范围：最大线路工作电平与本底噪声间的电平差。

Echo perception 回声感知：听音者对直达声和后到达人耳的声音综合听感的主观描述，人耳这时感知两者为完全独立的声音。

Element 单元扬声器：阵列中的一个声源。

Emission 声辐射：由自然声源发出的声音。

End-fire array 端射型阵列：多个重低音扬声器彼此前后排列成为一条直线的阵列，它采用特定的间距和时间序列延时方法，能够在前向产生相加，在后方产生相减的结果。

Energy-time curve（ETC）能量 - 时间曲线（ETC）：脉冲响应的对数表达方法（垂直刻度）。

Envelope 包络：频谱，音调特征的可闻形状。包络跟随响应的最宽和最高的频谱特征，并不表现窄的谷点和零点。

Equal lever contours 等声压曲线：扬声器覆盖型的径向描述方法。轴上响应被归一化成 0dB，并将不同角度下的等声压点连线绘成放射状的图形。

Equal loudness contours 等响曲线：（Fletcher-Munson 曲线）表现人耳频率响应与声级关系的一族非线性曲线。

Equalization 均衡：利用有源（过去也用无源）的一组滤波器对声音音质进行补偿的处理方法。在此均衡主要是用来控制频谱的能量分布，并使频谱起伏变化最小化。

Equalizer 均衡器：由一组可由用户设定的滤波器组成的一种有源电子传输设备。

False perspective 伪透视：任何使听者感觉他们所听到的声音是来自扬声器，而不是自然的真实声源的各种情形。

FFT 快速傅里叶变换：fast Fourier transform 的缩略语，它是一种将时域的记录数据转换成频域的响应数据的信号处理方法，也称为离散傅里叶变换（DFT）。

Filter（frequency）滤波器（频率）：导致某些频率相对于其他的频率产生提升（或衰减）动作的系统行为。电子电路中的滤波器类型非常多，比如搁架式、高通、带通和带阻式等。在声学系统中滤波器的例子有空间上的轴向衰减和空气的吸收损失。

Filter order 滤波器阶次：根据滤波器与频率的关系来划分滤波器的一种方法，通常滤波器设计成 1 阶、2 阶、3 阶等。随着滤波器阶次的提高，滤波器的滚降斜率会变得更陡。滤波器的阶次每变化 1 阶，会带来 6dB/ 倍频程的斜率变化。

Fixed points per octave FFT（constant Q transform）每倍频程定点 FFT（恒定 Q 值转换）：一种对频率分辨率的准对数表示法，它是由不同长度的多个时间记录得来的。

Forward aspect ratio（FAR）前向透视比（FAR）：用长度与宽度（或高度）的比值表示扬声器的前方覆盖形状的矩形描述方法。透视比是扬声器设计的构造模块的基础表示方式：单只扬声器单元。

Fourier theorem 傅里叶法则：任何复杂的波形都可以用一定振幅和相位分量的一组分立正弦波组合来表示。

Frequency 频率：每秒变化的周期数，以 Hz 为单位表示。

Frequency divider 分频器：将频谱分成几个频段分别驱动不同的扬声器的一种有源（或无源）电子设备。声音的波形会以声学分频在声学空间中重建。

Frequency response 频率响应：描述系统的各种属性参量与频率的响应关系。这里一般包括幅度、相对幅度、相对相位和相关性与频率的关系。

Full-scale digital 满刻度数字：数字声频系统过载前的最大峰值电压。实际的电压是与模型相关的，通常是用户可调的。

Graphic equalizer 图示均衡器：由一组具有固定中心频率和带宽，电平可变的并联滤波器组组成的有源（或无源）电子传输设备。

Hygrometer 湿度计：测量大气湿度的仪器。

Impedance 阻抗：对于给定的信号源或接收器所呈现的 DC 电阻和电容（或电感）综合反应。

Impulse response 脉冲响应：计算出的系统在理想脉冲作用下的响应。这种相对幅度与时间关系的显示源自 FFT 转换函数测量。

Inclinometer 水平仪：一种测量设备或表面垂直角度的仪器。

Inter-aural lever difference（ILD）双耳间声级差：处于水平位置上的声源在两耳处所产生的声级差异。这种差异是人耳进行声源水平定位的主要因素之一。

Inter-aural time difference（ITD）双耳间时间差：处于水平位置上的声源到达两耳处所产生的时间差异。这种差异是人耳进行声源水平定位的主要因素之一。

Inverse square law 反平方定律：声音在自由声场中传播时，距声源的距离每增加 1 倍声压级衰减 6dB。

Isobaric contours 等压线：参见 Equal lever contours

Isolation zone 隔离区：隔离大于 10dB、相位偏差量并未指定的叠加区。这时的波纹起伏变化小于 63dB。

Latency 反应时间：信号通过任何器件的传输时间，它独立于用户选择的设定。

Line lever 线路电平：声频信号传输的标准工作电平。其标称值为 1V（0dBV），最大电平值约在 24dBV。

Line source 线声源：一种轴取向完全一样的扬声器阵列配置方案。

Linear frequency axis 线性刻度频率轴：频率轴上的频率刻度划分按照等频率差为相等间隔刻度的形式进行。

Log frequency axis 对数刻度频率轴：频率轴上的频率刻度划分按照等倍频程差为相等间隔刻度的形式进行。

Maximum acceptable variance 最大可接受变化量：对

于声级或频谱变化，这一数值为 6dB。

Measurement microphone 测量用传声器：音响系统优化过程中，用于声学测量的一种传声器。典型的测量用传声器为自由场无方向性型。该种传声器具有频率响应曲线平坦、失真低和动态范围宽的特点。

Mic lever 传声器电平：声频信号传输中采用的一种低电平。其标称值一般至少比线路电平低 30dB。

Minimum Variance 最小变化量：音响系统在空间上的响应所具有的最小差异（小于 6dB），它主要是指声级、频谱倾斜和波纹起伏变化。

Mix position 调音位置：通常指房间中调音师和调音台所处的位置。一般是处在扩声场所中最佳听音座席附近。

Noise（causal）噪声（相干）：源于同样源信号波形的次级信号，尽管如此，由于它返回到叠加点的时间太晚，以至于不能满足稳定叠加的条件。对相干噪声的解决方案是优化工程师（和声学工作者）应该考虑的份内之事。

Noise（non-causal）噪声（非相干）：与原信号波形并不相关的次级信号，因而它并不满足稳定叠加的条件。在音响系统中对于非相干噪声是无能为力的。

Noise floor 本底噪声：电子器件或整个电子系统中非相干噪声的电平。

Nyquist frequency 奈奎斯特频率：给定采样率下可以捕捉信号的最高频率。该频率是采样率的 1/2。

Offset（lever）偏差（声级）：对于给定点两个声源间的声级差（dB）。声级偏差是由传播距离差造成的，并保持恒定比值不变。

Offset（phase）偏差（相位）：对于给定的频率和位置两个声源的到达时间（相移的度数）差。相位偏差是与频率有关的，并且当频率提高一个倍频程时相位偏差提高一倍。

Offset（time）偏差（时间）：对于给定点两个声源的到达时间差（ms）。时间偏差是由传播距离差造成的，并呈现线性的关系，不是恒定不变的。

Offset（wavelength）偏差（波长）：对于给定的频率和位置两个声源的到达时间（完整的周期）差。波长偏差是与频率有关的，并且当频率提高一个倍频程时波长偏差提高一倍。

Optimization 优化：对音响系统进行检测和测量的处理方法，其中包括系统检验和调校。

Oscilloscope 示波器：显示电信号电压与时间关系的一种波形分析仪器。

Panoramic field 全景声像声场：立体声声场的水平宽度。对于任何给定位置的全景声像声场的最大宽度就是在立体声声源间的角度分布范围。

Panoramic perception 全景声像感：对沿着两只扬声器间的水平面分布的视在声源的听音经验，也称为是立体声感知。

Parallel pyramid 平行金字塔：具有匹配角度取向的耦合扬声器所具有的特性。其空间的交叠过渡是以金字塔的形式依次堆砌起来的。

Parametric equalizer 参量均衡器：由多个滤波器组成的一种有源电子传输设备，它用来进行音响系统的优化，其中每个滤波器的中心频率、带宽和电平均可调。

Pascal 帕斯卡：一种用 SPL 来描述传声器灵敏度的标准。1 帕斯卡等于 94dBSPL。传声器的灵敏度一般用 mV/pascal 来定义。

Peak limiting 峰值限制：一种对声频信号动态范围进行快速降低的动作。它可以避免出现削波或者用来保护扬声器的驱动单元。

Peak voltage 峰值电压：对于给定波形的最高电压电

平，用 Vpk 表示。

Peak-to-peak voltage（Vp-p）峰峰值电压：对于给定波形的正负向峰值间的电压差，用 Vp-p 表示。

Percentage bandwidth 百分比带宽：滤波器函数工作的频率范围（以倍频程为单位表示）。

Perception 感知：人类听觉系统的主观听音经验。

Period 周期：一个完整的循环所用的时间。周期与频率互为倒数关系，以秒（s）为单位表示，但通常也采用毫秒（ms）为单位表示。

Phase 相位：用度来表示声频信号波形的角度分量。对于给定的频率，相位值可以转换成时间值。

Phase delay 相位延时：有限的频率范围所归属的延时数值（一般用 ms 来表示），这可以让我们对与频率相关的延时进行描述。

Pink shift：参见 Spectral tilt。

Pinna（outer ear）外耳：用来进行声源垂直定位的主要机制。

Point destination 点目标源：从单元的前部来看，主轴方向朝内的扬声器阵列配置，它会在单元前面对应的一点上建立起虚拟声源。

Point source 点声源：从单元的前部来看，主轴方向朝外的扬声器阵列配置，它会在单元后面对应的一点上建立起虚拟声源。

Polar plot 极坐标图：用角度的方式来描述扬声器声波覆盖图案的方法。轴上响应被归一化为 0dB，图形表示出了角度变化与 dB 损失的关系。

Polarity 极性：对处在中间线之上或之下波形变化方向的度量。具有"正常"极性的设备从输入到输出波形的变化方向是一致的，而具有相反极性的设备从输入到输出波形的变化方向是相反的。

Precedence effect（Hass effect）领先效应（哈斯效应）：人耳对声像位置的感知是借助于人双耳的定位机理（ILD 和 ITD）。例如，即便声音并不是很响，但是如果它到达人耳的时间较早，那么声像就可能被定位在该声音来自的方向上。多声道扬声器系统可以利用领先效应通过独立控制相对时间和电平来控制声像位置。

Pressurization 压力稠密区：在声学传输过程中，声级高于环境大气压的半个周期对应的媒质区域。

Propagating delay 传输延时：声源经过媒质传输到目标地所用的时间。我们这里所关心的是声学传输，即指扬声器到听音者位置所用的传输时间。

Protractor method 量角法：确定覆盖图形的一种标准方法，沿着单只扬声器的投射方向，从主轴上到 -6dB 点的等压弧线。

Proximity ratio 透视比：给定扬声器或阵列的覆盖区中最远座席与最近座席的距离差异。

Pseudo-unity gain 准单位增益：整个设备的电压增益是单位增益，比如输入的增益可以是 20dB，而输出有同样量的衰减，总增益仍为单位增益。这样的设置可能会在不希望的电平下导致过载出现。

Push-pull 推挽：有源平衡式输出的输出级，平衡输出的信号是两个同样的信号，只是极性相反。

Q（filter）Q 值（滤波器）：滤波器电路的品质因数。它是滤波器带宽的线性表示法。当滤波器带宽变窄时，Q 值增大。

Q（speaker）Q 值（扬声器）：参见 Directivity factor。

Range ratio 透视比：两只扬声器单元的主轴点到其各自目标点间的相对长度。透视比（用 dB 表示）用来表示扬声器间的相对声级。

Rarefaction 压力稀薄区：在声学传输过程中，声级低于环境大气压的半个周期对应的媒质区域。

Ray-tracing model 声线跟踪模型：以光源发出的光线为基础，预测扬声器响应的方法。

Real-time analyzer（RTA）实时分析仪：一种声学测量设备，它利用一组对数频率间隔的滤波器来描述频谱响应。

Refraction 折射：声波在穿过媒质层时产生的声线弯曲现象。

Resolution 分辨率：被测数据的表现精度，它是预测和测量模型的基础。

Resolution（angular）分辨率（角度）：为了声学预测，组成扬声器数据测量数据点之间的间隔（用°来表示）。

Resolution（frequency）分辨率（频率）：均匀间隔的每一 FFT 频率"线"或"箱"间的宽度，它等于采样率除以时间窗内的样本数。

Return ratio 返回比：声源到挑台前部的距离与角度相邻的最远区域到挑台前部距离的差异（以 dB 表示）。该比值被用来评估挑台和挑台下声覆盖的解决方案。

Ripple variance 声波声压的波纹起伏变化：峰值和谷值间的范围（dB）。

Root mean square（RMS）均方根：在交流电路中与直流电路相等效的电压值。

Sampling rate 采样率：模数转换器的时钟频率。

Sensitivity（microphone）灵敏度（传声器）：对于传声器振膜处给定的声压级传声器换能所产生的电压值。一般该数值采用 mV/Pa 为单位表示。

Sensitivity（speaker）灵敏度（扬声器）：扬声器在给定驱动电平驱动下在指定的距离上产生的声压级。一般该数值采用 dB SPL@1w/1m。

Signal processor 信号处理器：完成均衡、电平设定或延时工作的有源电子传输器件。

Sonic image 声像：人们感知的声源位置，而不管哪一位置上呈现的是自然声源还是扬声器。

Sonic image distortion 声像失真度：人们所感知的声像与想要的声源位置不一致的程度。

Spatial perception 空间感：人们对声源位置的主观描述。对于叠加的声信号，它是指听者对直达声和迟后到达的声音在频谱和空间变化给听音带来的主观经验，因此人们感觉到的不是一个明显的声源点。

Speaker lever 扬声器电平：放大器和扬声器间的传输驱动电平。高电平声频信号传输一般使用功率表示，单位瓦特（W）；而不是用电压表示，单位伏特（V）。因为这种情况下，信号传输的功率很大。

Speaker order 扬声器阶次：对滤波器频率特性的一种简单划分方法，所设计的滤波器可以为 1 阶、2 阶、3 阶等。当扬声器的阶次提高时，其声覆盖形状曲线将变窄。它与滤波器斜率阶次类似，扬声器的阶次越高，它会表现出越陡的响应滚降特性。扬声器阶次每变化 1 阶意味着高频滚降会有近 6dB/90° 的变化。

Spectral tilt（pink shift）频谱倾斜修正（粉噪型偏移变化）：频谱分布倾向于低频的能量比高频能量大（或者正好相反）。频谱倾斜修正的例子之一就是轴外响应。

Spectral variance 频谱变化：两个空间位置上频谱响应的实质性差异。利用相应的频谱倾斜修正，可以使各个位置上的频谱变化最小。

Splay angle 夹角：阵列中两个扬声器箱体间的轴向夹角。

Stable summation criteria 稳定叠加条件：维持充分稳定的叠加行为所必需满足的条件，其中的叠加行为被感知为对系统响应的切实影响。这些条件包括：叠加信号必须是源自相关的波形，并且在叠加的交汇点上有充分的共存时间。

Stereo perception 立体声感知：参见 Panoramic perception

Subsystems 音响子系统：音响系统的一部分，它通常是构成音响系统的一个传输通道。音响子系统将相干的波形信号传输到局部的空间区域上。

Summation duration 叠加时长：两个频率分享同一位置的时间长度。叠加时长取决于时间差和波形的瞬态特性。

Summation zone 叠加区：根据叠加信号间的相对声级和相对相位划分的叠加相互作用的五种类型。这些区域分别是耦合区、混合区、隔离区、抵消区和梳状响应区，其所有的差异都是由相对声级和相位决定的。

Symmetric 对称性：对于给定的中心线，其两侧具有相同的响应特性。

System（fills）系统（辅助补声）：对于指定信号通道的次声源。它是一些用来覆盖主扩系统未覆盖听音区，且能量较低的音响子系统。

System（mains）系统（主扩声系统）：对于指定通道的主声源。它是用来覆盖绝大部分听音区，且能量最大的音响系统。所有的音响子系统相对主系统而言均工作在较低优先权的状态下。

TANSTAAFL："There ain't no such thing as a free lunch"（世上没有免费的午餐）的字头缩略语。Robert Heinlein 提出的这一概念是想要告诉我们：没有哪一动作或解决方案可以独立地起作用，而不会对其他动作或解决方案产生影响。

Time bandwidth product（FFT）时间带宽产物（FFT）：时间记录长度与带宽的关系。由于这一关系互为倒数，因此组合的数值始终为 1。短的时间记录建立起宽的带宽，而长的时间记录建立起的是窄的带宽。

Time record（FFT）时间记录（FFT）：（也称为时间窗口）波形将被采样时间长度，以 ms 为单位表示。FFT 的谱线（箱）的数目就是时间记录内的样本数（样本数 / 时间）。

Tonal perception 音色感：对信号谱响应的主观描述。对于叠加信号，听音者对直达声和后到来的反射声的主观听感是将其感知为单一的频谱修正响应。

Total harmonic distortion（THD）总谐波失真：各个谐波分量的能量之和与原信号（基波）能量之比，通常它是由单个谐波失真分量进行选择测量的结果计算得来的。

Transfer function 转移函数：将一个通道（基准）与第二个通道（测量）相比较的双通道系统声频测量。转移函数测量可以描述两通道信号间的差异。

Transformer balanced 变压器平衡：无源（变压器）器件的输入或输出以平衡方式与其他器件所进行的线路连接方法。

Triage 排先筛选法：当一种解决方案不能对周边情况同样有利时，我们所采取的一种优先策略。

Unbalanced 非平衡：只适合于短距离传输的一种单电缆声频传输形式，因为该情况下，噪声干扰较小。

Uncoupled（arrays）非耦合（阵列）：声源彼此间隔不是很近，即单元在大部分频率范围上对应的波长都在一个波长以上的声源。

Uniformity 均匀声场：为了使所有厅堂中的听众获得近似听感的声处理目标。

Unity gain 单位增益：电子设备的输入与输出之比为 1（0dB）的情况。

Unity splay angle 一致性夹角：也就是两只扬声器的摆放夹角，当以此夹角摆放扬声器时，两扬声器主轴上和空间覆盖交叉点上产生的电平起伏变化最小。

Variable acoustic 可变声学：声学特性可以调整的建筑设计，利用这样的技术可以让声学特性满足不同用途和声音音质的要求。

Variation 变化：它是相对一致性而言的。这里所讨论的变化的基本形式是指声级、频谱和波纹起伏变化。

Verification 检验：针对音响系统安装是否正确和能否全面正常工作的检查和测量工作步骤。这一步骤是为最终的优化：校准，所做的准备。

Voltage gain 电压增益：设备的输出电压与输入电压之比。它可以用线性方式来描述，如 2 倍，4 倍；或者用对数方式描述，如 +6dB，+12dB 等。

Volt/ohm meter（VOMs）电压 / 欧姆表：可以完成 AC 和 DC 电压检测，电路连通状态和短路检测的电子检测仪器。

Wavelength 波长：信号通过特定的媒质时，完整变化 1 周所对应的物理距离。一般用米或 ft 为单位表示。

Weighting（averages）加权（平均）：在进行总体平均时，对个别的数据样本给予特殊的处理。未加权的平均处理方法是给予所有样本相等的统计数值，而加权平均方法则是给某些样本较大的比例权重。

Weighting（frequency response）加权（频率响应）：在进行总体电平平均时，对个别的频谱段给予特殊的处理或强调。未加权的频率响应方法是在进行总体平均时对所有的频率成分以相同的方式处理。

Window function（FFT）窗函数：时间记录的波形形状形式，利用它可以避免奇数倍时间记录长度在计算频率响应时的失真。

Wraparound（phase）螺旋相位图（相位曲线）：人为显示 FFT 分析仪结果的方式。相位的循环特性迫使某种显示方法能显示出循环的相位值，比如 0° 和 360°，垂直位置相同。螺旋相位图就在矩形的边缘，显示出循环特性。